机 械 制 图

（含习题集）

刘海晨　董祥国　编著

东南大学出版社
SOUTHEAST UNIVERSITY PRESS
·南京·

图书在版编目(CIP)数据

机械制图：含习题集 / 刘海晨，董祥国编著. —
南京：东南大学出版社，2021.1(2022.9 重印)
ISBN 978-7-5641-9278-5

Ⅰ.①机… Ⅱ.①刘… ②董… Ⅲ.①机械制图
Ⅳ.①TH126

中国版本图书馆 CIP 数据核字(2020)第 242072 号

机械制图(含习题集) Jixie Zhitu(Han Xitiji)

编　　著　刘海晨　董祥国
出版发行　东南大学出版社
社　　址　南京市四牌楼 2 号(邮编:210096)
出 版 人　江建中
责任编辑　夏莉莉
经　　销　全国各地新华书店
印　　刷　江苏凤凰数码印务有限公司
开　　本　787mm×1092mm　1/16
印　　张　29.25
字　　数　443 千字
版　　次　2021 年 1 月第 1 版
印　　次　2022 年 9 月第 3 次印刷
书　　号　ISBN 978-7-5641-9278-5
定　　价　72.00 元

前 言

机械制图讲授零件图和装配图等机械图样(图纸)的画法和读图分析方法,涉及相关的国家标准和机械设计、制造常识。机械图样是标准化的技术文档,是技术交流中必不可少的工程语言。

机械图样采用正投影视图来表达机器或零部件的形状。每一个视图只反映物体一个视角上的轮廓,读图时需要综合各个视图才能想象出物体的形状。初学者难以仅凭想象力读懂比较复杂的机械图样,而运用本书介绍的各种分析方法可以清晰思路、化难为易。

当前,企业中已经普遍采用了计算机绘图。现在画一幅零件图的过程一般是:三维实体造型→绘图软件自动生成正投影视图→根据国家标准修改视图→添加尺寸和技术要求标注。本书为适应这种设计模式,着重围绕以下三个方面来组织内容:

· 根据国家标准和零件的特征修改视图。这需要能读懂视图上每一条图线的含义,并了解国家标准中对表达方法的规定和常用零件的标准画法。

· 尺寸和技术要求的标注。这既要求了解相关的国家标准,又要求知道相关的机械设计、制造常识。

· 通过阅读机械图样学习别人的设计经验。这需要能够读懂物体的形状,并能理解结构以及技术要求的意义。

本教材的独特之处在于:

将组合体三视图部分的内容归结为线面分析法和形体分析法,其中形体分析法包括拉伸体、回转体、棱锥三种简单形体三面投影的画法,和融合、平齐、相切、截切、相贯五种交线分析方法,建立完整的分析方法体系。

· 重组机械图样部分的讲授顺序,使得内容衔接顺畅。

· 扩展机械设计、制造常识的介绍,让学生能够理解设计意图,并具备初步的设计能力。

感谢东南大学机械工程学院殷国栋院长对本书的出版提供支持。感谢东南大学出版社的精心编辑。

本书由刘海晨和董祥国编著,周芝庭、陈芳参予了部分工作。由于学术水平和实践经验有限,书中难免有错误之处,恳请读者不吝赐教、批评指正。

目 录

第 1 章　基础知识

1.1　机械图样

机械制图是研究绘制和阅读机械图样的课程。机械图样主要包括零件图和装配图，是按照国家标准和机械专业规范绘制的图纸。

零件图上只展示一个零件的形状、尺寸和技术要求。装配图上则展示构成机器的所有种类的零件。

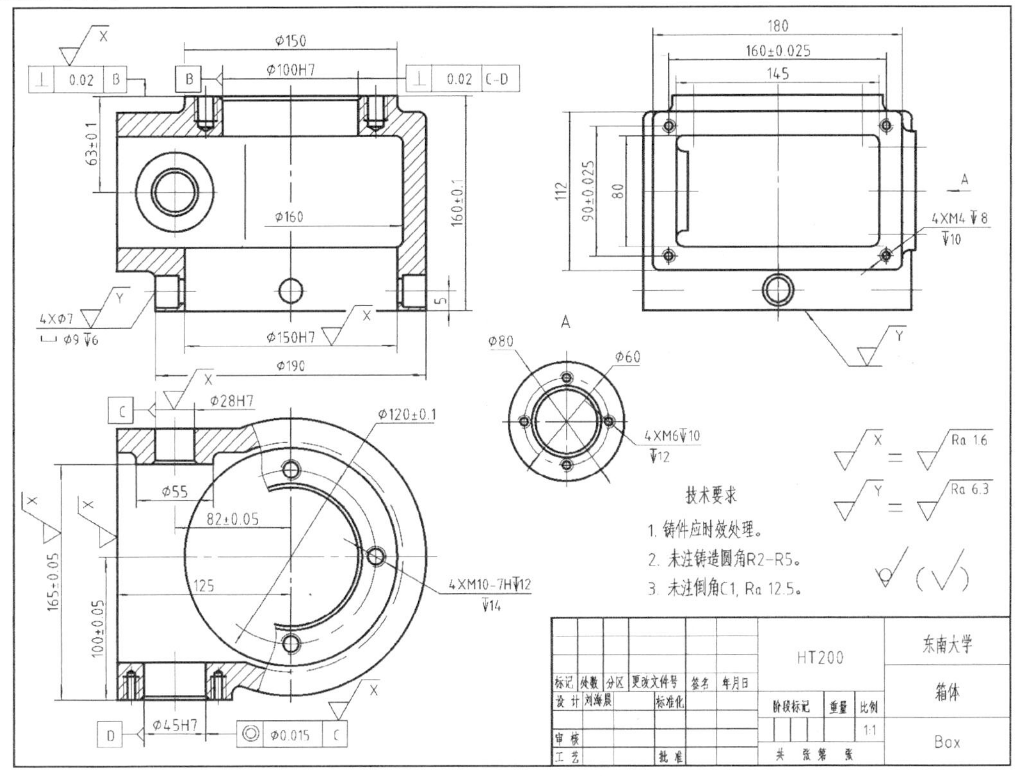

(a) 零件图

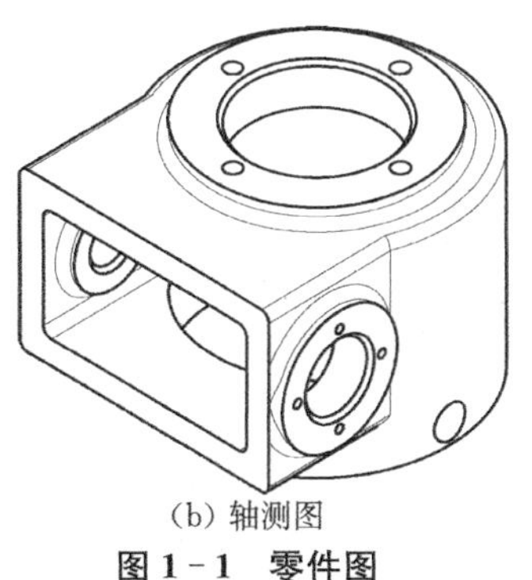

(b) 轴测图

图 1-1　零件图

图 1-1(a)所示箱体的零件图中,3 个主要的视图(正投影图)展示了从三个不同的视角,观察同一个零件,所看到的形状。一个局部视图补充说明了三个视图未表现出的凸台的形状。为了表示零件的内腔和孔的形状,有两个视图采用了剖视的表达方法。图上除标注了尺寸之外,还标注了尺寸公差、几何公差和粗糙度等技术要求,这对制订零件的加工工艺至关重要。

图 1-1(b)为轴测图,相比之下轴测图比正投影图更容易看懂,但是对于形状复杂的物体,一个视角的轴测图会顾此失彼,不能全面地表达物体的形状。更重要的是,在线段的长短比例变形、几何形状变形(圆变成椭圆)等方面存在的问题,使得轴测图不如正投影图表达得清晰准确。因此,世界各国都采用正投影图作为机械制图的标准表达方法,轴测图只作为辅助参考。

图 1-2(a)为机用虎钳的装配图,其展示了虎钳的零件构成、零件之间的联接方式和零

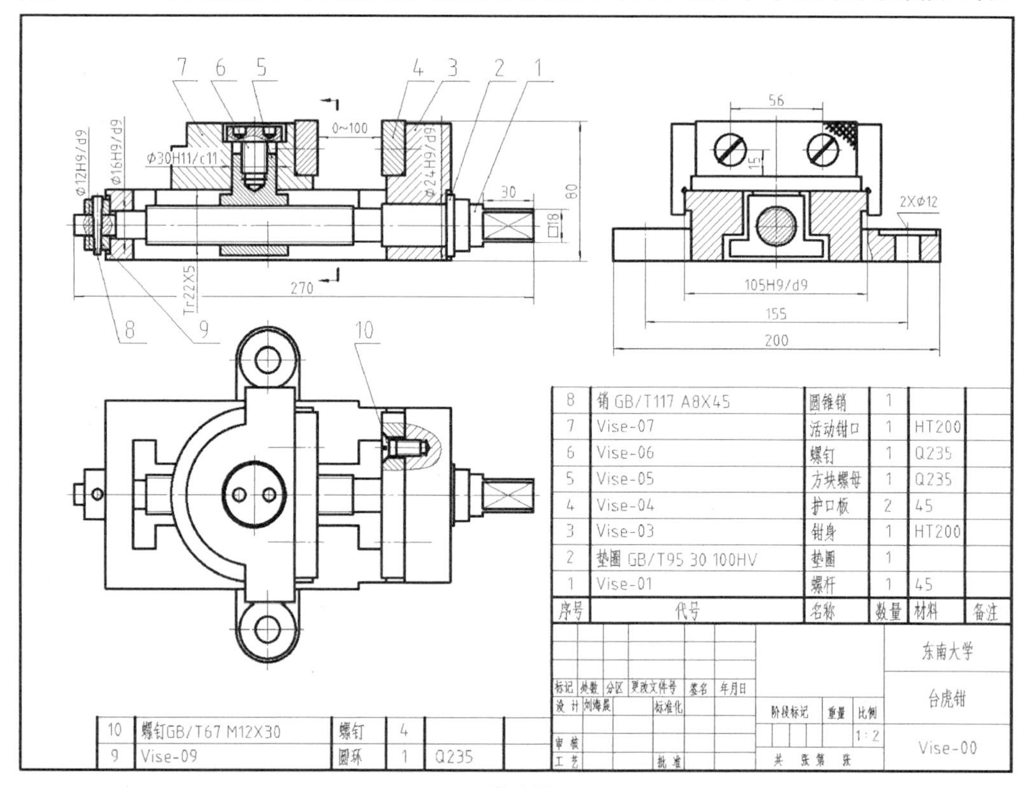

(a) 装配图

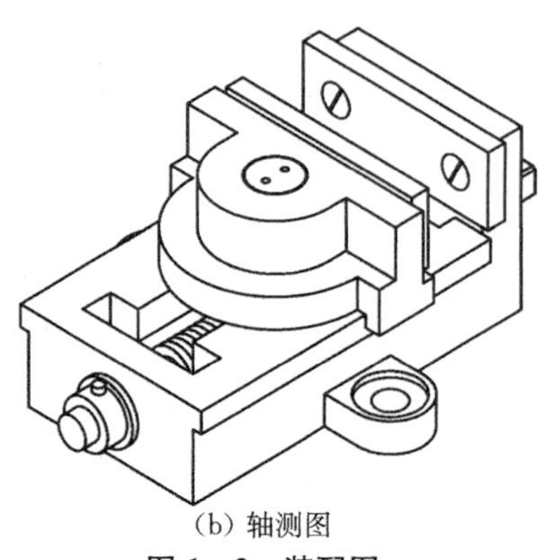

(b) 轴测图

图 1-2 装配图

件的主要形状结构。装配图上每一种零件都会编一个序号，在图纸下方的明细栏中，会记载该种零件的相关信息。

1.2　机械制图课程概览

机械图样按照国家标准规定的表达方法来展示机器及其零部件的形状，按照国家标准和机械专业规范来标注尺寸和技术要求。所以机械制图课程的内容既包括与制图相关的国家标准，又包括一些机械专业常识。

机械制图课程按照教学目的可分为投影制图和机械图样两部分。前者重在介绍画图的步骤方法和读图的分析方法，后者重在理解和运用零件图、装配图等机械图样上有关专业常识的技术要求。

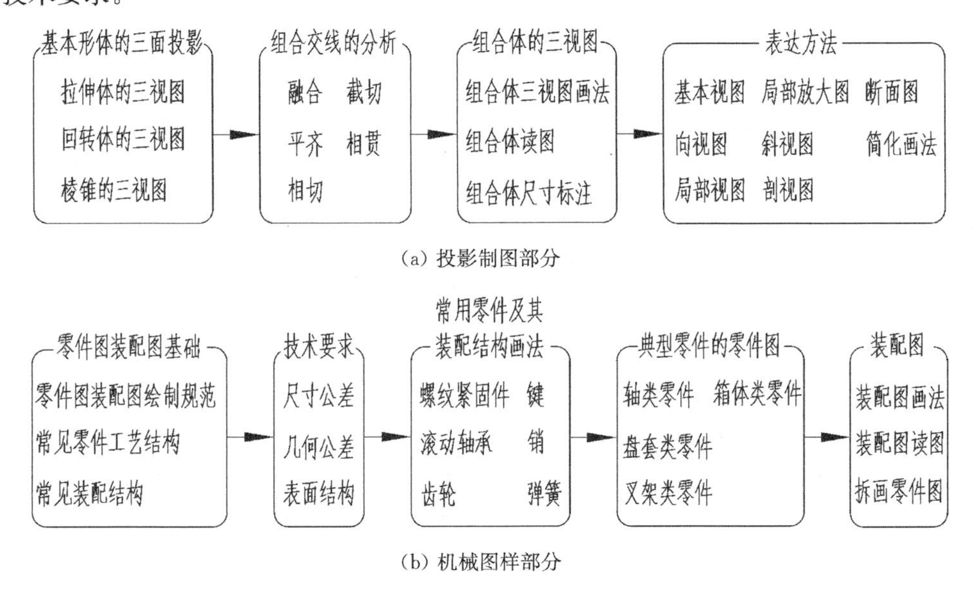

(a) 投影制图部分

(b) 机械图样部分

图 1－3　机械制图课程内容

1.2.1　国家标准

一部机器或一个机械零件，最初存在于设计师的大脑中，只有以图样的形式表达出来，才能和其他工程师或制造工人交流。而一幅图样要想让所有人都能看懂，就必须依据一个全社会共同的标准来画。这个标准就是与制图有关的一系列国家标准。

每个国家都有其制图国家标准。不同的国家标准不尽相同。各国都拥有各自的标准体系，如中国的 GB、美国的 ANSI、德国的 DIN、日本的 JIS、英国的 BS、法国的 NF 以及俄罗斯的 ГОСТ 等，还有国际标准化组织制定的 ISO。每一项国家标准都有一个代号，比如：GB/T 10609.2—2009《技术制图　明细栏》。GB 表示强制性国家标准，GB/T 表示推荐性国家标准。国家标准渗透到机械制图的各个方面：线型、字体、视图表达方法、技术要求的标注，以及螺纹、齿轮和轴承的规定画法等。

1.2.2 正投影图的画图和读图

初学者阅读机械图样，首先遇到的困难就是看不懂用正投影图表示的物体形状。学会读图的途径是先学会照着模型或轴测图画出零件的正投影图(图1-4(a))，在画图过程中了解图样上每一条线、每一个标注的来历，再潜移默化地发展出读图(图1-4(b))能力。

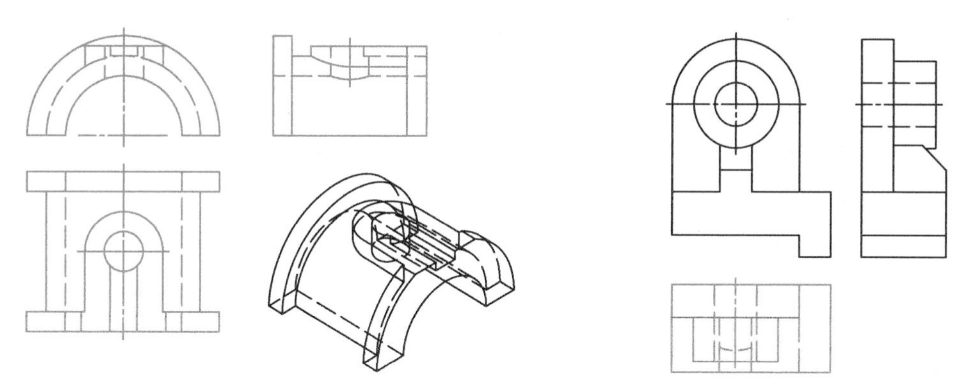

(a) 画图：根据轴测图画出三视图　　(b) 读图：根据已知的两个视图作出第三个视图

图1-4 画图与读图

形状复杂的机械零件可以视为由若干形状简单的形体组合而成的一个组合体。在画组合体的三视图时，先分别画出这些简单形体的三面投影，再处理它们之间的交线问题，就可以化繁为简，分步骤解决困难问题。组合体的形体分析法(图1-5(a))贯穿整个投影制图流程，从画图、读图、标注尺寸，一直到剖视图的断面分析。

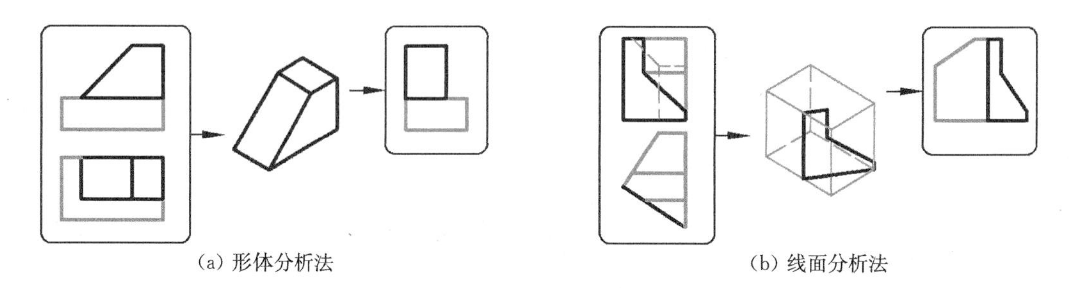

(a) 形体分析法　　(b) 线面分析法

图1-5 形体分析法和线面分析法用于读图(二补三)

线面分析法(图1-5(b))是辅助读图的分析方法，分析速度比形体分析法慢，但能够解决几乎所有读图问题。线面分析法主要分析物体上各个平面的三面投影，最后综合想象出物体形状。有些物体不能分解为基本形体，就只能用线面分析法来读图了。

简单的基本形体(图1-6)分为三类：拉伸体、回转体和棱锥。本书中，拉伸体定义为截面平行于某一基本投影面，然后垂直于截面拉伸所形成的立体；回转体定义为截面绕回转中心轴线旋转一周或某一角度所形成的立体；棱锥定义为底面平行于基本投影面的棱锥。它们的三面投影各有规律，按照规律画图和读图既准确又快速。

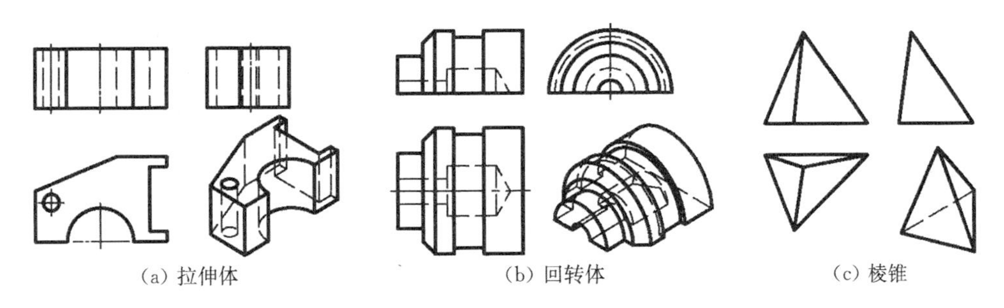

(a) 拉伸体　　(b) 回转体　　(c) 棱锥

图1-6　拉伸体、回转体和棱锥的三视图及其轴测图

形体组合成一物体后产生的交线问题可以分为五类(图1-7):融合、平齐、相切、截切和相贯。它们的交线问题处理各有其分析方法。融合是当形体之间有体积的交集时会产生的交线问题,融合无线是因为实体内部无线无面。平齐是当分属不同形体的表面共面且相邻时产生的交线问题,平齐无线是指如果一条线的两侧是同一表面,那么该线不应该存在。在机械零件上,相切多数是平面与圆柱面之间相切,相切无线是因为制图标准规定切线不画出来。截切是指在简单形体上做孔、槽挖切所产生的较为复杂的交线问题,本书提出一种四步法化繁为简逐步解决。相贯是指两个表面(平面或曲面)之间的交线,机械零件中常见的是圆柱面与圆柱面、圆柱面与平面之间的交线,本书用与截切类似的四步法分析解决相贯交线问题。

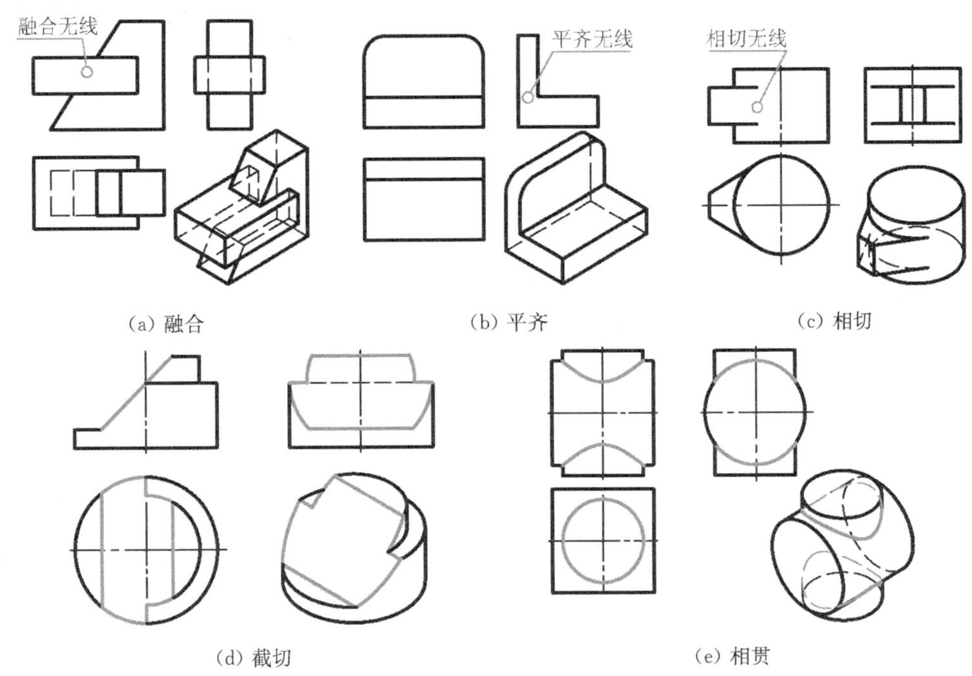

(a) 融合　　(b) 平齐　　(c) 相切

(d) 截切　　(e) 相贯

图1-7　五种交线问题

1.2.3　表达方法

大多数物体都可以通过三视图(图1-8(a))表达清楚它的形状。但当物体结构很复杂时,不同形体的投影重叠在一起,就难以分辨物体的形状了。这时候就需要用剖视图(图1-8

(b))。有的机械零件孔腔结构复杂,需要在多个层次剖切才能充分展现。另外机械零件上还存在倾斜的结构、需要被放大的细节结构等,它们都需要用特殊的表达方法才能表示清楚。

表达方法一章介绍了基本视图、向视图、剖视图、局部视图、局部放大图、斜视图、简化画法和断面图。相比于三视图,这些反而是零件图和装配图中常用的表达方法。

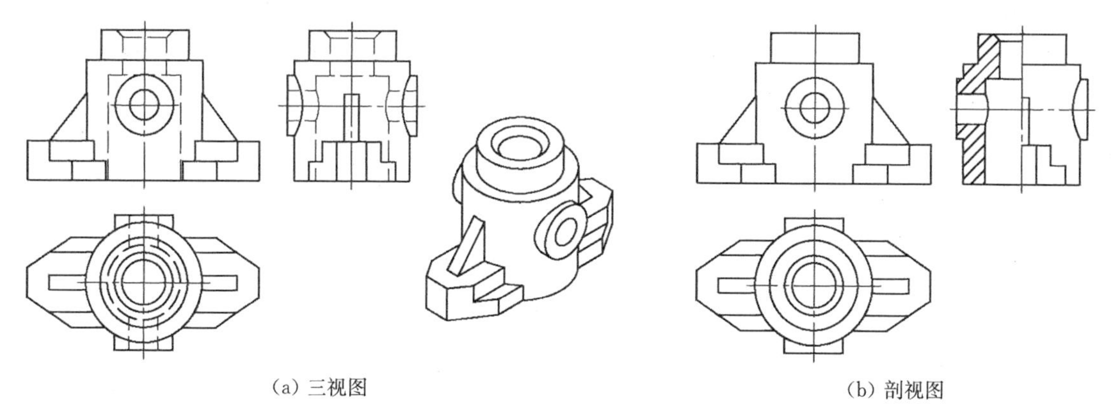

(a) 三视图　　(b) 剖视图

图 1-8　不同的表达方法表示同一物体

1.2.4　尺寸标注

机械图样上的尺寸标注,从尺寸样式到标注方案,都要受到国家标准和机械专业规范的诸多约束(图 1-9)。投影制图部分组合体尺寸标注考虑的是构成物体的形体的定形尺寸和定位尺寸。零件图和装配图中标注尺寸时,还要考虑设计目标和制造工艺等因素。

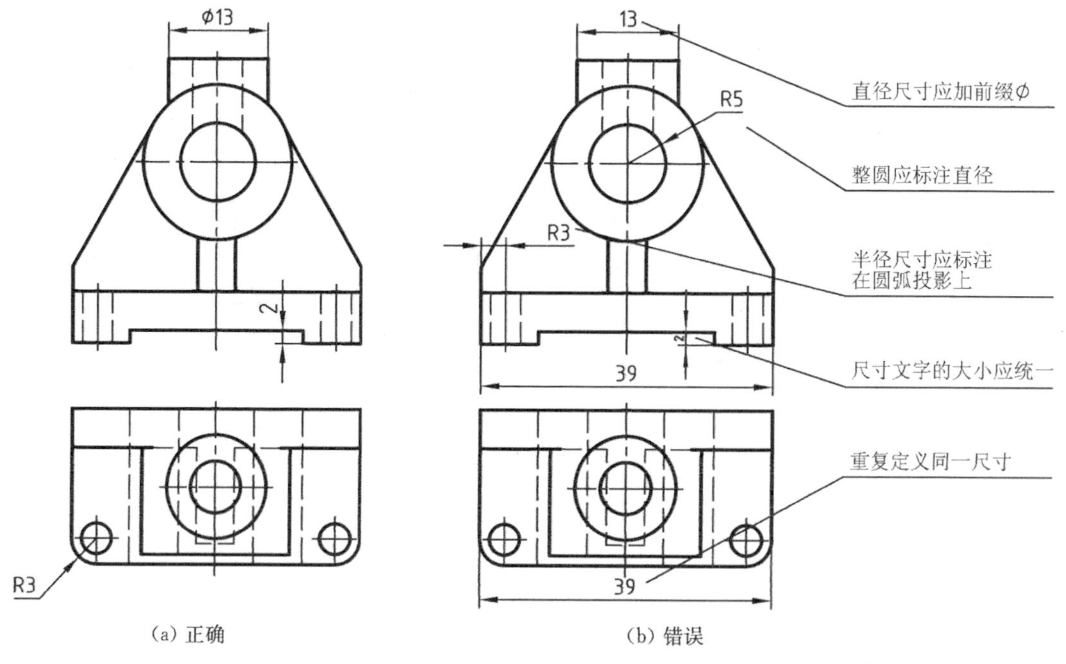

(a) 正确　　(b) 错误

图 1-9　尺寸标注的正误

尺寸标注的要求是:正确、完整、清晰、合理。正确是指尺寸标注样式符合国家标准。完整是指物体各部分的大小被尺寸完全定义,且没有被重复定义。清晰包括两方面:尺寸布局合理,尺寸文字清晰,尺寸线和尺寸界线排列井然;尺寸标注方案要使得每一个尺寸有清楚的意义,如定形尺寸、定位尺寸或总体尺寸等。合理是指零件图和装配图上的尺寸标注要考虑零件的设计制造和装配工艺,比如做到便于测量、基准统一、考虑工序工步等。

1.2.5　零件图和装配图

零件图和装配图涉及许多机械设计和制造的常识、标准和规范。系统全面地介绍这些专业知识是其他专业课程的任务,制图课中介绍的只是与画图密切相关的部分专业知识,包括常用的材料、工艺和技术要求等,没有这些知识作为基础,就看不懂工程图,画出来的图在合理性上就会错误百出(图 1-10)。

技术要求主要介绍尺寸公差、几何公差和表面结构。制造误差总是存在的。在设计时,我们只能设定允许误差的范围(公差)。公差的设定既要符合国家标准,又要具有合理性。

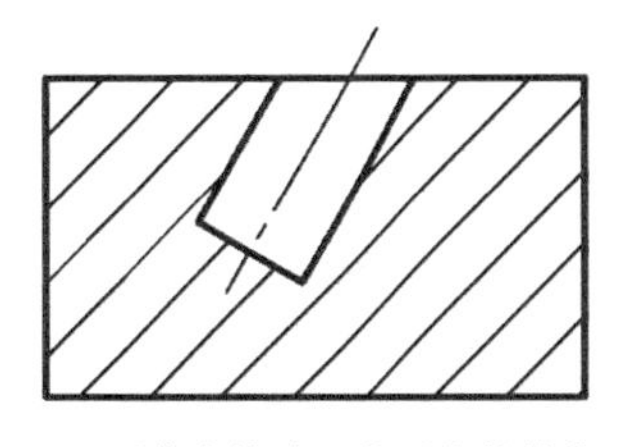

(a) 不符合钻孔工艺要求的结构

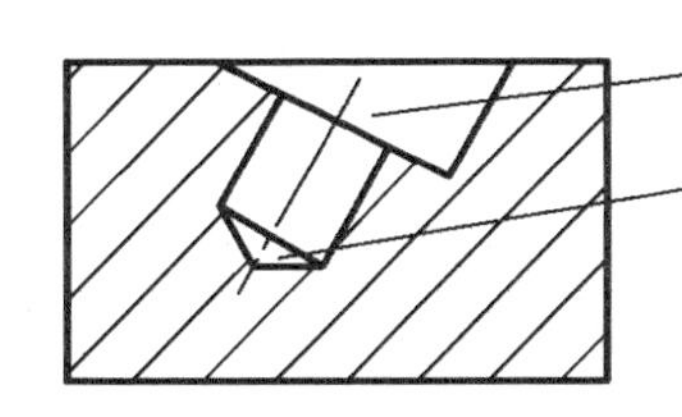

(b) 考虑了钻孔工艺要求的结构

图 1-10　零件图和装配图应该符合工艺常识

有的结构或零件有规定画法(图 1-11),比如螺纹、齿轮、滚动轴承等。有些装配结构是固定搭配而且是常用的,比如螺纹联接、齿轮啮合、键联接等。在了解了这些常见"部分"的画法之后,再去读和画零件图、装配图就容易多了。

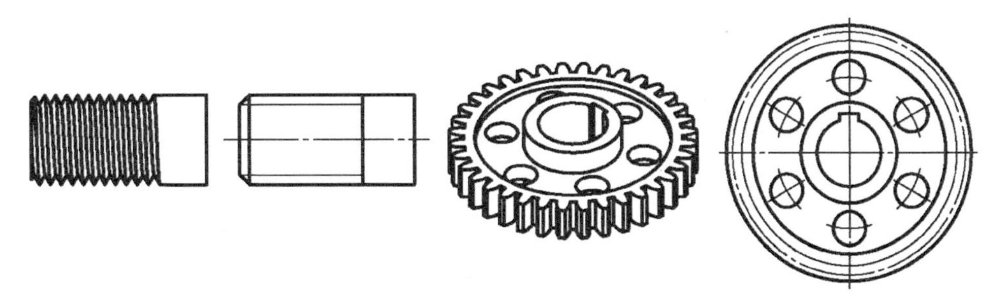

(a) 螺纹的实际形状　(b) 螺纹的规定画法　(c) 齿轮的实际形状　(d) 齿轮的规定画法

图 1-11　螺纹和齿轮的规定画法

机械零件的形状千差万别,各有其恰当的零件图表达方案,所以本书将零件分为轴类零件、盘套类零件、叉架类零件和箱体类零件四种,分别介绍其零件图的共性特点。

装配图的作用不只是指导装配作业,还指导零件(图)的设计,所以除了能画出装配图、看懂装配图之外,还要会拆画零件图,根据装配图设计出完整合理的零件图。

1.2.6 制图的学习目标和学习方法

制图课程的目标是能画出符合国家标准和机械专业常识的工程图样,能读懂工程图样所表示机体的形状、各种标注的含义。

目前计算机绘图已经普及,几乎所有的工程图样都是用绘图软件制作出来的,但是制图课的主要学习方法仍是手工作图,因为通过手工作图能细致、全面地掌握制图技能。此外,用计算机绘制工程图样的难点不在于绘图软件的使用,而在于了解国家标准、机械专业知识等制图知识。

目前计算机绘制零件图的流程(图 1-12)一般是:先参数化三维建模,再让软件自动生成二维视图,最后按照国家标准进行修改并加标注。

在这种设计模式下,机械制图知识主要应用于以下三个方面:

·根据国家标准和表达目的修改视图。这需要能够读懂视图上每一条图线的含义,并了解国家标准中对表达方法的规定和常用零件的标准画法。

·进行尺寸和技术要求的标注。这既要求了解相关的国家标准,又要求知道相关的机械设计制造常识。

·通过阅读机械图样学习他人的设计经验。这需要能够读懂物体的形状,并理解零件上的结构及其技术要求的意义。

针对以上各方面的应用,我们要通过手工作图作业,掌握以形体分析法、线面分析法为基础的画图、读图能力,细致全面地掌握与制图相关的国家标准和专业知识。

作业是学习制图的重要环节。作业不是考试,作业的目的就是找到不了解、理解错误之处。作业中的错误是可贵的,对于完善制图能力是不可或缺的。只要是运用了分析方法认真完成的作业,错误越多进步空间越大。

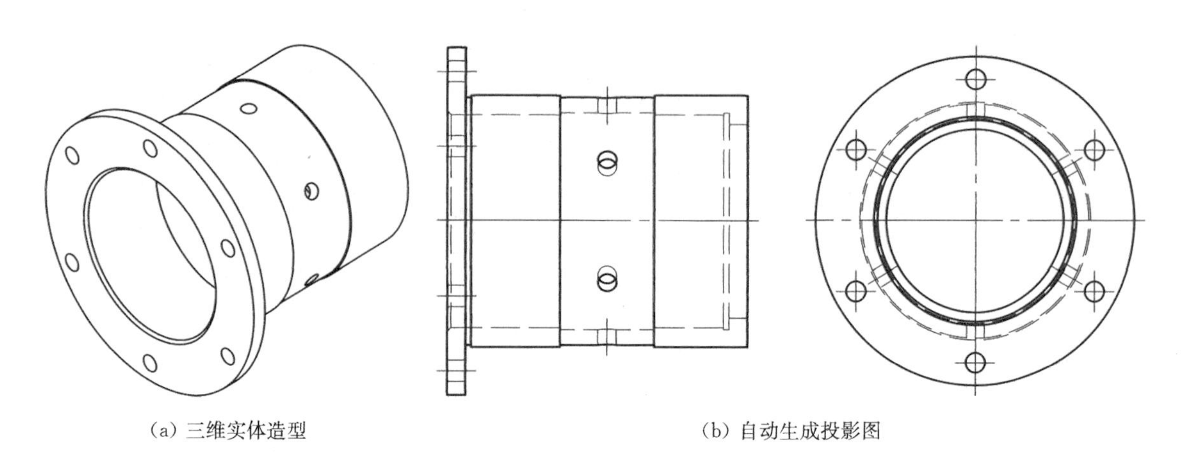

(a) 三维实体造型　　(b) 自动生成投影图

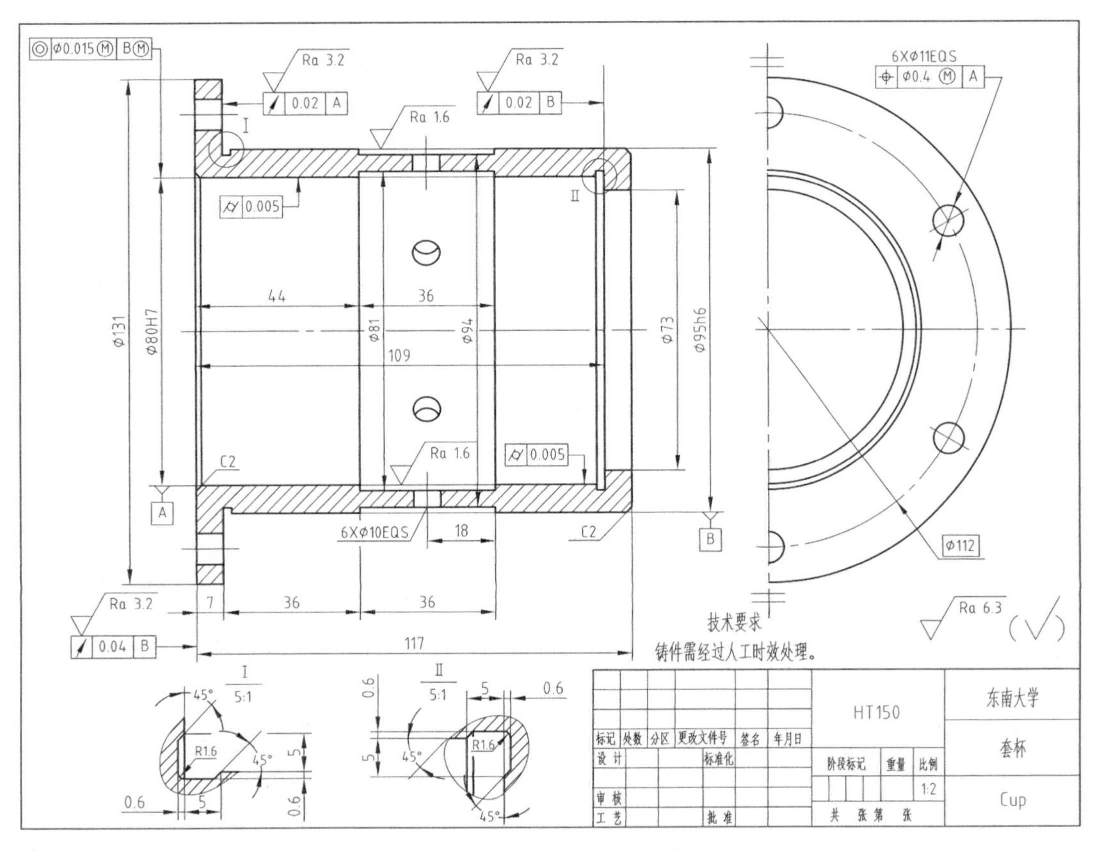

(c) 修改视图,完成尺寸和技术要求标注

图 1－12　计算机绘制零件图的流程

1.3　图纸

根据 GB/T 14689—2008《技术制图　图纸幅面和格式》,基本的图纸幅面从 A0 到 A4 共有五种(表 1－1),其面积正好依次成倍数关系,长宽比都近似为 1.4。大一号的图纸对裁一半,就是小一号的图纸。

表 1－1　图纸幅面尺寸　　(单位为毫米)

幅面代号	A0	A1	A2	A3	A4
长×宽	1 189×841	841×594	594×420	420×297	297×210

在绘制工程图样时,应该优先采用这五种幅面的图纸。如果有特别需要,标准也允许将图纸的长或宽加倍。

图纸的周边有用粗实线画的图框,图纸的右下角有标题栏。所有图线都应该画在图框以内,并且不能画入标题栏。

图框的四条边线的中点处,都有用粗实线画的对中符号。这是为了方便图样复制,或微缩摄影时的定位，也可以用来在图板上摆正图纸。

作图时，图纸可以根据需要横放或竖放。标题栏的位置决定了图纸的正方向。如果用的是预先印制好图框和标题栏的图纸，但又想旋转 90°使用，可在图框下边的对中符号处画一个方向符号(图 1－13)，以告诉读者正确的看图方向。方向符号为用细实线画的正三角形。

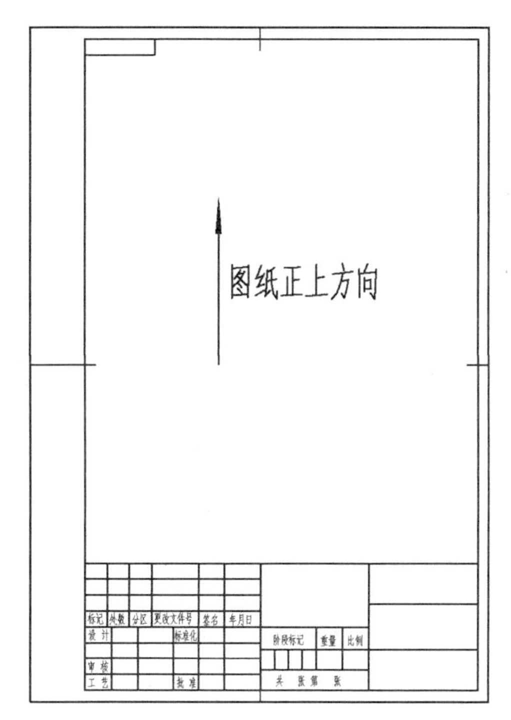

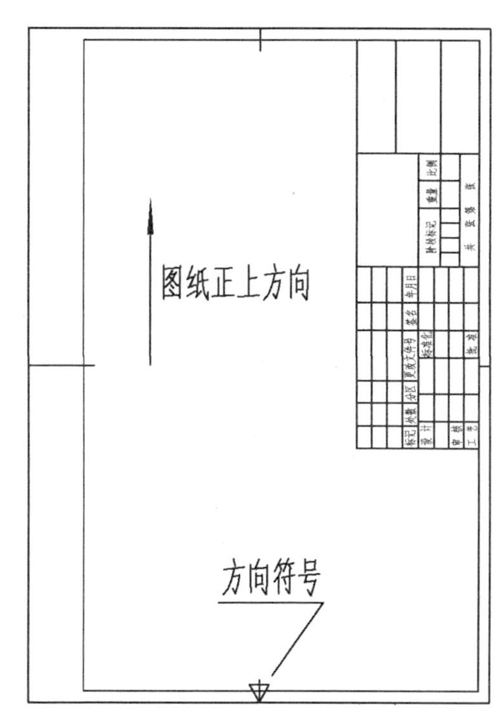

图 1－13　图纸

图样的右下角都设有标题栏(图 1－14)。标题栏用于记载图样所画物体的名称、材料等信息，以及设计、审核负责人的签字。

						HT200			东南大学机械工程系
标记	处数	分区	更改文件号	签名	年月日				变速箱
设计	刘海晨	20190902	标准化			阶段标记	重量	比例	
								1:1	BS01-00
审核			学号	207					
工艺			批准			共 张 第 张			

图 1－14　标题栏

整个标题栏中，只有签名可以不用标准字体。

日期的格式有三种可选：20190226、2019－02－26 和 2019 02 26。

标题栏中间的大格子用于填写所画零件的材料。机械零件常用的钢铁材料有：HT200（灰铸铁）、QT450－10（球墨铸铁）、Q235（碳素结构钢）、45（优质碳素结构钢）、20Cr（合金结构钢）等。

最右侧的三个格子，从上到下依次应填写：单位名称、图样名称和图号。

如有必要，可以注明图样采用的是第一角投影还是第三角投影。投影符号画在标题栏的右下角，与图号共用一个格子。

图号是这张图纸具有唯一性的代码。不同的图纸，图名可以一样，图号不能一样。图号一般由字母和数字组成。有的图纸在左上角还有一个图号框，用来写倒置的图号，以方便查找图纸。

标题栏中的比例（图1－15）反映的是图线相对实物的线性尺寸之比。若比例为“2∶1”，则实物上长16的棱线，画在图上应画32，但图上尺寸仍应标注为16。比例的数值不能随意定，只能从国家标准的规定（表1－2）中选择。

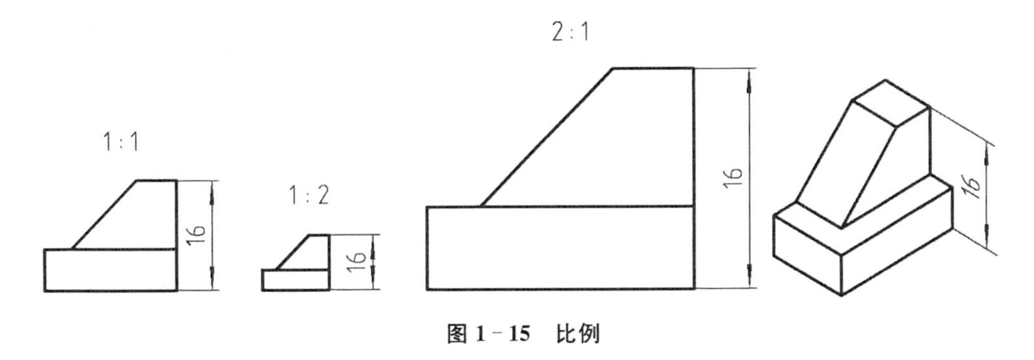

图1－15　比例

表1－2　标准比例　　n 为正整数

放大比例	优先系列	2∶1　5∶1　1×10^n∶1　2×10^n∶1　5×10^n∶1
	可选系列	2.5∶1　4∶1　2.5×10^n∶1　4×10^n∶1
缩小比例	优先系列	1∶2　1∶5
	可选系列	1∶1.5　1∶2.5　1∶3　1∶4　1∶6　1∶1×10^n　1∶1.5×10^n　1∶2×10^n　1∶2.5×10^n　1∶3×10^n　1∶4×10^n　1∶5×10^n　1∶6×10^n
原值比例	1∶1	

1.4　常用线型

图样是标准文档，图样上的每一条线都必须采用标准线型。常用的标准线型有粗实线、虚线和细点画线（以下简称点画线）等。常用线型及其用途和画法见表1－3。

表 1-3　常用线型　　（单位为毫米）

名称	形状	主要用途	画法要点
粗实线		可见轮廓线	相对于细的线型 2 倍粗
虚线	1 4	不可见轮廓线	长 4 空 1
细点画线	3 15~30	圆的十字中心线 回转体的回转中心轴线 物体的对称中心线	短画长 1,空隙宽 1 两个短画之间的长画长度＞15 首尾是长画(长度＞4) 要超出相应图线 2～5
细实线		尺寸线、尺寸界线 剖面线	粗实线的 1/2 粗细
波浪线		假想断裂处的边界	徒手圆滑地画出,不能有尖点 不可出头
双折线		假想断裂处的中断线	峰谷落差为 7 倾斜线段与铅垂方向成 15°
双点画线		虚拟轮廓线	是具有两段短画的点画线

1.4.1　粗实线

粗实线用于描绘可见轮廓线,就是从某个视线方向观察物体,所能看到的物体表面的棱线或曲面的转向轮廓线。物体的最外一圈轮廓线总是可见的,应用粗实线画。

粗实线线型看似简单,却很容易画错,关键在于“粗”。“粗”是相对于“细”而言的。如果把粗实线画得和虚线、点画线等细线线型一样,那么就画错了。国家标准规定,粗实线应该是细线线型的 2 倍粗。所以,为了避免把粗实线画错,手工作图时应该准备两支铅笔(图 1-16),一支用于画粗实线,另一支用于画虚线、点画线等细线线型。圆规的铅芯也同样要准备一粗一细。粗细的差别不能用颜色深浅的差别来代替。

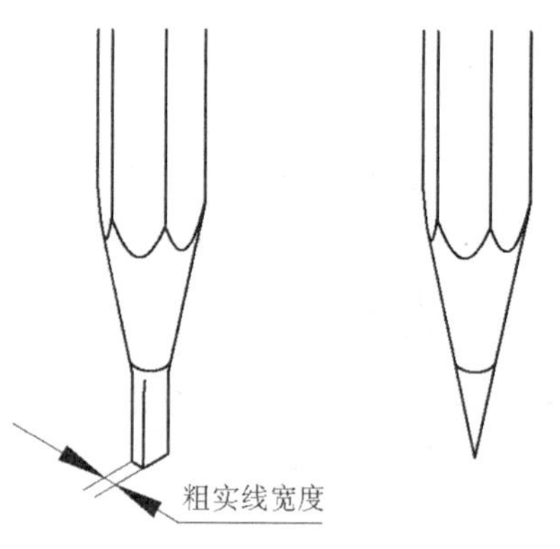

图 1-16　用于画粗线和细线的铅笔

图纸上,粗实线一般画 0.8 毫米左右。

1.4.2　虚线

不可见的轮廓线，比如物体内部的孔、槽和处于视线方向背面的棱线等，用虚线画（图 1－17）。

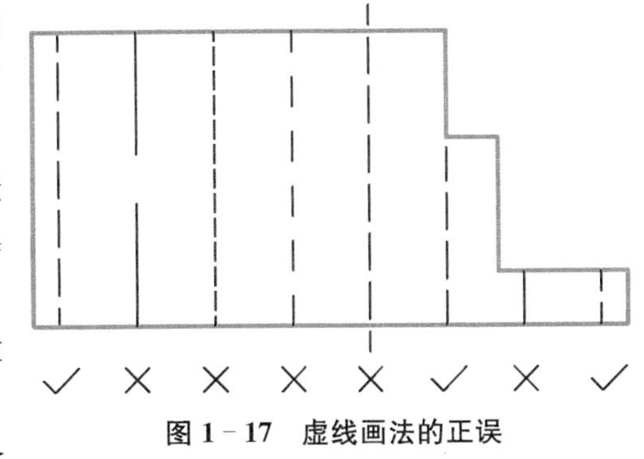

图 1－17　虚线画法的正误

虚线线型按照“长 4 空 1”画：线段长约 4 毫米，空隙长约 1 毫米。首尾的线段可以不足 4 毫米。

在狭小的空间画虚线时，不能缩短中间线段的长度，可只画首尾两段线段。

虚线和别的图线相交时，应尽量将线段部分放在交点处。但当虚线的延长线上有粗实线时，应该留 1 毫米的空隙，以防读者看不清线段的分界。

虚线不能画到实体轮廓之外去。

1.4.3　细点画线

粗实线和虚线分别表示可见和不可见的轮廓线，这是个覆盖了全集的二分法。所以点画线是用来表示物体表面上没有的线，多为中心要素：圆的十字中心线、回转体的回转中心轴线和物体的对称中心线。点画线所画的虽然都是虚拟要素，但是在图样上和轮廓线一样是不可或缺的。

点画线（图 1－18）中处于两个短画之间的长画应长于 15 毫米。短画不是圆点，长 1 毫米，两侧的间隙也是 1 毫米。整条点画线的首尾必须是长画，但长度可短于 15 毫米。

点画线必须超出相应图线 2～5 毫米。“相应图线”要看点画线的意义：如果是圆的十字中心线，就要超出圆；如果是回转体的纵轴线，就要超过回转面的轴向范围；如果是物体的对称中心线，就要超出整个视图。

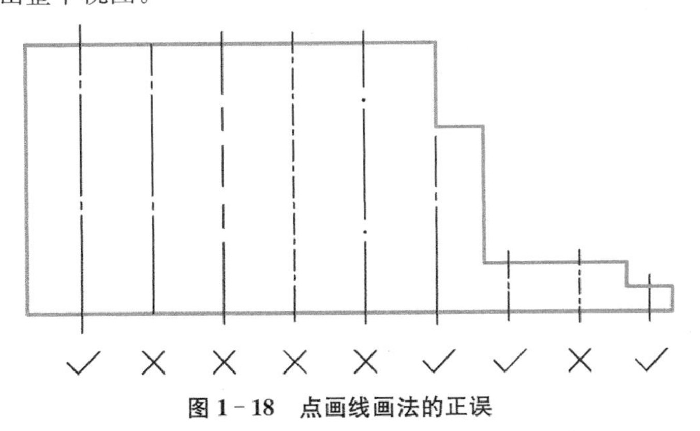

图 1－18　点画线画法的正误

在比较狭窄的空间画点画线时，尽量保留一个短画。在不足 10 毫米的狭小空间，可以用细实线代替点画线。

点画线和别的图线相交时，应尽量将长画部分放在交点处。当点画线的延长线上有粗实线或虚线时，应该留 1 毫米的空隙，以防读者看不清线段的分界。

在点画线常见的三种用处(图 1－19)中，圆的十字中心线和回转体的回转中心轴线是必不可少不能漏画的。而表示物体的对称中心的点画线，则要视具体情况决定画还是不画。过于简单的立体，比如长方体，即使对称也不能画对称中心点画线。与物体的主要形体(回转体)的回转中心轴线垂直的对称点画线也不能画，比如竖直摆放的圆柱，其上下也对称，这时就不能拦腰画条点画线，那样的话别人就分不清楚哪一条是圆柱的轴线了。

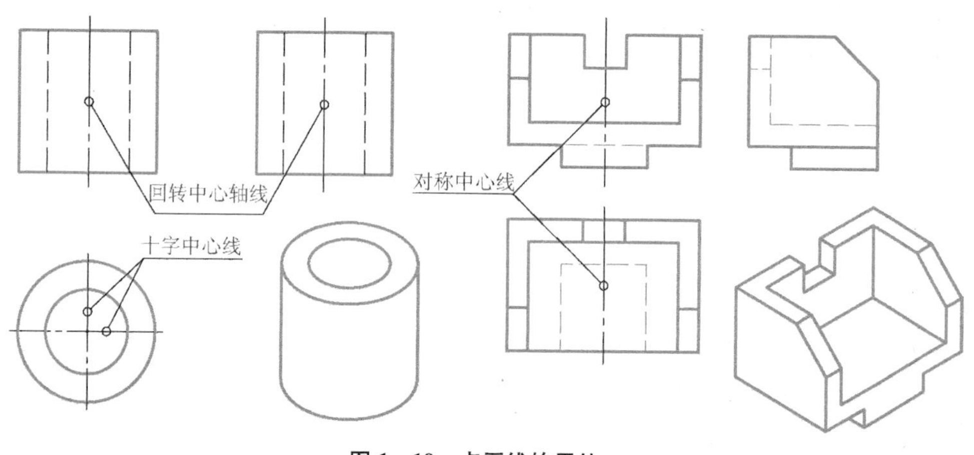

图 1－19　点画线的用处

1.4.4　不同线型的线段重合与相交时的处理

当虚线与点画线重合时，画虚线而不画点画线，即虚线可覆盖点画线。粗实线可覆盖虚线或点画线。

一般情况下点画线要超出相应图线一点，但当点画线几乎完全被覆盖，只剩下出头的那一丁点时，出头的那一点可不画。

图样中，图线之间有最小线距的规定：两条平行线之间的最小间隙为 0.7 毫米。当按照物体的实际尺寸和作图比例，两条线条的间距小于 0.7 毫米时，应当扩大至 0.7 毫米画出。

虚线和点画线都是有间断的线型。手工作图时，遇到图线相交的场合，要微调线型中线段的长度，尽量做到“线线相交”，让虚线线型的线段部分和点画线的长画部分处于交点处。

1.5　字体

图样上的汉字、英文字母和数字的字体也有国家标准规定，书写时必须要依照国家标准。

英文 26 个字母的大小写的国家标准如图 1－20 所示。

ABCDEFGHIJKLMNOPQRSTUVWXYZ

abcdefghijklmnopqrstuvwxyz

图 1－20　英文字母的标准字体

英文字母的国标字体都有一种“直边”的形状特点，但又不是完全地直线化(图 1－21)。

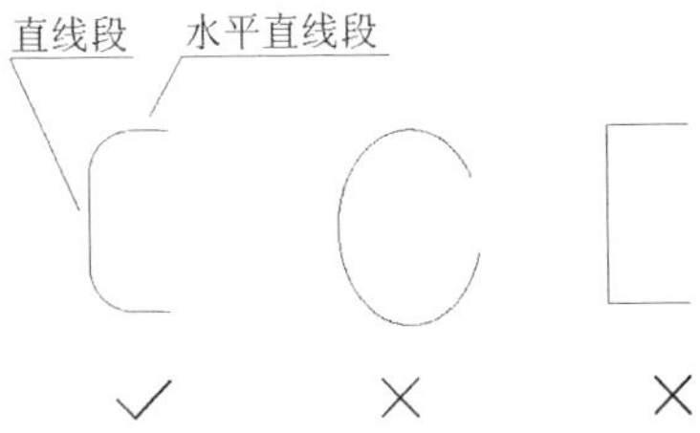

直线段　水平直线段

✓　×　×

图 1－21　英文字母的直边特点

图 1－22 为 10 个阿拉伯数字的标准字体。每个数字都有书写要领。

0：是个圆滑的椭圆，书写时应像写一对括号一样分两笔写，没有直边特征，有直边特征的是英文字母 o。另外字高应和其他数字一样。

1：上边有勾，下边不带横。上边的勾不能写得太平，否则易与 7 混淆。

2：左下方是一个尖角，而不是一短竖。

3：有直边特征，有三段水平直线段。

4：上边是开口的，而不是一个尖角。

5：有直边特征，有三段水平直线段。另外上边的竖不能出头。

6：几乎全由曲边写成，书写时应像写一对括号一样分两笔写。

7：左上角有勾。

8：有直边特征。书写时上、下各应像写一对括号一样分两笔写。

9：就是倒转的 6，书写时应像写一对括号一样分两笔写。

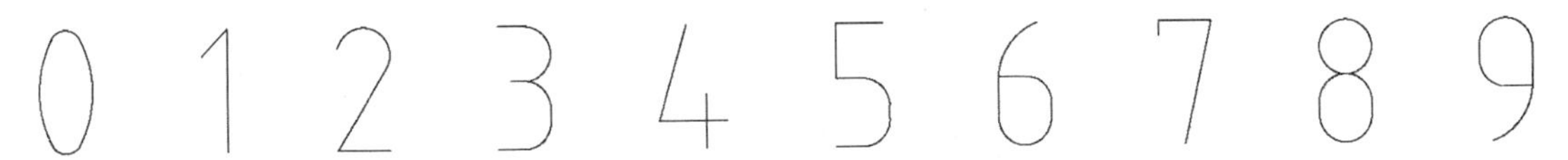

图 1－22　数字的标准字体

汉字的国家标准字体是“长仿宋体”(图 1－23)。“长”即整个字的宽高比要使字瘦长。“仿宋体”的特点就是像宋徽宗创造的瘦金体一样，笔画的起笔、转折和落笔都要有明显的笔锋，要一笔一画地写，不能潦草。

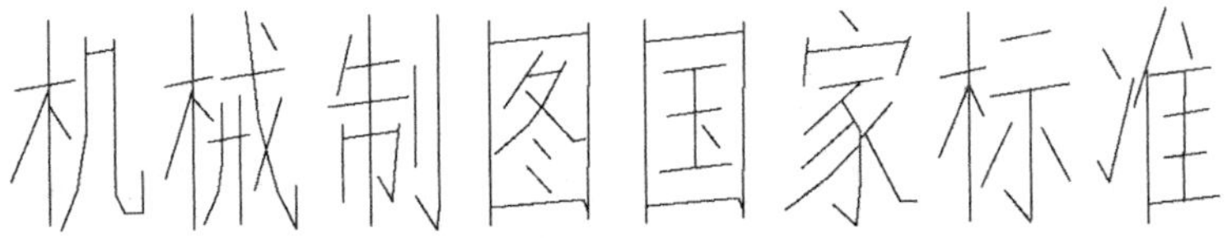

机械制图国家标准

图 1－23　汉字的标准字体

写在同一幅图纸上的文字(同类标注)大小要一致,不能因为空间狭小,就缩小某一处标注的文字。

文字的大小由字高决定。字高的国标系列为以下八种(单位:毫米):1.8、2.5、3.5、5、7、10、14、20。作业中,数字和字母一般采用3.5号字。汉字因为笔画多,其字高应比同类标注的数字和字母大一号。作业中,汉字用5号字。

数字和字母可写成正体或者斜体(图1-24)。斜体字头向右偏斜,与水平方向成75°。汉字只能写正体。

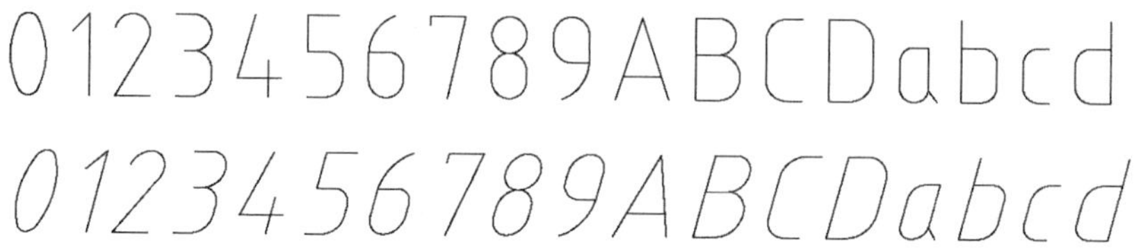

0123456789ABCDabcd
0123456789ABCDabcd

图1-24　正体和斜体

1.6　作图工具和作图方法

以图1-25所示的平面图形为例,尺规作图方法如下:

Φ52
4XΦ17
52
87
96
131
R17

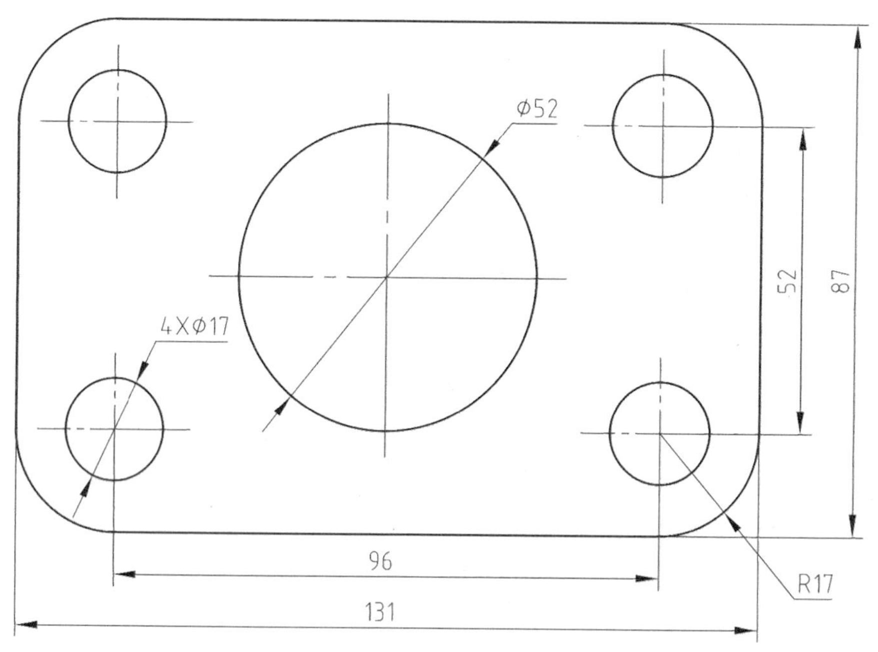

图1-25　平面图形

(1) 把图纸校正固定在图板上

图板为图纸提供平整的支持。丁字尺与图板配合使用。丁字尺的尺头和尺身的垂直度制作得比较精准,使用丁字尺时,要让尺头紧贴着图板的左边,然后上下移动,这样就能在图纸上画一些作为基准的水平线。固定图纸时,以丁字尺尺身为基准,移动图纸使图纸图框中间的对中符号与丁字尺对齐，然后将图纸的四角用胶带固定在图板上(图 1－26)。

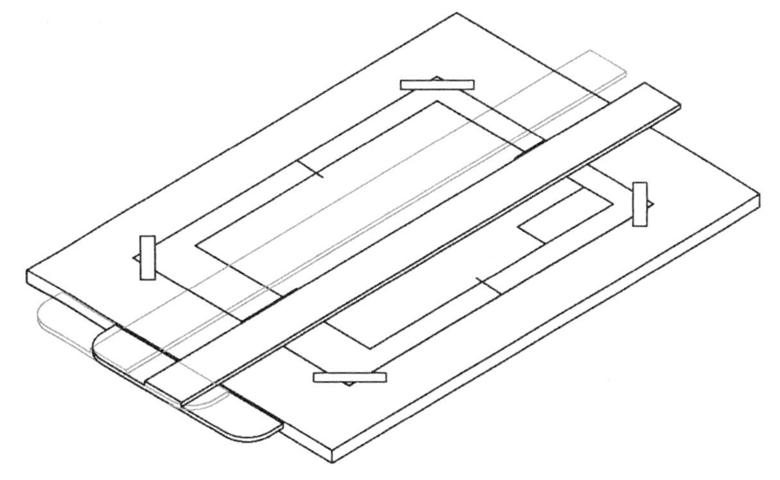

图 1－26 将图纸校准固定在图板上

(2) 用丁字尺画基准线

手工作图的原则之一是：先淡稿，后加深。图样的形成过程就像建筑房屋一样，中间要用到很多辅助线，复杂的交线也要按照步骤逐步作出，所以是一个不断修改的过程。如果一开始就把图线画得颜色很深，修改后会在图纸上留下痕迹，似有非有，影响别人读图。另外国标线型画起来费时间，应该在最后当所有图线都已经确定了再把图线按国标线型加深。

铅笔的深浅以 H 和 B 来标识：H 色浅，2H 更浅；B 色深，2B 更深。淡稿宜用浅色铅笔。要注意的是，国标线型只规定了粗细，没有规定颜色深浅，所以加深时不论粗线细线都可以用 HB 铅笔。

用淡色铅笔画平面图形的上下中心线，作为基准水平线(图 1－27)。

图 1－27 画平面图形的基准线

用丁字尺画的基准线将作为每个视图上图线的水平基准。以后这些视图上的水平线、铅垂线都用一副三角板来完成(图 1－28)。

三角板通常是一副(30°和 45°两块)一起配合使用，可以快捷地画出某直线的平行线或垂直线，也能画出与某条直线成 30°、60°、45°甚至 15°等角度的直线。

画某直线的平行线的方法是：先将两块三角板按图 1－28(a)的方位并拢摆放；再整体移动两块三角板，用 45°三角板的斜边和基准直线对齐(图 1－28(b))；接着按住 30°三角板不动，让 45°三角板的一条直角边沿着 30°三角板的斜边滑动；滑动到合适位置后，按住两块三角板，就能画出和基准直线平行的直线了(图 1－28(c))。

画某直线的垂直线的方法是：先将两块三角板按图 1－28(a)的方位并拢摆放；再整体移动两块三角板，用 45°三角板的斜边和基准直线对齐(图 1－28(b))；接着按住 30°三角板不动,将 45°三角板顺时针旋转 90°,再让 45°三角板的一条直角边沿着 30°三角板的斜边滑动;滑动到合适位置后,按住两块三角板,就能画出和基准直线垂直的直线了(图 1-28(d))。

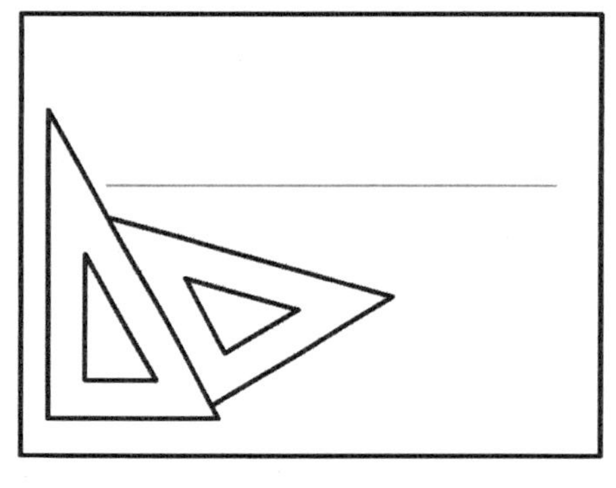

(a) 将两三角板按图示方法贴紧

(b) 将 45°三角板的斜边与基准直线对齐

(c) 按住 30°三角板,移动 45°三角板,画基准线的平行线

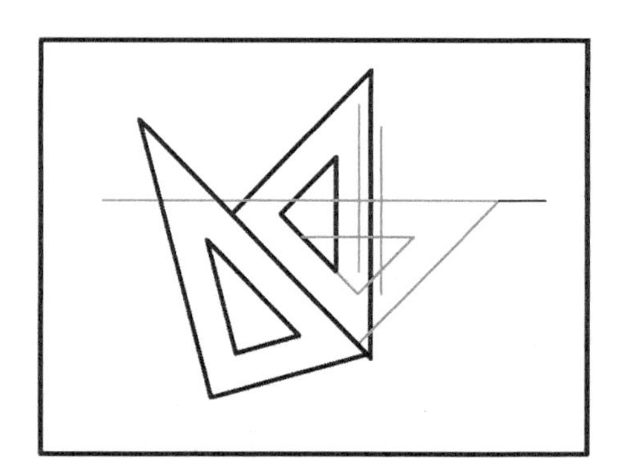

(d) 按住 30°三角板,将 45°三角板旋转 90°,画基准线的垂直线

图 1-28　三角板的使用方法

(3) 画矩形边框和中心处的圆

手工作图的原则之一是:先画出物体的主要轮廓,后画附属的结构。这个平面图形的基本轮廓是个矩形,附属结构包括分布于矩形四角的圆角和孔。这一步要按照给定尺寸,画出关于中心点对称的矩形。

手工作图的原则之二是:先画中心线,后画圆或关于中心对称的结构。图样上的中心线往往是必须先画出的,放在以后画会忘记画。先画中心线能为圆提供圆心,为对称结构提供作图中心定位点。

用两个三角板,垂直于基准水平线,画出平面图形的左右方向上的(竖直的)中心线。

手工作图时一般用分规或圆规在尺上量取长度,再运用到图上,而不是直接用尺到图上去量取长度。机械图样一般会用多个视图来表达一个物体的形状,而且几个视图是同步画的,所以一个尺寸经常要用到多处。这样用分规或圆规只要量一次,作图效率比用尺直接量高得多。作图时很多场合只要求等长、不论尺寸数值。

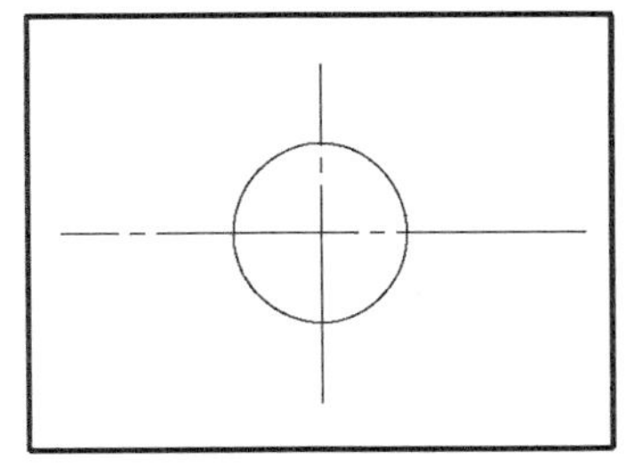

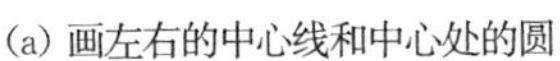
(a) 画左右的中心线和中心处的圆

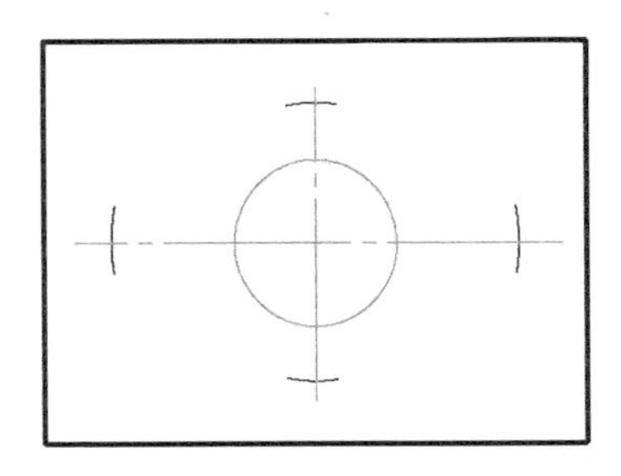
(b) 用分规或圆规截取矩形的长度和宽度

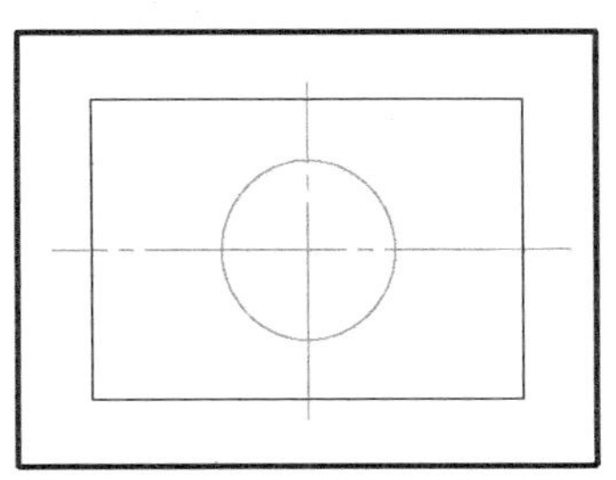
(c) 用两个三角板画出矩形

图1－29　画矩形轮廓和中心处的圆

如图1－29所示，先在尺上量取圆的半径(图1－30)，以十字中心线交点为圆心，画出中心处的圆；再量取矩形的半长和半宽，到图上截取相应长度；接着用两个三角板根据截取点，画基准线的平行线和垂直线，就可以完成矩形。

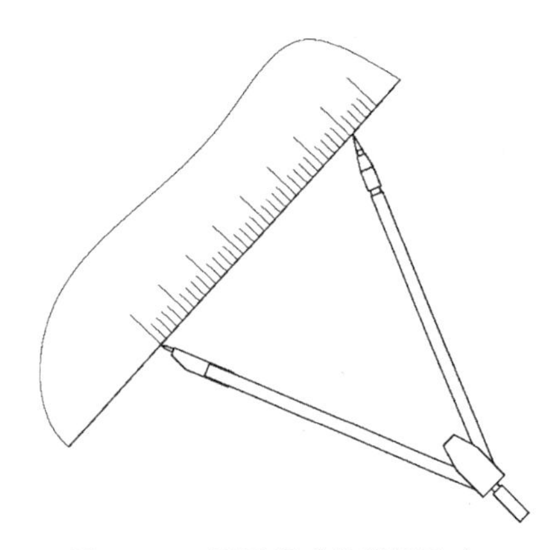

图1－30　用圆规或分规量尺寸

(4) 画四角处的圆角和与其同心的圆

先画十字中心线。用分规或圆规量取圆角的半径长，再以矩形四角为圆心截取长度，接着用三角板过截取点画矩形边的平行线，画出圆角的十字中心线(图1－31)。

画出圆角和同心的圆。

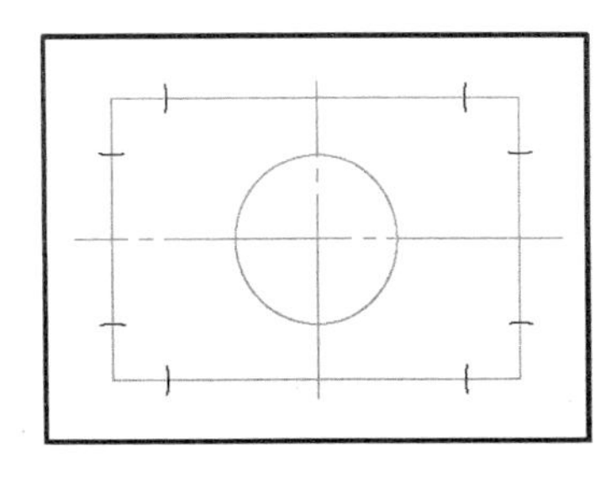
(a) 以四角为圆心截取十字中心线位置

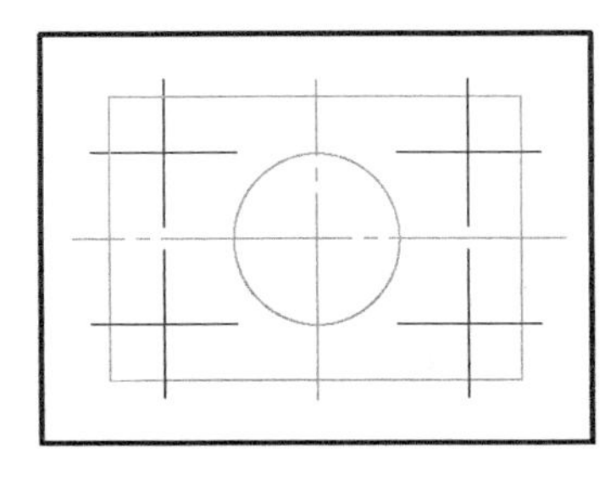
(b) 用两个三角板画出十字中心线

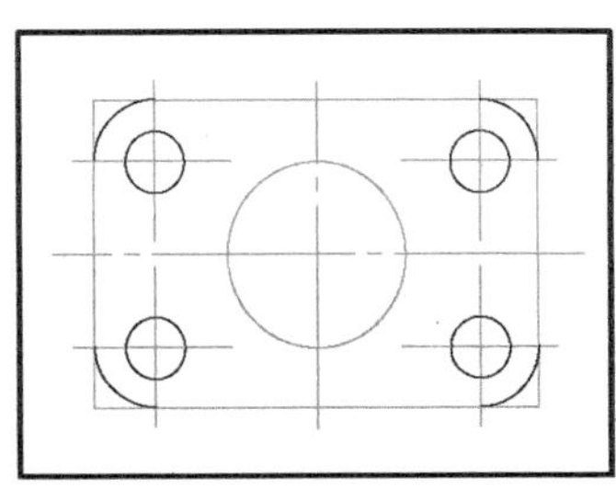
(c) 画出圆角和与其同心的圆

图1－31　画四角处的圆角和与其同心的圆

(5) 按照国标线型加深

手工作图的原则之三是:加深图线时,应先加深细线后加深粗实线,先加深圆弧后加深与之相切的直线。前者是为了尽量防止手和尺沾染铅粉把图纸弄脏,后者是因为调整直线对齐切点容易,而让圆弧对齐两个直线端点难。

如图 1-32 所示,加深各圆的十字中心线,加深四个圆角,然后加深四段切线,最后加深五个粗实线圆。

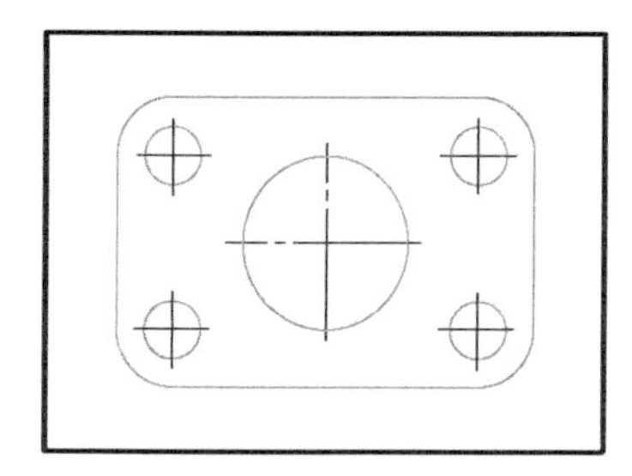

(a) 先加深细线,后加深粗线

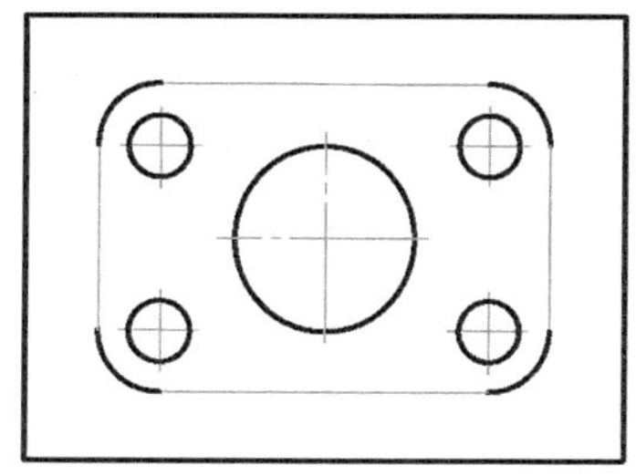

(b) 先加深圆弧,后加深切线

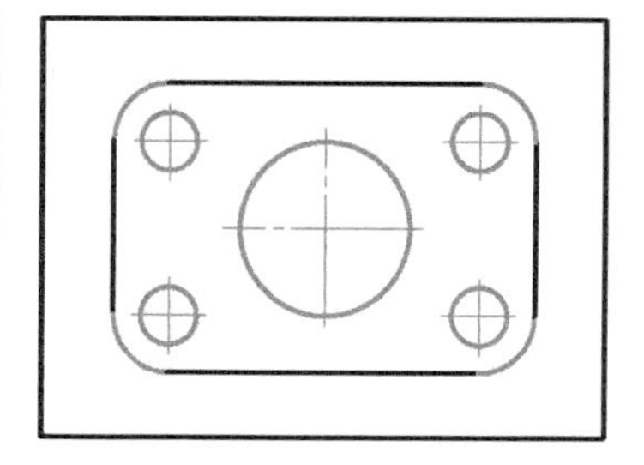

(c) 完成

图 1-32 按照国标线型加深图线

第 2 章　正投影图

2.1　正投影

我们从某一特定的视角去观察一个物体，所看到的图像就是一幅视图。机械图样就是由从各个视线方向，从外部、内部各个层次上观察物体所得到的视图所组成的(图 2－1)。从几何的角度说，视图是三维物体在二维图纸上的投影。

投影的概念来自光线(投射线)照射物体，在投影面上留下的影子(图 2－2)。当投射线

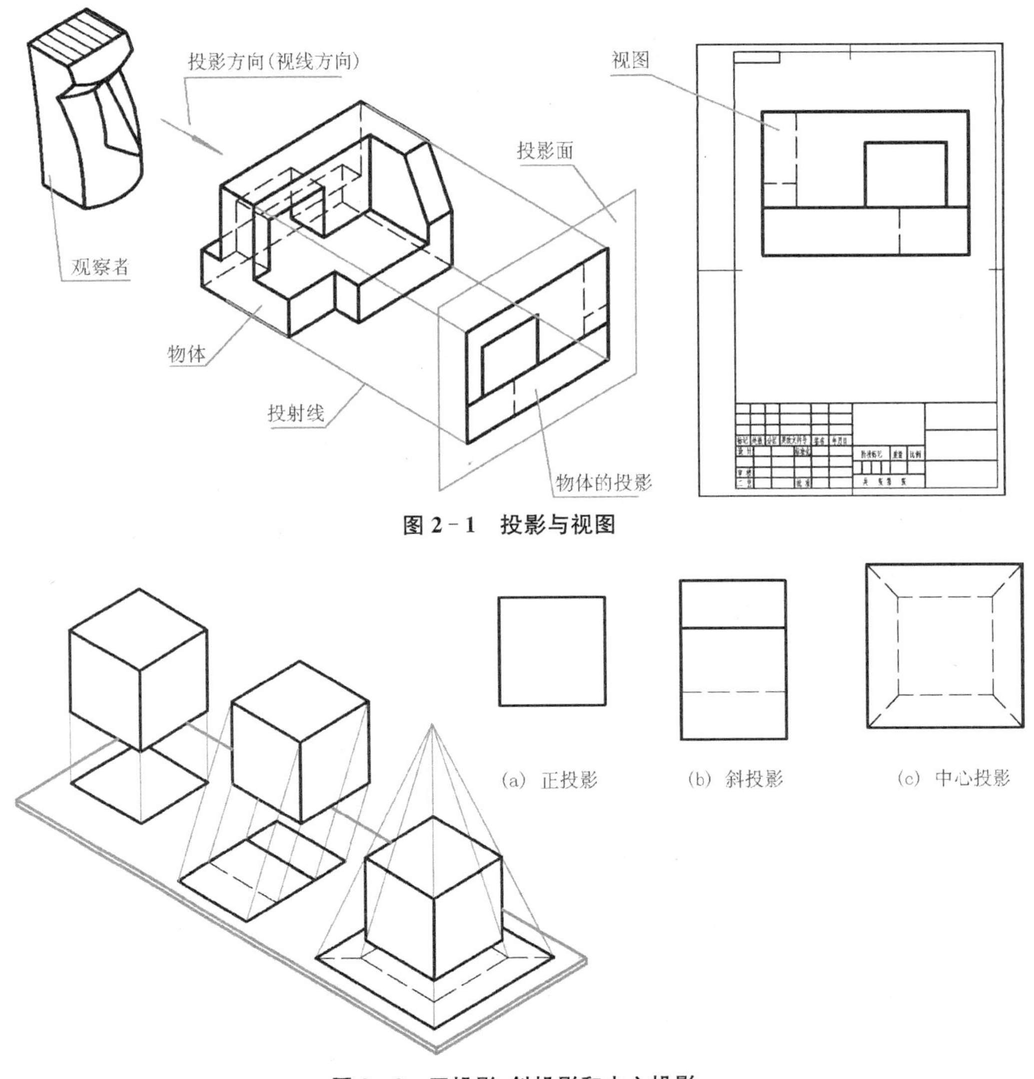

图 2－1　投影与视图

(a) 正投影　(b) 斜投影　(c) 中心投影

图 2－2　正投影、斜投影和中心投影

从一个点光源(比如蜡烛)射出,照射物体,在投影面上留下的投影称为中心投影。若投射线相互平行,且不垂直于投影面,产生的投影称为斜投影。若投射线相互平行,并且垂直于投影面,这样的投影称为正投影。

中心投影法的特点是近大远小。当我们的手靠近蜡烛,手的影子会变得巨大,可以一手遮天,而当手逐渐远离蜡烛而贴近投影面时,手的影子才趋向于其真实的大小。中心投影图又被称作透视投影图,其"近大远小"的投影特点符合人眼视觉原理,具有视觉真实感,因而在美术作品、建筑效果图中被广泛采用。

斜投影法就像在早晨或傍晚,倾斜于大地的阳光会把人的影子拉得很长一样,会使物体上除了平行于投影面的平面之外的其他表面产生变形。斜投影法在制图中可用于绘制轴测投影图。

正投影法的投射线就像正午的阳光,垂直于地面照射下来,物体上平行于投影面的平面的投影反映其实际形状和大小,而与投影面垂直的表面,则全部积聚成线。正是因为这种准确而简洁的特点,正投影法才被技术制图标准所采用。

2.2 三视图

2.2.1 采用多视图表达物体形状

正投影图有一个缺点:仅凭一个视图无法全面表达物体的形状。因为与投影面垂直的表面都积聚成线了,这些面的形状就可以有无数种可能(图 2-3)。

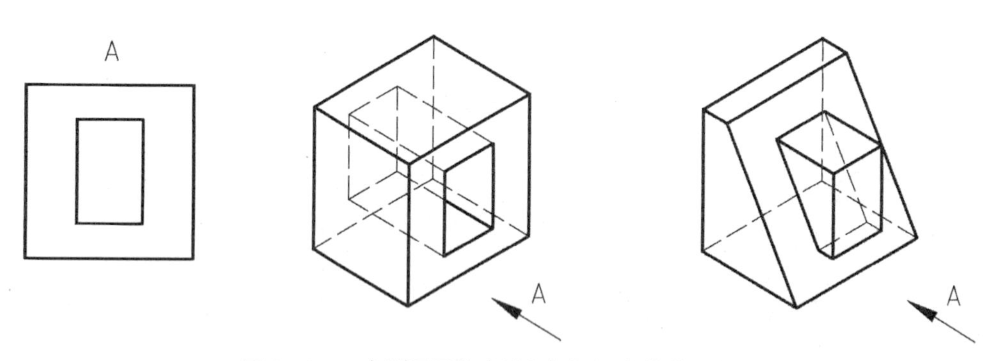

图 2-3 一个视图不能表达(或确定)物体的形状

很多情况下,两个视图也不能准确表达物体的形状。因为有平面在这两个视图上都积聚成线(图 2-4)。

所以,通常我们采用由三个视图构成的三视图来表达物体的形状。大多数物体的形状可以由三视图完全地表达。当然也有三视图不能唯一确定的物体,这时就要借助其他的表达方法了。

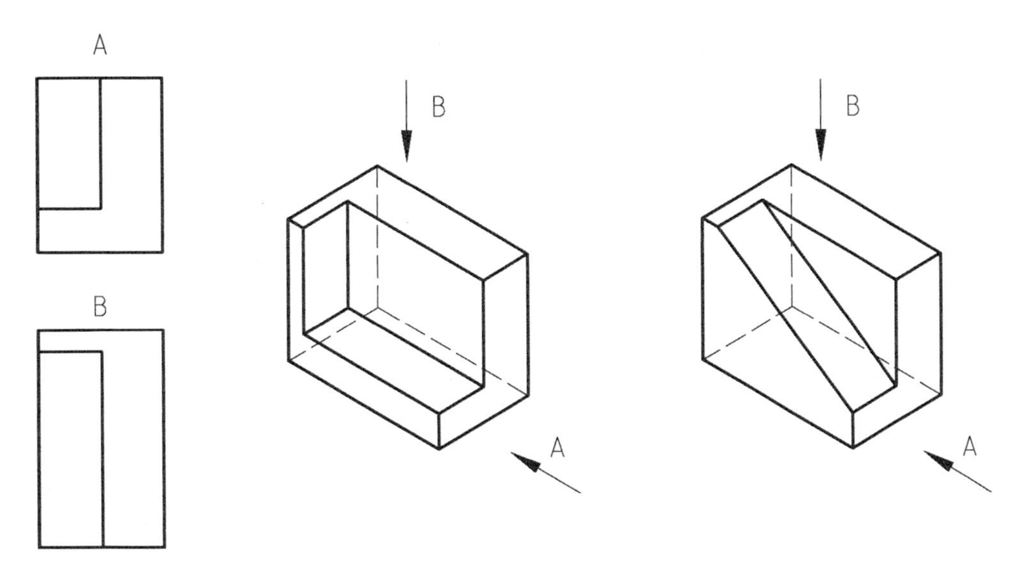

图2-4　两个视图往往也不能确定物体的形状

2.2.2　三面投影体系

三个相互垂直的投影面在三维空间构成一个三面投影体系(图2-5)。这三个投影面的名称分别是:正立投影面(简称正面)、侧立投影面(简称侧面)和水平投影面(简称水平面)。将物体放在这个三面投影体系中,向各个投影面作正投影,就能得到这个物体的三个正投影图,也就是三视图。

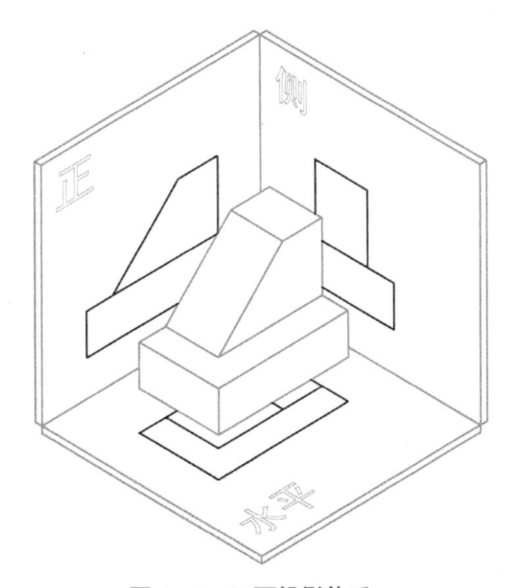

图2-5　三面投影体系

为了在一张二维图纸上展现这三个视图,我们保持正面不动,将水平面向下旋转90°,将侧面向右转90°,把三个投影平摊在同一个平面上,再去掉投影面边框,就得到了三视图(图

2-6)。这三个视图分别称作:主视图(正面投影)、左视图(侧面投影)和俯视图(水平投影)。

三视图的三个视图必须按照图 2-6 的布局摆放:左视图放在主视图的右边,俯视图放在主视图的下方。

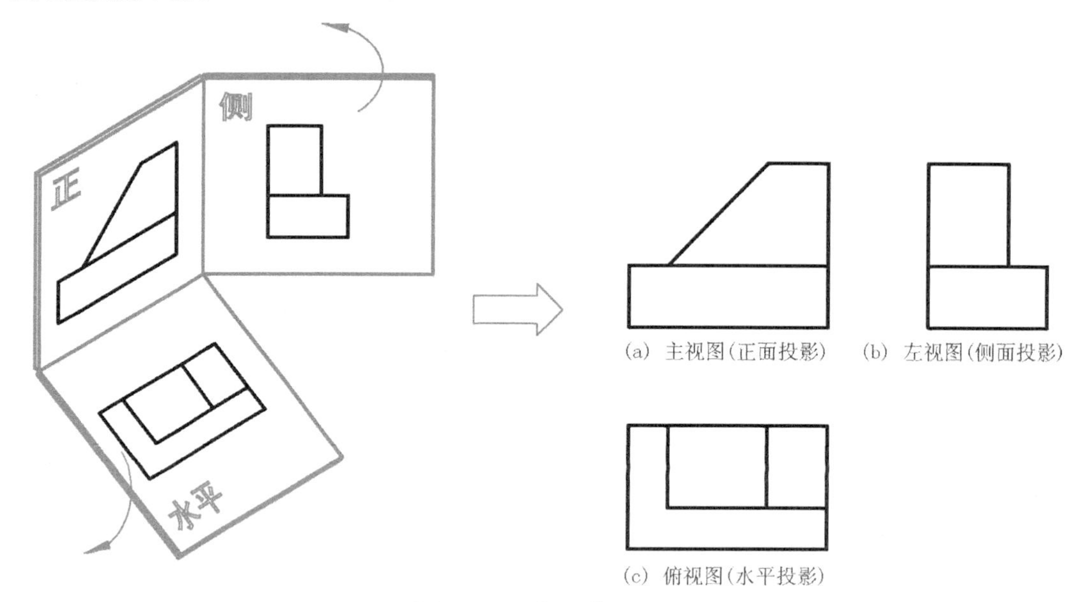

图 2-6 三视图的形成

2.2.3 三个视图之间的投影规律

三视图中,每个视图都有上下左右,这时要描述某个结构在物体上的方位就没有基准了。所以,我们根据主视图定义物体的“上”“下”“左”“右”四个方位,根据距离观察者的远近,定义物体的“前”“后”两个方位(图 2-7)。

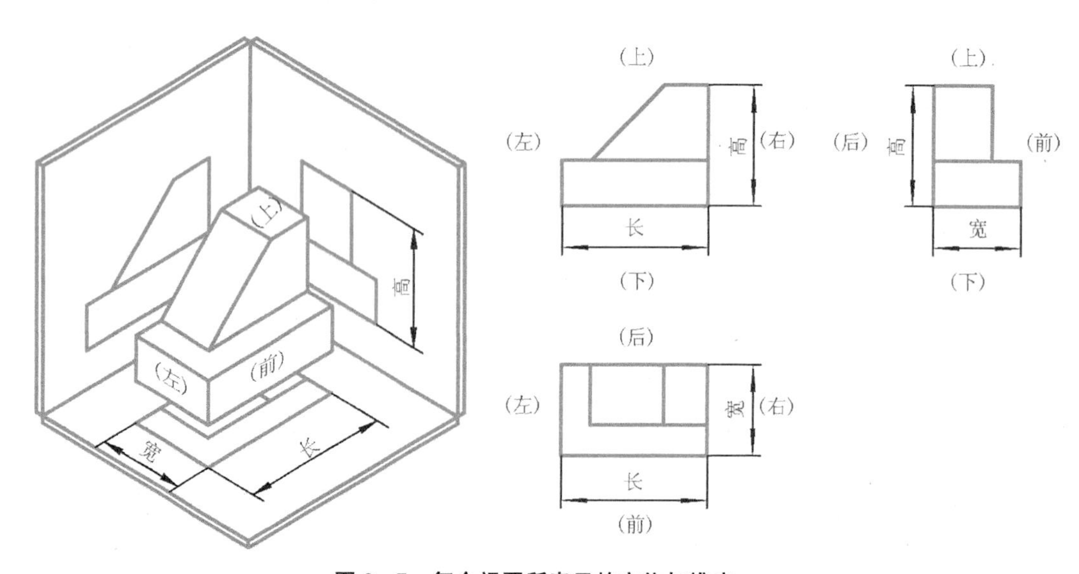

图 2-7 每个视图所表示的方位与维度

我们定义物体左右方向的维度为“长”，上下方向的维度为“高”，前后方向的维度为“宽”。这样，主视图反映物体的上下左右二维轮廓，左视图反映物体的上下前后二维轮廓，俯视图反映物体的左右前后二维轮廓。

主视图的左和右与俯视图的左和右直线对齐，主视图的上和下与左视图的上和下直线对齐，左视图的前和后与俯视图的前和后可以通过一条45°线拐个弯对齐(图2－8)。三个视图之间的这种对齐关系，称为投影规律：

(1) 主视图与左视图之间高平齐；

(2) 主视图与俯视图之间长对正；

(3) 左视图与俯视图之间宽相等。

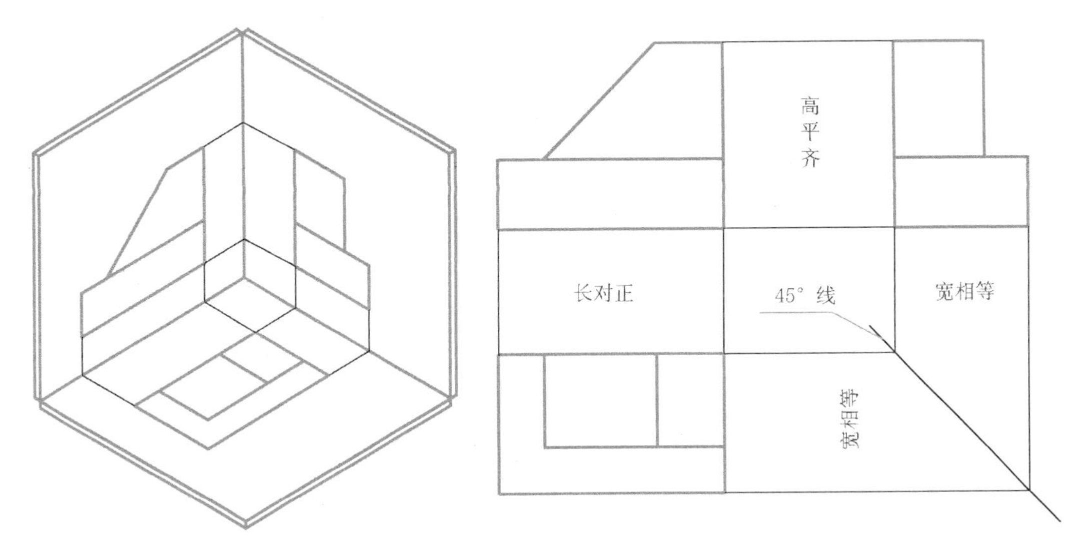

图2－8　三视图的投影规律

投影规律是我们在画三视图时必须遵循的原则，也是我们读懂别人画的三视图的依据。其中提到的对齐、相等，不仅适用于整个视图，也适用于物体上任何一个点、一条线、一个面的投影。

在制图中，视图之间的对齐和相等，比尺寸准确还重要。所以，作图时应该按照投影规律来对齐图线，而不是郑人买履地只按照尺寸画图。

只要符合投影规律，主视图与左视图之间的距离、主视图与俯视图之间的距离可以自由决定。

投影规律中，主视图与左视图、主视图与俯视图之间的对齐比较容易做到，而左视图与俯视图之间的宽相等关系容易弄错。在学习的初级阶段，我们可以用45°线来辅助作图(图2－9)。45°线从左上画至右下，与水平方向成45°。45°线的位置与主视图无关，只和左视图和俯视图有关。45°线应该通过左视图和俯视图对应位置(物体的最前、最后或前后的中心)的延长线的交点。45°线让左视图和俯视图的前后位置能够通过直线对齐，避免了宽度与其他维度的混淆，以及前后位置的颠倒。但采用45°线对齐方式毕竟要多画许多辅助线，所以一旦熟练以后，还是应该采用分规或圆规直接量取宽度的作图方式。

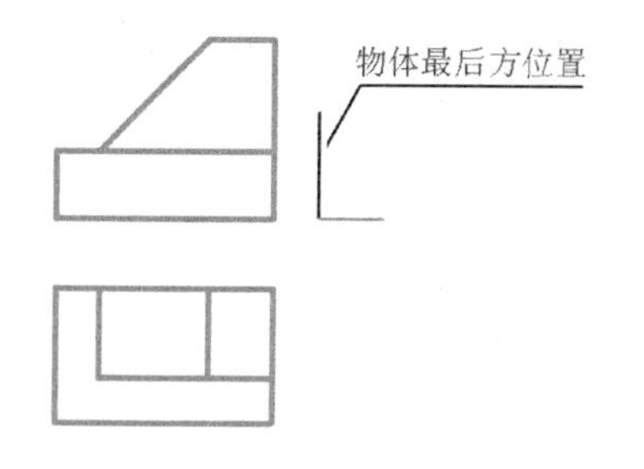

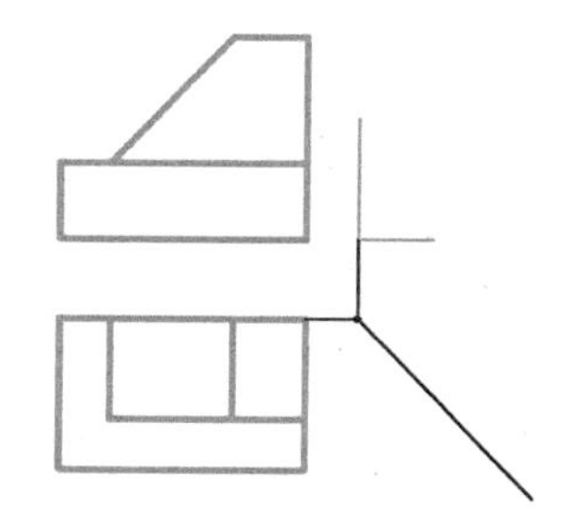

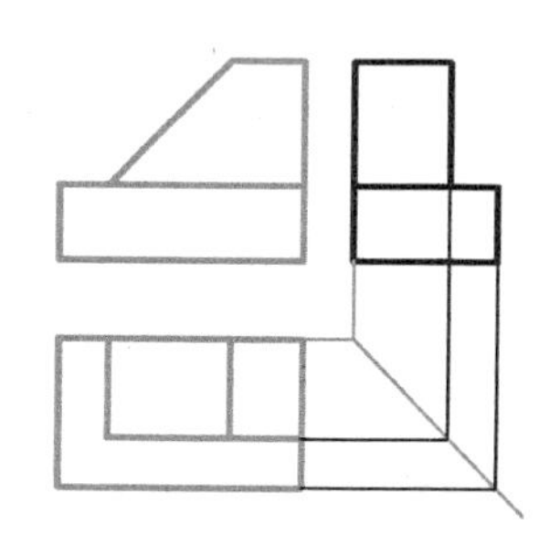

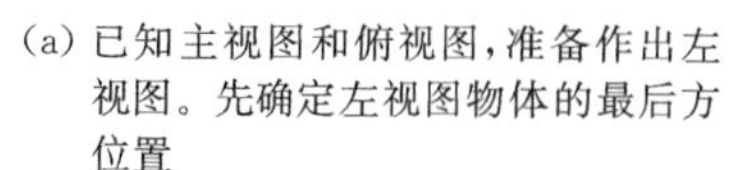

(a) 已知主视图和俯视图,准备作出左视图。先确定左视图物体的最后方位置

(b) 再延长左视图和俯视图最后方位置的轮廓线,使之交于一点,通过这点作出45°线

(c) 之后就可以对齐俯视图来画左视图了

图 2-9 联系左视图和俯视图的45°线

三视图可直观地理解为从前、上、左三个方向观察物体所看到的视图,但是严谨的定义还是它是由三面投影体系展开而成的。因为沿着一个视线方向,可以看到无数种视图。图2-10的错误就说明了从上往下看到的视图,不一定是俯视图。

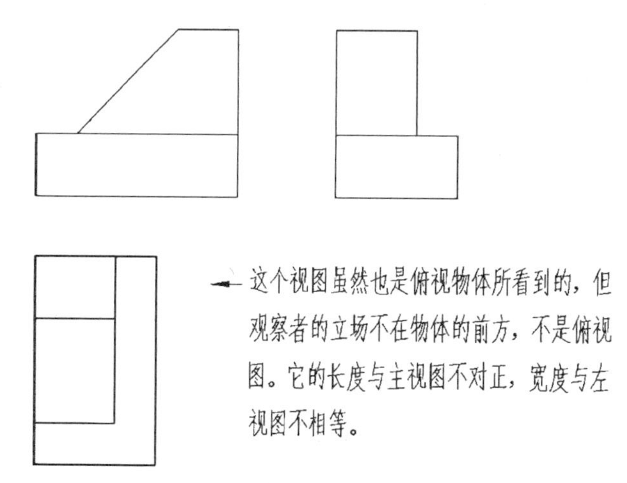

图 2-10 仅凭视线方向不能决定视图

2.3 点的三面投影

在三面投影体系中,空间中的一点有三个投影。

如图2-11所示,在画法几何中,点及其投影的命名规则是:在轴测图上用大写英文字母表示,如A;其正面投影用小写英文字母加一撇表示,如a′;侧面投影用小写英文字母加两撇表示,如a″;水平投影用小写英文字母表示,如a。

物体上的一个点,在三视图中的三面投影遵循投影规律。点的各个投影都可以通过投影辅助线对齐。

点的一个投影决定了它在三维空间中的两维位置。若在物体的三视图中,如果已知点的两个投影,那么它的三个维度的位置都确定了,第三个投影必然可以通过作投影辅助线得到(图2-12)。投影辅助线体现了投影规律。

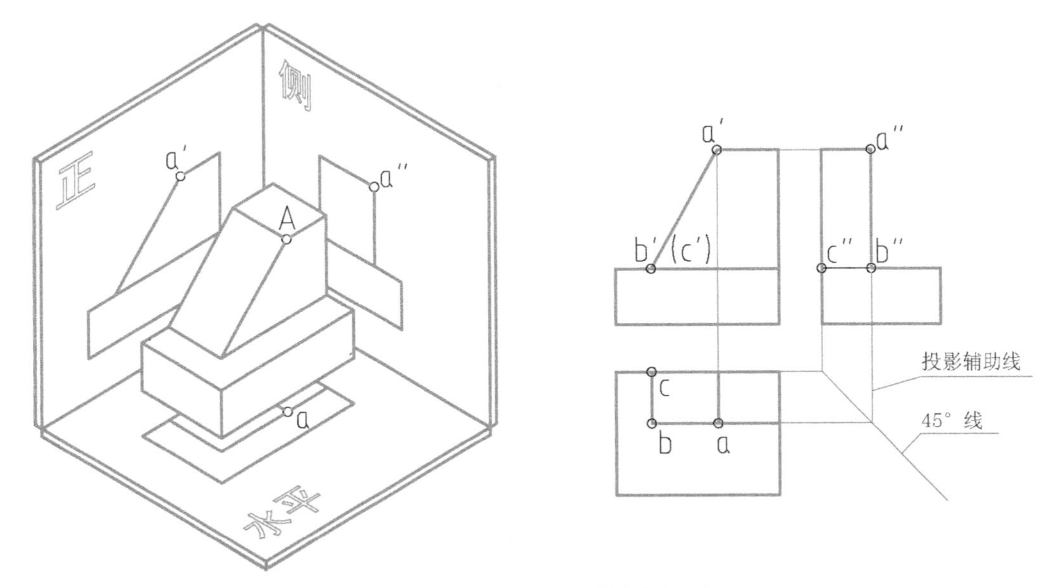

图 2－11 点及其投影的命名规则

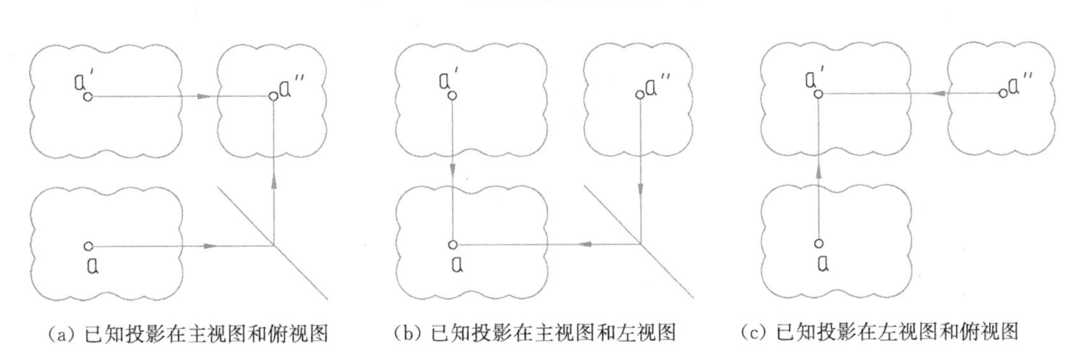

(a) 已知投影在主视图和俯视图 (b) 已知投影在主视图和左视图 (c) 已知投影在左视图和俯视图

图 2－12 已知点的两个投影必然可以找到它的第三个投影

我们能够根据点的投影，判断出点在物体上所处的方位。在图 2－11 中，根据主视图上 A 点的正面投影 a′可以判断出：A 点处在物体的最高处，左右近似中间的位置；根据 A 点在左视图上的侧面投影 a″或俯视图上的水平投影 a 可以判断出：A 点位于物体前后近似中间的位置。

我们也能根据点的投影，判断出不同点之间的相对位置关系。在图 2－11 中，对比 A、B 两点在主视图中的投影 a′和 b′可以判断出：B 点比 A 点低、在 A 点的左边，再从 A、B 两点的水平投影或侧面投影可以判断出：B 点与 A 点处于相同的前后位置。

在图 2－11 中，C 点的正面投影 c′与 B 点的正面投影 b′重影，而 C 点又在 B 点之后，所以用(c′)来表示。

点的投影字母加括号，还可以用来表示在视图中该点不可见，比如处于视线方向的背面或物体的内部表面的点。

2.4 直线的三面投影

三维空间中的一段直线，在二维视图中的投影只有两种形状：直线或点(图 2－13)。当直线垂直于投影面时，其投影积聚成一点，否则就投影成一条直线。

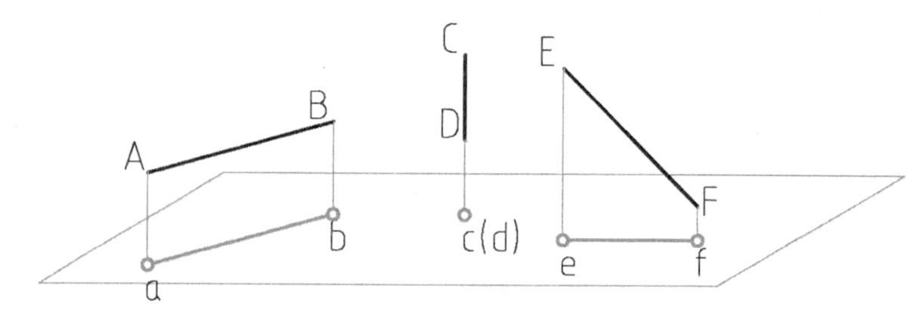

图 2－13 直线的投影

处在三面投影体系中的直线，有可能与投影面平行，也有可能与投影面垂直，还可能既不平行又不垂直于任何投影面。为了描述和想象空间中各种姿态的直线，按照直线相对于正面、侧面和水平面的位置关系，可分别命名为(图 2－14)：

(1) 正平线、侧平线、水平线；

(2) 正垂线、侧垂线、铅垂线；

(3) 一般位置直线。

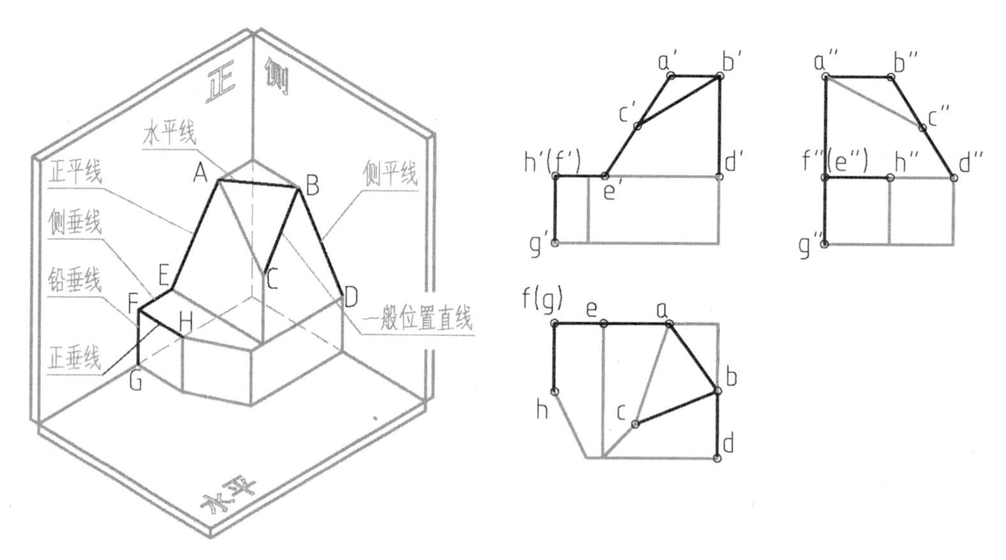

图 2－14 不同空间姿态直线的名称

投影面的垂直线必然同时平行于其他两个投影面，但不称其为“×平线”。

为了读懂正投影图，我们需要了解每一类直线的投影的特点：

• 投影面的平行线的三面投影中，有两个投影都是平行于投影轴(两投影面的交线)的线段，但第三个投影是不平行于任何一个投影轴的线段。

• 投影面的垂直线的三面投影中，必然有一个投影积聚成一点，其余两个投影都是平行于投影轴的线段。

・一般位置直线的三面投影都是线段，且都不平行或垂直于投影轴。

直线的三面投影符合投影规律，三个投影的长宽高对齐相等。

直线的位置决定于它两个端点的位置，所以如果已知直线的两个投影，就能确定其两端点的三维位置，从而可以作出直线的第三个投影。

基于各种直线的投影特点，只要知道其三面投影就可以想象出直线的空间姿态。

2.5　平面的三面投影

三维空间中的一个平面，在二维视图中的投影只有两种形状：线框或直线(图 2 - 15)。当平面垂直于投影面时，其投影积聚成一条直线，否则就投影成一个线框。

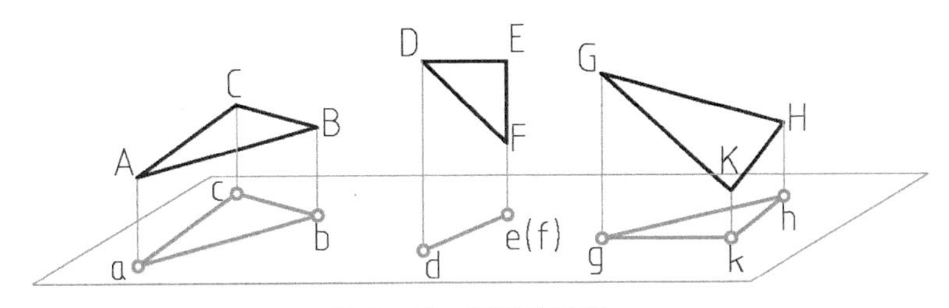

图 2 - 15　平面的投影

如图 2 - 16 所示，不同姿态的平面按照其与投影面平行或垂直与否，被分别命名为：

(1) 正平面、侧平面、水平面；

(2) 正垂面、侧垂面、铅垂面；

(3) 一般位置平面。

一个投影面的平行面必然垂直于其他两个投影面，但“×平面”不能被称为“×垂面”。

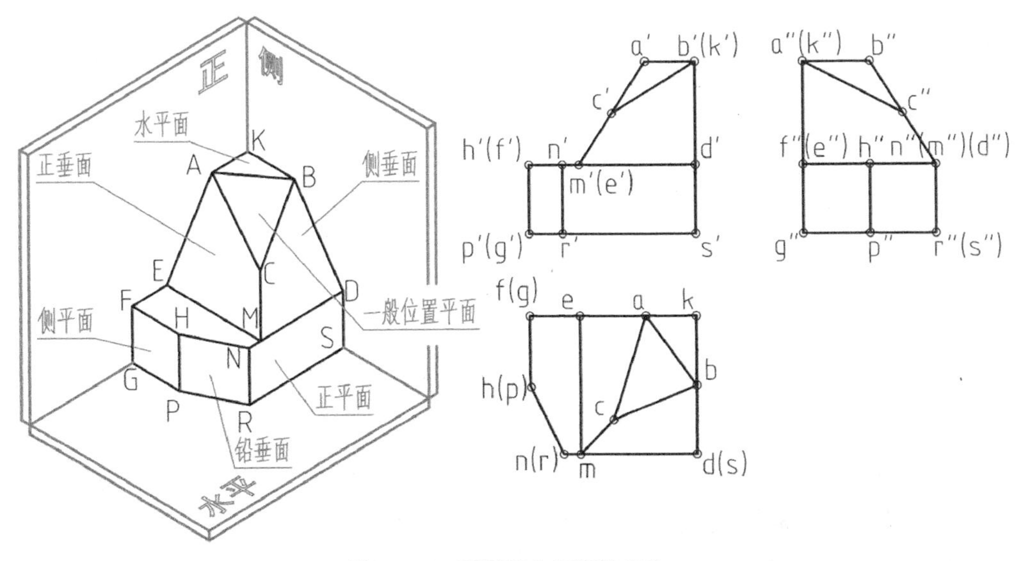

图 2 - 16　不同姿态平面的名称

各类平面的投影特点:

· 投影面的平行面的三面投影中,有两个是平行于投影轴的直线,第三个投影是线框。

· 投影面的垂直面的三面投影中,只有一个积聚成了不平行于投影轴的直线,其余两个投影都是线框。

· 一般位置平面的三面投影都是线框。

根据以上规律,由平面已知投影,就可以判断出平面的空间姿态。

平面的线框投影是该平面的类似形。类似形并不是平面几何中的相似形。类似形与平面的实形相比,边数相同(顶点数相同),棱(边)之间的平行关系不变,平行线之间的长度比例不变。这是线面分析法中,用以识别同一平面的不同投影的方法。

平面的三面投影符合投影规律。三视图中,线框投影或积聚线投影在长宽高上都对齐相等。

若已知的两个平面投影中包含一个线框,则第三个投影必然可以作出来。若已知的两个平面的投影都是积聚线,则必须结合视图上的其他图线才能作出其第三个投影。

2.6 立体的三面投影

一个物体的三面投影就是其三视图。我们为了画图和读图的方便,把一个复杂的物体看成是由若干形状简单的形体组成的组合体,画图时逐个形体地画,读图时逐个形体地辨识出来。每一个形体都是一个立体。

机械零件中常见的基本立体可分为三大类:拉伸体、回转体和棱锥(图 2-17)。基本立体经过切割或与其他立体组合形成复杂的组合体。

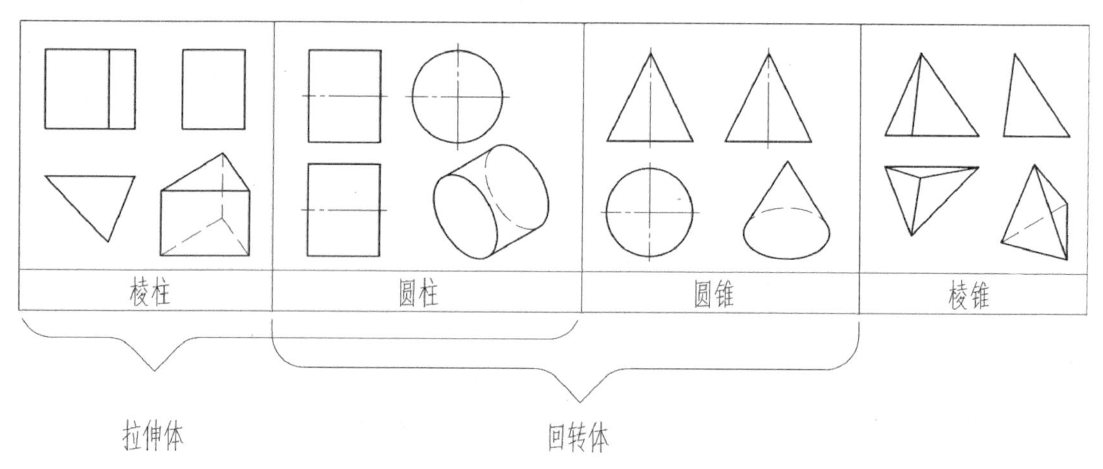

图 2-17 常见基本立体及其三视图

每一类基本立体的三面投影都有其规律。画一个基本立体的三面投影时,按照规律来画既准确又快速。比如画一个拉伸体的三面投影时,一般先画最能反映其形状特点的视图,然后对齐它再去画其他的视图。

立体三面投影的最外轮廓总是可见的,用粗实线绘制,但内部的图线的可见性就要靠

“视图视线方向”来判断了。当画好立体的一个投影，准备画下一个投影时，可以从已经画好的视图往准备画的视图画一个箭头，再把这个箭头沿着箭尾挪到画好视图的另一侧，这个箭头就是将要画的视图的视线方向(图 2－18)。立体上处在视图视线方向前方的线面可见，处在背面的线面和处于立体内部的线面不可见。

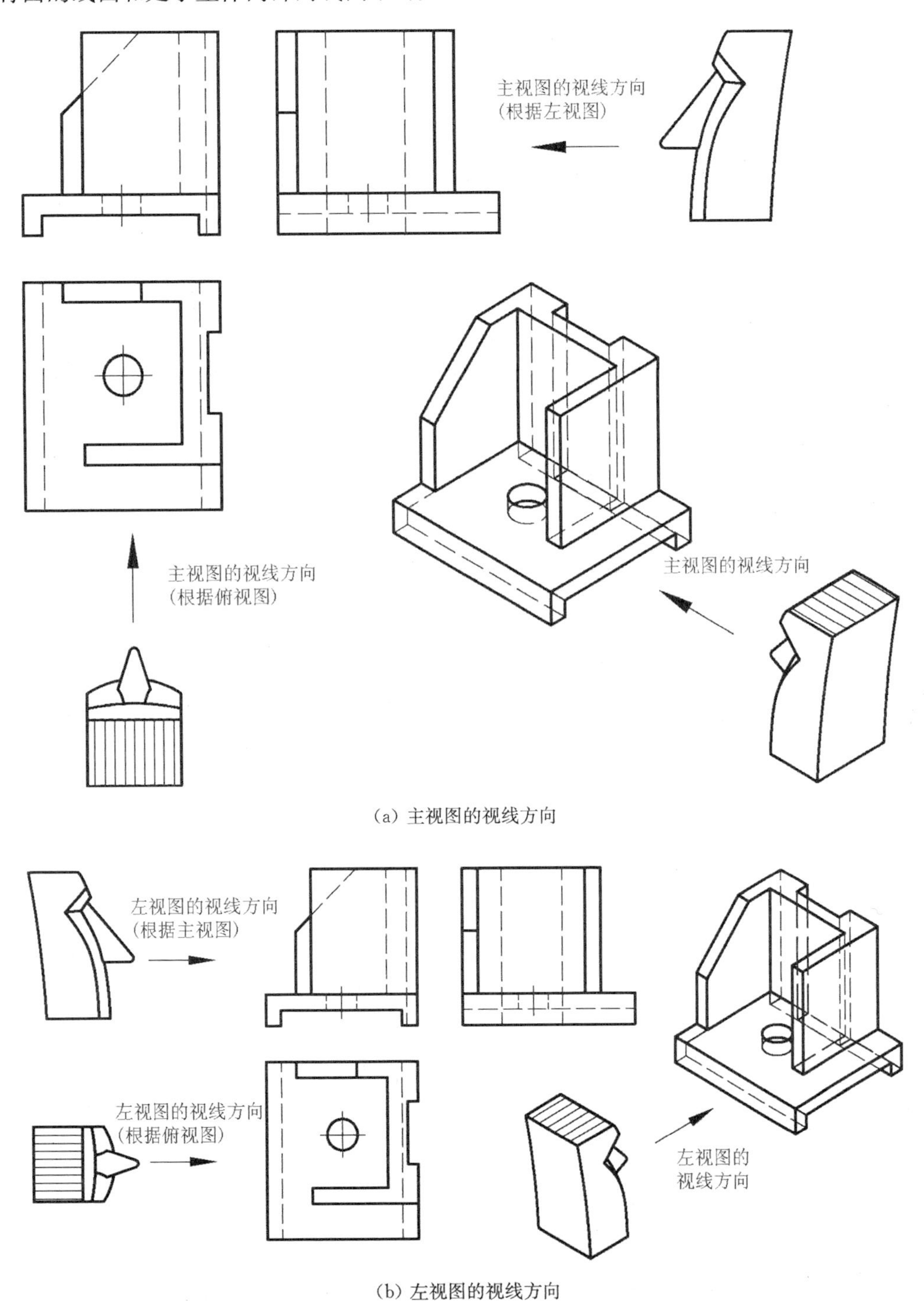

(b) 左视图的视线方向

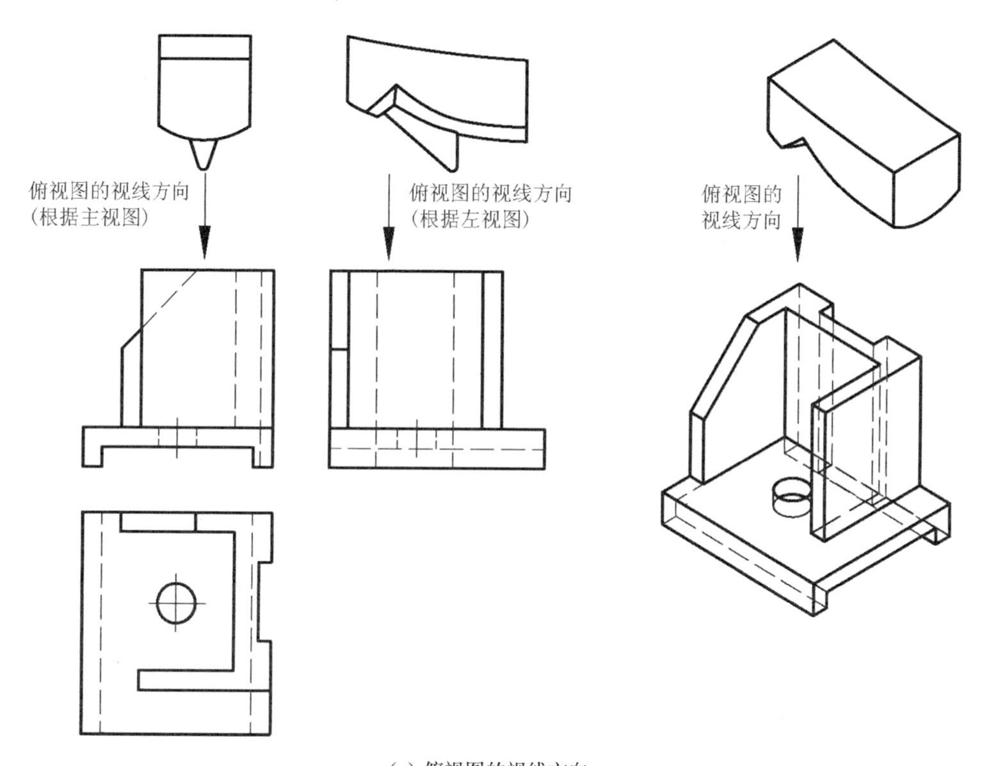

(c) 俯视图的视线方向

图 2-18 根据视图视线方向判断图线的可见性

2.7 徒手画正等测图

轴测投影图(轴测图)可以同时反映物体前面、上面和左面的形状,当物体形状比较简单时,比正投影图更容易看懂。徒手绘轴测图可以帮助我们思考物体的形状,也可以用于交流讨论。

轴测图是斜投影视图,存在轴向伸缩系数,轴测图上线段的长度不能完全反映实形,故在图纸上只作为辅助视图。

常用的轴测图包括正等测图和斜二测图(图 2-19)。这里只介绍正等测图的画法。

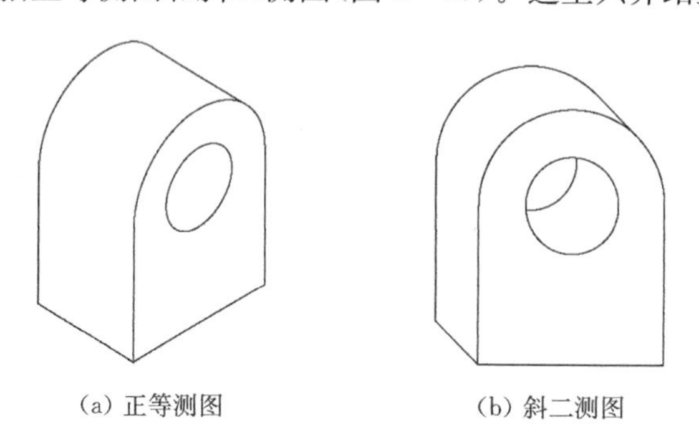

(a) 正等测图　　(b) 斜二测图

图 2-19 正等测图和斜二测图

2.7.1　长方体的正等测图

三个基本投影面的交线形成X、Y、Z坐标轴。在正等测图中，这三个坐标轴互成120°。手绘正等测图时，很多时候就是画三个坐标轴的平行线。图2-20以长方体为例，介绍正等测图的画法。

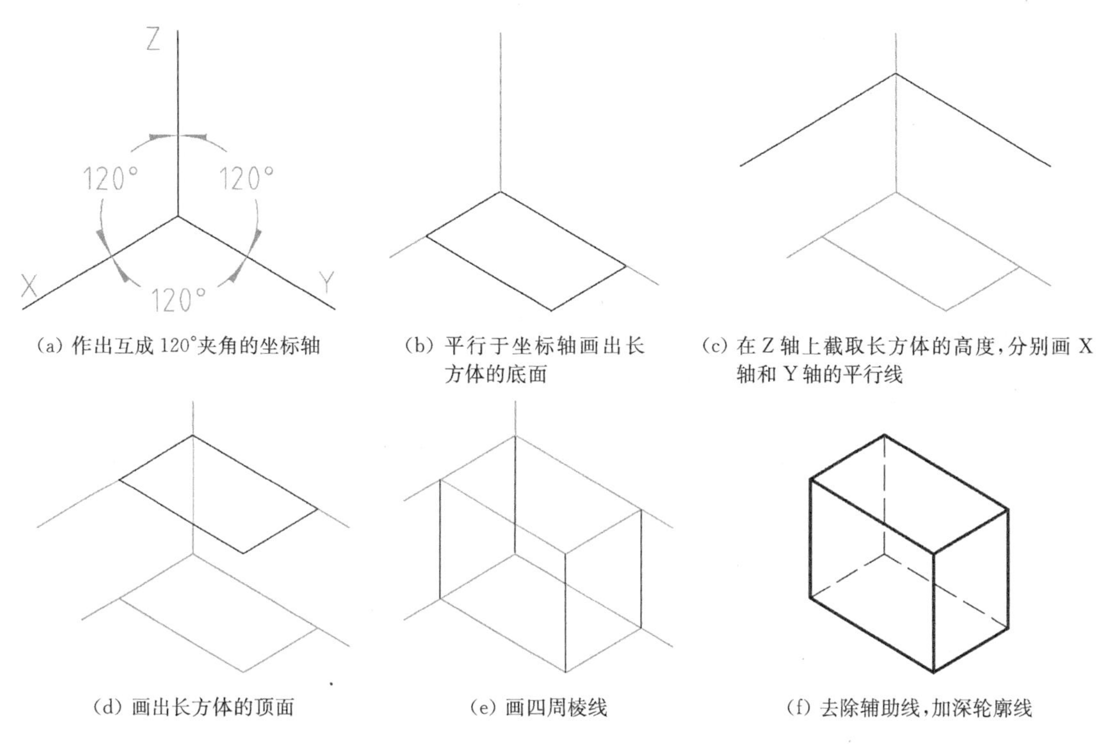

(a) 作出互成120°夹角的坐标轴　(b) 平行于坐标轴画出长方体的底面　(c) 在Z轴上截取长方体的高度，分别画X轴和Y轴的平行线

(d) 画出长方体的顶面　(e) 画四周棱线　(f) 去除辅助线，加深轮廓线

图2-20　长方体正等测图的绘制过程

其具体步骤为：

① 画出X、Y、Z三条轴线，互成120°。

② 画轴线X、Y的平行线，完成长方体的底面。

③ 在Z轴上截取长方体的高度，并以该点为原点，画出局部坐标系的三条轴线。

④ 然后画轴线的平行线，完成长方体的顶面。

⑤ 连接顶面和底面的相应顶点，完成长方体的正等测图。

2.7.2　圆柱的正等测图

圆是机械零件上常见的形状。在正等测图中，与投影面平行的圆投影为椭圆。手绘椭圆的方法是：先在局部坐标系的坐标轴上截取圆的半径位置，再用画轴线的平行线的方式，画出包络椭圆的外切菱形，最后相切于菱形画出椭圆。

图2-21为水平、侧平和正平三个方位的圆的正等测图。

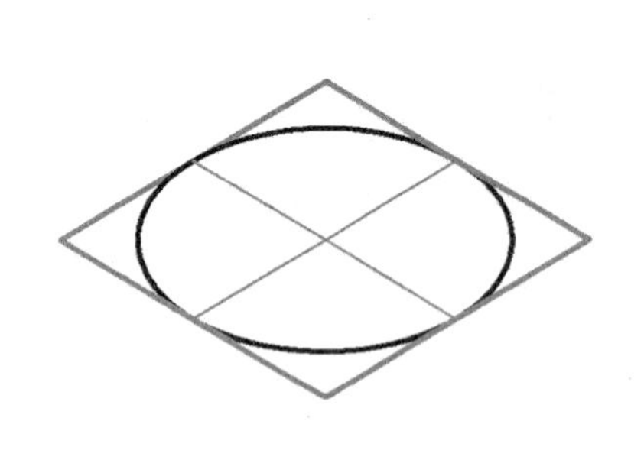

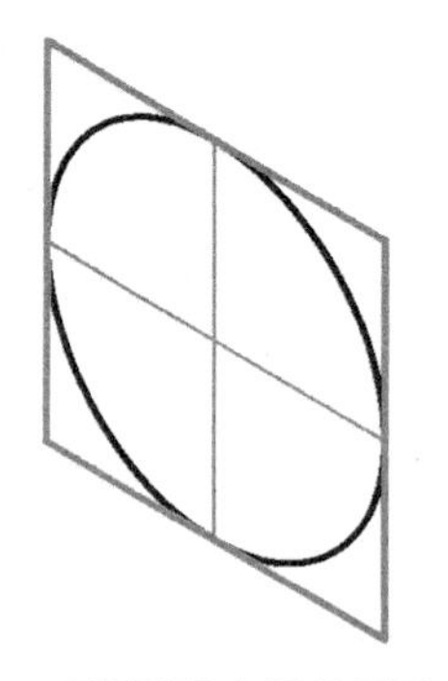

图 2 - 21　正等测图中圆的画法

图 2 - 22 为一个圆柱正等测图的绘制步骤。

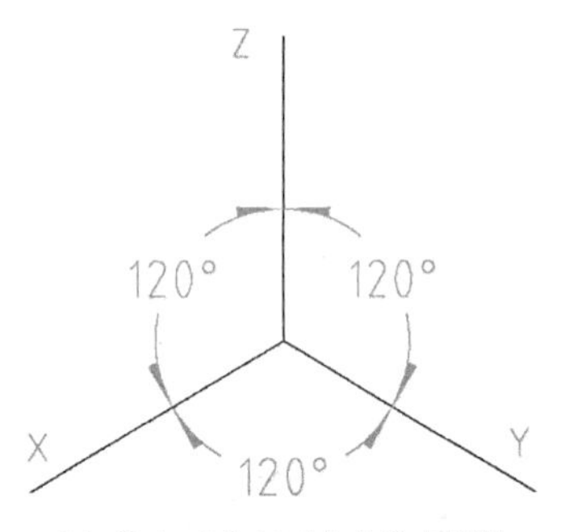

(a) 作出互成 120°夹角的坐标轴

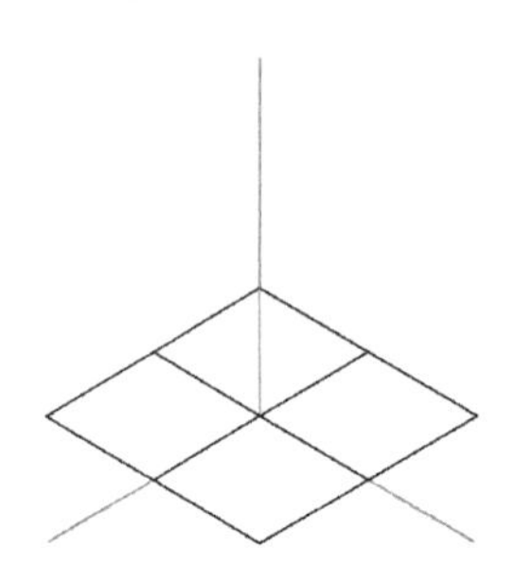

(b) 在 X 轴和 Y 轴上截取直径,作出包络菱形

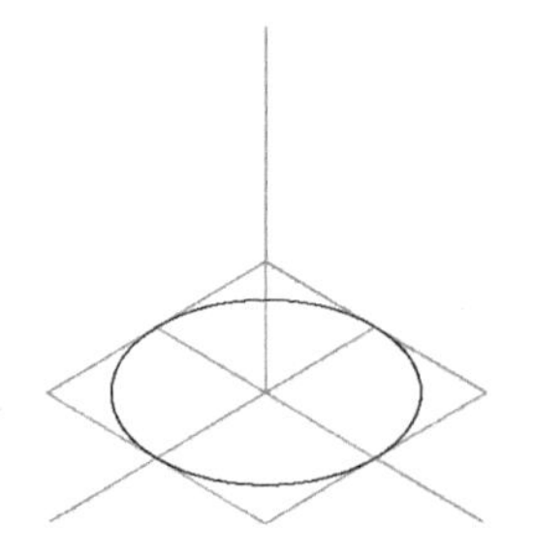

(c) 用四段圆弧近似画出椭圆形投影

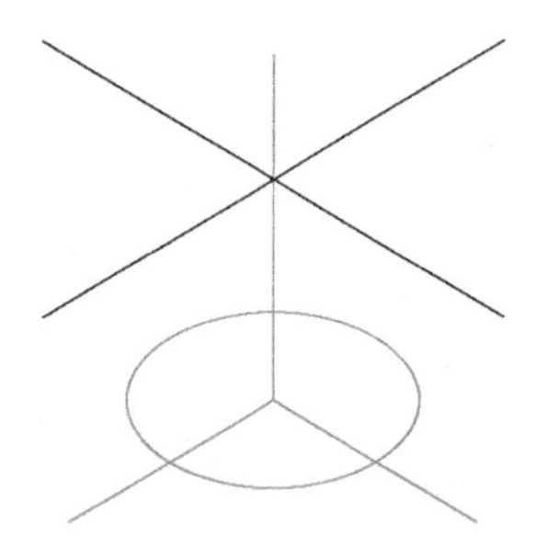

(d) 在 Z 轴上截取圆柱的高度,分别画 X 轴和 Y 轴的平行线

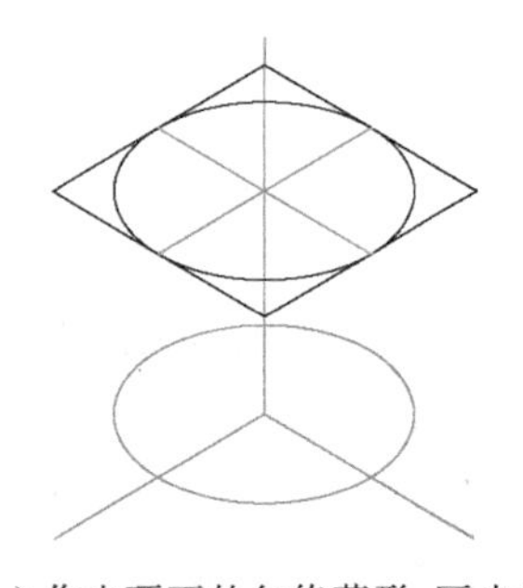

(e) 作出顶面的包络菱形,画出椭圆形投影

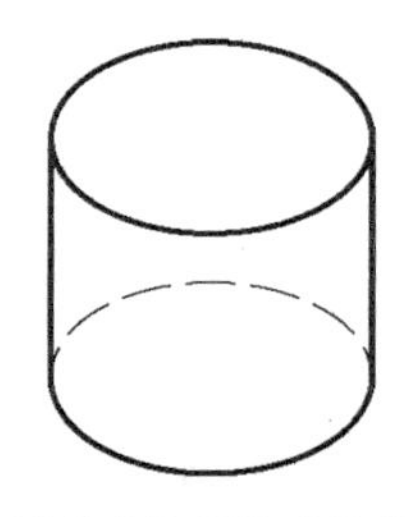

(f) 画出转向轮廓线,去除辅助线,加深轮廓线

图 2 - 22　圆柱正等测图的绘制过程

其具体步骤为:

① 画出 X、Y、Z 三条轴线,互成 120°。

② 在 X 轴和 Y 轴上截取圆的半径。

③ 过截取点平行于轴线,画出包络椭圆的菱形。

④ 相切于菱形画出椭圆。

⑤ 在 Z 轴上截取圆柱的高度,并以该点为原点画出局部坐标系的三条轴线。

⑥ 画出圆柱的另一个端面圆。

⑦ 用切线连接两圆,完成圆柱的正等测图。

2.7.3　组合体的正等测图

对于形状复杂的物体，先把它看成是一个由若干长方体、圆柱体等简单形体构成的组合体，再一个形体、一个形体地勾勒出物体的形状。

组合体的组合方式可能是做加法(叠加)，也可能是做减法(挖切)。

图 2－23 展示了一个组合体正等测图的绘制步骤。

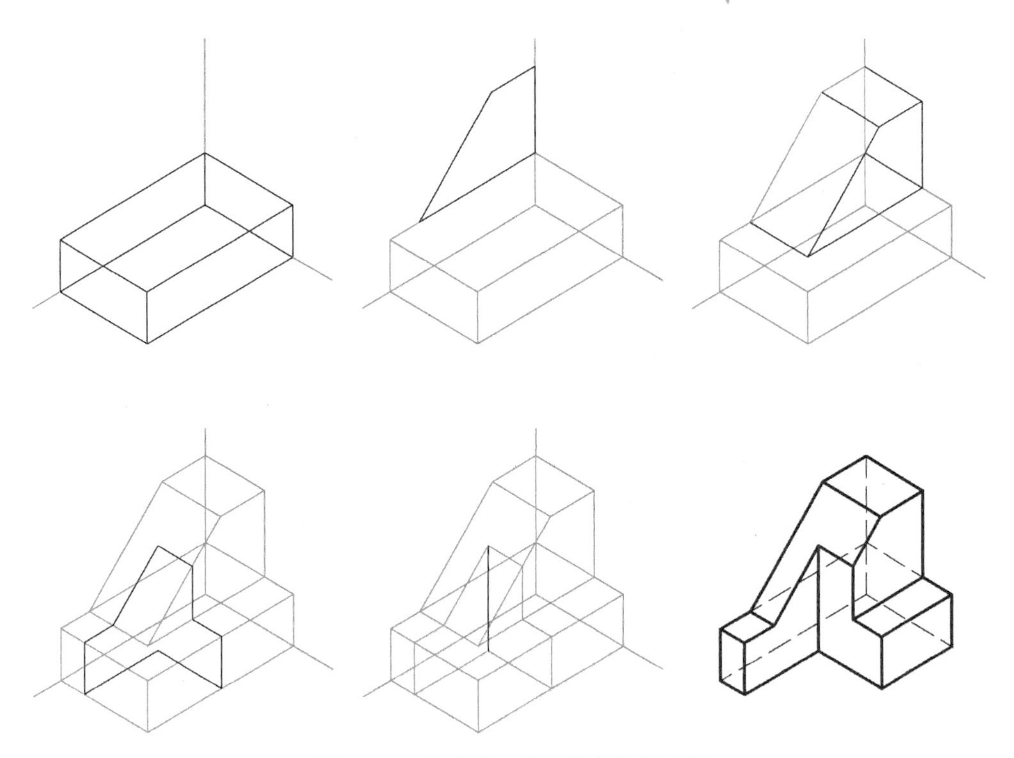

图 2－23　组合体正等测图的绘制过程

其具体步骤为：

① 先画出第一个形体。

② 对于梯形块这样的形体，先画出一个梯形端面。画平面图形时，要先画和投影轴平行的线段。

③ 按照梯形块的拉伸方向，等长地画棱线，再将棱线末端连接起来。

④ 对于挖切部分，先画截切平面与物体表面的交线。交线必须首尾相连。画交线时尽量利用和已有图线平行的几何关系。

⑤ 若挖切是由多个截平面组成的，别忘了画出各截平面之间的交线。

⑥ 清理被截去或截短了的图线，加深需要的图线。

2.8 第一角投影和第三角投影

前面介绍的三视图采用的是第一角投影,而美国、日本等国家的制图标准采用的是第三角投影(图 2-24)。这两种投影在表现同一物体时,视图是不一样的(图 2-25)。

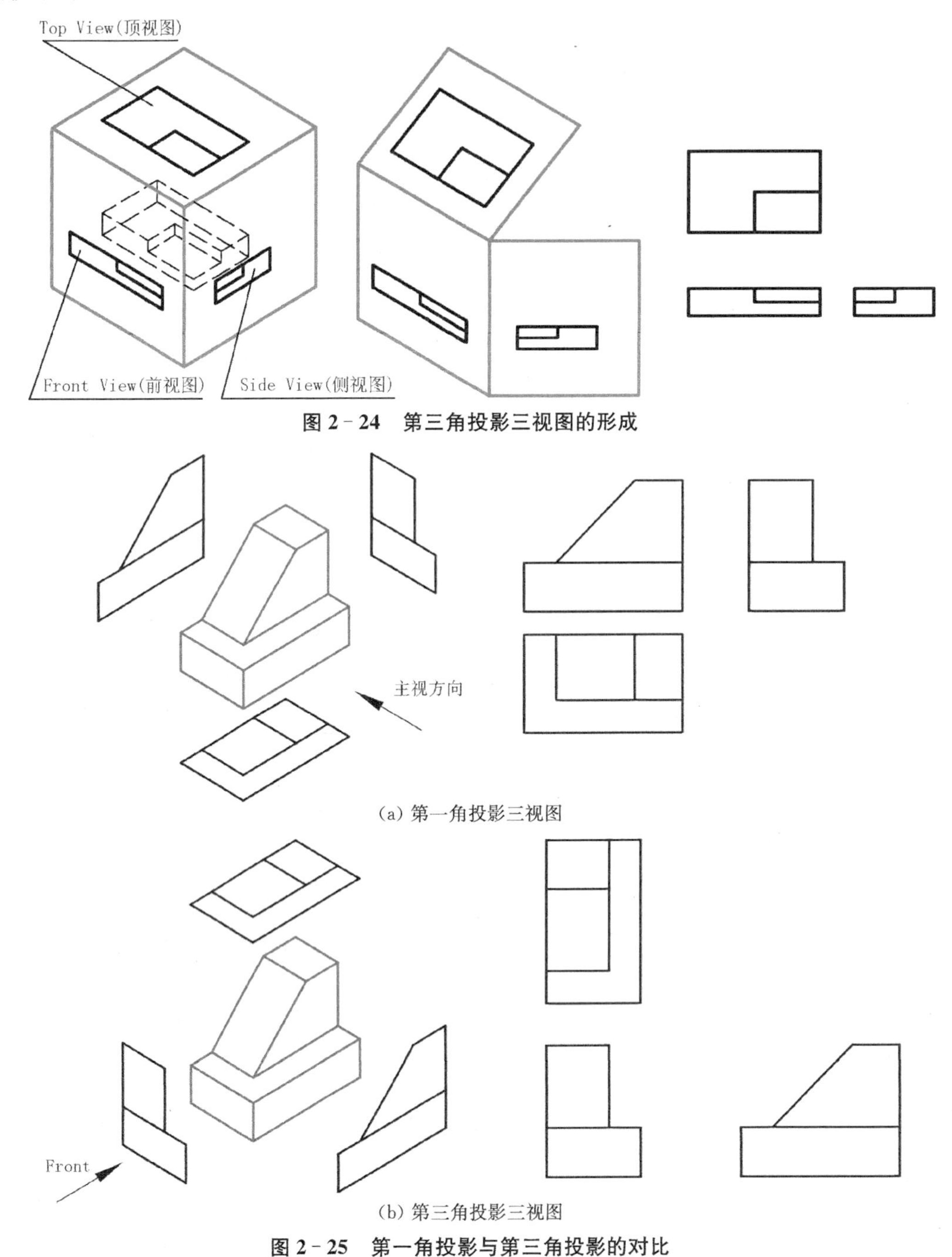

图 2-24 第三角投影三视图的形成

(a) 第一角投影三视图

(b) 第三角投影三视图

图 2-25 第一角投影与第三角投影的对比

历史上最初世界各国的技术制图都采用第一角投影。1900 年，美国决定改用第三角投影，因为这样视图的布局更加符合“自然的”观察所得。第三角投影一般由前视图（Front View）、顶视图（Top View）和（右）侧视图（Side View）组成。如果我们手持着物体放在眼前，将物体向下稍微偏转一点，就能看到顶视图，向左稍微偏转一点，就能看到侧视图。现在世界上采用第三角投影作为制图标准的国家有：美国、日本、英国和澳大利亚等。我国在新中国成立前采用的是第三角投影，新中国成立后因为和苏联的技术交流较多，改为第一角投影。现在采用第一角投影的国家有：中国、俄罗斯、德国、法国和意大利等。

国际标准化组织（ISO）规定了第一角投影和第三角投影的投影识别符号，可以标注在图纸的标题栏中（图 2－26）。

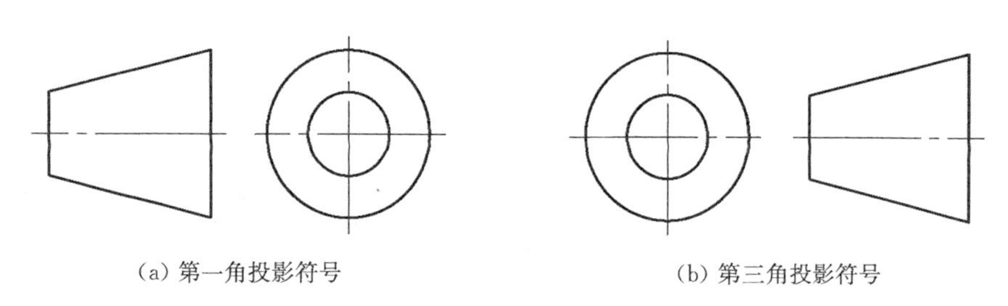

(a) 第一角投影符号　　(b) 第三角投影符号

图 2－26　投影识别符号

第一角投影和第三角投影的名称来自笛卡尔坐标系坐标平面对空间的划分（图2－27）。相互垂直的三个坐标平面把半个三维空间划分成四个分角，分别命名为第一、二、三、四角。三个坐标平面构成了每一个角的三面投影体系。若将物体放置于第一角空间，然后向各个投影面作正投影，展开后得到的视图就是采用第一角投影。若将物体放置于第三角空间，然后向各个投影面作正投影，展开后得到的视图就是采用第三角投影。

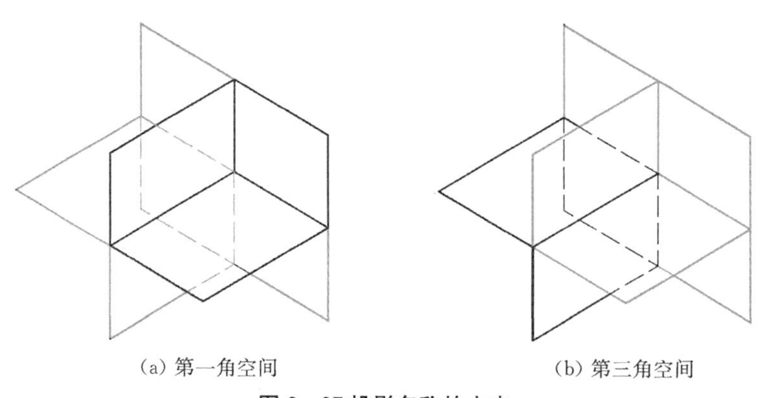

(a) 第一角空间　　(b) 第三角空间

图 2－27 投影名称的由来

第3章　线面分析法

画、读机械图样有两种分析方法:形体分析法和线面分析法(图 3-1)。形体分析法是画图、读图的主要方法,线面分析法是必要的辅助分析方法。

形体分析法把物体看成是由若干拉伸体、回转体等简单形体,经过并、差和交等布尔运算而形成的组合体,分析的目标就是这些形体的三面投影。画一个组合体的三视图,先画单个形体的三面投影,再考虑这个形体与其他形体之间的交线。读组合体的三视图,先利用画图练习时积累的经验,将一个个形体分析出来,然后综合想象整个物体的形状。

线面分析法关注的是物体上一条棱线、一个平面的三面投影,分析的目标是线和面的三面投影。线面分析法可以用于分析并非由简单形体组成的组合体式物体,但是这样的物体在机械零件中并不多,所以线面分析法更多是用于形体分析法的交线问题的分析过程中,起一个辅助作用。

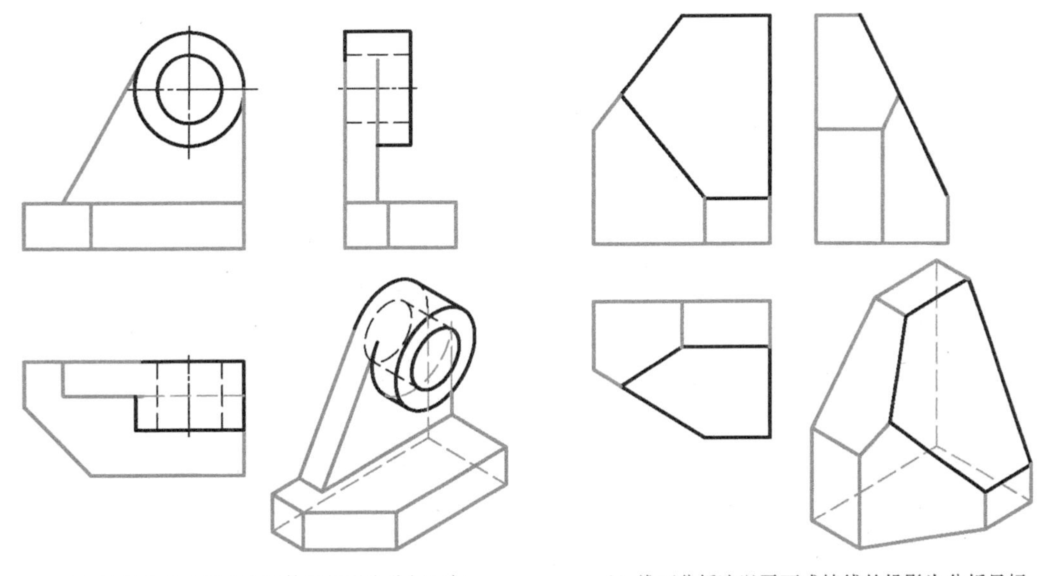

(a) 形体分析法以基本形体的投影为分析目标　　(b) 线面分析法以平面或棱线的投影为分析目标

图 3-1　形体分析法和线面分析法

为了学习线面分析法,习题的形式一般是"二补三":针对某非组合体式物体,给出两个视图,要求作出第三个视图。解题的基本思路是:先找到某个平面的两个投影,再作出其第三个投影,最后根据平面在物体上的方位决定它的可见性。

3.1　线面分析法的步骤

线面分析的对象主要是平面。平面的投影要么是一个线框,要么积聚成线。所以线面分析的出发点是已知视图上的一个线框或直线，下一个目标是按照投影规律找到这个线框或直线所代表的平面在另一视图上的投影，最终目标是作出这个平面的第三个投影。

线面分析法的分析步骤如图3-2所示。

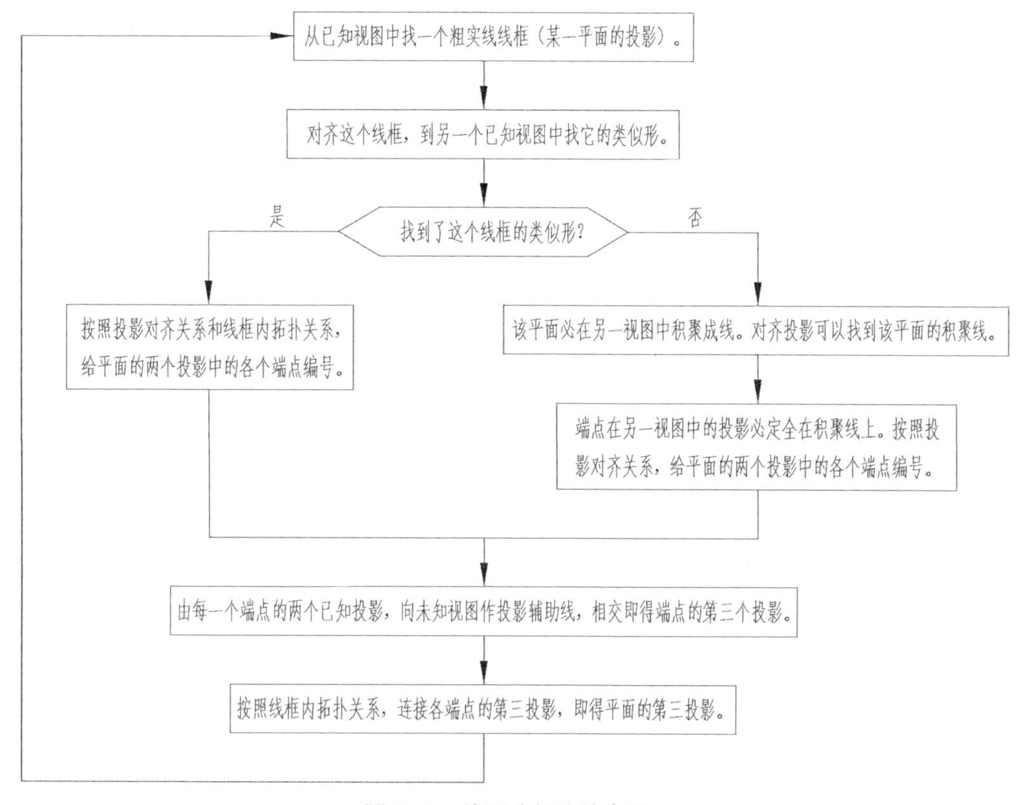

图3-2　线面分析法的步骤

① 从已知视图中选择一个线框(图3-3)。首先，为确保这个线框代表一个平面，这个线框必须是个粗实线围成的线框，也就是说沿着视图视线方向可以直接看到的平面。其次，这个线框的内部必须没有粗实线分断，因为如果有粗实线分断，该线框就不是一个平面。如果线框的边线中包含虚线，说明该平面不是沿着视图视线方向可以直接看到的；如果线框内部有粗实线或虚线分断，就不能保证这个线框代表一个平面。另外，这个线框越复杂、越有形状特点越好，这样就便于在别的视图中找出与其对齐的类似形，或判断出没有类似形。

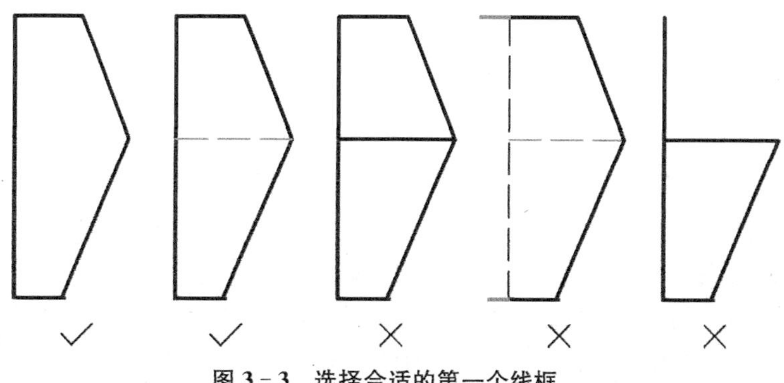

图3-3　选择合适的第一个线框

② 在已知的另一视图中寻找这个平面的投影(线框或线)(图 3-4)。首先寻找有没有与之恰好对齐的“类似形”线框。类似形线框需满足的条件是:总体投影恰好对齐、形状类似(边数相同)、各顶点投影对齐、边线之间的平行关系和平行线之间的长度比例关系不变。另一视图上的类似形线框可以带有虚线边线,也可以有粗实线隔断。若在另一视图中没有找到类似形线框,就说明该平面一定积聚成一条直线了。积聚线投影需满足的条件是:与线框总体投影对齐、对齐线框的每一个顶点,积聚线上都有与其他图线的交点。因为不可能一眼望见处于视线方向最背面的平面,所以根据线框所在视图是主视图、左视图还是俯视图,积聚线不能处于物体实体的最后、最右和最下位置。积聚线可实可虚,可以横平竖直也可以是倾斜的。如果在另一视图上与线框投影对齐的类似形或积聚线有多个,可暂选其一,待以后分析其他线框时遇到矛盾,再返回更换另一种对应关系。

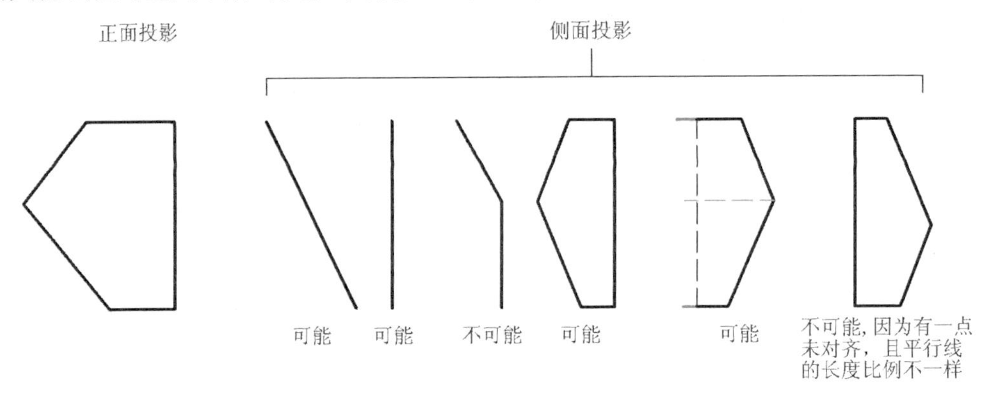

图 3-4 根据已知平面的线框投影寻找平面的第二个投影

③ 给线框和类似形或积聚线上的每个顶点编号(图 3-5)。各点投影必须对齐。点的投影必须在类似形和积聚线上。如果遇到多个顶点投影共线的情况,可以根据已知投影的可见性想象一下该平面在空间中的姿态,以此决定顶点投影的对应关系。

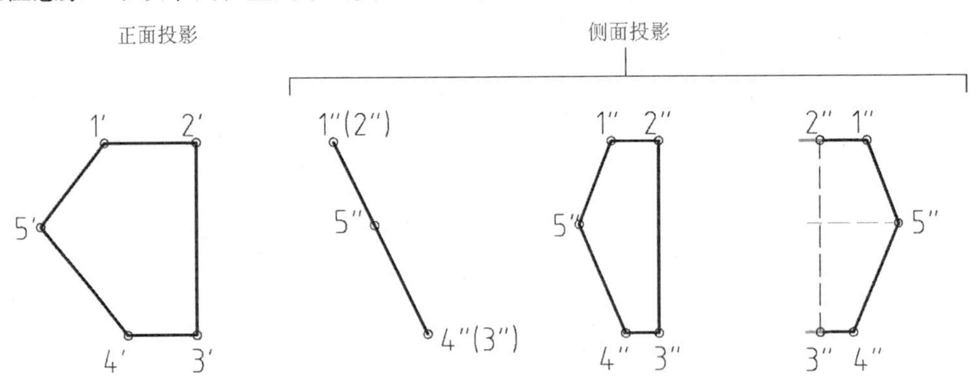

图 3-5 给平面两个已知投影上每个顶点的投影编号

④ 作出线框所代表平面的第三个投影(图 3-6)。根据平面已知的两个投影,找出其所有顶点的第三个投影,连接成为线框即得平面的第三个投影。

⑤ 判断所作第三投影线框的可见性。处于视线方向背面以及物体内部的平面是不可见的,其轮廓一般用虚线绘制,但是处于视图的最外轮廓、视图视线方向最前端的线面是可

见的，另外处于可见面上的线也可见，所以处于视线方向背面以及物体内部平面的轮廓线也可能包含粗实线。

⑥ 擦去编号，从已知视图中找另一个线框，重复上述步骤分析，直至分析完已知视图中的所有线框。

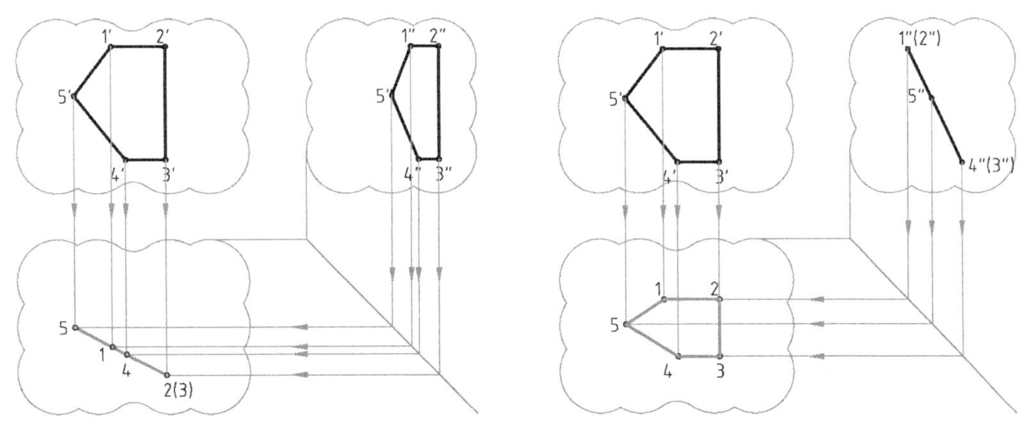

(a) 已知两个投影都为线框　　(b) 已知投影一为线框一为线

图3-6　根据已知的两个投影作出平面的第三个投影

⑦ 如果已知视图上所有可分析线框都分析过了，未知视图还明显没有完成，可以尝试用从直线找与之对应的线框或直线的方法，分析物体最后、最右或最下方线面的投影(图3-7)。因为这些位置的平面在以上步骤中没有分析过。

有时存在多种符合已知视图的第三个视图。

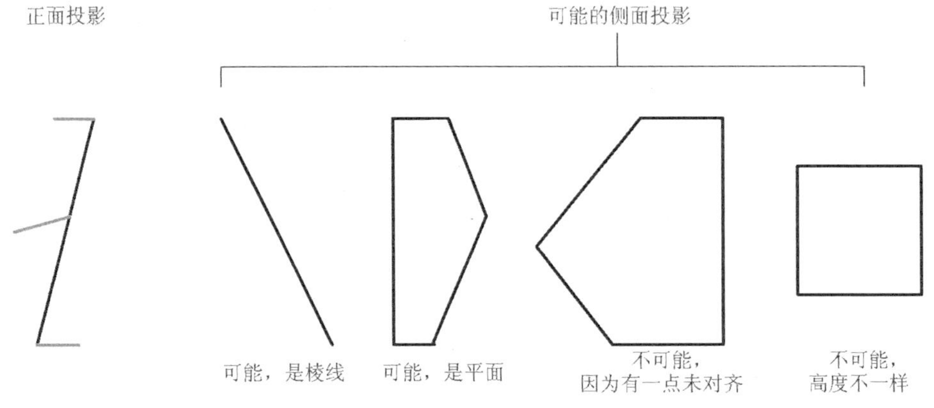

图3-7　根据平面的积聚线投影寻找对应的线框投影

3.2　线面分析法举例

图3-8解答了一个采用线面分析法分析的“二补三”习题。

① 从已知视图中选择一个线框。

② 在俯视图中寻找这个平面的投影。首先按照主视图中投影的长度，在俯视图中寻找

与之对齐、顶点数量一样、边线的平行关系又一致的“类似形”线框,结果俯视图中没有合适的线框。没有找到类似形线框,就说明该平面在俯视图中的水平投影一定积聚成一条直线了。排除位于物体最后方的线,俯视图中与所选平面正面投影投影长度对齐的直线只有一条,必是所选平面的水平投影。

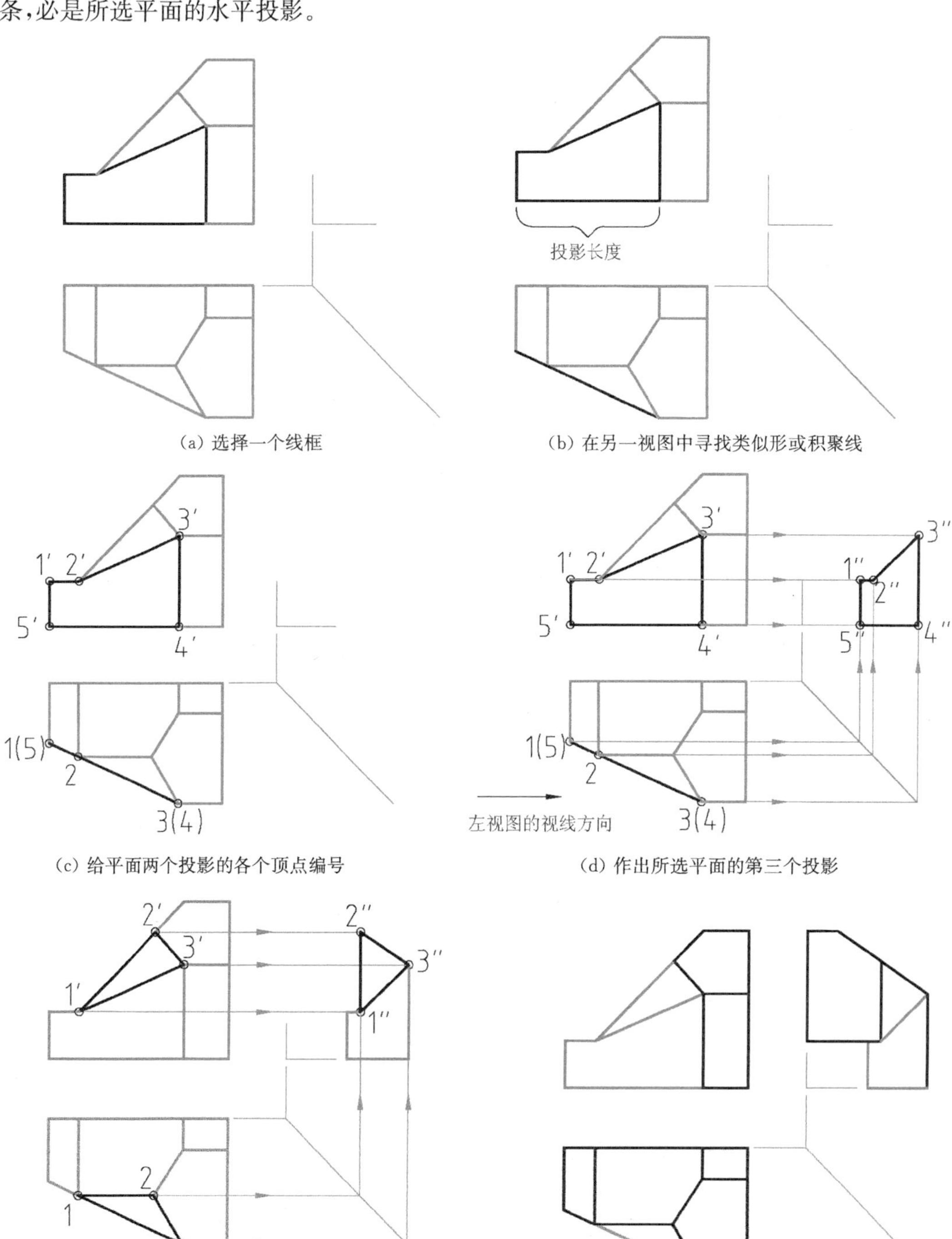

(a) 选择一个线框

(b) 在另一视图中寻找类似形或积聚线

(c) 给平面两个投影的各个顶点编号

(d) 作出所选平面的第三个投影

(e) 再从已知视图中选择一个线框,作出其第三个投影

(f) 分析主视图和俯视图中的所有由粗实线围成的线框

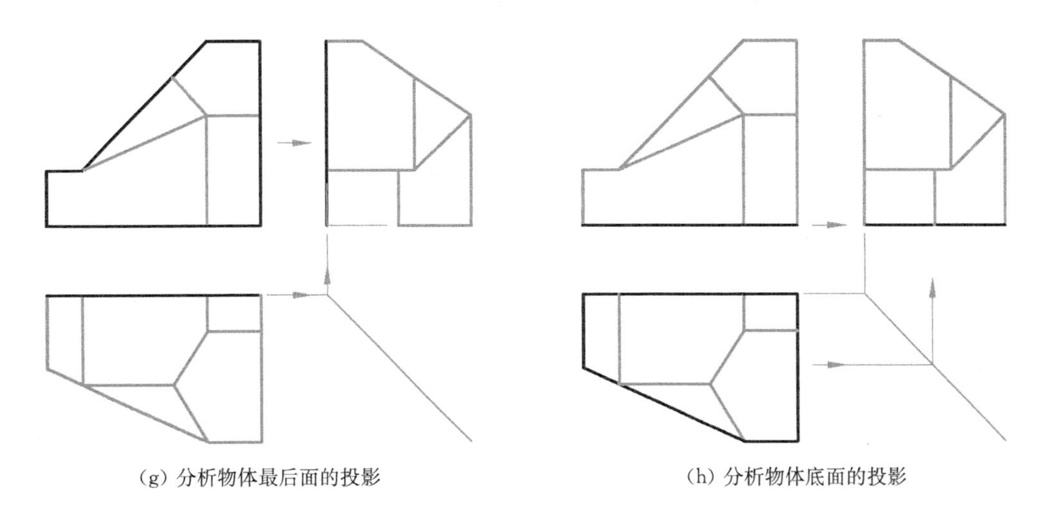

(g) 分析物体最后面的投影　　(h) 分析物体底面的投影

图 3-8　线面分析举例

③ 给线框和类似形或积聚线的每个顶点编号。各点投影对齐。

④ 按照投影规律，过各顶点已知投影作投影辅助线，作出各顶点在左视图中的侧面投影，顺次连接后得到所选平面的第三个投影。

⑤ 判断所作第三投影线框的可见性。从俯视图可以看出，所选平面是一个铅垂面，而且迎向左视图的视线方向，所以所选平面的侧面投影是可见的，应是粗实线轮廓。

⑥ 擦去编号，从已知视图中找另一个线框，重复以上步骤分析，直至分析完已知视图中的所有由粗实线围成的线框。

⑦ 用从直线找与之对应的线框或直线的方法，分析物体最后面和底面的投影。物体的最后面，从俯视图看投影长度应等于整个物体的长度，从左视图看投影至少要包括上半段。主视图上满足这两个条件的线框，有几种可能，但都包含下方部分，所以左视图上物体最后面的投影应为自最上到最下的一条积聚线。类似地，物体底面的投影也应该是从最前到最后的连续直线。

第4章　形体分析法

形体分析法是画图、读图的主要方法,分析效率比线面分析法高得多。运用形体分析法,就是把一个物体看作是由多个拉伸体、回转体等简单形体组成的组合体,分别去画或读懂各个形体的三面投影。机械零件大都是这样的组合体。

常见构成组合体的简单形体包括:拉伸体、回转体和棱锥。其三面投影画法都有规律可循。

组合体中形体之间的交线问题包括:融合、平齐、相切、截切和相贯。各有其分析方法。

画组合体三视图的经验对培养读图能力至关重要。读图,就是从组合体的三视图中逐个识别出一个个简单形体及其在组合体中的位置,这也是实际工作中对读图、识图技能的要求。在以后的工作中,读图的目标是识别出组成物体的各个形体。在目前学习阶段,读图能力一般用“二补三”的习题来考察,需要根据已知的两个视图识别出组成物体的各个形体之后,再按照组合体三视图的画图方法作出第三个视图。

4.1　拉伸体的三视图

本书定义拉伸体为:以与某一基本投影面平行的平面轮廓(线框)为截面,并垂直于该截面拉伸而成的形体(图4-1)。拉伸体是构成机械零件形状的主要形体。图4-2为两个拉伸体的三视图。

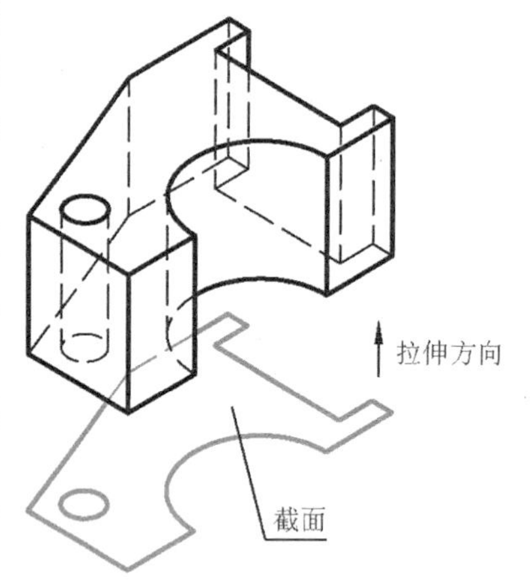

图4-1　拉伸体的定义

图4-3中的两组三视图都是同一拉伸体的三视图,区别只是截面轮廓分别位于主视图和左视图。从中我们可以总结出所有拉伸体的三视图的共同特点:

· 三个视图中,一个视图反映拉伸体的截面。这个视图上,所有侧面都积聚成线。

· 其余两个视图的外轮廓都是矩形。矩形内部都是贯穿矩形的直线:粗实线、虚线或点画线。

由此可以总结出一个画拉伸体的三面投影的方法:

① 先画拉伸体的截面投影,不论其出现在哪一个视图。

② 对齐截面投影,画出拉伸体的第二个投影。根据前述规律,首先画出矩形边框,然后画出矩形内部所有的贯穿线。截面上的所有线段交点以及曲面转向点都会产生贯穿线。点画线,不论是代表十字中心线、回转中心线还是对称中心线,也会产生贯穿点画线(要出头)。贯穿线的可见性,也就是应该用粗实线画还是用虚线画,应根据视图视线方向判断。

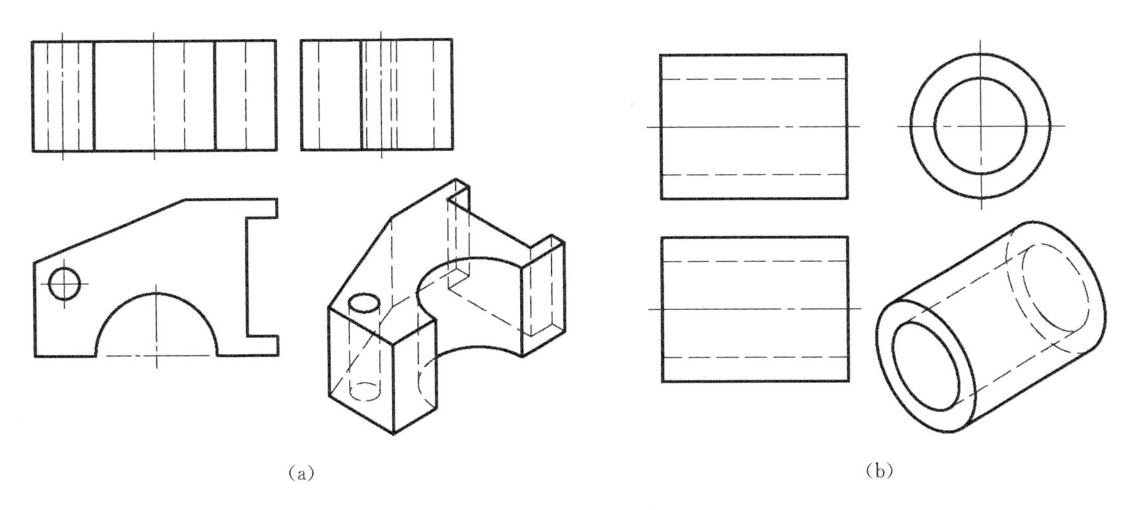

图 4-2　不同拉伸体的三视图

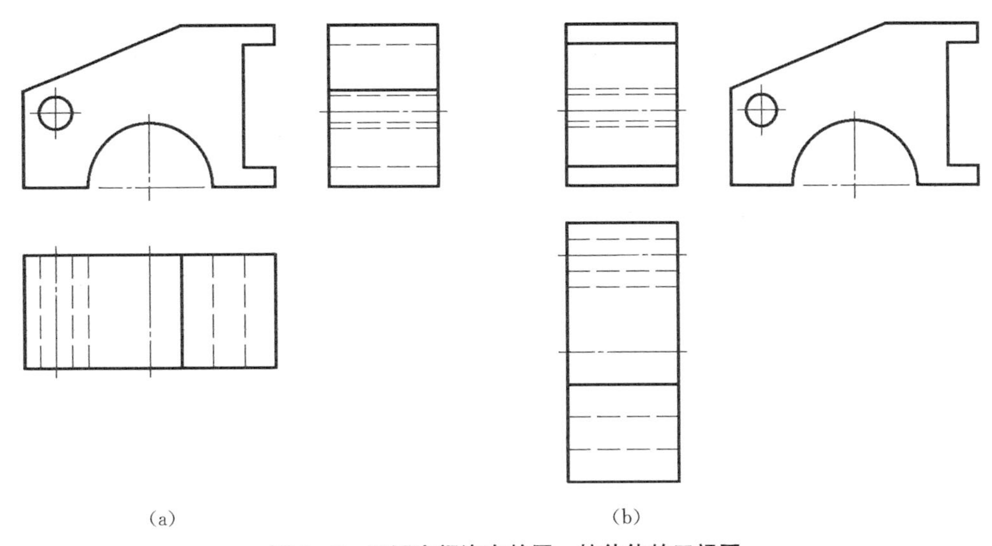

图 4-3　不同空间姿态的同一拉伸体的三视图

③ 画出拉伸体的第三个投影，方法同②。

运用这个方法可以快速、正确地画出任意截面拉伸体的三面投影。

图 4-4 以画图 4-2(a)拉伸体的三视图为例，详细说明其三视图的绘图步骤：

① 先画拉伸体在俯视图中的水平投影（截面投影）。

② 对齐截面投影的长和宽，自定高度，画出拉伸体在另两视图中投影的矩形边框。

③ 用直尺对齐俯视图截面上的每一个角点、曲面转向轮廓点和点画线，画出主视图矩形边框内的所有贯穿线。贯穿线的虚实根据视图视线方向（画主视图为从前往后的方向）判断。点画线无所谓虚实。

④ 用直尺对齐俯视图截面上的每一个角点、曲面转向轮廓点和点画线，经由 45°线转

折,向左视图画投影辅助线。然后对齐投影辅助线,作出左视图中贯穿矩形的直线。贯穿线的虚实根据从左往右的视图视线方向判断。

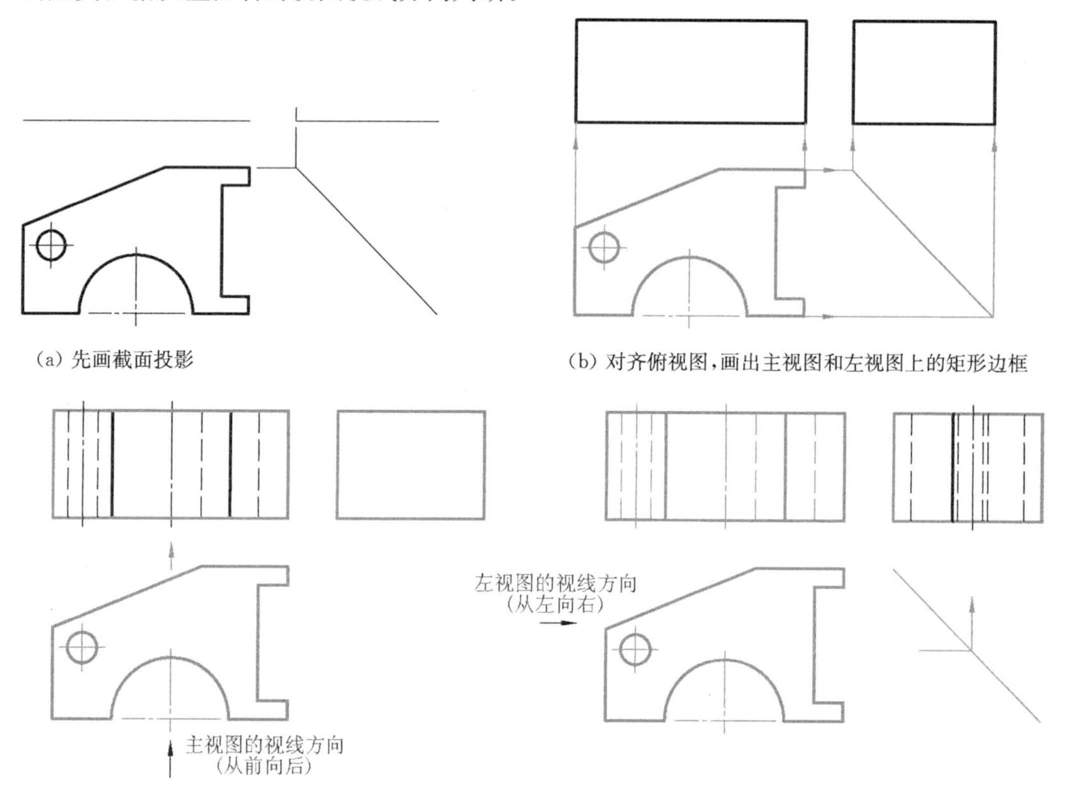

(a) 先画截面投影

(b) 对齐俯视图,画出主视图和左视图上的矩形边框

(c) 对齐俯视图截面上的每一个交点、曲面转向点轮廓和点画线,画贯穿矩形的直线

图 4-4　拉伸体三视图的画法

4.2　回转体的三视图

回转体可以视作一个平面轮廓围绕一条回转中心线,回转一定角度所形成的立体。

因为多数机床的刀具相对于工件都是做旋转运动的,所以大部分机械零件上的机加工表面都是回转面,尤其是孔。

如图 4-5 所示,当一个平面轮廓回转而形成实体时,其上每一个角点都会转出一圈圆或一段圆弧。这些圆或圆弧在三视图中或投影为圆和圆弧,或积聚成直线。

在制图中,光滑的曲面没有特别的表示,视图中的一个线框既可能是一个平面也可能是一个曲面。曲面在视图中只画其转向轮廓线,即曲面的切线方向经由视图视线方向而发生改变时所产生的轮廓线。

当视线平行于回转中心线时,能看到圆或圆弧的实形,这样的视图以下称为有圆视图,而另两个视图称为非圆视图。

回转体的三面投影画法为:

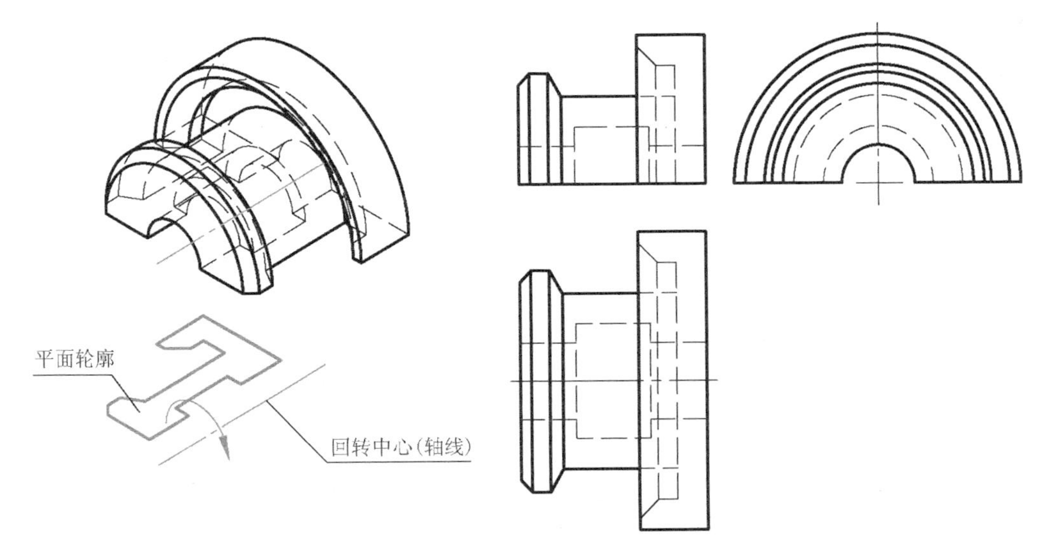

图 4-5　回转体及其三视图

① 先画有圆视图上的十字中心线和非圆视图上的回转中心线。这些点画线一方面是不可或缺的，另一方面可以为接着要画的图线提供圆心和对称中心。

② 画出非圆视图中的截面轮廓，并判断各线段的可见性。截面轮廓上线段的可见性是按照从外向内的观察方向来判断的，回转中心为内。

③ 画出非圆视图中，各角点旋转产生的所有圆和圆弧的积聚线。这些积聚线都是从截面轮廓上的角点出发的回转中心线的垂线。这些积聚线的可见性，依据角点的可见性决定，如果角点是两段虚线的交点，那么对应的积聚线就是虚线，否则就是粗实线。

④ 画有圆视图中各角点旋转产生的圆或圆弧。对齐截面轮廓上的每个角点，以十字中心线交点为圆心按旋转角度画出圆或圆弧。圆或圆弧的可见性根据视图视线方向判定。

⑤ 画三个视图中非回转结构的轮廓线，比如非 360°回转体的起始终止端面的投影。

有圆视图上的十字中心线，长度应超过最大圆 2～5 毫米。非有圆视图上的回转中心线，长度要超出整个回转体的投影，即使是被切割得不完整的回转体。当点画线的延长线上有粗实线或虚线时，不能与之连接，要留一段空隙，以避免别人误读。当点画线与粗实线或虚线完全重合时，应省略不画。

图 4-6 以画图 4-5 回转体的三视图为例，详细说明其三视图的绘制步骤：

① 画中心线，布局三个视图。先画左视图(有圆视图)上的十字中心线，然后对齐十字中心线中的某一条点画线，画出主视图和俯视图(非圆视图)中的回转中心线。

② 画出主视图和俯视图(非圆视图)中回转体截面的轮廓，并按照从外向内的方向判断截面轮廓中各条线段的可见性。

③ 主视图和俯视图(非圆视图)中，从截面轮廓的每一个角点或转向轮廓点，画回转中心线的垂线(圆弧的积聚投影)。积聚线的可见性，依据角点的可见性决定：若交于角点的两条轮廓线都是虚线，则垂线是虚线，否则垂线是粗实线。

④ 画左视图(有圆视图)中的圆弧。对齐主视图截面轮廓上的每个角点，画出半圆弧。

半圆弧的可见性根据视图视线方向判定。

⑤ 画出主视图和左视图中物体底面的投影。

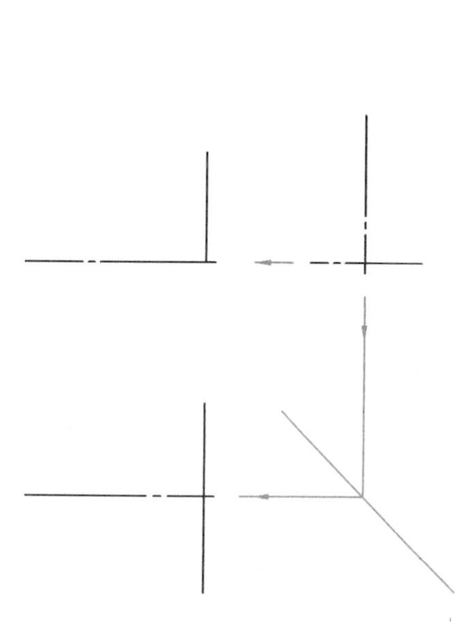

(a) 画出三个视图的中心线,布局三个视图

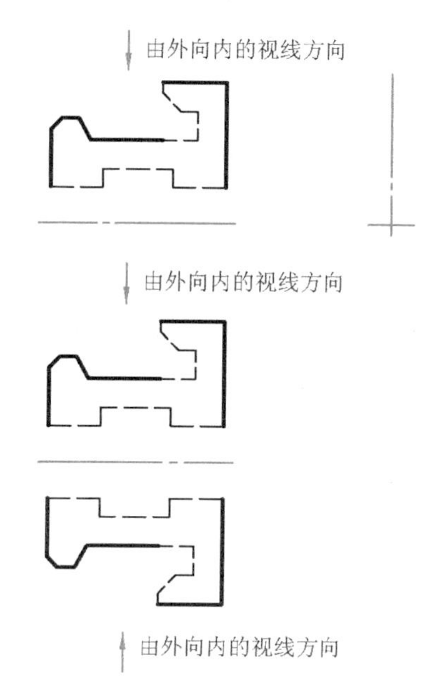

(b) 在非圆视图上画出截面轮廓,并根据由外向内的视线方向判定其可见性

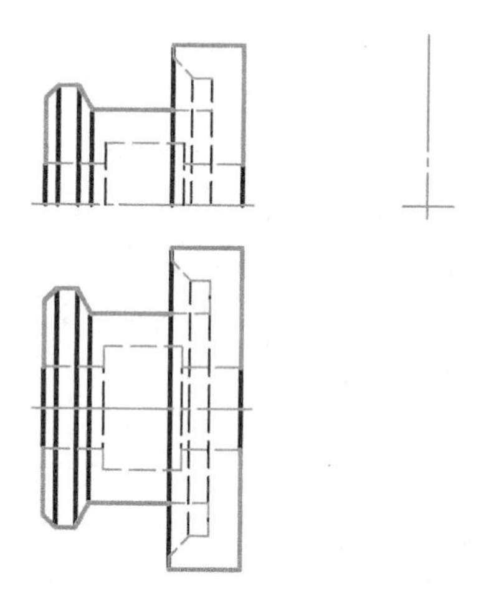

(c) 画出截面上每一个交点回转形成的圆弧在主视图和俯视图上的投影,并根据角点的可见性判断投影的可见性

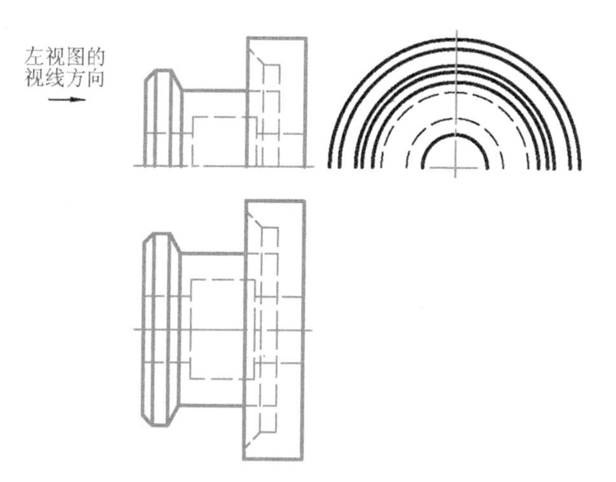

(d) 在有圆视图上画出截面上每一个角点回转形成的圆弧投影,并根据左视图的视线方向判断投影的可见性

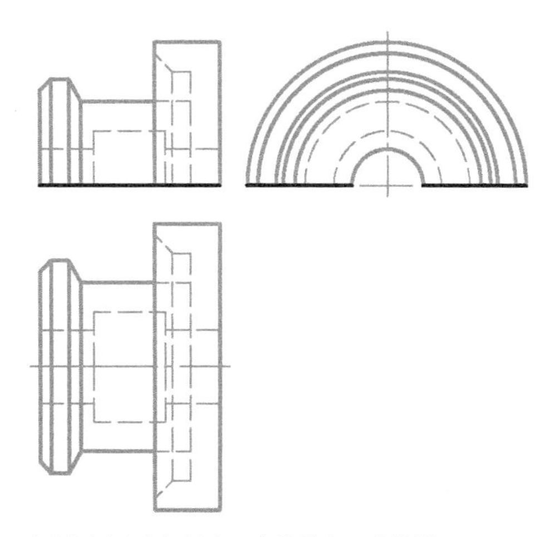

(e) 在主视图和左视图中画出物体底面的投影

图 4-6　回转体三视图的画法

4.3　棱锥的三视图

这里介绍的是锥底平面为某基本投影面平行面的棱锥的三视图画法(图 4-7)。棱锥属于基本形体,但棱锥形体在机械零件中并不多见。

棱锥的形状由锥底多边形和锥顶决定。其侧面均为三角形,从锥顶到锥底的每一个角点都有棱边。

棱锥三视图的画法如下:

① 画出锥底的三面投影。先画多边形投影,再画另外两个积聚线投影。

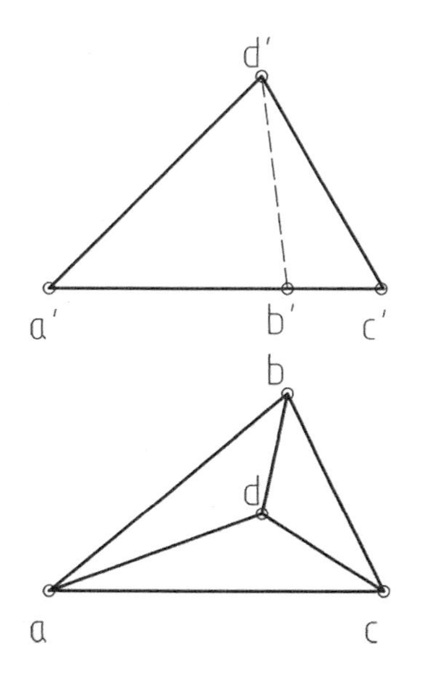

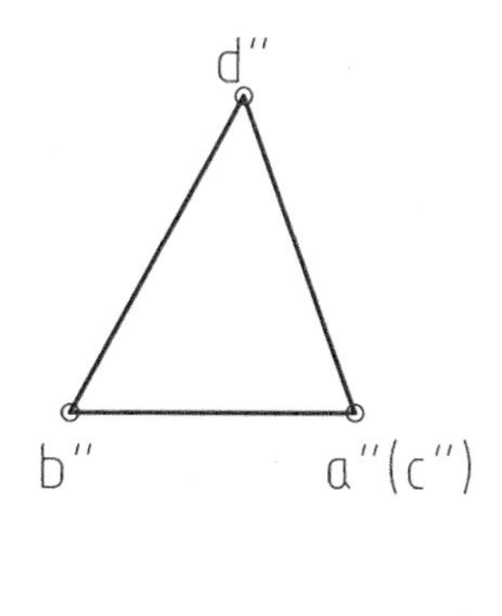

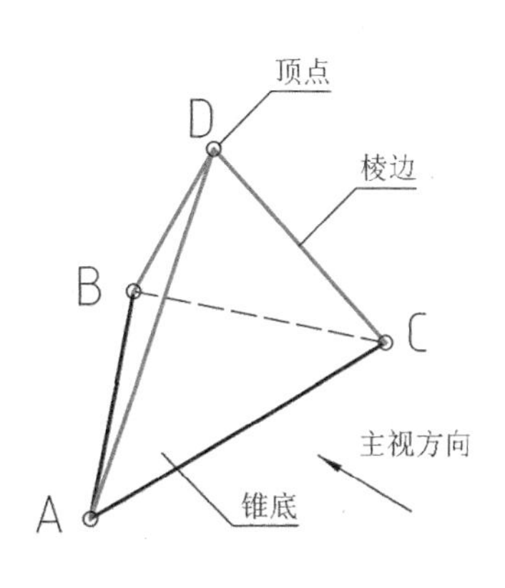

图 4-7　棱锥及其三视图

② 决定锥顶的三面投影。

③ 画棱边。从锥顶到锥底的各个角点连线。

④ 判断棱边投影的可见性。棱边的可见性判断依据：

- 视图的最外轮廓总是粗实线。
- 位于视图视线方向最前方的点、线总是可见的。
- 位于可见面上的线是可见的。

图 4－8 以图 4－7 棱锥为例，详细说明其三视图的绘制步骤：

① 画出锥底的三面投影。先画俯视图中锥底的多边形投影，再对齐俯视图画出另外两个视图中锥底的积聚线投影。为了便于找到各个角点的投影，给各个角点编号。

② 决定锥顶的三面投影。先在主视图中决定锥顶的上下、左右位置，再对齐它在俯视图中决定锥顶的前后位置，最后根据投影辅助线确定锥顶在左视图中的位置。

③ 连接锥顶和锥底的各个角点，画出各条棱边的投影。

④ 判断棱边投影的可见性。主视图中的 a′d′、d′c′和左视图中的 b″d″、d″a″、d″c″都是视图的最外轮廓，所以是粗实线。俯视图中，db、da、dc 都位于可见面上，所以是粗实线。从俯视图可以看出 B 点位于底面的最后方，因此其在主视图的正面投影 b′不可见，d′b′应该是虚线。

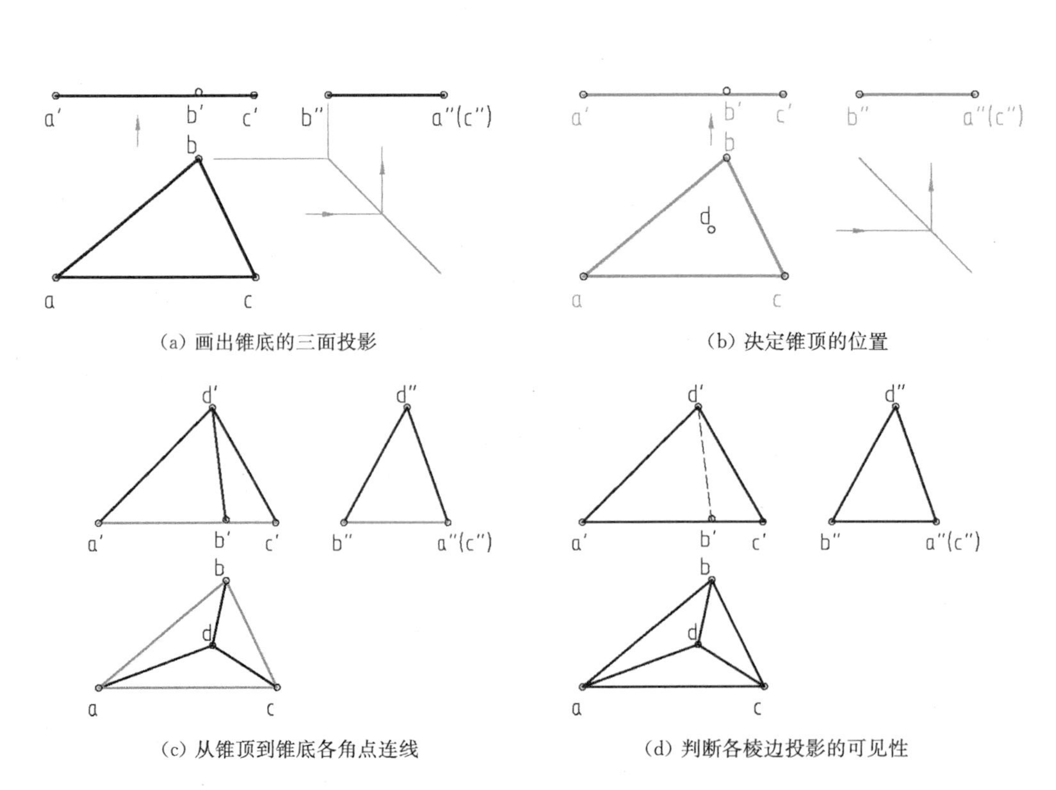

图 4－8　棱锥三视图的画法

4.4 融合

融合是组合体交线问题之一，指的是两个形体组合成一个物体（组合体）时，形体表面原来的一部分面和线会因为钻入到另一形体的内部而消失，“融化”于物体的实心之中（图 4－9）。在实体的内部，没有线、面。

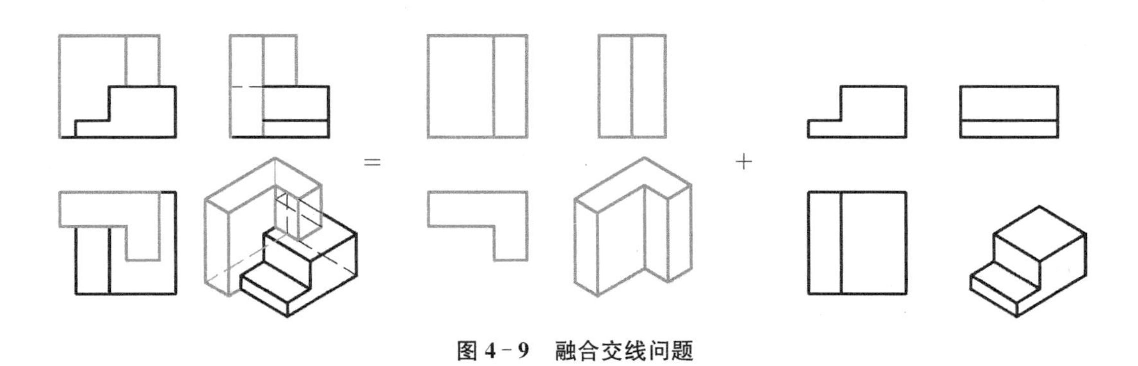

图 4－9　融合交线问题

当组合体中包含某个拉伸立体形体，而且其是从一个极端（如物体的最高处），扫掠到另一个极端（如物体的最低处）时，将沿途吞没所有的线和面。在拉伸方向视角的视图中，该截面轮廓内部应无任何图线。

因为交线上的点是两个表面的共有点，所以两形体融合交汇产生的交线只限于它们体积的交集区域。

触发融合问题的组合现象是：两形体之间有实体交集，或者两形体贴合的界面有部分面积被融合进实体内部了。

图 4－10 以图 4－9 组合体的三视图画法为例，详细说明融合交线问题的分析方法：

① 分别画出 A、B 两个拉伸立体的三面投影。

② 清除贯穿扫掠拉伸立体截面轮廓内部的图线。拉伸立体 A 可以看作是其截面从整个物体的最前方扫掠到最后方，因此在主视图上拉伸立体 A 的截面轮廓内部应该没有任何图线。同理，拉伸立体 B 可以看作是其截面从整个物体的最上方到最下方一路扫掠下来，吞没沿途所有的线面，因此在俯视图中拉伸立体 B 的截面轮廓内部也应该没有任何图线。

③ 对其他视图上处在两个形体交汇区域内的每条线，进行“线→线框”的线面分析，以判断这条线的长短和虚实。左视图中，处于两个形体体积交集部分的所有图线都要进行线面分析，分析每条线所代表的平面或棱线在融合以后还剩下多少，可见性如何。比如分析拉伸立体 A 的顶面在左视图的侧面投影，这是一个水平面，从俯视图可以看出，这个面的剩余面积为 U 形，且右侧一部分处于拉伸立体 B 的背后，因此左视图中这个面的侧面投影宽度同物体总宽，是连续的，但后部不可见，用虚线表示。

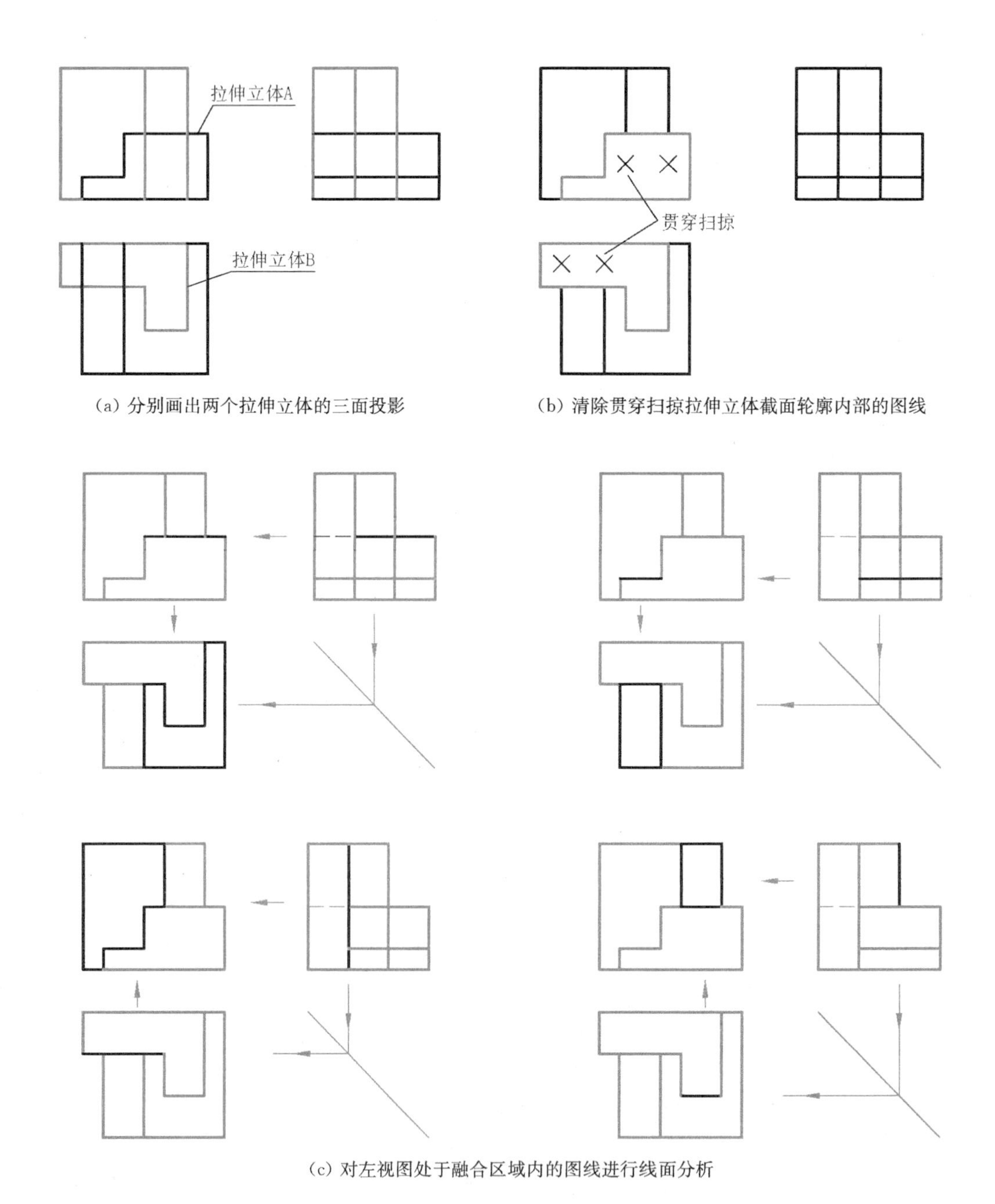

(a) 分别画出两个拉伸立体的三面投影

(b) 清除贯穿扫掠拉伸立体截面轮廓内部的图线

(c) 对左视图处于融合区域内的图线进行线面分析

图 4-10 融合交线问题分析方法

4.5 平齐

一条轮廓线的两侧必然是不同的面:不平行的平面、平行但不共面的面、一侧是平面另一侧是曲面……分属两个形体的平面或曲面若是共面的,则这两面之间应该平齐无交线(图 4-11)。

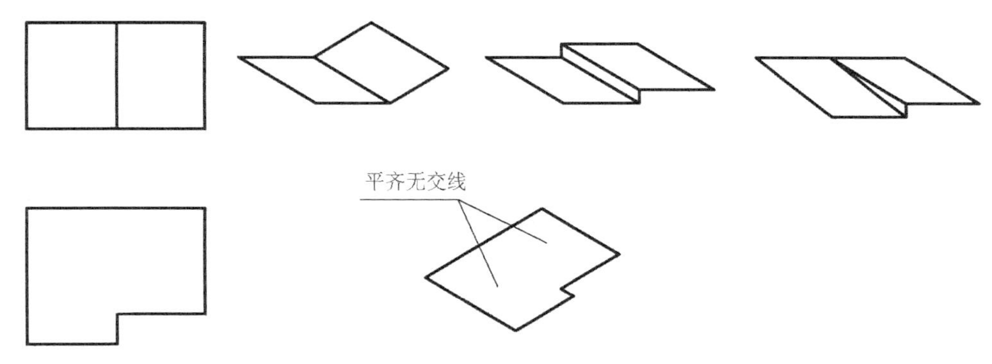

图 4－11　平齐无线

画一个复杂的组合体的三视图时，应先画出各个形体的三面投影，再分析形体之间的交线问题。我们要能在已经画好的各形体投影中，发现其中存在的平齐问题。三视图是分别从前、左、上三个方向观察物体所得的视图。因此，对平面立体而言，我们应该分析各个形体中，所有（指向实体之外的）外法线方向偏向前、左、上三个方向的平面，分析它们有没有与相邻形体上的平面平齐（平面的积聚线共线）。如果有面的积聚线共线的情况，就要在这些平面投影成线框的视图上，删除线框之间的粗实线分界线，使之合并成一个大线框。被删除分界线的背后有可能存在与之重影的虚线，因此在删除粗实线分界线后，要对这个位置的直线作“线→线框”线面分析，以确定要不要补画虚线。

图 4－13 以图 4－12 物体的三视图绘制过程为例，详细说明平齐问题的分析方法：

① 分别画出形体 A、B 的三面投影。

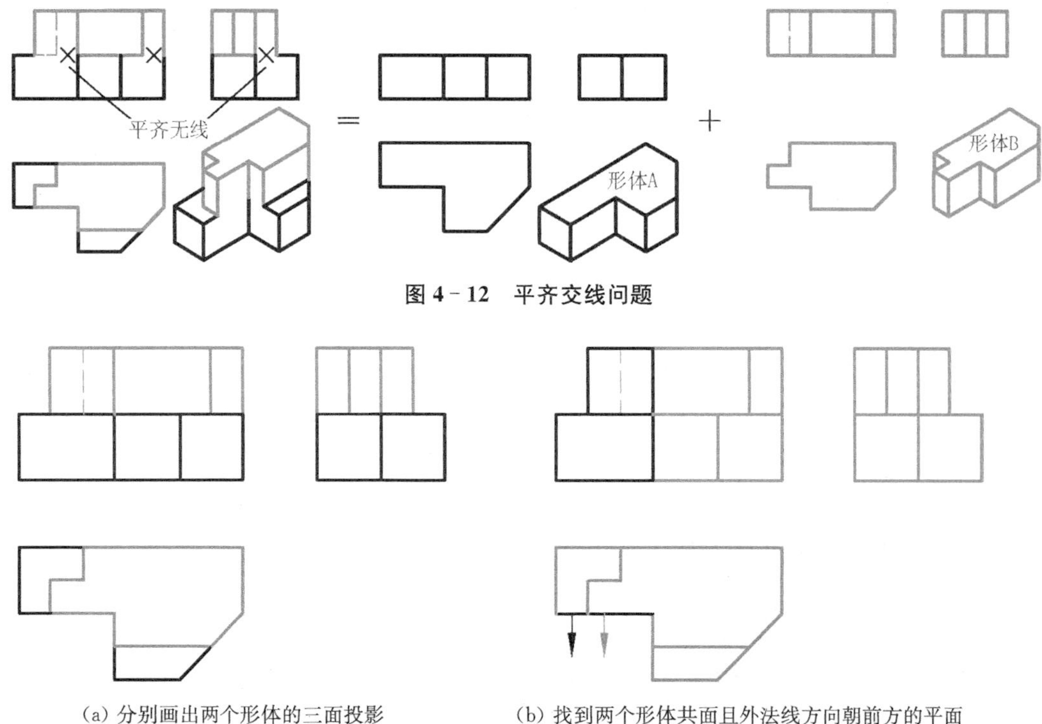

图 4－12　平齐交线问题

(a) 分别画出两个形体的三面投影

(b) 找到两个形体共面且外法线方向朝前方的平面

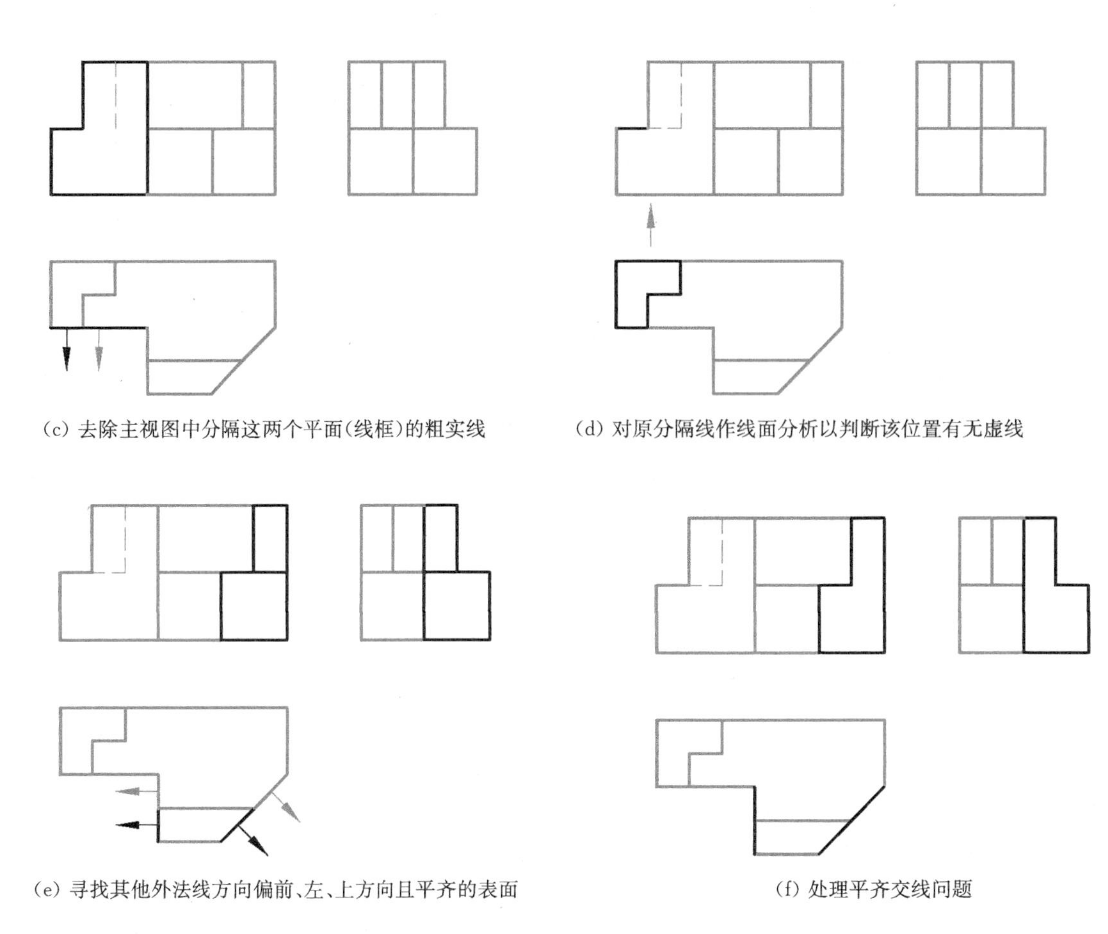
(c) 去除主视图中分隔这两个平面(线框)的粗实线
(d) 对原分隔线作线面分析以判断该位置有无虚线
(e) 寻找其他外法线方向偏前、左、上方向且平齐的表面
(f) 处理平齐交线问题

图 4-13　平齐交线问题的分析

② 在俯视图中找到一对分属两个形体、外向法线朝前又部分重影的平面积聚线。

③ 在主视图中去除这两个平面的投影线框之间的分隔线(粗实线)。

④ 对上一步去除的分隔线作“线→线框”线面分析。如果有的话,补画虚线。

⑤ 寻找下一对平齐平面,进行上述平齐分析。

4.6　相切

制图标准规定:切线不画出来,即相切无交线。

这里主要研究平面与圆柱面之间的相切问题。图 4-14 是一个由梯形块和圆柱组成的组合体,梯形块的前后两个平面与圆柱相切。在主视图和左视图中,都有看起来很奇怪的“悬空”的轮廓线,这就是因为相切无交线。

在所有交线问题之中,相切是最容易发现的。相切问题处理的关键是要分析切点的三面投影和包含切点的平面的投影。

图 4-15 以图 4-14 物体的三视图绘制过程为例,详细说明相切问题的分析方法:

① 分别画出两个形体的三面投影。

② 根据融合交线分析，在俯视图中去除梯形块在圆柱投影内的所有图线，在主视图中去除钻入梯形块的圆柱素线。

③ 根据俯视图中切点的位置，找到切点在主视图和左视图中的投影，去除切线。

④ 分析梯形块的上下平面（包含切点的平面）的三面投影的长短和虚实。

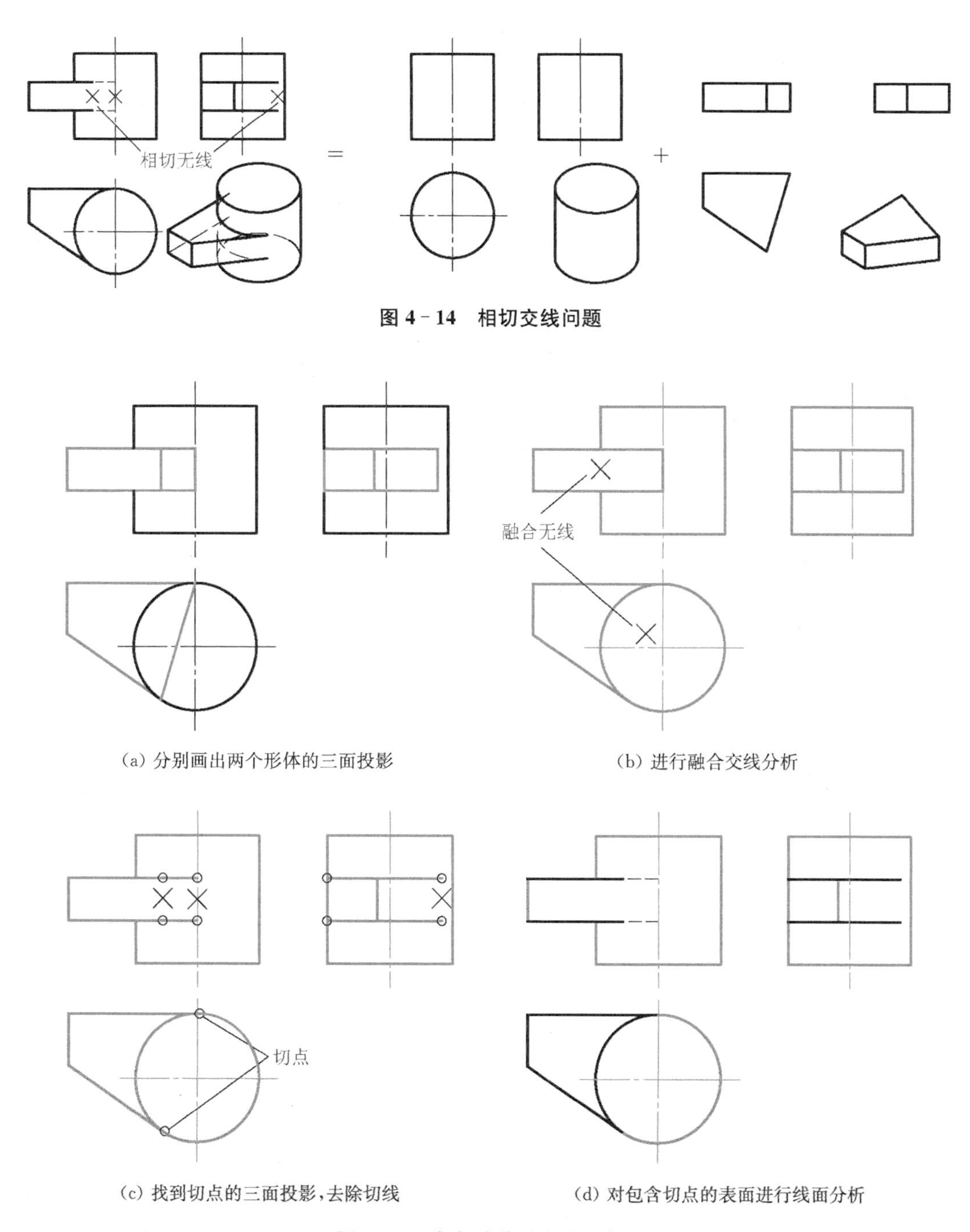

图 4－14　相切交线问题

图 4－15　相切交线问题分析方法

4.7 表面取点

表面取点是组合体交线分析中的一个步骤,指的是已知物体的三视图,又已知物体表面上一个点的一个投影,要在三视图中找出该点的另两个投影。这个步骤用于截切、相贯等复杂交线问题的分析过程。

已知点的一个投影,只能确定该点在两个维度上的位置,但加上"在物体的表面上"这个条件,只要已知投影不是在某个面的积聚线上,就能确定其三维空间位置了。

表面取点的步骤如图 4－16 所示。

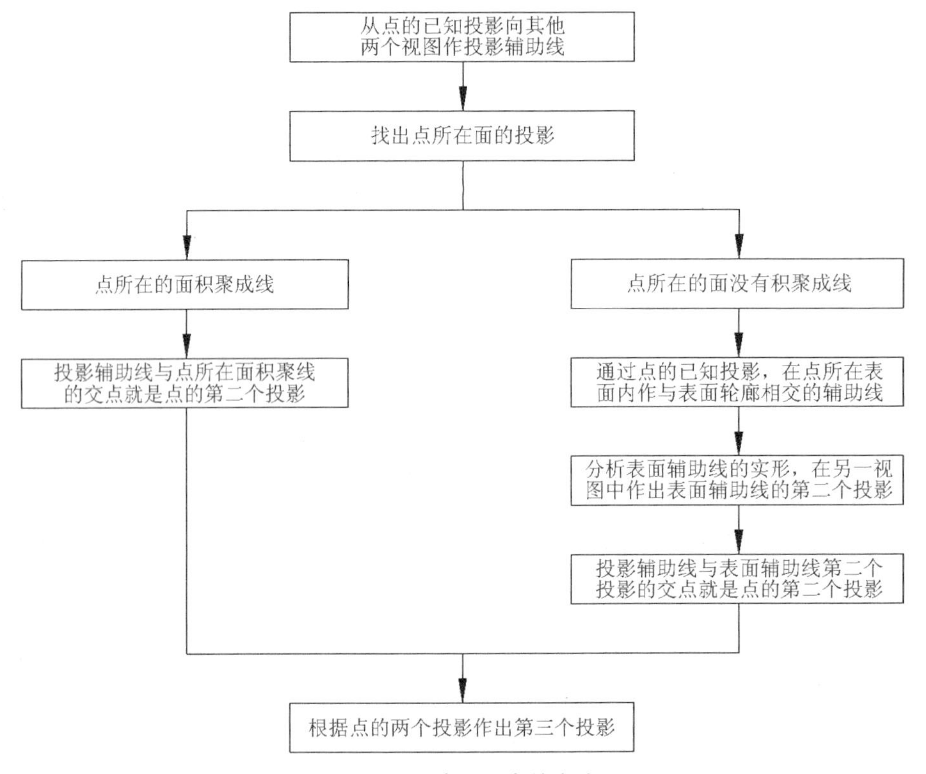

图 4－16　表面取点的方法

① 过点的已知投影向其余两个视图作投影辅助线。根据投影规律,点的未知投影必然在投影辅助线上。

② 分析点在哪一个面上。可以通过分析包围点的已知投影的线框,以及已知投影的可见性(是否有括号)来判断。

③ 分析点所在面的投影特点,若点所在的面在某个视图上积聚成线,则投影辅助线与此积聚线的交点即为点的第二个投影。若交点有多个时,根据点已知投影的可见性来判别。

④ 若点所在的面在三个视图中都没有积聚成线,就需要在点所在表面上画表面辅助线来解决问题了。表面辅助线的实形和投影都应该是直线或圆弧。视图中表面辅助线画到与所在面的轮廓线相交为止。接下来,基于表面辅助线的投影特点,找到表面辅助线的第二个投影。

投影辅助线与表面辅助线第二个投影的交点，即为点的第二个投影。这是根据“在实物上，点在表面辅助线上”与“在图上，点的投影在表面辅助线的投影上”互为充要条件的原理。

⑤ 从点的两个已知投影向第三个投影所在视图作投影辅助线，交点即为点的第三个投影。

4.7.1　棱柱表面取点

棱柱是一个以多边形为截面的拉伸立体。因为拉伸方向垂直于某投影面，棱柱的所有侧面在该投影面上积聚成线。

图 4－17 中，已知三棱柱表面一点 A 的正面投影 a′，要求找出其水平投影和侧面投影。

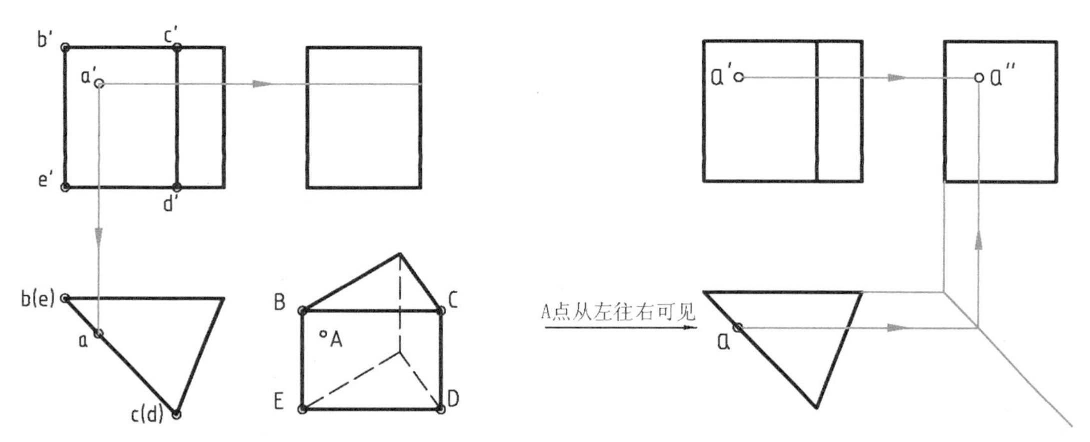

(a) 过 a′点向左视图和俯视图作投影辅助线，与俯视图点所在面积聚线的交点即为 a

(b) 过 a′点和 a 点分别向左视图作投影辅助线，交点即为 a″

图 4－17　棱柱表面取点

其具体步骤为：

① 过 a′点向左视图和俯视图作投影辅助线。

② 分析主视图上包围 a′的线框，并注意到 a′是可见的，可以判定 A 点位于平面 BCDE 上。平面 BCDE 的水平投影在俯视图中积聚成线。

③ 俯视图中，投影辅助线与平面 BCDE 积聚线的交点，就是 A 点的水平投影 a。

④ 过 A 点的两个已知投影 a′和 a，向左视图作投影辅助线，交点就是 A 点的第三个投影 a″。从俯视图可以看出，A 点所在的 BCDE 平面从左视图的视线方向上看是可见的，所以 a″是可见的，不用加括号。

4.7.2　棱锥表面取点

图 4－18(a)中，已知棱锥表面一点 E 的侧面投影 e″，要求找出 E 点的其余两个投影。

其具体步骤为：

① 过 e″点向主视图和俯视图作投影辅助线。

② 分析左视图上包围 e″的线框，判断 E 点属于哪一个表面。投影 e″同时位于可见平面a″b″c″和不可见平面 a″d″c″中。因为 e″有括号，从左往右不可见，所以 E 点应该位于平面 ACD 中。

③ ACD 平面在三个视图中的投影都是三角形，没有积聚成线，只有作表面辅助线才能找到 E 点的第二个投影。

④ 作表面辅助线。在左视图三角形线框 a″c″d″中，过 a″、e″两点画一条直线 a″k″。因为直线 AK 是在平面 ACD 内画的，所以 K 点位于棱线 DC 上。

⑤ 过 k″点向俯视图作投影辅助线，与直线 CD 的水平投影 cd 的交点就是 K 点的水平投影 k。于是得到表面辅助线 AK 的水平投影直线 ak。

⑥ 因为 e″在 a″k″上，所以 E 点在直线 AK 上，所以 e 在 ak 上，所以从 e″点发出的投影辅助线与 ak 的交点就是 E 点的水平投影 e。因为 E 点所在的 ACD 平面从俯视图的视线方向

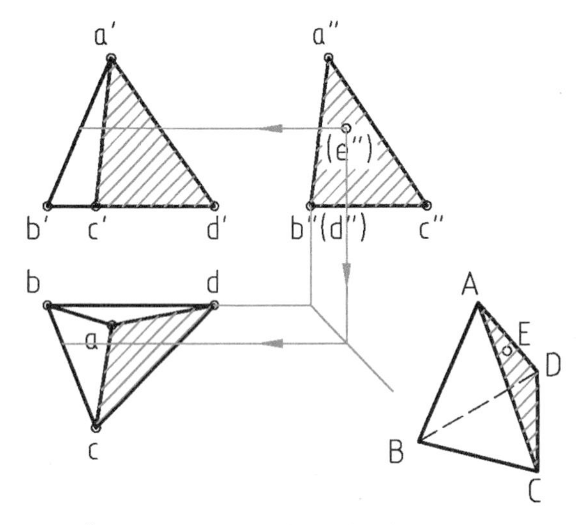

(a) 过 e″点向主视图和俯视图作投影辅助线

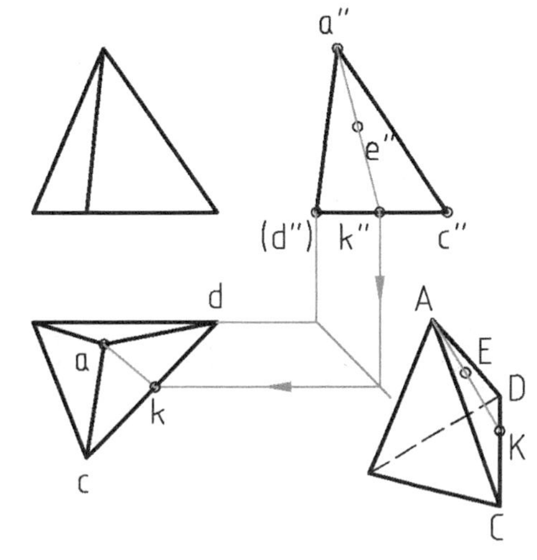

(b) 在三角形 a″c″d″内作表面辅助线 a″k″，K 点在 CD 线上，并找出 AK 的水平投影 ak

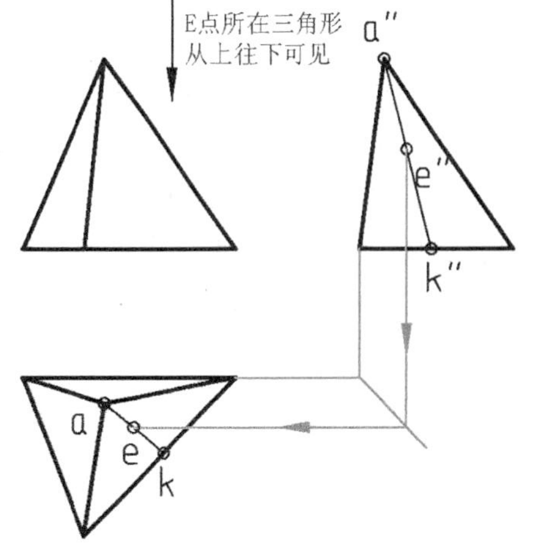

(c) 从 e″点发出的投影辅助线与直线 ak 的交点就是 E 点的水平投影 e，e 可见

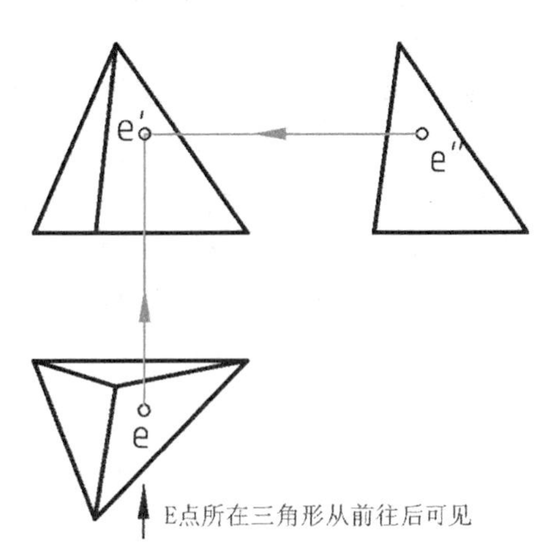

(d) 从 e″点和 e 点分别向主视图作投影辅助线，交点即为 e′，e′可见

图 4-18　棱锥表面取点

上看是可见的，所以 e 是可见的，不用加括号。

⑦ 过 E 点的两个已知投影 e″和 e，向主视图作投影辅助线，交点就是 E 点的第三个投影 e′。因为 E 点所在的 ACD 平面从主视图的视线方向上看是可见的，所以 e′是可见的，不用加括号。

4.7.3　圆柱表面取点

圆柱面和平面一样，是机械零件中最常见的表面形状。这里只讲轴线垂直于某基本投影面的圆柱，即圆柱面的三个投影之一会积聚成圆或圆弧。

因为圆柱面的积聚性，所以圆柱表面取点和棱柱一样简单，直接从点的已知投影向积聚圆作投影辅助线，就能找到点的第二个投影，然后就能作出第三个投影。

图 4－19 中，已知 S 点的水平投影 s，要求找出另两个投影。

其具体步骤为：

① 过 s 点向左视图和主视图作投影辅助线。其中左视图中的投影辅助线与圆柱面的积聚圆交于上下两点。因为 S 点的水平投影 s 加了括号，说明沿着俯视图的视线方向(从上往下)看物体时，S 点不可见，所以下面的积聚圆交点就是 S 点的侧面投影 s″。

② 分别从 s 点和 s″点向主视图作投影辅助线，即可得到 S 点的第三个投影 s′。从左视图可以看出，s′沿着主视图的视线方向(从前往后)不可见。

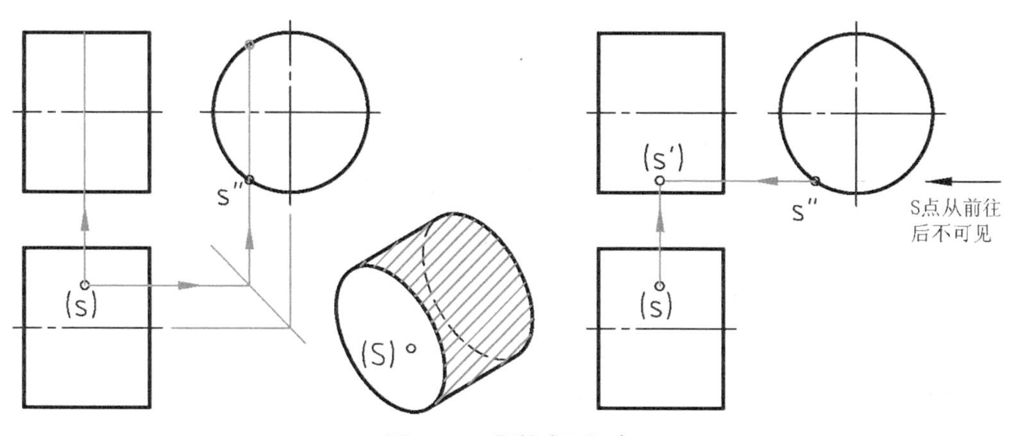

图 4－19　圆柱表面取点

4.7.4　圆锥表面取点

圆锥面在机械零件上属于常见的表面。这里只讲关于轴线垂直于某基本投影面的圆锥的表面取点方法。

因为圆锥面的三面投影都不积聚成线，所以一般都要通过作表面辅助线才能完成表面取点。

如图 4－20 所示，与棱锥表面取点不同，在圆锥面的三视图上任意画一条直线，即圆锥

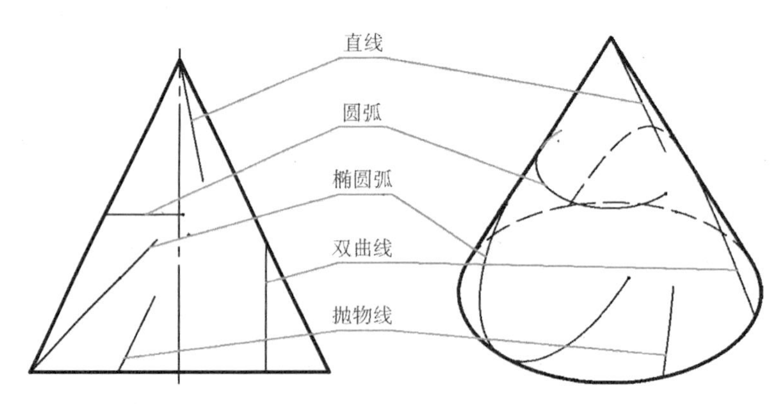

图 4 - 20　圆锥面上投影为直线其实形不一定是直线

面上一个投影是直线的线，其实际形状不一定是直线。所以，用于棱锥表面取点的表面辅助线只有以下两种：

· 过锥顶的直线。其实形是直线，投影自然也是直线。

· 垂直于圆锥轴线的直线投影，或在有圆视图上以锥顶为圆心的圆。此线的实形是圆弧(或圆)，投影是圆弧(或圆)或直线。

图 4 - 21 中，已知 A 点的正面投影 a′，要求找出其余两个投影。

其具体步骤为：

① 过 a′点向左视图和俯视图作投影辅助线。

② 作表面辅助线。在主视图上，过锥顶 s′和 a′作表面辅助线，与圆锥底部大圆交于 k′。在俯视图中找到锥顶 s 和大圆上的 k(考虑 k′可见)，于是得到表面辅助线 SK 的水平投影 sk。

③ A 点位于表面辅助线 SK 上，所以 a 点位于 sk 上。投影辅助线与 sk 的交点就是 A 点的水平投影 a。A 点所在的圆锥面从上往下可见，所以 a 可见。

④ 分别从 a′点和 a 点向左视图作投影辅助线，即可得到 A 点的第三个投影 a″。A 点所在的左半圆锥面从左往右可见，所以 a″可见。

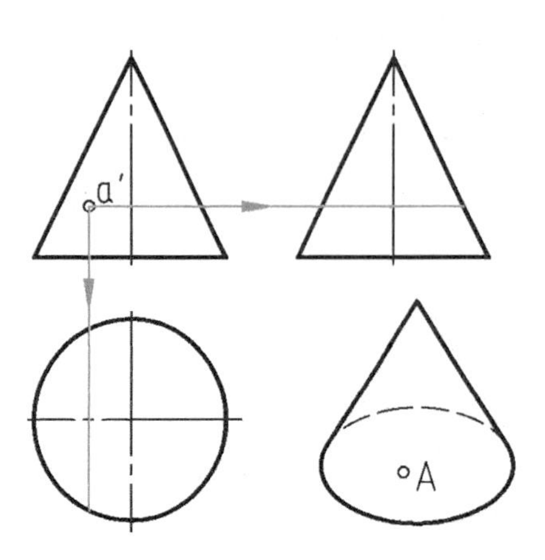

(a) 过 a′点向左视图和俯视图作投影辅助线

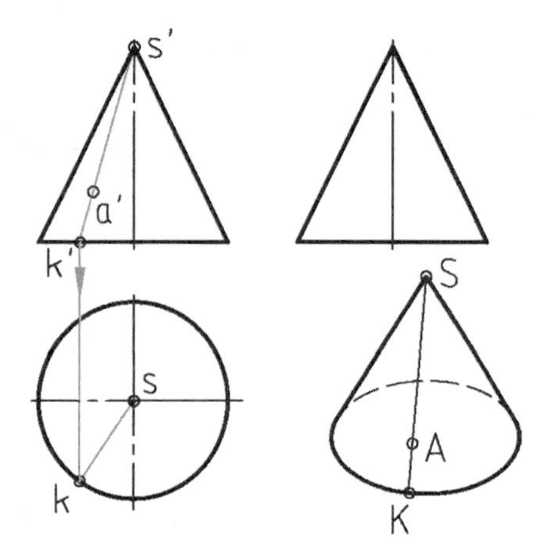

(b) 在主视图中作出表面辅助线 s′k′，并作出其水平投影 sk

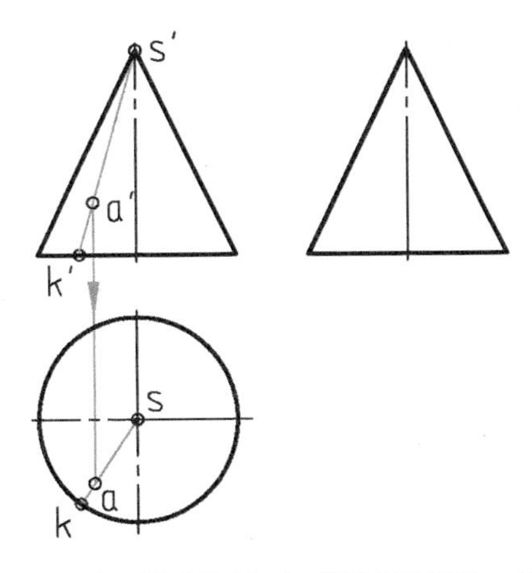

(c) A 点在辅助线 SK 上，所以水平投影 a 在 sk 上

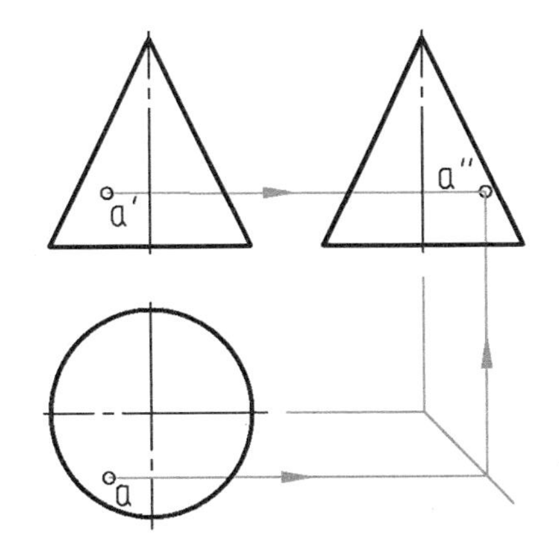

(d) 分别从 a′点和 a 点向左视图作投影辅助线，交点就是 a″

图 4－21　圆锥面上的表面取点

4.7.5　球表面取点

球的三个视图一模一样都是圆，但每个视图反映的是球的不同方位。

球面的三面投影都不积聚，因此也必须依靠表面辅助线才能完成表面取点。

在球的三视图上任意画直线，在球面上这些投影为直线的线，其实际形状都是圆或圆弧，但只有投影为横平竖直直线（平行于某投影面）的线，其三面投影才是直线或圆弧，才可以被用作表面辅助线（图 4－22）。

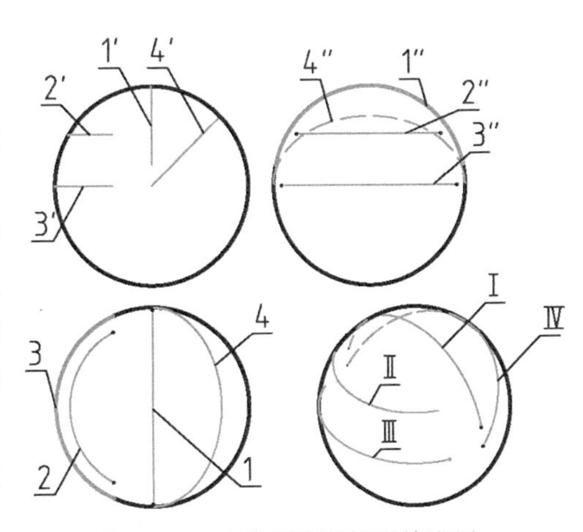

图 4－22　球表面直线投影的实形

图 4－23 中，已知 S 点的侧面投影 s″，要求找出其余两个投影。

其具体步骤为：

① 过 s″点向主视图和俯视图作投影辅助线。

② 作表面辅助线。在左视图，过 s″点作一条水平的直线，画到与圆相交为止。这条直线的实际形状是圆，这个圆平行于水平投影面，会在俯视图投影成圆，圆的圆心的投影位于球心处，圆的直径就是水平线的宽度。辅助线圆在主视图会积聚成直线，与俯视图和左视图符合三等关系。

③ S 点位于表面辅助线上，从左往右又是可见的，据此就可以确定其水平投影 s。因为 S 点位于上半球，所以 s 可见。

④ 分别从 s 点和 s″点向主视图作投影辅助线，即可得到 S 点的第三个投影 s′。因为 S 点位于前半球，所以 s′可见。

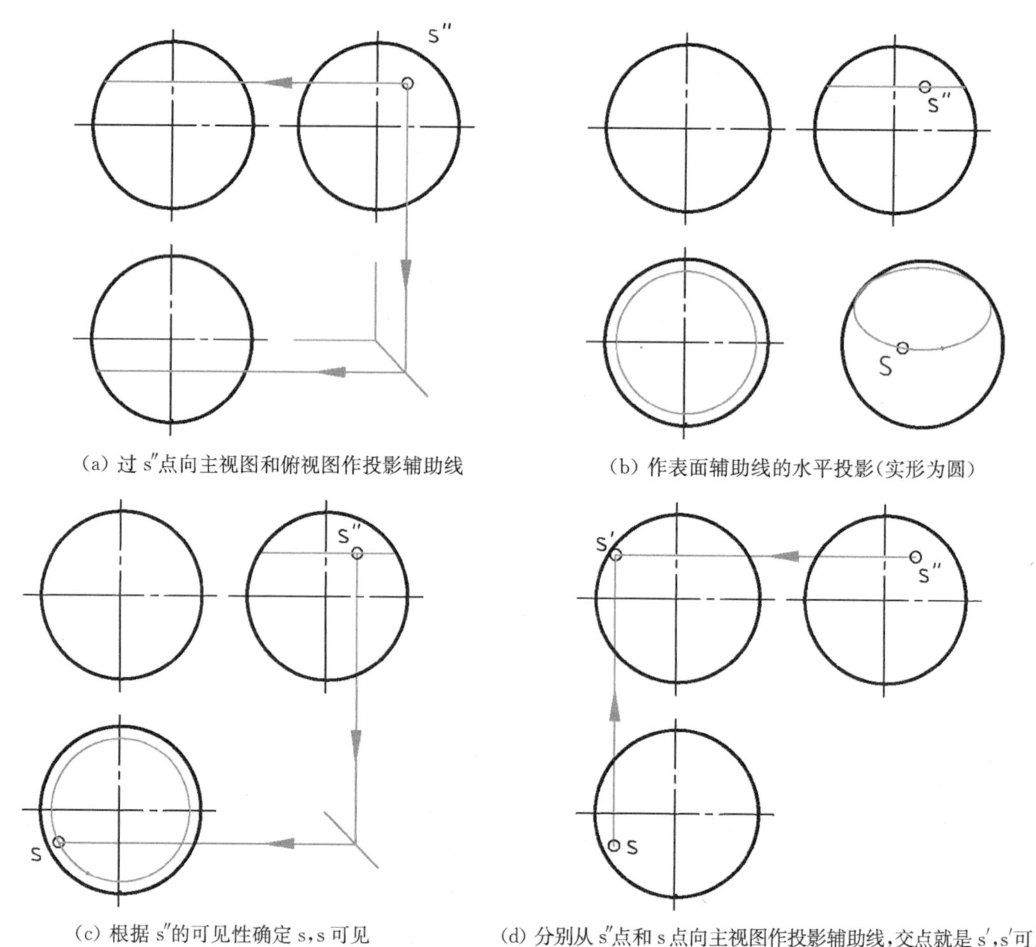

(a) 过 s″点向主视图和俯视图作投影辅助线

(b) 作表面辅助线的水平投影(实形为圆)

(c) 根据 s″的可见性确定 s,s 可见

(d) 分别从 s″点和 s 点向主视图作投影辅助线,交点就是 s′,s′可见

图 4-23 球面的表面取点

4.8 截切

截切指的是用一个或一组截平面(比如矩形槽)去切割简单形体,所产生的交线问题(图 4-24)。这里只讲截平面不是一般位置平面的情况。截切一方面会产生复杂的截交线,另一方面会截断形体原来的轮廓线,因而比较复杂。

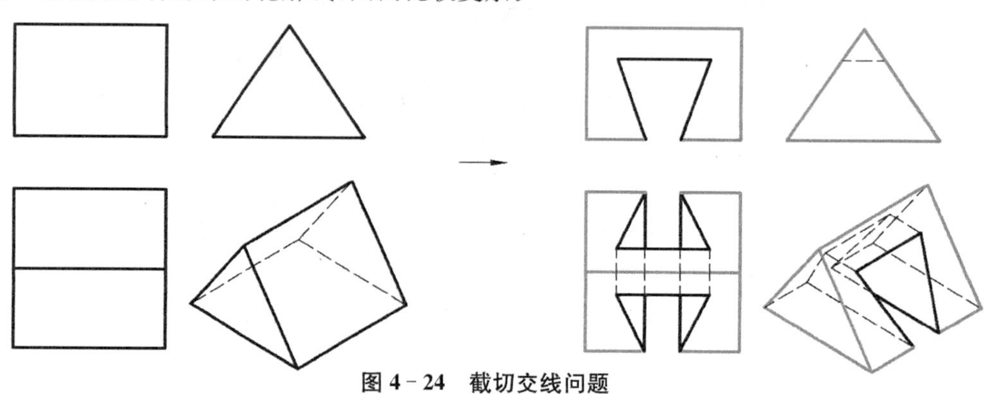

图 4-24 截切交线问题

4.8.1　截切四步法

截切交线问题可以用以下四步法解决。

1）假想截切结构不存在，画出简单形体原有的三面投影。

2）找出或画出每一个截面的三面投影。每个截面的分析步骤为：

① 判断截面的形状。如果被截切的是平面立体，判断截面是几边形；如果被截切的是回转体，根据基本截切形状判断截面的形状。

② 用表面取点法找出足以定位截面投影的点的投影，然后完成截面的三面投影。

3）根据物体的棱线或转向轮廓线（素线）被截切的长度，修剪被截切形体原来轮廓线的三面投影。在这一步中，构成截面的轮廓线不可修剪掉。

4）分析围成截面的轮廓线的可见性。处于视线方向背面以及物体内部的截面一般是不可见的，但是处于视图的最外轮廓、视图视线方向最前端的线面是可见的，另外处于可见面上的线也可见，所以处于视线方向背面以及物体内部截面的轮廓线中也可能含有粗实线。

4.8.2　棱柱的截切

棱柱上所有的表面都有积聚性，表面取点较为容易。

图4-25展示了四步法在棱柱截切问题中的应用。

1）首先画出截切前物体的三视图。截切前物体是一个三棱柱，按照拉伸体三视图的画法画出。然后在主视图画出截面（切口）的积聚投影。因为切口是前后贯通的，所以主视图上物体的底面被完全切断。

2）找出或画出各个截面的三面投影。

（1）先分析位于上方的截面。

① 判断该截面的形状。因为被截切的是平面立体，所以截面形状肯定是多边形。多边形的顶点只可能在截面积聚线与其他图线的交点处产生，如果是贯穿截切，那么交点处一定

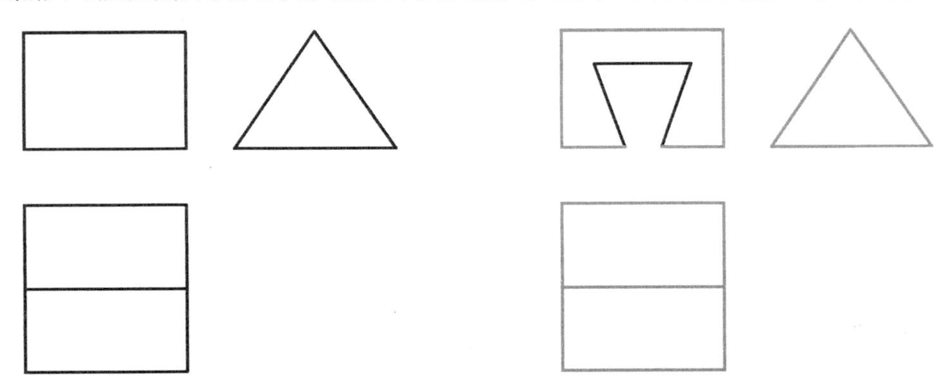

(a) 假想没有切口，画出形体的三面投影（原轮廓）　　(b) 在主视图上画出切口的积聚投影

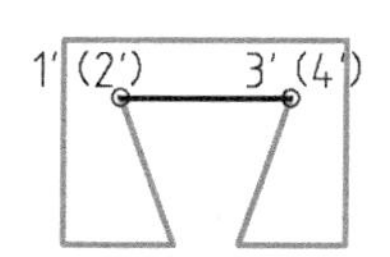

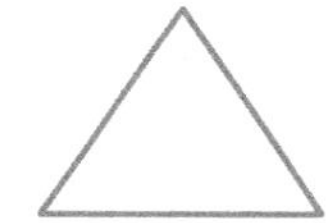

(c) 判断第一个截面的形状(计算多边形的顶点数)

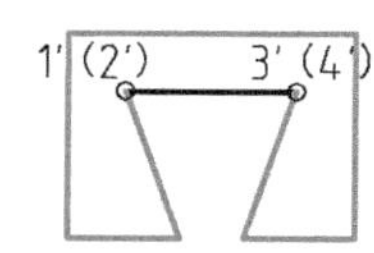

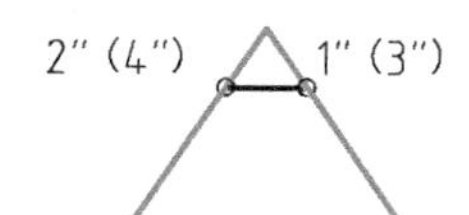

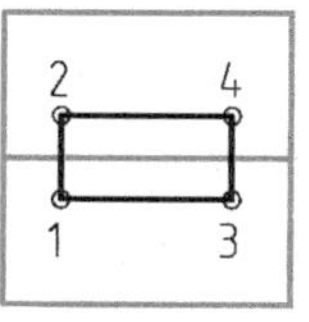

(d) 用表面取点法找出截面多边形各个顶点的三面投影,连接成一个线框

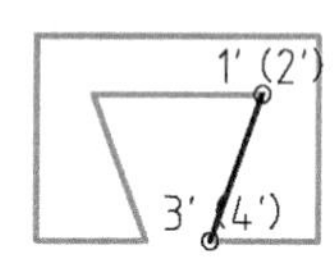

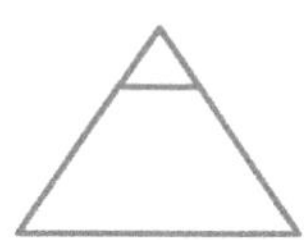
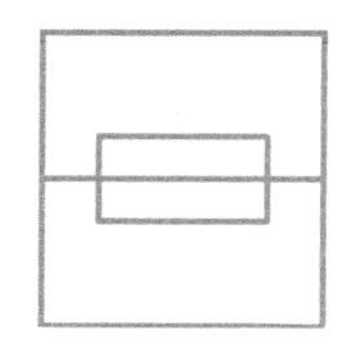

(e) 判断第二个截面的形状(计算多边形的顶点数)

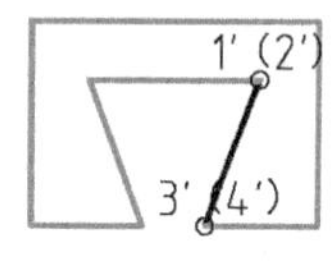

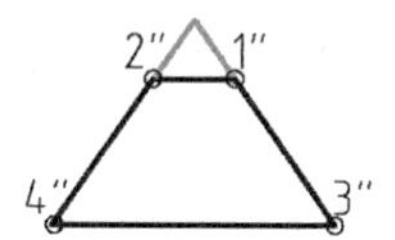

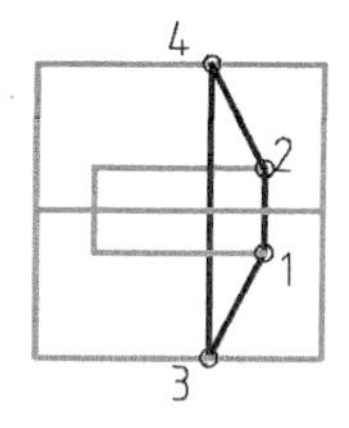

(f) 用表面取点法找出各个顶点的三面投影,连接成一个线框

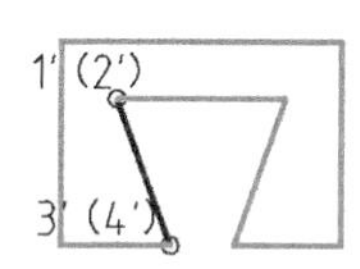

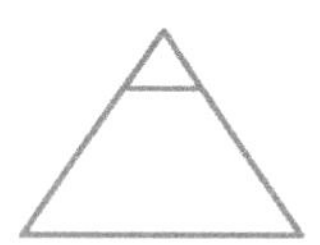
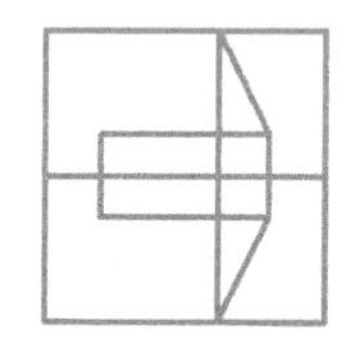

(g) 判断第三个截面的形状(计算多边形的顶点数)

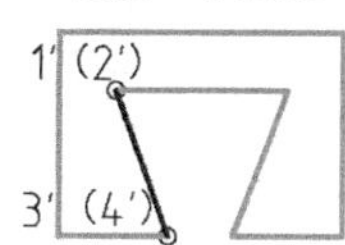

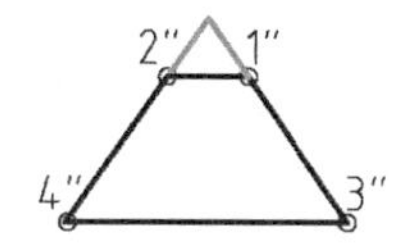

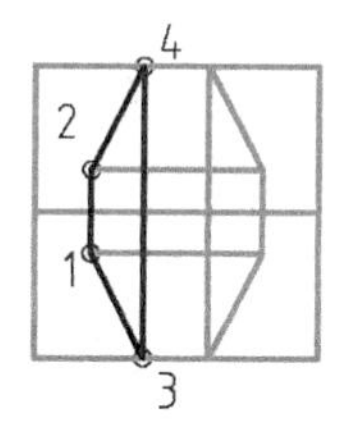

(h) 用表面取点法找出各个顶点的三面投影,连接成一个线框

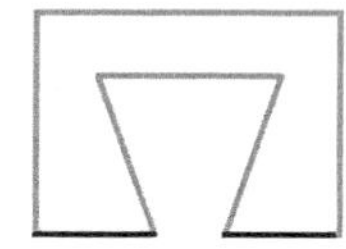
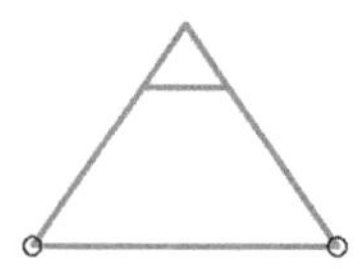
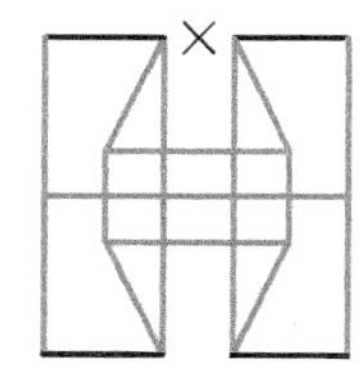

(i) 对处在截切区域,又不属于截面轮廓的原轮廓的每条线进行"线→线框"线面分析,然后修剪

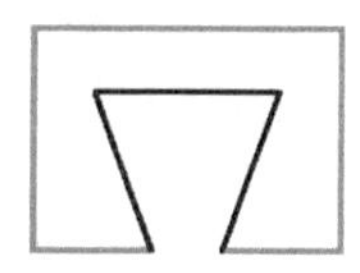

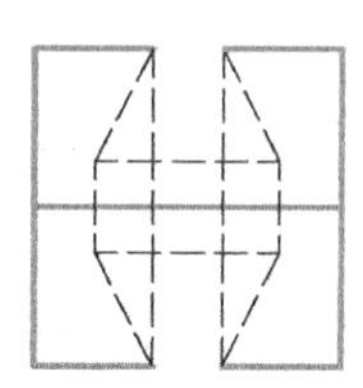

(j) 根据截面在物体中所处的方位,以及视图视线方向判断截面的可见性

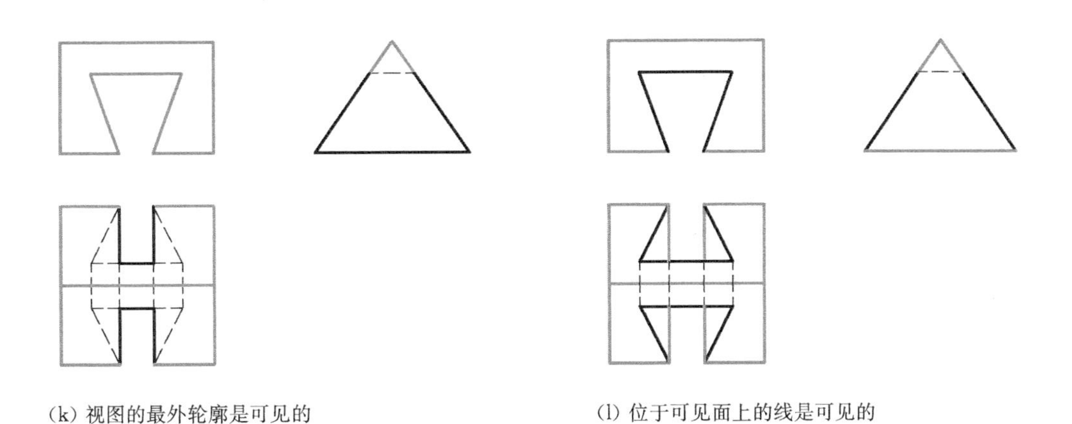

(k) 视图的最外轮廓是可见的　　　　(l) 位于可见面上的线是可见的

图 4-25　用四步法分析棱柱截切问题

会产生至少一个多边形的顶点，对于一个实心凸平面立体而言，至多产生两个顶点。所以判断截面形状(几边形)的方法就是统计每一个截面积聚线与其他图线的交点会为多边形截面提供几个顶点。位于上方的截面只在两端与别的图线有交点，这两条线都是截面的积聚线，面面相交得到一条交线，各为多边形截面提供两个顶点，一前一后都位于棱柱的表面上。该截面的形状为四边形。

② 用表面取点法找出四边形截面四个顶点的三面投影，连接成一个线框或一条线就是该截面的三面投影。

(2) 再分析位于右侧的截面。

① 判断该截面的形状。该截面也是只在两端与别的图线有交点，这两条线也都是平面的积聚线，各为多边形截面提供两个顶点。该截面的形状为四边形。

② 用表面取点法找出四边形截面四个顶点的三面投影，连接形成该截面的三面投影。

(3) 最后分析位于左侧的截面。根据对称性，可作出该截面的三面投影。

3) 修剪原来三棱柱的轮廓线。从主视图可以了解到，切口将物体的底面(包括两条棱线)的中部切断了，而位于物体顶部的棱线未被截切且保持原样。所以，应将俯视图中物体底面两条棱线的中部修剪掉。

4) 分析三个截面的轮廓线的可见性。

(1) 三个截面位于物体下方中部，开口向下，从左视图和俯视图的视线方向观察都不可见。所以，三个截面的轮廓线在左视图和俯视图都应是虚线。

(2) 视图的最外轮廓总是粗实线。

(3) 三棱锥的三个侧面中除了底面都是外法线朝上的，从上往下看可见。所以俯视图中，截面与这两个侧面的所有交线可见，用粗实线画。

4.8.3　棱锥的截切

棱锥的表面有可能是一般位置平面，这时表面取点就要靠表面辅助线了。棱锥属于平面立体，在一个平面内所作投影为直线的表面辅助线实形就是直线。

图 4－26 展示了四步法在棱锥截切问题中的应用。

1）首先画出截切前物体的三视图。截切前物体是一个三棱锥，按照棱锥三视图的画法画出。然后在主视图画出截面（切口）的积聚投影。因为切口是前后贯通的，所以主视图上物体的底面被完全切断。

2）找出或画出各个截面的三面投影。

（1）先分析位于左侧的截面。

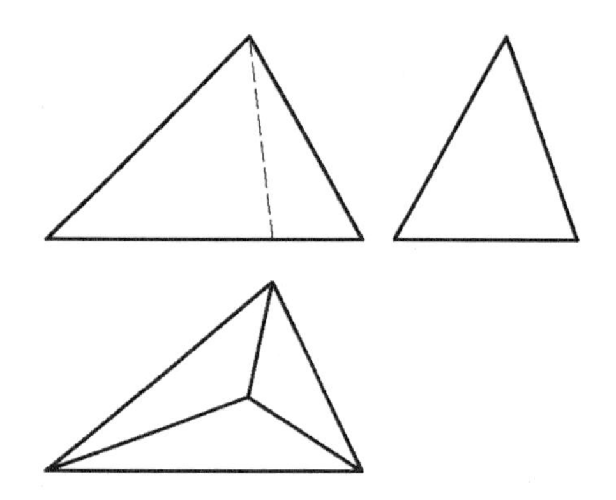

（a）假想没有切口，画出形体的三面投影（原轮廓）

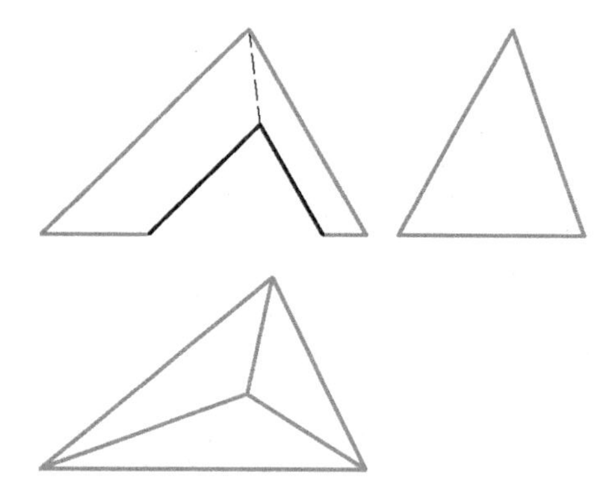

（b）在主视图上画出切口的积聚投影

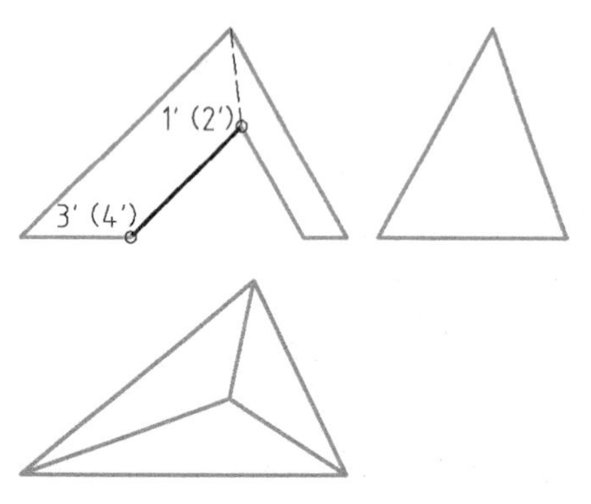

（c）判断第一个截面的形状（计算多边形的顶点数）

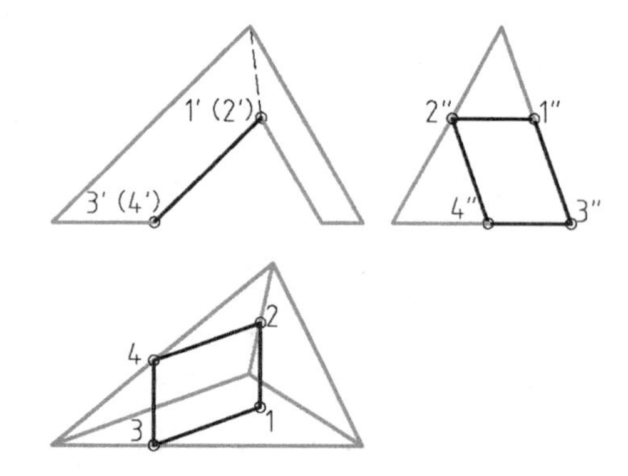

（d）用表面取点法找出各个顶点的三面投影，连接成一个线框或一条线

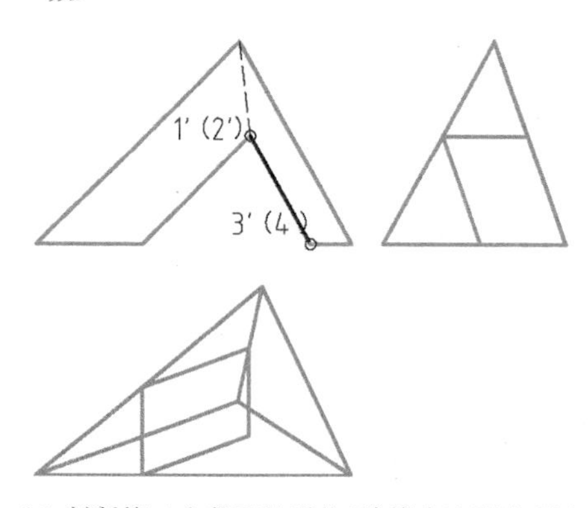

（e）判断第二个截面的形状（计算多边形的顶点数）

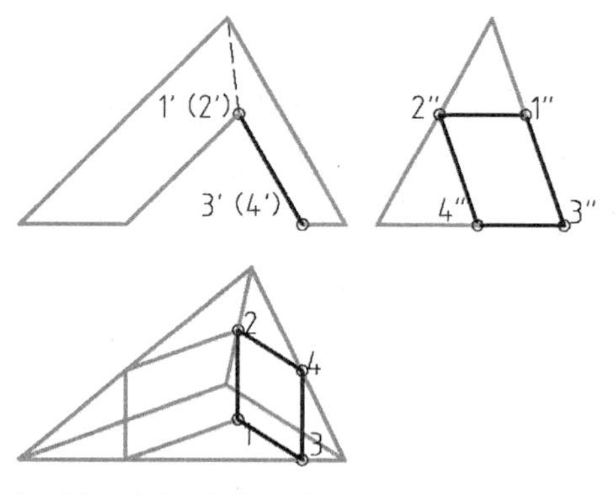

（f）用表面取点法找出各个顶点的三面投影，连接成一个线框或一条线

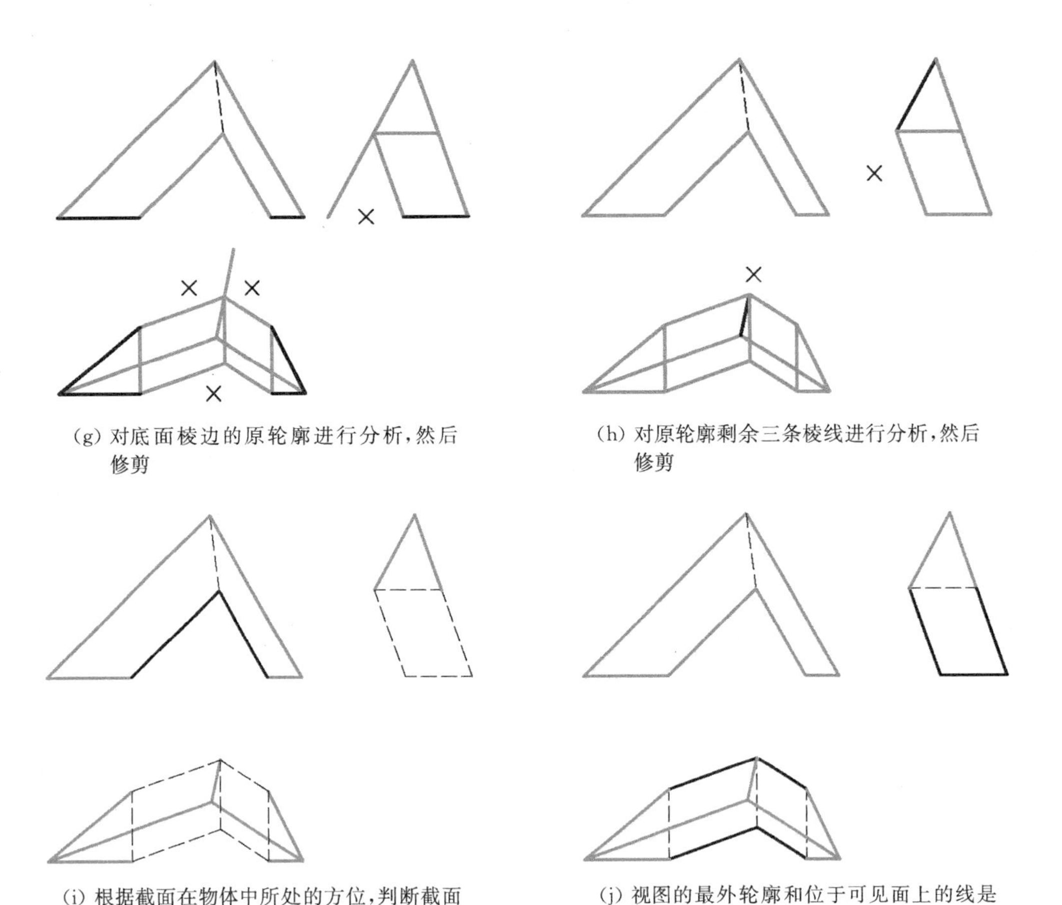

(g) 对底面棱边的原轮廓进行分析，然后修剪

(h) 对原轮廓剩余三条棱线进行分析，然后修剪

(i) 根据截面在物体中所处的方位，判断截面的可见性

(j) 视图的最外轮廓和位于可见面上的线是可见的

图 4 - 26　用四步法分析棱锥截切问题

① 判断该截面的形状。截面只在两端与别的图线有交点，这两条线分别是另一截面和棱锥底面的积聚线，因此两个交点各为截面多边形提供两个顶点，一前一后。该截面的形状为四边形。

② 用表面取点法找出四边形截面四个顶点的三面投影，连接成线框就是该截面的三面投影。

(2) 再分析位于右侧的截面。

① 判断该截面的形状。该截面与左侧截面一样，形状为四边形。

② 用表面取点法找出四边形截面四个顶点的三面投影，连接形成该截面的三面投影。

3) 修剪原来三棱锥的轮廓线。从主视图可以了解到，切口切断了三棱锥底面上的三条棱线以及位于(左右的)中间后方的一条侧棱。所以，应将俯视图和左视图中相应棱线投影的部分修剪掉。

4) 分析两个截面的轮廓线的可见性。

(1) 两个截面均位于物体下方中部，开口向下，从左视图和俯视图的视线方向观察都不可见。所以两个截面的轮廓线在左视图和俯视图都应是虚线。

(2) 视图的最外轮廓总是粗实线。

(3) 三棱锥的三个侧面在俯视图中可见,两个侧面在左视图中可见。不过这些可见面上的截交线在上一步中已经转变成粗实线了。

4.8.4 圆柱的截切

圆柱面在机械零件中是很常见的,尤其是孔。

圆柱和圆柱孔属于回转体。圆柱截切问题也用四步法来分析,但是截面形状的判断方法与平面立体不同,是根据基本截切形式来判断的。

如图 4-27 所示,圆柱截面形状的判断比平面立体截切容易,因为不论圆柱的尺寸比例,当完整的圆柱(轴向长度足够长)被完全截切时,其截面形状只可能是以下三种:

- 当截平面垂直于圆柱的轴线时,截面的形状为圆;
- 当截平面倾斜于圆柱的轴线时,截面形状为椭圆;
- 当截平面平行于圆柱的轴线时,截面形状为矩形。

零件上常见不完全的截切,截面的形状是圆、椭圆或矩形的一部分(图 4-28)。在判断截面形状时,要根据截面积聚线的长短和位置来截取基本截切形式中截面的相应部分。

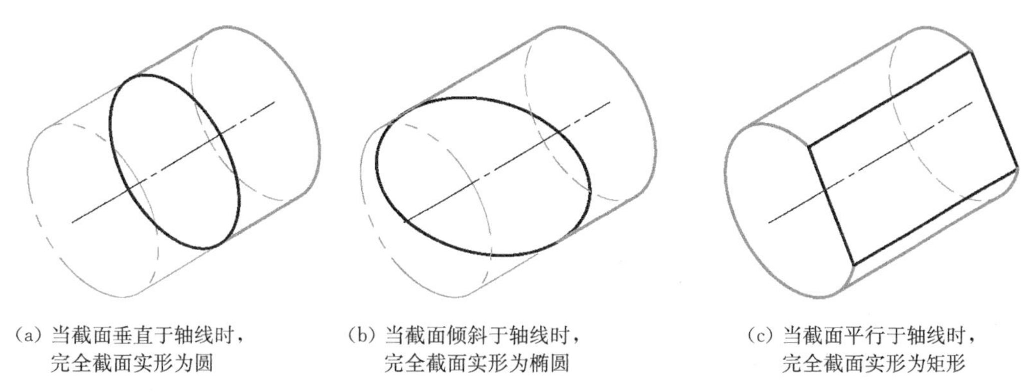

(a) 当截面垂直于轴线时,完全截面实形为圆　(b) 当截面倾斜于轴线时,完全截面实形为椭圆　(c) 当截面平行于轴线时,完全截面实形为矩形

图 4-27　圆柱完全截切的基本截切形式

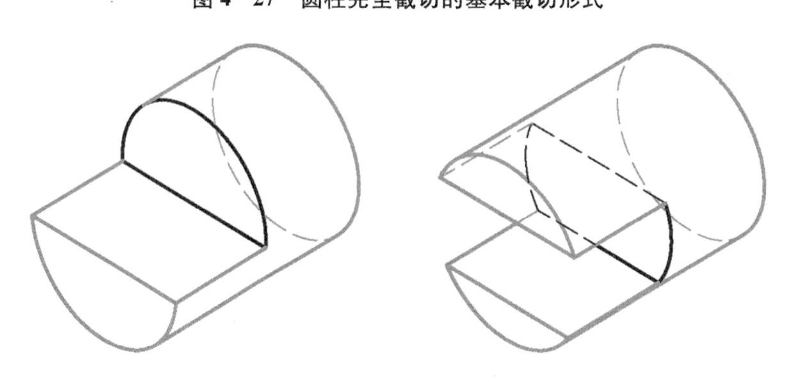

图 4-28　不完全截切时截面的形状

当截平面 45°倾斜于圆柱的轴线时,截面的实际形状为椭圆,但其投影可以是圆。这个圆应用圆规画,但不能给它画十字中心线。

图 4-29 展示了四步法在圆柱截切问题中的应用。

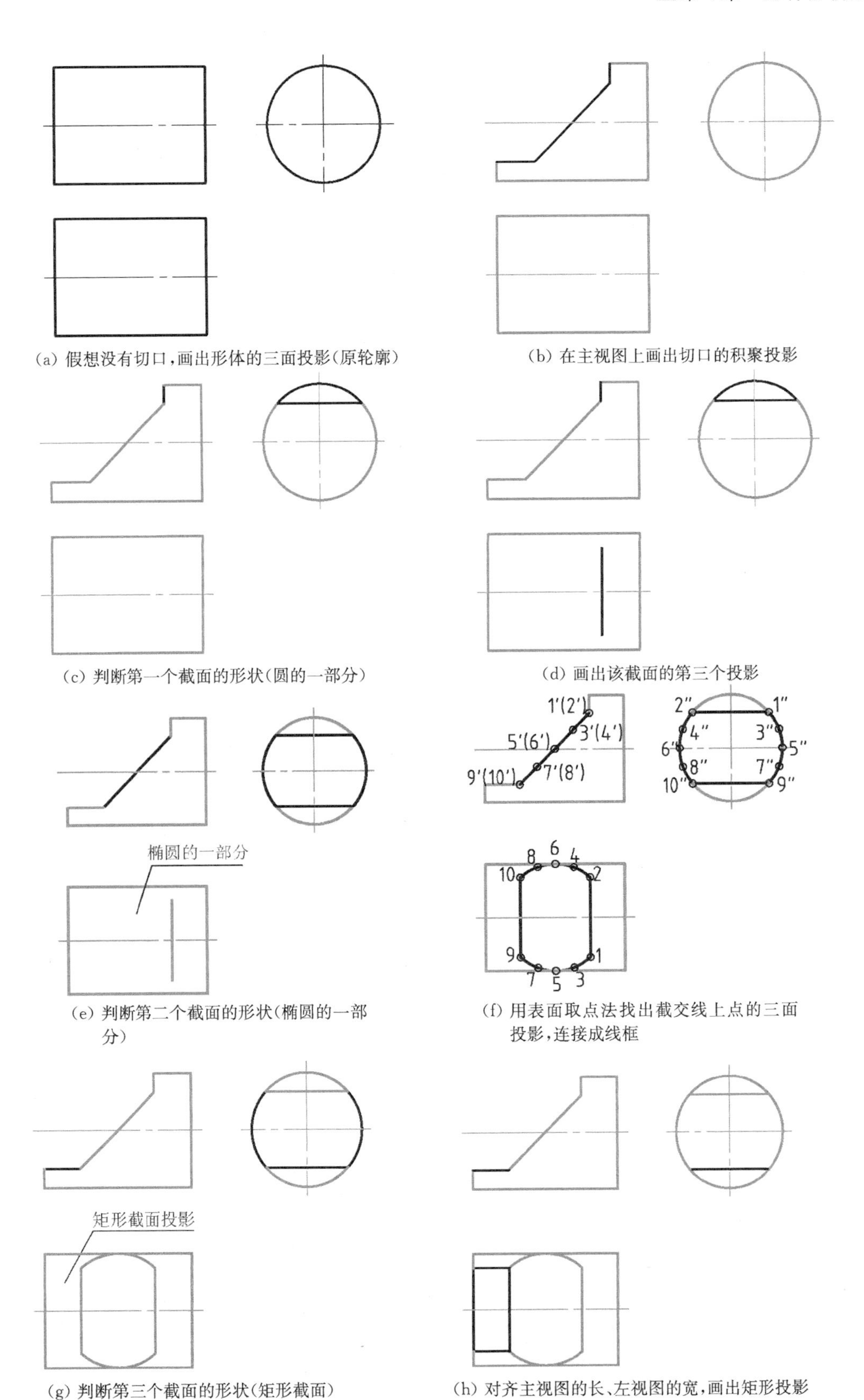

(a) 假想没有切口，画出形体的三面投影(原轮廓)

(b) 在主视图上画出切口的积聚投影

(c) 判断第一个截面的形状(圆的一部分)

(d) 画出该截面的第三个投影

(e) 判断第二个截面的形状(椭圆的一部分)

(f) 用表面取点法找出截交线上点的三面投影，连接成线框

(g) 判断第三个截面的形状(矩形截面)

(h) 对齐主视图的长、左视图的宽，画出矩形投影

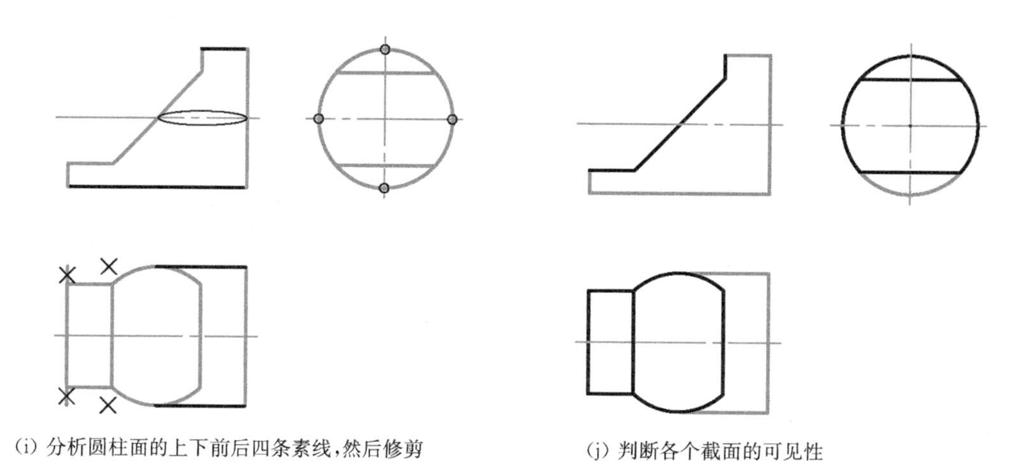

(i) 分析圆柱面的上下前后四条素线，然后修剪　　(j) 判断各个截面的可见性

图 4-29　用四步法分析圆柱截切问题

1) 首先画出截切前圆柱的三视图。画圆柱应该先把三个视图中的十字中心线和轴线画好，一方面合理布局三个视图，另一方面为画圆准备圆心，为画对称图线提供对称中心。然后在主视图画出截面(切口)的积聚投影。因为切口是前后贯通的，因此修剪掉主视图上被切去部分的轮廓线。

2) 找出或画出各个截面的三面投影。

(1) 先分析最上面竖直的截面。

① 判断该截面的形状。该截面垂直于圆柱的轴线，所以完全截切时的截面是与圆柱等直径的圆，实际形状是这个圆的上端部分。

② 找出这个截面的其余两个投影。从主视图向有圆视图(左视图)作投影辅助线，按照主视图中截面的高度，从左视图圆中截得截面的第二个投影(线框)。这个截面是一个侧平面，在俯视图中积聚投影成直线。直线投影的长度和位置通过三等关系就可以确定。

(2) 再分析位于中间倾斜于轴线的截面。

① 判断该截面的形状。因为该截面倾斜于圆柱的轴线，所以其完全截切时截面的实形是椭圆。

② 用圆柱表面取点法作出这个截面的部分椭圆投影。先要在主视图上标定截交线上一些点的第一个投影。这些截交线上的点一定要包括所有的特殊点：最高点、最低点、最宽处的点，也要包括一些中间点，以让曲线尽量逼近其精确形状。在找到所有这些点的投影之后，用曲线板将它们光滑地连接成曲线。

(3) 最后分析位于下方的水平截面。

① 判断该截面的形状。因为该截面平行于圆柱的轴线，所以其完全截切时截面的实形是矩形。

② 截面矩形的宽度和前后维度上的位置来自左视图。按照主视图中已知截面正面投影的长度，在俯视图中截取同样长度的矩形即得截面的水平投影。

3) 修剪原来圆柱的轮廓线。主要分析对应于圆(投影)的上下左右位置的四条素线(圆柱的转向轮廓线)，看它们是否被切口截断。俯视图中，修剪掉圆柱最前和最后两条素线的相应长度。修剪素线后，圆柱的最左面留下两段悬空线头，线面分析圆柱的最左面后修剪掉。

4) 分析三个截面的轮廓线的可见性。因为这三个截面均朝向上方和左方，所以在俯视图和左视图中都是可见的，不用改成虚线。

圆管结构是机械零件中常见的。圆管上包含内外两个圆柱面，所以其截切形状比实心圆柱复杂，但分析方法是一样的。

图 4 - 30 展示了四步法在圆管截切问题中的应用。

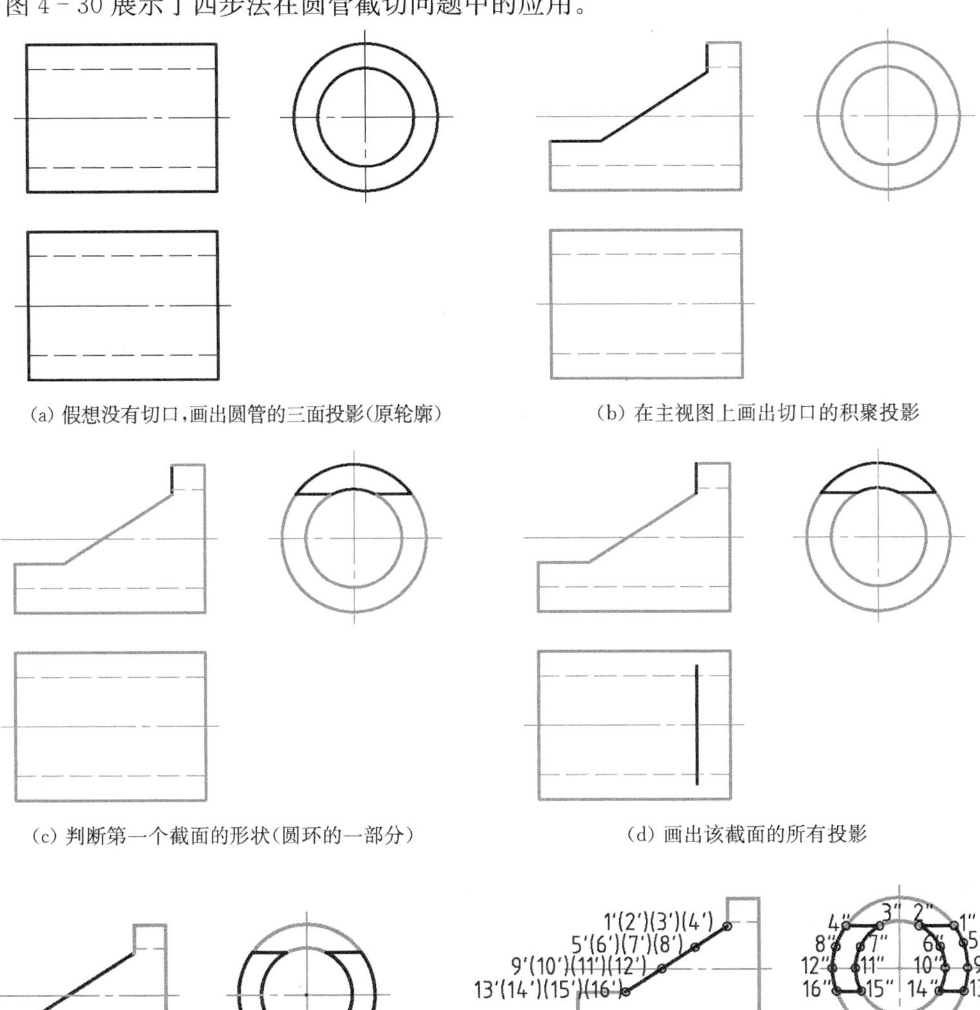

(a) 假想没有切口，画出圆管的三面投影(原轮廓)

(b) 在主视图上画出切口的积聚投影

(c) 判断第一个截面的形状(圆环的一部分)

(d) 画出该截面的所有投影

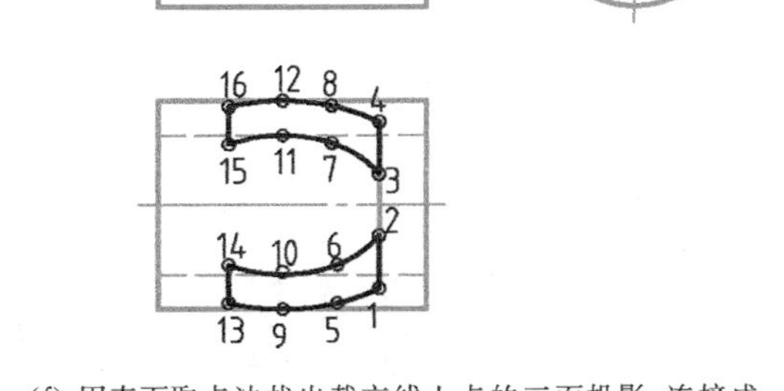

(e) 判断第二个截面的形状(椭圆环的一部分)

(f) 用表面取点法找出截交线上点的三面投影，连接成线框

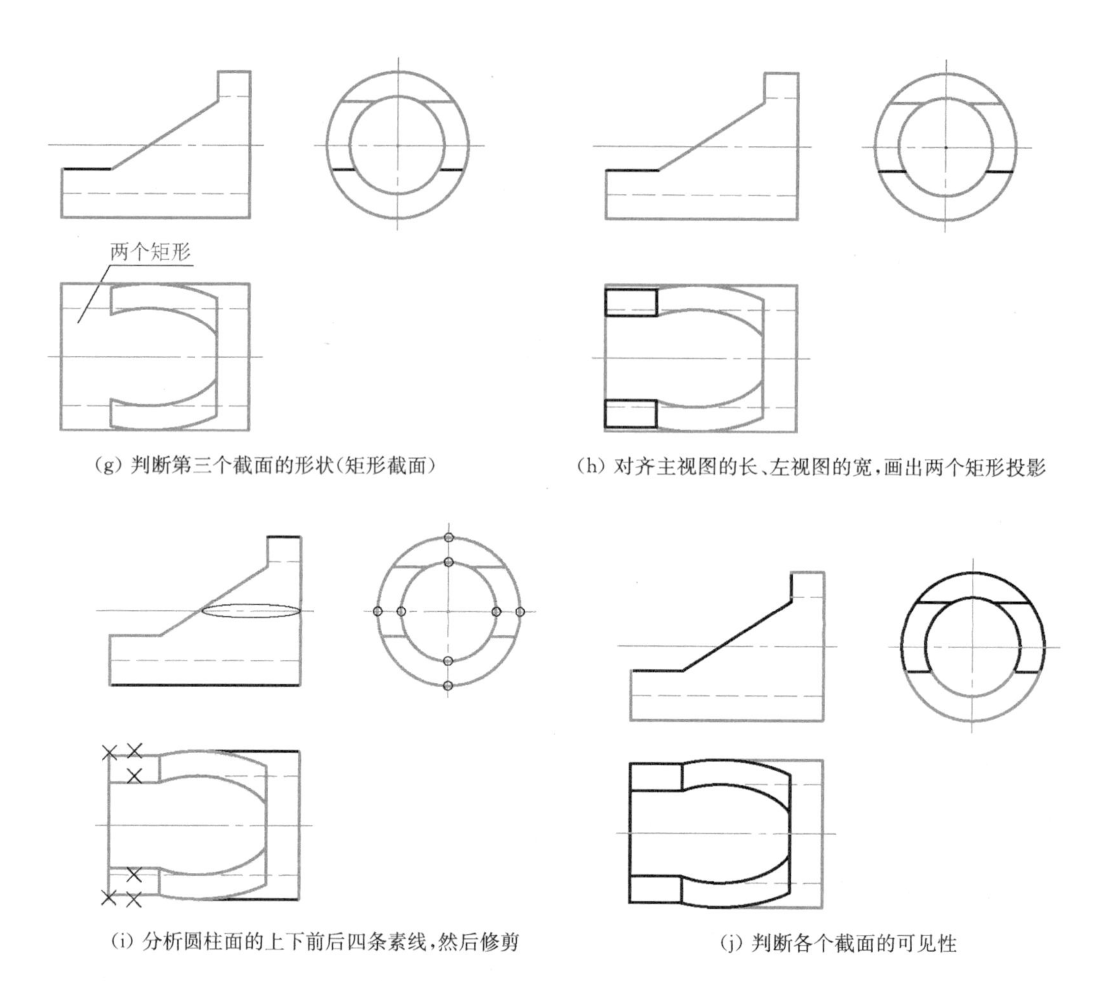

(g) 判断第三个截面的形状(矩形截面)　(h) 对齐主视图的长、左视图的宽,画出两个矩形投影

(i) 分析圆柱面的上下前后四条素线,然后修剪　(j) 判断各个截面的可见性

图 4-30　用四步法分析圆管截切问题

1) 首先画出截切前圆管的三视图。然后在主视图画出截面(切口)的积聚投影。因为切口是前后贯通的,因此修剪掉主视图上被切去部分的轮廓线。主视图中,截切造成的所有交线都积聚在切口积聚投影上,剩余圆管的轮廓线不受截切影响,保留原样,所以截切圆管的主视图已经完工了。

2) 找出或画出各个截面的三面投影。

(1) 先分析最上面竖直的截面。

① 判断该截面的形状。该截面垂直于圆柱的轴线,所以完全截切时的截面是一个圆环面,实际形状是这个圆环的上端部分。

② 找出这个截面的其余两个投影。从主视图向有圆视图(左视图)作投影辅助线,按照主视图中截面的高度,从左视图圆中截得截面的第二个投影(部分圆环线框)。这个截面是一个侧平面,在俯视图中积聚投影成直线。直线投影的长度和位置通过三等关系就可以确定。

(2) 再分析位于中间倾斜于轴线的截面。

① 判断该截面的形状。因为该截面倾斜于圆柱的轴线,所以其完全截切时截面的实形是椭圆。因为圆管有内外两个圆柱面,所以有两圈椭圆。

② 用圆柱表面取点法作出两圈椭圆弧。

(3) 最后分析位于下方的水平截面。

① 判断该截面的形状。因为该截面平行于圆柱的轴线，所以其完全截切时截面的实形是矩形。

② 在从左视图向俯视图引入矩形的宽度时，发现该矩形的积聚线被管孔分割成两段了。于是按照主视图上正面投影提供的一个长度和左视图上侧面投影提供的两个宽度，俯视图上截面的水平投影为两个矩形。

3) 修剪原来圆柱的轮廓线。对于圆管，要分析对应于内外两个圆的上下左右位置的八条素线，看它们是否被切口截断。俯视图中，修剪掉两个圆柱面最前和最后共四条素线的相应长度。线面分析圆管的最左面，修剪掉线头。

4) 分析三个截面的轮廓线的可见性。因为这三个截面均朝向上方和左方，所以在俯视图和左视图中都是可见的，不用改成虚线。

4.8.5　圆锥的截切

圆锥面也是机械零件中比较常见的结构，例如机床的顶尖、刀具的锥柄和阀门等。

如图 4－31 所示，圆锥截切也有以下三种基本截切形式：

· 当截平面垂直于圆锥的轴线时，完全截切截面的形状为圆；

· 当截平面通过圆锥的锥顶时，截面与圆锥面的交线为直线，完全截切截面形状为三角形；

· 除了以上两种情况，截面与圆锥面的交线为非圆曲线：椭圆、双曲线或者抛物线，需要用描点法绘制。

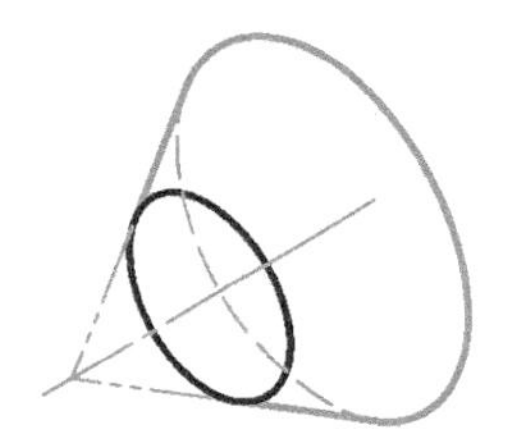

(a) 截面垂直于轴线：截面形状为圆

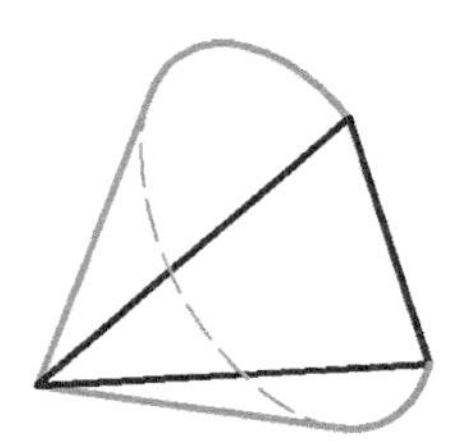

(b) 截面通过锥顶：截面形状为三角形

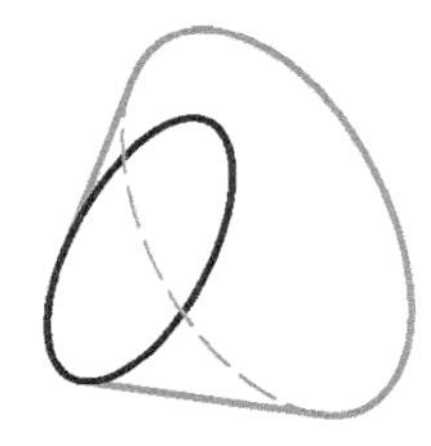

(c) 其他情况：截交线为非圆曲线

4－31　圆锥截切的基本形式

图 4－32 展示了四步法在圆锥截切问题中的应用。

1) 首先画出截切前圆锥的三视图。然后在主视图画出截面(切口)的积聚投影。因为切口是前后贯通的，因此修剪掉主视图上被切去部分的轮廓线。主视图已经完工了。

2) 找出或画出各个截面的三面投影。

(1) 先分析上方倾斜的截面。

① 判断该截面的形状。该截面既不垂直于圆锥的轴线，又不通过锥顶，所以截交线是非圆曲线。

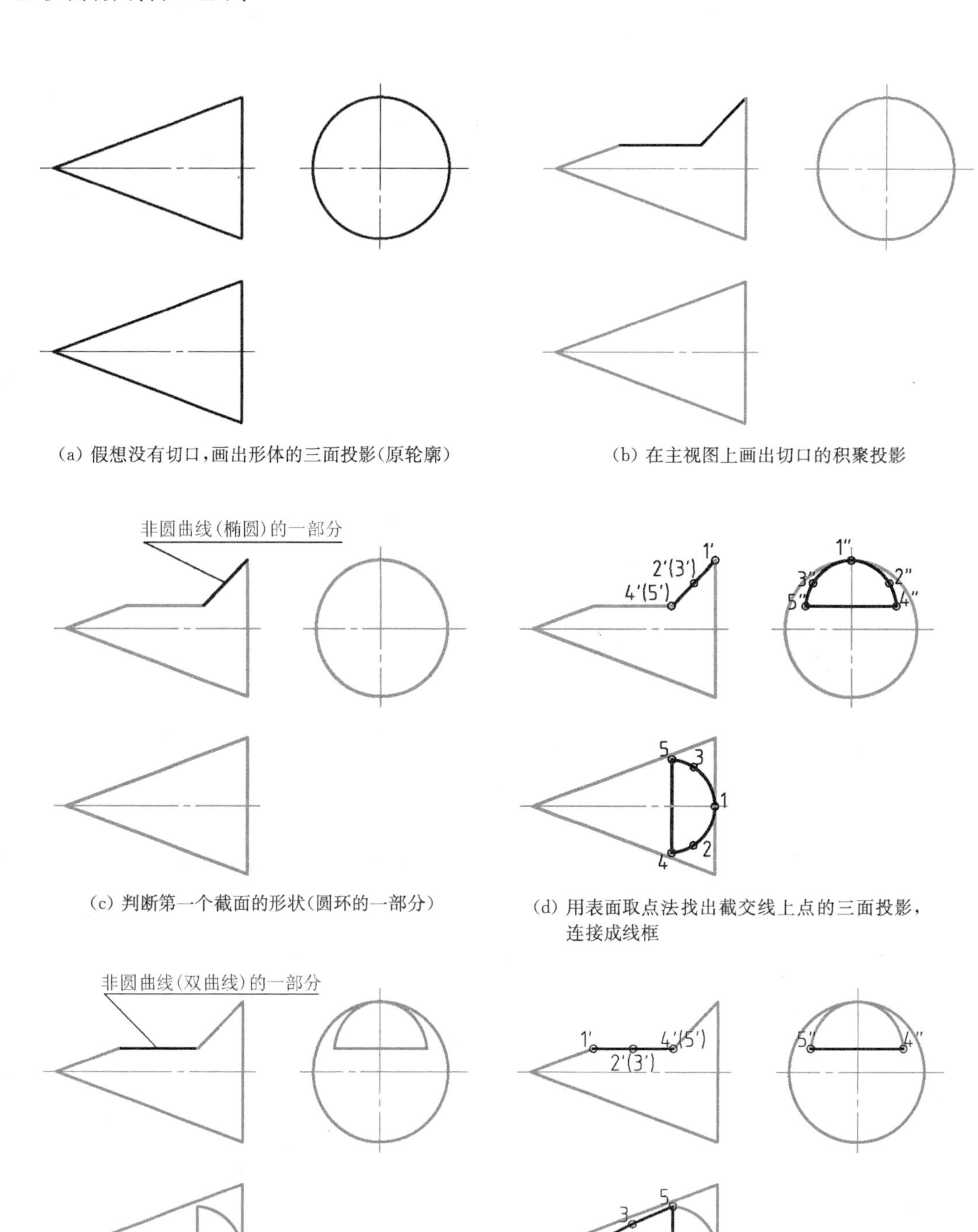

(a) 假想没有切口，画出形体的三面投影(原轮廓)

(b) 在主视图上画出切口的积聚投影

(c) 判断第一个截面的形状(圆环的一部分)

(d) 用表面取点法找出截交线上点的三面投影，连接成线框

(e) 判断第二个截面的形状(椭圆环的一部分)

(f) 用表面取点法找出截交线上点的三面投影，连接成线框或线

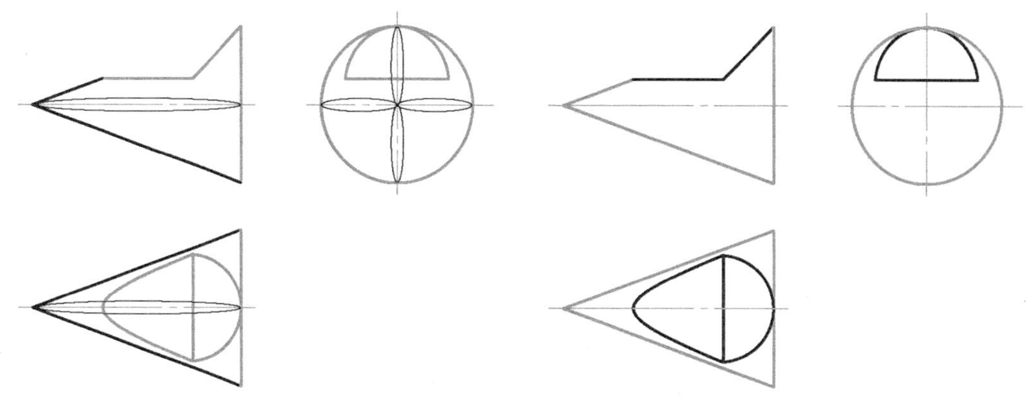

(g) 分析圆柱面的上下前后四条素线,然后修剪　　(h) 判断各个截面的可见性

4-32　用四步法分析圆锥截切问题

② 用表面取点方法找出截交线上五个点的三面投影,连接成线框后即得该截面的三面投影。

(2) 再分析下方的水平截面。

① 判断该截面的形状。同样,该截面既不垂直于圆锥的轴线,又不通过锥顶,所以截交线是非圆曲线。

② 用表面取点方法找出截交线上五个点的三面投影,连接成线框或线后即得该截面的三面投影。

3) 修剪原来圆锥的轮廓线。因为切口只截断了圆锥顶部的一条素线,其余三条素线完整如初,所以俯视图中圆锥的转向轮廓线不做任何修剪。

4) 分析两个截面的轮廓线的可见性。因为这两个截面均朝向上方和左方,所以在俯视图和左视图中都是可见的,不用改成虚线。

4.8.6　球的截切

球的完全截面实际形状只有一种:圆。如果截面是某基本投影面的平行面,那么截面圆的三面投影不是圆就是直线,否则投影中会有椭圆。另外,和圆柱截切一样,不完全截切的情况很多,要按照投影的长宽高去截取圆的一部分。

图 4-33 展示了四步法在球截切问题中的应用。

1) 首先画出截切前球的三视图。然后在主视图上画出截面(切口)的积聚投影。因为切口是前后贯通的,因此修剪掉主视图上被切去部分的轮廓线。主视图已经完工。

2) 找出或画出各个截面的三面投影。

(1) 先分析最上面竖直的截面。

① 判断该截面的形状。球上的完全截切截面实形总是圆。因为这个截面是侧平面,所以在主视图和俯视图中的投影都是直线,在左视图中的完全截切投影是圆,截面的投影应该是这个圆的上端部分。

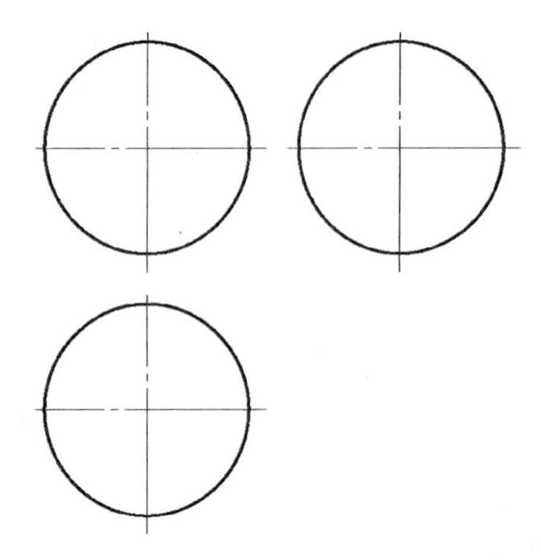

(a) 假想没有切口，画出球的三面投影(原轮廓)

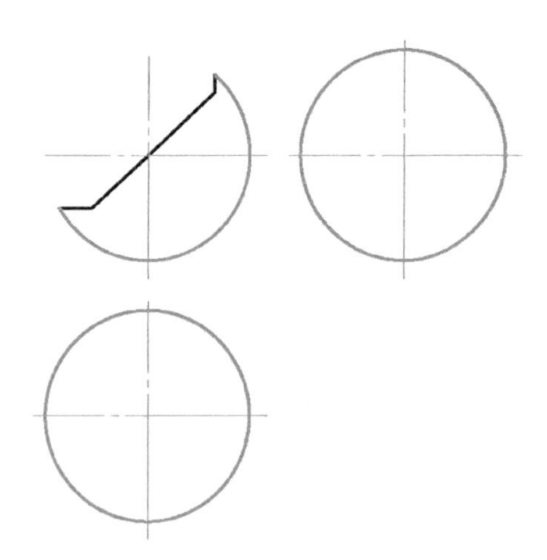

(b) 在主视图上画出切口的积聚投影

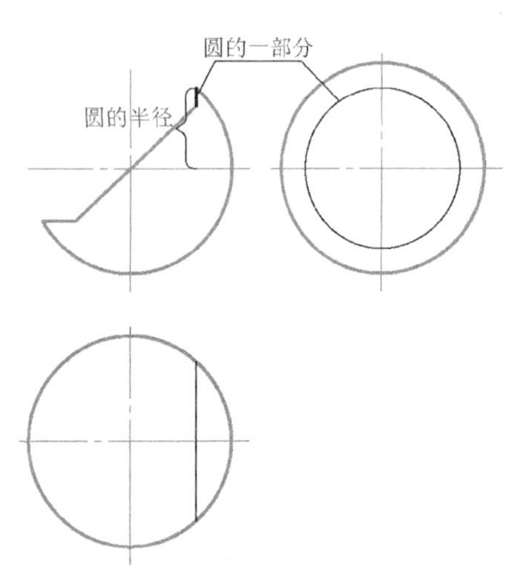

(c) 判断第一个截面的形状(圆环的一部分)

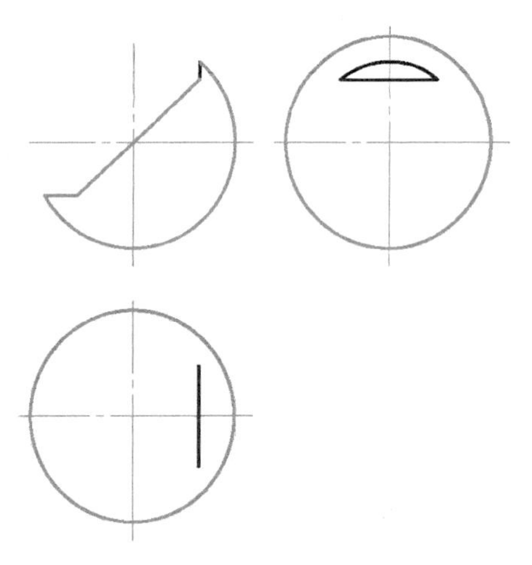

(d) 画出该截面的所有投影

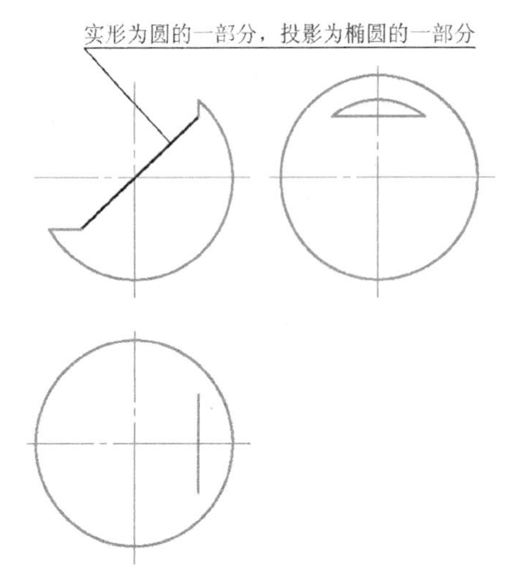

(e) 判断第二个截面的形状(椭圆环的一部分)

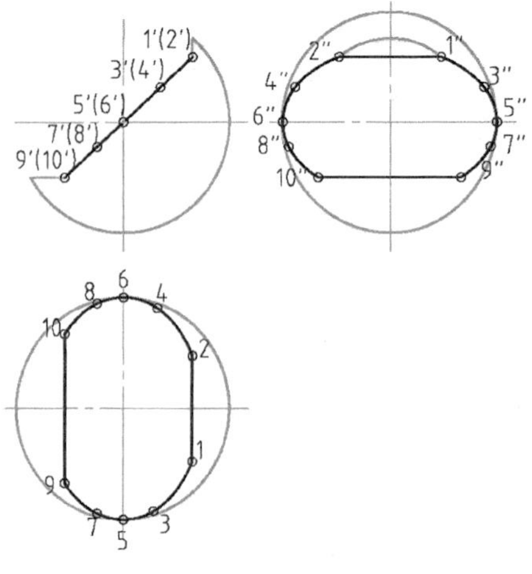

(f) 用表面取点法找出截交线上点的三面投影，连接成线框

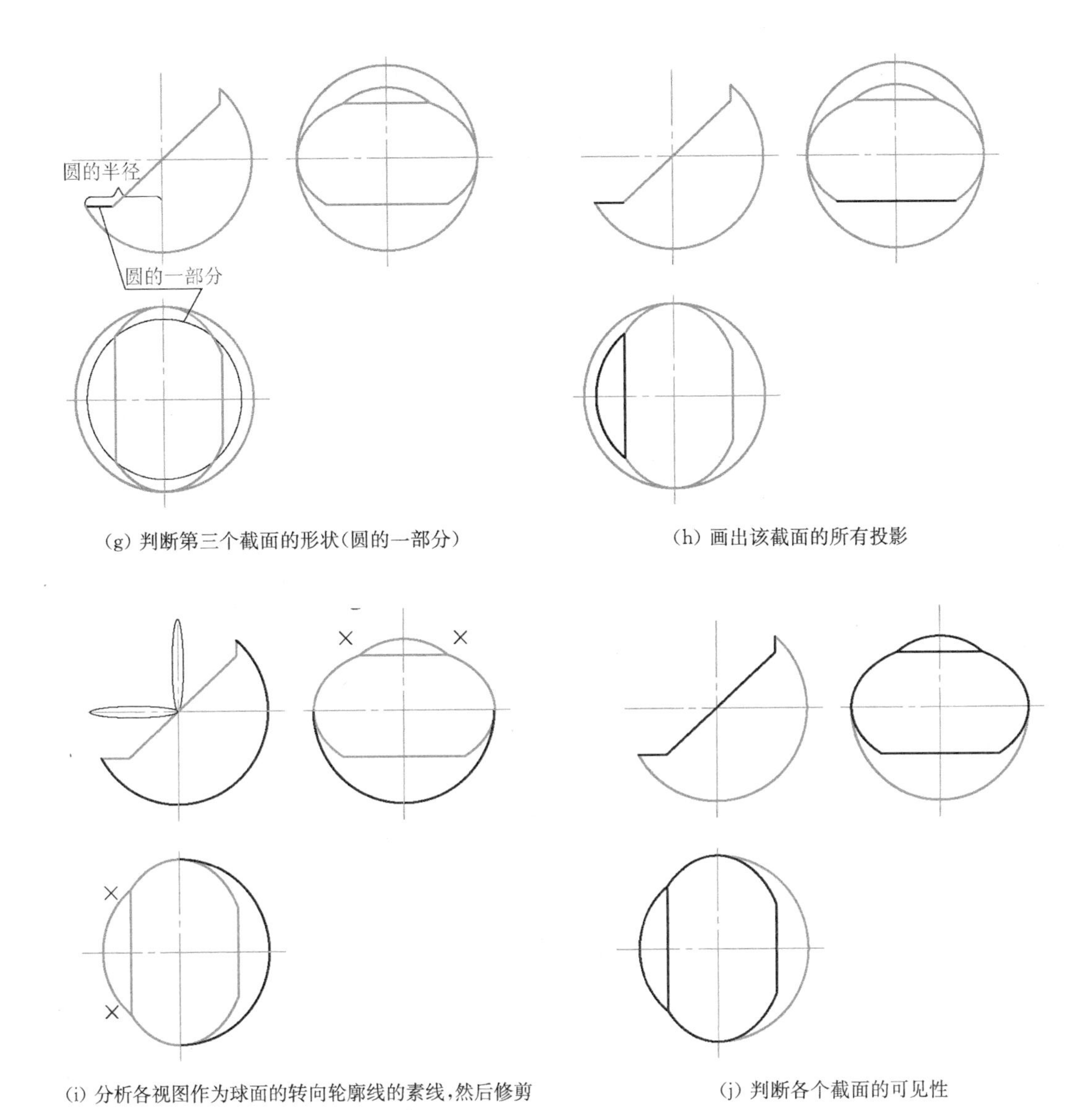

(g) 判断第三个截面的形状(圆的一部分)

(h) 画出该截面的所有投影

(i) 分析各视图作为球面的转向轮廓线的素线，然后修剪

(j) 判断各个截面的可见性

图 4－33　用四步法分析球截切问题

② 画出该截面在左视图和俯视图中的投影。先画左视图中完全截切的截面圆。这个圆的圆心与球心重合，直径应等于主视图中延长截面积聚线到与球轮廓相交后的线段长度。然后按照主视图中截面的高度，截取完全截切的截面圆的上端部分(线框)，就是该截面在左视图的侧面投影。截面在俯视图中的积聚线投影与左视图线框对齐。

(2) 再分析位于中间倾斜的截面。

① 判断该截面的形状。该截面不是投影面的平行面，是正垂面。完全截切截面的实形是圆，主视图中积聚成直线，左视图和俯视图中都投影成椭圆。截面形状是椭圆的一部分。

② 用表面取点方法找出截交线上十个点的三面投影，连接成线框后即得该截面的三面投影。

(3) 最后分析位于下方的水平截面。

① 判断该截面的形状。因为这个截面是水平面,所以在左视图和主视图中的投影都是直线,在俯视图中的完全截切投影是圆,截面的投影应该是这个圆的左端部分。

② 画出该截面在左视图和俯视图中的投影。先画俯视图中完全截切的截面圆。这个圆的圆心与球心重合,直径应等于主视图中延长截面积聚线到与球轮廓相交后的线段长度。然后按照主视图中截面的长度,截取完全截切的截面圆的左端部分(线框),就是该截面在俯视图的水平投影。截面在左视图中的积聚线投影与俯视图线框对齐。

3) 修剪原来球的轮廓线。与球的三个视图的转向轮廓线对应的三个素线圆都要分析。这三个素线圆都被切口切断了。左视图中原来球的轮廓线的上部、俯视图中原来轮廓的左边都要按照主视图中被截断的长短进行修剪。

4) 分析三个截面的轮廓线的可见性。因为这三个截面均朝向上方和左方,所以在俯视图和左视图中都是可见的,不用改成虚线。

4.9 相贯

相贯指的是两个形体的表面贯穿相交。相贯所形成的交线称为相贯线(图 4-34)。相贯的两个形体的表面,可以是平面也可以是曲面,可以是外表面也可以是内表面。这里只介绍轴线正交的圆柱面与圆柱面、对称布置的圆柱面与长方体的表面之间的相贯线的分析方法。

相贯线的非积聚投影不是圆弧,但手工作图时可以根据三个特殊点用圆弧近似画出。

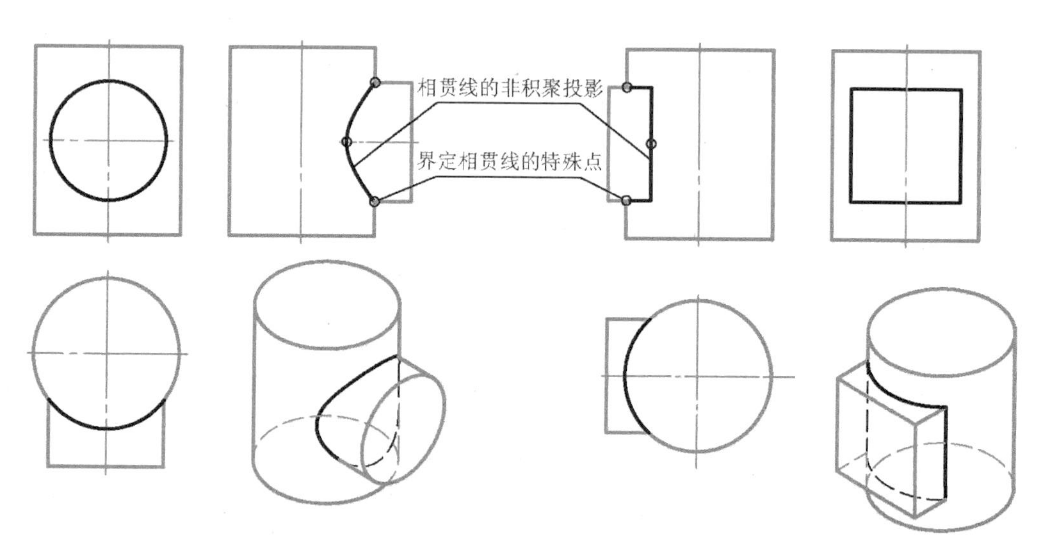

图 4-34 相贯线

4.9.1　相贯四步法

分析相贯交线问题也有一个四步法：

1）分别画出相贯的两个形体的三面投影。

2）画相贯线的非积聚投影。圆柱和长方体的各个表面都有积聚性。当表面积聚，表面上的相贯线的投影就重影在表面的积聚线上，不必用表面取点法去画。只有在相贯的这两个表面都不积聚的视图上，才需要分析相贯线的形状，然后找点画出来。相贯线的分析步骤为：

（1）判断相贯线的形状。相贯线的形状和两个表面的形状及相对大小有关，与内表面还是外表面以及表面的空间姿态无关。圆柱面与圆柱面之间的相贯线形状依据这两个圆柱直径的大小来判定。从图4－35可以总结出相贯线非积聚投影形状的判断方法：

· 相贯线投影的走向平行于直径相对大的圆柱的轴线，而不是与其相交。

· 相贯线投影向直径相对大的圆柱的轴线凹进，而不是凸出。

· 当两圆柱直径相等时，相贯线投影变成45°交叉直线。但这时相贯线的实形是两个交叉的平面曲线椭圆。

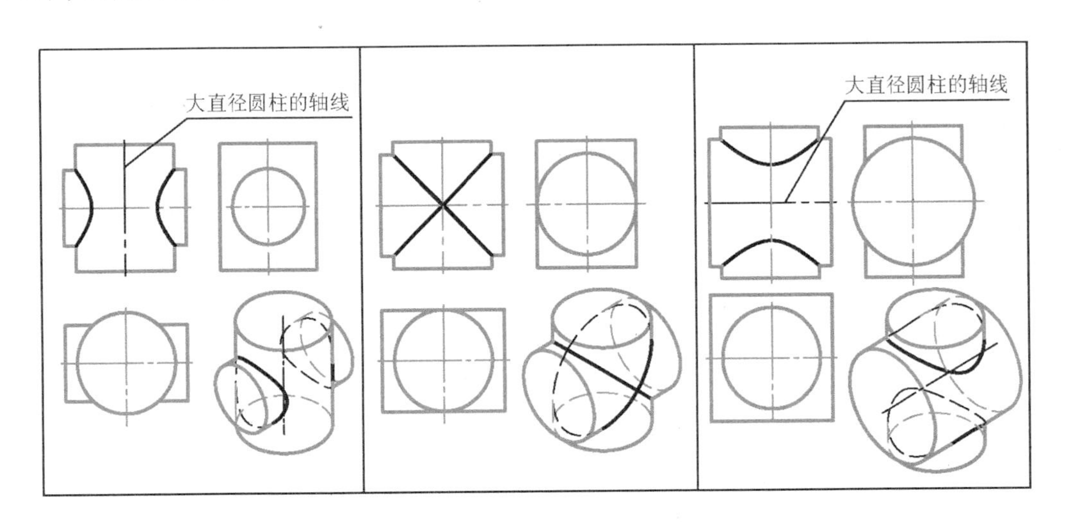

图4－35　圆柱之间相贯线非积聚投影的形状判断

长方体的表面与圆柱面的交线实形为圆弧和直线。从图4－36可以总结出相贯线非积聚投影形状的判断方法：

· 当长方体的宽度小于圆柱直径时，非积聚投影为三段直线，其走向平行于圆柱的轴线，而不是与其相交；

· 当长方体的宽度等于圆柱直径时，长方体的侧面与圆柱相切，所以其非积聚投影为两段直线。

· 当长方体的宽度大于圆柱直径时，交线实形为平面圆，没有非积聚投影。

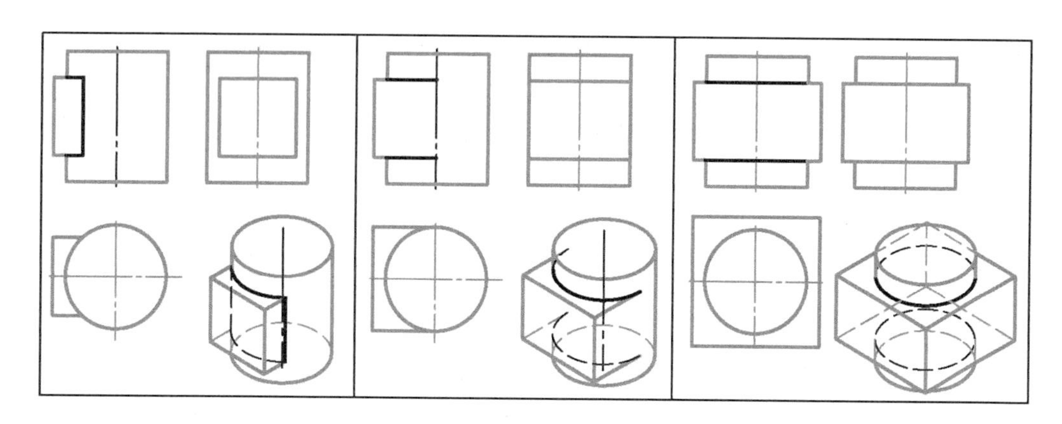

图 4-36 圆柱与长方体之间相贯线非积聚投影的形状判断

(2) 找出用以定位相贯线投影的三个特殊点,然后完成相贯线的非积聚投影。如果问题中的圆柱面是不完整的,应先假设将其补全,等画出相贯线投影后,再去除对应于假设部分的投影。这三个特殊点中,两个取自相贯线非积聚投影所在视图,一个取自其他视图,三个点都来自相贯的两个表面的轮廓线的交点。

3) 修剪圆柱或长方体原来的轮廓投影。原来的轮廓线有的融合到实体内部去了,有的被孔切断了。在这一步中,相贯线的投影不可修剪掉。

圆柱面可分为"实""空"两类。"实"是指在圆柱面的内部填充实体;"空"是指在圆柱面的外部填充实体,就是圆柱孔。长方体也类似区分。

圆柱面之间的相贯问题可以如图 4-37 分成四类:实实相贯、实空相贯、交集相贯和空空相贯。交集相贯也可视为用一个圆柱面作刀,切割另一个圆柱的情况。

原来轮廓的修剪只涉及处在两个形体交汇区域的图线,对两个圆柱而言,就是这两个圆柱矩形投影的四个交点的连线。这四条线段的取舍,可以根据四类相关问题进行分析:

· 实实相贯:因为这四条线段全都融合到实体内部去了,所以全部修建掉。

· 实空相贯:实圆柱面上的一对线段被孔切断了,应该修剪掉。圆柱孔的转向轮廓线是存在的,所以不能剪掉。

· 交集相贯:两圆柱面处于交汇区域的部分都保留了转向轮廓线,所以四条线段全保留。

· 空空相贯:两个孔的四条转向轮廓线都被对方切断了,所以四条虚线应该全部修剪掉。

4) 分析所作相贯线非积聚投影的可见性。处于视图的最外轮廓,或位于沿视图视线方向可见面上的线是可见的。

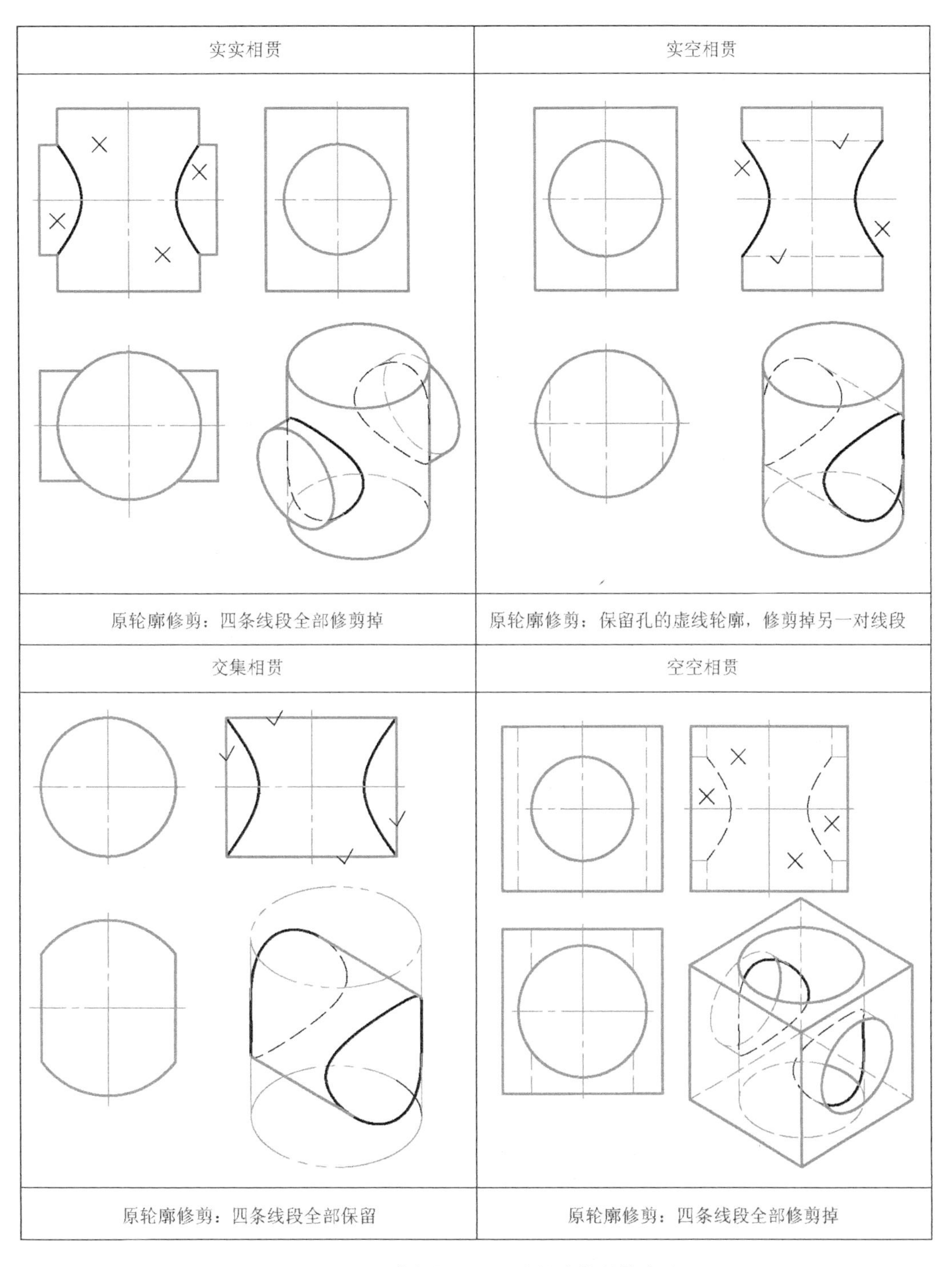

图 4－37　四类相贯问题原来轮廓修剪的方法

4.9.2 圆柱与圆柱实实相贯

图 4-38 展示了圆柱与圆柱的相贯交线问题的分析方法。

1）分别画出相贯的两个圆柱的三面投影,并处理俯视图中融合交线问题。

2）画出相贯线的非积聚投影。因为两个圆柱面只在主视图没有都积聚成圆,所以应该在主视图中作出相贯线的非积聚投影。为了辨识不同圆柱面的轮廓线,可以给每个圆柱面编号。编号宜标在投影圆上,以防重复编号。

（1）判断相贯线的形状。先要在主视图中找到大直径圆柱的轴线。从左视图或俯视图可以看出圆柱 2 的直径比圆柱 1 的直径大。主视图中,圆柱 2 的轴线是竖直的那条点画线。根据前述判断方法,可以确定相贯线投影在轴线两侧的弯曲形状。

（2）找出用以定位相贯线投影的三个特殊点,用曲线连接完成相贯线的非积聚投影。这三个特殊点中,两个是主视图中两个圆柱矩形轮廓的交点,一个对齐于俯视图上两个圆柱轮廓线的交点。

3）修剪圆柱原来的轮廓投影。本例是实实相贯,所以应把四条线段全部修剪掉。

4）分析主视图中相贯线非积聚投影的可见性。相贯线的实形是前后对称的一圈空间曲线,有一半位于可见的前半圆柱面,另一半与之重影,所以主视图中相贯线投影用粗实线画。

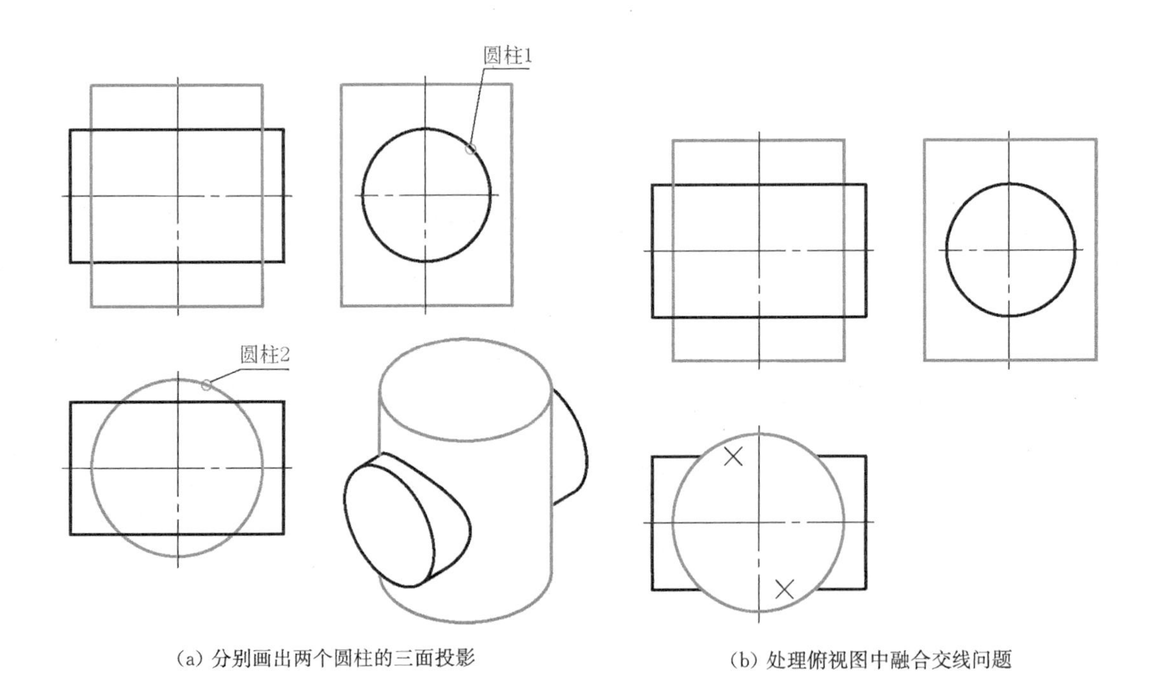

(a) 分别画出两个圆柱的三面投影　　(b) 处理俯视图中融合交线问题

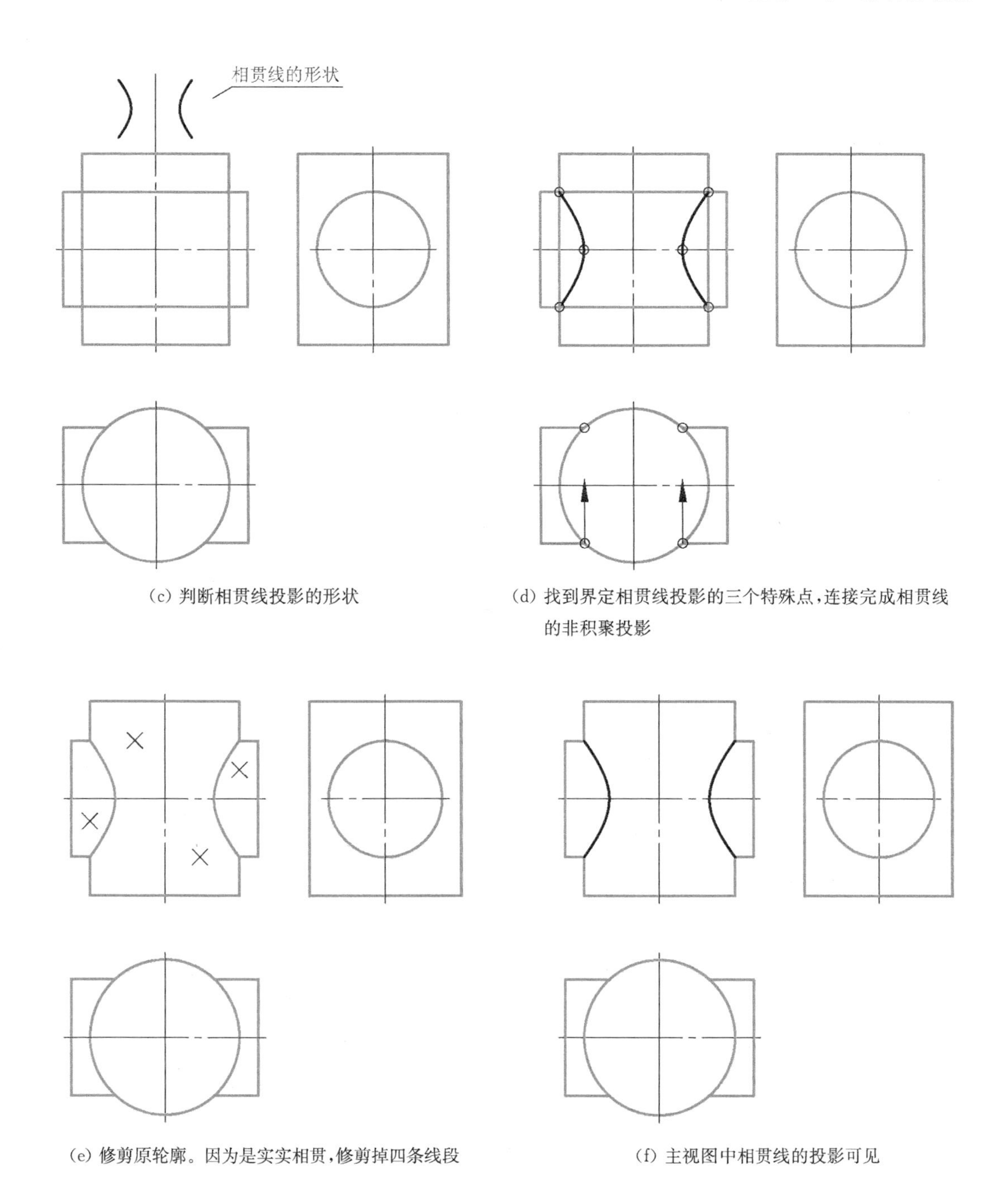

(c) 判断相贯线投影的形状

(d) 找到界定相贯线投影的三个特殊点,连接完成相贯线的非积聚投影

(e) 修剪原轮廓。因为是实实相贯,修剪掉四条线段

(f) 主视图中相贯线的投影可见

图 4-38　圆柱实实相贯的交线问题分析

4.9.3　半圆柱与长方体的组合形体与圆柱的相贯

半圆柱与长方体的组合形体在铸件中很常见。这种形体有利于构造砂型。

图 4-39 展示了半圆柱与长方体组合成的形体与圆柱的相贯交线问题的分析方法。

1）分别画出相贯的两个形体的三面投影，并处理俯视图中的融合交线问题。

2）画出相贯线的非积聚投影。

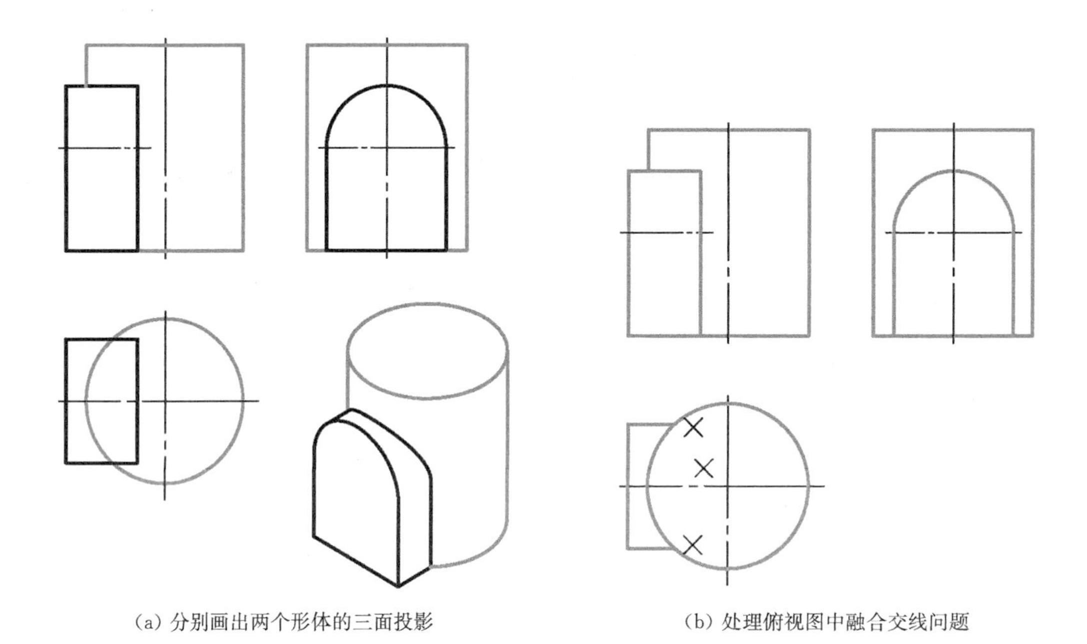

(a) 分别画出两个形体的三面投影

(b) 处理俯视图中融合交线问题

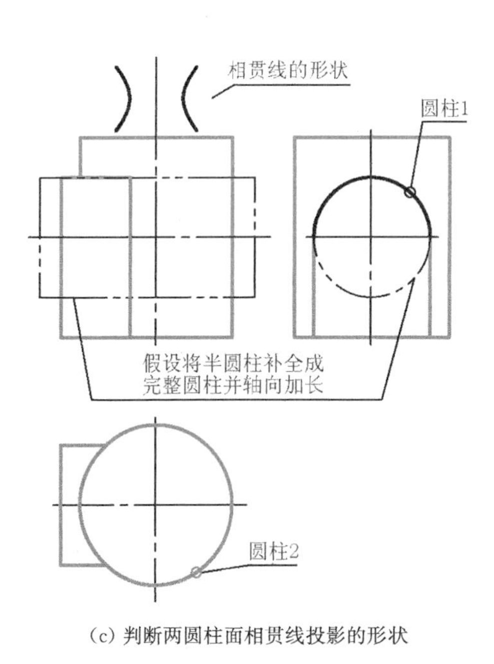

(c) 判断两圆柱面相贯线投影的形状

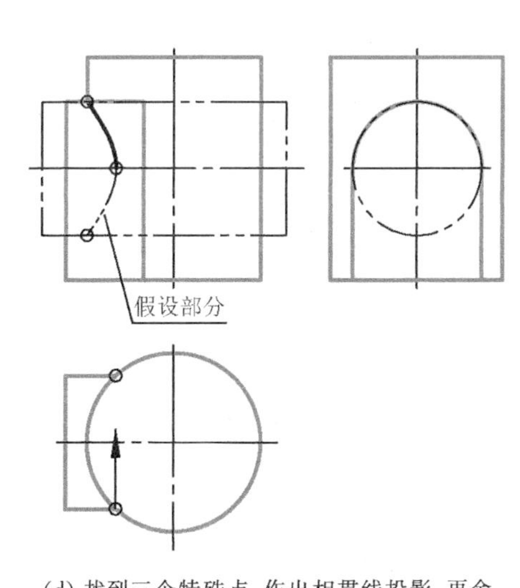

(d) 找到三个特殊点，作出相贯线投影，再舍弃假设部分

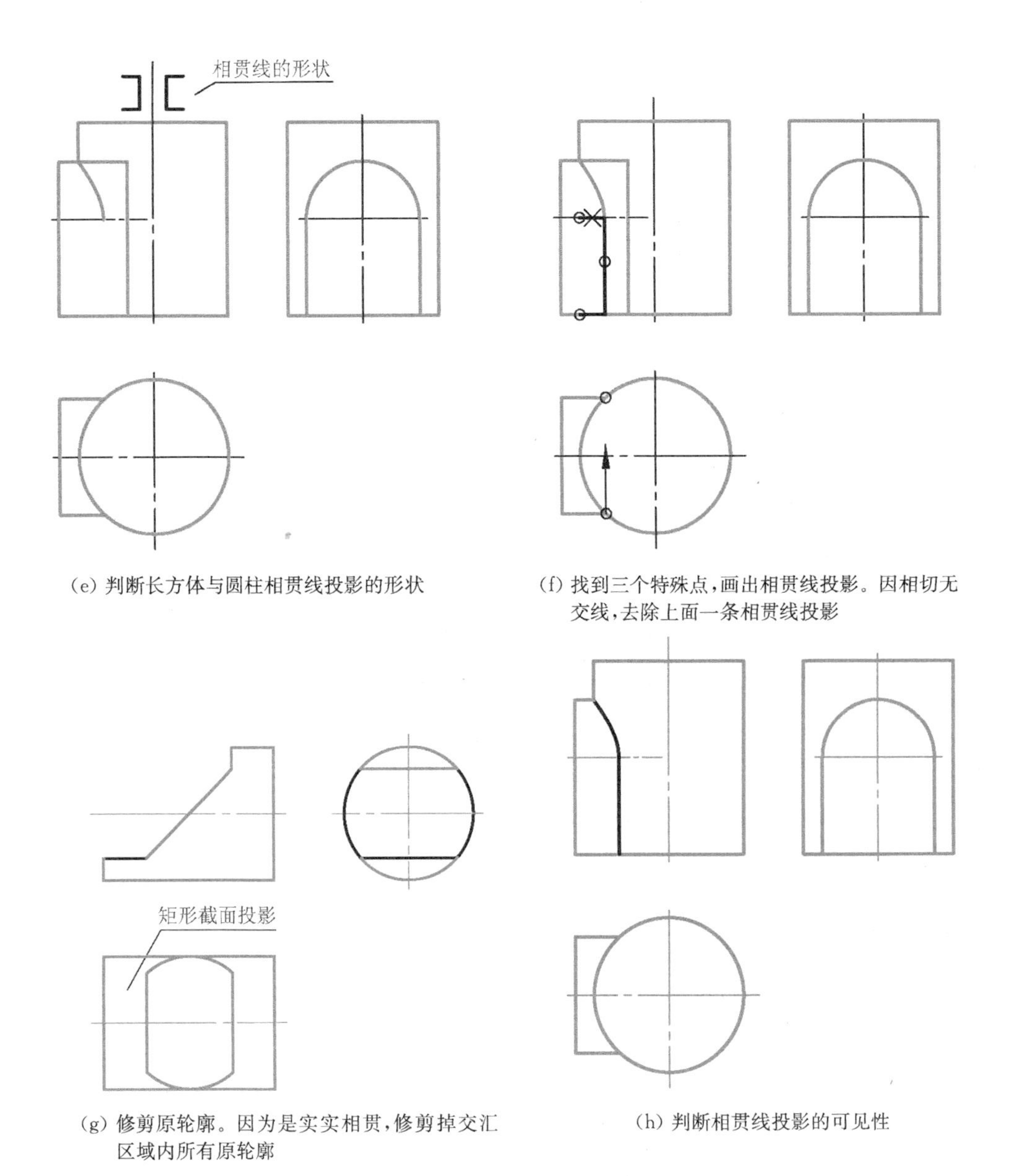

(e) 判断长方体与圆柱相贯线投影的形状

(f) 找到三个特殊点，画出相贯线投影。因相切无交线，去除上面一条相贯线投影

(g) 修剪原轮廓。因为是实实相贯，修剪掉交汇区域内所有原轮廓

(h) 判断相贯线投影的可见性

图 4-39　半圆柱与长方体组合成的形体与圆柱的相贯交线问题分析

(1) 分析半圆柱与圆柱的交线。两个圆柱面只在主视图没有都积聚成圆，所以应该在主视图中作出相贯线的非积聚投影。为了便于分析，假设将半圆柱补全成完整圆柱。

① 判断相贯线的形状。从左视图或俯视图可以看出圆柱 2 的直径比圆柱 1 的直径大。主视图中，圆柱 2 的轴线是竖直的那条点画线。据此可以确定相贯线投影在轴线两侧的弯曲形状。

② 找出用以定位相贯线投影的三个特殊点，用曲线连接，再舍弃假设部分表面相关的相贯线投影。

(2) 分析长方体与圆柱的交线。

① 判断相贯线的形状。从左视图可以看出，长方体的宽度比圆柱 2 的直径小，所以在

主视图上有三条线段构成的相贯线。

② 找出用以定位相贯线投影的三个特殊点,画出三条线段的相贯线投影。由于半圆柱面与长方体的侧面相切,所以要去掉相贯线投影中上面一条线段。

3) 修剪两个形体原来的轮廓投影。本例是实实相贯,所以应把处于交汇区域内的全部原轮廓都修剪掉。

4) 分析主视图中相贯线非积聚投影的可见性。主视图中相贯线投影应用粗实线画。

4.9.4 管道相贯

由圆管构成的管道结构,其外壁有实实相贯的相贯线,内壁有空空相贯的相贯线,但内外圆柱面不相交。机械零件中的箱体、壳体类似于管道结构。

图 4-40 以一个三通零件为例,介绍管道结构相贯线问题的分析方法。

1) 分别画出相贯的两个圆管的三面投影,并处理俯视图中融合和贯通孔交线问题。

2) 画出相贯线的非积聚投影。首先要确定整个零件上有多少处相贯线。

- 圆柱面 1 与圆柱面 2、圆柱面 3 与圆柱面 4: 是同轴圆柱面,没有交线;
- 圆柱面 1 与圆柱面 3、圆柱面 2 与圆柱面 4: 管道内外不相交,没有交线;
- 圆柱面 1 与圆柱面 4:实实相贯;
- 圆柱面 2 与圆柱面 3: 空空相贯。

(1) 圆柱面 1 与圆柱面 4 的交线。

① 判断相贯线的形状。圆柱 4 的直径比圆柱 1 的直径大。主视图中,圆柱 4 的轴线是竖直的那条点画线。据此可以确定相贯线投影在轴线两侧的弯曲形状。

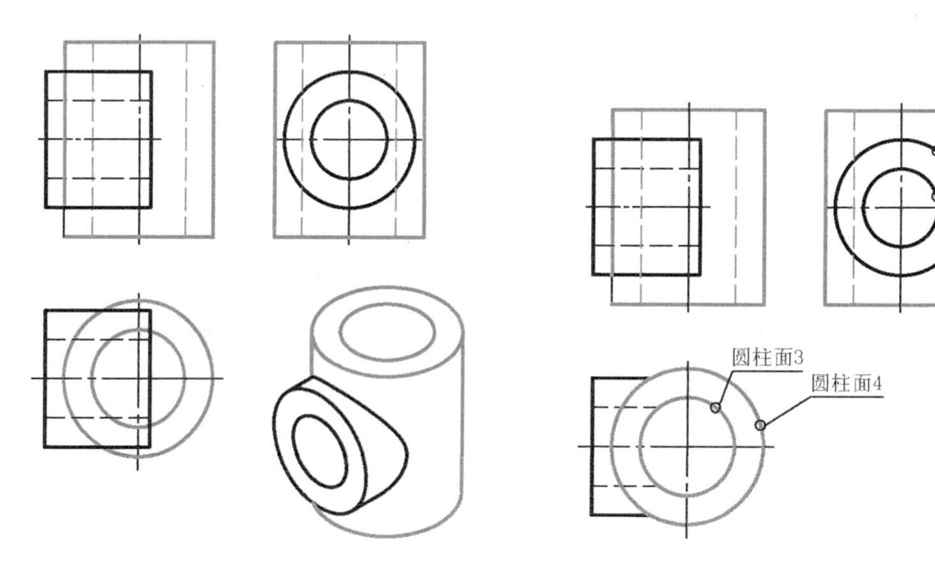

(a) 分别画出两个形体的三面投影　　(b) 处理俯视图中融合和贯通孔交线问题

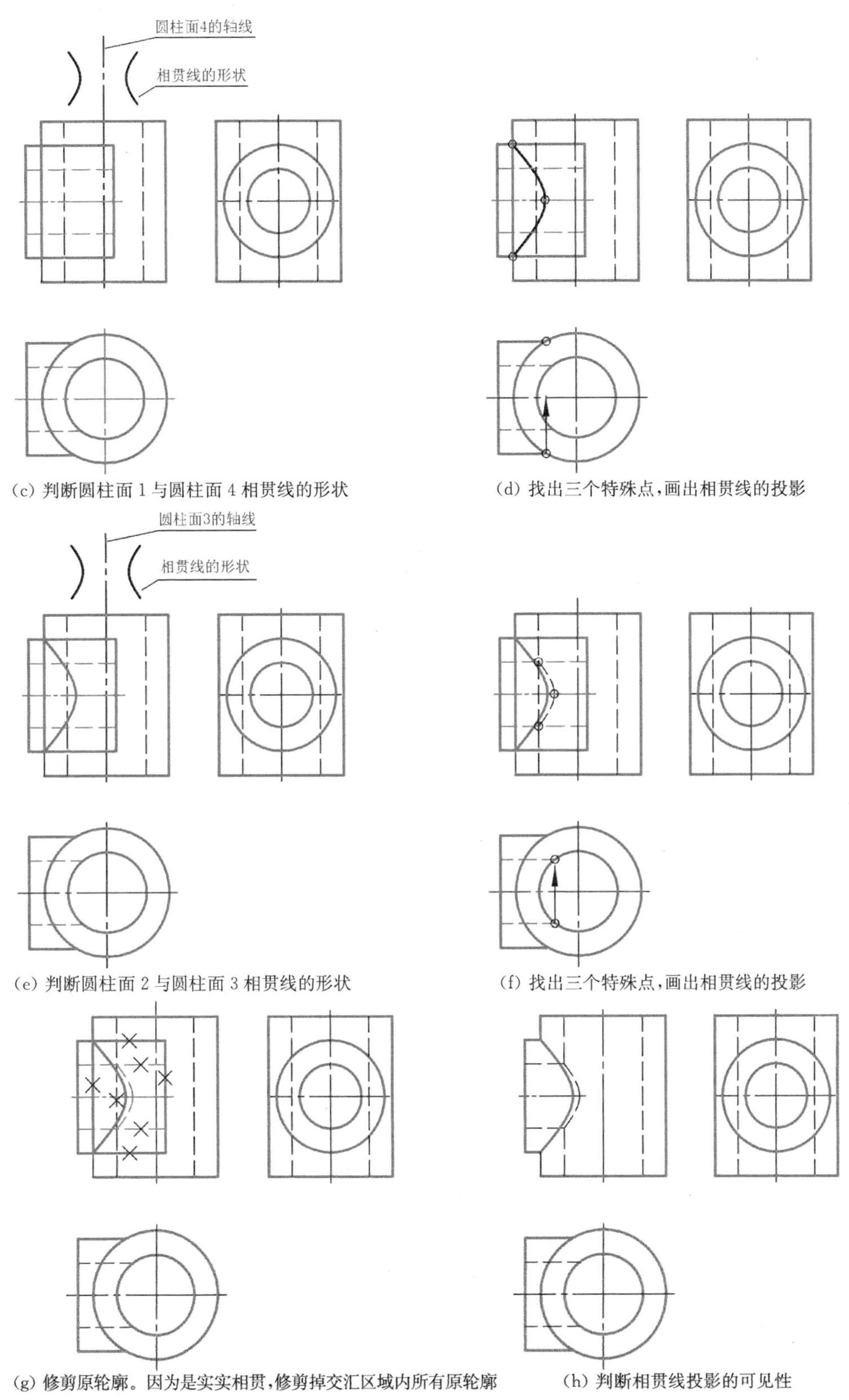

图 4－40　管道结构零件的相贯交线问题分析

② 找出用以定位相贯线投影的三个特殊点,用曲线连接。

(2) 圆柱面 2 与圆柱面 3 的交线。

① 判断相贯线的形状。圆柱 3 的直径比圆柱 2 的直径大。主视图中,圆柱 3 的轴线是竖直的那条点画线。据此可以确定相贯线投影在轴线两侧的弯曲形状。

② 找出用以定位相贯线投影的三个特殊点,用曲线(虚线)连接。

3) 修剪两个形体原来的轮廓投影。本例一个是实实相贯,另一个是空空相贯,都要把处于交汇区域内的全部原轮廓都修剪掉。

4) 分析主视图中相贯线非积聚投影的可见性。圆柱面 1 与圆柱面 4 的相贯线投影应用粗实线画。圆柱面 2 与圆柱面 3 的相贯线投影应用虚线画。

4.10 画组合体的三视图

在掌握了拉伸体、回转体等简单形体三面投影的画法和融合、平齐、相切、截切、相贯等交线问题的处理方法后,画组合体的三视图的难点只剩下形体分析。形体分析就是把一个组合体分解成若干简单形体或若干步挖切。

4.10.1 组合体的形体分析方法

形体分析的目标是将一个形状复杂的物体拆解成圆柱、长方体、矩形槽挖切、回转体孔腔等简单形体或挖切步骤。这样在画复杂物体的三视图时,可以逐个形体地画,逐一分析解决交线问题,每一步都有可靠的分析方法将一个复杂问题分解成若干简单问题加以解决,就像走楼梯上高台。

形体分析的顺序为:

· 先外形,后孔槽。外形轮廓线与孔槽轮廓线无关,分开分析比较简单。

· 先分析出主要形体,再分析附属于它的结构。

· 先分析出形体的主要结构,再分析其上的细节结构。

4.10.2 组合体三视图的绘制步骤

画组合体三视图的步骤和形体分析的顺序一样:

· 先外形,后孔槽。外形先画好,可以为孔槽提供定位。

· 先画主要形体,再画附属于它的结构。

· 先画形体的主要结构,再画其上的细节结构。

· 不论是外形还是孔槽,都一个形体、一步挖切地画出相关的三面投影。

· 每增加一个形体或一步挖切,都要分析各种交线可能,然后用相应的交线分析方法加以解决。

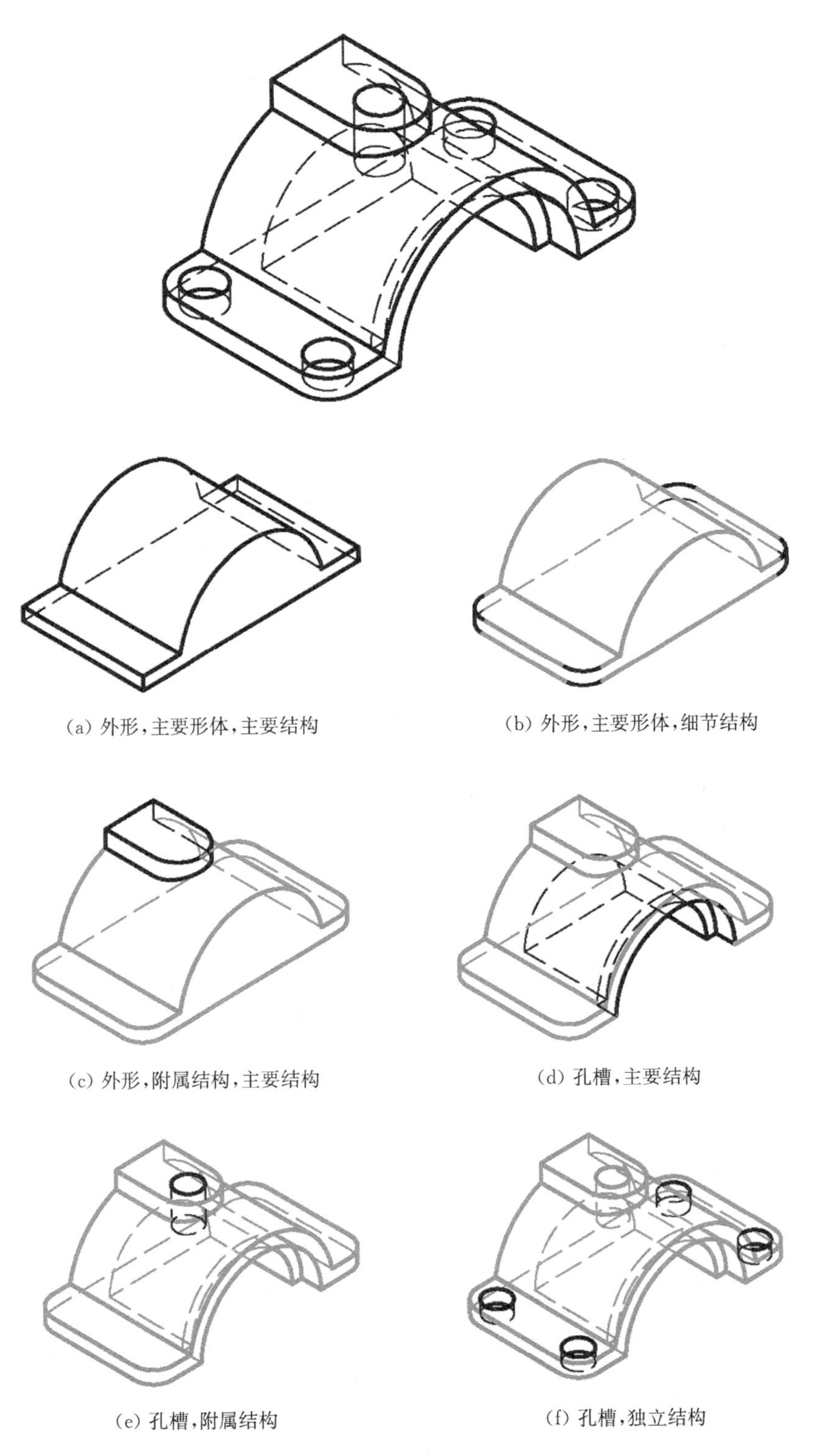

图4-41 形体分析的顺序

图 4-42 展示了如图 4-41 所示物体的三视图绘制步骤。

① 先画主要外形形体的主要结构,假设舍弃细节结构,简化成简单形体,比如拉伸立体。

② 逐步加上这个形体的细节结构,比如圆角。

③ 画附属于主要形体的结构,本例中是位于主要形体之上的一个拉伸体。这个拉伸体与主要形体之间有相贯交线问题。

④ 画主要孔槽。孔槽大多数是由回转面构成的。

⑤ 画附属的孔槽。

⑥ 画零散独立的孔槽。

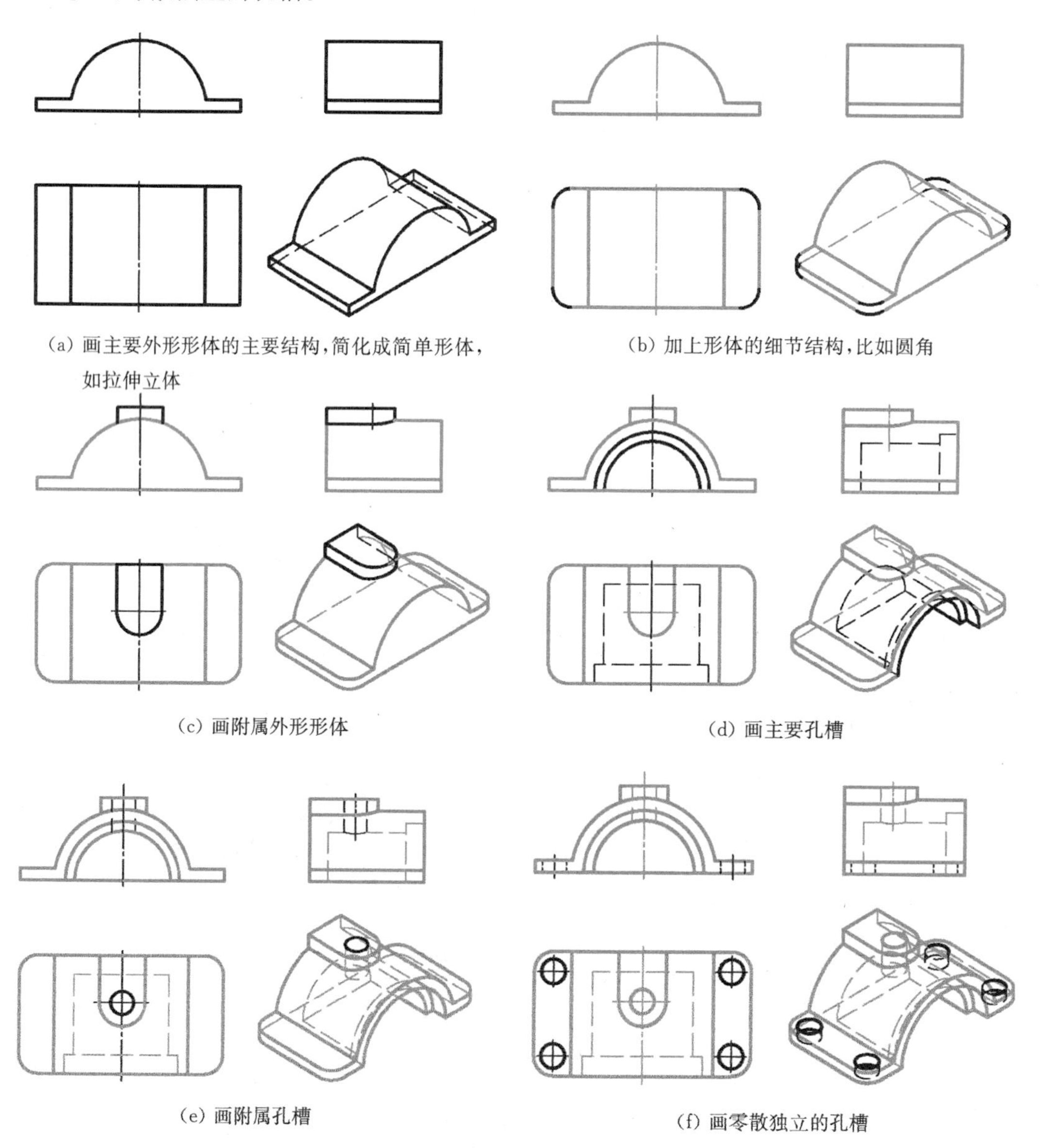

(a) 画主要外形形体的主要结构,简化成简单形体,如拉伸立体

(b) 加上形体的细节结构,比如圆角

(c) 画附属外形形体

(d) 画主要孔槽

(e) 画附属孔槽

(f) 画零散独立的孔槽

图 4-42 组合体三视图的绘制步骤

4.11　读组合体的三视图

读图，是指看懂别人画的组合体三视图。我们要学习前人的设计，或者审核别人画的图纸，就要会读图，要能够根据各视图想象出物体的形状：由哪些形体构成，视图中每条线的意义是什么。

作为考察读懂与否的试题，常用如图 4－43 所示的二补三式的题型，要求根据已知的两个视图，想象出物体的形状，并画出缺少的视图。但在实际中，没有这样的应用场景，只需看懂即可。

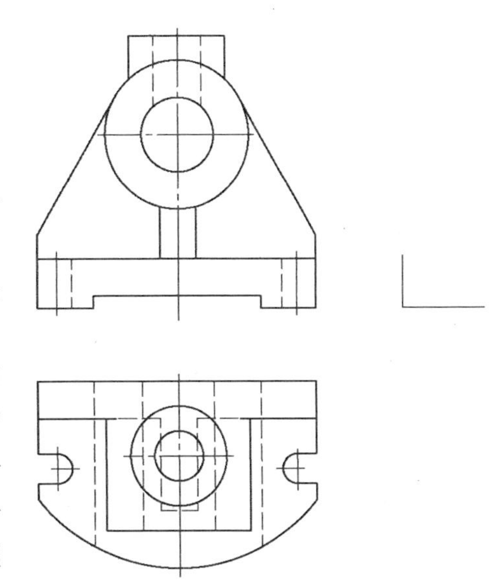

图 4－43　读图题型：二补三

组合体的读图方法就是按照形体分析的原则一部分一部分地看懂，以形体分析法为主，以线面分析法为辅。在做二补三习题时，先读懂题目所给的两个视图，了解物体由哪些形体构成，有哪几步挖切，然后用上节画组合体三视图的方法，逐块逐步地完成缺少的视图。

读图的关键是根据基本形体的投影特点，找到已知两个视图中表示同一形体的对应线框。比如，拉伸立体是机械零件中最常见的形体，任何拉伸立体的三面投影除了截面所在视图，其余两个视图中的投影都是矩形轮廓加贯穿线，利用这个特征就能从已知的两个视图中将拉伸立体一个一个找出来。

图 4－44 展示了二补三读图习题的分析过程。

① 先分析主要的、具备形状特点的轮廓线，如圆、复杂多边形等。主视图中的圆，如果它代表一个圆柱形体，那么在俯视图中应该能找到圆柱的矩形投影。根据圆的长度，果然在

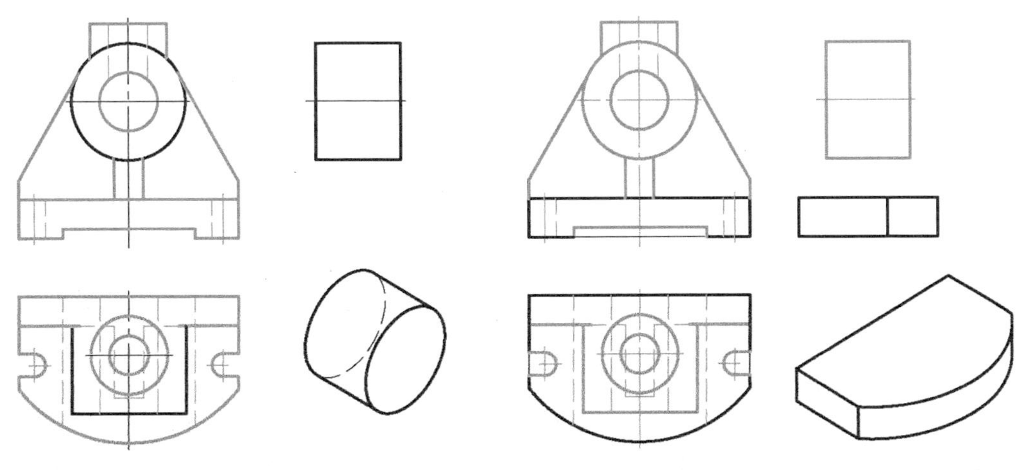

(a) 识别并画出圆柱形体　　(b) 假设没有细节结构，识别并画出底板的主要轮廓

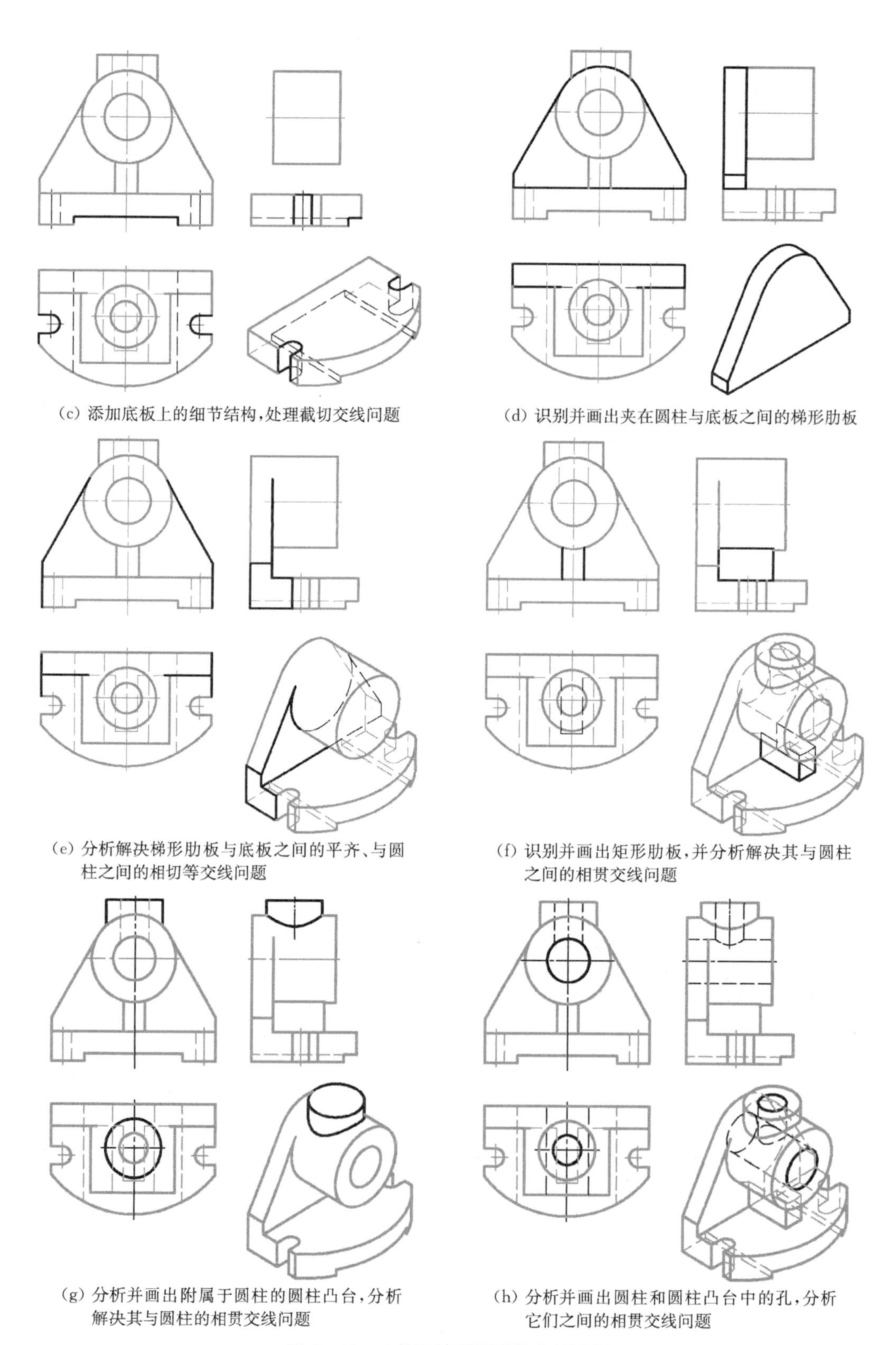

(c) 添加底板上的细节结构，处理截切交线问题

(d) 识别并画出夹在圆柱与底板之间的梯形肋板

(e) 分析解决梯形肋板与底板之间的平齐、与圆柱之间的相切等交线问题

(f) 识别并画出矩形肋板，并分析解决其与圆柱之间的相贯交线问题

(g) 分析并画出附属于圆柱的圆柱凸台，分析解决其与圆柱的相贯交线问题

(h) 分析并画出圆柱和圆柱凸台中的孔，分析它们之间的相贯交线问题

图 4-44　二补三读图习题的分析过程

俯视图中找到与之对齐的唯一的矩形线框。于是我们能够推断:在物体的上方有一圆柱形体。据此,在左视图对齐位置,我们画出该圆柱的第三个投影。

② 分析底板的形状。假设去掉一些槽、孔等细节结构,画出底板的主要轮廓。俯视图中最外一圈轮廓,按照长度对应主视图上底部的矩形线框。这表示物体的底板结构。左视图中画出底板的轮廓。

③ 添加底板上的细节结构:左右的圆底槽和中间的矩形槽。其中矩形槽会在底板的前方与圆柱面相交,切出截交线。

④ 画出夹在圆柱和底板之间的梯形肋板的投影。主视图上类似梯形的线框,对齐于俯视图后方的矩形,这是物体的一个支承肋板。在左视图画出肋板的投影。

⑤ 分析梯形肋板与圆柱之间的相切、相贯交线问题和与底板之间的平齐交线问题。肋板的顶部圆柱面,与圆柱形体的圆柱面共面平齐,肋板的斜面与圆柱相切,分析肋板的前面的侧面投影,将其画到切点为止。肋板的左右端面与底板的左右端面平齐,去除分割它们的轮廓线。

⑥ 画出夹在圆柱和底板之间的矩形肋板的投影,并分析其与圆柱之间的相贯交线问题。

⑦ 画出附属于圆柱的圆柱凸台,分析其与圆柱的相贯交线问题。俯视图中间的圆,对应主视图最上方的矩形,这是处在圆柱形体顶端的一个小圆柱。两圆柱相贯,在左视图中画出小圆柱以及相贯线。

⑧ 最后画出物体中的孔,分析孔之间的相贯交线问题。大小圆柱中均有孔,从虚线的起止可以判断出孔的长短、通断。从主视图可以看出,小孔一直钻到大孔的顶部。在左视图中,画出两孔的投影,并在大孔的顶部画出相贯线。

第5章　组合体的尺寸标注

在机械图样上尺寸标注是必不可少的，机械零件将按照所标注的尺寸制造。

尺寸标注包括尺寸文字、尺寸界线和尺寸线。尺寸线的两端有箭头(图5-1)。

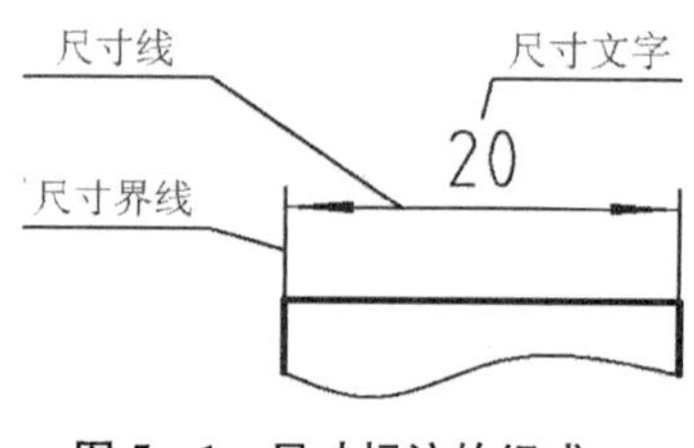

图5-1　尺寸标注的组成

尺寸标注要满足正确、清晰、完整、合理等要求，并不是能够确定图形的大小就可以了。

·尺寸线、箭头的形状，尺寸文字的字体、书写方向等尺寸标注样式，都要符合国家标准的规定。

·尺寸文字要清晰，尺寸界线和尺寸线的布置也要条理清晰，能让读图者容易看懂尺寸要求，不会误读。

·尺寸既不能缺少也不能冗余。

·尺寸标注还要做到意义清晰。应该根据机器的设计要求和制造工艺需求进行标注。在还不具备设计和制造知识的时候，至少要按照形体分析的观点来标尺寸。

图5-2展示了正、误两种尺寸标注，由此可见尺寸标注是非常复杂的。

尺寸标注也是迄今为止计算机辅助设计系统无法自动完成的工作之一。

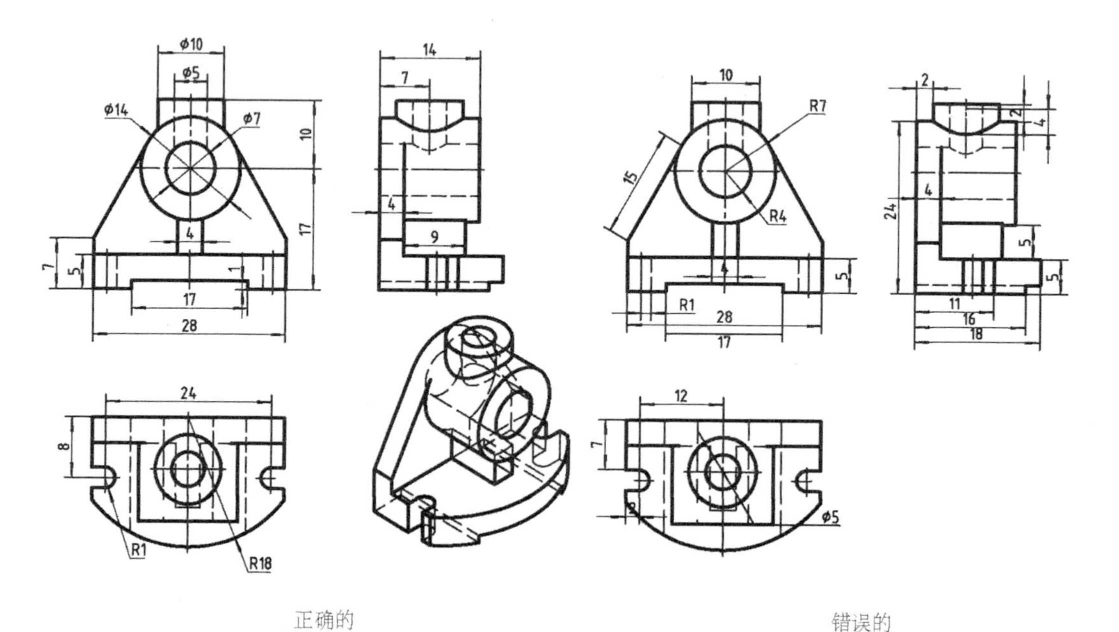

图5-2　尺寸标注的正误

5.1 尺寸标注的正确性和清晰性

尺寸的正确性是指尺寸的标注样式应该符合国家标准的规定。尺寸的标注样式包括尺寸界线、尺寸线、箭头的画法和尺寸文字的写法。

尺寸的清晰性，一是指尺寸线和尺寸文字清晰可读，二是指尺寸的意义清楚。

5.1.1 尺寸线和尺寸界线

尺寸线承载尺寸文字，尺寸界线界定尺寸的起点和终点。

尺寸线和尺寸界线都要用细实线画，要和粗实线有明显的粗细差别。

尺寸线不能与其他图线重合，也不能在其延长线上，要放置在一般位置。尺寸线上的箭头不能刚好指在图线的交点处。这都是为了防止读者分不清尺寸线和视图上的线，引起误读。

尺寸界线可以用其他图线代替，而尺寸线不能。

除了半径尺寸以外，尺寸线的两端各有一个箭头。

国家标准中对尺寸箭头的要求是：细长、实心。箭头尾部宽度与箭头长度之比小于1∶4。箭头长度与尺寸文字的高度一样，一般为3.5(图5-3)。

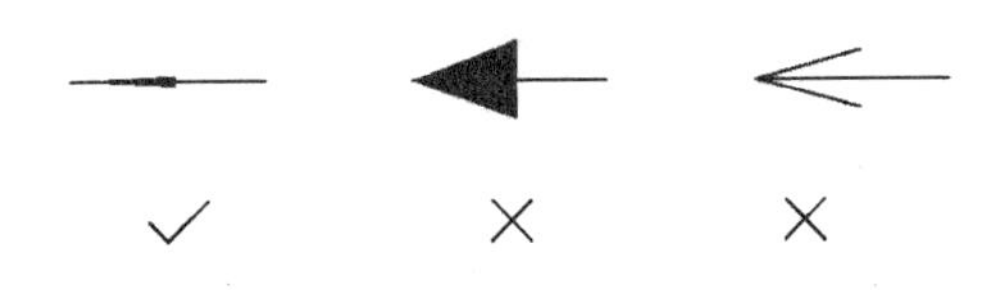

图5-3 尺寸箭头的画法

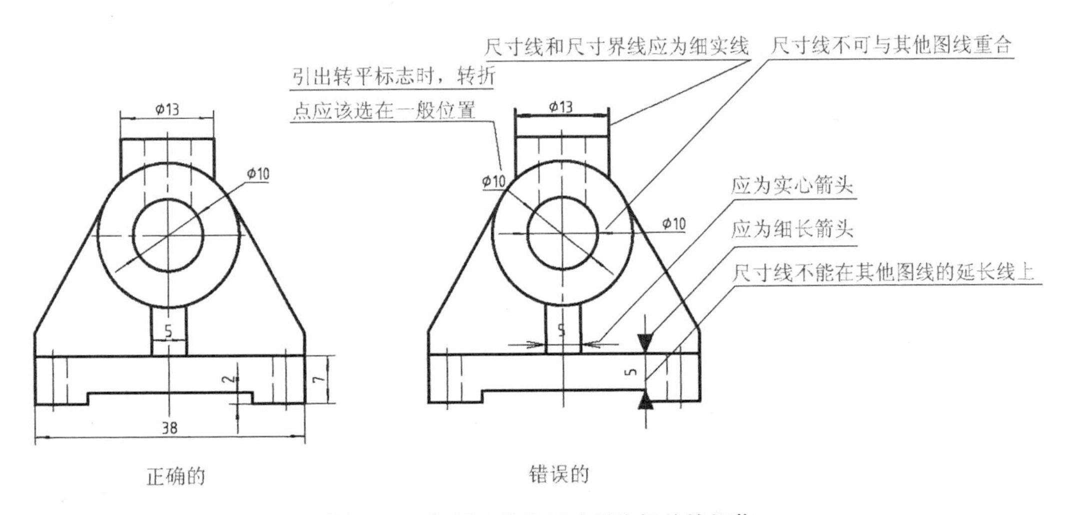

图5-4 与尺寸线和尺寸界线相关的规范

箭头既可以放在界线以外,也可以放在界线以内。两个箭头的尖端要指在尺寸界线上,两个箭头尖端之间的距离就是尺寸数值。

对于线性尺寸,只有箭头在尺寸界线以外时,才可以将尺寸文字放在尺寸界线以外。

引出转平标注样式常用在圆或圆弧上标注半径和直径尺寸。尺寸线的转折点应该选在一般位置,而不是刚好在某条线上。另外尺寸文字下的尺寸线不可太长,应该如同文字的下划线一样长。

尺寸界线的末端要超出箭头一点,超出长度约字高的一半。

5.1.2 尺寸文字

尺寸文字包含了数字、英文字母(如半径的前缀 R)和符号(如直径符号∅)。所有文字都要按照标准字体来书写(图 5-5)。

图 5-5 写法的正误

尺寸文字的大小,在整张图纸中要统一,不能在空间宽敞的地方写得大,而在空间狭小的地方就写得小。文字的大小,用字号来规范,常用的字号有 3.5、5、7 等。字号等于字高,"3.5 号字"是指字高 3.5 毫米的字。

尺寸文字中的数值表示机械零件被制造出来后应达到的尺寸,与图纸上图线的长短无关,不论采用的是放大或缩小的比例,也不论作图的误差。

机械制图中,尺寸数字的默认单位是毫米。在图纸上的任何位置都不需要注明单位为毫米。

为保证尺寸文字的清晰,当文字背后有图线时,应当将背景图线擦干净。

尺寸文字一般放置在尺寸界线以内、尺寸线的中点附近,当空间狭小时,也可以和箭头一起放到尺寸界线以外。

对于线性尺寸,不论尺寸被布置在视图的上下左右,尺寸文字都要写在尺寸线的上方或左方,字头分别朝上或左。对于倾斜的尺寸,尺寸文字一般要随着尺寸线而倾斜,并保持字头偏上。例外的是,对于从铅垂方向逆时针偏转 30°以内的倾斜尺寸,若仍坚持字头偏上,字头就几乎朝右了,数字容易被误读,此时应采用引出标注的方式(图 5-6)。

角度尺寸的标注样式和线性尺寸相比有很大不同。角度尺寸的文字永远字头朝上正着写,而且如果空间足够,尽量写在圆弧形尺寸线的中断处(图 5-6)。

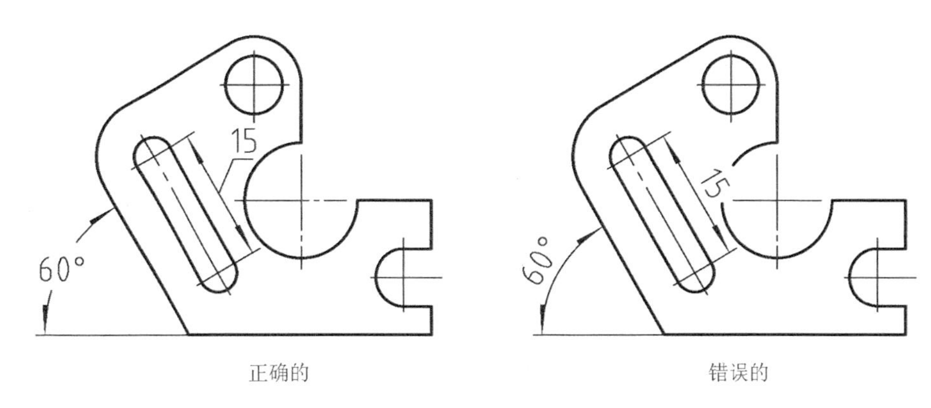

图5-6　30°范围内的尺寸和角度尺寸的标注正误

回转体的直径尺寸数字前要加上前缀“∅”。直径尺寸既可以标在回转体的圆弧投影上，也可以标在非圆投影上(图5-7)。直径尺寸标在圆上时，可以采用两种样式：尺寸文字随尺寸线倾斜，写在尺寸线中点附近；将尺寸线引出转平，尺寸文字水平书写。当有若干同心圆需要标注直径时，应该嵌套标注在非圆视图中，尽量减少尺寸线与尺寸界线的交叉。

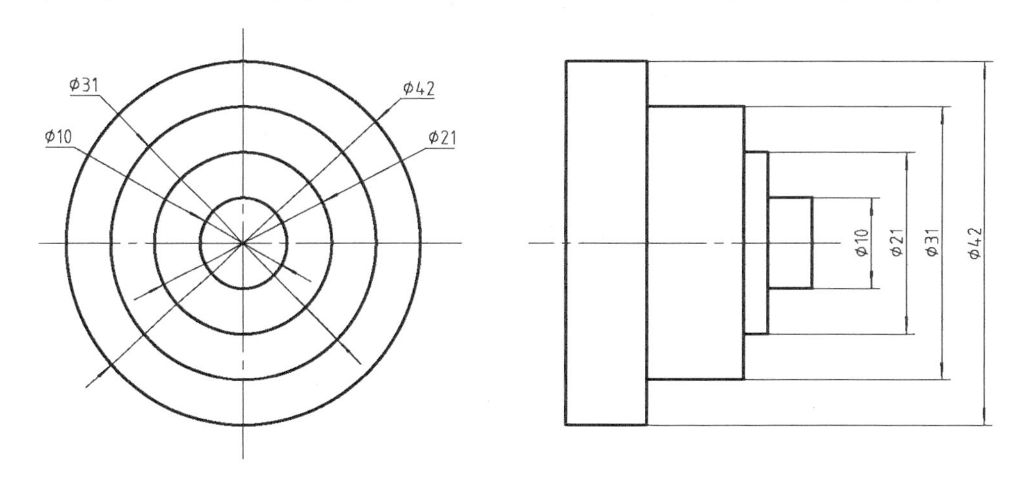

图5-7　直径的两种常用标注样式

半径尺寸数字的前面要加上“R”。半径尺寸只能标注在圆弧投影上，且只有一个箭头，指向圆弧。

图纸上的圆和圆弧不是既可以标直径，又可以标半径的。凡是应标直径的场合必然不能标半径，凡是应标半径的场合也必然不能标直径(图5-8)。标注直径还是半径的一般规则如下：

- 整圆标直径；
- 半圆标半径；
- 大于半圆的圆弧标直径，小于半圆的圆弧标半径。但中心对称分布的同心同径的圆弧，不论圆弧弧长多少，都要标直径。另外，非回转体形体中的大半圆弧，有时标半径。

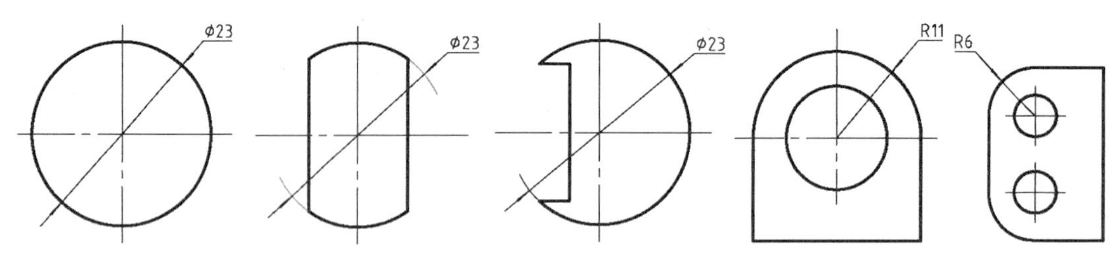

(a) 整圆标直径　(b) 中心对称圆弧标直径　(c) 大半圆弧标直径　(d) 半圆标半径　(e) 小半圆弧标半径

图 5-8　标注直径或半径的场合

在圆弧投影上标注直径尺寸和半径尺寸时,若将文字标注在尺寸线的中点附近,容易与图线和其他尺寸重合,所以比较清晰的标注方法是将尺寸线引出并转平。采用这种标注样式时,转折点的位置应选在一个一般位置,避免将转折点置于某条图线上(图 5-9)。

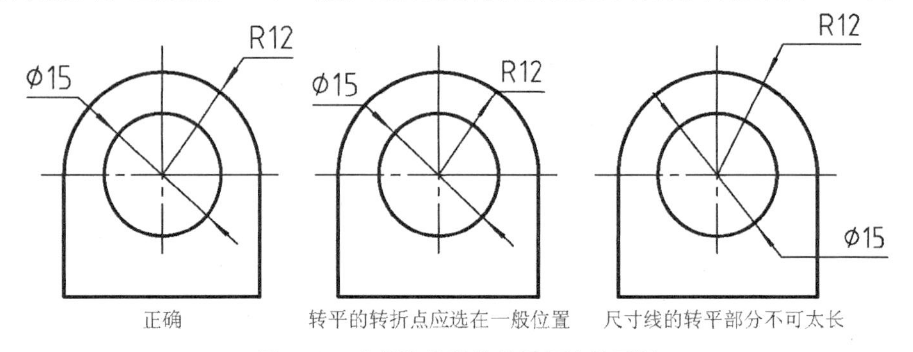

图 5-9　直径和半径的转平标注的正误

球面的半径和直径尺寸前缀还要再加上"S",即球的半径尺寸前缀为 SR,直径尺寸前缀为 S∅(图 5-10)。

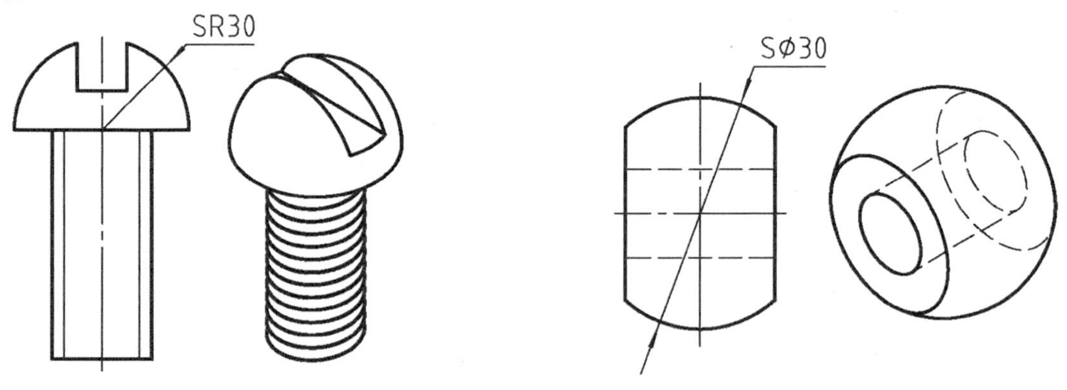

图 5-10　球面直径半径的标注

机械零件中常见呈矩形阵列或圆周阵列分布的圆孔,它们通常是具有相同功用、相同尺寸的孔,比如用于螺栓连接。这些阵列分布的孔,应该作为一个整体来标注尺寸(图 5-11)。阵列孔需要标注的尺寸有:

· 孔径。标注在有圆投影视图中,只标在其中一个圆上。文字前面加上孔的数目和"×"号,如"6×∅8"。圆周均匀分布的孔还可以加上后缀"EQS",意为均匀分布。

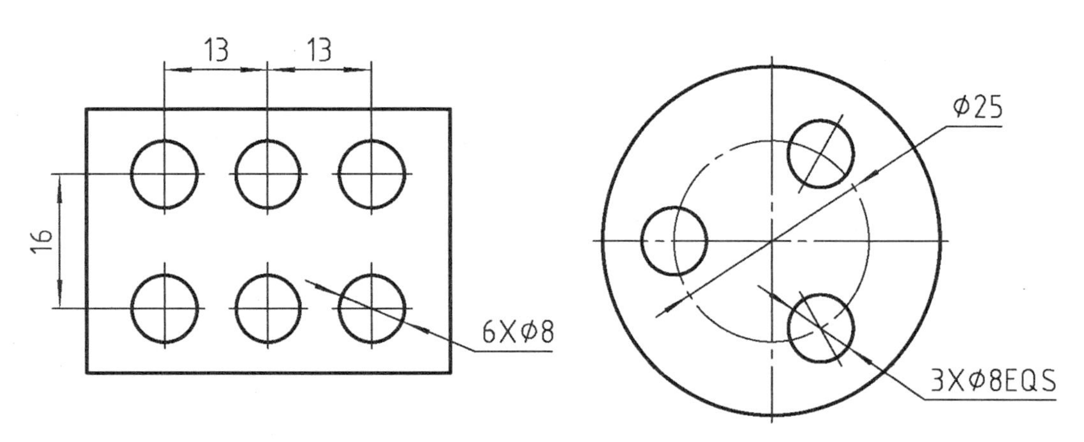

图 5－11　阵列孔的尺寸标注

·孔的分布尺寸。矩形阵列的孔，要标各个行间距和列间距。圆周阵列的孔，要标孔中心所在圆的直径。

圆周阵列分布孔的十字中心线，由圆弧和向心线组成。

当零件上有相同功用、相同尺寸的外圆角时，应该只标注其中一处的半径，而且不标数量。若是相同功用、相同尺寸的内圆角，比如圆底槽，应该在其中一处标出半径和数量，如"2×R10"。

机械零件上常有些孔带有附属的沉孔。在零件图中，这样的孔往往采用旁注法标注尺寸，比分别标注节省图纸空间。在旁注法中，用 U 形符号代表圆柱沉孔、V 形符号代表圆锥沉孔，用 T 形箭头代表孔深（图 5－12(a)）。

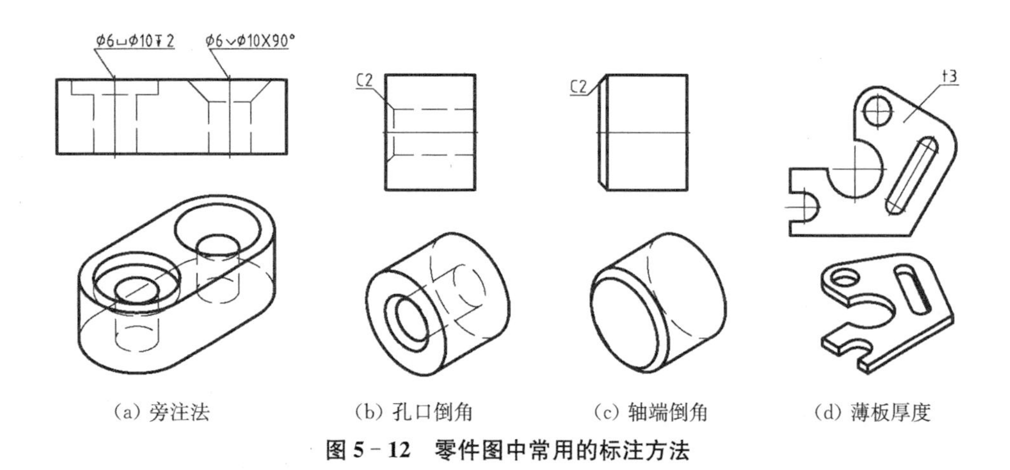

(a) 旁注法　(b) 孔口倒角　(c) 轴端倒角　(d) 薄板厚度

图 5－12　零件图中常用的标注方法

倒角是机械零件上常见的结构。它的作用是去除零件边缘锋利的毛刺，并使零件之间更容易装配。最常见的倒角是 45°倒角，它的尺寸数字前加前缀"C"（图 5－12(b)、(c)）。

机械零件中，有一类是由冲压剪裁而成的钣金件。它们由一片厚度均匀的金属板材制成。单独为表示板厚而画一个视图是不值得的,所以一般在平面图上注出板厚,在板厚尺寸的前面加上前缀“t”(图 5-12(c))。

图 5-13 展示了一些与尺寸文字相关的正误对比。

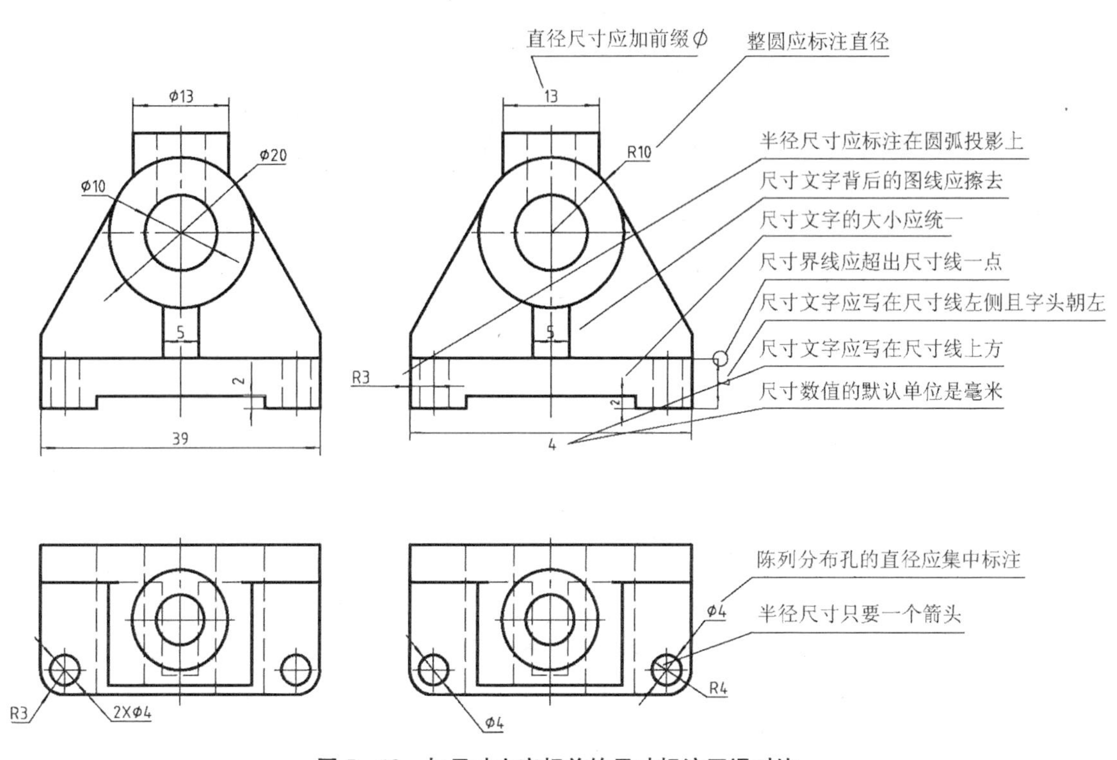

图 5-13　与尺寸文字相关的尺寸标注正误对比

5.2　尺寸标注的完整性

尺寸不能缺少。所标注的尺寸要能够确定所有的图线。缺少尺寸会使得零件的大小不确定。

尺寸也不能冗余(图 5-14)。如果图纸上对零件的同一个尺度,比如一个长方体的高度,重复定义了两次,那么就产生了冗余。图纸上通常用多个视图来表达物体的形状,如果没有按照一定的步骤来标注尺寸,那么就有可能产生尺寸冗余。尺寸冗余可能会造成一个尺度两个定义。比如,对于同一个尺度,主视图标注为 56,左视图上的尺寸却不经意地修改成了 50,这就会使得加工出来的零件有可能大小不一致。

造成尺寸冗余的原因为:一是把同一尺度的尺寸标在了不同的视图上,比如主视图和左视图都标了某高度尺寸;二是所标的尺寸构成了“封闭尺寸链”。

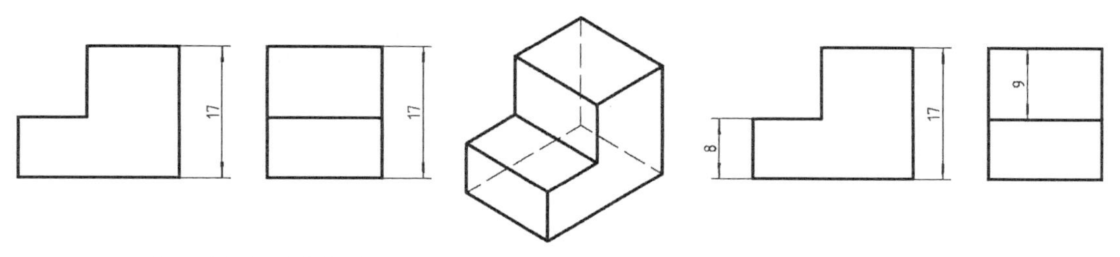

(a) 同一尺寸标在不同的视图上　　(b) 若干尺寸构成了封闭尺寸链

图5-14　尺寸冗余的两种情况

封闭尺寸链是指几个尺寸的尺寸线能够形成一圈封闭的链条。这样对任何一个涉及的尺度，都有两条路径重复定义其尺寸，从而造成尺寸的冗余。只要去掉封闭尺寸链中的一个尺寸，就可以断开封闭尺寸链。一般是根据尺寸的意义来决定去掉哪一个。

圆角矩形中有与圆角同心的圆孔，这是机械零件中常见的结构。这类零件正确的尺寸标注方案却是"封闭"的。图5-15中，圆角尺寸R9、圆孔的定位尺寸25和总长44，构成了一个封闭尺寸链；圆角尺寸R9、圆孔的定位尺寸13和总高22，构成了另一个封闭尺寸链。但这是合理的标注方案。此处圆角的作用只是去除尖角，圆角圆弧的圆心位置并没有精度要求，而圆孔的中心位置是有精度要求的。所以，实际上圆角与圆孔同心的几何约束并不存在，定位尺寸13和25只与圆孔有关而与圆角无关，这样尺寸链也就不封闭了。

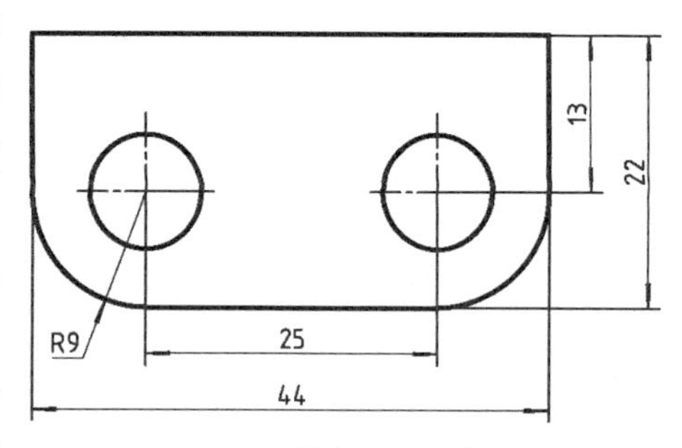

图5-15　封闭尺寸链的特例

5.3　尺寸标注的合理性

图纸上标注一个尺寸，制造时就要达到这个尺寸。不合理的尺寸要求在制造时很难达到。标注尺寸时应该考虑到制造、检测的方便。

定位一个回转体形体时，只能定位回转体的回转中心轴线，而不能定位曲面上的素线（图5-16）。因为回转体的表面一般是用旋转刀具来切削加工的，所以需要确定刀具中心的位置，而非刀具边缘的位置。

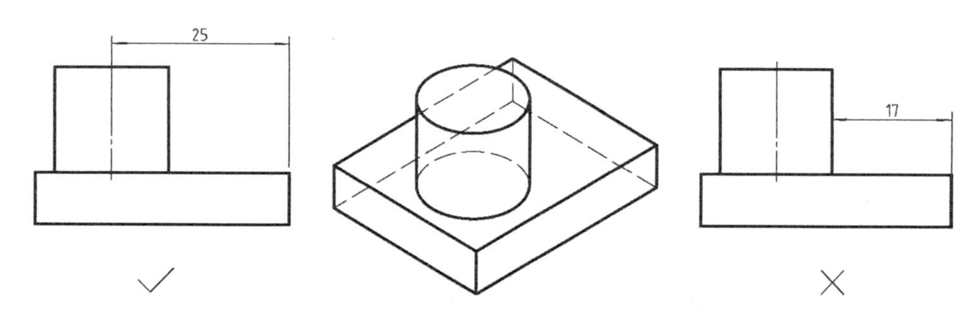

图5-16　定位回转体只能定位轴线，不能定位素线

轴上键槽的尺寸标注是个例外。键用来在轴和轮之间传递扭矩。在轴和轮毂上都刻有键槽。键槽的尺寸标注根据工艺习惯是定位素线的(图 5－17)。

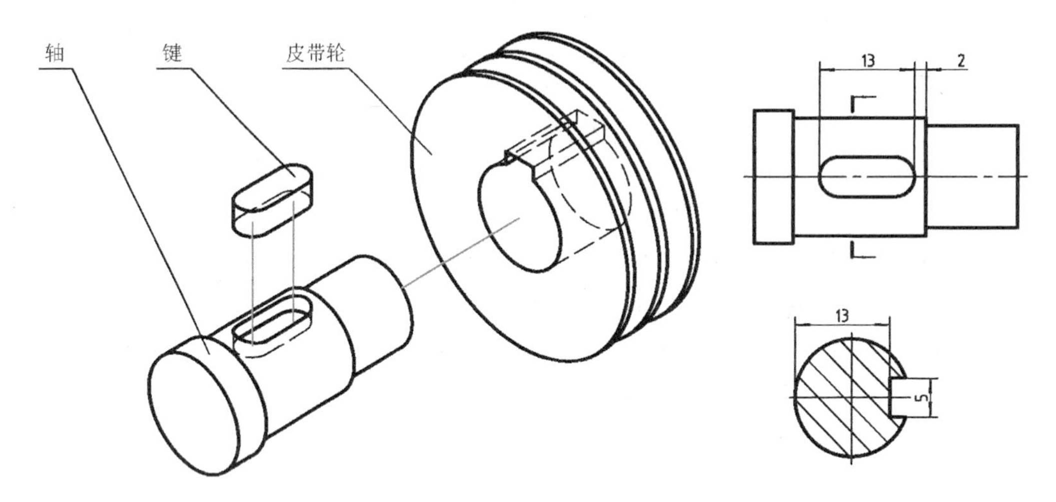

图 5－17　键槽的定形、定位尺寸

不能给截交线、相贯线和切线等交线标尺寸(图 5－18)。当相交的两个形体的定形尺寸和定位尺寸确定了以后,它们的交线或切线的形状和位置也就被确定了,如果再加尺寸就必然是冗余的。此外,通过控制交线的形状,反过来控制形体的形状是很难的,不合理。所以,不能给交线标注尺寸。

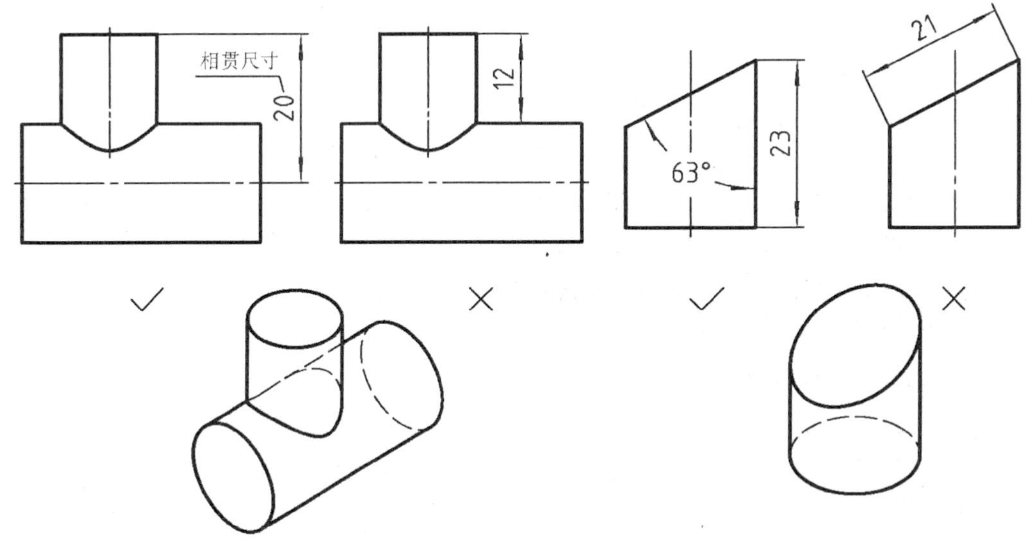

图 5－18　交线不能标尺寸

机械零件在形状上的对称既有利于零件的通用性,又便于加工和装配,所以对称的现象很常见。如果一个视图是对称的,那么与对称方向平行的定位尺寸不能偏在一边,而要横跨视图的对称中心,置中放置(图 5－19)。"对称尺寸"是以物体的对称中心面为基准的。

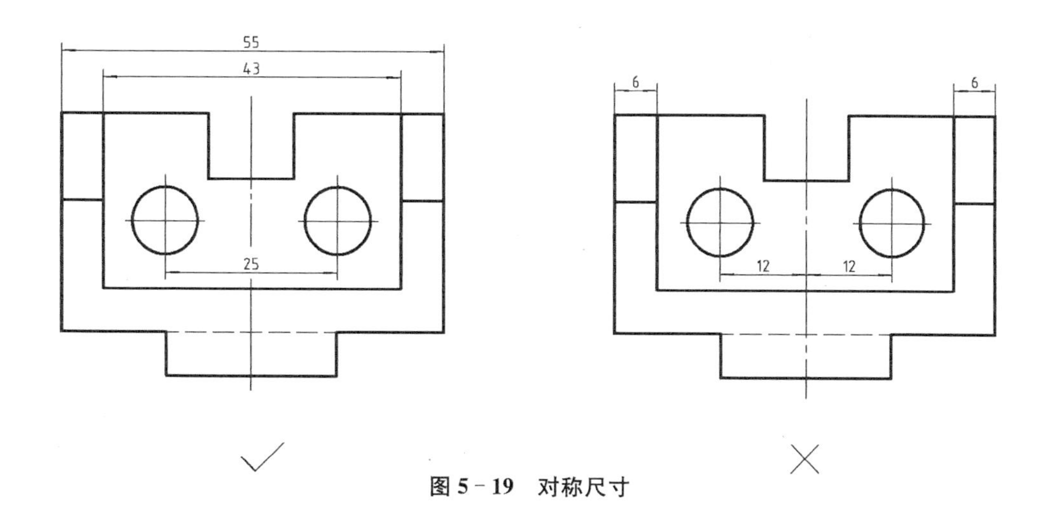

图 5-19　对称尺寸

5.4　组合体尺寸标注的步骤

按照形体标注尺寸可以防止尺寸冗余,因为每个尺寸都有明确的意义:是某个形体在某个维度上的定形尺寸或定位尺寸。这就不会出现“给一个圆柱标了两个直径”或“标了两次圆孔在长度方向上的定位尺寸”之类的错误。

在给一个组合体标注尺寸之前,首先要进行形体分析,将它分解成一个个的形体,如长方体、圆柱、三角块等。然后逐个形体标它的定形尺寸和定位尺寸。

尺寸标注顺序和画组合体三视图的步骤一样:先外形后孔槽;先主要结构后细节;先主要形体后附属形体。

每种形体的定形尺寸个数是固定的,比如圆柱的定形尺寸有两个:直径和轴向长度;长方体有三个:长、宽、高。但当该形体与其他形体相贯时,某些定形尺寸要替换成“相贯尺寸”(图 5-18),因为交线不能标尺寸。

定位尺寸确定形体在空间中的位置。为了制造和测量的方便,尺寸标注一般采用“基准统一”的原则,各主要形体均向同一线面要素定位。所以在标定位尺寸之前,先要在组合体上确定长、宽、高三个方向上的基准要素。一般用作基准要素的有:面积较大的平面,如底面、孔口端面等;主要回转体的轴线;组合体的对称中心。但并不是所有的形体都向同一基准定位。有些形体是附属于某一主要形体的,应该向主要形体上的线面要素定位。

实际零件图的尺寸标注,还要考虑零件的设计要求和制造工艺的要求,而不仅仅是零件的形状。

下面以图 5-20 为例,说明尺寸标注的过程。

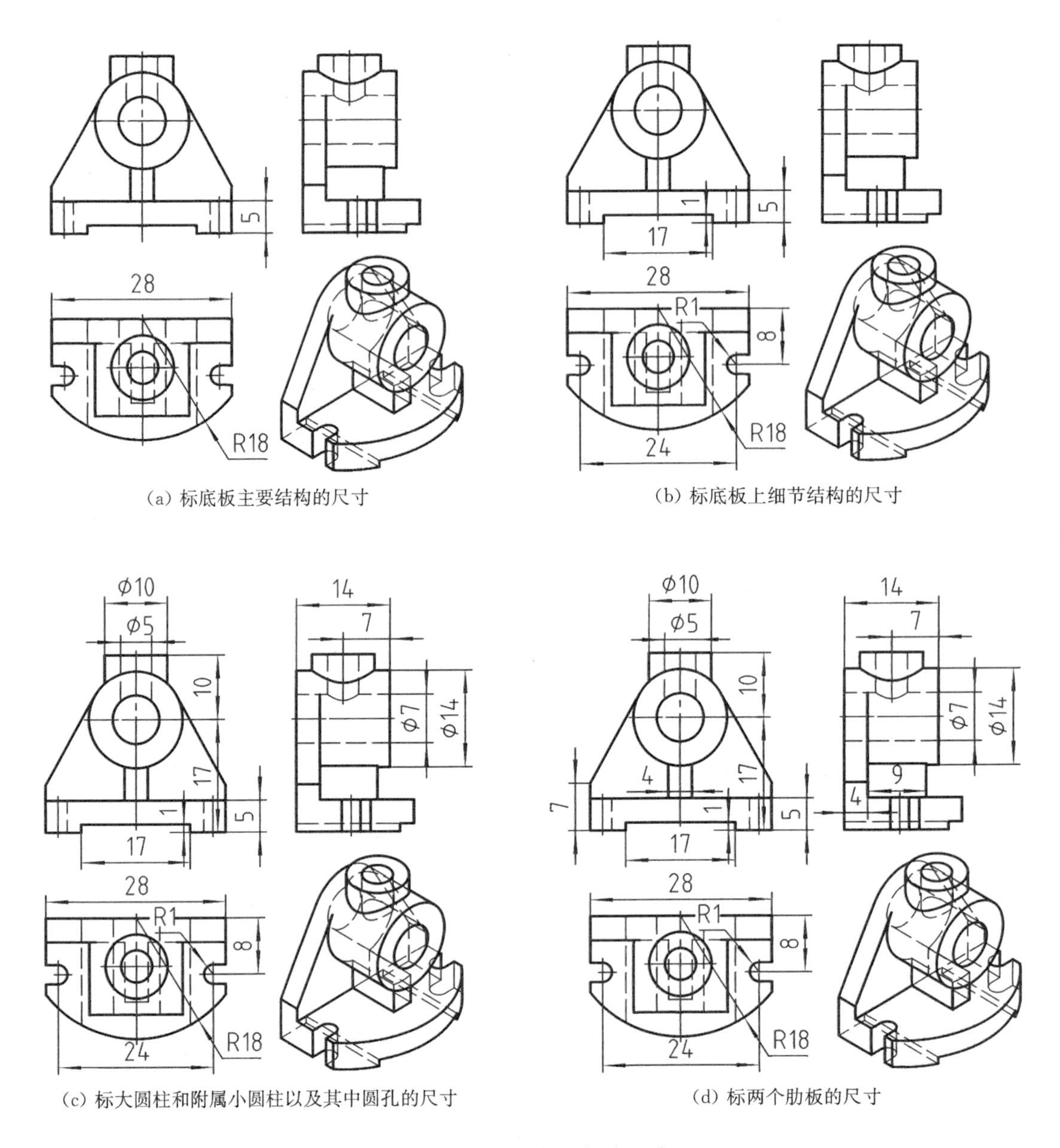

(a) 标底板主要结构的尺寸

(b) 标底板上细节结构的尺寸

(c) 标大圆柱和附属小圆柱以及其中圆孔的尺寸

(d) 标两个肋板的尺寸

图 5-20　形体分析法标注尺寸

① 对物体进行形体分析。该物体的外形由底板、大圆柱、附属于大圆柱的小圆柱，以及夹在大圆柱和底板之间的两块肋板构成。孔槽包括大圆柱和小圆柱中的圆柱孔、底板上的一对圆底槽和底部的矩形槽。

② 确定物体的定位基准：上下方向尺寸的定位基准为底面平面；左右方向尺寸的定位基准为左右对称中心平面；前后方向尺寸的定位基准为物体的后端平面。

③ 标底板主要结构的尺寸。俯视图上的圆弧小于半圆，所以应该标半径。半径应标注在有圆视图上。

④ 标底板上的细节结构圆底槽和矩形槽的尺寸。因为俯视图是左右对称的，所以两侧

圆底槽的圆心要用对称尺寸定位。另外，有关同一形体的尺寸，应尽量集中标注在一个视图上，以便于读者读图。

⑤ 标大、小圆柱的定形、定位尺寸。同轴圆柱的直径，最好在非圆视图上嵌套地标注。小圆柱的高度用相贯尺寸来控制。

⑥ 标两个肋板的尺寸。后侧肋板近似梯形，它的上底有两个切点，下底与底板同长，高被确定于底板和大圆柱，所以只需要标转折点高度和板厚两个尺寸。矩形肋板的上边是与大圆柱的相贯线，高度也已经被确定，所以也只标了板宽和板厚。

第6章　表达方法

在此之前,我们要表达一个物体形状,都是用三视图这一种方法。实际上,机械零件的形状有的很简单,一两个视图就足以表明它的形状,有的零件很复杂,只用三视图无法表达清楚其形状结构。国家标准提供了许多不同的表达方法,包括:基本视图、向视图、局部视图、斜视图、剖视图、简化画法、局部放大图以及断面图等。这些表达方法被广泛应用于零件图和装配图,能更加简洁而清楚地表明物体的形状。

6.1　基本视图

在阐述三视图形成原理时,我们设想把物体置于一个三面投影体系之中。与之类似,现在我们想象把物体装进一个正方体盒子里,先让物体向正方体的六个面作正投影,得到六个视图,再把盒子按照规定的方法剪开、摊在一张平面上,就得到了该物体的六个基本视图(图6-1)。

图6-1　基本视图的形成过程

六个基本视图中，包含了我们熟悉的三视图：主视图、左视图和俯视图，新增了后视图、右视图和仰视图(图 6-2)。新增的视图可以让物体背面原先用虚线描绘的轮廓线，变成粗实线轮廓线，能更加清晰地表达物体的形状。

六个基本视图可以根据实际需要裁剪成子集使用，比如只用三视图，或只用主视图、右视图和仰视图等，但不可改变视图的相对位置。

因为我们习惯了画三视图，所以在画新增的三个视图时，很容易把投影方向弄错。我们仔细观察一下六个基本视图，可以发现它们在形状上呈现如下规律：相隔一个视图的两个视图，其外轮廓是镜像对称的。比如，左视图的外轮廓和右视图的外轮廓是左右镜像对称的；主视图与后视图也是左右镜像对称的；俯视图与仰视图则是上下镜像对称的。不仅是外轮廓，视图内部的线也是镜像对称的，只是线的虚实不定，需要具体分析。

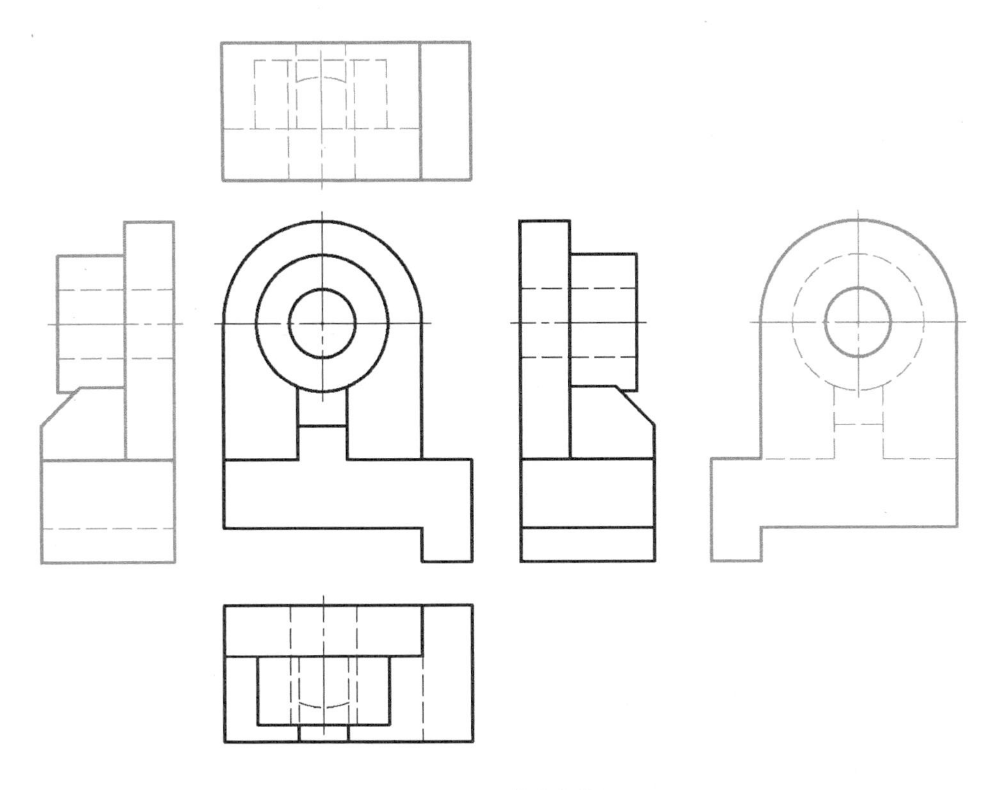

图 6-2　基本视图

6.2　向视图

基本视图每个视图的布局不能改变，这样六个视图就要占用三行四列的图纸空间，而六个视图最省空间的布局应该只要两行三列。另外，采用基本视图时不能不包含中间的视图，比如，不能只用主视图和后视图而不用左视图。为解决这些问题，国家标准提供了向视图表达方法。

向视图(图 6-3)是按照自定义的视线方向观察物体所得的视图。

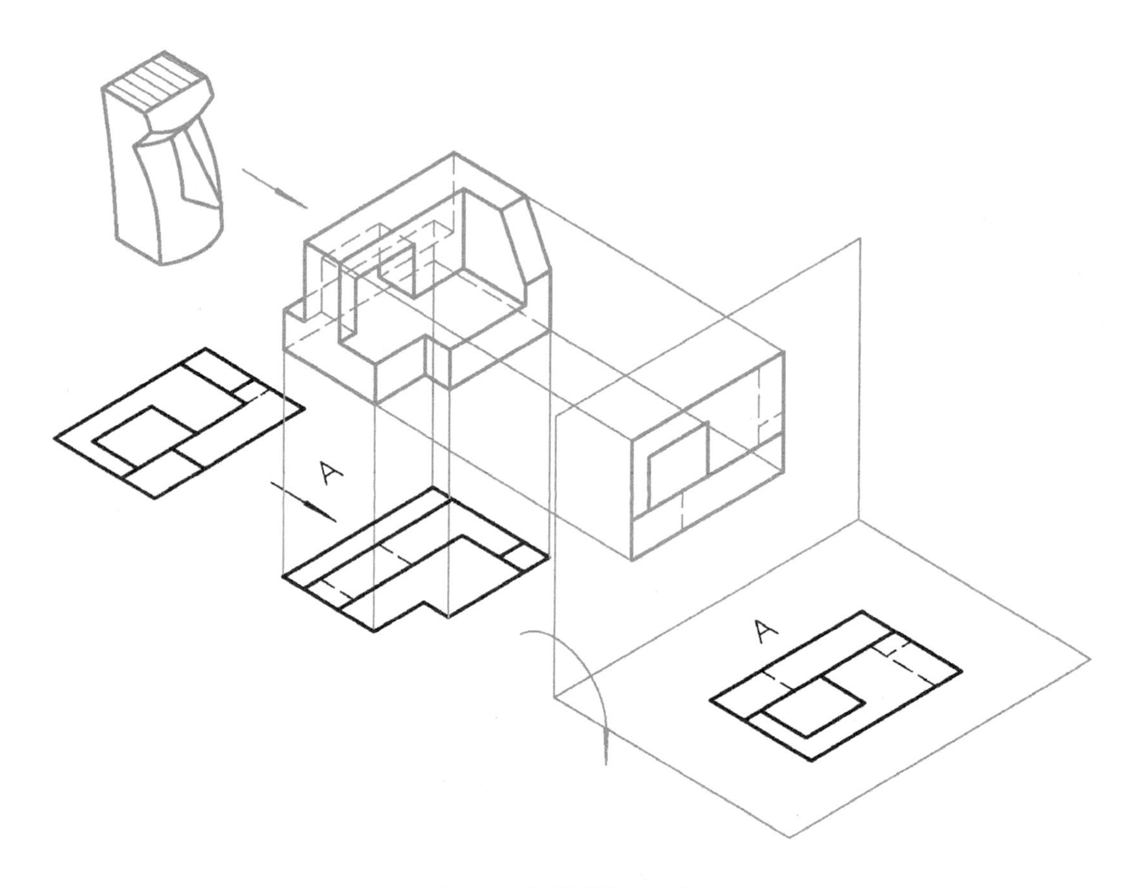

图 6-3　向视图的形成过程

向视图必须加以标注。标注包括看向视图的视线方向和向视图的图名。向视图的图名用一个大写的英文字母表示,标注在向视图的上方中间位置。向视图的视线方向用一个针对某视图的箭头表示,旁边写上向视图的图名。箭头和尺寸箭头的画法要求一样,要细长、实心。

因为具有图名,所以向视图可以布置在图纸的任何地方,不必与其他视图对齐。

仅凭一个视线方向是不能确定视图的。视线方向只规定了投影面的法线方向,视图还可以旋转。画向视图时,我们可以这样想象:将箭头所指的那个视图想象成立体,相对箭头在视图的另一侧放置一个投影面,然后沿着箭头方向向投影面作正投影得到视图,再把投影面按圆弧箭头方向放倒,这样得到的视图才是向视图(图 6-4)。

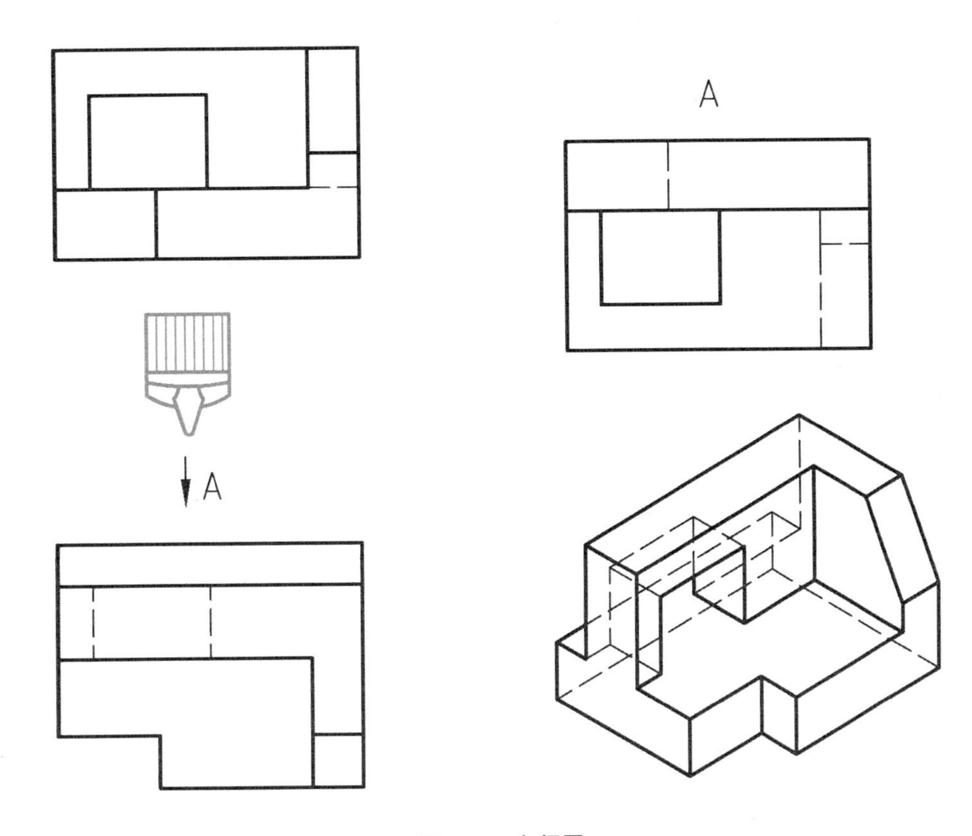

图 6－4　向视图

6.3　局部视图

当一个复杂物体的主体形状已经表达清楚，若为局部的凸台、凹坑等一些小结构再增加一个整个零件的视图，一方面浪费图纸空间，另一方面会使读图者抓不住重点。局部视图(图 6－5)正是用来解决这个问题的。

局部视图只画局部，不画完整的零件视图。

局部视图必须加以标注，标注的方法和向视图一样，要有针对局部的箭头和局部视图的图名。

局部视图的边界一般包含波浪线。波浪线是柔和弯曲的细线。我们假想局部视图所画的是从零件上敲下来的一个碎片，波浪线就是碎片周围的裂纹。如果零件上的凸台是拉伸立体，裂痕会被积聚的轮廓线重影覆盖住，局部视图的外轮廓就可以采用凸台的粗实线轮廓，而不必使用波浪线。

波浪线代表的裂纹只在物体的表面，不会延伸到空气里去。

局部视图专注于表达零件局部结构的形状，零件内部、背面的无关结构都不必画出来。

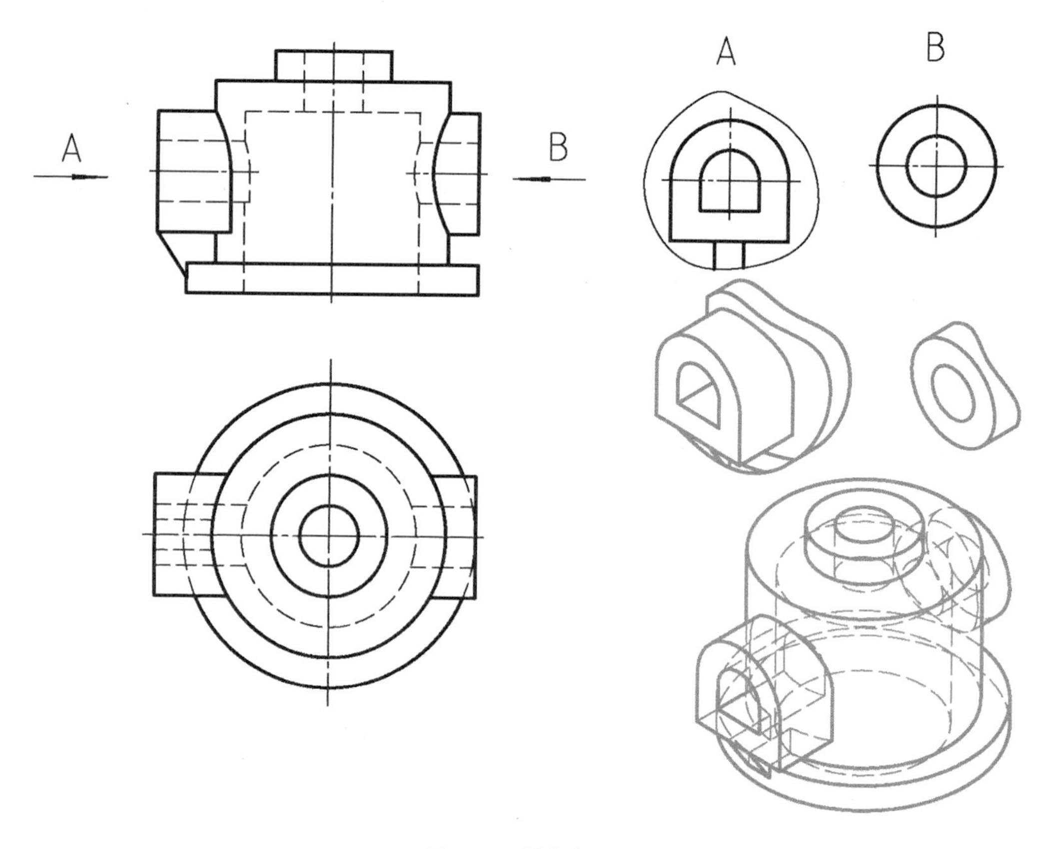

图 6-5 局部视图

6.4 斜视图

当物体上有倾斜结构,用基本视图不能清楚地表达其形状时,可以采用斜视图。

图 6-6 三视图中,物体倾斜部分的圆弧、圆都投影为椭圆弧、椭圆,读图时难以判断它的实际形状到底是圆还是椭圆。这个物体恰当的表达方法是:倾斜部分的形状用斜视图来表达,其他部分的视图去除倾斜部分,只画局部。

斜视图的标注和向视图、局部视图类似,要有针对倾斜部分的箭头和斜视图的图名(图 6-7)。若斜视图配置在其投影位置,则只需箭头,不需图名。

斜视图产生于一个不同于六个基本投影面的新的投影面,投影面垂直于箭头。投影面按箭头方向摊平,在图纸上是“斜”着的。

斜视图也可以转正了画。若要将斜视图按顺时针方向转正,则应在图名左边画顺时针的弯箭头;若要按逆时针方向转正,则应在图名右边画上逆时针的弯箭头(图 6-8)。

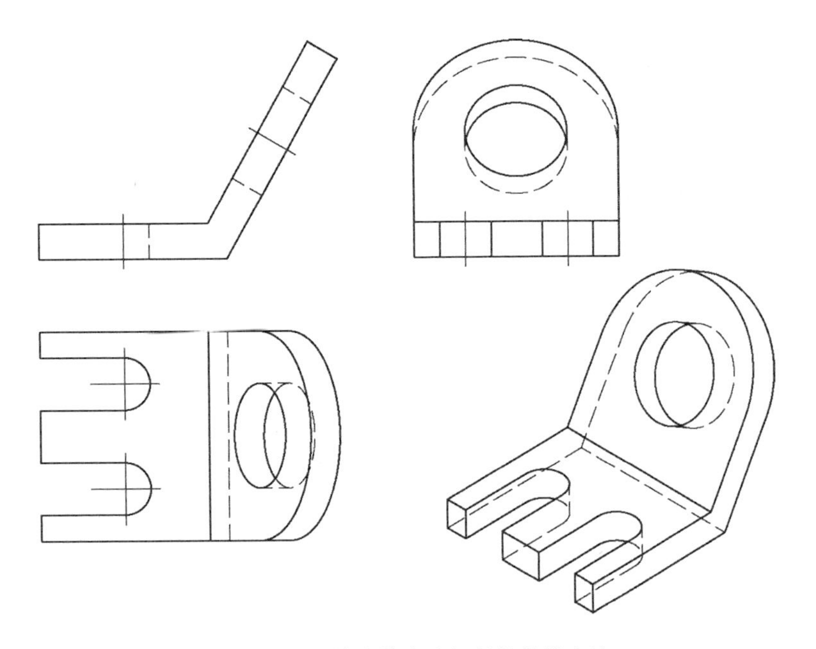

图 6－6　不恰当的表达倾斜结构的方法

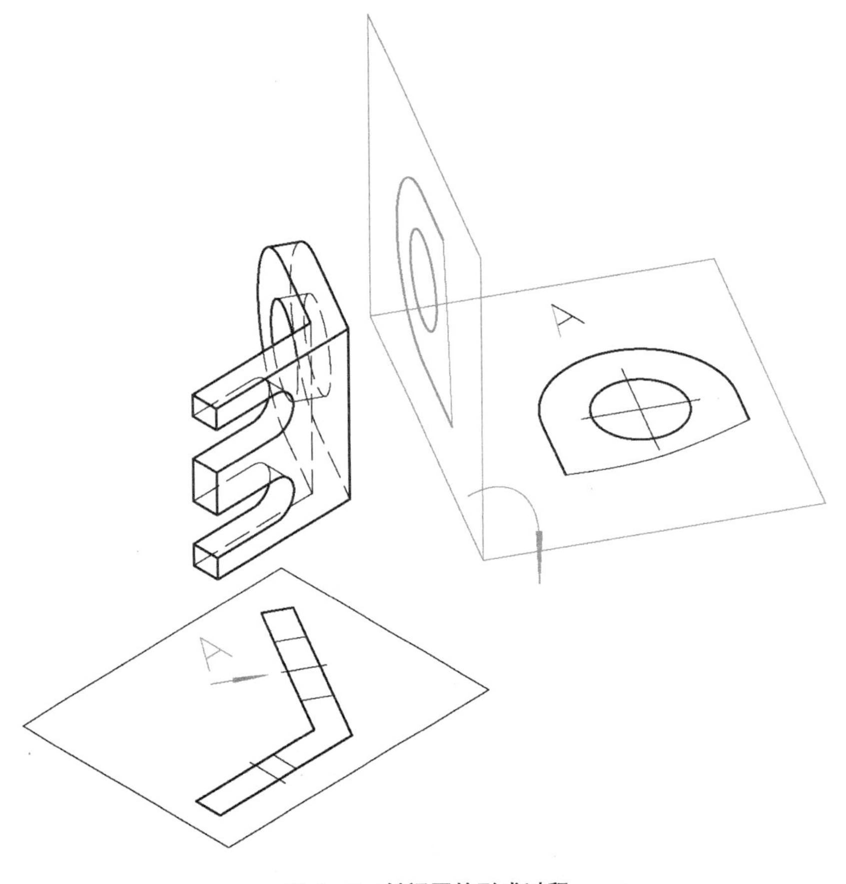

图 6－7　斜视图的形成过程

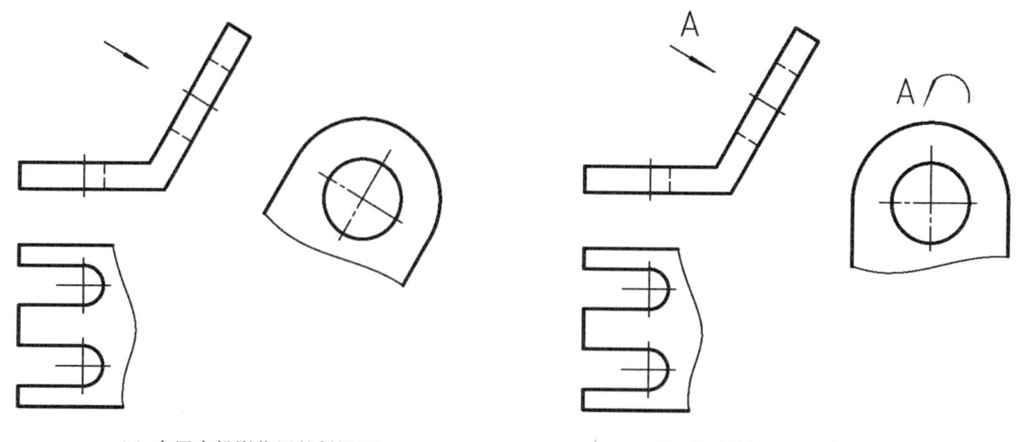

(a) 布置在投影位置的斜视图

(b) 逆时针转正了的斜视图

图 6-8 斜视图

6.5 剖视图

之前所介绍的表达方法中,物体内部和背向视线的轮廓线都是用虚线来描绘的。虚线是一种间断的线型,当物体的形状比较复杂时,各个层次的虚线交织、重影在一起,就难以读懂物体的形状了。剖视图(图 6-9)假想把物体剖切开来,这样就将物体某个层次上孔腔的

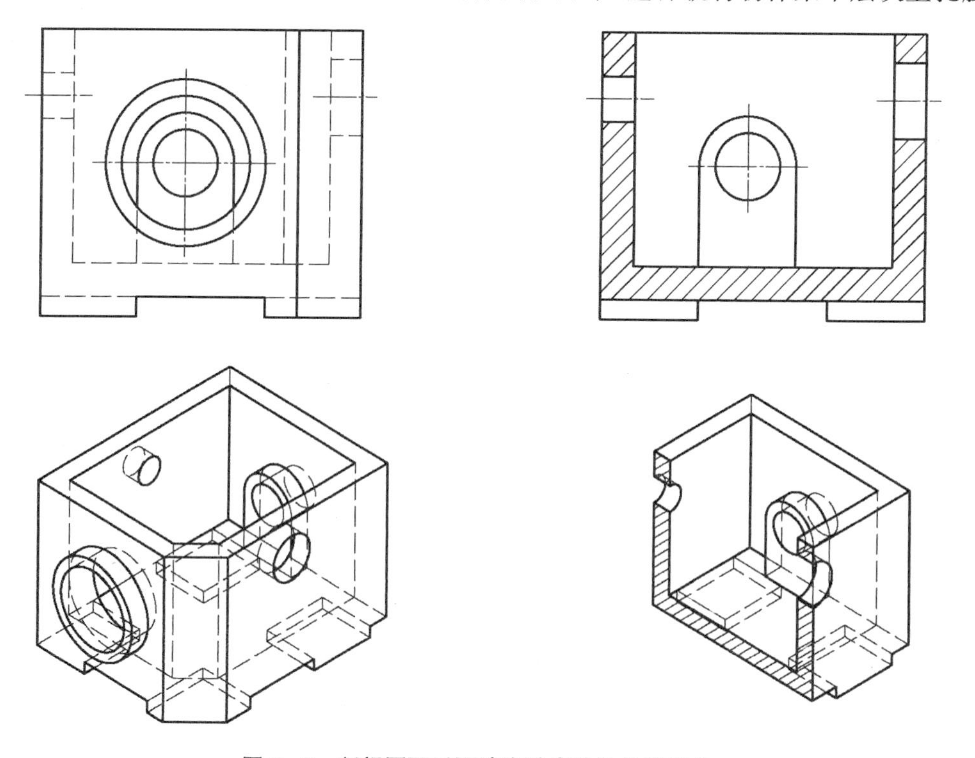

图 6-9 剖视图可以更清晰地表达物体的形状

轮廓线变为可见，可以用粗实线画出来，而物体外形上和别的层次上的不可见轮廓线全部不画出来，从而井井有条地表明复杂物体的形状结构。剖视图是零件图、装配图中最常用的表达方法。

总共有三种剖视图：全剖视图、半剖视图和局部剖视图，另外还有五种剖切方法：单一剖、旋转剖、阶梯剖、斜剖和复合剖。

6.5.1 全剖视图

为了看清物体的内部结构，假想用无限大的剖切平面，将物体完全剖切开来，然后抛弃观察者和剖切平面之间的部分，再将剩余部分投影在与剖切平面平行的投影面上，就形成了全剖视图(图 6－10)。

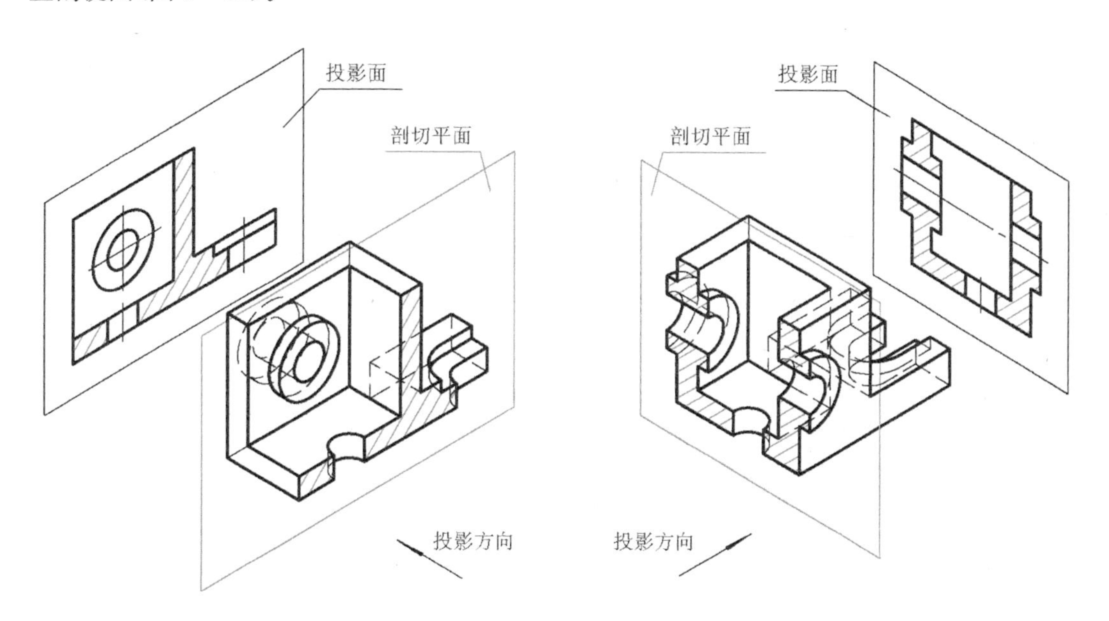

图 6－10 全剖视图的形成过程

物体实体与剖切平面接触的部分称为断面。在剖视图中，断面线框是粗实线，内部要画上剖面符号。机械零件常用的金属材料用平行斜线的剖面符号，以下简称剖面线。

剖面线的画法有如下要求(图 6－11)：

· 用细实线画。

· 相互平行，间隔均匀，间距适当。

· 倾斜角度一般要么是 45°，要么是 135°。只有在断面轮廓恰巧近似为 45°倾斜矩形的特殊情况下，才能采用 30°、60°等其他角度。

· 在整张图纸上，同一零件的各处断面的剖面线，倾角和间隔必须相同。相邻的不同零件的剖面线的倾角和间隔必须有明显区别。

完整的剖视图的标注包括剖切平面的位置、剖切后的投影方向和剖视图的图名(图 6－12)。

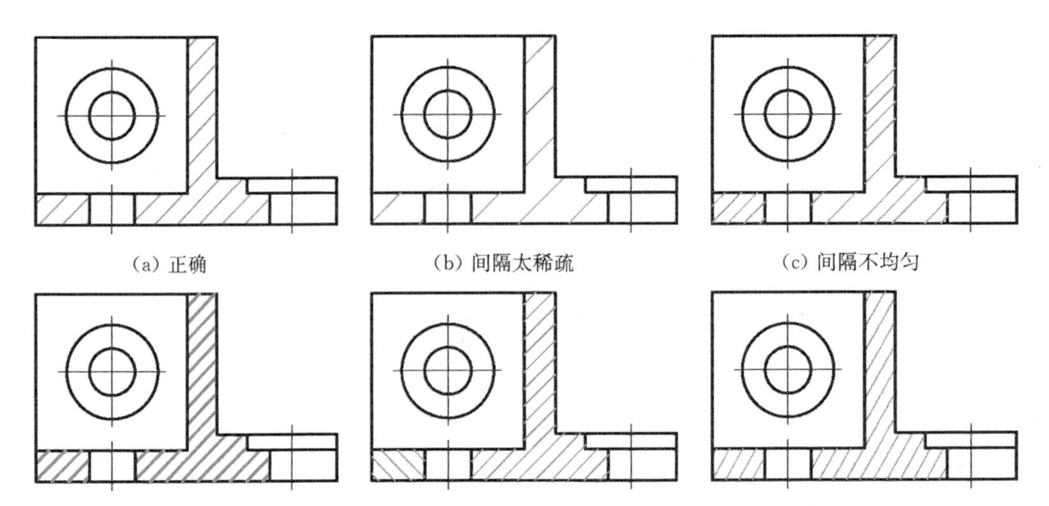

图6-11 剖面线画法的正误

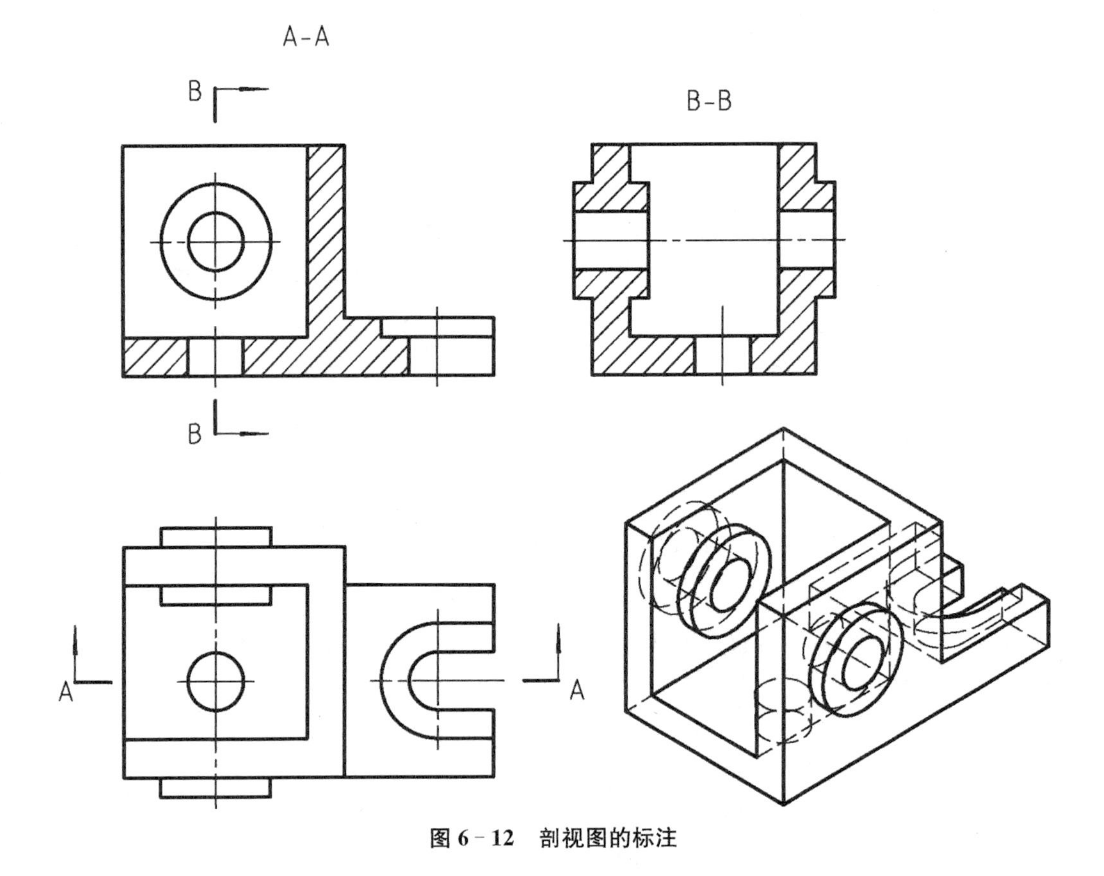

图6-12 剖视图的标注

·剖切平面的位置用位于同一直线上的一对粗短画表示。粗短画所在的直线，就是剖切平面的积聚线。粗短画的粗细不细于粗实线。

·投影方向是指剖切以后投影的方向，也是观察者的视线方向。观察者和剖切平面之间的实体将被移除，剖视图所画的是剩余实体。投影方向用箭头表示，和尺寸箭头一样用细实线画。箭头连接在粗短画的外侧末端。

·当零件上有多个剖切平面，或剖视图不配置在投影位置时，就需要为剖切平面命名，剖视图也因而有了图名。剖切平面的名字用大写英文字母表示，如“A”或“B”，写在相应粗短画的旁边。剖视图的图名如“A－A”或“B－B”，写在剖视图的上方中间位置。

以上剖视图的标注在一定条件下可以省略：

·当剖切平面不会被误读，剖视图处在投影位置，剖切投影方向和剖视图的投影方向一致时，可以省略剖切平面名、剖视图图名和剖切投影方向箭头，只留一对粗短画。

·当剖切平面的位置显而易见，比如剖切平面通过物体主要回转结构的轴线时，连粗短画都可以省略。

剖视的目的是展示沿着孔的轴向或空腔的纵深方向上孔腔的结构形状。对于圆柱孔，剖切平面应该通过孔的轴线(图6－13)。

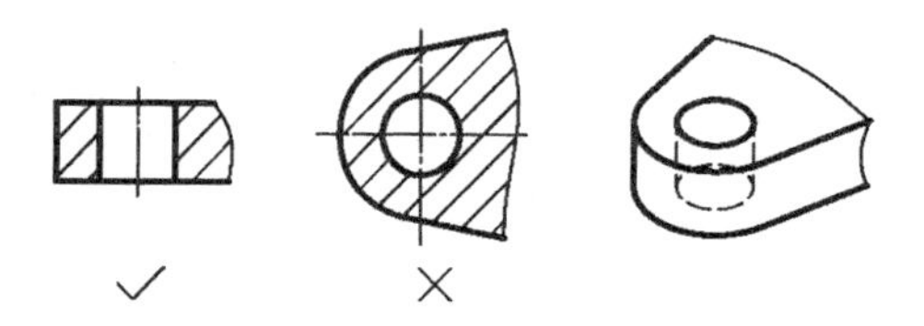

图6－13　剖视应该展示孔的轴向结构形状

零件上的每一种孔腔都至少要剖到一次。

采用剖视图表达清楚所有孔腔的形状以后，就没有必要画虚线了。不仅是采用剖视的视图，整张图纸上所有视图中的虚线都可以不画，这样视图更简洁(图6－12)。国家标准没有规定剖视图一定不能画虚线，但将没有必要画出来的虚线留在图纸上是错误的。

画剖视图分两个步骤：判断断面轮廓和决定除了断面轮廓其他图线的取舍。

可以先分形体判断剖切平面切出的断面，然后将相邻的断面融合为一个断面线框，因为所有断面都是一刀切出来的，平齐无交线(图6－14)。

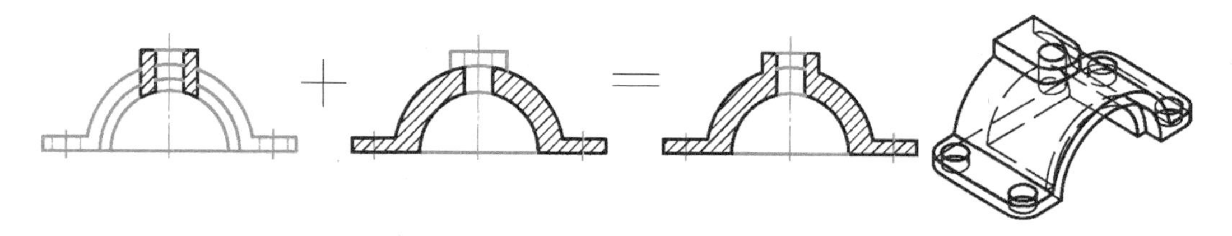

图6－14　分形体判断断面，然后融合相邻断面

剖视图上图线的取舍分以下几种情况：

·剖视图画的是剖切后剩余部分，所以观察者和剖切平面之间被舍弃部分的结构对应的图线应该从剖视图上去掉。

·剖开后，孔腔内壁上的交线成为可见轮廓线，应该用粗实线画出来。

·孔腔钻入实体的入口和钻出实体的出口时与物体表面的交线应该画出来。

·相邻断面之间的分隔线应该去掉。

图6－15展示了全剖视图的绘制过程。

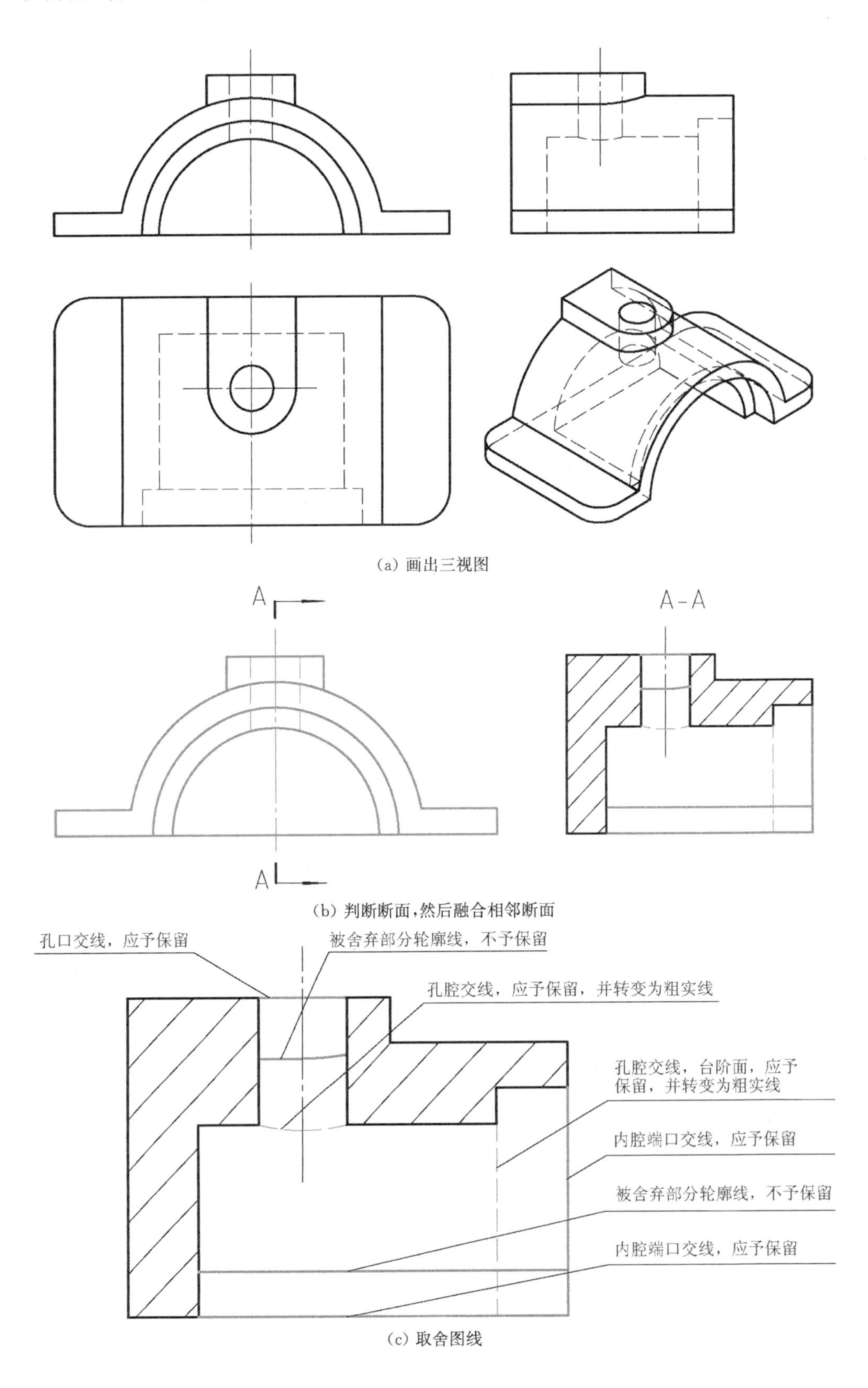

(a) 画出三视图

(b) 判断断面，然后融合相邻断面

(c) 取舍图线

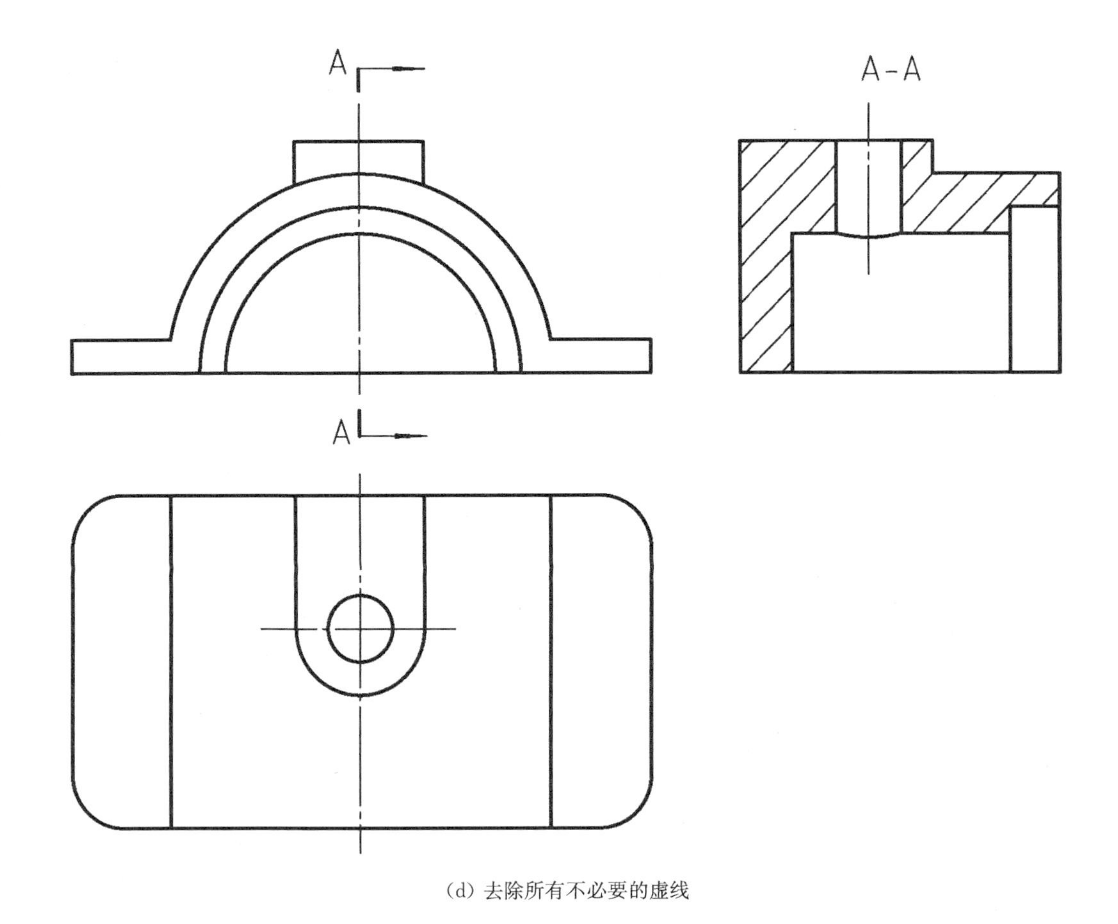

（d）去除所有不必要的虚线

图 6－15　全剖视图的绘制过程

6.5.2　半剖视图

全剖视图将所有外形轮廓线都舍弃不画。如果物体既有内腔要表达，又有外形要表达，就可以采用半剖视图（图 6－16）。

半剖视图由全剖视图的一半和去掉虚线的基本视图的一半拼接而成。

半剖视图的应用条件是物体必须对称。若物体左右对称，则可以左右两边一边剖而另一边不剖，以此类推。用于表示对称中心的点画线就是半剖视图剖与不剖两部分的分界线。在这个分界线上不能有粗实线，否则就不能采用半剖视图。

半剖视图的剖视标注和全剖视图一样（图 6－17）。

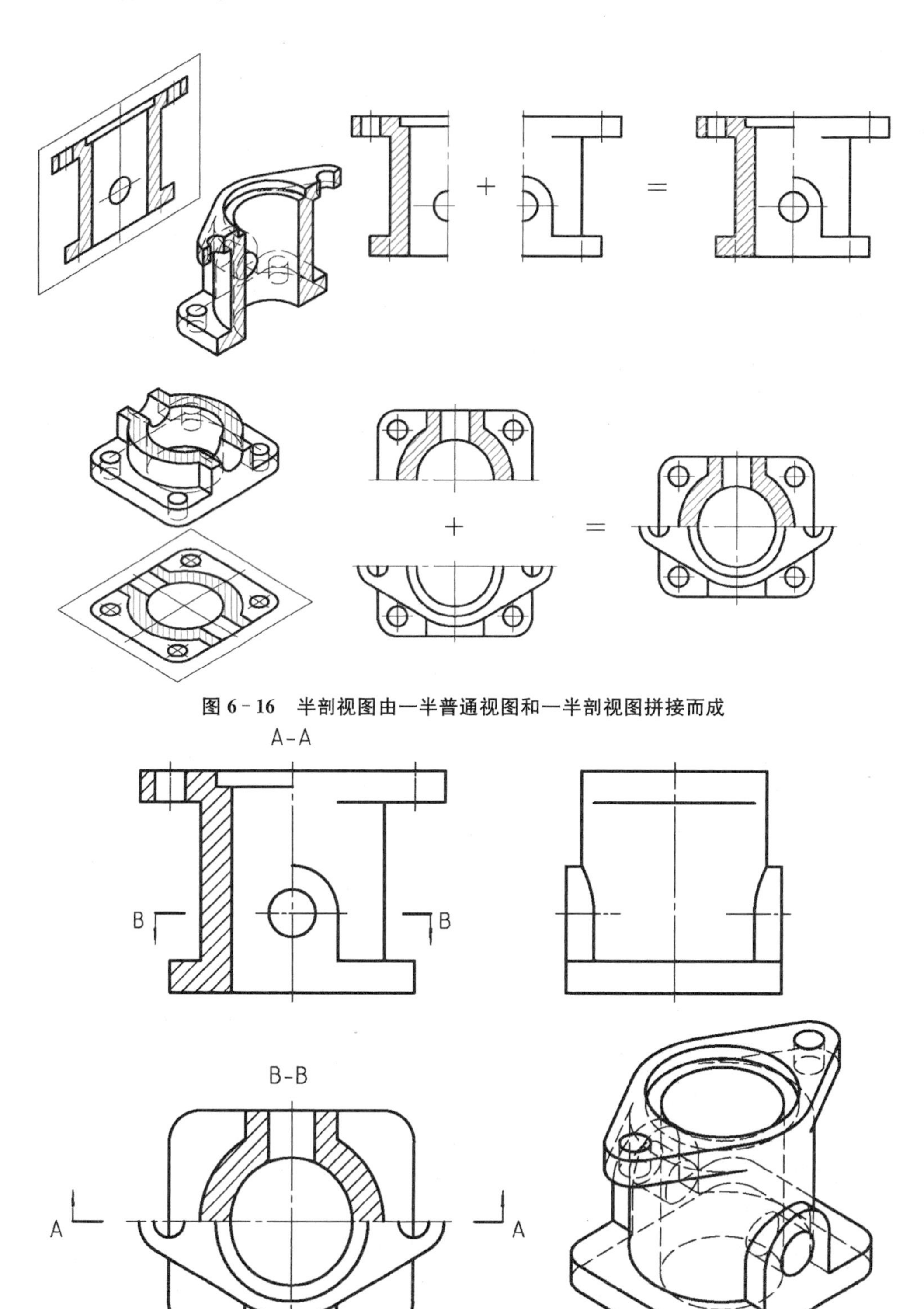

图 6-16 半剖视图由一半普通视图和一半剖视图拼接而成

图 6-17 半剖视图及其标注

6.5.3　局部剖视图

若物体既有内腔要表达，又有外形要表达，但是不对称，就只有采用局部剖视图了。

局部剖视图(图 6－18)假想将零件断面(剖切平面)之前的部分实体敲碎，这样既可以看清楚物体的内腔，又可以保留一部分外形结构。

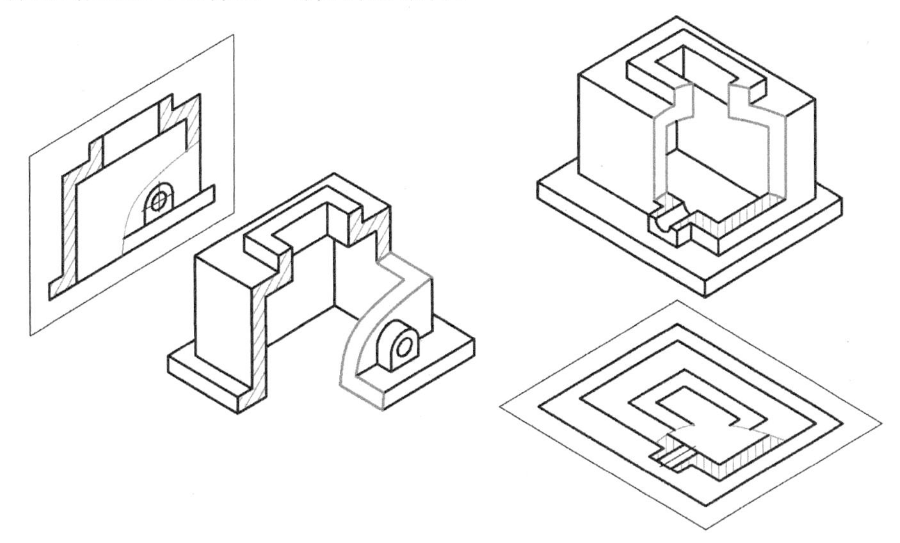

图 6－18　局部剖视图是敲碎断面之前的部分实体之后剩余实体的投影

破碎产生的“裂纹”用波浪线画。波浪线是细线，是柔和的曲线，没有尖点。波浪线不会延伸到空气中去。波浪线终止于实体的边界，如端面、孔口等。波浪线的位置可以自由确定，但要展现出物体孔腔全部纵深上的形状(图 6－19)。

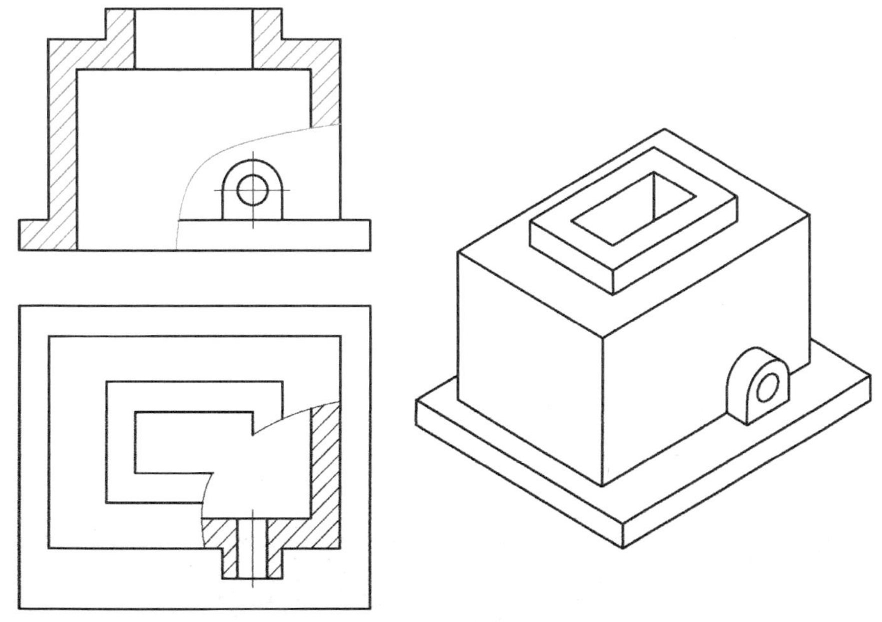

图 6－19　局部剖视图

局部剖视图的标注仍然和全剖视图一样。

局部剖视图还常用于灵活地表示一些零散分布的小孔的形状(图 6－20)。由于剖切位置显然,一般不需标注。

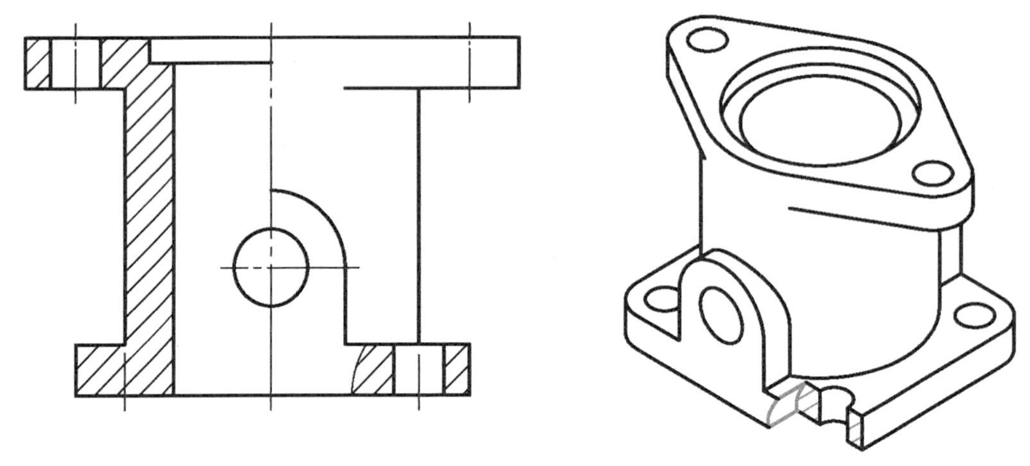

图 6－20　局部剖视图用于表示零散分布的小孔

6.5.4　旋转剖切方法

剖视图要求零件上的每一种孔都要剖到,若不同种类的孔没有排列在一条线上,就无法通过单一剖面在一个剖视图中集中展示各种孔的形状。旋转剖是一种将互成角度的两个剖切平面所剖出的断面,合二为一地画在同一个剖视图中的方法(图 6－21)。

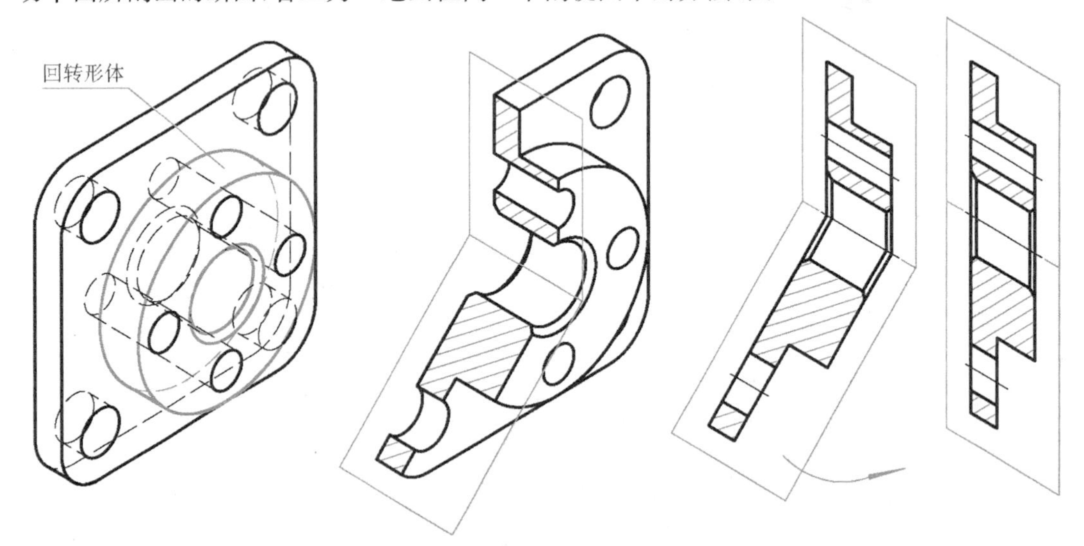

图 6－21　旋转剖切方法将倾斜的断面转正以后再投影

应用旋转剖的零件有一个前提条件,零件上要有一个回转形体,其回转轴线将作为两个剖切平面的交线。两个剖切平面剖出的断面,要假想绕轴线旋转至共面位置,然后再投影成一个剖视图(图 6－22)。

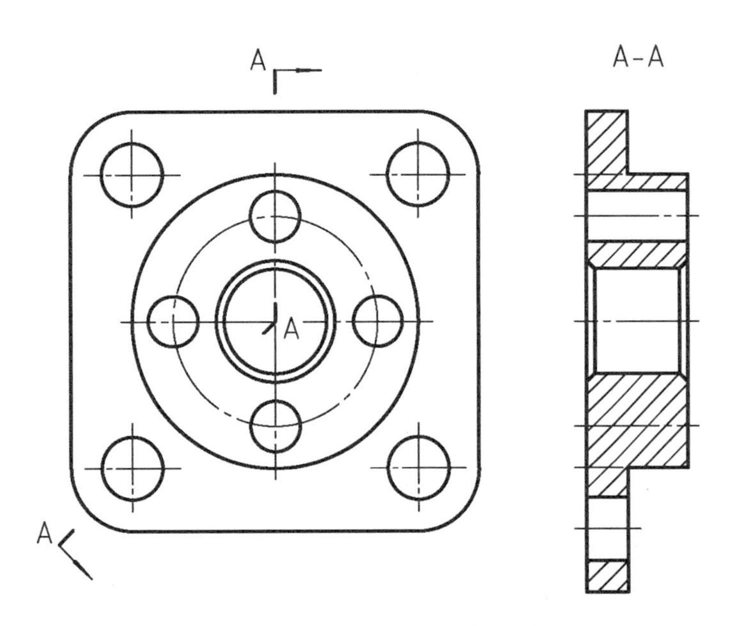

图6-22 采用旋转剖切方法的全剖视图

剖视图展示的是剖切后，剩余一部分零件的投影。旋转剖旋转的只是断面，零件其余部分的投影，如断面之后的凸台、孔的轴线等，仍画在原投影位置，不旋转。

旋转剖由两个剖切平面剖出，所以要标注两对粗短画。

6.5.5 阶梯剖切方法

零件上的孔有时分布在若干层次上，单一剖不能一次剖到，零件又不具备运用旋转剖的条件，这时可以采用阶梯剖(图6-23)。

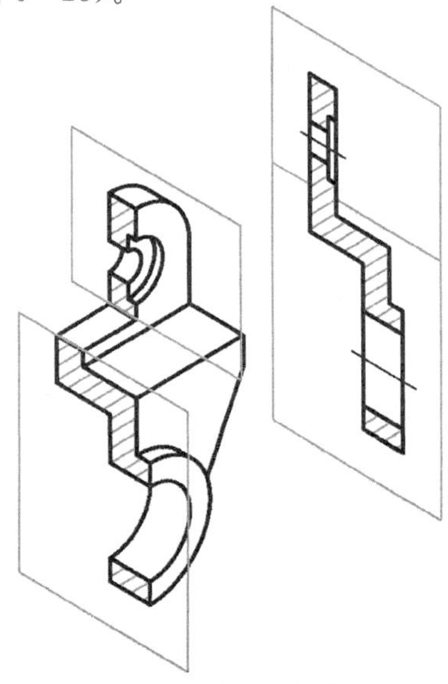

图6-23 阶梯剖切方法

采用阶梯剖方法形成的剖视图,其断面部分实际上是由若干相互平行的剖切平面剖得的断面合成的,但必须是“无缝合成”,即在剖视图上看不出来断面的切换位置。这就要求剖切平面的切换位置不要选在零件轮廓线位置,也要避免在过渡时产生断面的突变。

阶梯剖的每个转折都要标注粗短画,但过渡部分的一对粗短画不产生断面图线,仅仅表示转折方向(图6-24)。

阶梯剖的一个特殊应用方法,是可以将轴线重影的两个孔各剖一半。

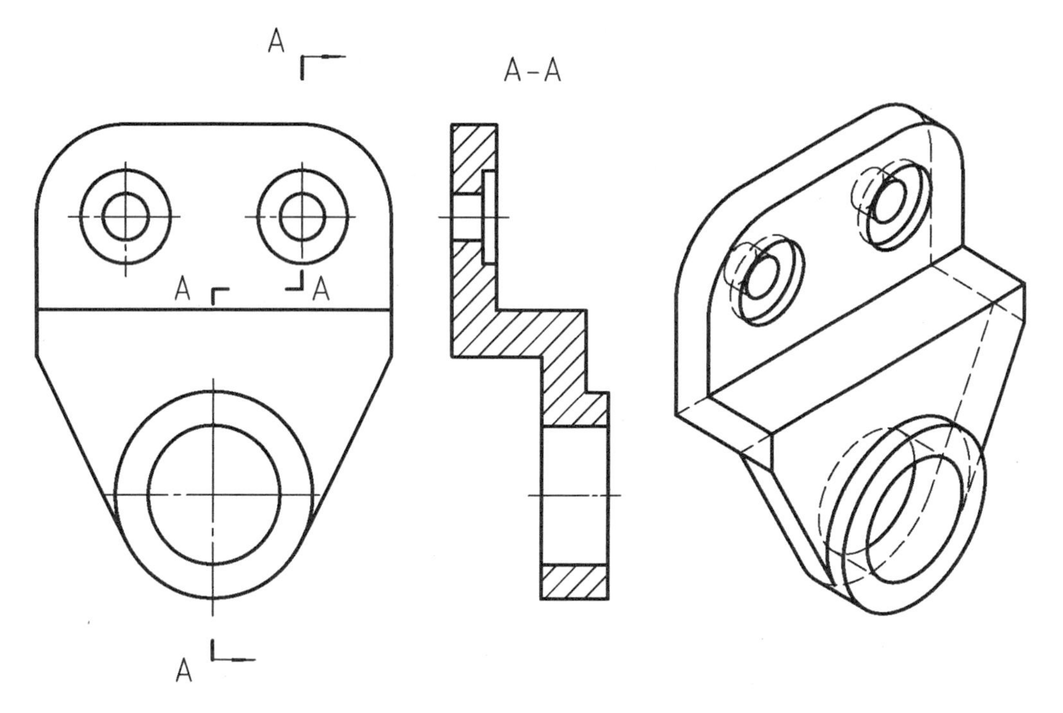

图 6-24 采用阶梯剖切方法的全剖视图

6.5.6 斜剖切方法

对于零件上倾斜的结构,为了避免圆投影成椭圆,应采用倾斜的剖切平面,并将得到的断面投影在倾斜的投影面上,然后转平于图纸平面,这就形成了采用斜剖切方法的剖视图(图 6-25)。

当斜剖视图布置在其投影位置时,可不加图名标法(图 6-26(a))。

当斜剖视图不布置在其投影位置时,要加图名(图 6-26(b))。

斜剖得到的剖视图也可以和斜视图一样,转正了画。这时要在剖视图的图名左侧加顺时针方向的弯箭头,或在剖视图的图名右侧加逆时针方向的弯箭头(图 6-26(c))。

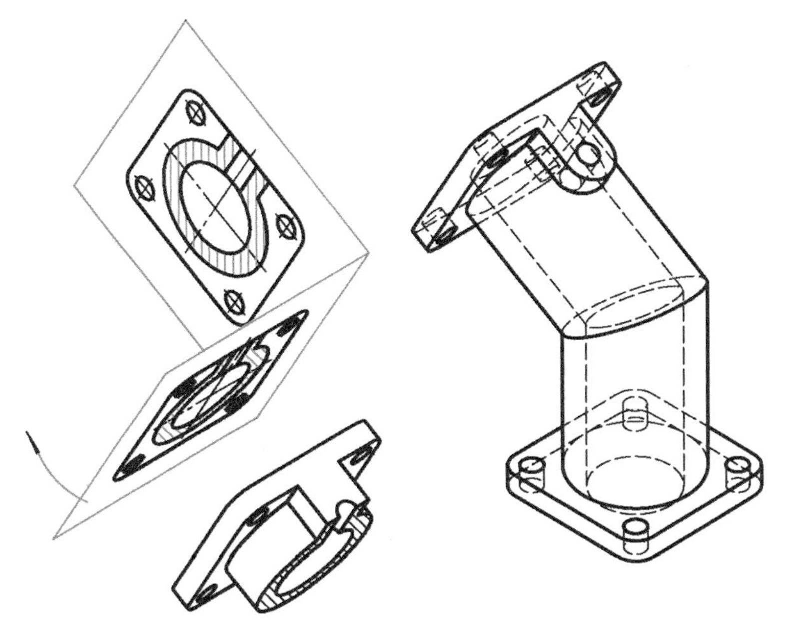

图6-25 斜剖切方法

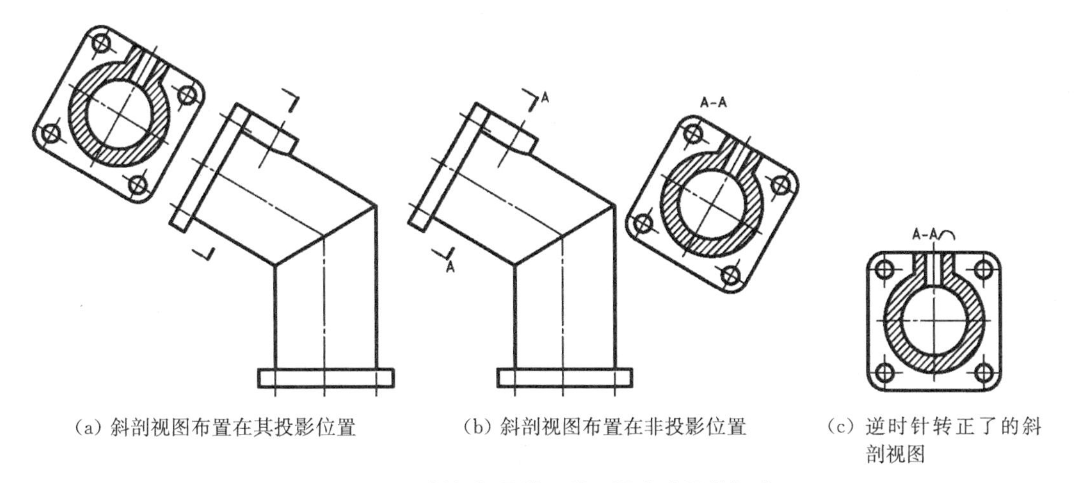

(a) 斜剖视图布置在其投影位置　(b) 斜剖视图布置在非投影位置　(c) 逆时针转正了的斜剖视图

图6-26 斜剖视图的三种配置方法及其标注

6.5.7 复合剖切方法

各种剖切方法混合使用，就是复合剖切方法(图6-27)。

复合剖可以在一个剖视图上展现尽可能多的零件内部结构。

图6-28展示了混合使用阶梯剖和旋转剖，在一张剖视图中表示零件上各种孔槽的结构。

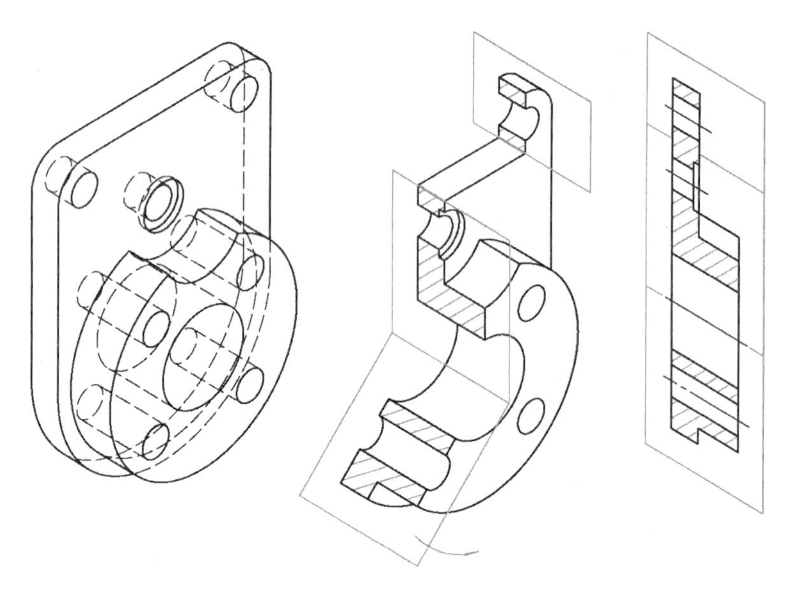

图 6-27　复合剖切方法

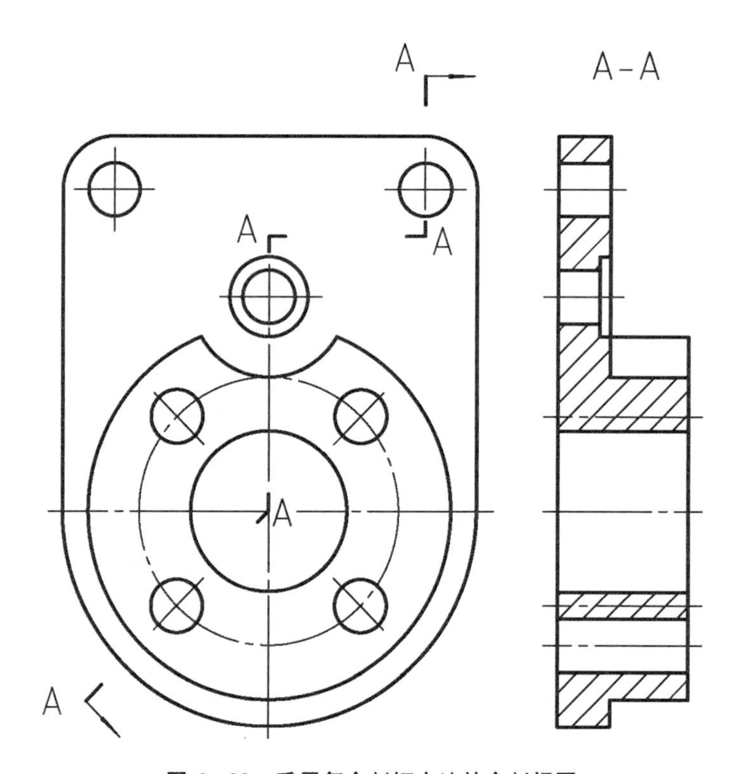

图 6-28　采用复合剖切方法的全剖视图

6.6 简化画法

为了使画图更简便、图面更简洁，国家标准给出了一些简化画法。这些简化画法中，有的是可简可不简的，有的是必须要按照规定的简化画法来画的。

可简可不简的简化画法包括：

• 对称的视图可以只画一半以节省图纸空间(图 6－29)。采用这种画法，要在对称中心点画线的两端用细实线画上像等号一样的符号。如果视图上下左右都对称，可以只画四分之一。

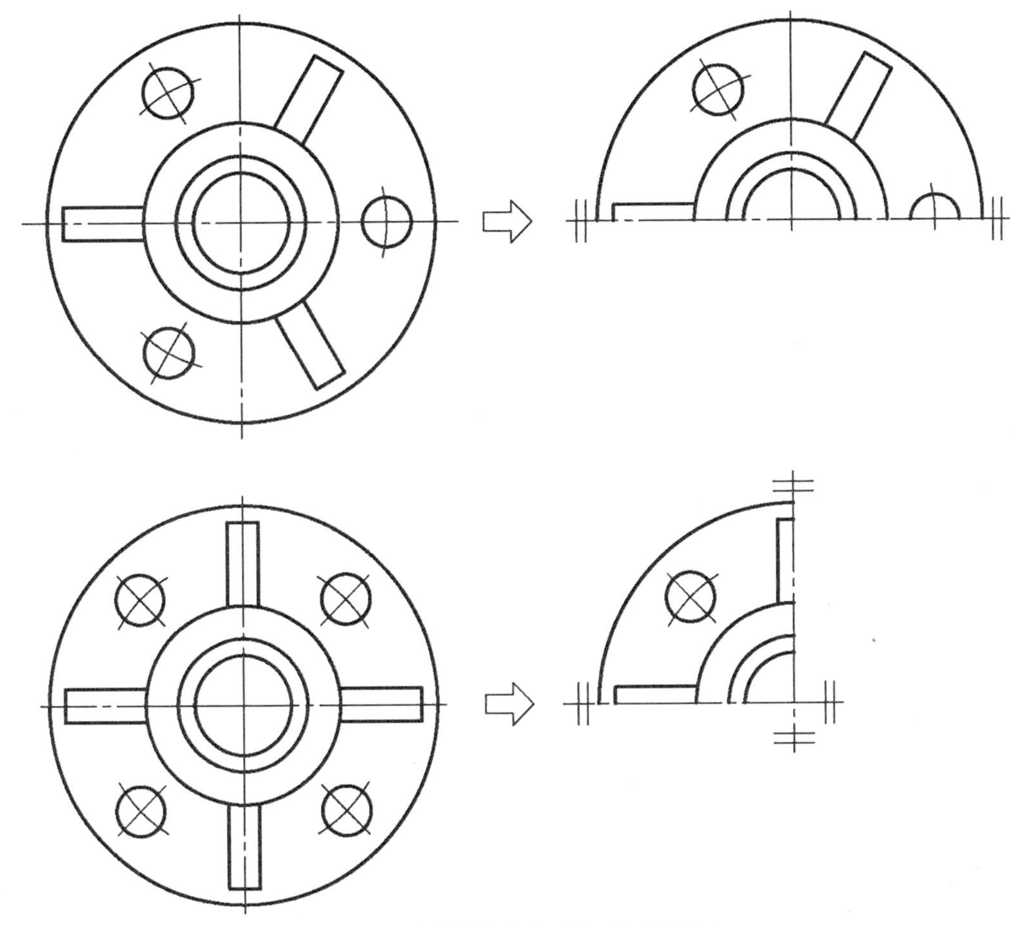

图 6－29　对称视图可以只画一半或四分之一

• 阵列分布的孔可以只详细画出其中一个，其余的只需用中心线(点画线)标明其位置即可(图 6－30)。

• 零件上循环重复的结构可以只画出几个完整的，标注总数，其余用细实线指明范围即可(图 6－31)。

• 可以用交叉细实线(平面符号)表示某个线框代表的表面实形是平面(图 6－32)。

· 较长且形状单调的零件可以采用断裂画法(图 6－33)。

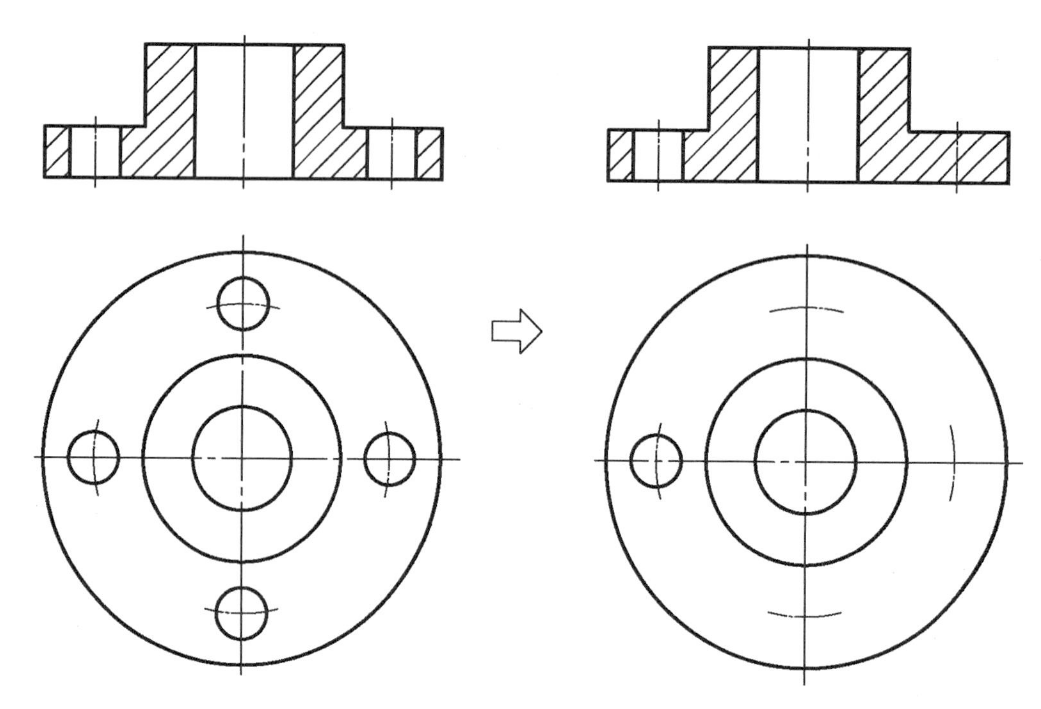

图 6－30　阵列分布的孔可以只详细画出其中一个,其余的用点画线标明中心即可

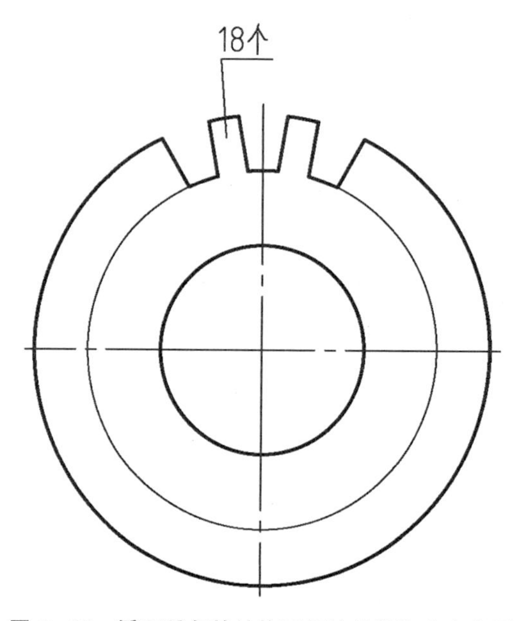

图 6－31　循环重复的结构可标注总数和分布范围

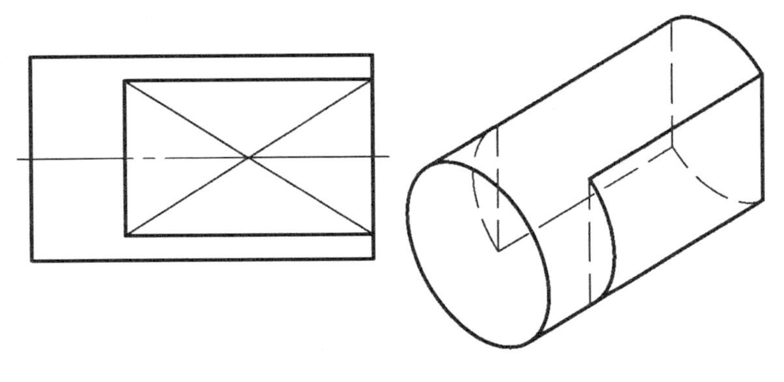

图6-32　平面符号

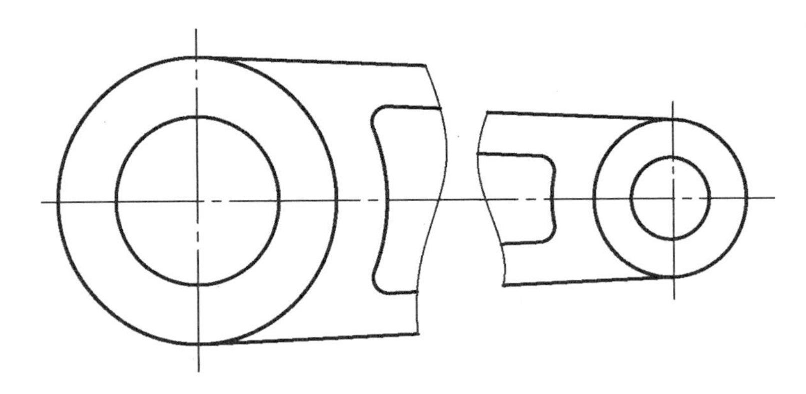

图6-33　较长且形状单调的零件可以采用断裂画法

必须要按照规定的简化画法画的包括：

·剖视图中，加强筋、肋板、轮辐等薄壁拉伸立体形体，在垂直于其拉伸方向剖切时，不画剖面线，并用粗实线勾勒轮廓（图6-34）。这是为了显示薄壁结构的轮廓。其他方向剖切薄壁形体时，照常画剖面线。

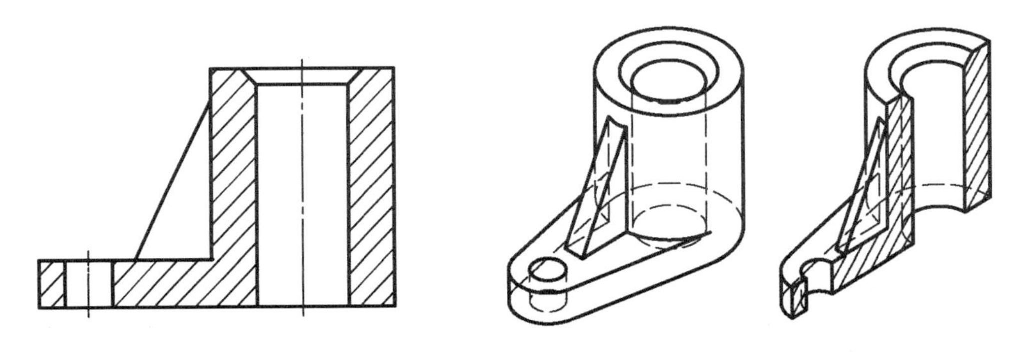

图6-34　垂直于拉伸方向剖切加强筋、肋板、轮辐等薄壁结构时不画剖面线

·剖视图中，圆周阵列均匀分布的结构，即使不在剖切平面上，也要假想转至剖切平面，然后在剖视图中画出来（图6-35）。

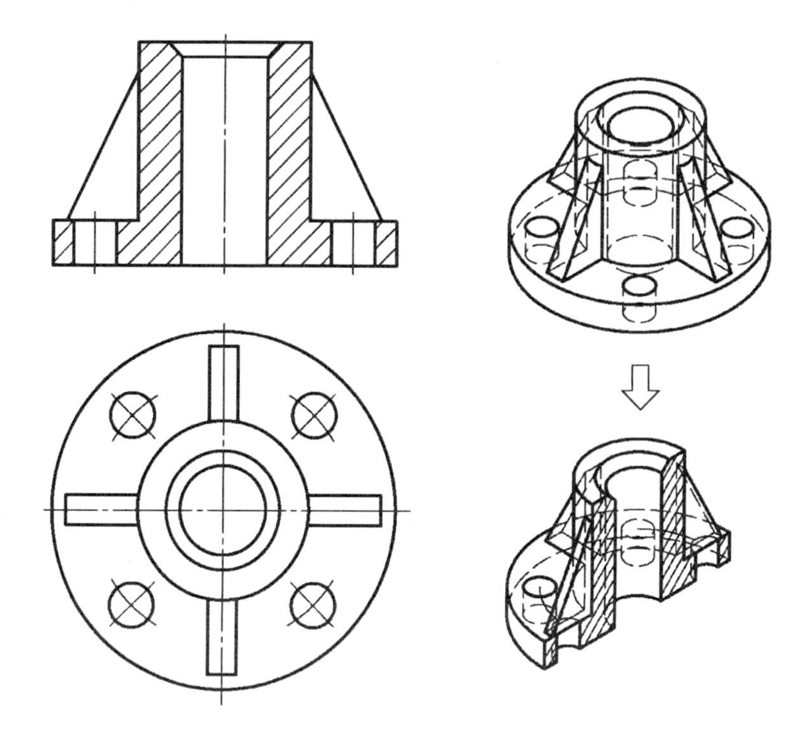

图 6－35　圆周均匀分布的结构要假想转至剖切平面上画出

6.7　局部放大图

零件上有时会存在一些相对零件总体尺寸而言的细小结构，在零件视图中无法清晰表示。用局部放大图(图 6－36)可以将细小结构放大画出来。

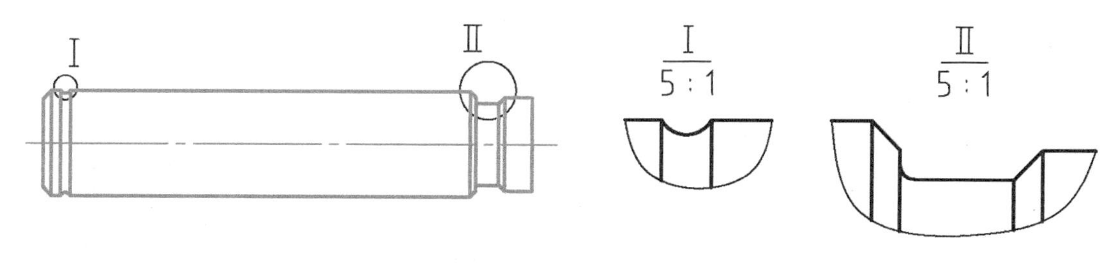

图 6－36　局部放大图

画局部放大图首先要用细实线圆标记出需要放大的部分，并在圆的旁边标注代号。局部放大图的代号一般用罗马数字Ⅰ、Ⅱ、Ⅲ等。

局部放大图的图名写成分数格式，横线上方写罗马数字代号，下方写比例。放大比例应从国家标准中选取，如 2∶1、5∶1、10∶1 等。

局部放大图和局部视图一样，要用波浪线表示实体断裂裂纹。

局部放大图中可以再采用局部剖视表达方法。

6.8 断面图

断面图(图 6-37)顾名思义就是只画断面(剖面线及其周围的线框),不画断面之后结构的投影。但在如下两种情况下,断面图上孔槽出入实体的端口交线要画出来:

· 孔或凹坑是回转体,比如圆柱孔、圆锥凹坑,而不是像键槽那样的非回转体。这时断面图上要把孔口轮廓线画出来。

· 孔或槽是贯穿实体的通孔、通槽。如果不画孔口交线,断面图就会分离成几块。

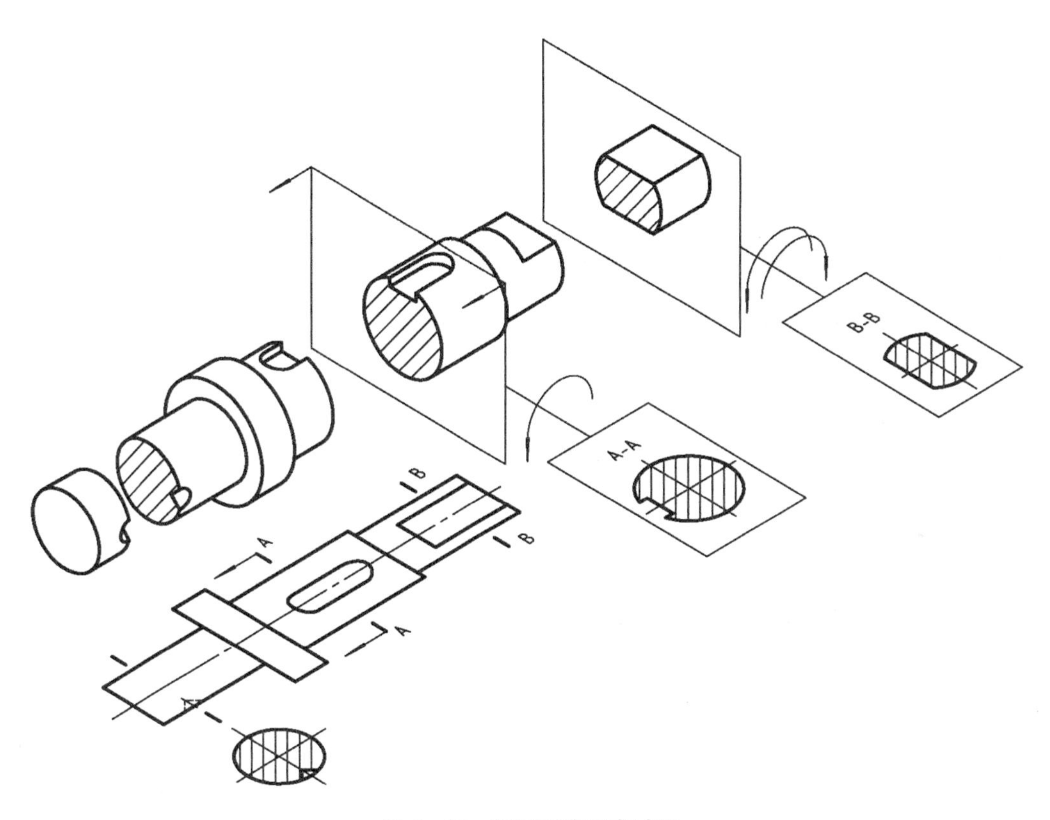

图 6-37 断面图的形成过程

并不是任何零件都可以采用断面图。断面图只用在以下两种场合:

· 表示轴类零件垂直于轴线的横断面(图 6-38)。

· 表示加强筋、肋板、轮辐、型材、吊钩等薄壁或细长零件的横断面(图 6-39)。

断面图的投影位置和剖视图不同,应优先布置在剖切位置的旁边,就地转平,而不是像基本视图那样布置。若不能布置在剖切位置,就要给断面图命名。

断面图的剖切标注和剖视图类似,粗短画表示剖切平面的位置,箭头表示剖切后投影的方向。只有当断面不对称时,才需要标投影方向箭头。断面图还可以用迹线(点画线)表示剖切平面。

断面图有两种:移出断面和重合断面。重合断面布置在视图的内部,轮廓线全用细实线画。

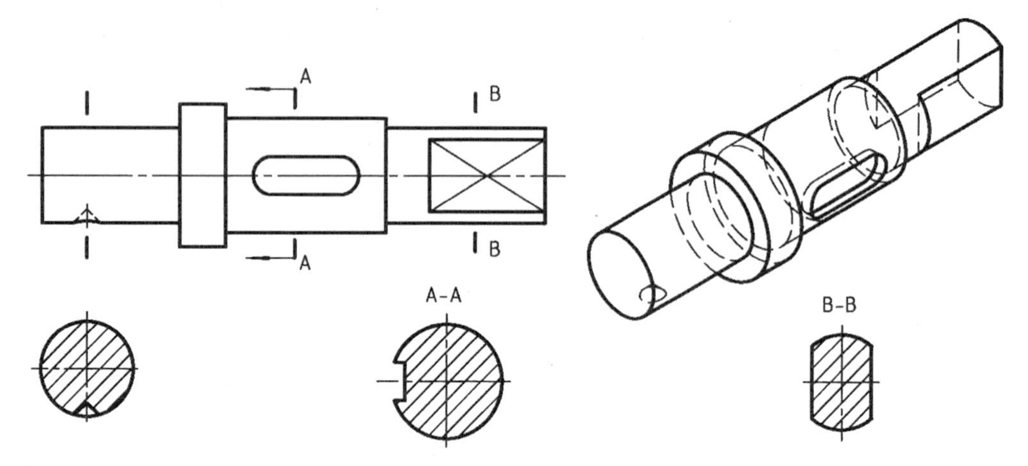

圆锥凹坑，画出孔口线；
布置在投影位置，没有图名；
断面对称，不标投影方向

非回转体不通槽，不画孔口线；
有图名，可以不布置在投影位置；
断面不对称，要标投影方向

非回转体非通断挖切，不画孔口线；
有图名，可以不布置在投影位置；
断面对称，不标投影方向

图 6－38　断面图在轴类零件上的应用

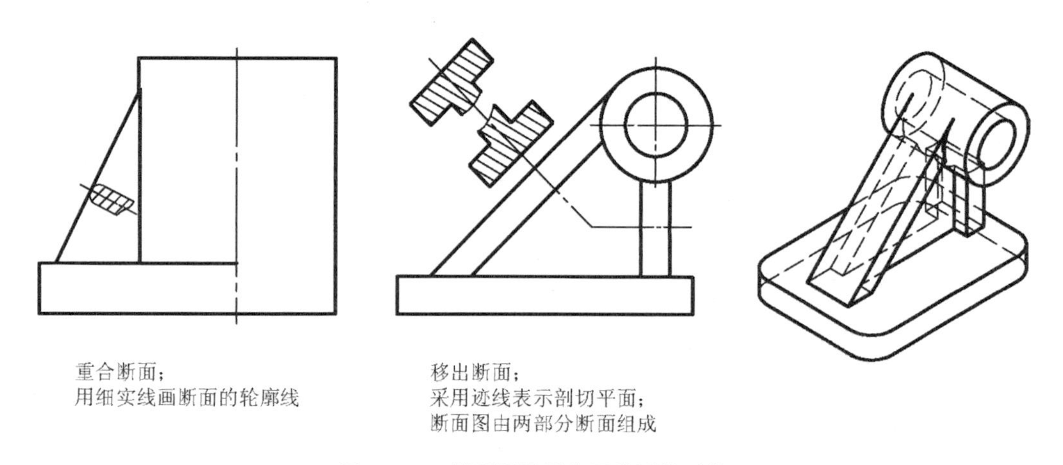

重合断面；
用细实线画断面的轮廓线

移出断面；
采用迹线表示剖切平面；
断面图由两部分断面组成

图 6－39　断面图用于表示肋板的形状

第 7 章　零件图与装配图

机械产品的设计流程是先画装配图，再根据装配图设计零件图(图 7－1)。装配图和零件图既要符合国家标准，又要符合机械设计和制造的常识。

设计装配图(图 7－2)时要考虑:零件的布局，零件之间的联接传动方式、零件之间的配

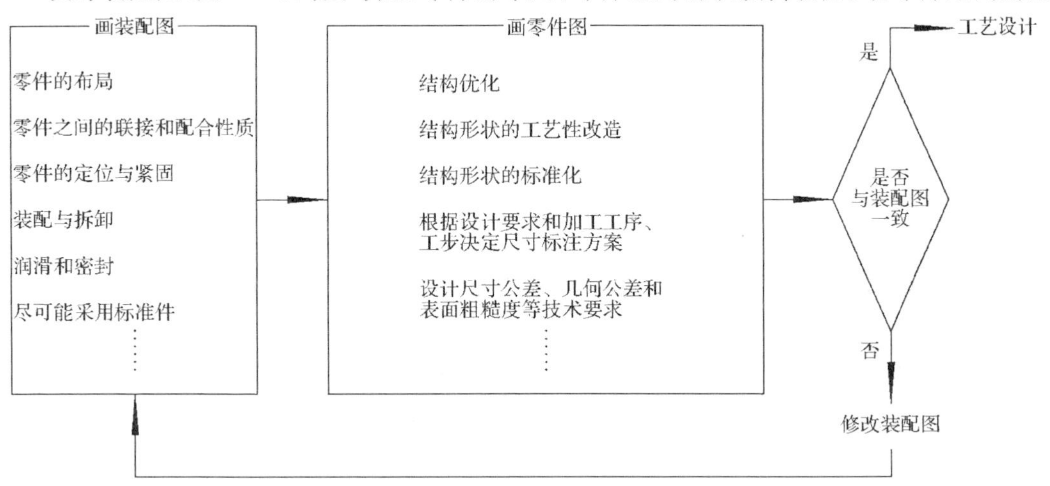

图 7－1　机械产品的设计流程

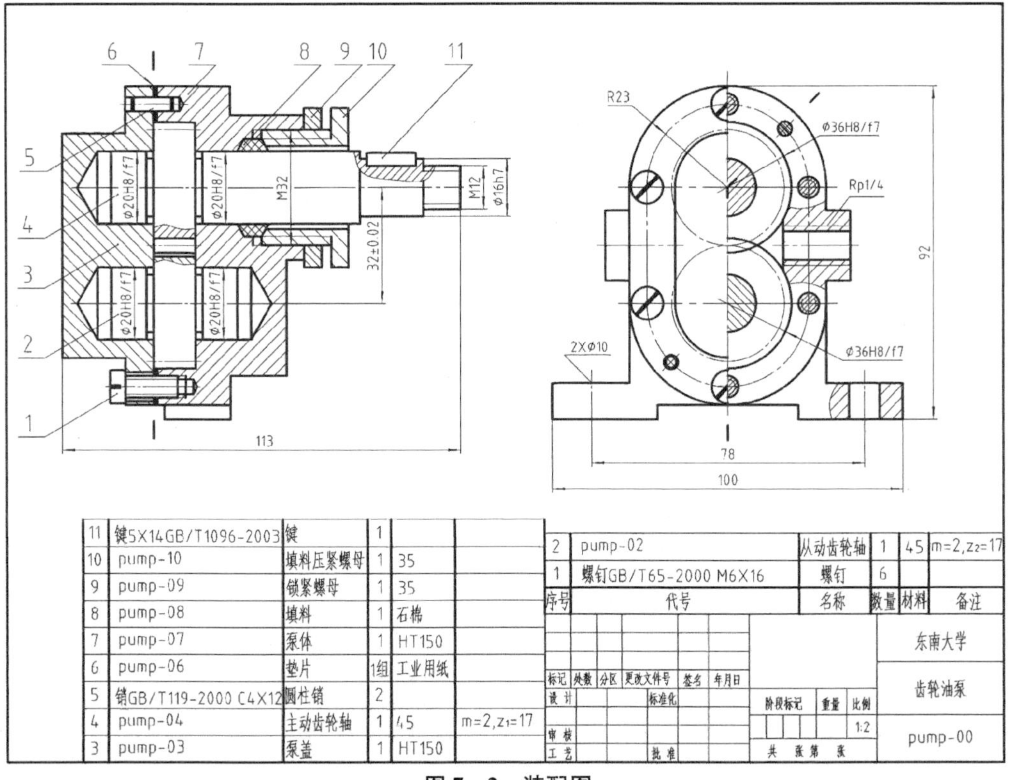

序号	代号	名称	数量	材料	备注
11	键5X14GB/T1096-2003	键	1		
10	pump-10	填料压紧螺母	1	35	
9	pump-09	锁紧螺母	1	35	
8	pump-08	填料	1	石棉	
7	pump-07	泵体	1	HT150	
6	pump-06	垫片	1组	工业用纸	
5	销GB/T119-2000 C4X12	圆柱销	2		
4	pump-04	主动齿轮轴	1	45	$m=2, z_1=17$
3	pump-03	泵盖	1	HT150	
2	pump-02	从动齿轮轴	1	45	$m=2, z_2=17$
1	螺钉GB/T65-2000 M6X16	螺钉	6		

图 7－2　装配图

合公差,零件装配时的定位与紧固,零部件的装配与拆卸顺序,机器的润滑和密封,以及尽可能减少零部件的数量、多采用标准零部件等设计原则。

设计零件图(图7-3)时,除了材料特性和强度、刚度以外还要考虑:零件形状结构的工艺性,尺寸要按照加工工序、工步标注,尺寸公差、几何公差和表面粗糙度等技术要求的合理制订,结构形状的标准化,以及制造成本最低、轻量化等设计目标。

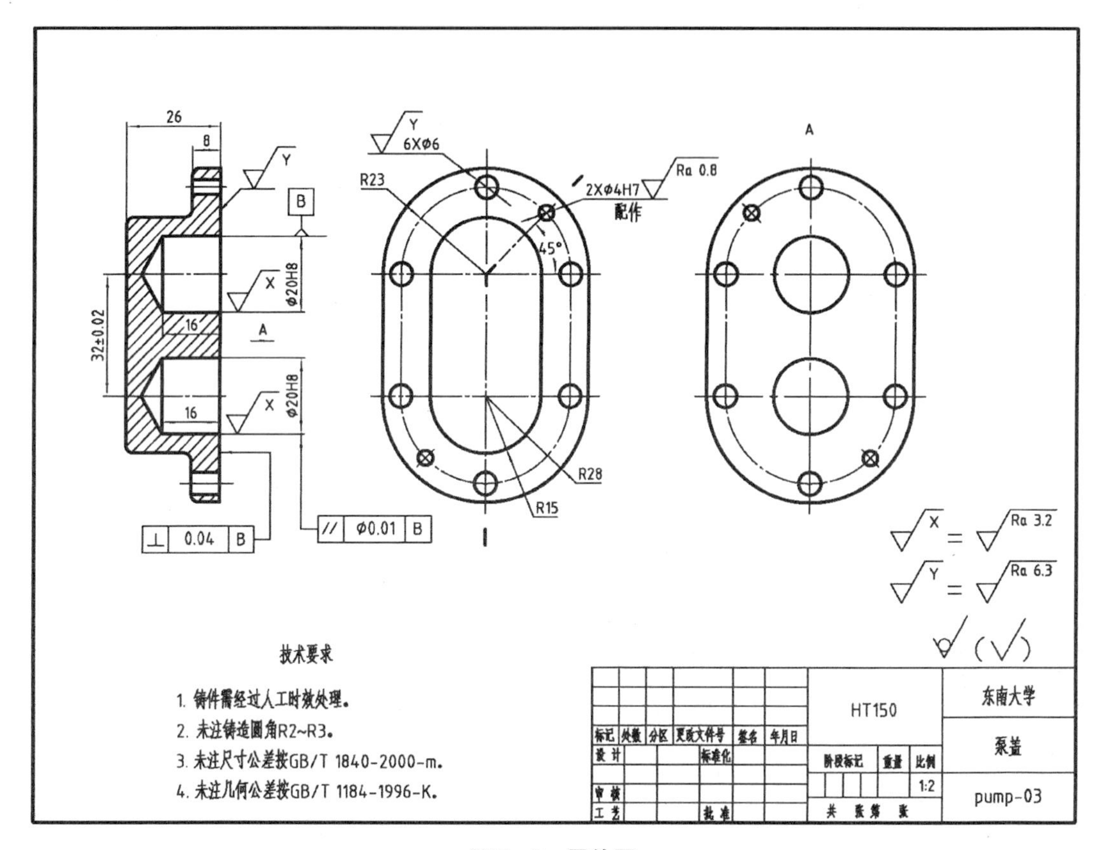

图7-3 零件图

7.1 零件图的绘制规范

组成机器的零部件中,螺栓、轴承、键、销等标准件由专门工厂制造,凭型号和规格参数到市场上去购买就可以了,其他的零件,比如:轴、齿轮、支架、箱体等,都要先画零件图,再进行制造。

零件图的作用是指导零件制造,特点就是"细":细致入微地用图形表达出零件上所有的细节,并为每一个结构设定尺寸和技术要求。

7.1.1 机械零件常用材料

零件所用的材料要记载在标题栏中。零件的材料影响其加工方法，进而影响其技术要求的设计。不同材料的零件加工工艺不同，其结构特点也各有不同。

机械零件常用的材料包括金属和非金属两大类。金属包括黑色金属（钢铁）和有色金属。钢铁中又包括灰铸铁、球墨铸铁、可锻铸铁、耐磨铸铁、铸钢、碳素结构钢、优质碳素结构钢、合金结构钢、工具钢、弹簧钢、不锈钢等。

金属材料常以型材形式作为零件的原材料。型钢包括圆钢、方钢、六角钢、八角钢、扁钢、键用型钢、角钢、槽钢、工字钢、钢轨、钢板、钢带、钢管、钢丝等。

表7-1 机械零件常用钢铁材料

类别	说明及性能特点	牌号	用途
灰铸铁	牌号中数字代表抗拉强度； 铸造适于制造形状复杂的零件； 组织中的片状石墨使其具有良好的减振性	HT150	端盖、管道、手轮等
		HT200	支架、机床床身、底座平台等
		HT250	箱体、气缸、齿轮、凸轮等
球墨铸铁	牌号中数字代表抗拉强度和伸长率； 铸造适于制造形状复杂的零件； 组织中的球状石墨使其既具有减振性又具有较高强度	QT400-18	齿轮等
		QT600-3	柴油发动机曲轴、凸轮轴等
铸钢	牌号中数字代表屈服强度和抗拉强度； 铸造适于制造形状复杂的零件； 各向同性； 成本较低	ZG200-400	箱壳等
		ZG230-450	用于焊接的平板等
		ZG340-640	重型机械中的齿轮、联轴器等
碳素结构钢	牌号中的数字代表屈服强度； 成本低； 可以不进行热处理	Q235	螺纹紧固件等
低合金高强度结构钢		Q345	建筑结构件等
优质碳素结构钢	牌号中的数字代表含碳量； F表示属于沸腾钢； 低碳钢韧性好； 高碳钢硬度高	08F	冲压件等
		20	杠杆等
		45	轴、齿轮等
合金结构钢	牌号中最前面的数字代表含碳量； 经热处理后，表面硬度高、心部强韧	20CrMnMo	齿轮、曲轴等
不锈钢	不易生锈	1Cr18Ni9Ti	可用于化工或食品机械

7.1.2 常用的金属零件机械切削加工方法

加工方法影响零件的形状设计和技术要求的设定,是设计零件时必须考虑的因素。除了铸造和锻造以外,常用的金属零件加工方法都是切削加工,在机床上用刀具切除工件表面的材料。

1. 车削

车削(图 7-4)是加工轴类零件的主要方法。加工时,轴的轴线水平固定在车床上,可以一端用三爪卡盘夹紧,另一端用尾架上的顶尖顶住轴上的中心孔,也可以两端都用顶尖顶住轴上的中心孔。然后,车床带动轴高速旋转,工人操纵刀架,一面进刀,一面沿着轴向进给,就能切削掉轴上一层回转体表面了。

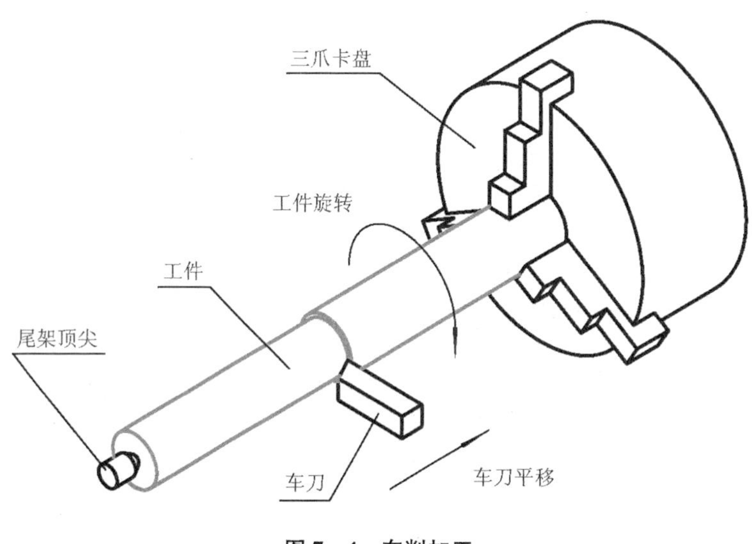

图 7-4 车削加工

2. 铣削

铣削(图 7-5)是平面和沟槽的高效加工方法。铣削时,铣刀高速旋转,并做进给移动,工件一般固定在工作台上。铣刀的基本形式分为盘铣刀和立铣刀,分别是用铣刀圆柱的端面或圆柱面上的刀刃来切削金属。

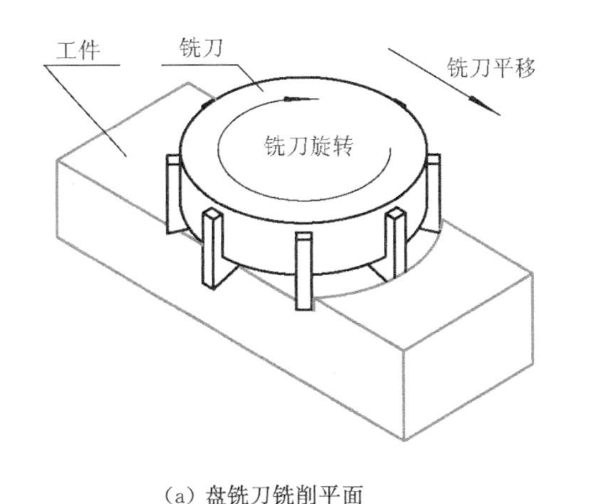

(a) 盘铣刀铣削平面

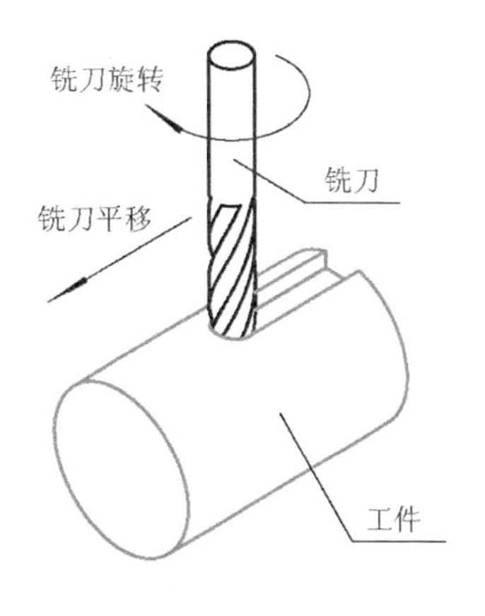

(b) 立铣刀铣面

图 7-5　铣削加工

3. 磨削

磨削(图 7-6)用砂轮作工具,是一种精加工方法,用于获得高精度的尺寸和低粗糙度的表面。磨削可以加工平面和回转面。

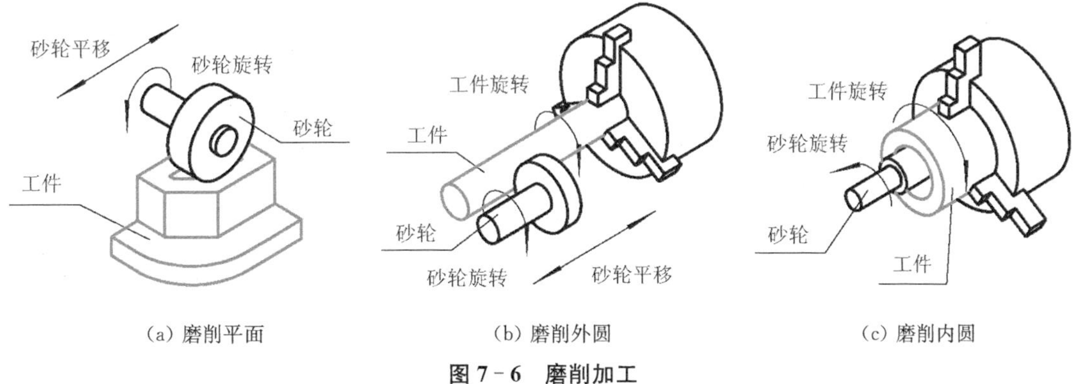

(a) 磨削平面　(b) 磨削外圆　(c) 磨削内圆

图 7-6　磨削加工

4. 钻削

钻削(图 7-7)是加工圆孔最快速、最低成本的方法,但尺寸精度和表面质量都不高。如果后续加上扩孔和铰孔工序,可以提高尺寸精度和表面质量。

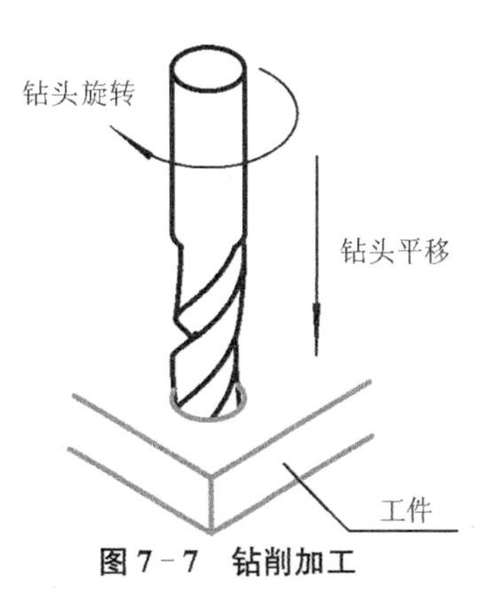

图 7-7　钻削加工

7.1.3 零件上部分常见结构的设计规范

画零件图的过程实际上就是设计零件的过程,需要根据加工方法添加必需的工艺结构。一些零件上常见结构如倒角、中心孔、筋板厚度等的设计都有标准、规范可循。

因为有的工艺结构如中心孔、螺纹退刀槽的设计涉及较多的技术要求知识,所以将在轴和螺纹章节中介绍。

1. 倒角

倒角(图 7-8)是指切除零件上尖锐的边缘,一方面是为了去除毛刺,另一方面有利于装配。轴上的外角和孔口的外角一般都需要倒角。

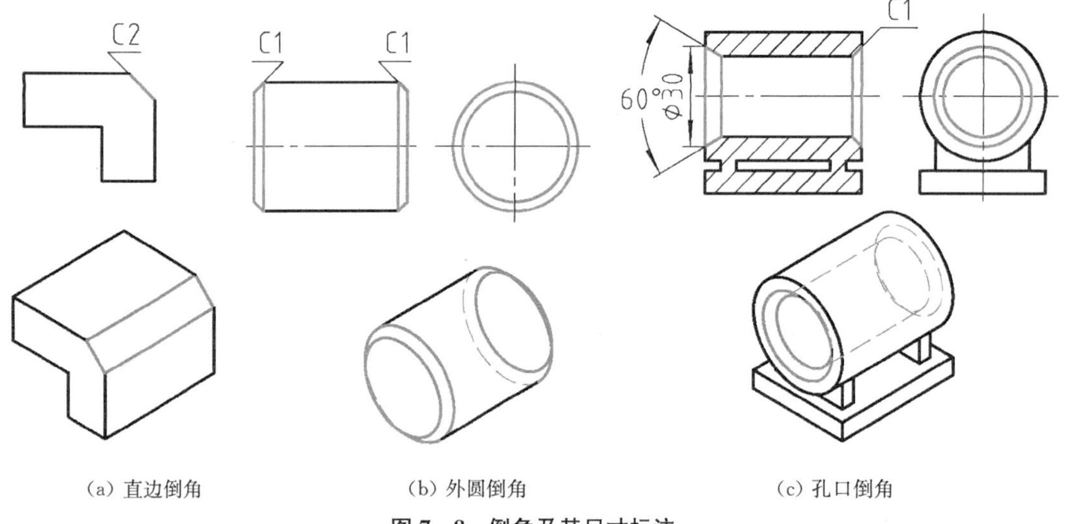

(a) 直边倒角　　(b) 外圆倒角　　(c) 孔口倒角

图 7-8 倒角及其尺寸标注

零件上最常用的是 45°倒角,标注时用大写字母 C 代表,后面的数字表示倒角的轴向宽度。倒角圆不能标注尺寸,因为倒角不是一个精确的结构,因倒角而产生的轮廓线无须测量,也无法作为测量基准。

倒角的大小一般按照规范根据零件结构的尺寸决定(表 7-2)。倒角尺寸标注的常见错误见图 7-9。

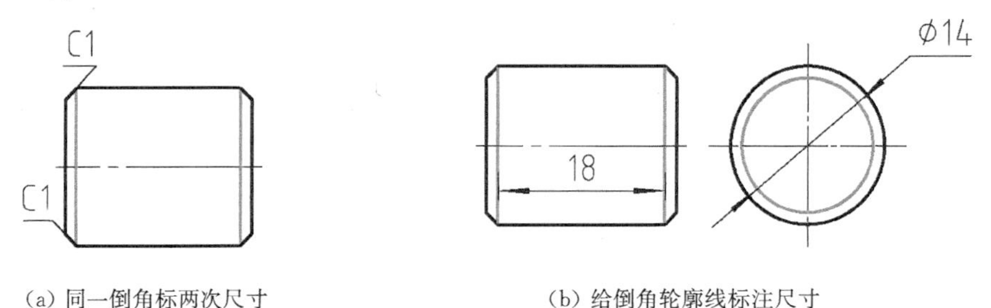

(a) 同一倒角标两次尺寸　　(b) 给倒角轮廓线标注尺寸

图 7-9 倒角尺寸标注常见错误

表 7-2　倒角的设计规范

孔或轴的直径	……	>10～18	>18～30	>30～50	>50～80	>80～120	……
倒角宽度	……	0.8	1.0	1.6	2.0	2.5	……

2. 砂轮越程槽

砂轮是用黏合剂将石英砂黏合而成的，边缘是圆角。因此，在磨削一个内角时，砂轮磨不到内角尖端的表面，使得这部分表面的尺寸和表面质量与其他磨削过的部分不一样。在内角处设置砂轮越程槽可以解决这个问题。砂轮越程槽将磨削不到的内角尖端切除，保证装配时与其他零件配合的表面都是经过磨削的高精度表面。砂轮越程槽的深度非常浅，图7-10将越程槽的尺寸放大了。

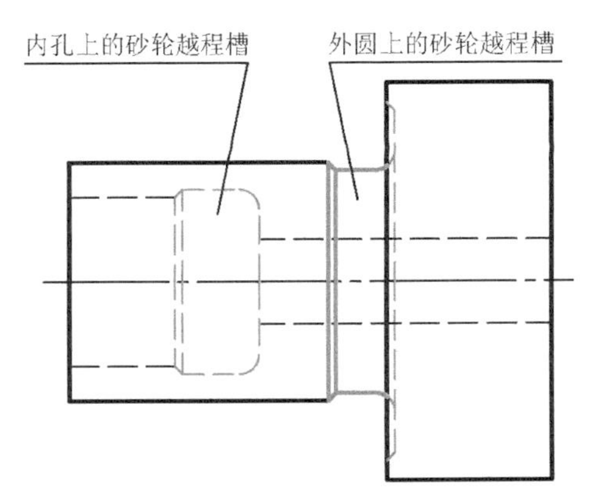

图 7-10　砂轮越程槽设置在外圆或内孔的内角处

砂轮越程槽的形状根据需要磨削面的不同而不同，尺寸根据设计规范标注。在零件图上，普通视图中的砂轮越程槽只需要按一般的矩形槽画，砂轮越程槽的细节结构和尺寸用局部放大图来表达(图 7-11)。表 7-3 为砂轮越程槽尺寸的设计规范。

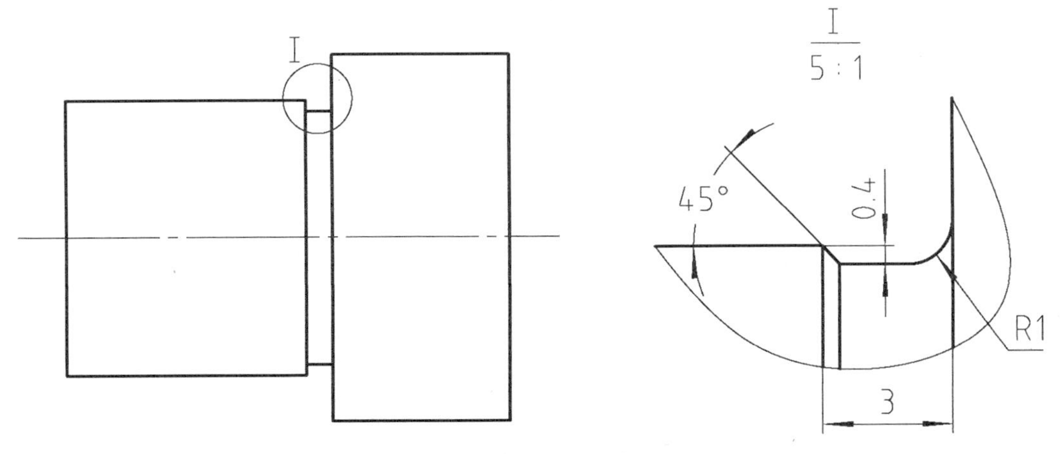

(a) 只为磨削外圆表面而设的砂轮越程槽

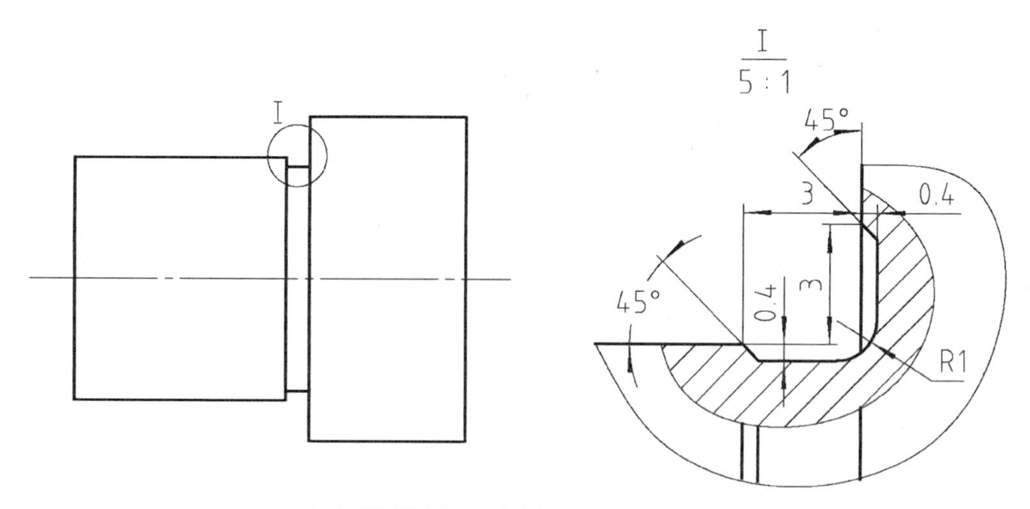

(b) 为磨削外圆表面和台阶端面而设的砂轮越程槽

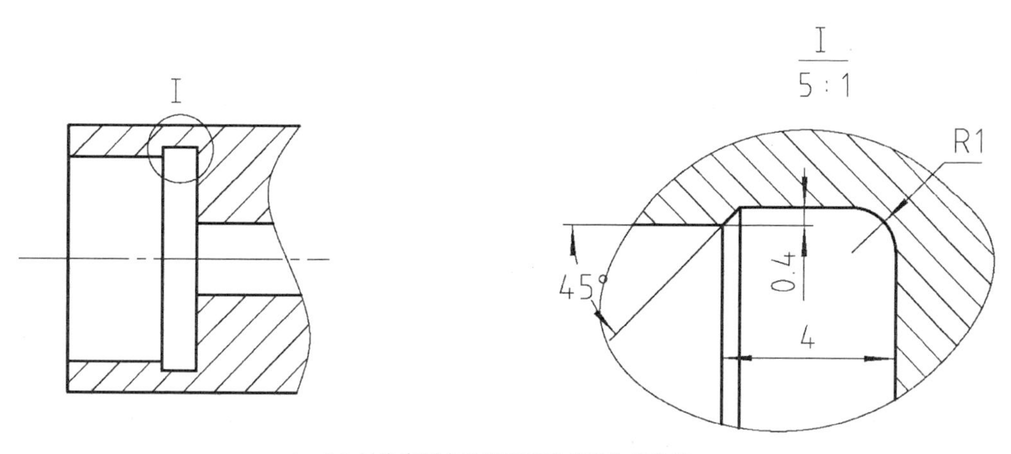

(c) 只为磨削内孔表面而设的砂轮越程槽

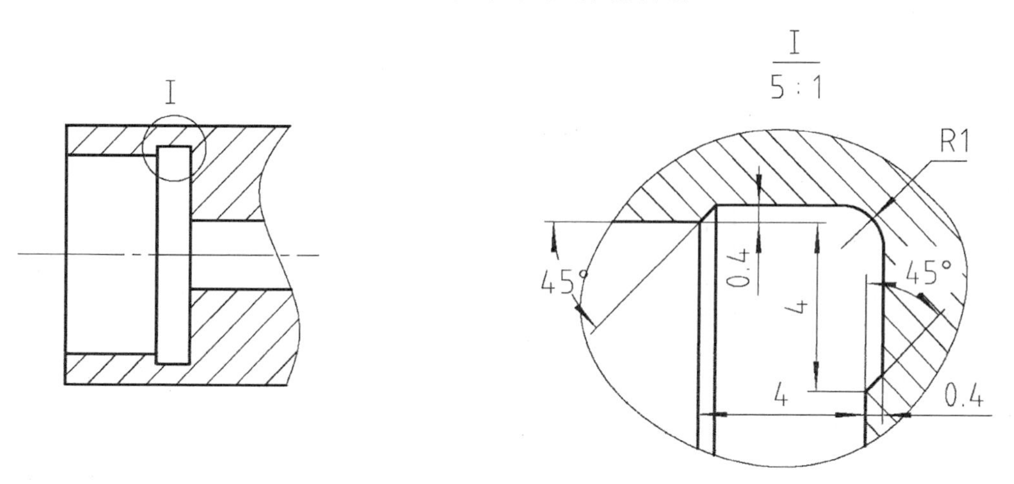

(d) 为磨削内孔表面和台阶端面而设的砂轮越程槽

图 7-11　零件图上砂轮越程槽的画法和标注

表7-3　砂轮越程槽的尺寸

所在孔轴直径	外圆上越程槽槽宽	内圆上越程槽槽宽	槽深	圆角半径
～10	0.6	2.0	0.1	0.2
	1.0	3.0	0.2	0.5
	1.6			
＞10～50	2.0	0.4	0.3	0.8
	3.0		0.4	1.0
＞50～100	4.0	5.0		
	5.0		0.6	1.6
＞100	8.0	8.0	0.8	2.0
	10.0	10	1.2	3.0

3. 铸件壁厚

铸件的壁厚要均匀(图7-12)。铸造的过程是先做好砂型空腔,再注入熔融金属。如果铸件的壁厚很不均匀,各部分的冷却凝固进程的不协调会导致铸件开裂或存在大量内应力而变成废品。

铸件的壁厚不能太薄,否则会影响熔融金属的流动填充。表7-4为砂型铸造件最小壁厚的设计规范。

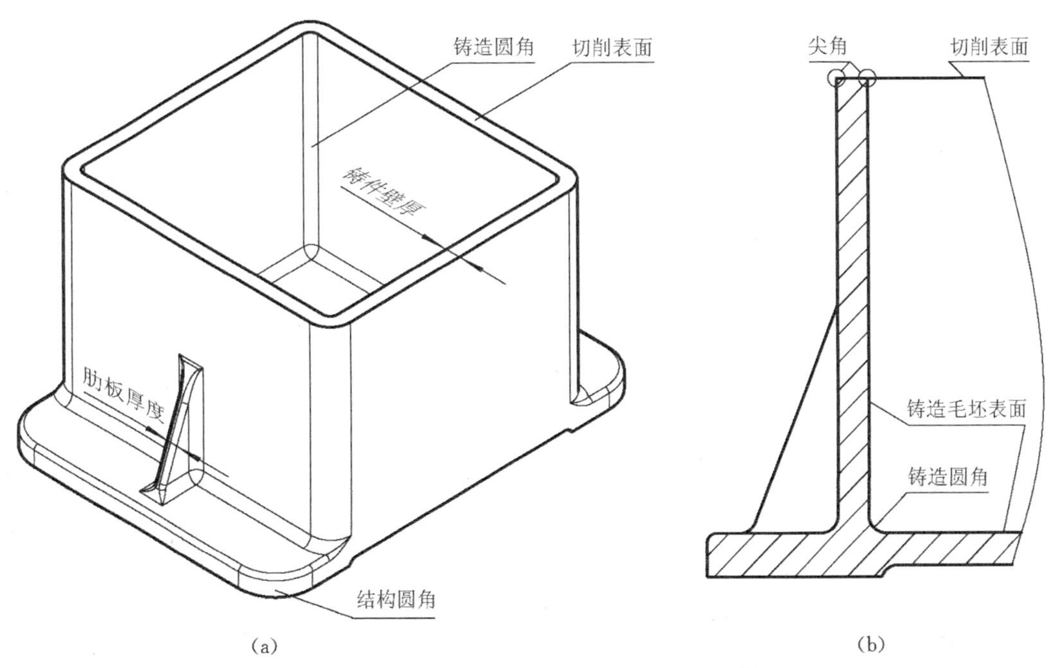

图7-12　铸件壁厚和铸造圆角(切线均用细实线画出)

表 7-4　砂型铸造铸件的最小壁厚

铸件尺寸	灰铸铁	铸钢	铝合金
≤200	6	8	3
>200～500	6～10	10～12	4
>500	15～20	15～20	6

为了加强支撑铸件的墙壁,铸件上常设置加强筋或肋板。加强筋或肋板的壁厚应该比铸件墙壁壁厚略薄一些(如表 7-5 所示)。

表 7-5　铸件壁厚和肋板厚度

零件质量/kg	零件最大外形尺寸	铸件壁厚	肋板厚度
～5	300	7	5
6～10	500	8	5
11～60	750	10	6
61～100	1 250	12	8
101～500	1 700	14	8
……			

4. 铸造圆角

铸件上不论外角还是内角都应设计成圆角(图 7-12)。铸件的内角对应砂型的外角,若砂型的外角是尖角,则熔融金属可能冲落砂型的尖角造成夹砂缺陷。若铸件的外角是尖角,则会使局部壁厚不均匀,从而导致开裂缺陷。表 7-6 为铸造圆角的设计规范。

表 7-6　铸铁铸件 90°内角的铸造圆角半径

铸件壁厚	≤8	9～12	13～16	17～20	……
铸造圆角半径	4	6	6	8	

在零件图上,铸造圆角都要画出来。刚铸造出来的零件,除了飞边毛刺,所有棱角都是圆角。切削加工后,凡是与切削表面相交的边缘都变成了尖角(图 7-12(b))。只有当相交的两个表面都是铸造毛坯表面时,交线处才保留铸造圆角。

与结构圆角不一样,铸造圆角不必标注尺寸,只要在文字技术要求中说明一下尺寸范围即可,如“未注铸造圆角 R3～R5”。

5. 拔模斜度

砂型铸造时,先要仿造零件形状做一个木模,把它埋入砂子,将砂子压紧后再取出木模,就形成了型腔。在取出木模时，砂子的摩擦力会形成阻力，此外木模取出时也可能破坏型腔表面。解决办法就是将所有平行于取模方向的表面都做成斜面，这样只要振动一下，木模和砂子就可以分离从而轻松拔出木模。

拔模斜度的确定主要与零件表面在拔模方向上的高度有关（表7-7），也和零件的结构形状有关，同时还要考虑到零件的设计要求。

表7-7　钢铁铸件拔模斜度与铸件高度 h 的关系

$h\leqslant 25$	$25<h\leqslant 500$		$h>500$
1∶5	1∶10	1∶20	1∶50

6. 锥度

圆锥面配合相比圆柱面配合有许多独特优点：自动对中、无间隙密合、自锁等。

圆锥面的锥度可以用整数角度定义，也可以用整数比值定义。有的特殊用途锥度比如莫氏锥度不论用哪种方式定义都不是整数。常用锥度见表7-8。

表7-8　常用锥度

锥度、锥角或代号	用途
90°	倒角，沉头螺钉的螺钉头
60°	车床顶尖
30°	摩擦离合器
1∶3	具有极限扭矩的摩擦离合器
1∶8	联轴器和轴的联接
1∶10	圆锥形电动机轴伸
1∶16	螺纹密封管螺纹圆锥外螺纹的中径
1∶20	机床刀具尾柄
1∶50	圆锥销
1∶100	楔键
莫氏锥度	机床刀具或夹具尾柄

7.1.4 零件图上的尺寸标注

1. 尺寸标注的原则和步骤

零件图是用于指导零件制造的，所以一方面要事无巨细地标注所有结构的尺寸，另一方面要让所标的尺寸符合加工工艺，在制造过程中易于实现和测量，并符合机器对零件的设计要求。

就像为组合体标注尺寸是围绕各个形体的定形尺寸和定位尺寸一样，零件的尺寸标注是围绕各个结构的定形尺寸和定位尺寸进行的，只是还要加入对设计要求和加工工艺要求的考虑。零件的尺寸标注原则为：

· 分结构标。标每个结构(图 7－13)，如某个轴段、砂轮越程槽、键槽、螺纹的定形尺寸和定位尺寸。定位尺寸的基准，既可以是设计基准也可以是工艺基准，要尽可能做到基准统一。

· 按工序标。所标的尺寸应方便每一道工序的加工和测量。

零件图上标注尺寸时，应优先按工序标，重要的结构按结构标。

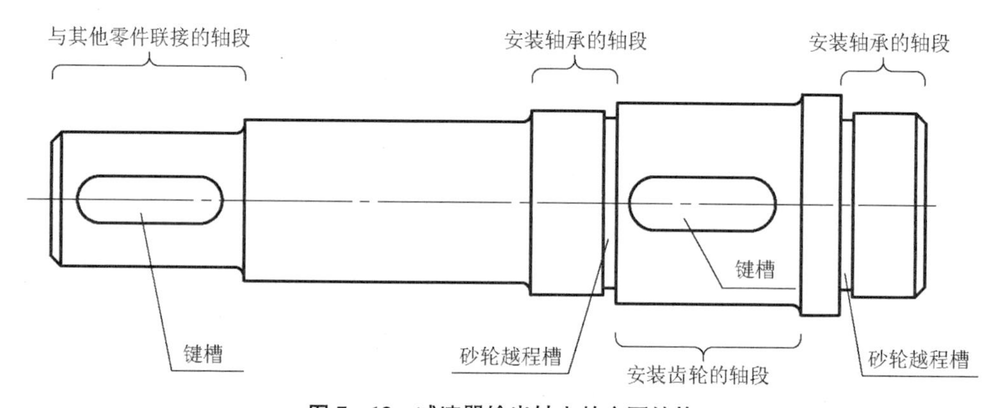

图 7－13 减速器输出轴上的主要结构

图 7－13 所示是某减速器的输出轴。轴以两端支撑的方式通过滚动轴承固定在箱体上的轴承座孔中。与轴承接触的轴颈需要磨削，以拥有较高的尺寸精度和几何精度，所以需要在台阶内角处设置砂轮越程槽。轴的中部套有减速器的大齿轮，用键传递扭矩。伸出箱体的轴伸有键槽以和其他机械联接。这个轴的尺寸标注过程(图 7－14)体现了两个原则的协调运用。

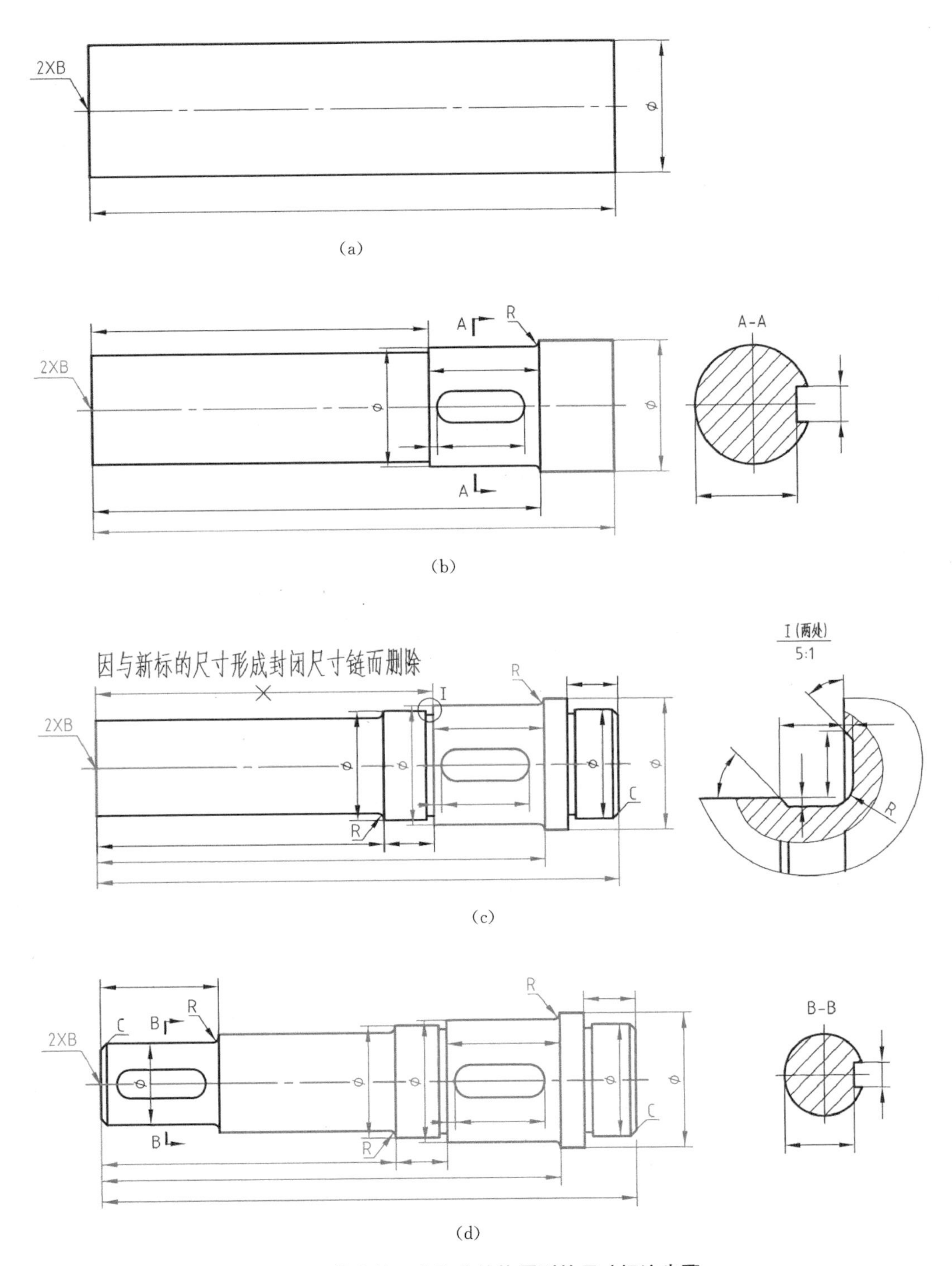

图7-14　结合按工序和分结构原则的尺寸标注步骤

2. 旁注法

零件图上图线和标注密度大。为了减少尺寸标注的空间，常采用旁注法(图7-15)。

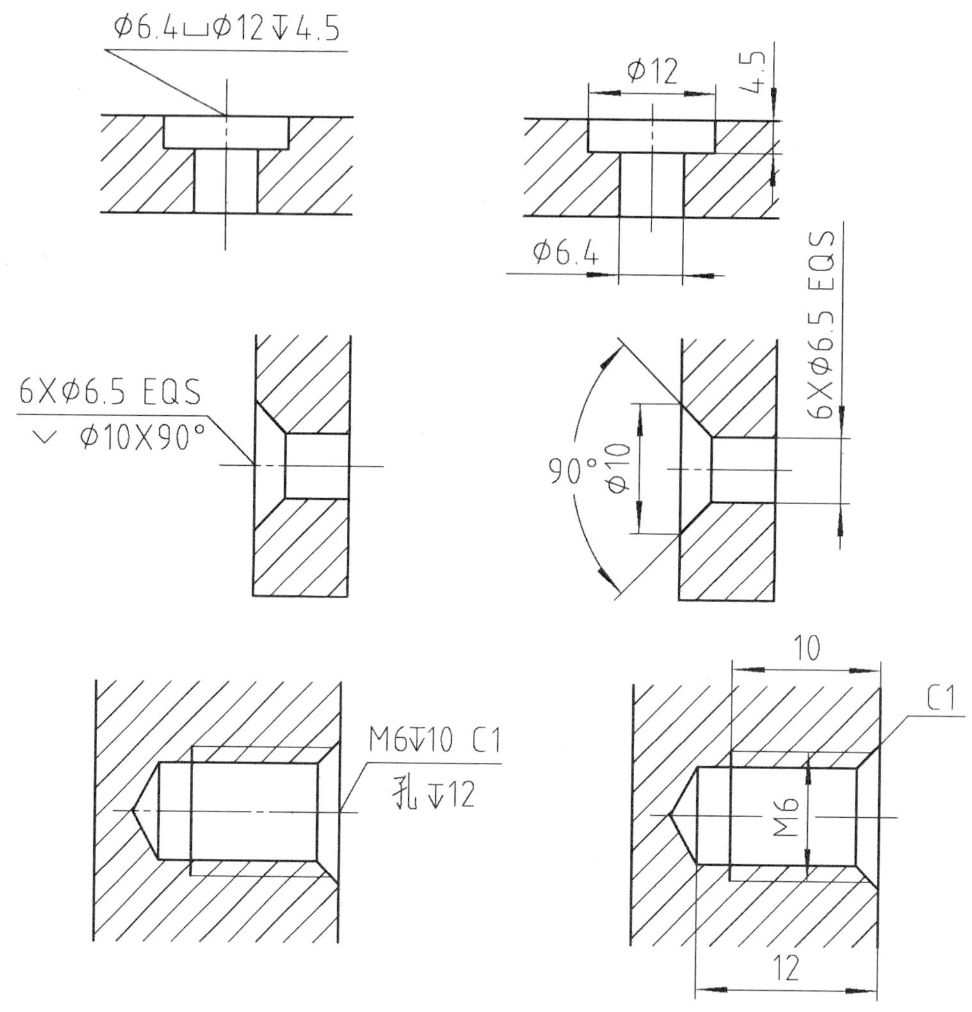

图 7-15　旁注法及其等效的普通标注法

旁注法只用一根指引线，从孔的中心线与孔口端面的积聚线的交点引出，可以同时定义多个尺寸。

旁注法中采用符号来表示“圆柱沉孔”“圆锥沉孔”和“孔深”等尺寸意义，尺寸后缀“EQS”意为若干一样的孔在一个圆周上均匀阵列分布(图 7-16)。

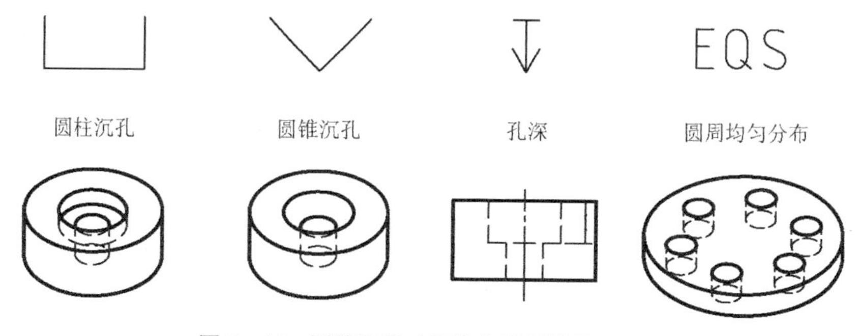

图 7-16　零件图尺寸标注中常用符号和后缀

7.2　装配图的绘制规范

装配图表达组成机器的各个零部件的主要形状，以及零部件之间的联接、配合或传动方式。装配图的用处有如下三个方面：

· 在产品的设计阶段，用于指导零件的设计。因为设计流程是先画出装配图，再根据装配图由不同的工程师去设计各个零件的零件图，所以装配图中应该包含所有的零部件之间的接口信息。

· 在装配车间，用于指导装配作业。装配图要清晰地展示零件之间的装配关系。设计装配图时要考虑到装配工艺，包括每一个零部件的装配和拆卸、定位与紧固。

· 用作产品使用和维修保养的参考。装配图上有时会标注齿轮的转向、进油口与出油口的位置、润滑油液面高度等，充分展现机器的工作原理和维保方法。

一张装配图要能同时满足以上三方面的用处。

7.2.1　零件的不剖画法

装配图经常采用剖视图来展现零件之间的装配关系。有些种类的零件在全剖视图中要采用不剖画法（图 7 - 17），即：一般的零件要剖去一半、断面画上剖面线，这些零件却毫发无

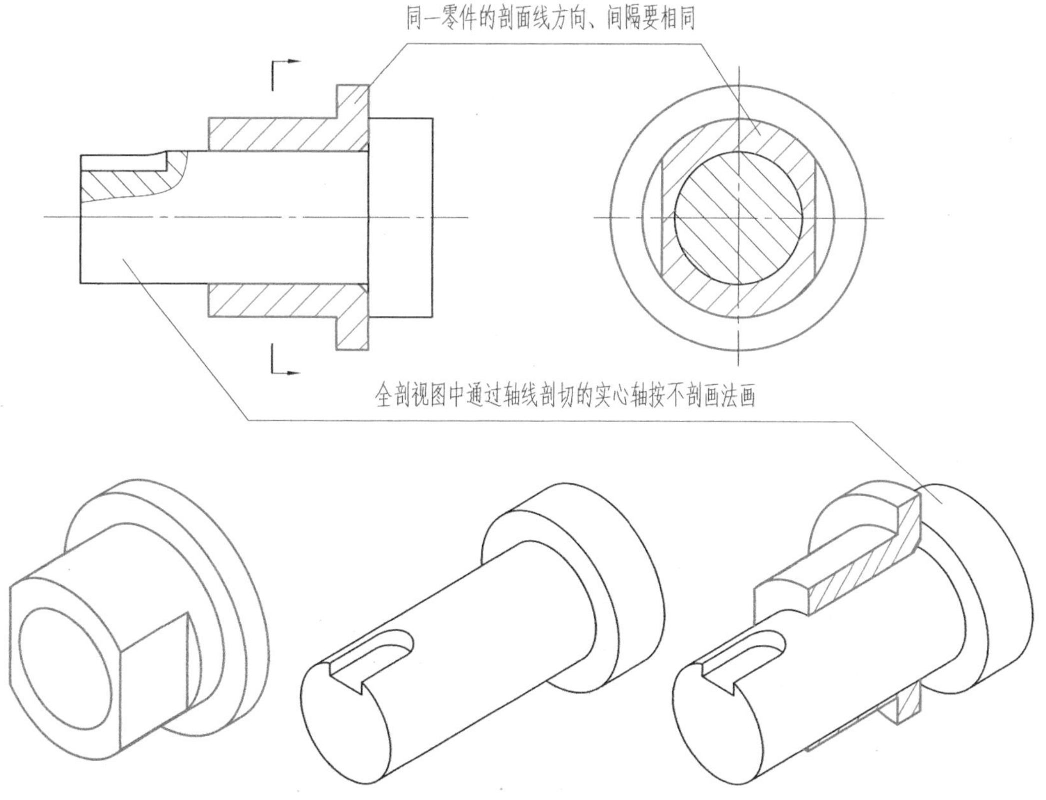

图 7 - 17　不剖画法和剖面线规则

伤地以完整的轮廓画在装配图上,有时为了展示这些零件上的孔、槽,要在其不剖投影的背景上做局部剖。

采用不剖画法的零件包括:实心的轴、键、销、螺纹紧固件等标准件。不过,这些零件只在通过其轴线(或长度方向)剖切时,才采用不剖画法,其他方向上的剖切照常截断并在断面画剖面线。

7.2.2 剖面线

一部机器包括多个零件。在画装配图时,同一零件在一张装配图的不同视图上,剖面线的方向和间隔都要保持一致(图 7-17),而不同的零件应尽量采用不同的剖面线,或改变方向(45°或 135°),或改变间隔,尤其是相邻的零件,剖面线要有明显的区别(图 7-18)。读者在读装配图时,主要根据剖面线来区分不同零件的投影。

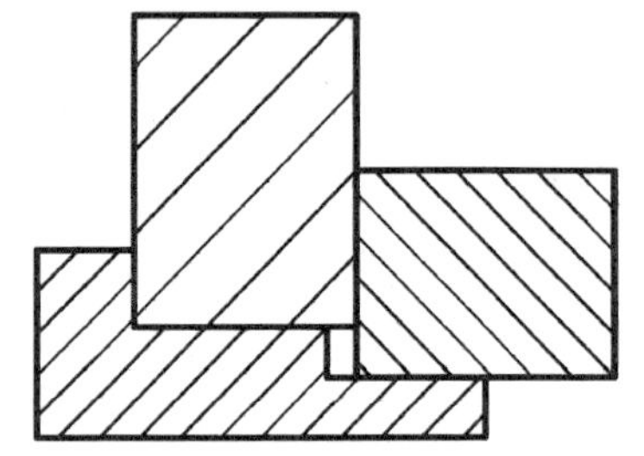

图 7-18　不同零件的剖面线应有分别

7.2.3 零件接合面

如图 7-19 所示,在装配图中,如果两个零件接合面的轮廓线重合在一起,那么就表示这一对零件的表面之间要么没有间隙(被外力压紧,或者是过盈配合),要么孔轴之间存在配合关系,间隙是微米级的,而不是毫米级的。反之,如果装配图中两个零件接合面的轮廓线画成了两条线,那么就说明它们之间的实际间隙很大,且没有配合关系,此时不论间隙实际尺寸为多少,在装配图上都要清晰地可见两条轮廓线,至少间距 1 毫米。

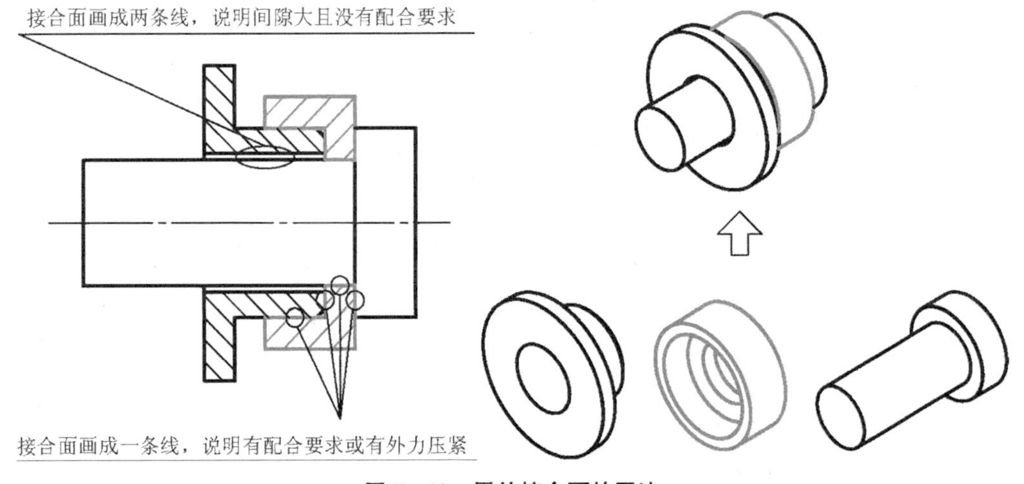

图 7-19　零件接合面的画法

以轴孔配合为例，当轴与孔之间有比较大的毫米级间隙时，比如螺栓和被联接零件上的孔，即使实际间隙只有 0.5 毫米，图上的间隙至少要间隔 1 毫米，以清晰地画出间隙。而当轴与孔之间有配合关系（微米级）时，即使是很松的间隙配合（如 H/a），两个零件的接合面处也要画成一条线。

7.2.4　装配结构的工艺合理性

装配图将被用来指导零件设计，不同的零件可能由不同的工程师来设计，如果装配图上没有明确地对潜在的装配问题给出解决方案，零件在装配时就有可能产生冲突、偏离设计意图，甚至无法进行装配。所以涉及装配结构的工艺合理性，哪怕夸张一点，也必须在装配图上清晰明确地表达出设计意图。

1. 内外角干涉

机床的刀具切削零件，在微观上是相对坚硬的刀具挤压零件表面的金属，使之变形直至断裂，所以在零件的外角上会形成毛刺。此外，因为刀具的尖端要有一定的强度，所以不可能无限锋利，刀尖放大了看是圆角，所以零件的内角总是一个圆角。这样的内外角直接装配起来，如果设计意图是要让它们的接合面紧密贴合，其实是无法达到设计目标的（图7 - 20）。

图 7 - 20　内外角干涉

解决内外角干涉问题的方法有两种：用倒角切除外角毛刺，或在内角处切沟槽（图 7 - 21）。内外角干涉问题的解决方法要在装配图中明确表示出来，要将相关的倒角或沟槽细节画出来。

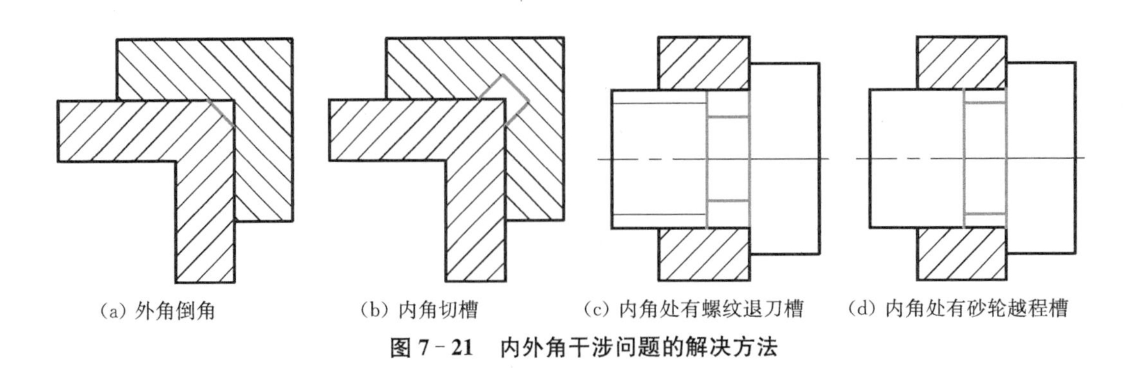

(a) 外角倒角　(b) 内角切槽　(c) 内角处有螺纹退刀槽　(d) 内角处有砂轮越程槽

图 7-21　内外角干涉问题的解决方法

2. 过定位

如果在装配图中把分属两个零件的表面积聚线画成共线状态，就等于要求在装配时这两个表面要以一定精度对齐，是一种定位要求。

一个零件在笛卡尔坐标系中，有沿三个坐标轴的移动和绕三个坐标轴的转动共 6 个自由度。如果一个零件的某个自由度同时受到两个定位约束，就产生了过定位问题。不必要的过定位会使零件制造成本增加，并使装配难以完成。

解决过定位问题的方法就是去除不必要的定位约束。在画装配图时应注意避免分属两个零件的轮廓共线，并略为夸张地把它们明显地错开(图 7-22)。

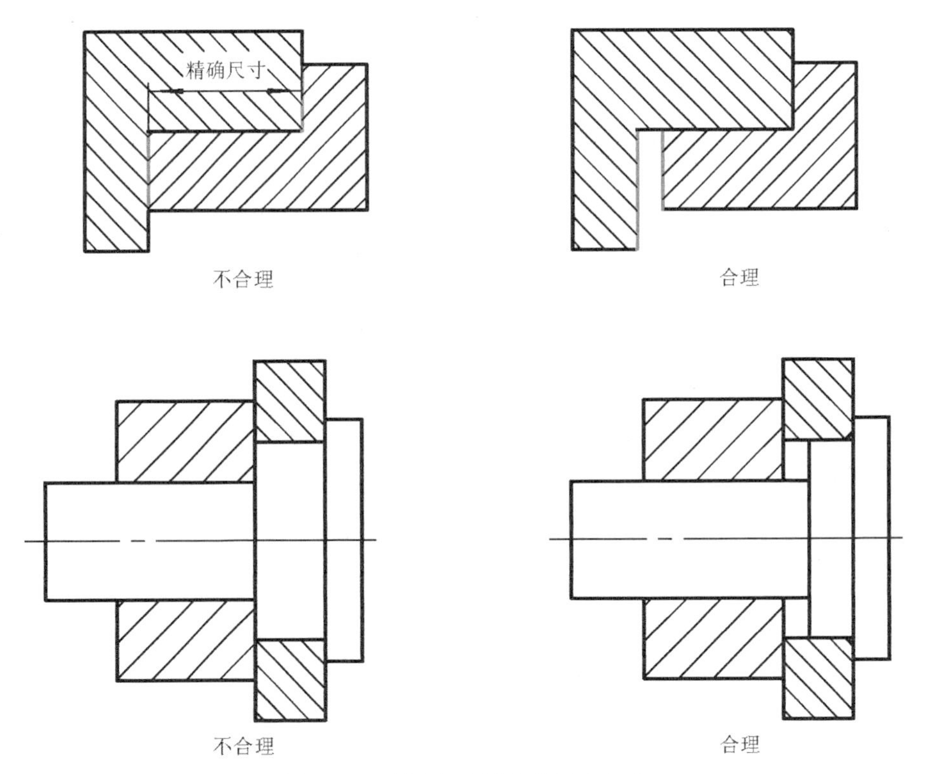

图 7-22　过定位问题及其解决方法

7.2.5　细节省略

装配时，零件都已造好，所以零件上与装配无关的细节结构，比如铸造圆角、倒角、螺纹退刀槽、砂轮越程槽，以及制造零件时使用的工艺结构，都可以省略不画(图 7－23)。省略细节使图面简洁、零件轮廓清晰，是必要的。

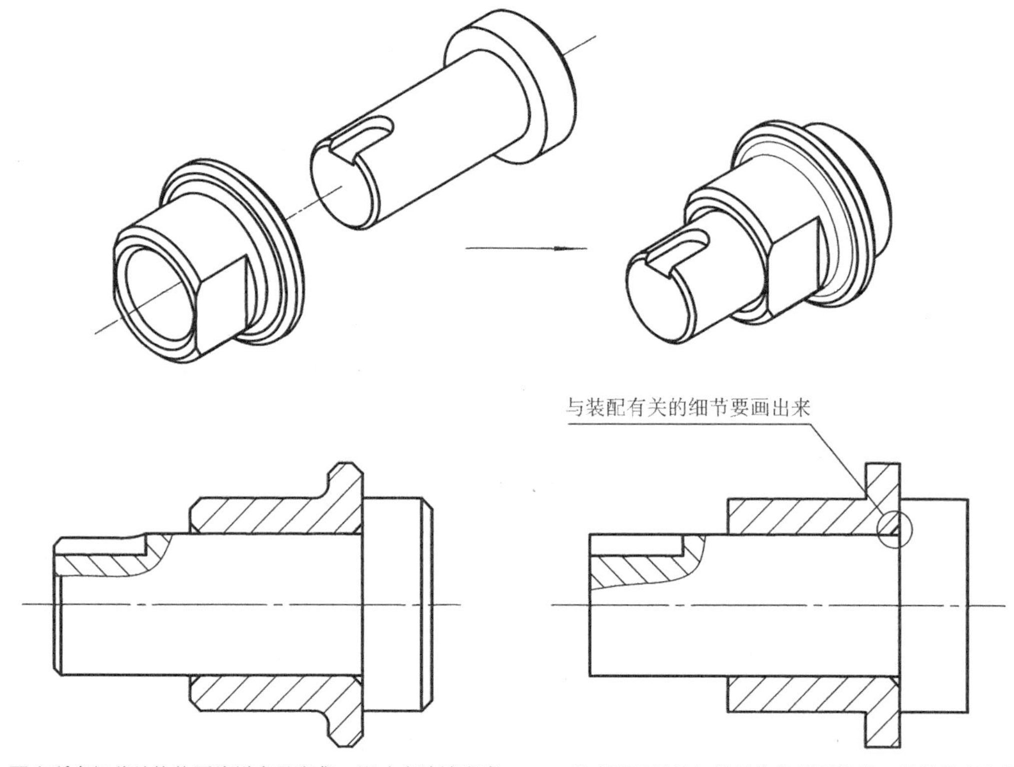

图 7－23　省略与装配无关的零件细节结构

有一些场合反而应当画出零件的细节结构。比如要展现装配干涉问题的处理时，就要把倒角、螺纹退刀槽和砂轮越程槽画出来。另外，当画埋入孔中的圆柱销时，为了便于识别销的存在，也要把销的倒角画出来。

7.3　机械图样上的技术要求

标注在机械图样上的技术要求主要有：尺寸公差、几何公差和表面结构(主要是表面粗糙度)。尺寸公差是零件加工时尺寸的合格范围。几何公差规定零件加工完毕后，零件的几何形状相对于理想形状允许偏离的程度。表面粗糙度要求是指零件表面光滑的程度。这些技术要求关乎机器的性能，也影响零件制造的工艺和成本，所以是机械设计中至关重要的环节，是机械图样中不可或缺的内容。

在制图课程中,技术要求部分的学习目标为:
· 画图时,能够按照国家标准正确标注这些技术要求;
· 读图时,能够理解各项技术要求标注的含义;
· 了解制订技术要求所需的一些机械设计和制造常识。

7.3.1 尺寸公差

1. 孔类和轴类结构

尺寸公差是针对孔轴配合制订的。因为多数切削加工都是刀具相对于工件做旋转运动,所以圆柱孔和圆柱的孔轴配合是机器中最为常见的。也有非回转面之间的配合,比如滑块和凹槽,这时就把滑块当作轴类结构、凹槽当作孔类结构(图 7 - 24)。

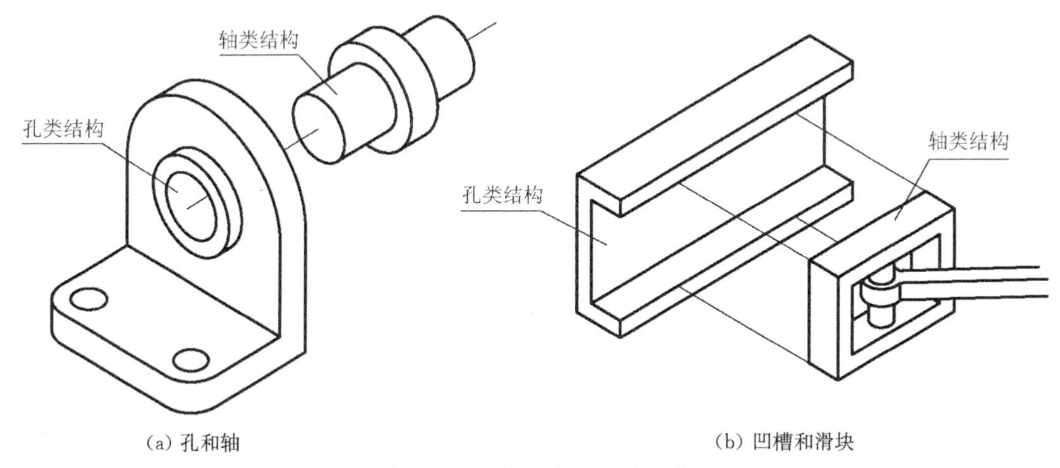

(a) 孔和轴　　(b) 凹槽和滑块

图 7 - 24　孔类结构和轴类结构

2. 误差、公差和偏差

基于分工协作的大批量流水线式生产模式的生产效率相对于单件小批量模式要高得多,既可以降低产品的生产成本,又可以提高价格的竞争力。此外,全球化使得一部机器的零部件可以分散在不同的地点被分别制造,然后再组装在一起。这就要求被分别制造的零件之间具有互换性,即:从一批 A 零件中任取一个,再从一批 B 零件中任取一个,这两个零件能顺利地装配起来。互换性是通过尺寸公差来实现的。

假设图纸上标明某轴的直径是∅50,工人在加工完一根轴后,用尺去测量,实际的尺寸不可能是∅50.00…0,而可能是∅50.01、∅50.001、∅49.998……实际尺寸相对于理想尺寸总是有误差的。如果我们任取一个 A 零件,上面的孔的实际尺寸是∅49.99,再任取一个 B 零件,上面的轴的实际尺寸是∅50.01,那么 A、B 零件即使用压力机装配起来,也是无法灵活转动的。

尺寸公差可以保证存在加工误差的零件之间具有互换性。

我们可以给零件制订一个尺寸合格的范围，而不是一个理想尺寸。比如，A零件上的孔的合格尺寸范围是∅50.00～∅50.03，B零件上的轴的合格尺寸范围是∅49.95～∅49.98，那么我们任取一对合格的零件，都能保证孔比轴大。这个允许变动的尺寸范围，就是尺寸公差（图7－25）。

一个带公差的尺寸，由公称尺寸、上极限偏差和下极限偏差组成。偏差值是偏离公称尺寸的数值，是偏离的尺寸减去公称尺寸的差值。如图7－26所示，书写时，偏差数字要比公称尺寸数字小一号（约0.7倍）。如果公称尺寸数字是3.5号字，那么偏差数字是2.5号字。公称尺寸数字要与下极限偏差数字底部平齐。

上、下极限偏差都既可以是正数也可以是负数，也可以是零，但上极限偏差总是大于下极限偏差。

尺寸公差＝上极限偏差－下极限偏差，所以公差总是正值。

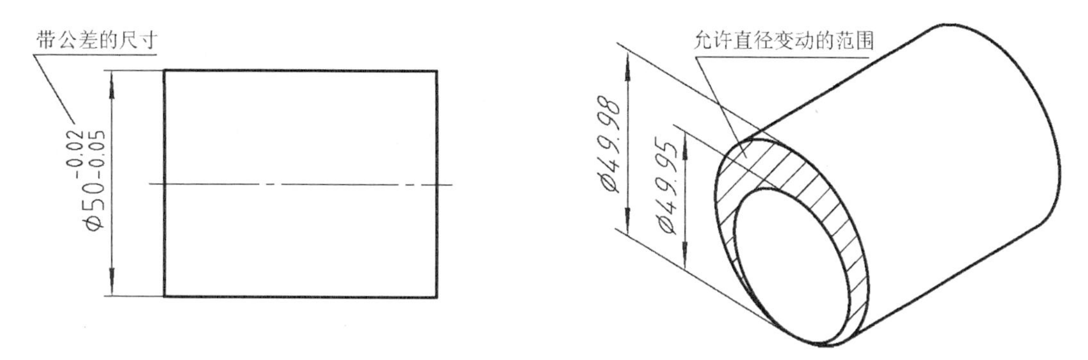

图7－25　尺寸公差是允许尺寸变动的范围

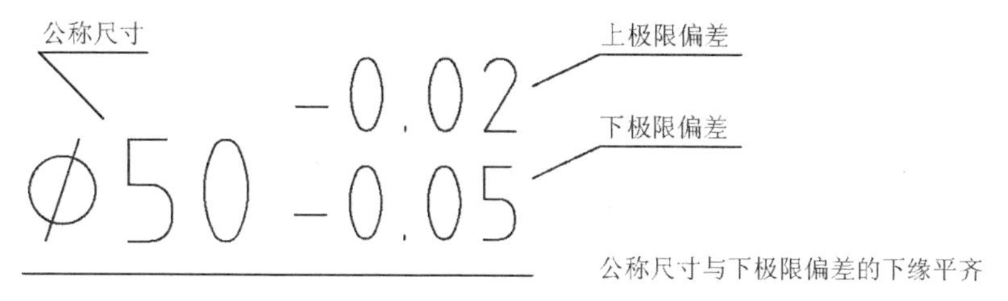

图7－26　尺寸公差的组成和书写规范

3. 尺寸公差的公差带

尺寸公差必须标准化、系列化。孔的加工一般都是用钻头、铰刀等定尺寸刀具。如果设计师任意设定尺寸偏差，就要求工厂配备无数种刀具，这显然不可能做到。如果把偏差数值用国家标准系列化，就能减少刀具配备，降低制造成本。此外，设计机器时，孔轴配合设计关注的只是间隙的精确大小，而不在乎孔轴直径几微米的差别。例如，只要孔的尺寸公差是0.030，尺寸范围是∅60.010～∅60.040还是∅60.030～∅60.060，从零件强度来说都可以，而后者是标准值。

尺寸公差的标准化基于公差带的概念。公差带（图7－27）是尺寸公差数值的等效图形表达。图形比数字能更直观地表现尺寸公差国家标准中的规律。

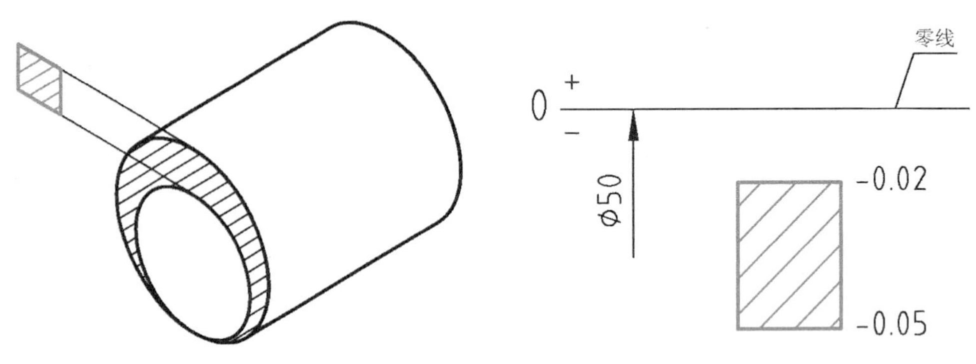

图 7-27　尺寸公差的公差带

公差带将尺寸公差用图形的方式表示出来,包括零线、公称尺寸和表示偏差范围的矩形。公差带只是个示意图,矩形的宽度是任意的,矩形的高度由上、下极限偏差决定。当然这里的上、下极限偏差只具有相对意义,如:在零线之上还是在零线之下,距离零线相对远还是近等。

可以把多个相关孔轴的公差带画在一幅公差带图上,以比较它们公差的大小、偏差的位置远近,但它们的公称尺寸必须相同。

基于公差带的概念,尺寸公差的标准化包括两方面:一是公差带的高度,二是公差带的上极限偏差或下极限偏差相对于零线的位置(图 7-28)。前者用标准公差等级来标准化,后者用基本偏差实现标准化。

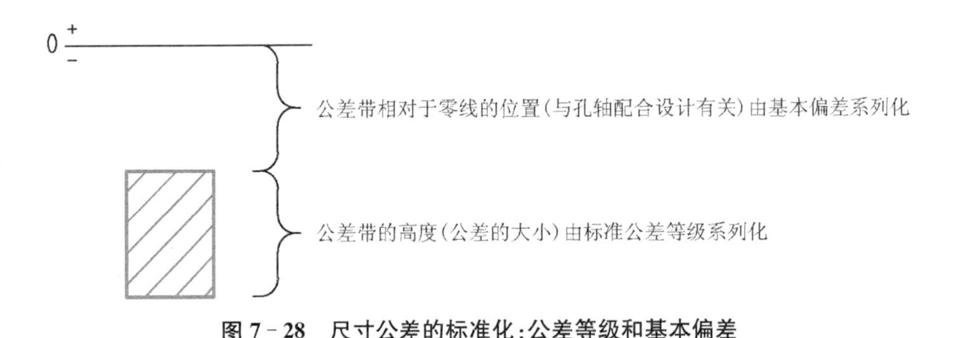

图 7-28　尺寸公差的标准化:公差等级和基本偏差

4. 标准公差等级

标准公差等级用数字来代表。国家标准规定了 01、0、1、2、…、18,共 20 个标准公差等级。

从 IT01 到 IT18,公差带的高度依次增高,意味着公差值越来越大,对零件加工完毕实际尺寸的合格要求越来越宽松(图 7-29)。

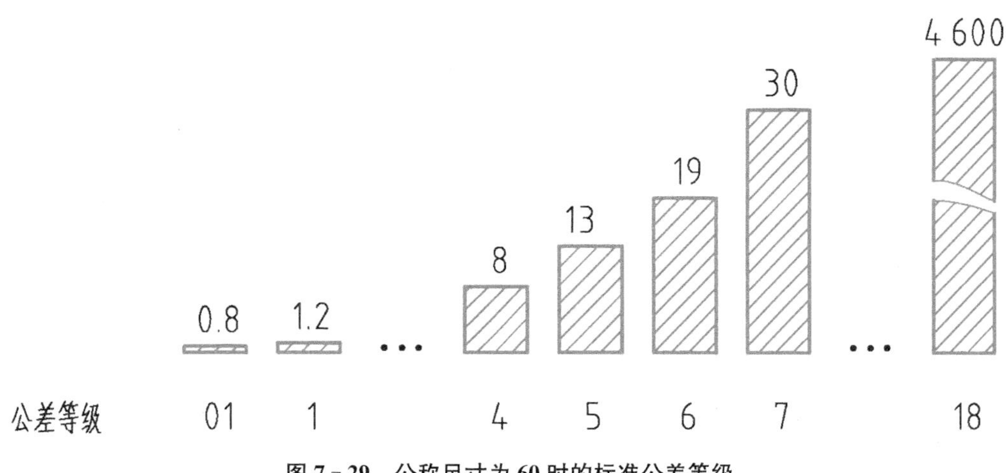

图 7－29　公称尺寸为 60 时的标准公差等级

公差等级数字越小，意味着零件制造的精度要求越高、制造成本越高，所以制订尺寸公差时应该在满足零件性能要求的前提下尽可能选择宽松的等级。IT01 只能通过研磨等低效加工达到，用来制造量块；IT5～IT9 是大多数机床的经济加工精度（表 7－9），应用最广泛；而 IT12 已经相当于未注公差尺寸的公差了（表 7－10），用于控制铸锻毛坯以及机器的外形。

表 7－9　常用加工方法的经济加工精度所能达到的最高公差等级

加工方法	车、镗	铣	磨	钻	铰	冲压
公差等级	7	8	5	10	6	10

表 7－10　常用尺寸段未注公差线性尺寸的公差

等级	公称尺寸范围			
	＞6～30	＞30～120	＞120～400	＞400～1 000
f（精密）	±0.1	±0.15	±0.2	±0.3
m（中等）	±0.2	±0.3	±0.5	±0.8
c（粗糙）	±0.5	±0.8	±1.2	±2.0
v（最粗糙）	±1.0	±1.5	±2.5	±4.0

标准公差等级并不能单独决定公差大小，还要看公称尺寸的大小。同样的公差等级，大公称尺寸的公差值大于小公称尺寸的公差值。同一尺寸范围中，各个公差等级的标准公差值近似为一个等比数列。我们可以在一个分别以公差等级和公称尺寸为坐标轴的二维表中查找到标准公差值（表 7－11）。

表 7-11　标准公差(单位:μm)

公称尺寸范围/mm	公差等级								
	01	1	……	5	6	7	8	……	18
……									
>30～50	0.6	1		11	16	25	39		3 900
>50～80	0.8	1.2		13	19	30	46		4 600
……									

5. 基本偏差

基本偏差规定的是公差带中矩形相对于零线的上下位置，也就是孔或者轴的直径是做得比公称尺寸大一些还是小一点。但不论把孔做得比公称尺寸大或是小，都可以通过选择轴的基本偏差让孔轴之间有间隙或有过盈。

基本偏差用大写或小写的英文字母来代表。针对孔类要素，国家标准规定了 A、B、C、CD、D、…、Z、ZA、ZB、ZC 共 28 个基本偏差。对称地，针对轴类要素，也有 a、b、c、cd、d、…、z、za、zb、zc 共 28 个基本偏差。对于一个确定的尺寸，每一个基本偏差字母都对应着一个数值，就是尺寸公差的上极限偏差或者下极限偏差值。这个偏差值将和公差等级一起确定尺寸公差。

对比图 7-30 和 7-31 可以发现：孔的基本偏差和轴的同字母基本偏差基本上是镜像对称的。实际上 A～H 与 a～h 在数值上都是完全对称的。

图 7-30 和 7-31 中的每一个公差带矩形都没有封口，这是因为基本偏差只规定了上、下极限偏差中的一个，另一个要根据公差等级(公差带的高度)计算出来。JS 和 js 上下都没有封口，是因为它们是跨零线的对称公差带，其上、下极限偏差为±公差值/2。J 和 j 也是跨零线公差带，但是不对称，上、下极限偏差要凭基本偏差和公差等级一起才能查表确定。

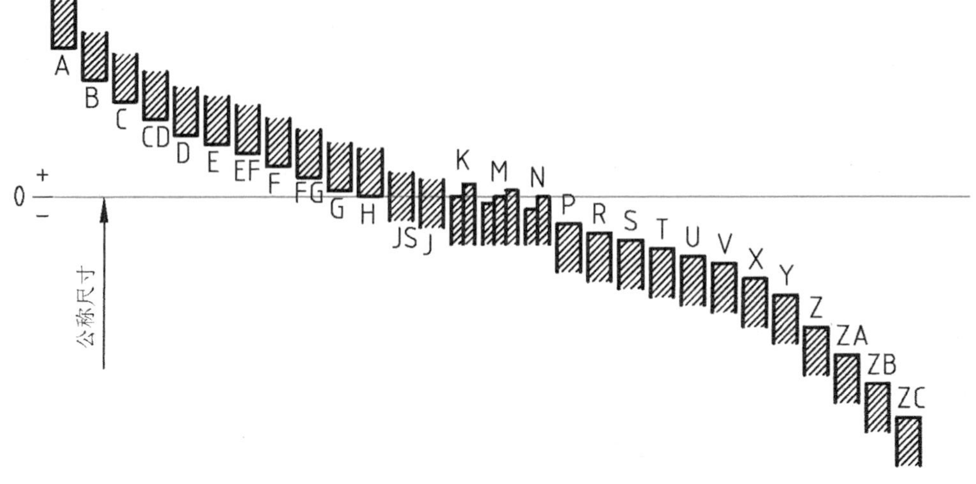

图 7-30　孔的基本偏差

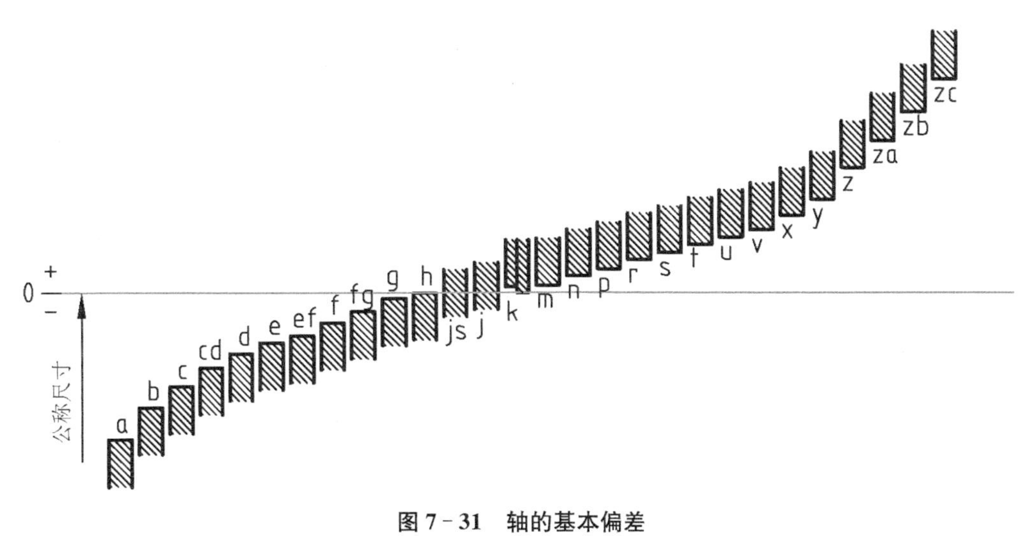

图 7 - 31　轴的基本偏差

基本偏差所确定的一般是上、下极限偏差中靠近零线的那一个偏差，只有 J、K、M 和 j 例外。H 和 h 的基本偏差值都是 0，H 开口向上，h 开口向下。

图 7 - 30 和 7 - 31 中，K、M、N 和 k 的公差带矩形被分成了两块或三块，这是因为基本偏差值中既有等于 0 的，又有大于或小于 0 的。

图 7 - 30 中，孔的基本偏差从 A 到 ZC，公差带矩形从位于零线之上变化到位于零线之下，意味着孔径的合格尺寸，从比公称尺寸大变化到比公称尺寸小。图 7 - 31 中，轴的基本偏差从 a 到 zc，公差带矩形从位于零线之下变化到位于零线之上，意味着轴径的合格尺寸，从比公称尺寸小变化到比公称尺寸大。

基本偏差代号并不能单独决定上极限偏差或下极限偏差值，还要依赖于公称尺寸的大小。比如∅35 的 f 基本偏差是−0.025，而∅75 的 f 基本偏差是−0.030。

一般情况下，除了 K、M、N 和 k 之外，同一公称尺寸、同一基本偏差代号、不同公差等级的尺寸的基本偏差值都是相同的。但是 H 之后，不同的公差等级，孔的基本偏差值就不一定相同了，比如公差等级为 5 的∅75 的 P 基本偏差为−0.027，而公差等级为 8 的∅75 的 P 基本偏差为−0.032。

6. 公差带代号

代表基本偏差的字母和代表公差等级的数字组合在一起，就形成了公差带代号，如“h5”“J7”。

在零件图上，带公差的尺寸有三种标注方法(图 7 - 32)：标注上、下极限偏差，可以方便制造工人检验零件的实际尺寸是否合格；标注公差带代号，便于工艺师了解加工精度要求，以选择加工设备；既标注公差带代号，又标注极限偏差，则兼具两者的优点。

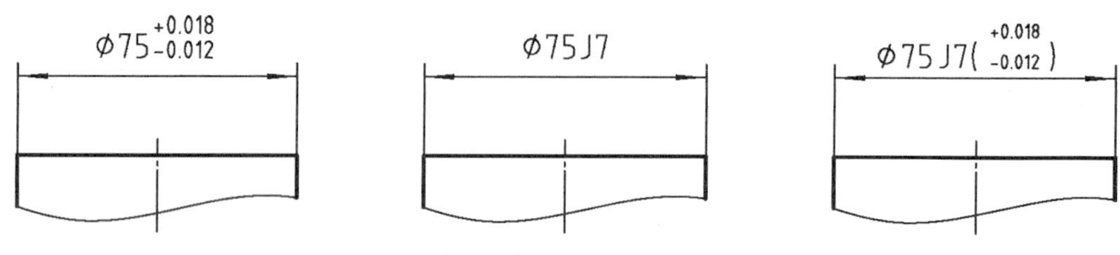

图 7－32　零件图上带公差的尺寸的三种标注方法

7. 配合

国家标准中之所以要设置那么多的基本偏差，就是为了实现孔、轴之间多种多样的配合（图 7－33）。

有时我们希望孔比轴大，能够灵活地相对转动；有时希望孔比轴小，两零件固结在一起。前者称间隙配合，后者称过盈配合。间隙配合要求孔的公差带要完全在轴的公差带之上，过盈配合则要求孔的公差带要完全在轴的公差带之下，零线在哪儿都无所谓。过盈配合的孔、轴，在装配时要借助压力或利用热胀冷缩的原理。

还有第三种配合：过渡配合。过渡配合的孔的公差带与轴的公差带在高度上有重叠部分，意味着实际的尺寸有可能孔比轴大，也有可能孔比轴小。采用过渡配合的目的，当然不是为了这种不确定性，而是为了实现微小的间隙或过盈。当机床的加工精度不足时，可采用过渡配合，将孔和轴的公差带重合在一起，等零件制造好后，将所有零件的尺寸一一测量出来，再进行选配或修配，就能实现微小的间隙或过盈了。

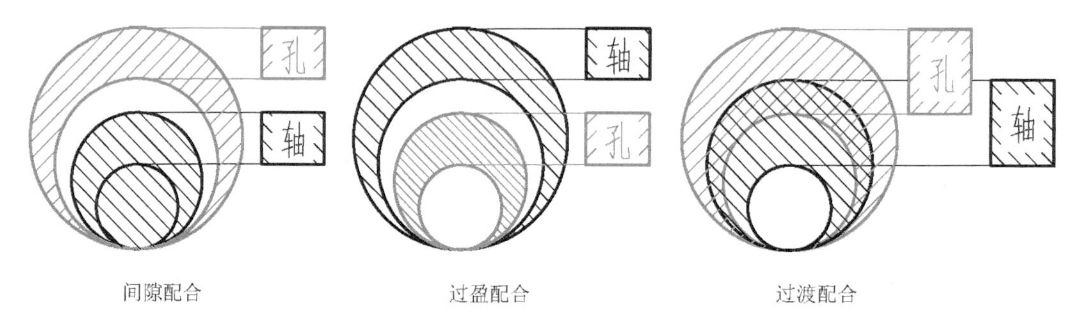

图 7－33　三种配合

不论是哪种配合，画在装配图上，孔和轴的接合面都要画成一条线，既没有“间隙”也没有“过盈”，配合性质只通过尺寸标注来体现。

配合在装配图中以分数的形式标注，分母是轴的公差带代号，分子是孔的公差带代号（图 7－34）。公称尺寸和孔轴公差带代号的字高一样。

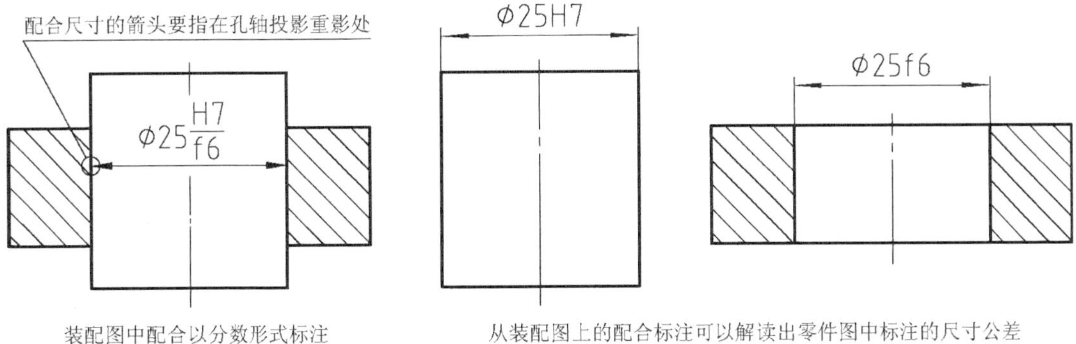

图 7－34　尺寸公差与配合的标注方法

因为孔的基本偏差是大写英文字母，轴的基本偏差是小写英文字母，所以我们不难从装配图上的配合标注中解读出孔、轴的尺寸公差。

配合性质只和孔轴公差带的相对位置有关，与公差带的零线无关。因为孔的加工常用钻头、铰刀等定尺寸加工刀具，所以为了减少厂里刀具的配备，降低生产成本，可以规定孔轴配合中孔的基本偏差全部选用 H，靠改变轴的基本偏差来获得不同的配合种类。这个基准制称为"基孔制"(图 7－35)。类似地，若规定轴的基本偏差都选用 h，靠改变孔的基本偏差来形成各种配合的基准制，就称为"基轴制"。

基轴制主要用于以下场合：

・装配在同一根轴上的几个零件，有的要和轴形成间隙配合，有的要和轴形成过盈配合。比如活塞销与活塞之间要相对固定而采用过渡配合(实际是少量过盈)，而活塞销与连杆之间必须能灵活转动而要采用间隙配合。

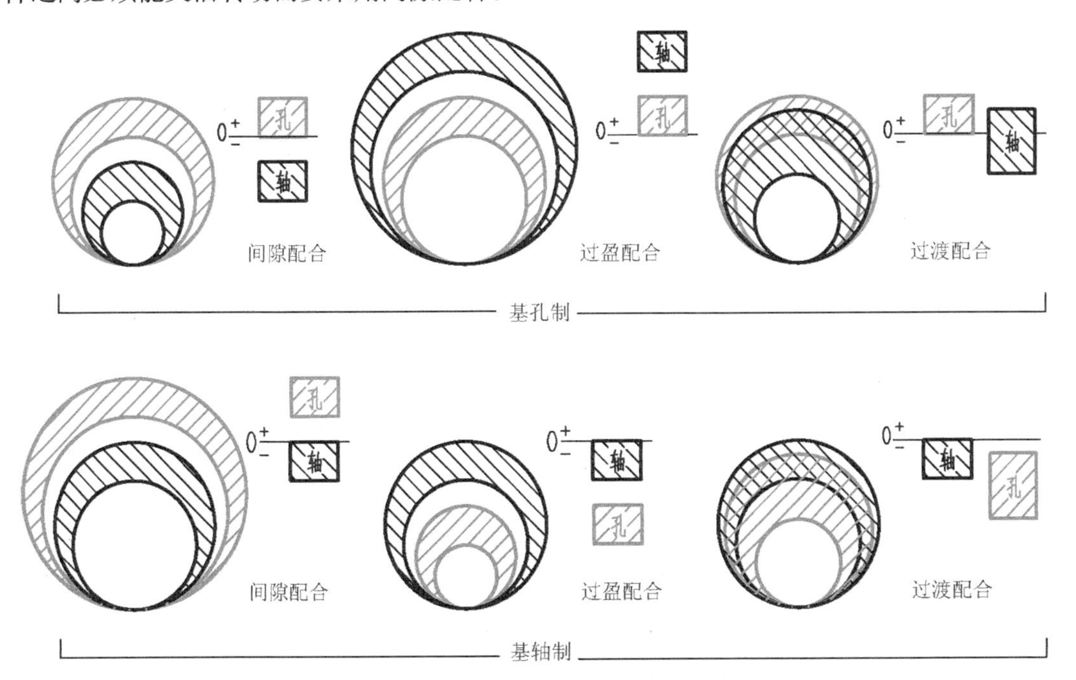

图 7－35　两种基准制

· 与轴承、键等标准件装配的零件。由于我们不能去修整标准件，所以只能通过改变与之装配的零件来获得希望的配合。

· 因为某种原因，轴不进行加工。比如直接用一段冷拉圆钢做轴。

8. 尺寸公差与配合的选用

20 种标准公差等级，28 种孔的基本偏差，28 种轴的基本偏差，即使规定采用某基准制，它们排列组合起来也有成千上万种配合。在创新设计时，一般是从“常用配合”甚至“优先配合”(表 7 - 12)中去选择一个符合设计要求的配合。

常用配合分基孔制和基轴制两张表格，只要把孔、轴基本偏差字母对调一下，其中的优先配合内容完全镜像，例如 H7/k6 和 K7/h6。

表 7 - 12 公称尺寸≤500 的基孔制优先配合的适用场合

配合性质	配合代号	适用场合
间隙配合	H11/c11	大间隙。用于转速慢、尘屑多(如农业机械)的工况
	H9/d9	间隙较大。用于高转速，或工作温度变化大的场合，如重载机械的滑动轴承
	H8/f7	间隙中等，常用的间隙配合。用于一般工况和较为精确的转动
	H7/g6	间隙较小。不用于转动工作，用于滑动，但可以转动，用于精密定位(定位销)
	H7/h6, H8/h7 H9/h9, H11/h11	间隙很小。用于没有温差、变形影响的孔轴相对静止的精密定位
过渡配合	H7/k6	用于获得非常小的间隙，或非常小的过盈，如为了消除振动的定位销
	H7/n6	用于获得非常小的过盈
过盈配合	H7/p6	小过盈。用于高精度定位，不用于靠摩擦力传递扭矩；可拆卸；用压力机装配
	H7/s6	中等过盈。用于永久联接；用热胀冷缩法装配
	H7/u6	大过盈。用于可承受大压入力的钢件

7.3.2 几何公差

1. 几何误差

零件在制造过程中，除了产生尺寸误差，还会产生形状和位置误差(图 7 - 36)。比如：因为装夹压力而导致加工后零件回弹变形；因多次装夹而导致应该同轴的两段圆柱面不同轴；因切削力矩不平衡而导致孔的轴线偏斜于基准面；等等。存在形状和位置误差的零件，即使实际尺寸处在尺寸公差之内，也有可能无法实现设计要求的配合性质。几何公差就是为了控制零件在形状和位置上的误差而设立的。

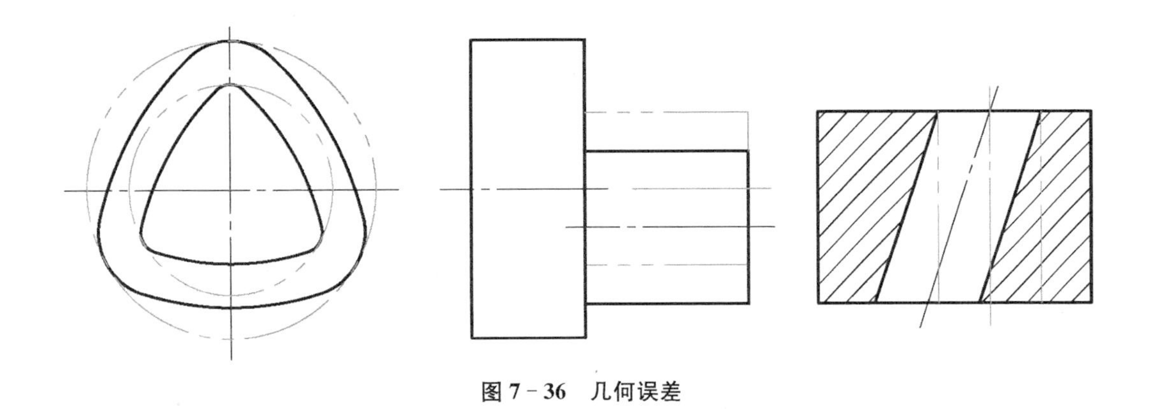

图7－36　几何误差

2. 几何公差

几何公差分为形状公差和位置公差。形状公差控制单个要素（比如一个平面、一个圆柱面）的形状，与零件上的其他要素无关。位置公差则控制被测要素相对于基准要素的空间姿态，如平行、垂直等。位置公差也控制被测要素的某些形状误差。

几何公差在零件图上用框格形式来标注（图7－37）。框格的第一格是表示公差类别的符号，第二格为公差值，第三格只有位置公差才有，填写基准代号。

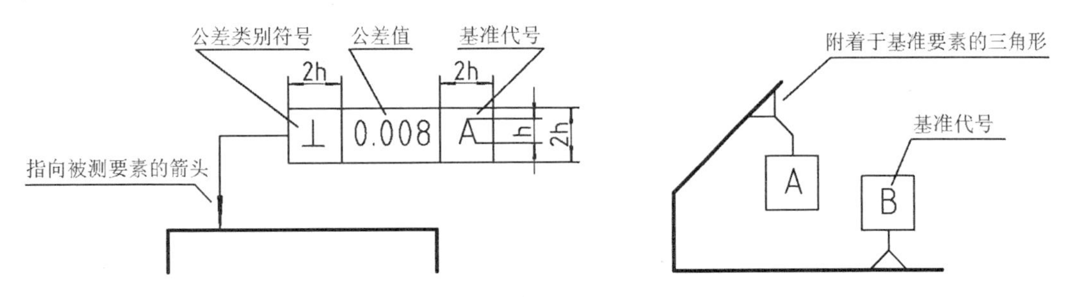

图7－37　几何公差框格和基准框格

框格用细实线画，高度为字高的2倍。框格内文字的字高和零件图上尺寸的字高一样。

从框格发出的指引线，末端箭头指向被测要素。指引线是细实线。指引线靠框格的出发段部分应垂直于框格边缘，带箭头的末端部分一般要垂直于被测要素。指引线可以转折两次。

基准代号用大写的英文字母表示。基准框格为正方形。框格边长仍为字高的2倍。不论基准要素的轮廓线是何方位，框格和里面的英文字母总是水平正置。指引线可以从框格的上下左右边缘的中点发出，靠框格的一段垂直于框格边缘，靠三角形的部分垂直于被测要素。三角形可以涂黑也可以是白色的，但不是透明的，应覆盖住背景图线。三角形要“粘”在基准要素的轮廓线或轮廓线的延长线上。

3. 导出要素

如果指向被测要素的箭头，或依附在基准要素上的三角形，正好对齐于某一尺寸线，那么被测要素或基准要素就不是箭头或三角形所直接指向或附着的那个轮廓，而是那个尺寸的中心。如果那个尺寸是某圆柱的直径,那么被测要素或基准要素就是那个圆柱的轴线;如果那个尺寸是一个矩形槽的宽度尺寸,那么被测要素或基准要素就是槽宽度方向上的对称中心面。

这种标注方法所实际针对的要素,称为导出要素(图 7－38)。

之所以采用导出要素的标注方法,而不是将箭头或三角直接指向中心线,是因为一条中心线有可能被多个要素作为中心,这样所指要素就不明确了。

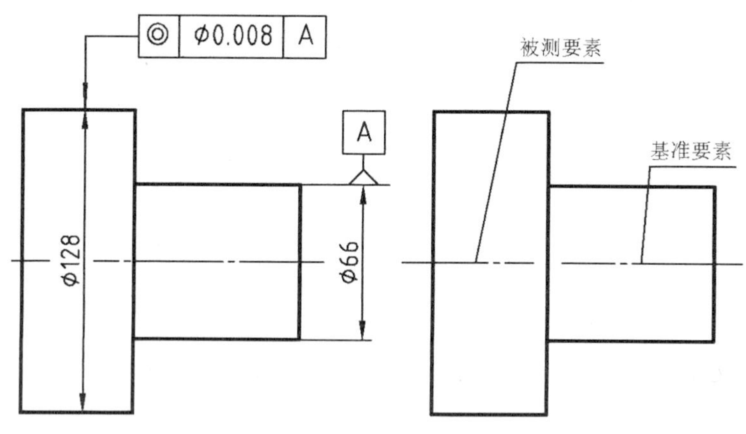

图 7－38　导出要素

4. 几何公差的公差带

尺寸公差的公差带只是包括公差等级数字和基本偏差字母代号,几何公差的内容除了公差值,还有公差带的形状。在设计几何公差要求和解读几何公差意义时,了解公差带的形状很重要。

1) 直线度

直线度主要用于约束回转体的轴线、导轨的棱线和圆柱辊筒的素线。

图 7－39(a)中,被测要素是∅80 圆柱的轴线。该轴线在任何径向方向都不能有超过公差值的形状误差,因此它的公差带的形状是一根细长的圆柱,圆柱的直径就是公差值,公差值前面要加上∅。圆柱轴线的实际形状是靠测量圆柱面推算出来的。

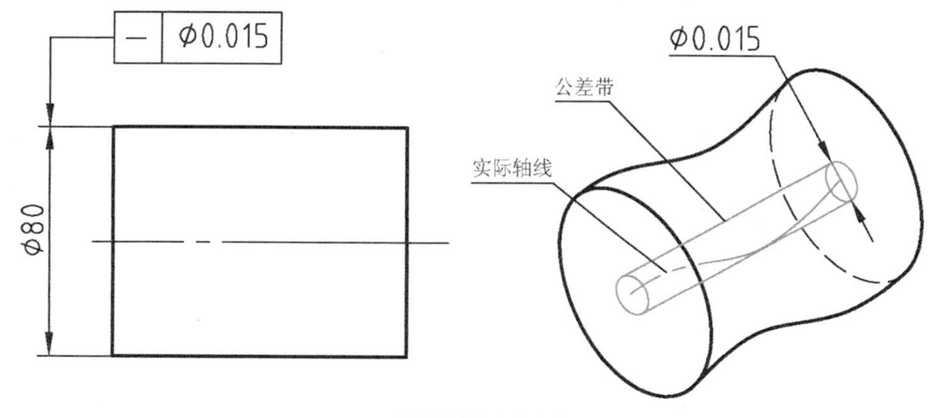

(a) 圆柱轴线的直线度

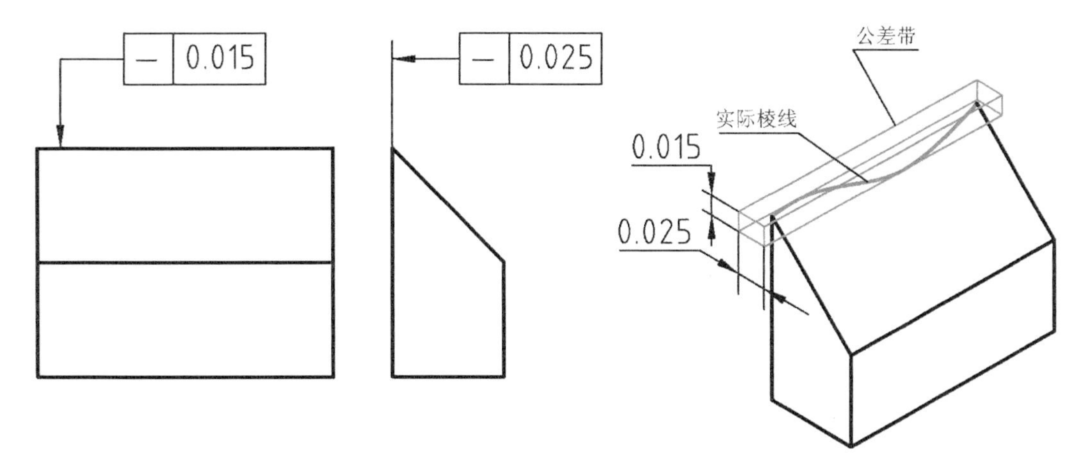

(b) 导轨棱线的直线度

图7-39　直线度的公差带

图7-39(b)中,对导轨顶端的棱线施加了纵、横两个方向上的直线度约束。它的公差带形状是一个具有长方形截面的细长的长方体。

直线度以及后面的平面度、圆度、圆柱度等都属于形状公差,它们的公差带没有基准,是随着实际测量数据"在空中浮动"的。测量时是有基准的,但之后通过最小二乘法拟合出数据的中心线,再计算各个数据点对中心线的偏差,这样就把基准因素排除掉了。也就是说,直线度只能保证直不直,不管是否歪斜。

2) 平面度

平面度(图7-40)用于控制平面上的凹凸不平形状误差。常用于零件的安装基面、导轨、工作台和其他要与别的零件配合的平面。

平面度的检测方法是:首先在加工好的平面上测量若干点相对某个基准的高度,其次用最小二乘法拟合出浮于空中的中心平面,最后看是否所有的点都能够夹在平行于中心平面的两个理想平面之间,这两个平面之间狭缝的间距是平面度公差值。

平面度的符号为一平行四边形,斜边与水平方向夹角为60°。

机床的工作台台面常被沟槽分割成若干块,但它们是作为一个整体来实现支承工件的功能的。所以这些分离的平面可以用细实线连成一体,或者在公差值后面加注"CZ",表示采用公共公差带,是作为一整个平面来评价其平面度的。

3) 圆度

圆度用于衡量回转体的某一横断面处的轮廓是否符合理想的圆形。其检测方法是:先用探针或激光测距仪测量某一横断面一圈上若干点的空间位置数据,再用最小二乘法拟合出中心圆,最后用与拟合圆同心的两个理想的圆包夹住所有的点,这两个圆所夹间隙的宽度即为误差值。若误差值在公差之内,则在这一横断面上零件的圆度就是合格的。回转体表面的圆度一般要测量多圈圆周,每一圈都要合格。

圆度的公差值是两个同心圆之间间隙的宽度(图7-41),所以不能加∅。

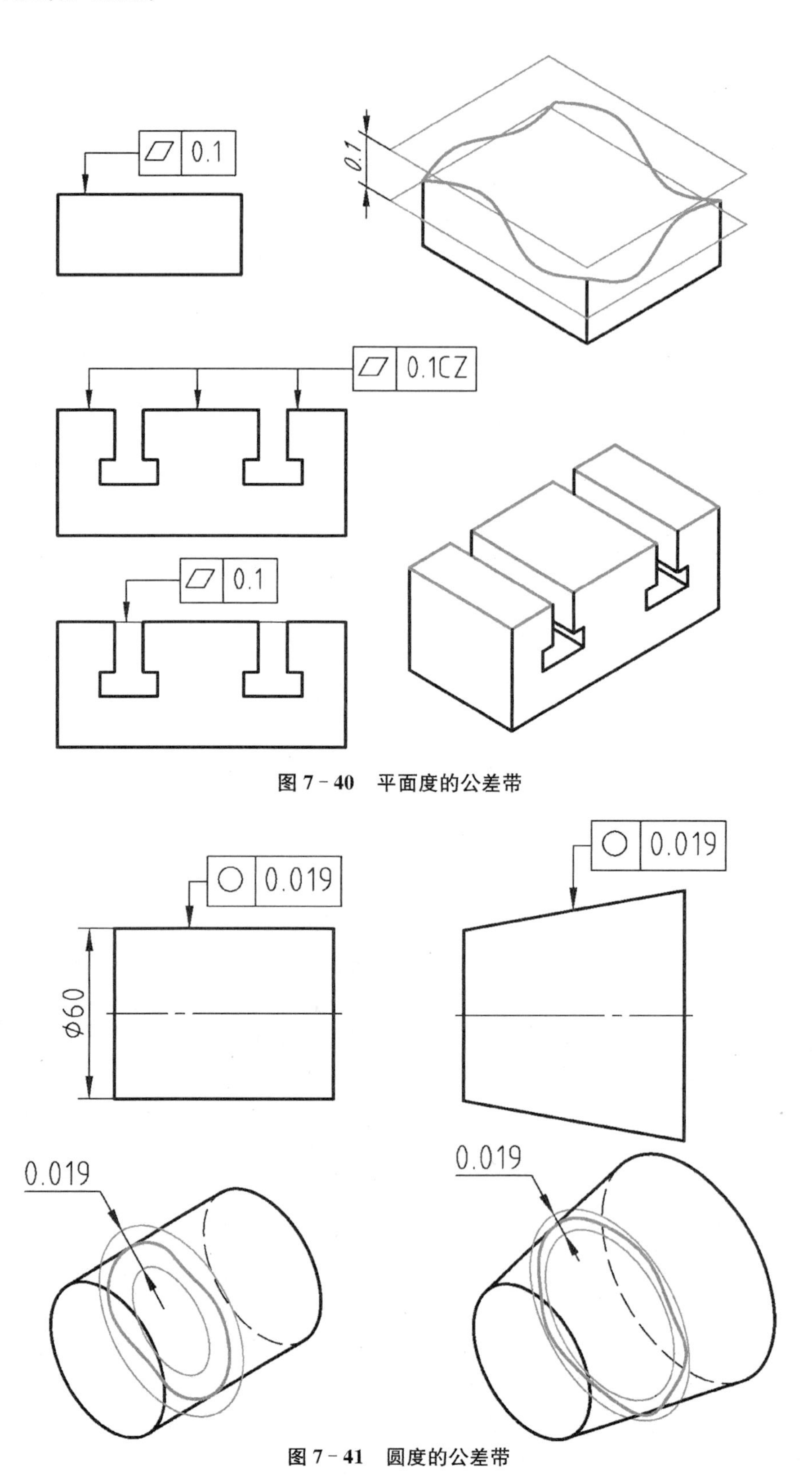

图 7-40　平面度的公差带

图 7-41　圆度的公差带

小锥度圆锥面的圆度公差，指向被测要素的箭头一般垂直于圆锥的轴线，而不是垂直于锥面轮廓线。因为测量时测头的方向就是垂直于回转轴线的。锥度较大时，箭头应该垂直于锥面轮廓线。

4）圆柱度

圆柱度与圆度的测量方法一样，只是数据的处理方式不同。圆度把每一圈的数据作为一个单元来处理，而圆柱度把所有若干圈的数据一起处理。圆柱度公差带的形状也不是同心圆了，而是同轴的两个理想圆柱(图7-42)。

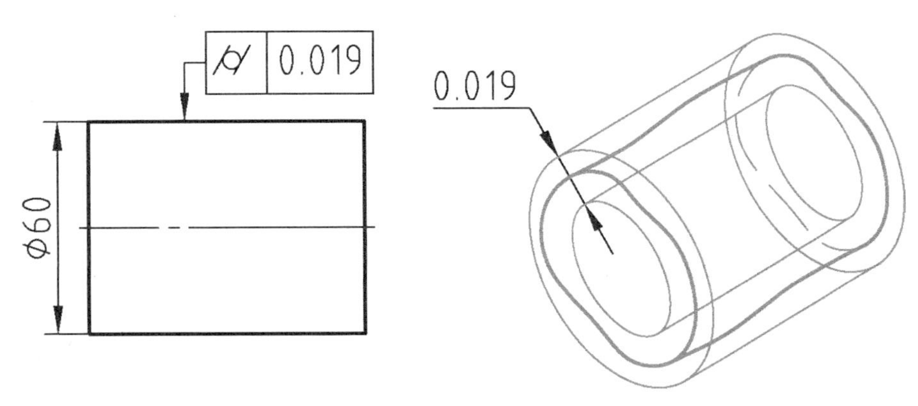

图7-42　圆柱度的公差带

圆柱度公差实际上包容了圆度、轴线直线度和素线对轴线平行度的误差。

与轴承配合的轴段，常有较高的圆柱度要求，因为轴承内圈与轴一般是小过盈配合，若内圈因轴的形状误差而产生变形，会影响传动效率。

5）线轮廓度和面轮廓度

圆度只能用于回转体，圆柱度只能用于圆柱面，其他种类的曲线和曲面（如凸轮的表面、自由曲面）的形状或位置误差，就要靠线轮廓度和面轮廓度(图7-43)来控制了。

线轮廓度的公差带，由圆心位于理想曲线上，直径等于公差值的一系列圆的包络线形成。面轮廓度的公差带，由球心位于理想曲面上，直径等于公差值的一系列球的包络面形成。

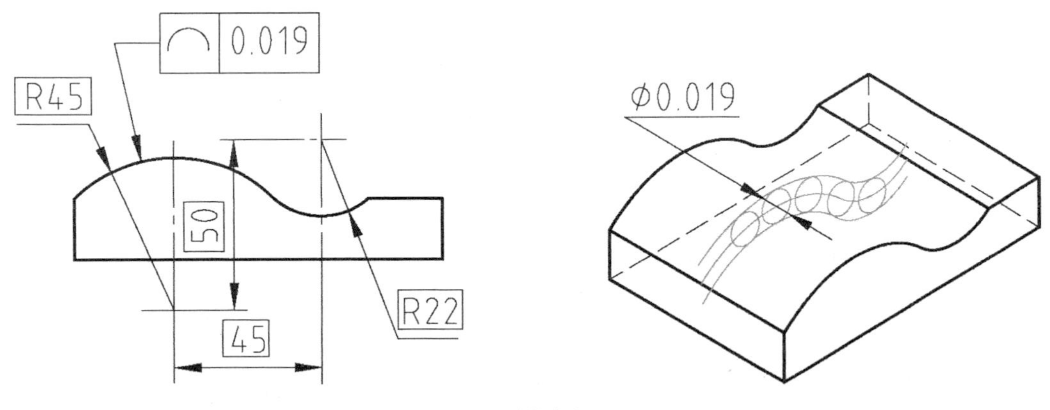

(a) 线轮廓度

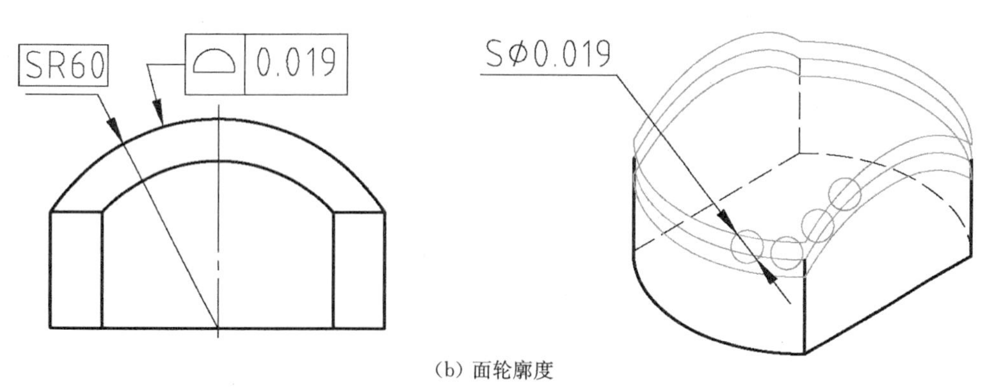

(b) 面轮廓度

图 7－43 线轮廓度和面轮廓度的公差带

线轮廓度和面轮廓度既可以用作形状公差，又可以用作位置公差，区别在于是否有基准。用作形状公差时，公差带是可以随着实测点而任意浮动的；用作位置公差时，公差带必须相对于基准保持理想的姿态。

线轮廓度和面轮廓度公差常和理想尺寸一起使用。理想尺寸的尺寸文字外面包有矩形框，用于定义理想轮廓形状或位置。

6) 平行度

平行度是位置公差，框格中必须包含基准代号。框格的箭头指向被测要素。平行度意为“被测要素相对于基准要素平行的程度”。

平行度的种类包括：线对线的平行、线对面的平行和面对面的平行，其公差带形状根据其自由度各有不同(图 7－44)。

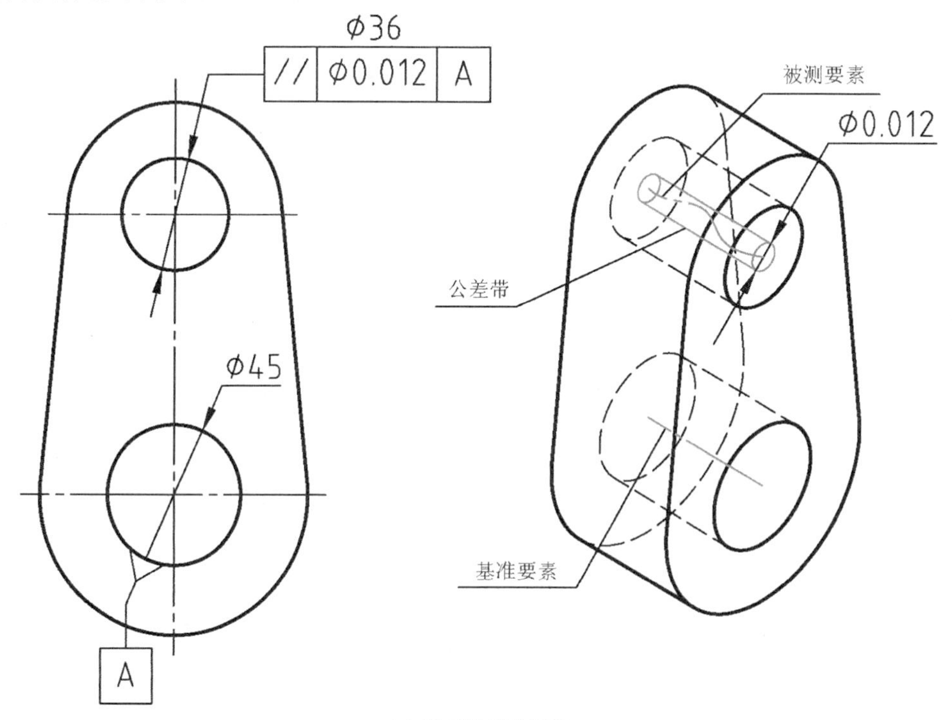

(a) 线对线的平行度

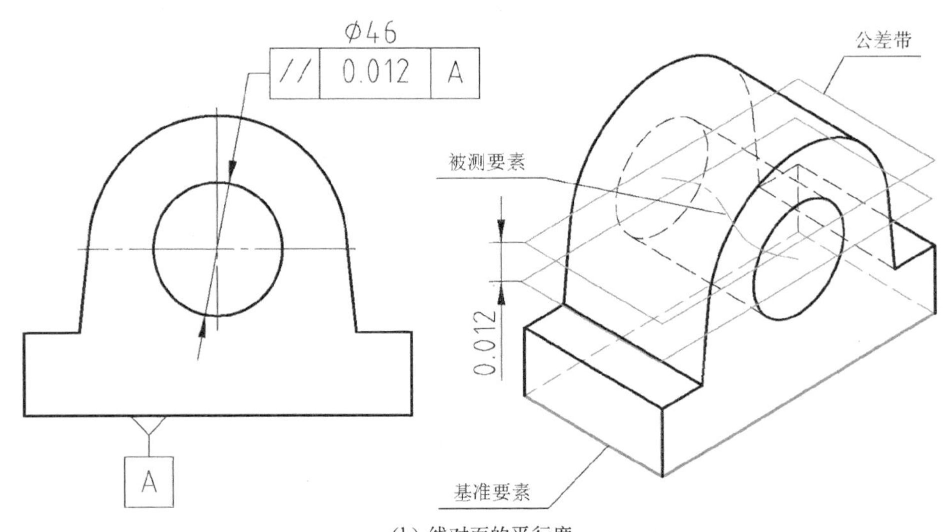

(b) 线对面的平行度

图7-44　平行度的公差带

所有位置公差的公差带都要包含基准要素。

7) 垂直度和倾斜度

垂直度和倾斜度(图7-45)都是约束要素之间的角度关系的。垂直度的种类包括:线对线的垂直,线对面、面对线的垂直和面对面的垂直,其公差带形状也各有不同。

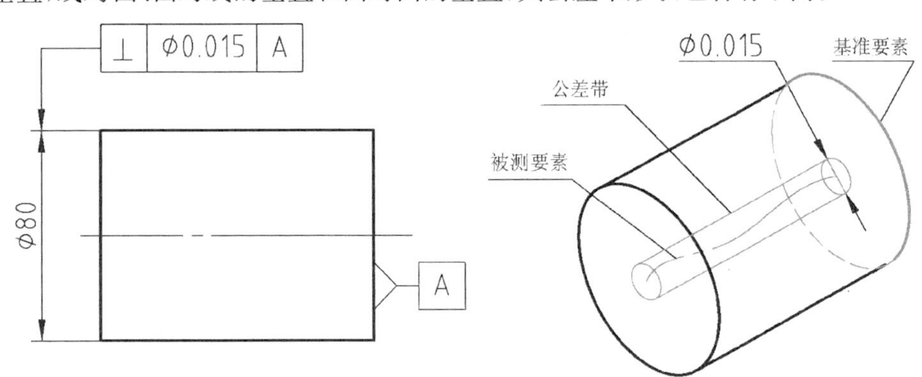

(a) 线对面的垂直度

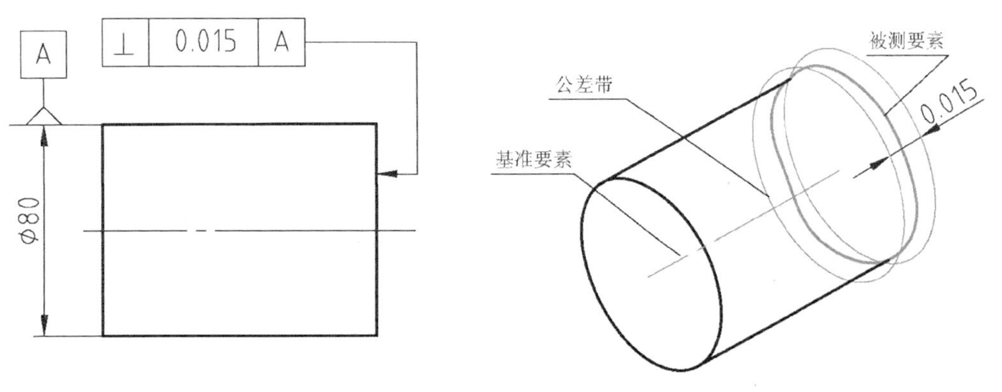

(b) 面对线的垂直度

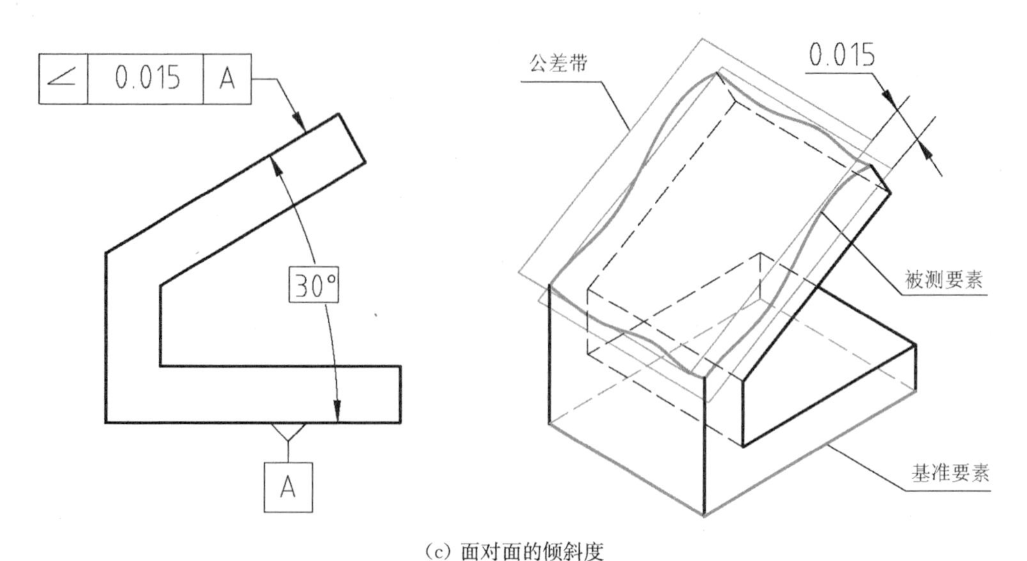

(c) 面对面的倾斜度

图 7-45 垂直度和倾斜度的公差带

8) 位置度

位置度(图 7-46)常用来约束孔的中心偏离理想位置的误差。理想位置用带矩形框的理想尺寸来定义。

位置度的基准是测量位置时所采用的基准,经常采用多基准定位。

呈矩形阵列或圆周阵列分布的孔系,常采用位置度来约束其位置精度。

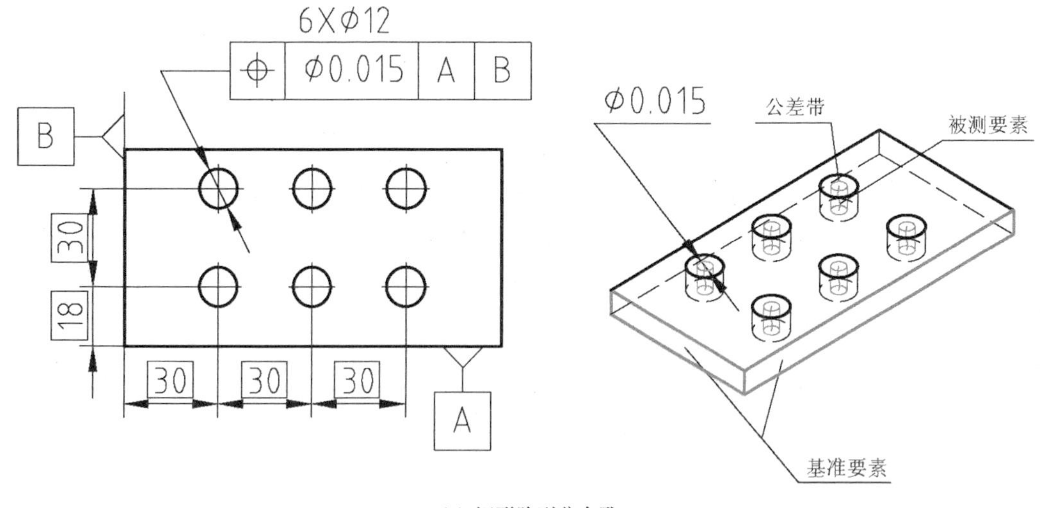

(a) 矩形阵列分布孔

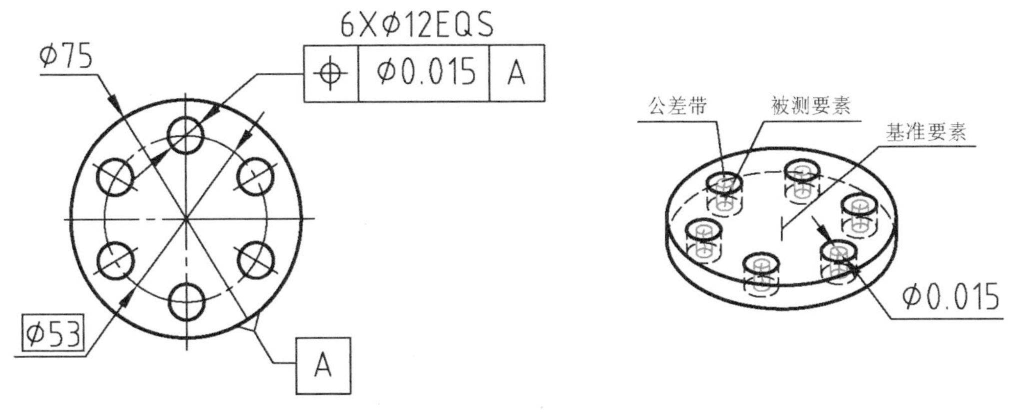

(b) 圆周阵列分布孔

图7-46　位置度的公差带

9）同轴度

同轴度(图7-47)用于衡量两个回转体的轴线是否共线。

由于测量时常常先用两个V形块支承住轴两端的圆柱面，再测量中间轴段的圆柱表面，所以框格中经常用"一"连接的两个基准代号构成"公共基准"。

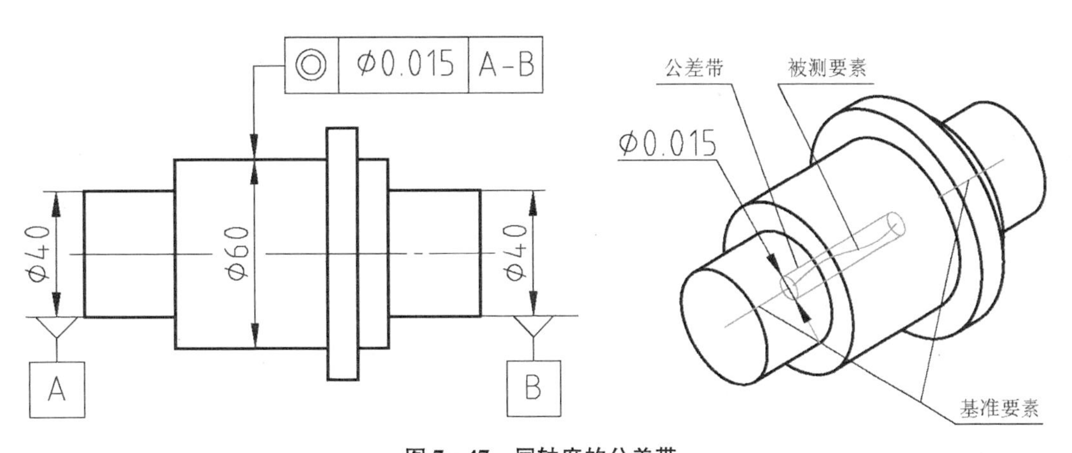

图7-47　同轴度的公差带

10）对称度

对称度(图7-48)的被测要素和基准要素一般都是采用导出标注的中心要素。对称度衡量的是这两个中心要素是否重合，或者说相互偏离的程度。键槽的宽度中心对其所在轴段的轴线，常被要求对称度公差。

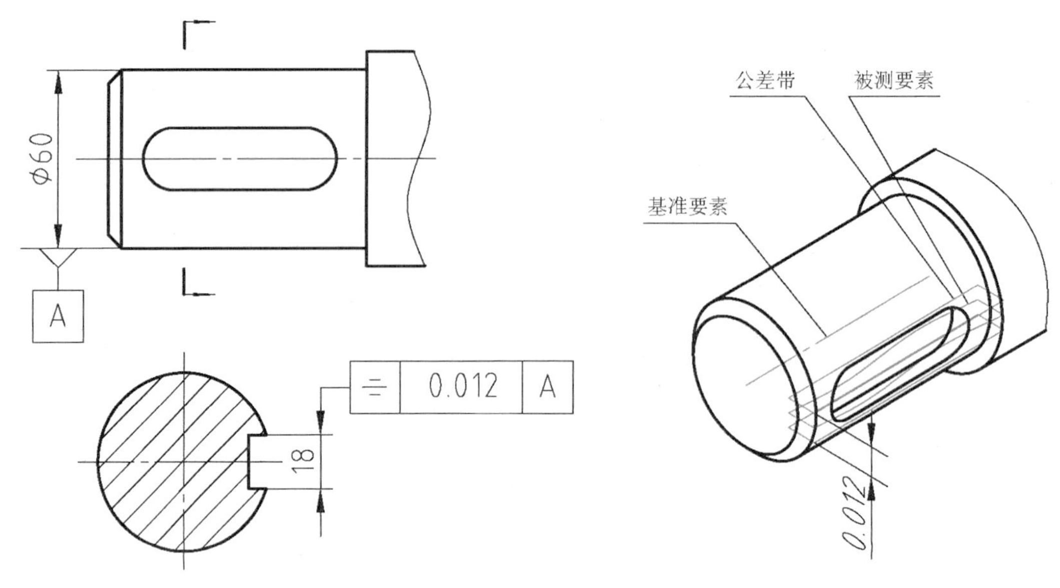

图 7-48　对称度的公差带

11）圆跳动和全跳动

跳动本来是一种测量回转体几何误差的方法：将被测零件固定在工作台上，并随工作台转动，测头抵在回转面上，记录回转一周测头的跳动幅度。这个测量方法也用于测量圆度、圆柱度和轴线直线度等几何误差，只是在数据处理时，跳动要计入相对于基准的误差。

圆跳动公差实际上包含了圆度、同轴度公差；全跳动公差则包含了圆柱度、同轴度公差。

因为跳动误差测量方便，所以圆跳动和全跳动是经常被采用的几何公差(图 7-49)。

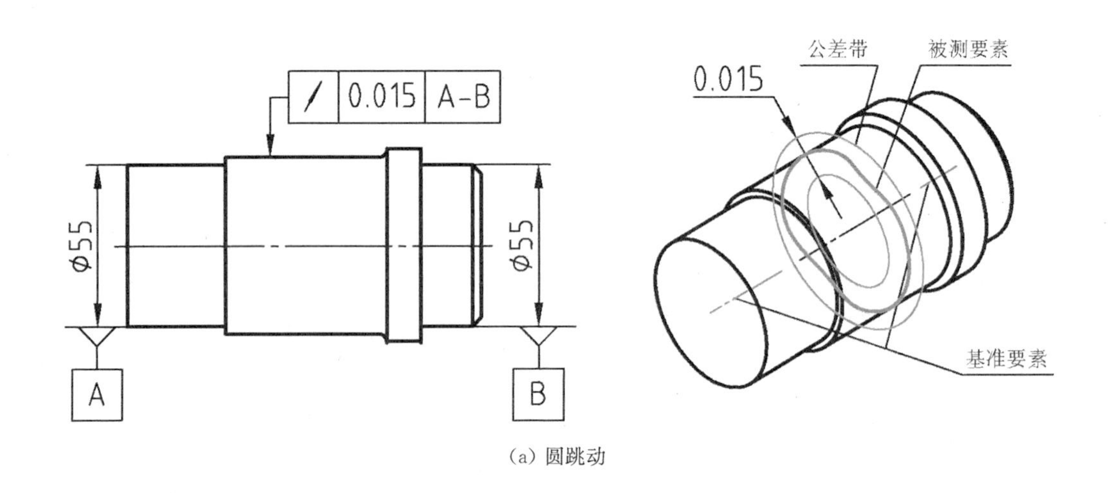

(a) 圆跳动

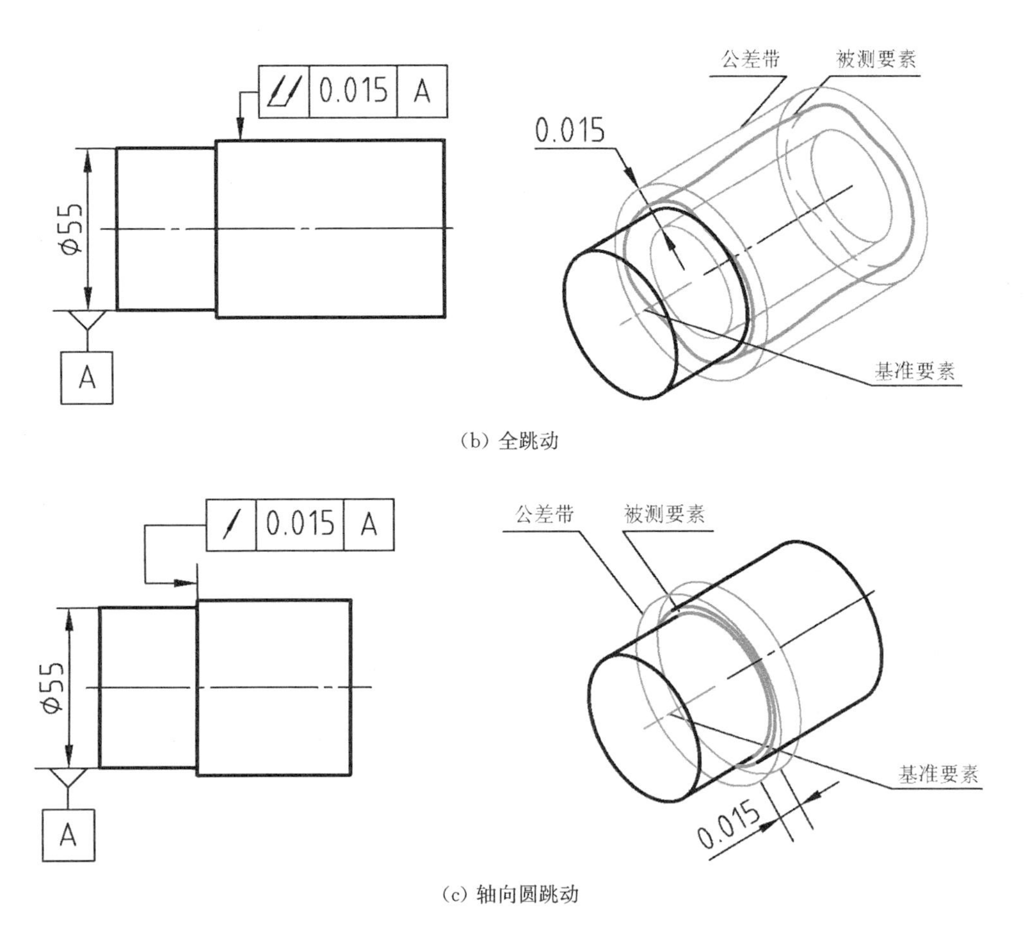

(b) 全跳动

(c) 轴向圆跳动

图7-49　圆跳动和全跳动的公差带

圆跳动也可以用来控制与轴线垂直的平面的位置误差，称为轴向圆跳动。比如，滚动轴承、齿轮等要靠轴肩来定位，因此要求轴肩台阶平面要与某轴段的轴线垂直。

5. 几何公差的公差值

几何公差值都有相应的国家标准，设计时要根据公差类型和主参数，以及功能需求，选择合适的公差等级，才能确定公差值。

几何公差值与相关要素的尺寸公差及粗糙度都有关系。在数值上：形状公差＜位置公差＜尺寸公差。粗糙度一般为几何公差的1/5～1/2。

6. 未注几何公差

直线度、平面度、垂直度、对称度和圆跳动都有未注几何公差，分H、K、L三个等级，分别对应高、中、低级要求。在文字表述的技术要求中可以写明，例如："未注几何公差按照GB/T1184-1996-K"。

7.3.3 公差原则

当尺寸公差、几何公差比较苛刻时,制造时的废品率就比较高。"废品"中有一些零件其实是可以装配使用的,公差原则可以挽救这样的零件。

运用公差原则可以调剂尺寸公差和几何公差的余量。因为尺寸公差比几何公差宽松,所以通常把尺寸公差的余量调剂给几何公差。

公差原则分为独立原则和相关原则。相关原则中包括常用的包容要求和最大实体要求等,如图 7-50 所示。

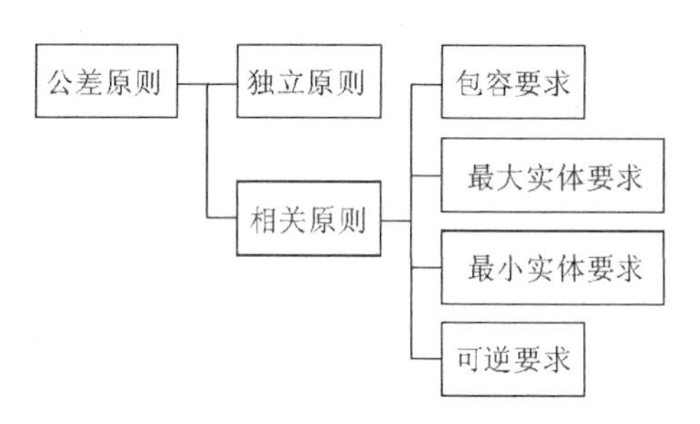

图 7-50 公差原则

1. 独立原则和相关原则

独立原则就是尺寸公差和几何公差各司其职,彼此之间没有公差的调剂关系。独立原则用在加工设备的加工能力足以达到零件制造精度要求的场合,以及尺寸公差与几何公差相差悬殊的场合。如果机床的加工精度超高,或零件的加工精度要求超低,就可以采用独立原则。如果像印刷机滚筒一样,对形状精度的要求远超尺寸精度要求的零件,也应采用独立原则。

相关原则允许在保证可装配的条件下,尺寸公差和几何公差互相通融。也就是说,只要能完全互换地进行装配,即使零件的几何误差超过了几何公差,零件也是合格的。相关原则包括包容要求、最大实体要求、最小实体要求以及可逆要求。

2. 最大实体尺寸

以孔、轴间隙配合为例,为了保证可装配,我们希望轴小而孔大,也就是要为轴径设定一个上限,为孔径设定一个下限。这两个相反方向的限定边界可以统一在"最大实体"的概念下:轴做到最大,或孔做到最小,都是该零件实体体积最大的状态,即零件包含的原子、分子数量相对最多。

如图 7-51 所示,对轴而言,轴径的最大实体尺寸,就是轴径的最大极限尺寸;对带孔零件而言,孔径的最大实体尺寸,就是孔径的最小极限尺寸。

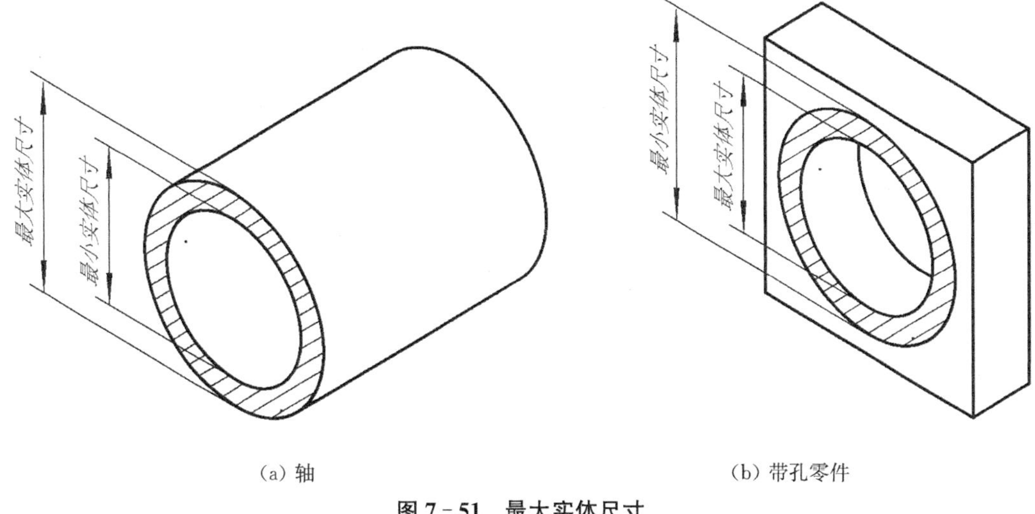

(a) 轴　　(b) 带孔零件

图 7-51　最大实体尺寸

3. 最大实体实效边界

以一根轴为例，如果它的直径存在尺寸误差，它的轴线也存在直线度误差，那么紧贴包裹在轴外的理想圆柱就是其最大实体意义上的实效边界。

对带孔零件而言，如果它的直径存在尺寸误差，它的轴线也存在直线度误差，那么紧贴在孔壁内的理想圆柱面，就是其最大实体意义上的实效边界。

最大实体实效边界(图 7-52)包容了孔、轴的尺寸误差和几何误差，能够用于判断孔、轴的可装配性。

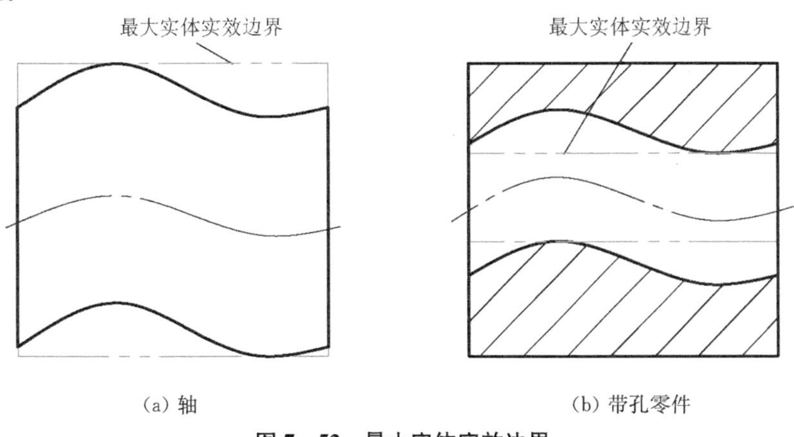

(a) 轴　　(b) 带孔零件

图 7-52　最大实体实效边界

4. 包容要求

在轴或孔的直径尺寸后面加注圈 E，就表示这个轴或孔的尺寸误差和几何误差要采用包容要求来衡量合格与否。

包容要求(图 7-53)规定的合格最大实体实效边界，是以最大实体尺寸为直径的理想圆柱面。对于轴来说,是以最大极限尺寸为直径的理想圆柱;对于孔来说,是以最小极限尺寸为直径的理想圆柱。零件的实际轮廓只要超过这个边界就是不合格的。

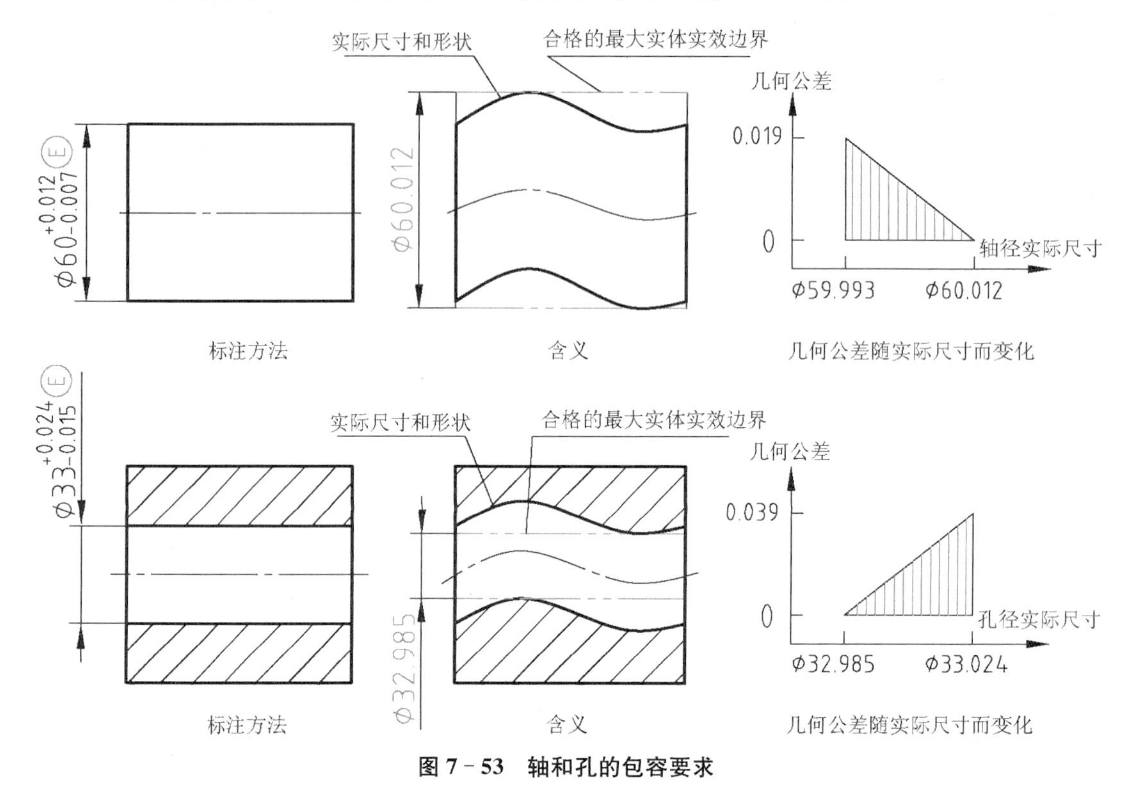

图 7-53 轴和孔的包容要求

采用包容要求的表面一般用通用量规来检验零件是否合格,轴用环规,孔用塞规。检测效率很高。但量规制造成本高,只适合于大批量生产的零件。

包容一词的意义是包容各种形状误差。如果尺寸公差要求较高的话,采用包容要求相当于提出比较严格的形状公差,常用在与滚动轴承等精密零件配合的轴或孔上。

采用包容要求的零件的合格条件为:

·零件的实际尺寸要在尺寸公差之内。

·零件的实际尺寸与最大实体尺寸之间的距离(正值),即为形状公差。所有形状误差都要在此范围之内。

如果对零件的形状精度有更高的要求,可以在有包容要求的同时,附加更严格的形状公差。此时零件的形状误差是否合格,既要根据最大实体实效边界,又要根据形状公差,取二者中最严格的那一个要求来判断。

5. 最大实体要求

最大实体要求用圈 M 来表示,写在几何公差框格里,且写在公差值或基准代号的后面。

最大实体要求(图 7-54)和包容要求一样,也是要控制零件的最大实体实效边界,只是合格实效边界的尺寸不是最大实体尺寸了,对轴而言是最大实体尺寸加上几何公差值,对孔而言是最大实体尺寸减去几何公差值。

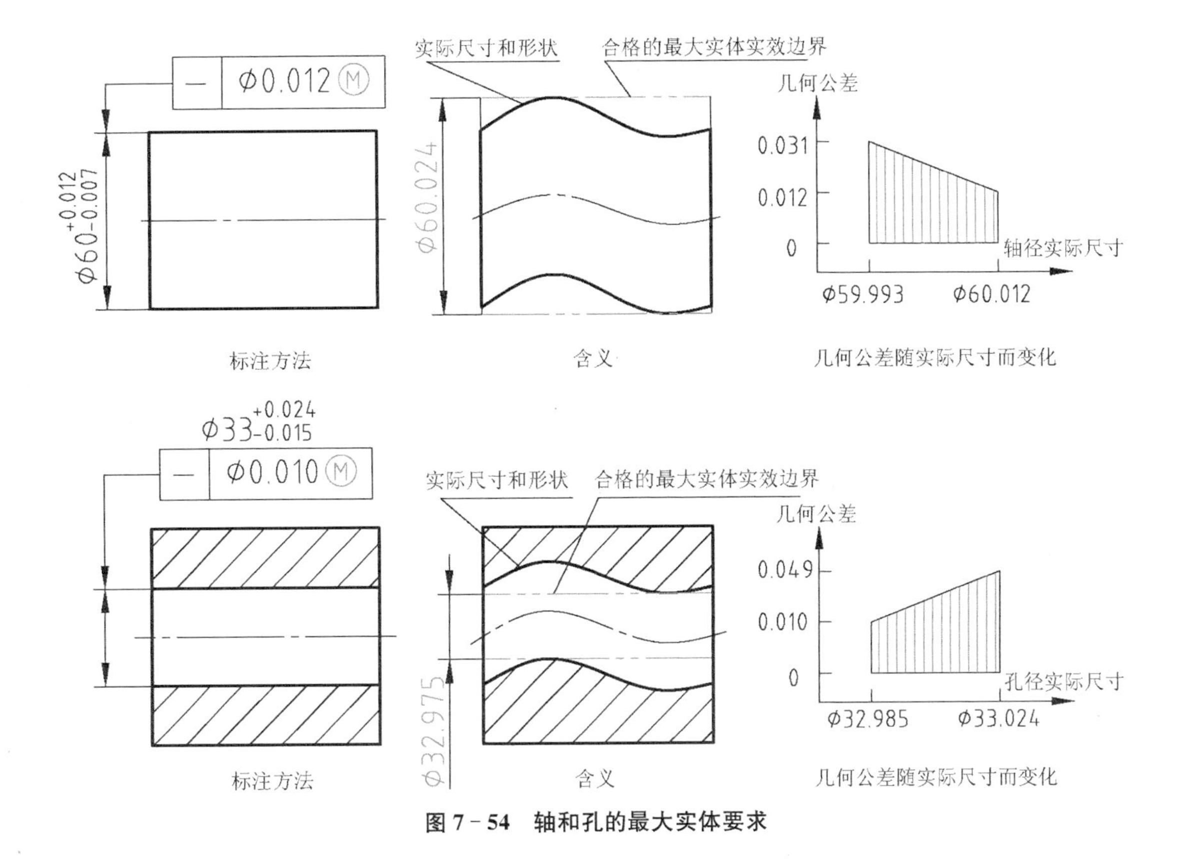

图 7－54　轴和孔的最大实体要求

和包容要求一样，最大实体要求也可以将实际尺寸与最大实体尺寸之间的差距补偿给几何公差，从而扩大几何公差。同样尺寸公差情况下，最大实体要求比包容要求宽松一些。

几何公差值为零的最大实体要求，与包容要求一样，都是采用以最大实体尺寸为直径的理想圆柱作为实效边界。它们的区别在于：包容要求只能约束形状公差，最大实体要求还可以约束位置公差；包容要求约束所有种类的形状误差，最大实体要求只约束指定项目的几何公差。最大实体要求只能用于中心要素。

最大实体要求可以特制专用量规来快速检测，常用于位置度实现两个零件螺栓孔的对齐。

6. 最小实体要求

如图 7－55 所示，最小实体要求用圈 L 来表示，写在几何公差框格里，标注方式和最大实体要求一样。最小实体要求不常用。

采用最小实体要求，用实际尺寸与最小实体尺寸的差值去补偿几何公差。当轴做到最小极限尺寸、孔做到最大极限尺寸时，就没有余量调剂给几何公差了。

最小实体要求可以用来保证零件的最小壁厚，以免薄壁零件穿孔破壁。

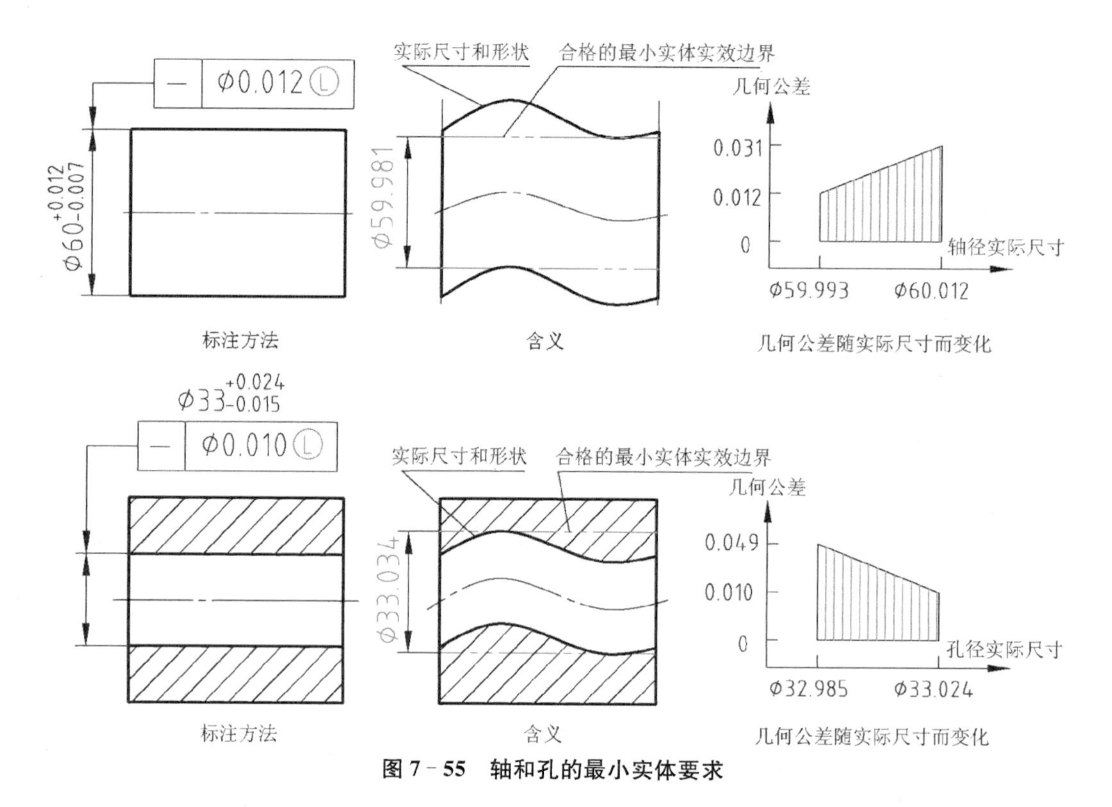

图 7-55　轴和孔的最小实体要求

7. 可逆要求

图 7-56 为可逆要求的标注方法。

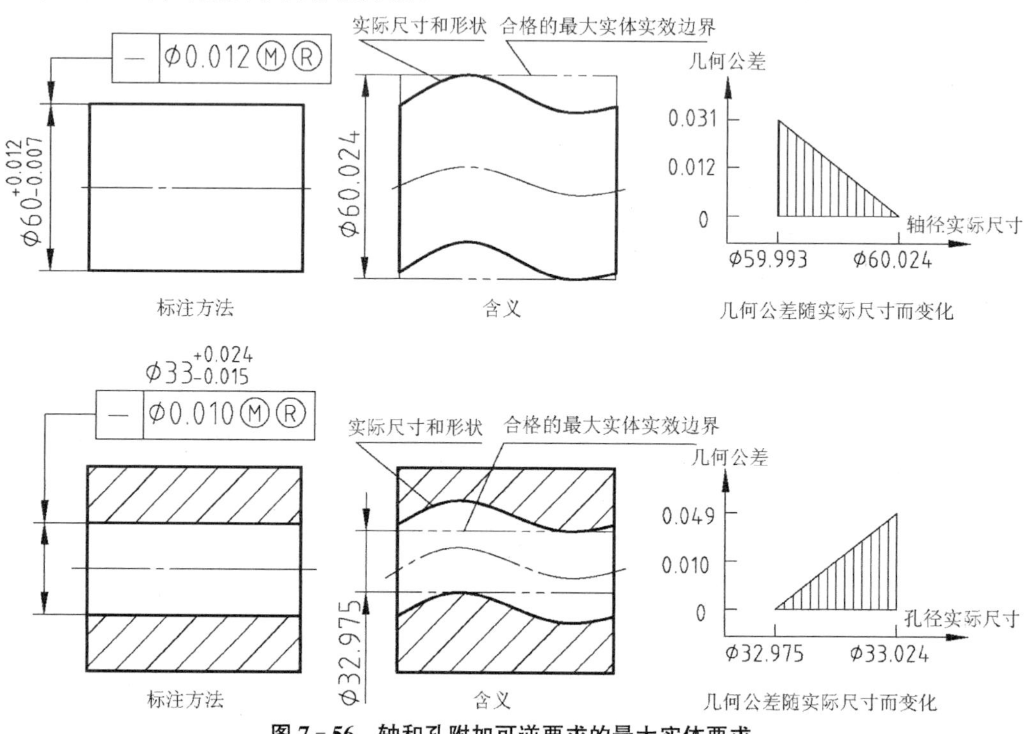

图 7-56　轴和孔附加可逆要求的最大实体要求

之前的种种要求，都是实际尺寸要遵从尺寸公差，且把尺寸公差的余量调剂给几何公差。若在圈M、圈L之后再加注圈R(采用可逆要求)，就表示在遵从合格最大实体实效边界的条件下，几何公差的余量也可以倒过来补偿给尺寸公差，轴径可以突破最大极限尺寸，孔径可以小于最小极限尺寸。

可逆要求不可单独使用。因为几何公差远小于尺寸公差，所以可逆要求不常用。

7.3.4 表面结构

零件的表面经过加工后，有的可以看见粗犷的刀痕，有的看起来光泽黯淡，有的则光亮如镜，这种微观的表面不平度用表面结构这一技术要求来控制。

1. 表面结构对零件性能的影响

表面结构影响零件的疲劳强度。在交变应力作用下，零件表面的微观沟槽会产生应力集中，沟槽逐渐扩展加深，继而导致零件断裂。

表面结构影响零件的耐腐蚀性。微观的沟槽加大了零件接触腐蚀性物质的面积，使得零件更容易被腐蚀。

零件表面的不平度影响配合表面之间的摩擦力大小。

微观沟槽的形状和尺寸还影响零件的电镀性能、油漆牢固度、润滑性能、耐磨性和接触刚度。

2. 表面结构要求

零件的表面在显微镜下是凹凸不平的(图7-57)。借用物理中波动的概念，我们把这凹凸不平的轮廓看成是由不同频率的波动叠加而成的，它既包含高频成分，又包含低频成分。经过滤波器的滤波处理，原始轮廓(P轮廓)可以分解成粗糙度轮廓(R轮廓)和波纹度轮廓(W轮廓)。我们可以为粗糙度轮廓和波纹度轮廓设立公差，来控制其波幅大小以及波形特征参数。

表面粗糙度对零件的各项性能影响较大，是零件图上必不可少的标注内容。

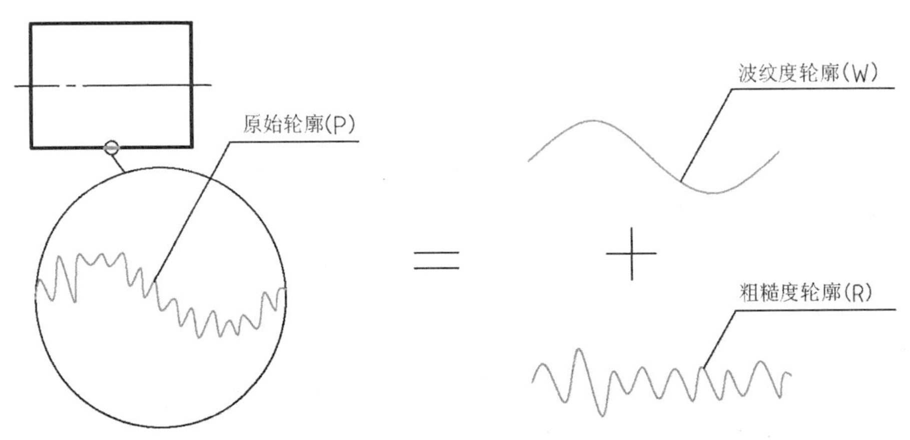

图7-57 表面结构

3. 表面粗糙度的评定参数

零件表面的粗糙度可以从粗糙度轮廓(波动)的幅度、波长和波形三个方面进行评定。

1) 幅度参数 a 和 z

粗糙度轮廓为一随机波动,其振幅可用平均值或最大值来描述。

(1) 轮廓算术平均偏差 Ra

如图 7-58 所示,轮廓算术平均偏差的计算方法是:对于一段(取样长度)粗糙度波动,先计算出它的轮廓中线,再把所有夹在粗糙度轮廓和中线之间的面积之和算出来,除以这段波动的长度,就得到了振幅平均值。如果给定表面粗糙度要求为 Ra 1.6,就是要求振幅平均值小于 1.6 微米。

Ra 参数可以用自动仪器快速测量,是最常用的粗糙度指标。

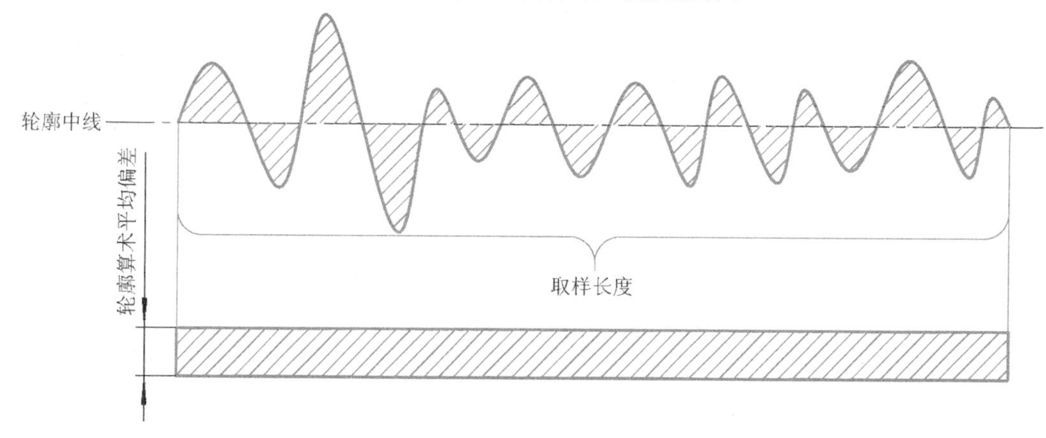

图 7-58　轮廓算术平均偏差 Ra

(2) 轮廓最大高度 Rz

如图 7-59 所示,轮廓最大高度的计算方法是:对于一段(取样长度)粗糙度波动,先计算出它的轮廓中线,再找到最高的山峰和最低的山谷,它们之间的落差就是轮廓最大高度。如果给定表面粗糙度要求为 Rz 6.3,就是要求轮廓最大高度必须小于 6.3 微米。

Rz 要求比 Ra 要求严格得多。同等要求下,Ra 的极限值约为 Rz 极限值的 4 倍。

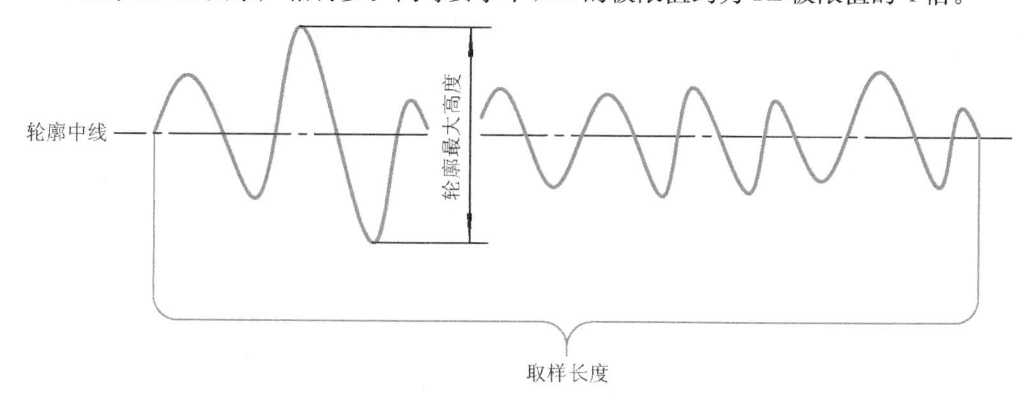

图 7-59　轮廓最大高度 Rz

Rz 参数用于对疲劳强度有较高要求的表面。

2）波长参数：轮廓单元平均宽度 Rsm

轮廓单元平均宽度（图 7－60）是测量取样长度内粗糙度波动波长的平均值。粗糙度波动的波长受加工时刀具进给速度的影响，是较为稳定的。波长会影响零件的镀覆、涂装性能。

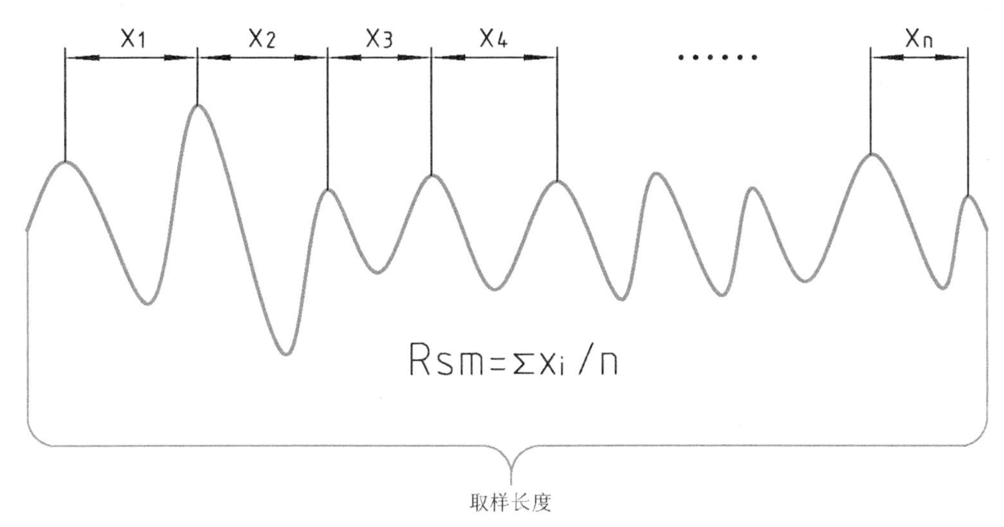

图 7－60　轮廓单元平均宽度 Rsm

3）波形参数：轮廓支承长度率 Rmr(c)

粗糙度轮廓山峰的形状受加工刀具形状和进给参数的影响，有的尖锐，有的圆钝。尖锐的山峰容易被磨平，从而使得配合表面之间的间隙变大。如图 7－61 所示，用与粗糙度轮廓最高山峰相距 c×Rz 的线段截切各个山峰，c 为百分比，各段截交线长度之和与线段总长之比即为轮廓支承长度率 Rmr(c)。

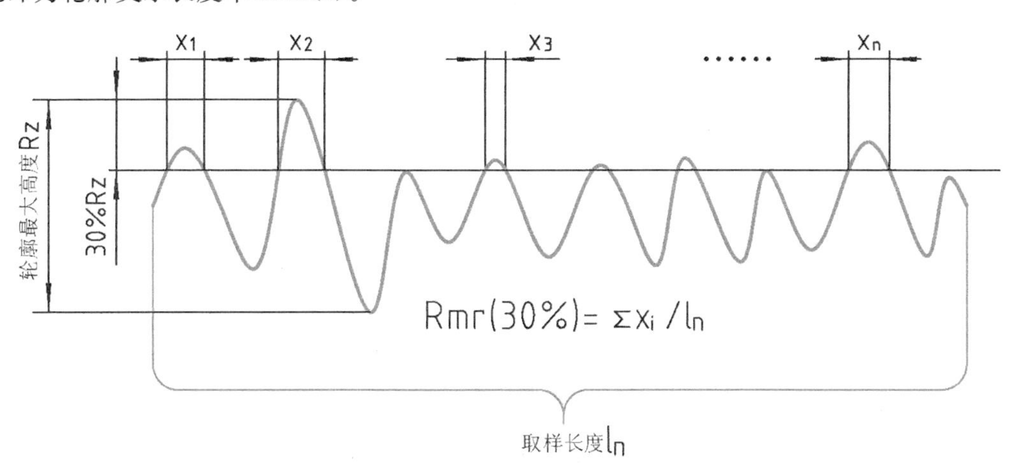

图 7－61　轮廓支承长度率 Rmr(c)

4. 表面粗糙度的极限值

粗糙度的极限值有国家标准规定。常用粗糙度的极限值有（单位：微米）：0.1，0.2，0.4，

0.8,1.6,3.2,6.3,12.5,25 等。

粗糙度极限值与加工方法密切相关(表 7-13)。

表 7-13 常用表面粗糙度极限值与加工方法的关系

Ra 极限值	零件表面状态	对应的加工方法	应用场合
0.1,0.2	暗光泽面	研磨,珩磨,超精磨,抛光	高速轴,气缸、活塞,6 级精度齿轮
0.4,0.8	微辨切削方向	精车,精镗,精铰,精磨	与轴承配合的轴、孔,导轨,花键
1.6	可辨切削方向	精车,精镗,精铣,粗磨	低速相对运动的配合表面
3.2,6.3	微见刀痕	车,镗,精铣,精刨	非配合表面
12.5	可见刀痕	粗车,铣,刨,钻	钻孔,倒角,非工作面

5. 传输带

传输带指的是一个波长范围,单位为毫米。例如:传输带为 0.08—2.5,意味着将原始轮廓中波长短于 0.08 毫米的成分和长于 2.5 毫米的成分都用数字信号处理方法过滤掉,只针对滤波处理后的波形来评判其各项参数是否合格。

根据轮廓参数类型和极限值,可以在国家标准中查到默认的传输带。采用默认的传输带时,不用标注出来。若改变默认值就要标注出来,并在右侧加“/”。

6. 评定长度

评定粗糙度的参数要在单位长度内测量才有可比性。这个长度就是评定长度。

评定长度(图 7-62)的数值是取样长度的个数,即一个评定长度包含几个取样长度,默认值为 5 个。

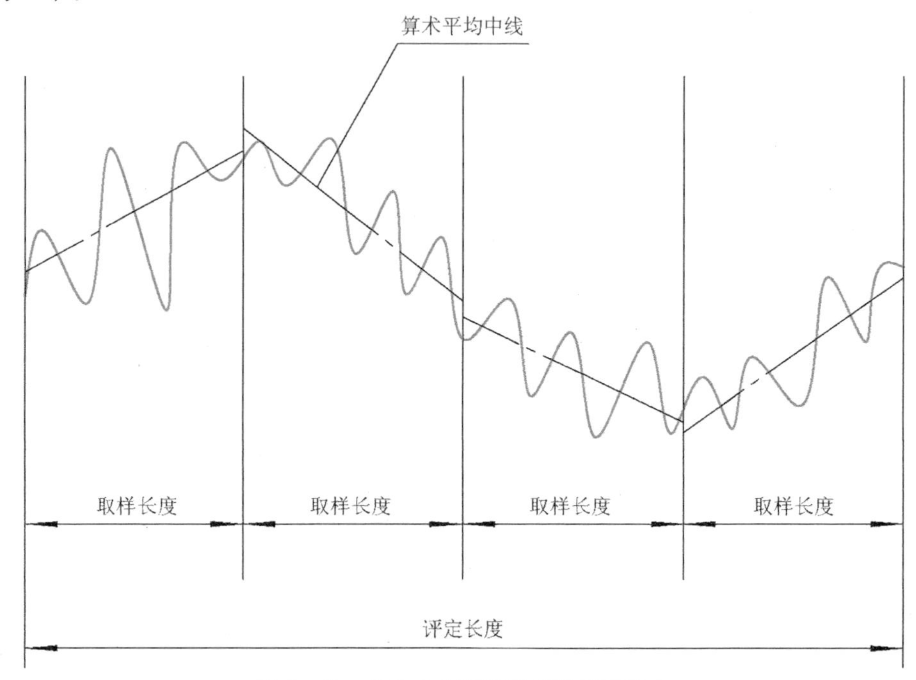

图 7-62 包含 4 个取样长度的评定长度

取样长度是保证测量有效性的最小长度，其数值等于传输带中的波长上限。计算粗糙度评定参数时，先分别计算每个取样长度内的参数，再统计得到评定长度上的参数。

7. 极限判断规则

极限判断规则用于判断零件的粗糙度波形是否合格，有两种：16%规则和 max 规则（最大规则）。

16%规则意味着允许实测数据中有 16%的数据超过偏差值；而 max 规则一个都不能超过。

极限判断规则默认是 16%规则，如果是 max 规则就要注明。

8. 表面结构符号及其标注内容

表面粗糙度以符号形式标注在零件图上，各相关要求写在符号的周围。表面结构符号用细实线画，画法如图 7-63 所示。

表面结构符号周围不同区域标注的内容如图 7-64 所示：

a：表面结构要求，如图 7-65 所示包括上下限符号、传输带、轮廓类型、参数种类、评定长度，极限判断规则，根限值。其中大部分项目设有默认值，可以不出现在标注中。

b：对同一表面提出第二要求，比如第一要求是 Ra 指标，第二要求是 Rz 指标。第二要求也可以是粗糙度下限的要求。大多数零件的表面粗糙度偏差仅有上限，即实际的粗糙度不能大于上限值。但有的零件因功能需要，表面太光滑了也不行，粗糙度既有上限又有下限。标注时，上面写上限要求，以“U”开头；下面写下限要求，以“L”开头。只有上限要求时，开头不用标“U”。

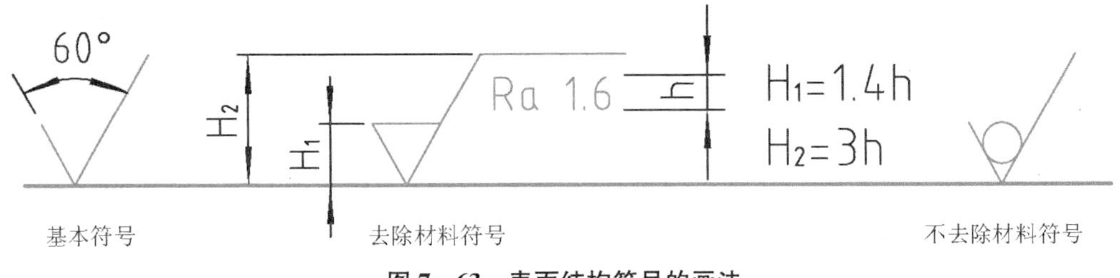

图 7-63　表面结构符号的画法

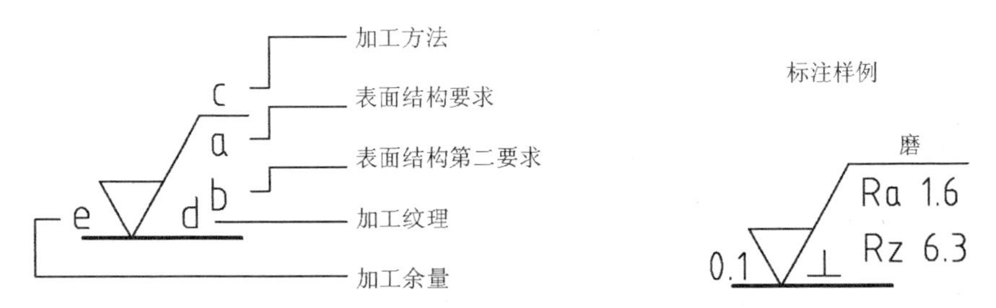

图 7-64　表面结构符号周围标注的内容

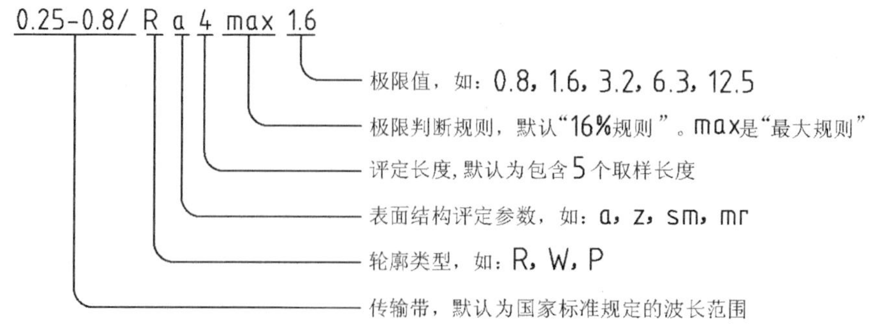

图 7-65 表面结构要求的组成

c:表面的加工方法,比如"车""铣""磨"等。

d:加工纹理,比如垂直于视图所在投影面、同心圆等,如图 7-66 所示。

e:加工余量数值,以毫米为单位。

解读零件图上标注的粗糙度要求时,既要明白写出来的内容,又要明白没有写出来的默认内容。表 7-14 是解读粗糙度要求的例子。

表 7-14 表面粗糙度要求的含义

粗糙度要求	含义
Ra 1.6	用标准传输带;轮廓评定参数为平均振幅;评定长度为 5 个取样长度;用"16%规则"判断合格与否;极限值为 1.6 微米
-2.5/Rz3max6.3	传输带中短波截止波长为标准值,长波截止波长为 2.5 毫米,不是标准值;轮廓评定参数为最大振幅;评定长度为 3 个取样长度;用"max 规则"判断合格与否;极限值为 6.3 微米

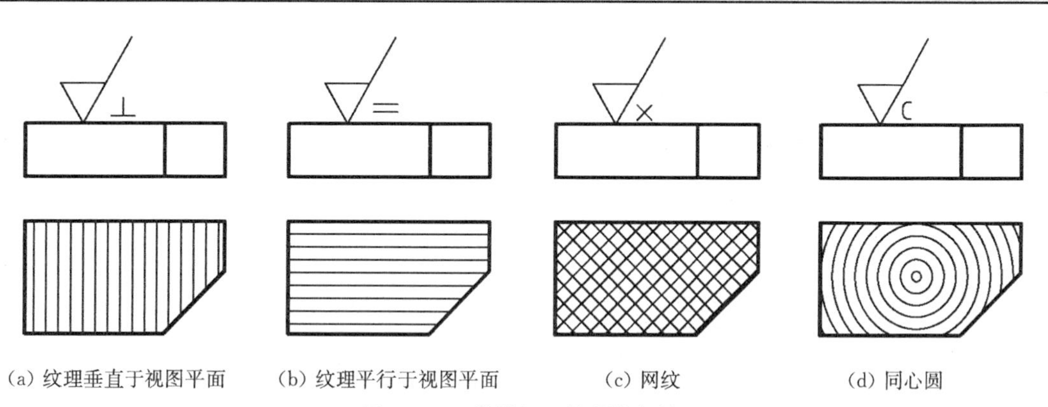

(a) 纹理垂直于视图平面　(b) 纹理平行于视图平面　(c) 网纹　(d) 同心圆

图 7-66 常用加工纹理的标注

9. 表面结构的标注规范

和尺寸标注类似,表面结构符号也要随着物体的轮廓线而倾斜,还要保证字头偏上(图 7-67)。对于外法线方向朝右以及偏下的表面,表面结构符号应采用指引线斜指的标注方式。当表面的法线方向处在几乎朝右 30°的范围时,也应采用指引线标注方式。

如图 7－68 所示，表面结构符号的尖角，要像切削刀具一样，从空气指向零件的表面，而不能倒转过来。

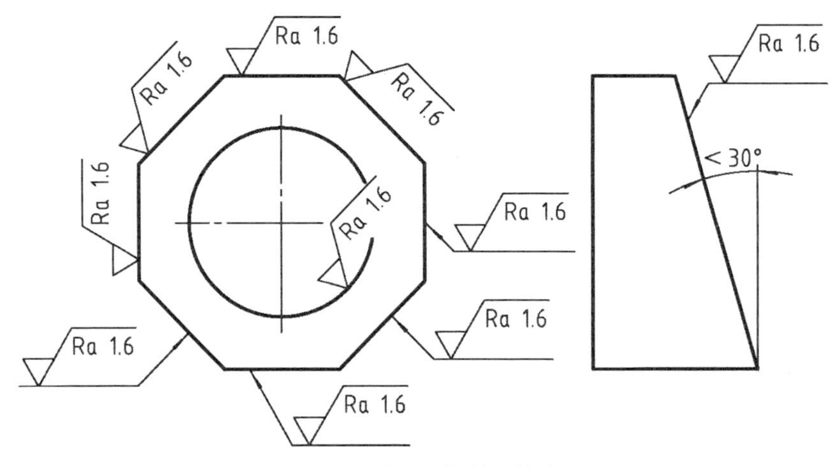

图 7－67　表面结构符号的方向

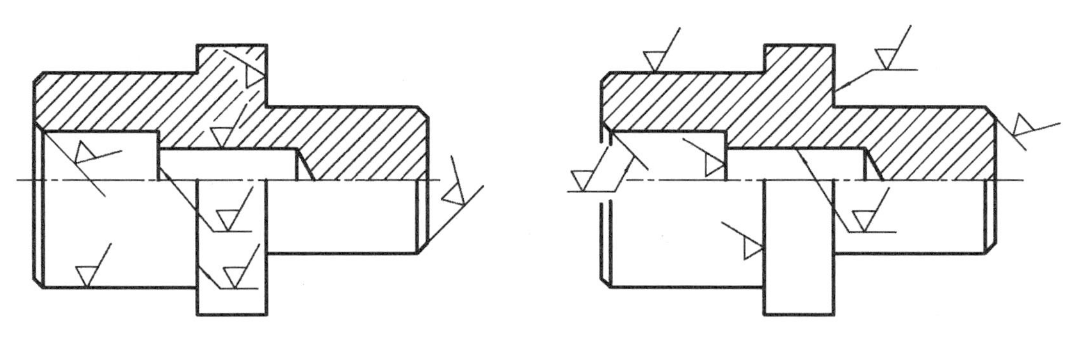

(a) 错误的粗糙度标注　　(b) 正确的粗糙度标注

图 7－68　表面结构符号标注在轮廓线上时有指向要求

表面结构符号既可以直接指向零件表面轮廓线，也可以指向轮廓线的延长线，例如尺寸界线(图 7－69)。此时仍然有指向要求。

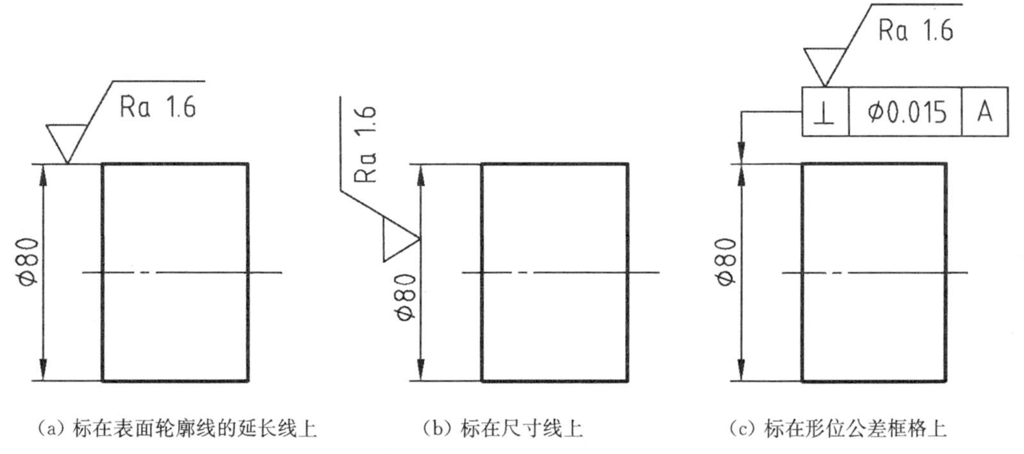

(a) 标在表面轮廓线的延长线上　　(b) 标在尺寸线上　　(c) 标在形位公差框格上

图 7－69　表面结构符号的多种标注位置

表面结构符号还可以指在尺寸线上以及形位公差框格上，尺寸箭头和形位公差箭头所指的表面就是其针对的表面。这样标注时没有指向要求。

表面结构符号一般都指向零件表面的积聚线或转向轮廓线。若图纸上缺少表面积聚的视图，可以先在表示面域的线框中间画一个小黑点，再采用指引线方法标注(图 7－70)。

对于像 V 形槽、键槽一样，同时被加工出来的两个表面，可以用一拖二的方式标注粗糙度(图 7－71)：一个表面结构符号带两个箭头。这种标注方法不可用于无关的要素，或有可能会采用不同粗糙度参数的要素。

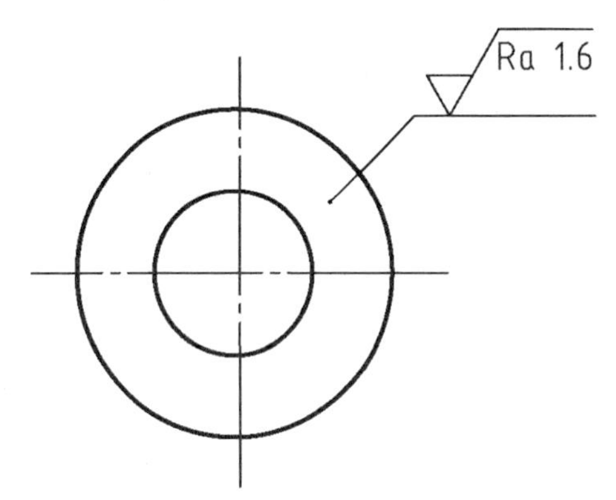

图 7－70　在表面非积聚投影上的粗糙度标注方式

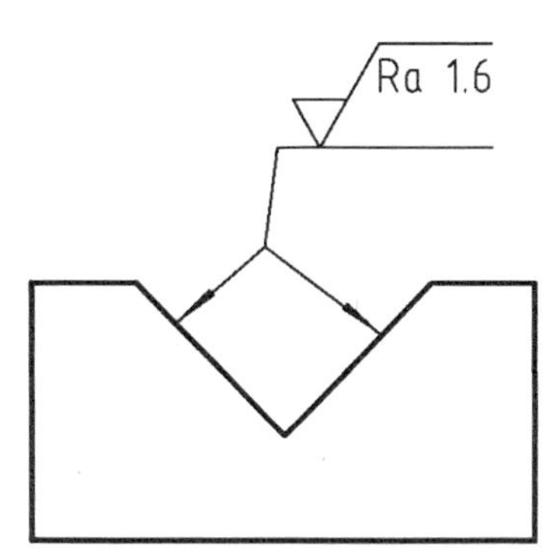

图 7－71　一拖二的方式

10. 其余表面粗糙度的标注方法

零件制造工艺的选择与表面结构的参数密切相关。这就要求零件上的每一个表面都要明确表面结构参数。我们可以把具有最多数量的那种表面结构参数，集中标注在图纸的右下角，标题栏的上方，并在其右侧的括号中画一个基本符号(图 7－72)。意为：除了图上标注了表面结构符号的那些表面，其余的表面都采用这个参数。

其余表面粗糙度基本符号的大小和图中其他粗糙度符号的大小应一样。

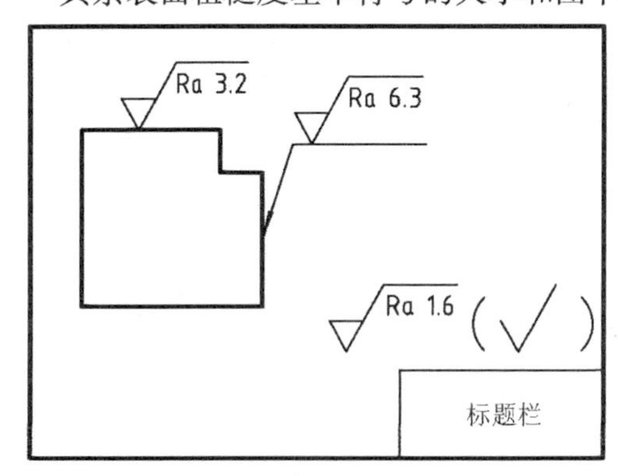

图 7－72　其余表面粗糙度标注方法

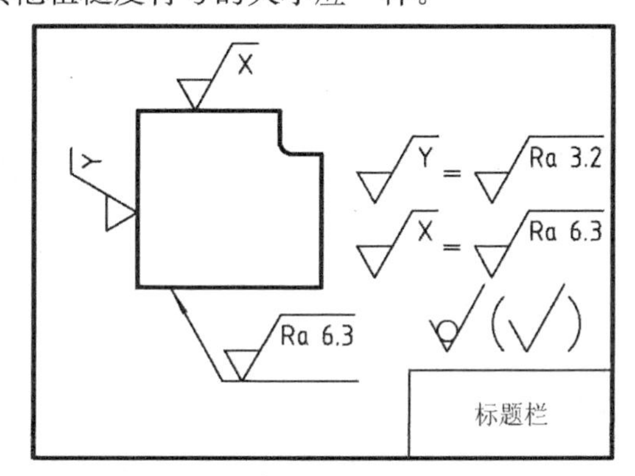

图 7－73　变量式粗糙度标注方法

11. 变量式标注方法

一般情况下，一个零件上的表面结构参数种类不会太多。我们可以采用如图 7－73 所示的变量式标注方法，一方面减少图中表面结构占据的空间，另一方面使得加工要求的高、中、低等级更加清晰。变量的定义式应放置在其余表面粗糙度的上方。

7.3.5　工程图样上文字表述的技术要求

如果工程图样上的标注并不能完全表达出技术要求，就需要用文字表述的形式将技术要求写在图纸上。

标题“技术要求”写在文字表述技术要求的上方中间位置。如果有多项技术要求，顺序编号列出。技术要求中所有文字的字高与图中尺寸文字的字高一样。比如：英文字母和数字字高为3.5，汉字字高为5。

文字表述技术要求的内容主要涉及：

- 无法或没有在图中标注的技术要求。
- 零件热处理的方法和指标。
- 零件加工之前的预处理和加工完成后的涂装。
- 零件加工过程中的检测和试验。
- 装配过程中的检测和试验。

以下为零件图上常见的文字表述技术要求例句：

- 未注倒角C2，表面粗糙度要求Ra 12.5。
- 未注尺寸公差按照GB/T 1804－2000－m。
- 未注几何公差按照GB/T 1184－1996－K。
- 未注铸造圆角R2～R3。
- 去毛刺、飞边，棱角倒钝。
- 非切削表面涂防锈漆。
- 热处理后齿面硬度为241～286HBW。
- 渗碳淬火，表面硬度为56～62HRC，渗碳深度为1～1.4 mm。
- 调质处理，硬度为230～260HBW。
- 表面发蓝处理。
- 铸件正火处理，硬度为240～290HBW，并去除氧化皮。
- 铸件不得有砂眼、缩孔、裂纹等缺陷。
- 铸件需经过人工时效处理，消除内应力。
- 齿圈与轮毂装配后再进行精加工和切齿。
- 莫氏锥度锥面用涂色法检查，接触率大于70％。
- 齿面进行磁粉探伤。
- 曲轴要做动平衡试验。

装配图上常见的文字表述技术要求：

- 顶尖与顶尖套装配前要相配研磨。

· 要进行密封试验,在试验压强 2 MPa 下各密封处无漏油现象。
· 装配后,用手转动轴应轻便、灵活。
· 活塞在工作行程无爬行现象。
· 调整试运行后,工作面涂防锈油。
· 装配后螺杆要转动灵活。
· 非工作表面涂绿色油漆。

7.4 常用零件图样的画法

常用零件包括螺纹紧固件、键、销、滚动轴承等标准件,也包括含有螺纹、齿轮轮齿、花键等标准结构的自制零件。标准件在形状、材料以及技术要求等方面都有国家标准规定,一般由专门的工厂生产,生产效率高、质量好,生产成本也因批量大而较低。尽量多地采用标准件,是机械设计的原则之一。

这一节需要了解和掌握的内容有:
· 各类标准件的标准画法和基本知识。
· 与标准件配合的零件结构的设计常识。
· 自制件上标准结构的零件图表达方法和设计常识。
· 装配图中螺纹旋合、齿轮啮合、键联接等常见装配结构的画法和设计常识。

7.4.1 螺纹紧固

螺纹是机械零件上常见的结构。螺纹在机器上主要用于联接零件、螺旋传动和旋转微调。螺纹是标准结构,其形状、尺寸和技术要求都有国家标准规定。在机械图样上,螺纹采用国家标准规定的简化画法,而不是其实际的轮廓形状。

1. 螺纹的画法

螺纹轴向断面上螺牙的几何形状称为螺纹的牙型。标准的基础牙型有三角形、梯形和锯齿形等(图 7-74)。实际的牙型为了制造和使用的需要,会在基础牙型上做些形状上的修饰,比如将牙顶削平以免太锋利,将牙底做成圆弧以防应力集中(图 7-75)。

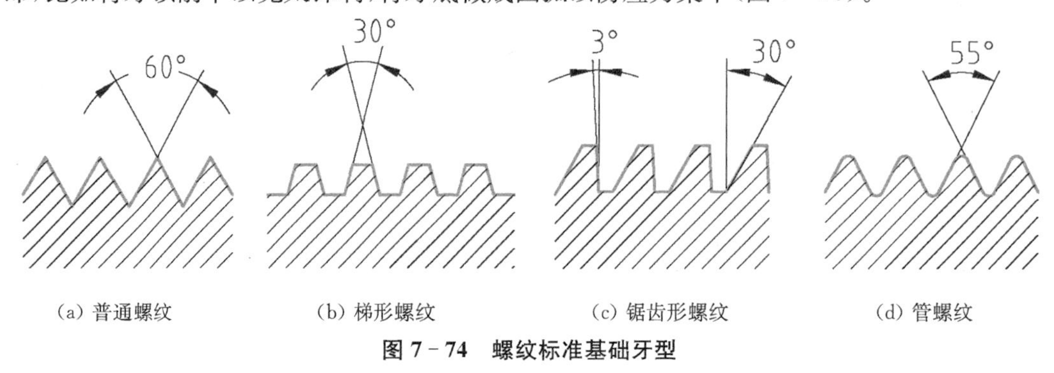

(a) 普通螺纹　(b) 梯形螺纹　(c) 锯齿形螺纹　(d) 管螺纹

图 7-74 螺纹标准基础牙型

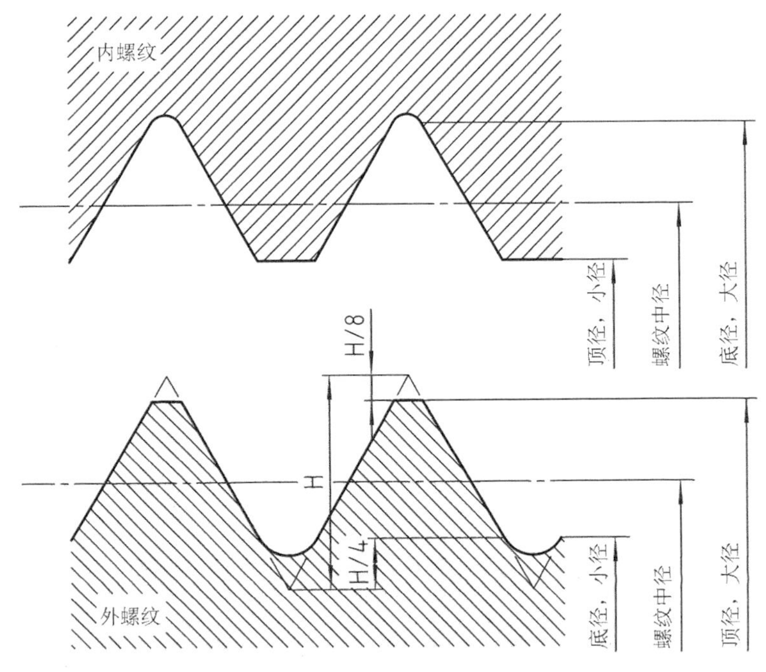

图7-75 普通螺纹的实际牙型

外螺纹指刻在外圆柱面(或圆锥面)上的螺纹，内螺纹指刻在圆柱孔表面(或圆锥孔表面)上的螺纹(图7-76)。

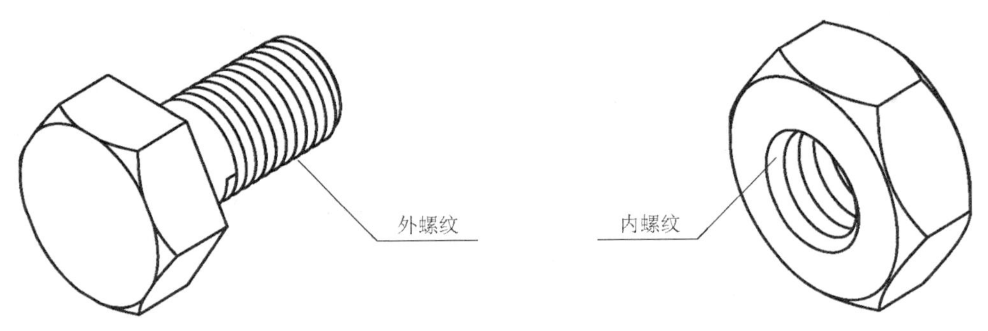

图7-76 外螺纹和内螺纹

外螺纹和剖视的内螺纹都采用标准画法：

· 牙顶用粗实线画。

· 牙底用细实线画。

· 螺纹终止线用粗实线画。

在螺纹轴向断面上，远离实体的尖端称为牙顶，靠近实体的尖端称为牙底。牙顶形成的直径是螺纹的顶径，牙底形成的直径是螺纹的底径。对外螺纹来说，顶径是大径、底径是小径；对内螺纹来说，顶径是小径、底径是大径。顶径是切螺纹之前零件的轮廓线，底径是切螺纹之后才形成的。

相互旋合的一对内外螺纹，必须牙型、顶径和底径尺寸都相同。为了用同一直径参数描述内外螺纹的直径大小,将大径作为内外螺纹的公称直径。

螺纹终止线是螺纹可用部分的边界。螺纹一般在车床上加工。如果没有退刀槽,退刀时就会产生螺尾。螺尾部分底径发生变化,是不能参与旋合的。螺纹终止线可视为最后一圈可用螺纹的投影,长度等同大径。

画螺纹时,可按照其加工顺序分两步画(图 7-77):

1) 画毛坯。画出还没有切制螺纹时零件的投影。螺纹部分的牙顶轮廓已经包含在其中了。螺纹端面一般要设置倒角,倒角宽度大于等于牙型高度。

2) 画螺纹。切制螺纹会产生牙底线,如果螺纹没有终止于某个端面,还会产生螺纹终止线。螺纹的牙底只会存在于零件实体中,勿画到空气里去。螺纹的底径可以在国家标准中查到,但画图时更重要的是图线清晰,所以画图时底径大小在清晰、合理的基础上可以自由确定。剖视部分中,剖面线应穿越牙底线,从粗实线画到粗实线。外螺纹一般切在实心轴上,在零件图和装配图中都不剖。如果剖切外螺纹,表示最后一圈螺纹投影的螺纹终止线可能会断开。在螺纹的端面视图中,为了表现螺旋形状,牙底用 3/4 圈细实线圆弧来表示,并且为了防止倒角圆与牙底圆弧重合或距离太近,去除毛坯轮廓中的粗实线倒角圆。

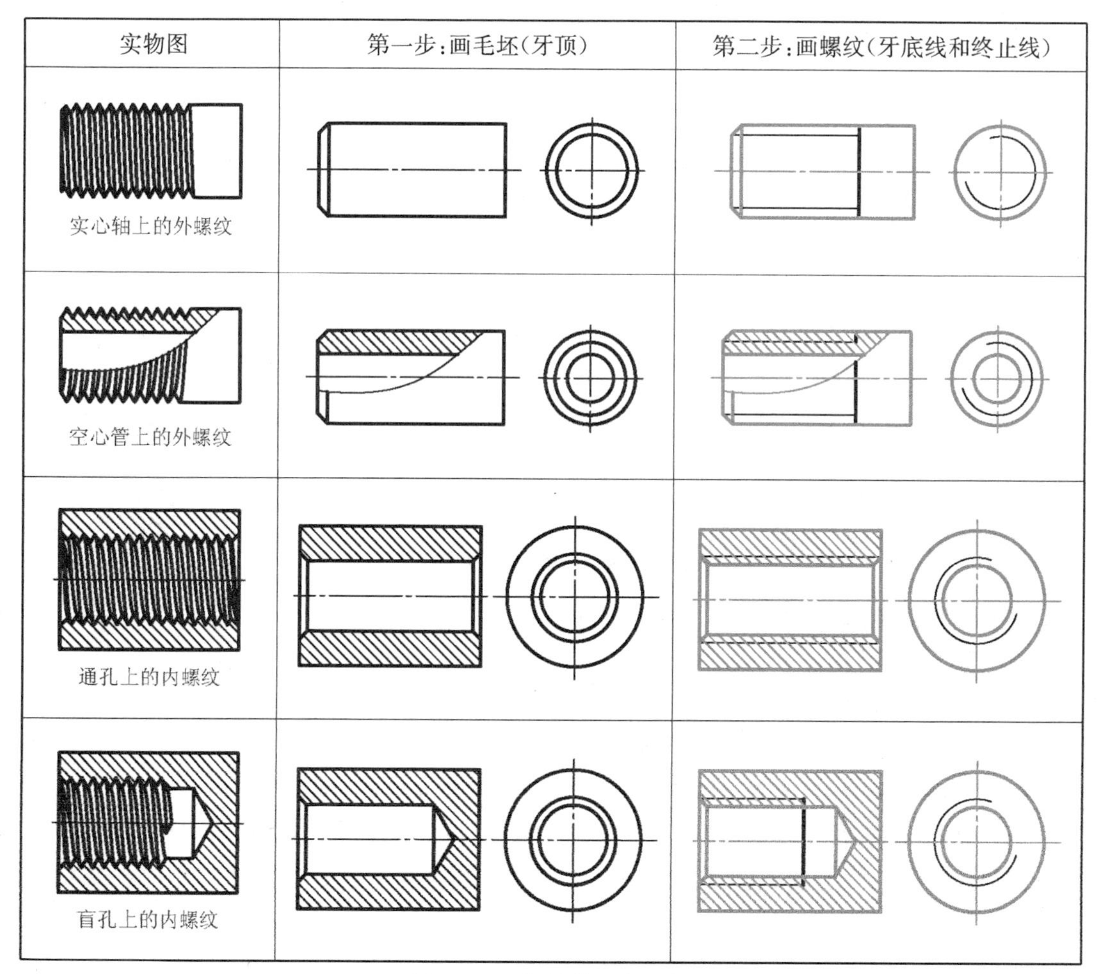

图 7-77　螺纹的两步画法

2. 螺纹退刀槽

在外圆柱面或内圆柱面上切制螺纹时，如果不想因退刀而产生螺尾，以使全部螺纹都能参与旋合，就需要设置退刀槽。退刀槽的深度超过螺纹牙底，可使车刀或镗刀切完螺纹后有一段切空空间，以停止轴向进给，然后推出刀具。

退刀槽(图7－78)的形状包括其中的圆角、倒角有国家标准规定，用专用车刀来切制。画零件图时只需画出一般的矩形槽轮廓，标注尺寸时也只需标注槽宽和切深。表7－15为螺纹退刀槽的设计规范。

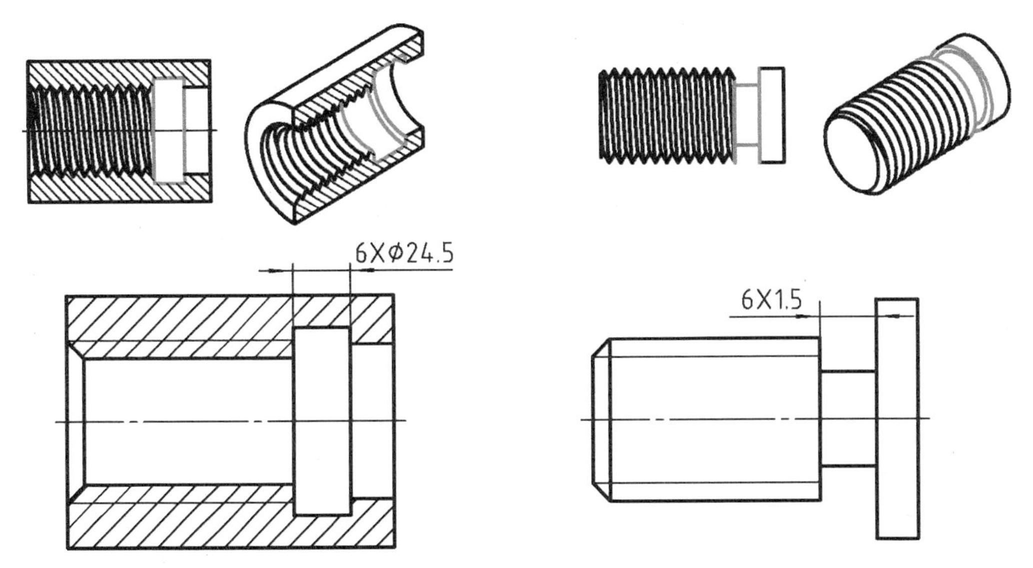

图7－78　螺纹退刀槽

表7－15　螺纹退刀槽的设计规范

螺距	外螺纹退刀槽槽宽	外螺纹退刀槽槽深	内螺纹退刀槽槽宽	内螺纹退刀槽直径
……				
0.75	1.2	0.6	3	大径+0.3
0.8	1.3	0.65	3.2	
1	1.6	0.8	4	大径+0.5
1.25	2	1	5	
……				

3. 螺纹的标注

不同种类的螺纹，画法相同，但标注的内容和样式不尽相同。

螺纹的种类很多，常用的有普通螺纹、梯形螺纹、锯齿形螺纹和管螺纹。

下面分别介绍各类螺纹的标注。

1) 普通螺纹的标注

普通螺纹用于联接零件。普通螺纹的标注样式(图 7-79)就像标一个圆柱的直径一样，但是螺纹的大径前不能用前缀∅。普通螺纹螺纹的标注顺序写明了螺纹类型、大径、螺距、旋向、公差、旋合长度等众多内容(图 7-80)。

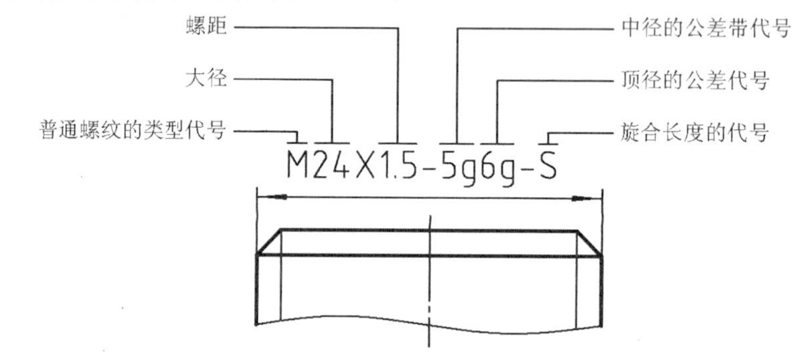

图 7-79　普通螺纹标注的组成

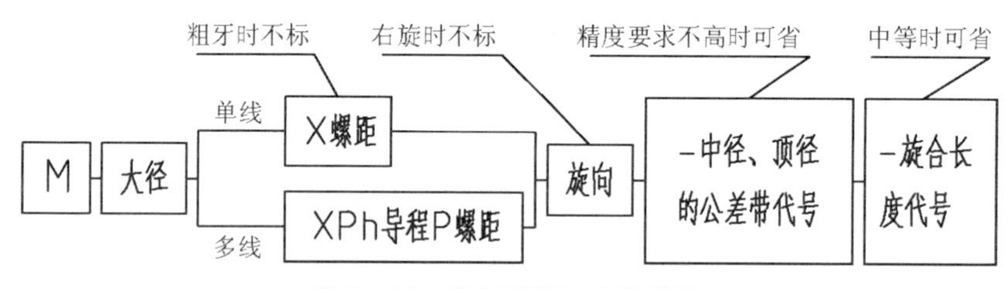

图 7-80　普通螺纹标注的结构

螺纹的标注内容中，有些是必不可少的，如螺纹类型、公称直径等，有些是有默认内容可以省略不标出来的。标注螺纹的各项内容还要按照一定的结构顺序标注。

普通螺纹的类型代号是大写字母 M。不论是外螺纹还是内螺纹，公称直径都是大径，标注在大径轮廓上(图 7-81)。

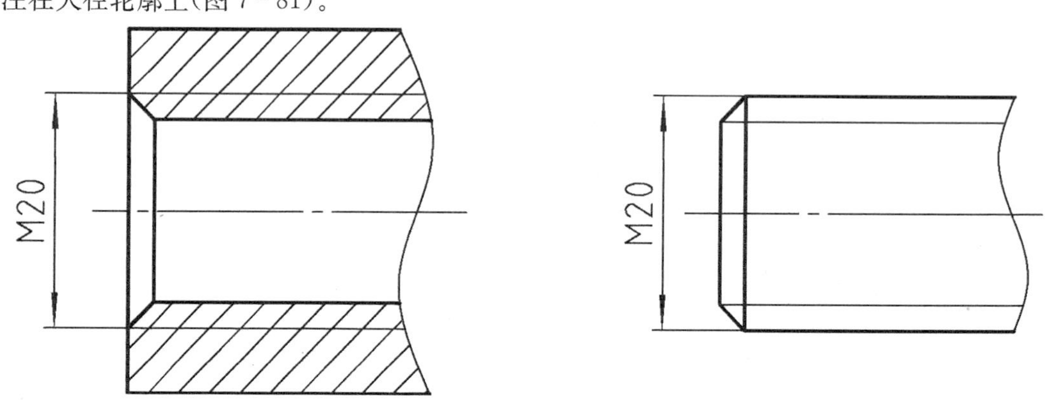

图 7-81　普通螺纹的标注标在大径上

同一大径的普通螺纹存在多种螺距,其中最大的螺距称为粗牙,其余的都是细牙(图 7－82)。粗牙螺距常用,所以可以省略不标螺距项。采用细牙螺纹时一定要标出螺距项。粗牙螺纹强度高,适用于联接;细牙螺纹可以用作精细的调节。

螺纹可以是单线的也可以是多线的。单线就是由一条螺旋线形成的螺纹,多线就是由两条以上螺旋线平行绕成的螺纹(图 7－83)。导程是一条螺旋线的螺距。螺纹的螺距是相邻两个螺牙的螺距,不管这两个螺牙是否属于一条螺旋线。所以,在螺纹的螺距相同的情况下,多线螺纹螺旋线的螺旋升角比单线螺纹大。

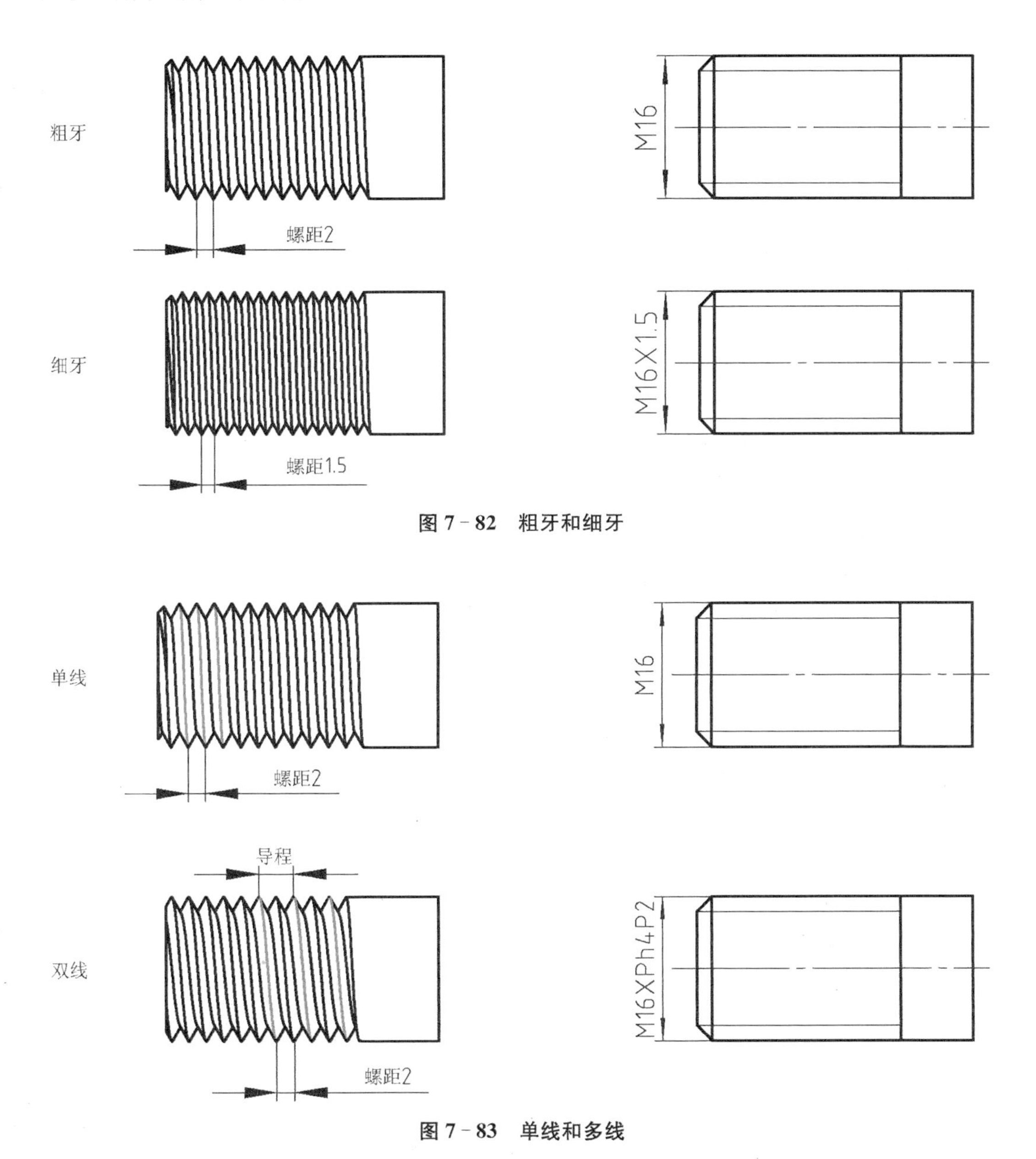

图 7－82　粗牙和细牙

图 7－83　单线和多线

螺纹默认的旋向是右旋，如果螺纹是左旋的就要标“LH”(图7-84)。一般的木螺钉都是右旋的，所以顺时针旋动可以把螺钉钻入木头，逆时针旋动则把螺钉从木头中旋出来。左旋螺纹用在一些特殊场合，比如紧固逆时针旋转的风扇。如果在一根螺杆的两端分别切制左旋螺纹和右旋螺纹，可以靠螺旋传动实现联接在两端的零件相向运动。

螺纹的直径也有尺寸公差。螺纹的公差带代号中，表示公差等级的数字在前，表示基本偏差的字母在后。写在前面的是螺纹中径的公差带代号，写在后面的是螺纹顶径的公差带代号。若中径和顶径的公差带代号相同，合并只标一个公差带代号。顶径的公差控制加工螺纹之前毛坯表面的尺寸精度；中径的公差控制螺纹的螺距精度。

螺纹公差的公差等级和基本偏差(表7-16)，在数值上与尺寸公差不同。当对螺纹的加工精度要求不高时，可以省略不标螺纹的公差。

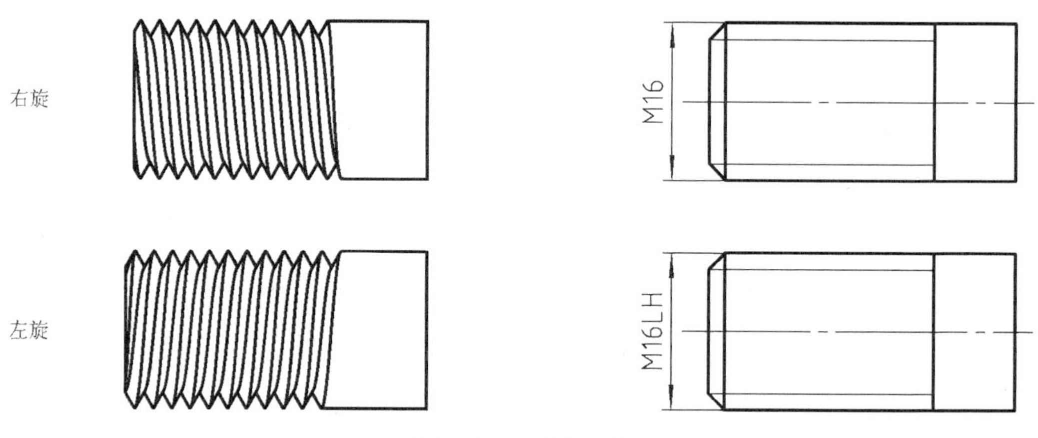

图7-84 右旋和左旋

表7-16 普通螺纹的公差

	外螺纹		内螺纹	
	中径	顶径	中径	顶径
公差等级	3,4,5,6,7,8,9	4,6,8	4,5,6,7,8	
基本偏差	e,f,g,h		G,H	

旋合长度指的是将来装配后，内外螺纹旋合部分的长度，有L、N、S三档，分别对应长、中等、短(表7-17)。

表 7 - 17　螺纹的旋合长度

公称直径	螺距	S	L
……			
>5.6~11.2	0.5	≤1.6	>4.7
	0.75	≤2.4	>7.1
	1	≤3	>9
	1.25	≤4	>12
	1.5	≤5	>15
>11.2~22.4	0.5	≤1.8	>5.4
	0.75	≤2.7	>8.1
	1	≤3.8	>11
……			

旋合长度长，联接的强度高，但螺距的累积误差有可能使得内外螺纹无法旋合。旋合长度短，节省空间，但仅有的几圈螺纹受力变形大。中等旋合长度可以让每圈螺纹一起分担载荷，又不必花过多成本来提高螺纹加工精度，所以最常用，也是这一项目的默认值。

普通螺纹公差带可按照表 7 - 18 进行选择。

表 7 - 18　普通螺纹优先选择的公差带

	内螺纹			外螺纹
	S	N	L	N
精密	4H	4H,5H	5H,6H	4h
中等	5H	6H	7H	6h,6f,6g,6e
粗糙	—	7H	—	8g

2) 梯形螺纹和锯齿形螺纹的标注

梯形螺纹和锯齿形螺纹都用于传动。梯形螺纹用于双向传动，比如丝杠；锯齿形螺纹用于单向负载，比如千斤顶。

梯形螺纹和锯齿形螺纹的标注结构一样(图 7 - 85)。梯形螺纹的类型代号是 Tr，锯齿形螺纹的类型代号是 B。它们的公称直径都是螺纹的大径。

同一大径的梯形螺纹和锯齿形螺纹也有多种螺距，但是没有粗牙和细牙的概念，所以在标注中螺距不能省略。

梯形螺纹和锯齿形螺纹的旋合长度只有 N、L 两级。

梯形螺纹和锯齿形螺纹的公差只标中径的公差带代号，因为它们顶径的公差带代号是唯一的，是 4H 或 4h。

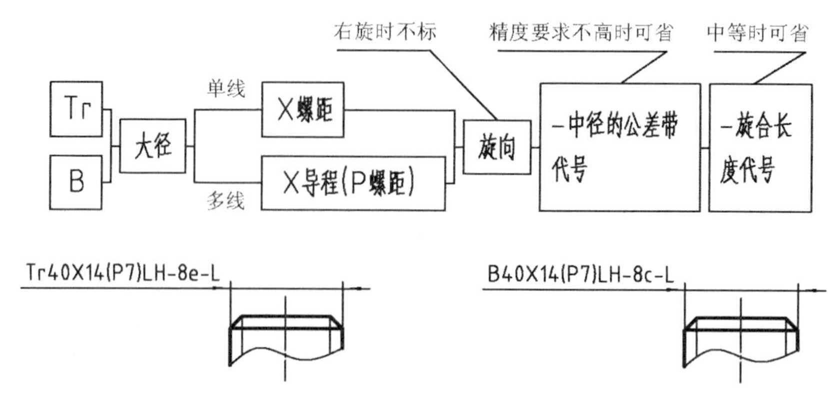

图 7-85　梯形螺纹和锯齿形螺纹的标注

梯形螺纹公差带可按照表 7-19 进行选择。

表 7-19　梯形螺纹中径公差带的选择

	内螺纹			外螺纹
	S	**N**	**L**	**N**
中等	7H	8H	7h,7e	8e
粗糙	8H	9H	8e,8c	8c

锯齿形螺纹公差带可按照表 7-20 进行选择。

表 7-20　锯齿形螺纹中径公差带的选择

	内螺纹			外螺纹
	S	**N**	**L**	**N**
中等	7A	8A	7c	8c
粗糙	8A	9A	8c	9c

3）管螺纹的标注

管螺纹用于管道系统，牙型角为 55°。管道中的孔用于流体流动，螺纹都刻在管道的外表面，是外螺纹。连接管道的三通、阀门等零件的孔中刻有内螺纹。

管螺纹(图 7-86)分为非螺纹密封管螺纹(代号 G)和螺纹密封管螺纹。螺纹密封管螺纹又分为圆柱内螺纹(代号 Rp)、圆锥内螺纹(代号 Rc)，以及与圆柱内螺纹旋合的圆锥外螺纹(代号 R1)、与圆锥内螺纹旋合的圆锥外螺纹(代号 R2)。

非螺纹密封管螺纹是圆柱螺纹，管道靠在内外螺纹之间填充生胶带、麻丝、黏胶等物质密封。螺纹密封管螺纹靠圆锥与圆锥、圆锥与圆柱之间的挤压变形。圆锥螺纹的锥度是 1∶16。

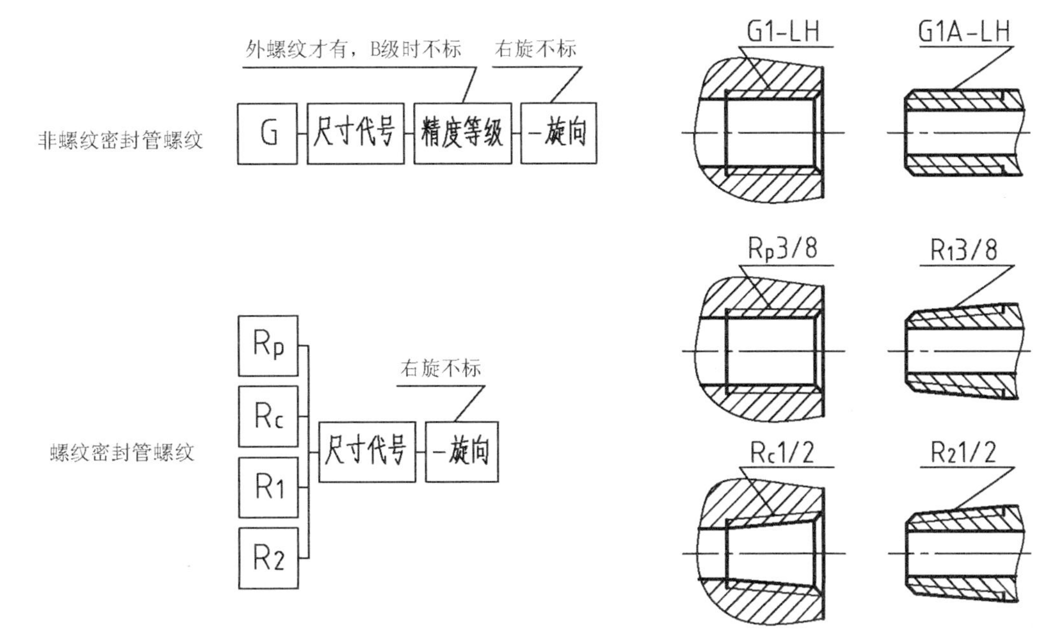

图7-86 管螺纹的标注

管螺纹的尺寸代号(公称直径)是管路系统的通径,既不是螺纹的大径,又不是中径,所以只能采用从大径引出标注的形式,而不是直径样式。尺寸代号从 1/16 到 6,单位是英寸。

非螺纹密封管螺纹的外螺纹,有 A、B 两个精度等级,A 级精度高一点,B 级为默认值。

4. 内外螺纹旋合的画法

装配图中两个零件上的内外螺纹旋合,其投影有重叠部分。国家标准规定:重叠部分按照外螺纹投影画(图 7-87)。

因为只有大径和小径都一样的内外螺纹才可能旋合在一起,所以内外螺纹的大径和小径应分别对齐。

由于存在螺尾,螺纹的轴向长度很难做得准确。所以画内外螺纹旋合时外螺纹和内螺纹一般都要留点余量,不要把全部螺纹都用完。

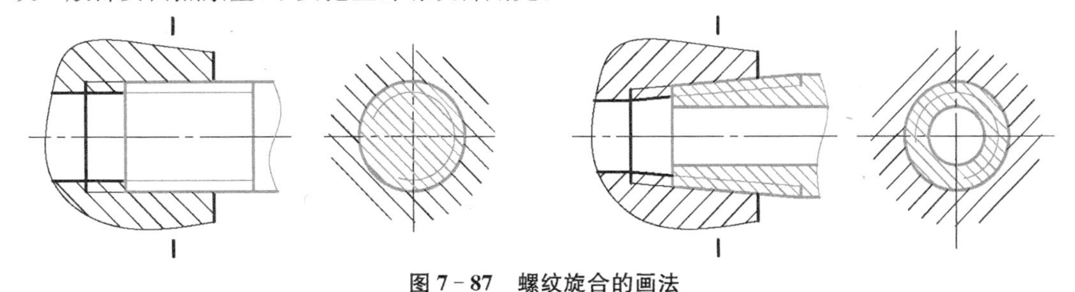

图7-87 螺纹旋合的画法

5. 螺纹紧固件及其比例画法

螺栓、螺钉、螺母、垫圈等螺纹紧固件用于联接零件(图 7-88)。机器中采用的螺纹紧固件绝大多数是标准件,极少数特殊的需要自制。

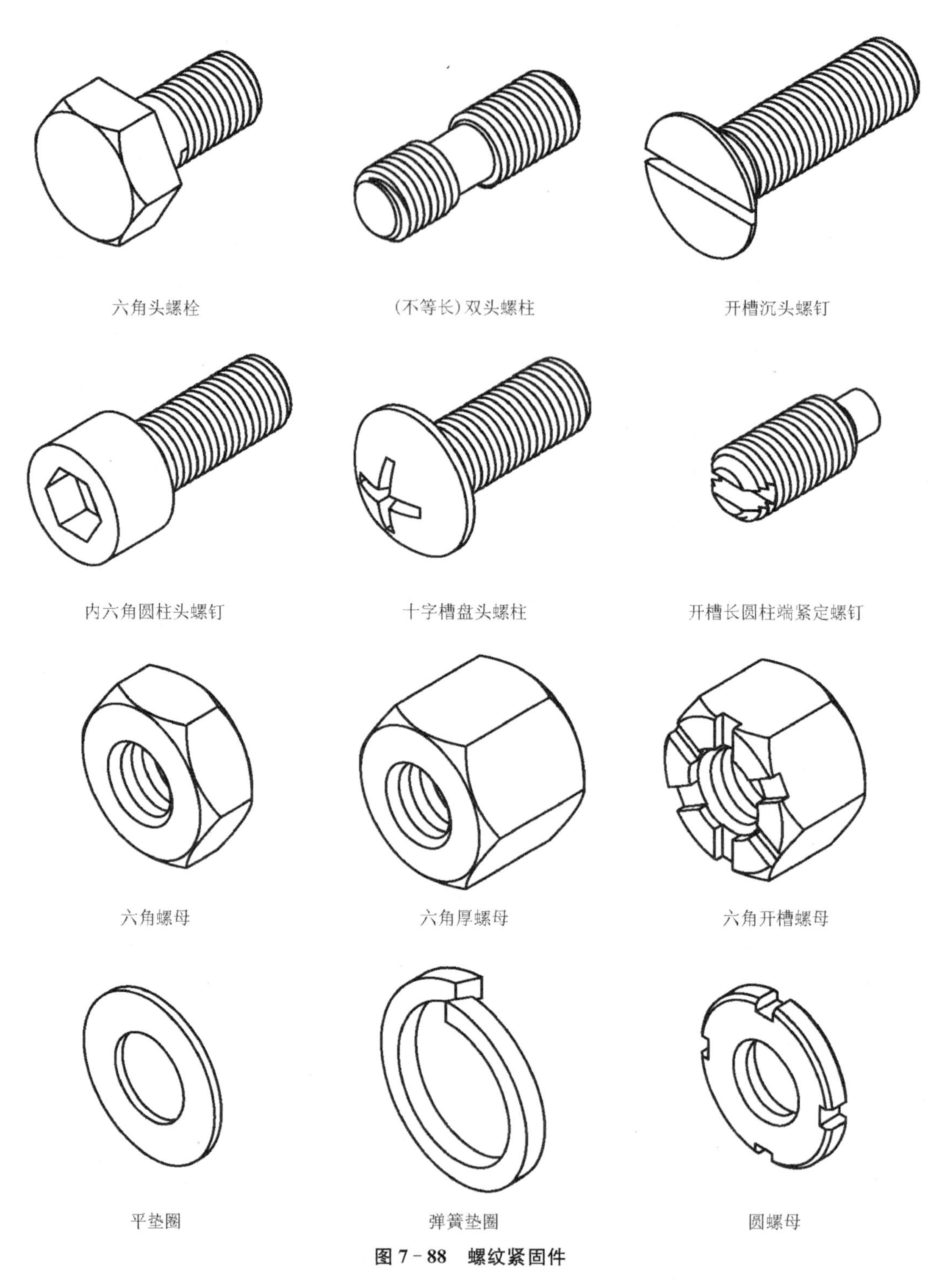

图 7-88　螺纹紧固件

标准件不用画零件图，只需凭其标记就可以去市场购买。在装配图上，标准件只需要按照简化的形状和比例画法画，而不必按照其真实的形状和实际的尺寸画(图 7-89)。

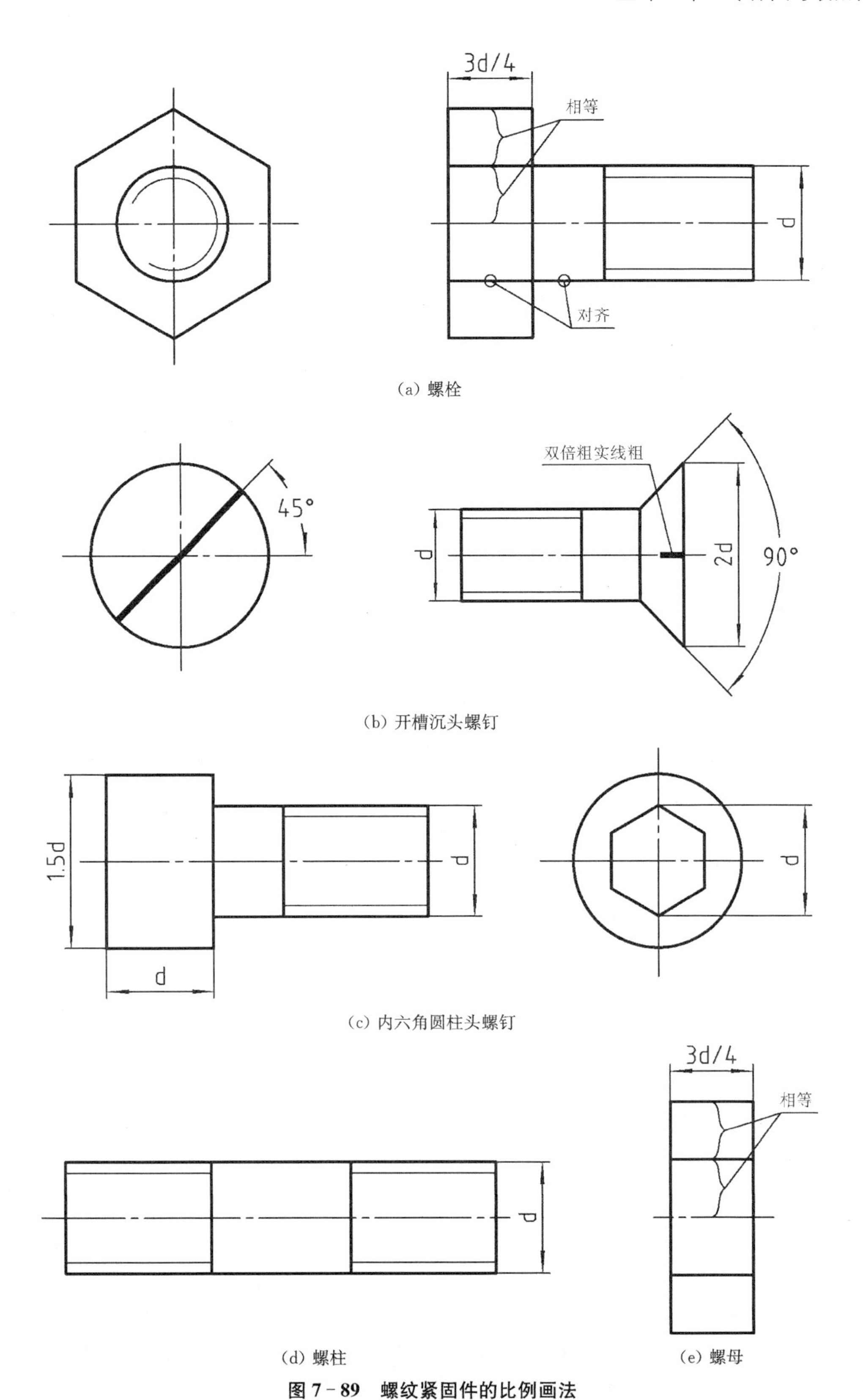

(a) 螺栓

(b) 开槽沉头螺钉

(c) 内六角圆柱头螺钉

(d) 螺柱

(e) 螺母

图7-89　螺纹紧固件的比例画法

比例画法中,螺纹紧固件的各部分尺寸都是螺纹大径 d 的比例函数。但相比具体的比例数值,图线的相对位置和图线的清晰分明更加重要,特别是当图形尺寸比较小的场合,必要时可不按比例画。

螺纹紧固件的标记中要注意公称长度的定义各有不同(图 7-90)。

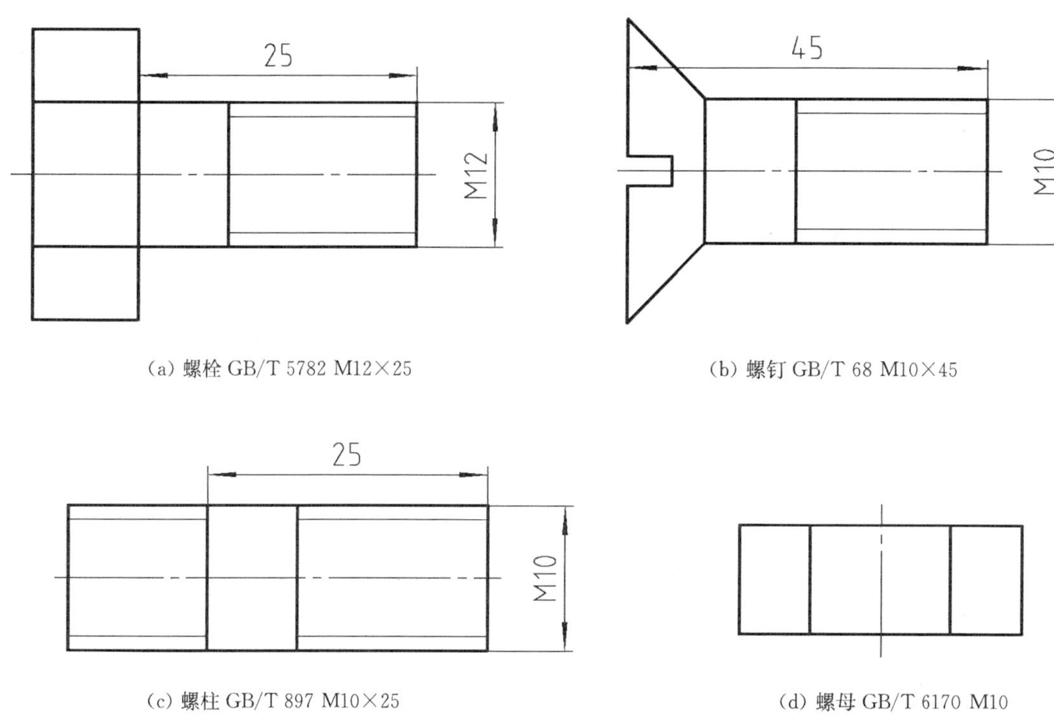

(a) 螺栓 GB/T 5782 M12×25　(b) 螺钉 GB/T 68 M10×45

(c) 螺柱 GB/T 897 M10×25　(d) 螺母 GB/T 6170 M10

图 7-90　螺纹紧固件的标记示例

6. 螺栓联接装配图

常用的螺纹联接有螺栓联接、螺柱联接和螺钉联接。它们的装配图中体现了诸多装配图绘制规范,应按照装配顺序绘制,边改边画。

1) 螺栓联接

螺栓联接用于将两个零件在薄壁处联接起来,且螺栓和螺母要能从对面两个方向来安装。螺栓联接涉及的零件有:两个被联接的零件、螺栓、垫圈和螺母。垫圈可以是平垫圈也可以是弹簧垫圈。

螺栓的种类很多,有全螺纹的,有非全螺纹的,有铰制孔用的,有细杆的。因为螺栓是标准件,不需自制,我们在装配图上只需按照统一的比例按简化画法画,采购员会根据明细栏中螺栓的标记,去购买特定种类的螺栓。

常用的垫圈有平垫圈和弹簧垫圈。平垫圈的材料相较被联接零件和螺母都要软,所以当旋紧螺母时,平垫圈会产生弹性变形,一方面维持螺纹副表面摩擦力,另一方面保护零件表面不受损。弹簧垫圈松弛时是一段螺旋线,承压后变成平面圆弧,其弹性回复力也可以维持螺纹副表面摩擦力。

画螺纹联接时要逐个零件顺次添加到装配图中去，而且要按照装配顺序(图 7－91)。

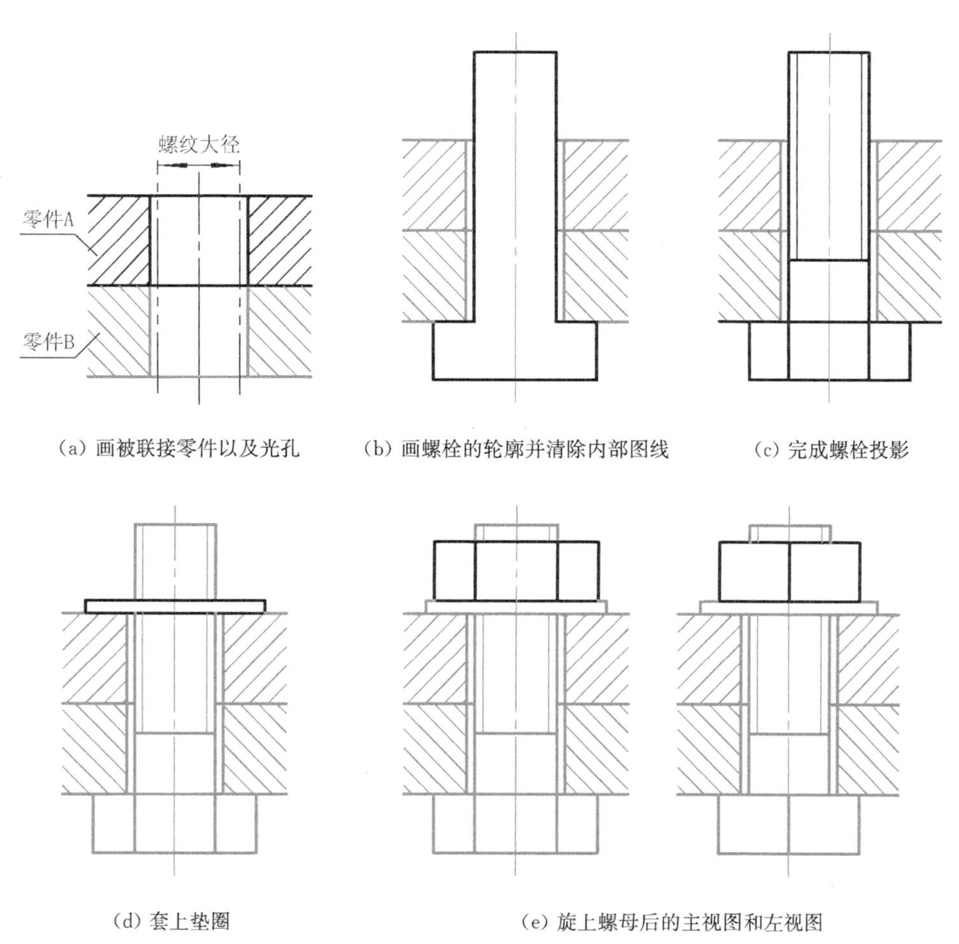

(a) 画被联接零件以及光孔　(b) 画螺栓的轮廓并清除内部图线　(c) 完成螺栓投影

(d) 套上垫圈　(e) 旋上螺母后的主视图和左视图

图 7－91　螺栓联接装配图的作图步骤

· 先在被联接零件上钻好光孔。主视图采用剖视，以展示所有零件的投影。光孔直径的实际尺寸要比螺栓的大径大 0.5 到 1 毫米左右。画在图上时，光孔的轮廓线要保证与螺栓大径的轮廓线至少间隔 1 毫米，以清晰地表达间隙。

· 从一侧穿入螺栓。螺栓是标准件，因此在通过其轴线剖切而产生的剖视图中，按不剖画法画。螺栓会遮挡住被联接零件接合面的投影。螺栓的螺纹终止线要保证有螺纹余量，还要避免与已有图线共线。要注意螺栓的六角头的正面投影和侧面投影是不同的。

· 从另一侧套上垫圈和螺母。垫圈以及螺母也是标准件，所以主视图上也按不剖画法画，会遮挡住螺栓的部分投影。主视图和左视图上，螺栓的螺纹部分要超出螺母一点，以示螺纹留有余量。要注意螺母的三面投影的一致性。平垫圈的直径要画得比螺母六边形的外接圆还大一圈。若是弹簧垫圈，直径则要画成比螺母六边形的内切圆还要小一圈。

2) 螺柱联接

螺柱，又称双头螺柱，两端有螺纹而中间一段没有。国家标准中，有两端螺纹长度相等的螺柱,也有不等长的螺柱,它们的国标代号不同。不等长螺柱的螺纹短的一端称为旋入端,其长度 bm 相对于螺纹的公称直径 d 有四种,分别是:1d、1.25d、1.5d 和 2d,每种对应着不同的国标代号。bm=1d 的螺柱用于联接钢制零件;bm=1.25 d 和 bm=1.5 d 的螺柱用于联接铸铁零件;bm=2d 的螺柱用于联接铝合金零件。

螺柱联接可用于一薄一厚的两个零件。螺柱、垫圈和螺母都可从一侧装入。

螺柱联接的绘制顺序为(图 7-92):

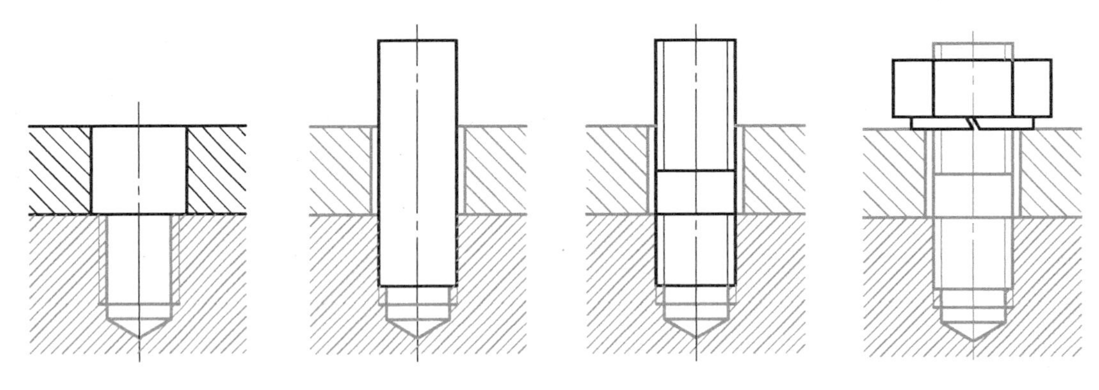

(a) 画被联接零件及光孔和螺孔 (b) 画螺柱的轮廓并清除内部图线 (c) 完成螺柱投影 (d) 套上垫圈和螺母

图 7-92 螺柱联接装配图的作图步骤

· 被联接的两个零件,薄的那一个要钻好比螺柱大径大一圈的光孔,厚的那一个要准备好与螺柱旋合的螺孔。

· 将螺柱的旋入端穿过光孔,完全旋入到螺孔中。旋入端的螺纹终止线要与两个零件的接合面平齐,这表示"旋紧了"。

· 在螺柱的伸出端套上垫圈、螺母,加以紧固。弹簧垫圈的直径要比螺母六边形的内切圆还小一圈。弹簧垫圈的槽口要画成与轴线成 30°,左旋方向倾斜。不论在哪个视图,槽口都要画出来。

3) 螺钉联接

国家标准中,螺钉的种类也非常多。按螺钉头的形状分,有圆柱头、六角头、盘头、方头、沉头等;按槽口分,有开槽(一字槽)、十字槽、内六角等;还有很多特殊形状的螺钉,如紧定螺钉、吊环螺钉等。

螺钉联接的联接力小,一般不需要垫圈、螺母等辅件。螺钉联接也可以用来紧固一个薄零件和一个厚零件。开槽沉头螺钉联接的画图步骤如图 7-93 所示:

· 薄零件上钻比螺钉螺纹大一圈的光孔,厚零件上准备螺孔。光孔附带 90°圆锥沉孔,沉孔的开口直径为螺纹大径的 2 倍。

· 旋入螺钉。"旋紧"的表达方式是让圆锥形的螺钉头紧贴着圆锥沉孔。沉头螺钉的端面视图上,一字槽一律画成左上至右下的 45°倾斜。槽口用双倍粗实线涂黑画出。

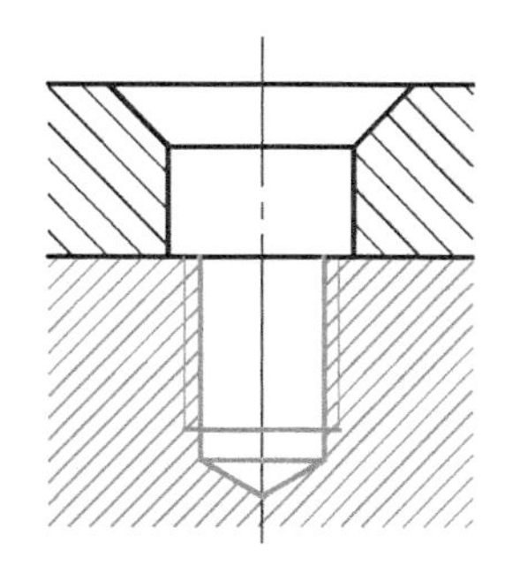
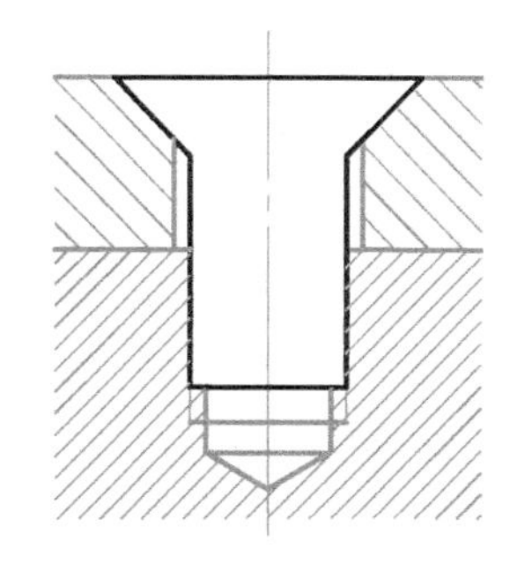
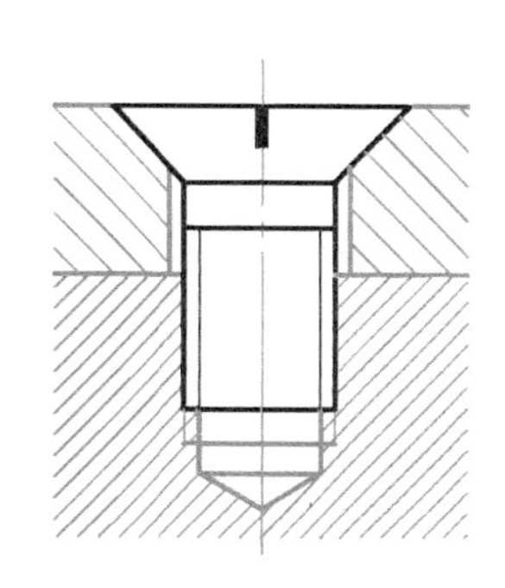

(a) 画被联接零件及光孔和螺孔　(b) 画螺钉轮廓并清除内部图线　(c) 完成螺钉投影

图 7－93　螺钉联接装配图的作图步骤

7. 螺纹联接的防松方法

振动会使螺纹联接松脱失效，所以螺纹联接常需采取防松措施(图 7－94)。常见的防松方法有：增大摩擦力、限制螺母转动、采用特殊的防松辅件，以及使用铆冲、黏合等不可拆卸方式。

对顶螺母(双螺母)防松一方面增加了螺纹旋合接触面积，从而增大了摩擦力，另一方面使螺纹副不论在哪种振动模式下都保持接触，是一种简便有效的防松方法。

使用开槽螺母的防松方法，属于限制螺母转动。开槽螺母的端面上切有矩形槽，配对的螺杆上钻有小孔。在旋紧了开槽螺母之后，将开口销通过螺母上的矩形槽穿过螺杆上的小孔，再分开开口销的尾端，螺母与螺杆就再也不会相对松动了。

采用止动垫圈是另一种限制螺母转动的方法。将止动垫圈的一边弯折起来，勾住螺母的一个侧面，另一边弯折后勾住被联接零件，或伸入被联接零件上的一个孔中，这样螺母就不能相对被联接零件转动了。

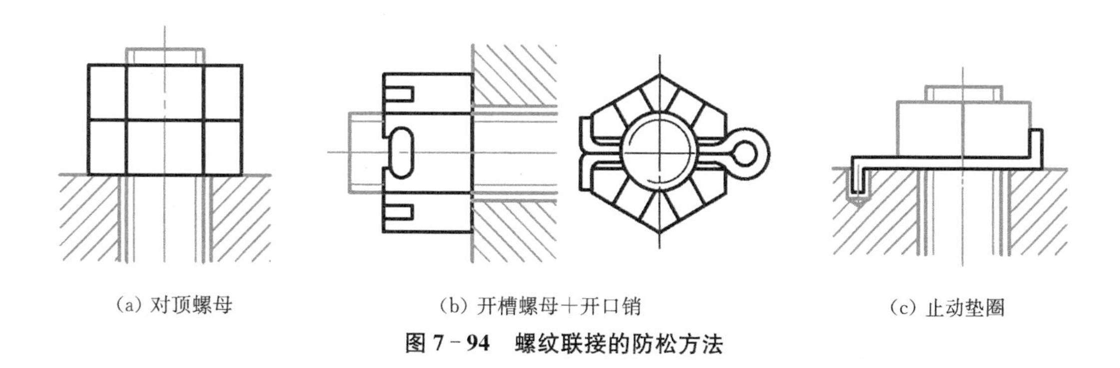

(a) 对顶螺母　(b) 开槽螺母＋开口销　(c) 止动垫圈

图 7－94　螺纹联接的防松方法

7.4.2　键联接

大多数机器的动力都是来自电机输出的旋转。动力通过轴以扭矩的形式传递给齿轮、带轮和链轮等零件，再传递到另一个轴。键联接是齿轮、带轮、链轮与轴之间的一种常用联接方式。

键的种类有：平键、半圆键、楔键和切向键，以及标准化了的轴上结构：花键(图 7-95)。平键联接是最常用的，也是成本最低的。半圆键的键槽较深，对轴的强度有比较大的削弱，但键槽加工简单。楔键和切向键都会造成轴上零件与轴不同轴，一般用于低速重载的工程机械。花键多用于高精度、大扭矩或有轴向滑移的场合。

键是标准件，花键是标准结构，它们的形状和尺寸都有国家标准规定。键不需要画零件图。设计键联接时需要了解键的标记、键联接装配图的画法和键槽在零件图中的表达。

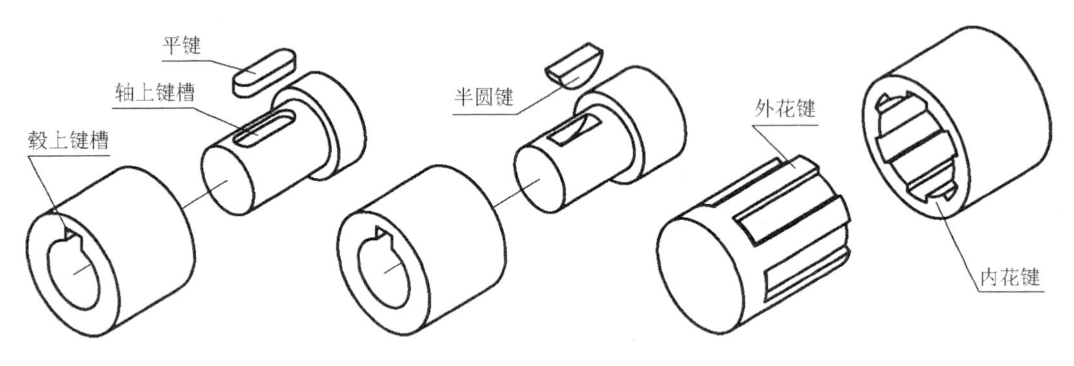

图 7-95　键联接的不同种类

1. 平键

平键有三种类型：A 型、B 型和 C 型，A 型最常用(图 7-96)。

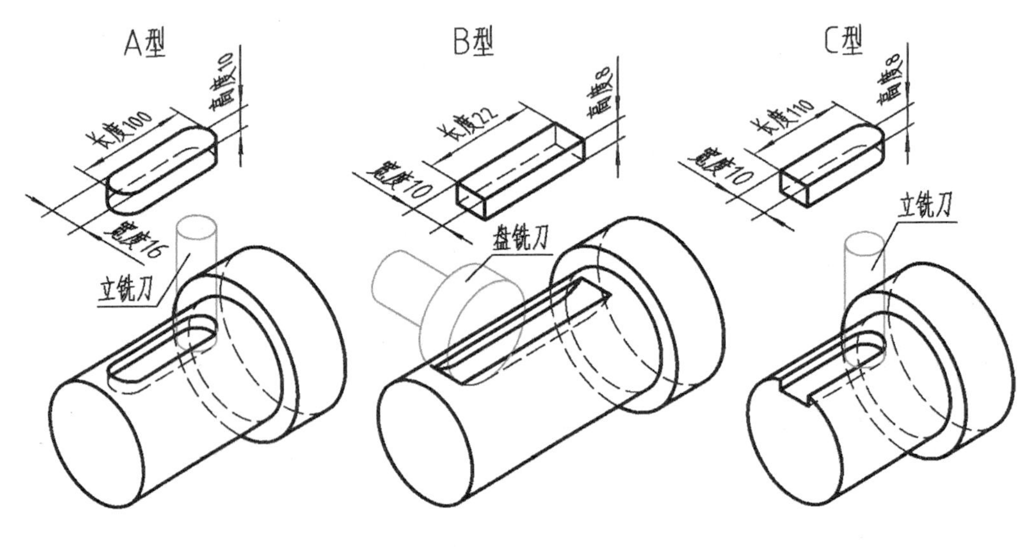

图 7-96　平键的三种类型及其标记示例

A型平键的轴上键槽用立铣刀加工，所以两端是半圆形。轴上的键槽与键的轮廓一样，槽的深度小于键的高度，键凸出的部分插在孔上键槽中。孔上键槽是矩形通槽，宽度和键一样。

B型平键是长方体形状。轴上键槽用盘铣刀铣出，只有中间平坦的一段可以安放键。

C型平键一端是平的，另一端是半圆形，用立铣刀加工，用于轴端。

键传递的是扭矩(周向力)，所以键与键槽在宽度方向上的配合很重要，间隙大了会产生振动和噪声。表7-21为键联接中常用的配合，从表中可以看出，相比键和孔上键槽，键与轴上键槽抱得更紧一些。另外，除了松配合是间隙配合，键与键槽都是过渡配合。

表7-21　键宽尺寸公差设计

	键	轴上键槽	毂上键槽	应用
松	h8	H9	D10	键在键槽中可以滑动，可以用于导向键
中等		N9	JS9	键固定于键槽中，用于一般场合
紧		P9	P9	用于大载荷、有冲击、频繁变换转向的场合

画A型平键的装配图时，首先要根据键槽所在轴段的直径，查表找到键的宽度和高度。键的宽度就是键槽的宽度。从表中还可以查到轴上键槽的深度t和毂上键槽的深度t1，这两个深度都是从轴径圆的顶端算起的。对应于键的每一个宽度，都有一系列的标准长度可以选择。设计时，根据键要传递的扭矩，先计算出键的最短长度，再从长度系列中选择一个标准长度。毂上键槽是通槽，其长度不能小于键的长度。

如图7-97所示，在平键联接装配图中，因为轴是实心细长的零件，所以在全剖的视图中采用不剖画法。但为了展现键联接，在轴上做了局部剖。

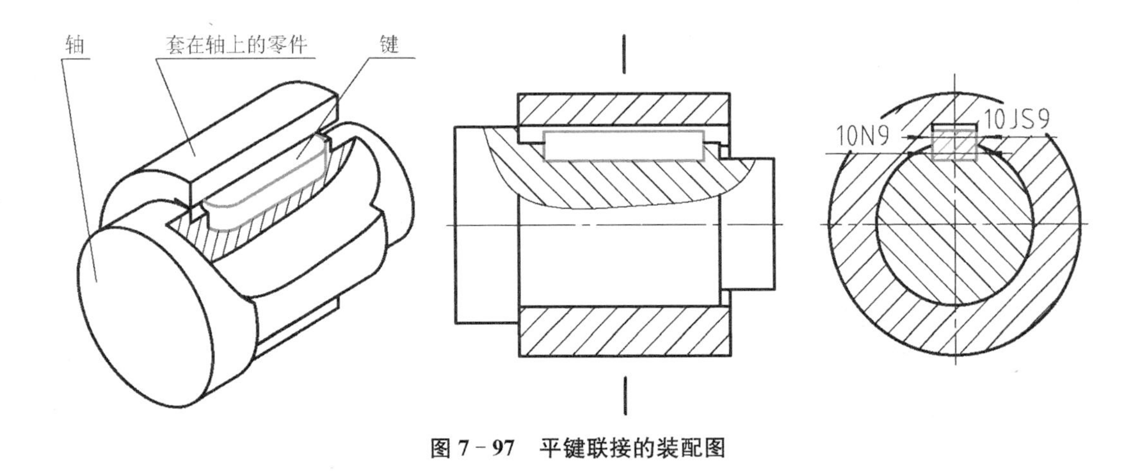

图7-97　平键联接的装配图

表 7-22 普通平键及键槽的尺寸和公差

<table>
<tr><th rowspan="2">所在轴段的直径</th><th colspan="3">键</th><th colspan="2">轴上键槽</th><th colspan="2">毂上键槽</th></tr>
<tr><th>宽 b(h9)</th><th>高 h(h11)</th><th>长 L(h14)</th><th>槽深 t</th><th>t 的公差</th><th>槽深 t1</th><th>t1 的公差</th></tr>
<tr><td>……</td><td></td><td></td><td></td><td></td><td></td><td></td><td></td></tr>
<tr><td>>10～12</td><td>4</td><td>4</td><td>8～45</td><td>2.5</td><td rowspan="3">+0.1
0</td><td>1.8</td><td rowspan="3">+0.1
0</td></tr>
<tr><td>>12～17</td><td>5</td><td>5</td><td>10～56</td><td>3.0</td><td>2.3</td></tr>
<tr><td>>17～22</td><td>6</td><td>6</td><td>14～70</td><td>3.5</td><td>2.8</td></tr>
<tr><td>>22～30</td><td>8</td><td>7</td><td>18～90</td><td>4.0</td><td rowspan="3">+0.2
0</td><td>3.3</td><td rowspan="3">+0.2
0</td></tr>
<tr><td>>30～38</td><td>10</td><td>8</td><td>22～110</td><td>5.0</td><td>3.3</td></tr>
<tr><td>>38～44</td><td>12</td><td>8</td><td>28～140</td><td>5.0</td><td>3.3</td></tr>
<tr><td>……</td><td></td><td></td><td></td><td></td><td></td><td></td><td></td></tr>
<tr><td>L 系列</td><td colspan="7">6,8,10,12,14,16,18,20,22,25,28,32,36,40,45,50,56,63,70,80,90,100,110,125,140,…,450,500</td></tr>
</table>

键是标准件,所以纵向剖切时按不剖画,但横断剖切时要剖,断面画剖面线。

毂上键槽顶部与键的顶部有较大间隙,应画成间隙不小于 1 毫米的两条线。键与键槽的其他接合面都有配合要求,接合面应画成一条线。

如图 7-98 所示,轴上键槽在零件图中有两种表达方案。

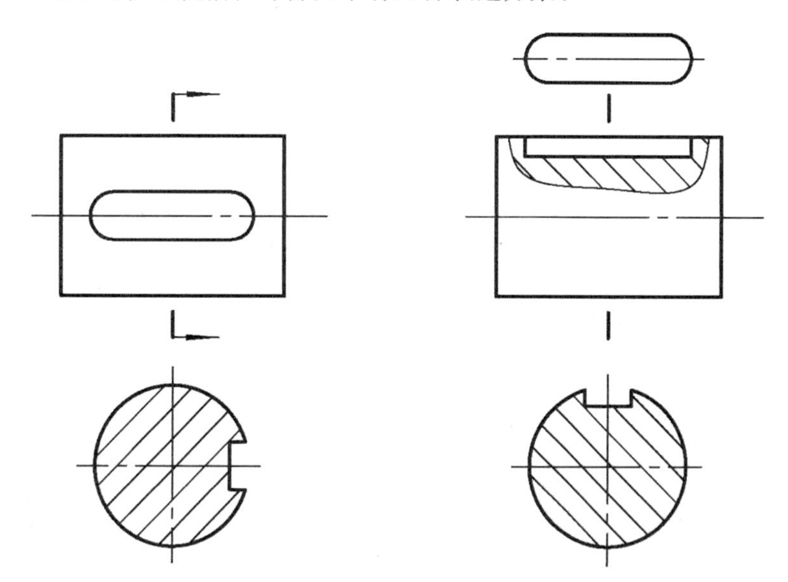

图 7-98 零件图中轴上键槽的两种表达方案

图 7-99 展示了键槽在零件图上的标注方法。

键槽的尺寸根据键的尺寸确定,尺寸公差按照表 7-23 制订,键槽长度公差为 H14。从标准表格中查到的是轴上键槽深度 t 和毂上键槽深度 t1 的尺寸和公差,需要将其转换成零件图上的槽深尺寸及其公差。在转换尺寸公差时,要将轴上键槽深度 t 的公差镜像一下。

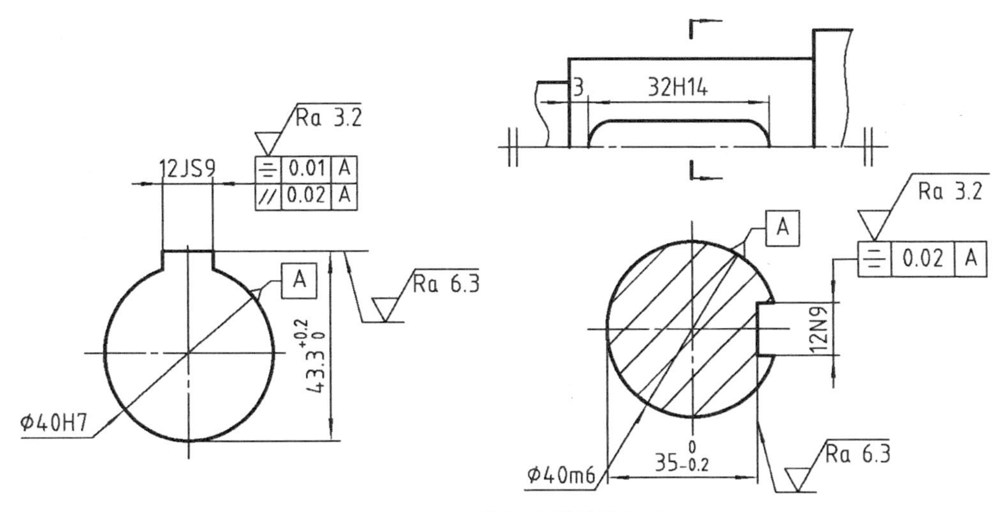

图 7-99　零件图中键槽的标注

键槽宽度方向表面的粗糙度一般要求为 Ra 6.3，甚至为 Ra 3.2，而高度方向上的表面可以要求低一级，一般为 Ra 12.5 或 Ra 6.3。

键槽的几何公差一般是要求键槽关于其所在轴段的轴线对称，当键槽比较长时，还会要求键槽的槽宽中心面相对于所在轴段轴线的平行度。

2. 半圆键

半圆键其实不足半圆。半圆键的轴上键槽是比半圆更小的部分。半圆键的标记形式为：键 GB/T1099—2003 6×10×25，其中 6 为键宽，10 为键高，25 是圆弧的直径。

半圆键装入轴上键槽后，凸出的部分将插入孔上键槽。半圆键和键槽之间的配合要求与平键一样。

如图 7-100 所示，半圆键联接的装配画法与平键类似。

半圆键键槽的技术要求也和平键相似。

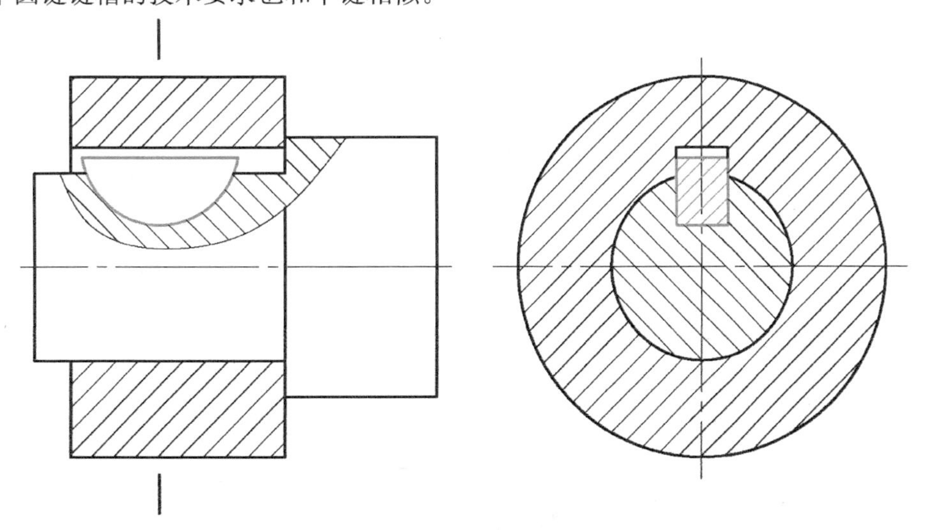

图 7-100　半圆键联接的装配图

3. 楔键

楔键高度方向的上面相对于下面有 1∶100 的斜度，毂上键槽槽底也有一样的斜度，装配压紧后两个斜面契合接触，轴和毂都受到很大的压力。楔键会造成轴毂偏心，用于低速重载的工程机械。

楔键的高度方向和宽度方向表面都是工作表面。在装配图中键和键槽的高度方向、宽度方向接合面都应该画成一条线(图 7－101)。

楔键的类型中有和平键相似的 A 型、B 型、C 型，还有便于拆卸的勾头楔键。

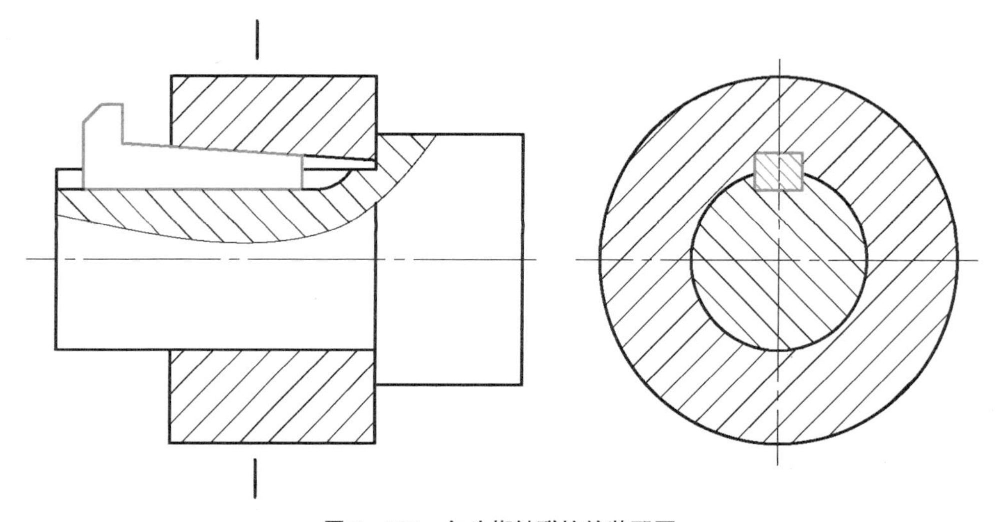

图 7－101　勾头楔键联接的装配图

4. 花键

当需要传递较大扭矩时，一个键可能就不够了，这时可以设计对称布置的双键结构，这样还有利于轴的受力平衡，但对制造精度的要求也高了。如果双键还不足以承担载荷，那么就只能采用花键了。花键相当于在轴上装满了键，至少 6 个。与普通键联接相比，花键具有承载力高、对中性好和滑移导向性好的优点。

花键主要有两类：矩形花键和渐开线花键。渐开线花键与齿轮类似，但压力角不同，可以用高效的滚齿加工，最常用。内花键一般用拉削方法加工。以下“花键”均指矩形花键。

花键和螺纹一样，是标准结构。我们要掌握其标准画法和标注方法(图 7－102)。

外花键的标准画法和螺纹的画法有些相似，只是花键终止线是细实线。内花键的大径和小径都用粗实线画，剖面线只画到大径。在装配图中，内外花键的重合部分按外花键画。花键的齿形可以全部画出来，也可以只画出一个，其余部分用粗实线圆弧代表大径，细实线圆弧代表小径。

花键的标记结构为：N×d×D×B。其中，N 为齿数，有 6、8、10 三种；d 为小径直径；D 为大径直径；B 为键宽。d、D 和 B 的配合代号也列入标记之中。花键联接的标注形式为：

$6\times23\frac{H7}{f7}\times26\frac{H10}{a11}\times6\frac{H11}{d10}$。因为内外花键的小径加工相对容易一些，所以花键联接以小径定位。

矩形花键按照承载力大小分为轻系列和中系列，同样小径下大径和键宽尺寸不同，其尺寸如表7－23所示。

表7－24为一般用途矩形花键尺寸公差的设计规范。

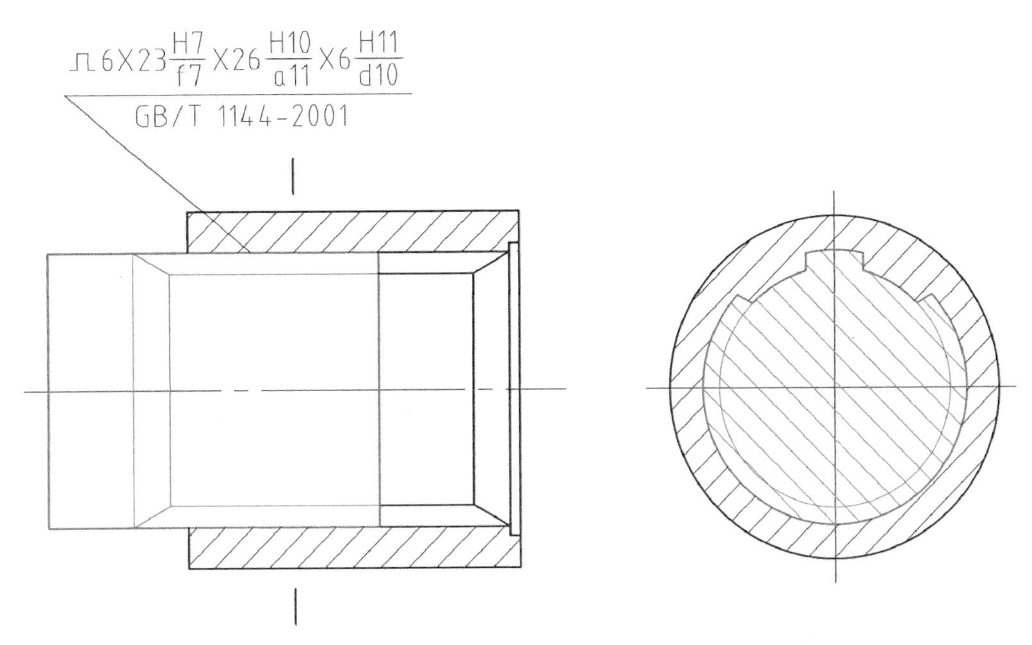

图7－102　花键联接的装配图

表7－23　矩形花键中系列的尺寸

小径	花键规格	键数	大径	键宽
……				
26	6×26×32×6	6	32	6
28	6×28×34×7	6	34	7
32	8×32×38×6	8	38	6
36	8×36×42×7	8	42	7
……				

零件图上要标注花键的技术要求(图7－103)。花键的齿侧面是传递扭矩的表面，所以粗糙度要求要高一点，一般为Ra 1.6。小径是几何公差的基准，尺寸精度、形状精度要求比较高，一般采用包容要求。花键的几何公差要求主要有：键齿相对轴线的对称度公差和键齿的分度位置的位置度公差。位置度公差采用最大实体原则，是为了利用比较宽裕的齿宽尺寸公差。

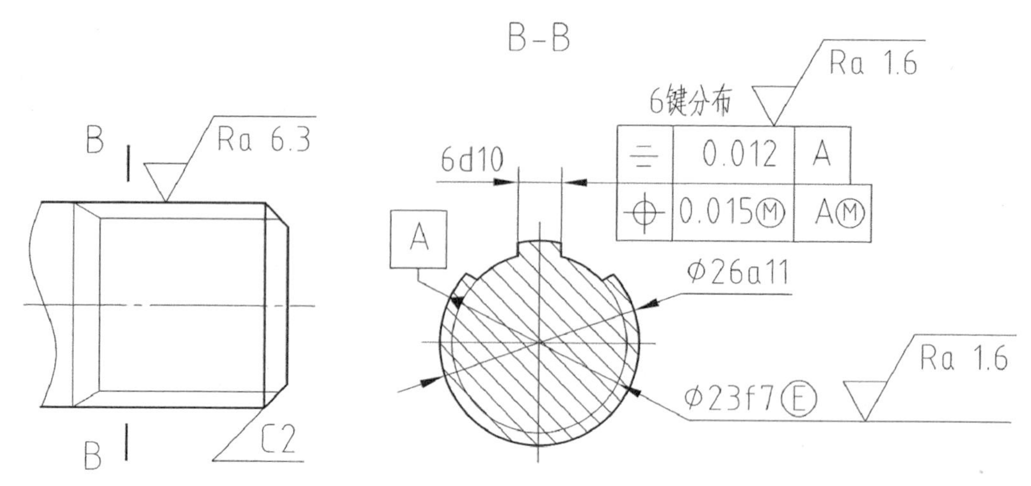

图 7-103　花键的技术要求

表 7-24　一般用途矩形花键尺寸公差的选择

<table>
<tr><th colspan="4">内花键</th><th colspan="3">外花键</th><th rowspan="3">用途</th></tr>
<tr><th rowspan="2">小径</th><th rowspan="2">大径</th><th colspan="2">键宽</th><th rowspan="2">小径</th><th rowspan="2">大径</th><th rowspan="2">键宽</th></tr>
<tr><th>拉削后热处理</th><th>拉削后不热处理</th></tr>
<tr><td rowspan="3">H7</td><td rowspan="3">H10</td><td rowspan="3">H11</td><td rowspan="3">H9</td><td>f7</td><td rowspan="3">a11</td><td>d10</td><td>滑动</td></tr>
<tr><td>g7</td><td>f9</td><td>紧滑动</td></tr>
<tr><td>h7</td><td>h10</td><td>固定</td></tr>
</table>

7.4.3　销联接

销一般不单独用来联接零件，常用来辅助零件的联接，用作定位或防松。

销的种类大致可分为：圆柱销、圆锥销和异形销。异形销包括开口销、安全销和销轴。

1. 圆柱销

普通圆柱销的形状就是一段两端有倒角的圆柱。采用不淬硬钢或奥氏体不锈钢的销按照国家标准 GB/T 119.1—2000，采用淬硬钢或马氏体不锈钢的销按照国家标准 GB/T 119.2—2000。例如，采用不淬硬钢，直径为 8，直径尺寸公差为 m6，长 30 的圆柱销的标记为：销 GB/T 119.1—2000 8 m6×30。

圆柱销的种类很多。有的种类的圆柱销可用于盲孔，销的侧面被切削出通气平面，尾部也有拆卸用的螺孔。还有断面为 C 形的弹性圆柱销，可以吸收振动和冲击。

在画圆柱销联接的装配图时，因为销和销孔之间有配合公差，所以接合面要画成一条线。为了识别出销的存在，一般要将销两端的倒角画出来(图 7-104)。

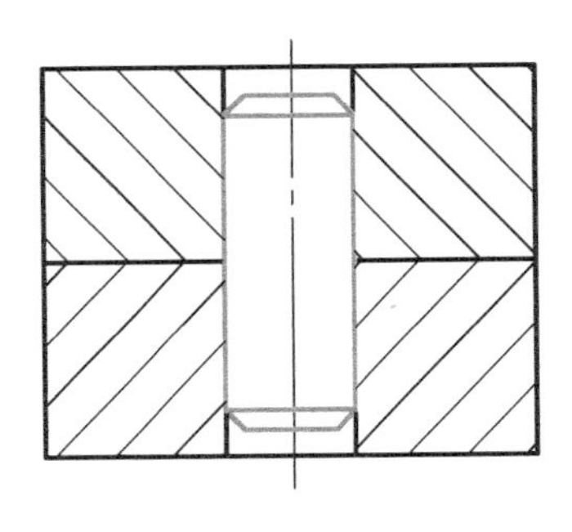

(a) 圆柱销联接的装配图

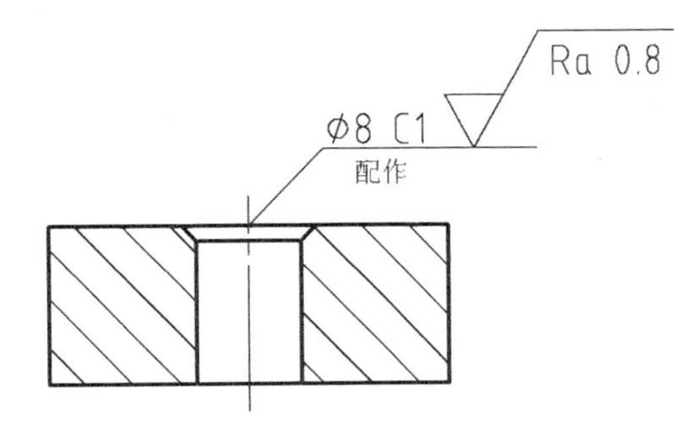

(b) 零件图上销孔的标注

图 7-104　圆柱销联接的装配图及零件图上销孔的标注

被联接零件上的销孔，一般都是在装配的时候，把需要定位的两个零件对好位置后，一起加工出来，所以在各自的零件图上，销孔的尺寸旁边会加注“配作”。销孔一般要进行精铰，粗糙度达到 Ra 0.8。

2. 圆锥销

圆锥销的锥度为 1∶50，两端有球面凸起。按照表面粗糙度分为 A、B 两种，其 Ra 值分别为 0.8 和 3.2。小端直径为 10，长 60 的 A 型圆锥销标记为：销 GB/T 117—2000 10×60。被联接零件上的圆锥销孔也是只标注锥度和小端直径(图 7-105)。

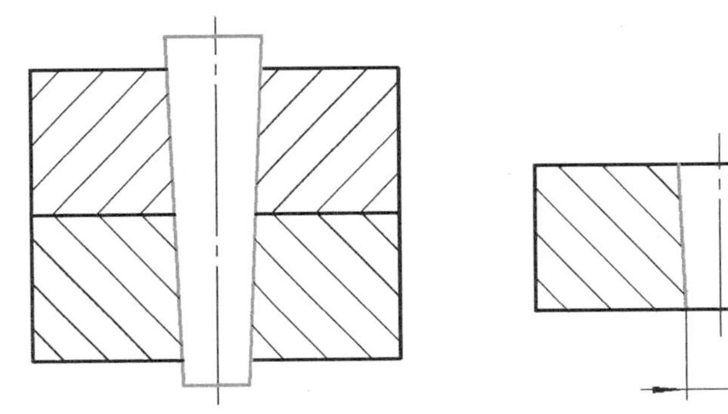

(a) 圆锥销联接的装配图

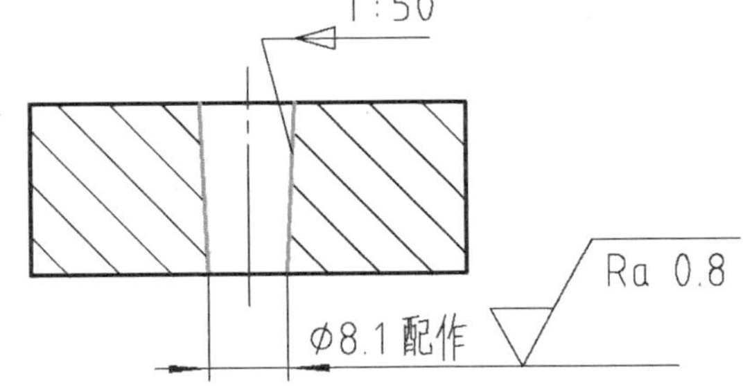

(b) 零件图上销孔的标注

图 7-105　圆锥销联接的装配图及零件图上销孔的标注

为了便于分辨圆锥销和圆柱销，画圆锥销时应该稍微放大一点锥度。另外，在画圆锥销联接的装配图时，一般要让圆锥销的小端凸出销孔一点，以便于拆卸。

7.4.4　齿轮

齿轮是最具标志性的机械零件，其图像经常被用作机械的代表。与带传动和链传动相比，渐开线齿轮传动的特点是瞬时传动比不变，因而在高速传动时也能很平稳。

齿轮不是标准件，一般要由机械工厂自己设计零件图生产，但齿轮轮齿的参数是有国家标准规定的。

1. 齿轮的结构和参数

图7-106展示了齿轮的结构和参数。一个齿轮可分成轮齿、轮缘、腹板和轮毂几部分。轮齿与其他齿轮的轮齿相啮合,其大小由标准化的模数(表7-25)控制,根据传动时受力大小来决定。轮缘是支撑轮齿的,宽度与轮齿宽度相同。轮毂是包围中孔的结构,其轴向长度要根据键的长度来决定。中孔上往往切有键槽。大齿轮设有腹板,其作用是减轻齿轮的质量、减小齿轮的转动惯量。为了进一步减重,有时腹板上还钻有若干均布孔。

表7-25　渐开线齿轮第一系列模数

1	1.25	1.5	2	2.5	3	4	5	6	8	10	12	16	20	25	32	40	50

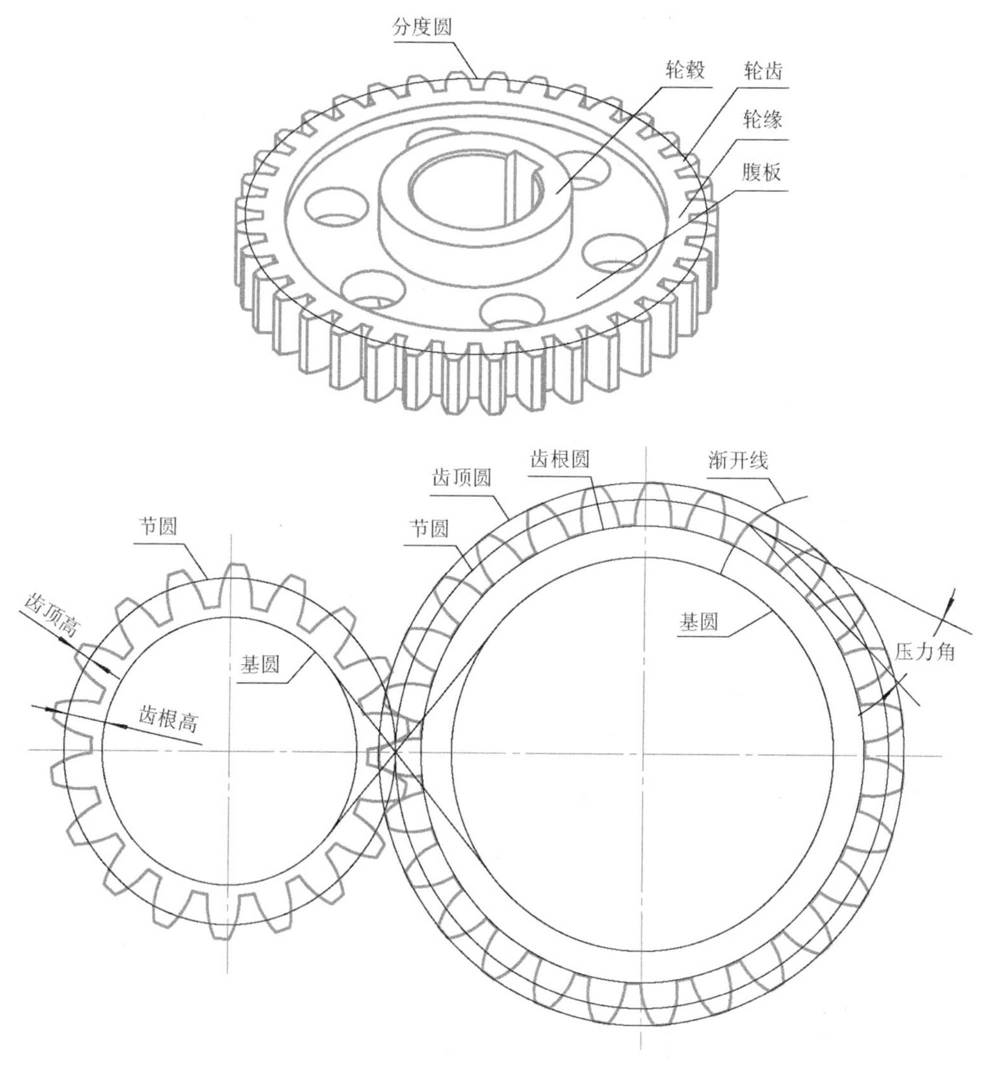

图7-106　齿轮的结构和参数

齿轮按其外形可分为圆柱齿轮、圆锥齿轮、蜗轮蜗杆和齿条(图7-107);按轮齿相对于齿轮轴线的螺旋角分为直齿和斜齿。齿轮的啮合方式通常为外啮合，行星轮系用到内啮合。

齿轮的齿廓一般是渐开线。想象将线缠绕在一个基圆上，然后拉住线头逐渐展开，线头所划过的轨迹曲线即为渐开线。节圆是以相互啮合的两个齿轮各自的圆心为圆心，通过两个齿轮基圆交叉公切线的交点的两个相切圆。一对渐开线齿轮相互啮合转动就像一对相切的节圆在做纯滚动。

节圆只有在两个齿轮啮合时才能定义，分度圆是属于单个齿轮的参数。对于没有变位的标准齿轮而言，节圆等于分度圆。节圆上齿厚等于槽宽。

齿轮轮齿部分的主要参数包括：模数 m、齿数 z 和压力角 α。模数 m 已经标准化，可从国家标准中选取。模数决定了轮齿的大小，模数越大轮齿越高、越厚。齿数 z 可以自由确定，不过为了不发生根切，标准齿轮的齿数应大于 17。模数一定的情况下，齿数越多齿轮的直径就越大。直齿圆柱齿轮分度圆的直径 $d=m\cdot z$。齿轮的压力角 α 指的是在分度圆与齿廓渐开线的交点处，齿轮的运动方向（切向）与受力方向（齿廓法向）的夹角，国家标准定为 20°。基圆上任意点处的压力角为 0°，渐开线上越远离基圆的点处压力角越大。只有模数和压力角一样的两个齿轮才能啮合。

齿顶圆与分度圆的半径差称为齿顶高 h_a。标准轮齿的齿顶高 $h_a=m$。齿根圆与分度圆的半径差称为齿根高 h_f。标准轮齿的齿根高 $h_f=1.25m$。

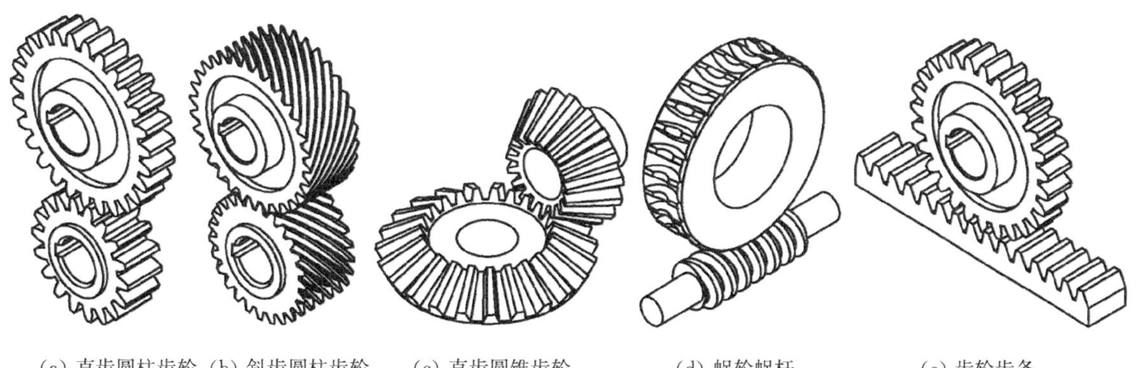

(a) 直齿圆柱齿轮 (b) 斜齿圆柱齿轮 (c) 直齿圆锥齿轮 (d) 蜗轮蜗杆 (e) 齿轮齿条

图 7-107 齿轮的种类

2. 直齿圆柱齿轮的画法

和螺纹一样，齿轮的画法并不是写实的，而是要采用国标规定的简化画法。轮齿部分只画齿顶圆、齿根圆和分度圆，不画渐开线齿形轮廓（图 7-108）。

齿轮的具体绘制步骤为：

(1) 按照 $d_a=mz+2m$ 算出齿顶圆直径，然后画出切轮齿之前齿轮坯的投影。齿顶圆用粗实线画。

(2) 按照 $d=mz$ 算出分度圆直径，m 是模数，z 是齿数。然后在两个视图中用点画线画出分度圆的投影。

(3) 按照 $d_f=mz-2.5m$ 算出齿根圆直径，然后在两个视图中画出齿根圆的投影，剖视图中用粗实线画，不剖视图中用细实线画或者不画，从齿根到齿顶的轮齿部分按不剖画。

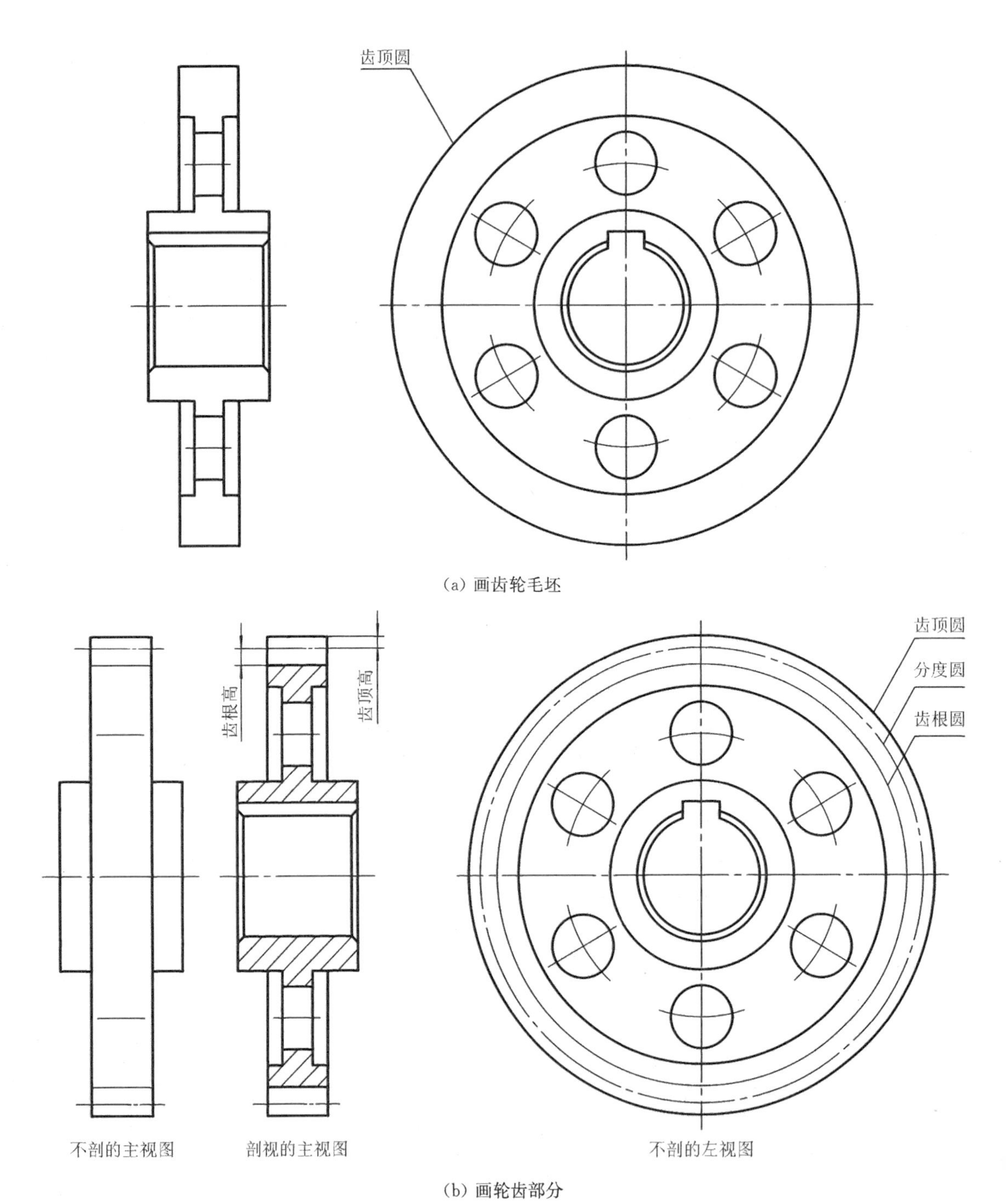

(a) 画齿轮毛坯

(b) 画轮齿部分

图 7-108　齿轮的绘制步骤

齿轮的零件图如图 7-109 所示,一般采用两个视图,将剖视的非圆视图作为主视图,不剖的有圆视图作为左视图。

与其他零件的零件图不同的是,齿轮零件图的右上角有一个很长的表格。表格里除了模数、齿数、压力角和螺旋角等参数以外,还有许多涉及齿轮传动的准确性、平稳性以及齿向载荷均匀性的技术要求。

齿轮零件图中，轮齿部分要标注的尺寸主要是齿顶圆直径、分度圆直径和齿宽。分度圆直径无需尺寸公差，因为表格中有更详细的技术要求。齿顶圆和分度圆要标注表面粗糙度。分度圆上标的粗糙度是轮齿齿面的粗糙度。

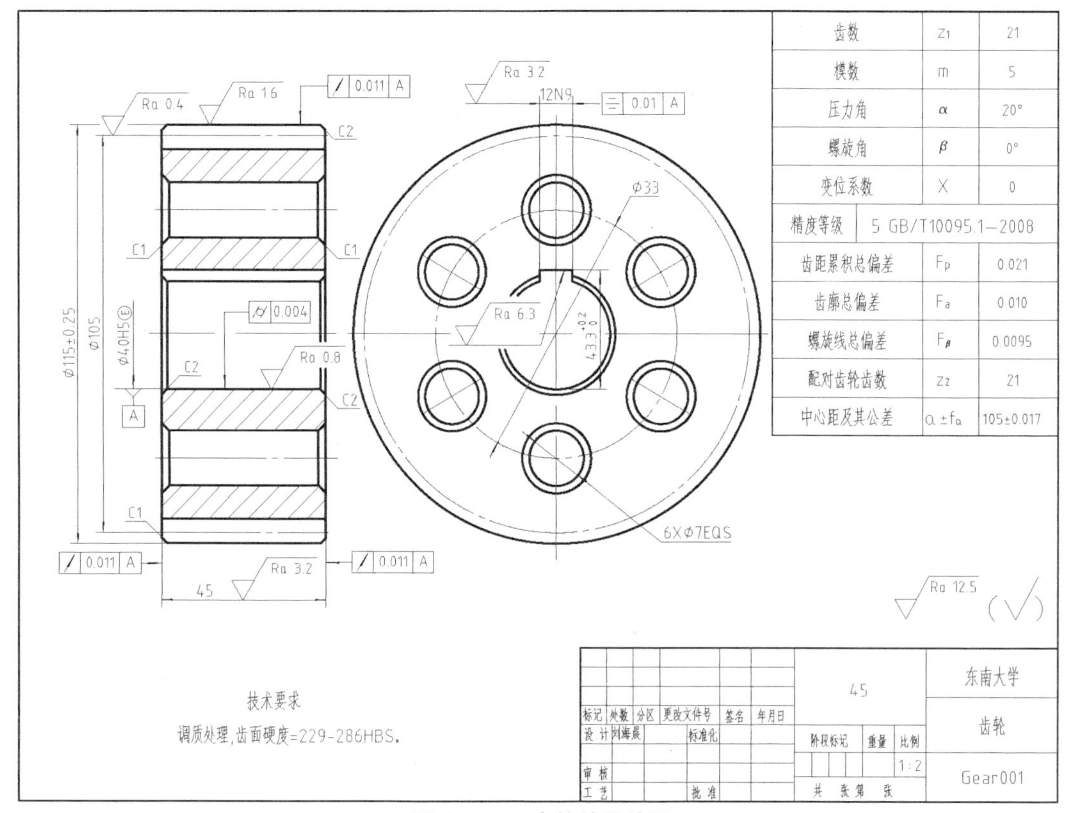

图7-109　齿轮的零件图

3. 齿轮啮合装配图的画法

齿轮啮合装配图中，两个齿轮的节圆用点画线表示，一定要相切。在有圆视图上，两个齿顶圆在交汇区域里可以都画出来或者都不画。在非圆视图上，齿轮啮合区域一般要进行剖视，要画成其中一个齿轮的轮齿遮挡住另一个齿轮的轮齿的样子(一般画成主动轮的轮齿遮挡被动轮的轮齿)，其中一个齿轮的齿顶和另一个齿轮的齿根之间的间隙要清晰地画出来，甚至不惜改变齿根位置。齿根位置的改变要对称地体现在两个齿轮的各个投影上。

1）圆柱齿轮传动

两个渐开线直齿圆柱齿轮能啮合传动的条件是：模数一样、压力角相同。所以即使这两个齿轮一大一小，它们的轮齿齿高应画成一样的。

因为小齿轮参与啮合的频率高，所以一般把小齿轮的齿宽做得稍宽一点。

圆柱齿轮分直齿和斜齿两种。直齿齿轮的轮齿平行于齿轮的轴线。斜齿齿轮的齿向轮廓实际上是一段螺旋线，与齿轮的轴线成一定的螺旋角。斜齿圆柱齿轮传动起来更加平滑，振动和噪音也更加小。在画法上，斜齿齿轮要用三根平行细实线标明其螺旋方向。一对轴线平行的斜齿轮,其旋向应相反。

如图 7－110 所示,圆柱齿轮啮合装配图的绘制步骤为:

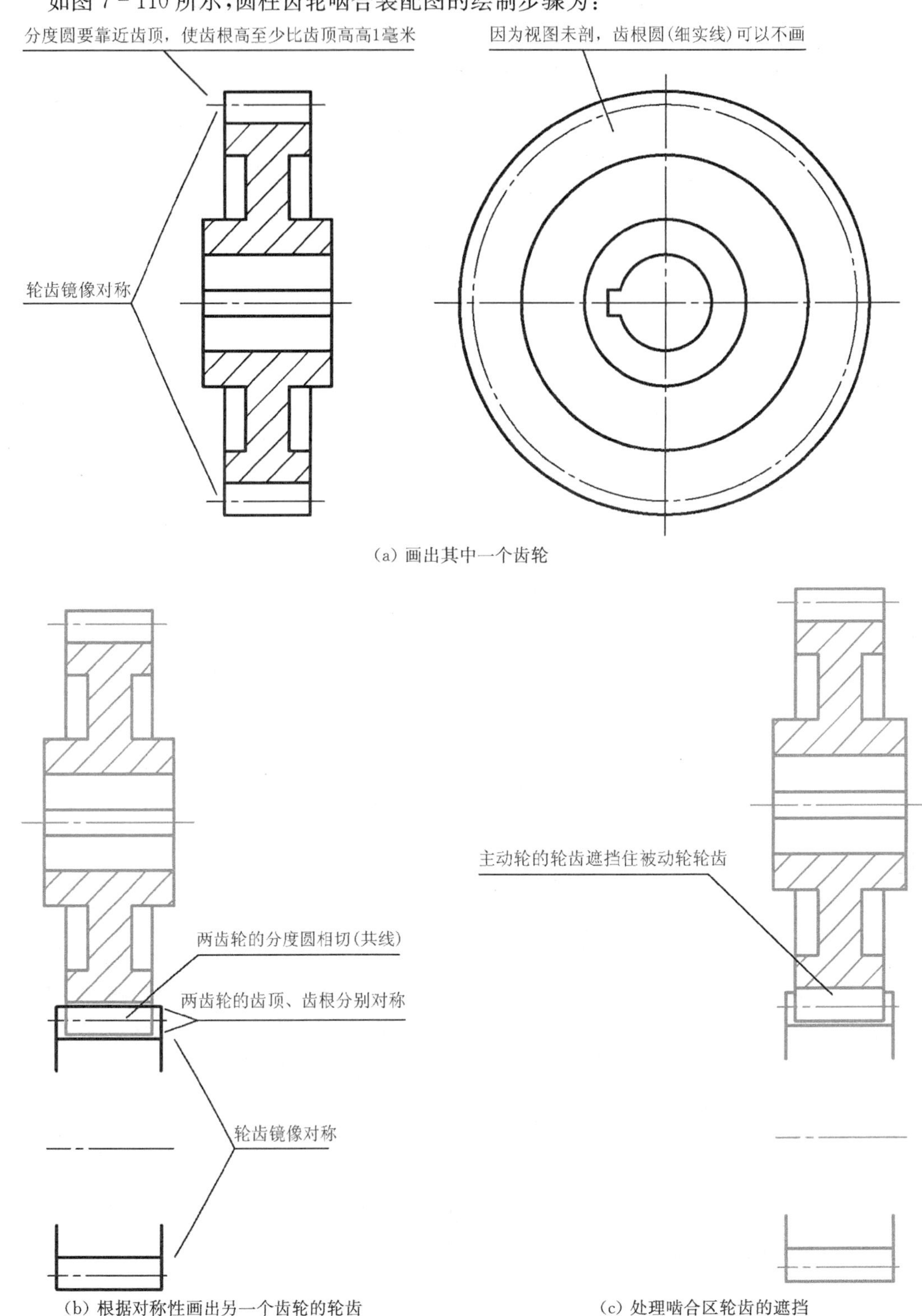

(a) 画出其中一个齿轮

(b) 根据对称性画出另一个齿轮的轮齿

(c) 处理啮合区轮齿的遮挡

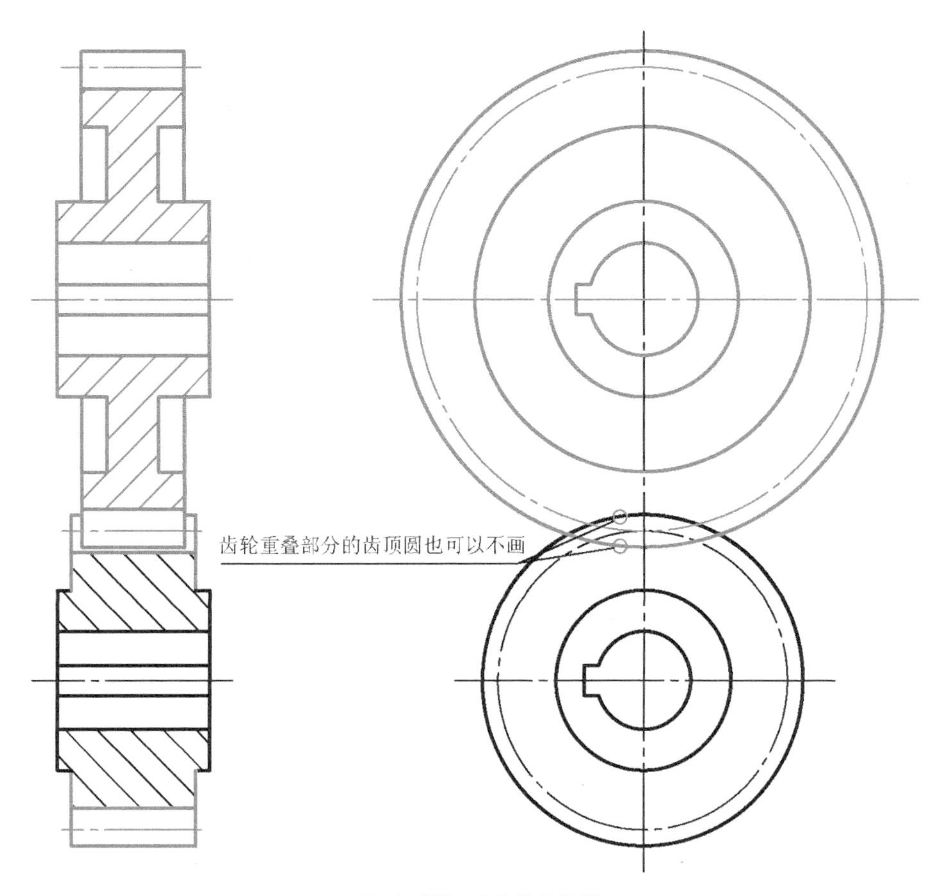

(d) 完成第二个齿轮的投影

图 7－110　圆柱齿轮啮合的装配图画法

① 画出其中一个齿轮。要保证齿根高比齿顶高至少高 1 毫米，这样才能在装配图中保证间隙清晰。

② 按照齿轮参数，计算两齿轮的中心距，确定另一个齿轮的轴线。按照分度圆相切、两齿轮的齿顶高和齿根高一样的关系，确定另一个齿轮的分度圆、齿顶圆和齿根圆。

③ 处理啮合区轮齿的遮挡关系。

④ 完成第二个齿轮的其他轮廓线。

齿轮齿条啮合的画法和齿轮与齿轮啮合类似。齿条可以看成是齿数无穷多、直径无限大的圆柱齿轮。

2) 圆锥齿轮传动

圆锥齿轮传动可以改变运动方向，通常是转 90°。圆锥齿轮也有直齿和斜齿之分。圆锥齿轮的模数沿齿向是变化的，所以规定以大端的参数(如大端模数)为标准化参数。

如图 7－111 所示，圆锥齿轮啮合装配图的绘制步骤为：

① 画出两个齿轮的轴线。

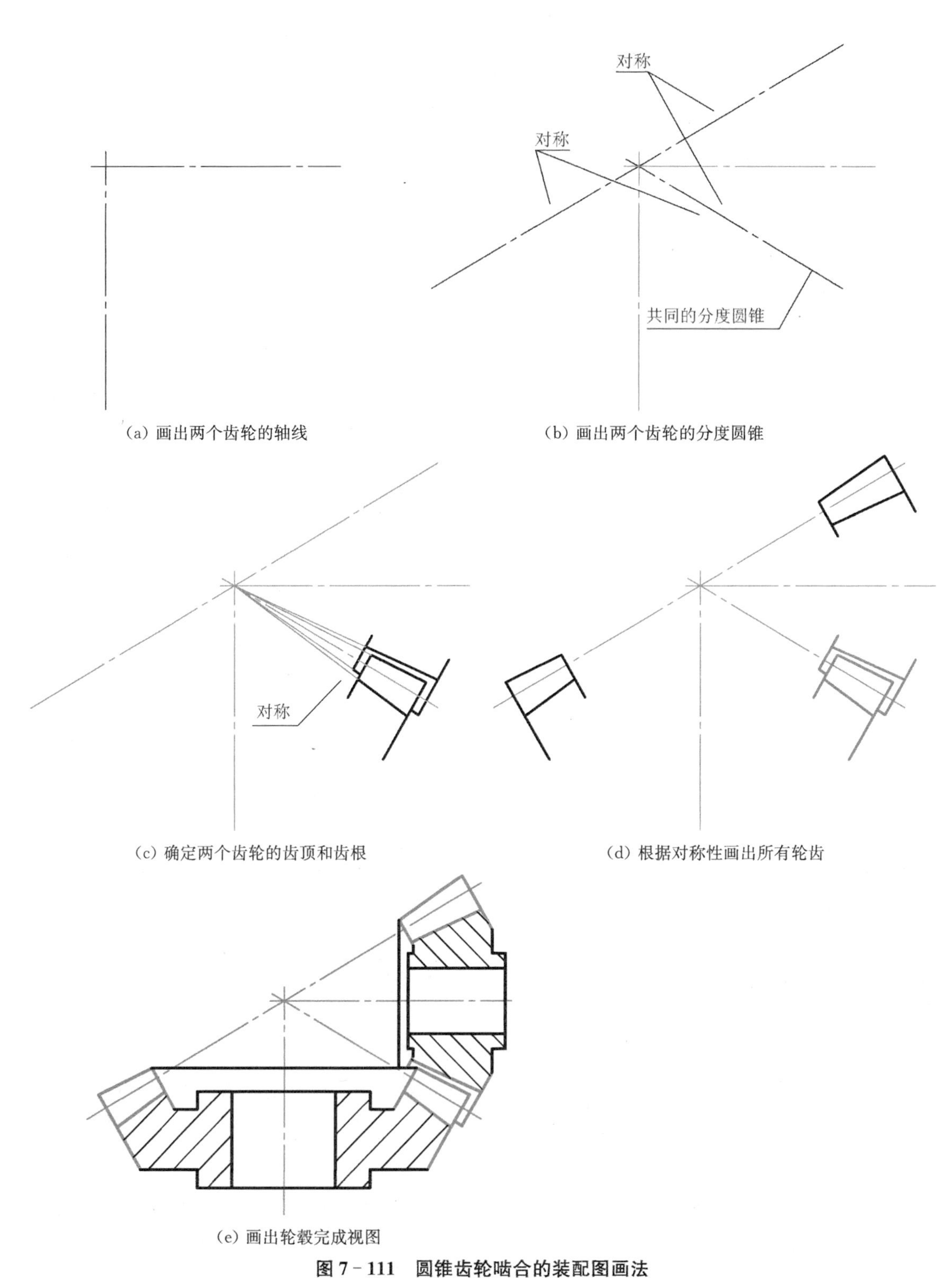

图 7-111　圆锥齿轮啮合的装配图画法

② 先按照传动比或锥角，确定共用的(相切的)分度圆锥(点画线)；再按照对称性，画出另外的分度圆锥。

③ 按照相同的齿顶高和齿根高，画出啮合区域的一对轮齿。两个齿轮的齿顶圆锥和齿根圆锥可画成与分度圆锥共顶点。处理轮齿遮挡关系。

④ 按照对称性，分别画出两个齿轮的另一轮齿。

⑤ 完成两齿轮的其他轮廓线。

3）蜗轮蜗杆传动

图7－112为蜗轮蜗杆啮合的装配图。蜗轮蜗杆的轴线一般相互垂直，其最大优点是可以实现很大的传动比。蜗杆可以看作齿数为其头数(一般为1、2、4、6)的齿轮，轮齿像螺纹一样绕在蜗杆上。蜗轮与蜗杆可以看作一对螺旋角特别大的斜齿轮，在中间平面上，相当于齿轮和齿条啮合。蜗轮和蜗杆的旋向是相同的。蜗轮蜗杆传动的缺点在于齿面摩擦严重，只适合于低转速的场合。

蜗轮的端面模数是标准化的，等于蜗杆的轴面模数。为了增加接触面积，蜗轮轮齿做成以蜗杆轴线为中心的圆弧形(图7－113)。在装配图中，蜗杆的分度圆柱与蜗轮的分度圆环面相切。

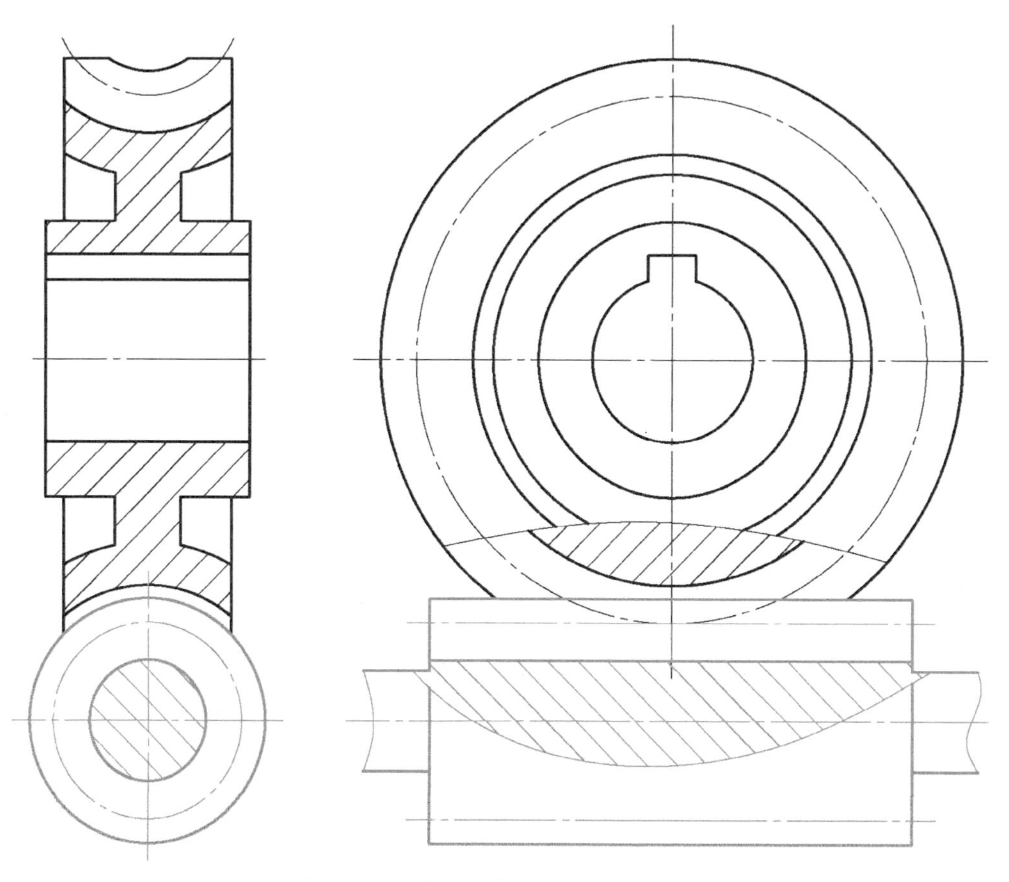

图7－112　蜗轮蜗杆啮合的装配图画法

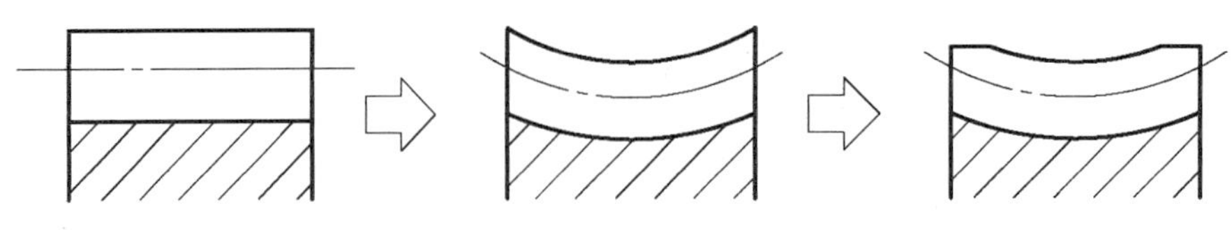

图 7－113　蜗轮轮齿形状的形成

7.4.5　滚动轴承

滚动轴承装在固定支座与转轴之间，就像给车装上轮子一样，可以大大减少能量的摩擦损耗。

滚动轴承是标准件，在装配图中采用规定的简化画法。

1. 滚动轴承的画法

滚动轴承主要由内圈和外圈(推力轴承为轴圈和座圈)和夹于其中的滚动体构成(图 7－114)。滚动体的种类有球、圆柱滚子、圆锥滚子、球面滚子和滚针。

常用的滚动轴承是深沟球轴承、圆锥滚子轴承和推力球轴承(图 7－115)。深沟球轴承主要承受径向力。圆锥滚子轴承既可以承受径向力，又可以承受一个方向上的轴向力。推力球轴承只能承受轴向力。

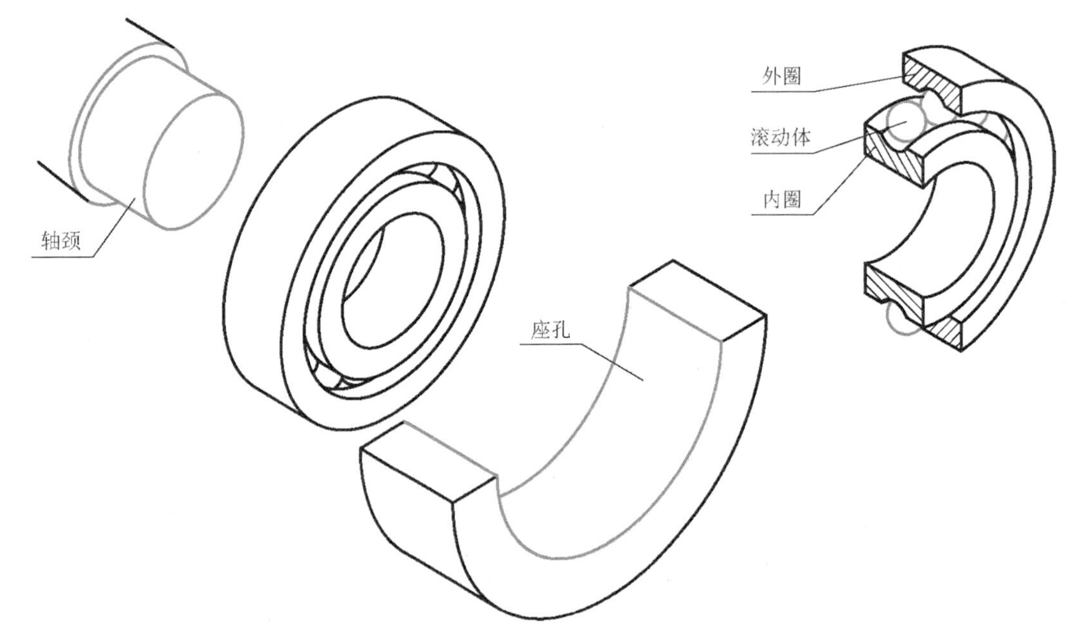

图 7－114　滚动轴承的主要结构及与其配合的零件结构

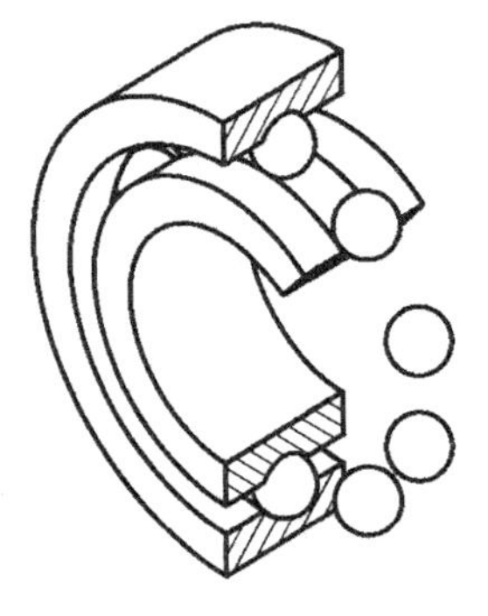

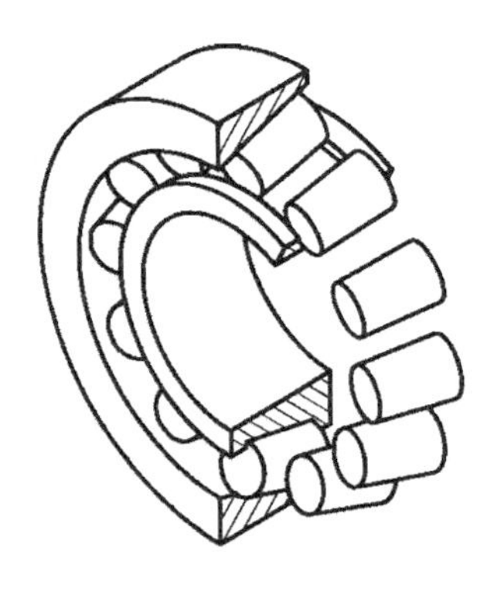

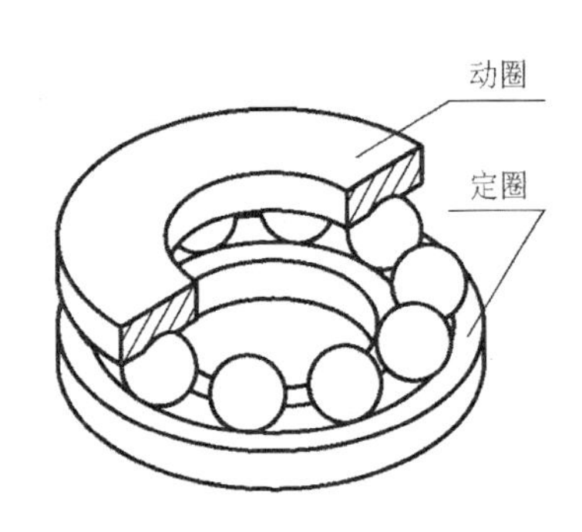

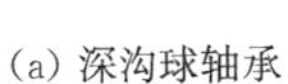

(a) 深沟球轴承　　(b) 圆锥滚子轴承　　(c) 推力球轴承

图 7－115　常用的滚动轴承类型

滚动轴承采用简化的比例画法作为规定画法(图 7－116),绘制时只需要从标准(表 7－26 为圆锥滚子轴承轮廓尺寸的部分数据)中查得必需的外形参数即可。

表 7－26　圆锥滚子轴承轮廓尺寸

轴承孔径 d	轴承外径 D	轴承总宽 T	内圈宽 B	外圈宽 C
……				
17	47	20.25	19	16
20	37	12	12	9

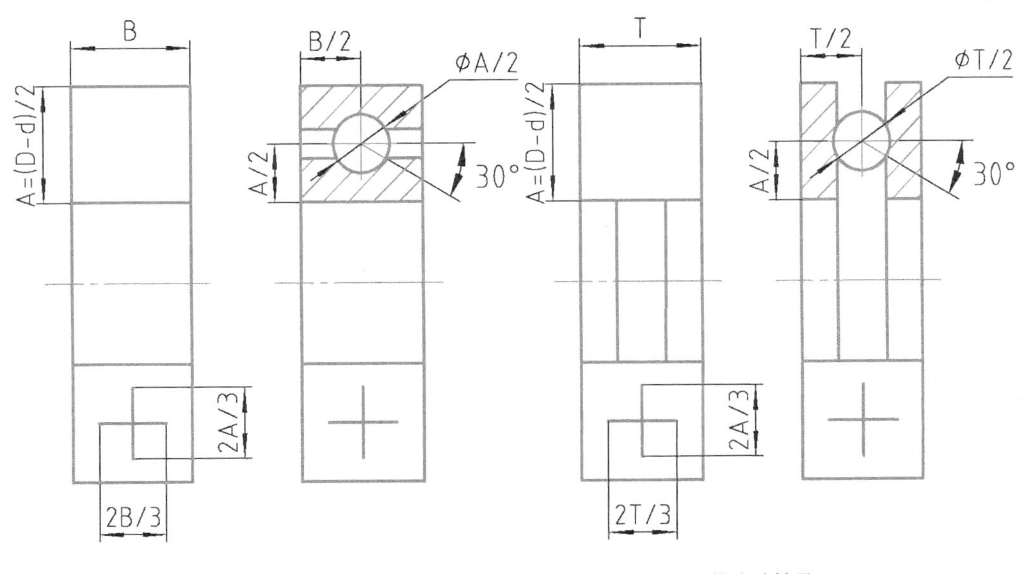

(a) 深沟球轴承　　(b) 推力球轴承

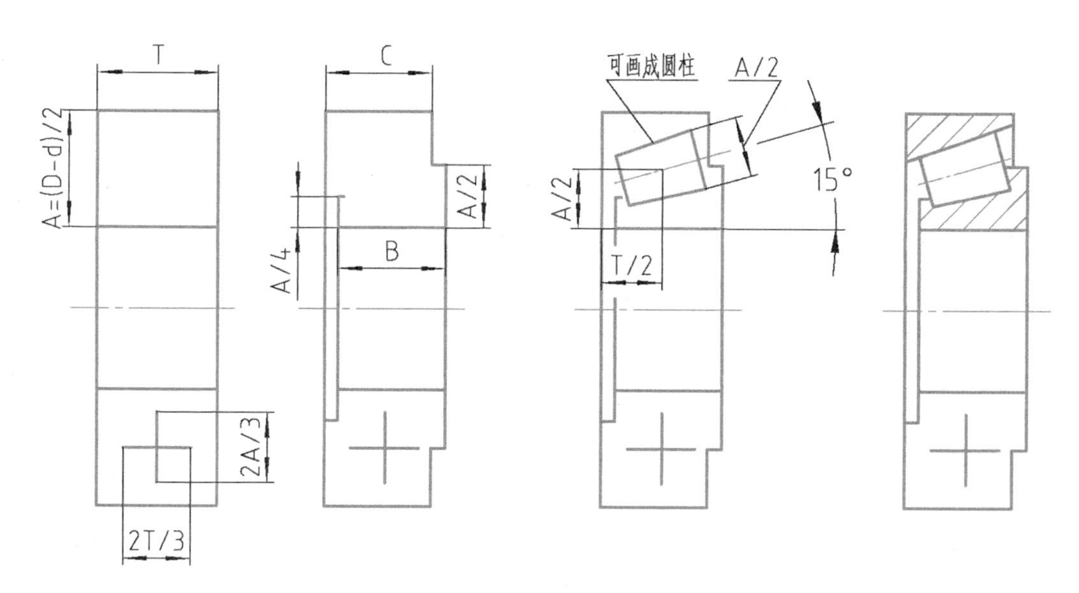

(c) 圆锥滚子轴承

图 7－116　滚动轴承的规定画法和绘制步骤

除了规定画法,国家标准中还有更加简化的特征画法和通用画法。

2. 滚动轴承的标记

滚动轴承的标记也称代号,由前置代号、基本代号和后置代号组成。前置代号和后置代号反映轴承的细节结构、材料、公差等级和特性参数。基本代号是必须的,决定轴承的类型和尺寸(图 7－117)。

基本代号的第一位是轴承的类型代号。轴承的类型有:双列角接触球轴承(0),调心球轴承(1),调心滚子轴承和推力调心滚子轴承(2),圆锥滚子轴承(3),双列深沟球轴承(4),推力球轴承(5),深沟球轴承(6),角接触球轴承(7),推力圆柱滚子轴承(8),圆柱滚子轴承(N),双列或多列圆柱滚子轴承(NN),外球面球轴承(U),四点接触球轴承(QJ)。

基本代号的第二位数字是轴承的宽度(推力轴承指轴向高度)系列代号。径向轴承的宽度按照 8、0、1、2、3、4、5、6 的顺序,依次递增。推力轴承的高度按照 7、9、1、2 的顺序,依次递增。这一位当采用 0 系列时,除了圆锥滚子轴承以外,可以省略。

基本代号的第三位数字是轴承的直径系列代号。轴承的外径,按照 7、8、9、0、1、2、3、4、5 的顺序,依次递增。

基本代号的第四位开始,是轴承的内径代号。内径代号一般由两位数字组成,如:04、12,意为轴承的内径是其 5 倍:20、60。但 00、01、02、03 分别指内径为 10、12、15、17。对于过大、过小的尺寸,以及不是整数、不是 5 的倍数的尺寸,采用在“/”后直接注出内径数值的方式标注。

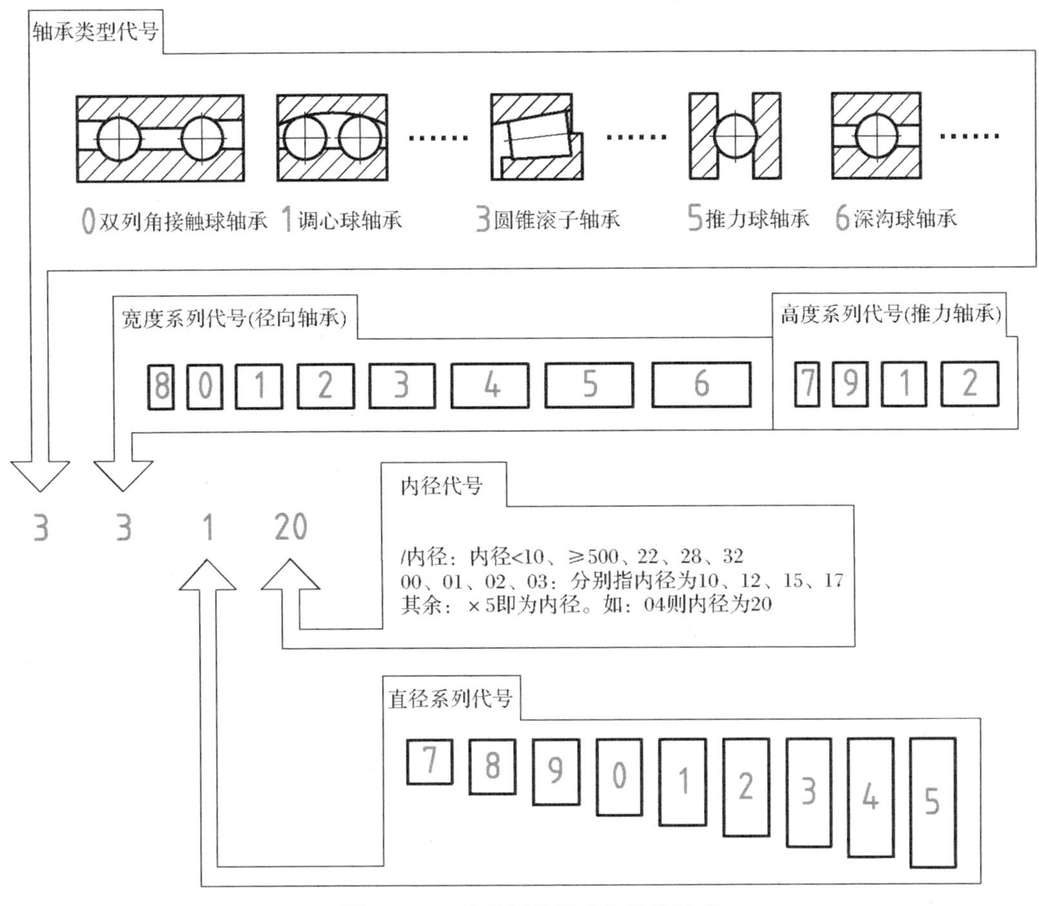

图7－117　滚动轴承基本代号的组成

3. 滚动轴承的定位与压紧

滚动轴承的内圈在轴上经常通过轴肩或套筒来定位。滚动轴承的外圈可以让其游动不作约束，也可以用套杯上的台阶定位。为了容纳拆卸工具，定位轴承的轴肩、套筒或套杯的高度不能超过轴承内圈或外圈，这样在拆卸轴承时工具才有着力点。国家标准中规定了用于定位滚动轴承的轴肩和孔内台阶的高度(图7－118)。

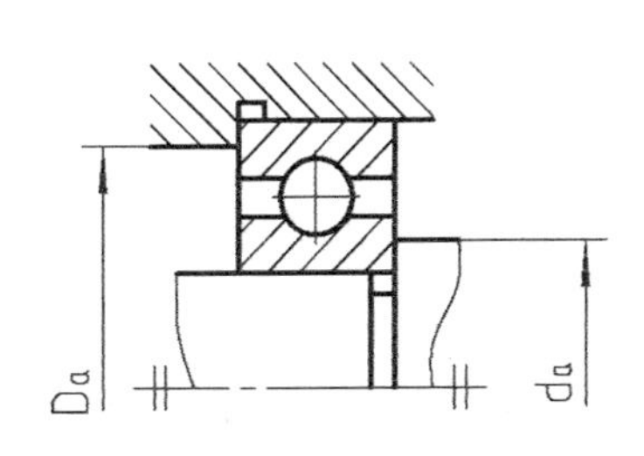

深沟球轴承的安装尺寸

轴承孔径	轴承外径	轴肩直径 da	孔上台阶直径 Da
……			
30	90	≥39	≤81
35	47	≥37.5	≤45
……			

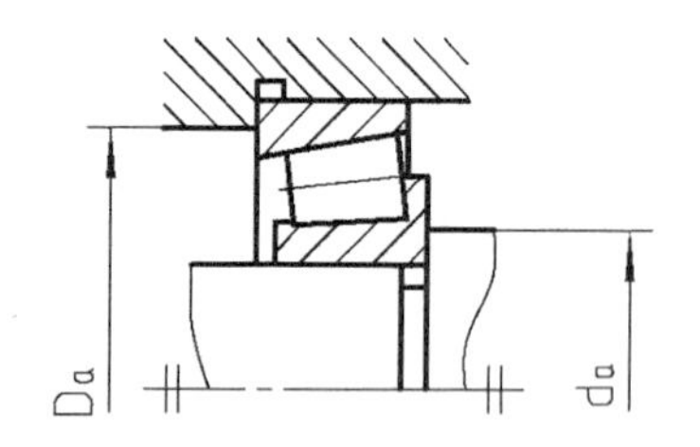

圆锥滚子轴承的安装尺寸

轴承孔径	轴承外径	轴肩直径 da	孔上台阶直径 Da
……			
30	72	≥37	≥59,≤65
32	52	≥37	≥46,≤47
……			

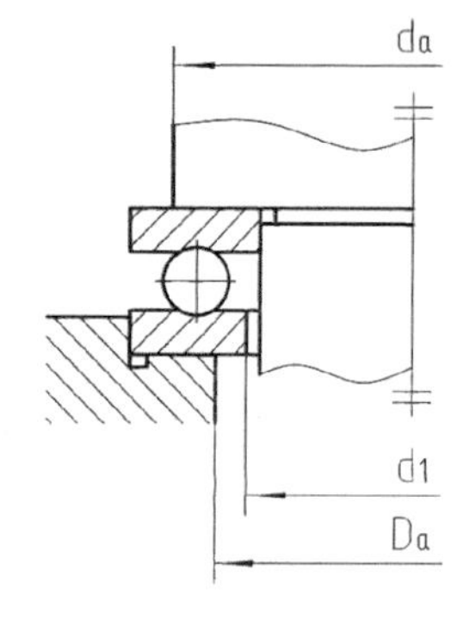

推力球轴承的安装尺寸

轴承孔径	轴承外径	定圈孔径 d1	轴肩直径 da	孔上台阶直径 Da
……				
30	70	32	≥54	≤46
35	52	37	≥45	≤42
……				

图 7－118　滚动轴承的安装尺寸

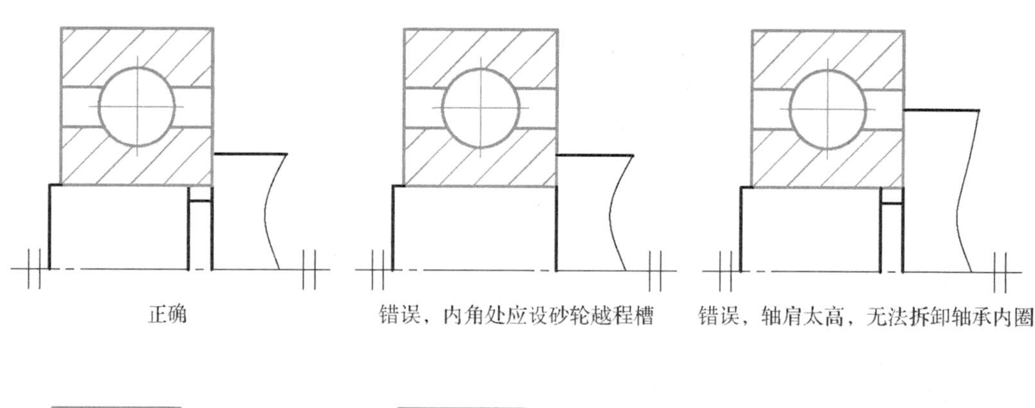

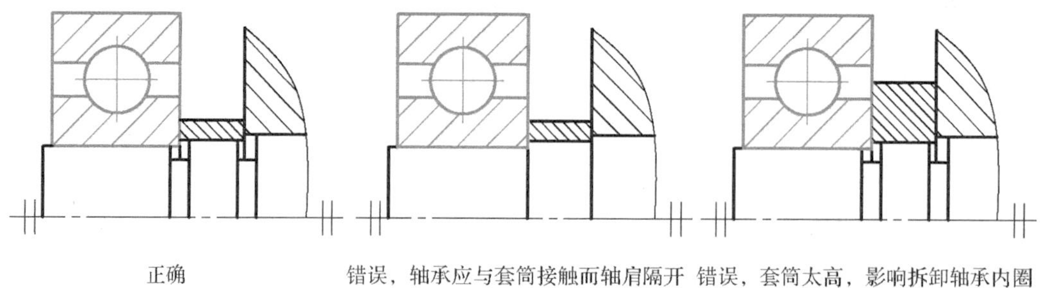

图 7－119　滚动轴承定位的正误

滚动轴承的定位主要靠轴肩或套筒。轴肩和套筒的设计既要考虑轴承的拆卸，又要考虑不产生内外角干涉或过定位等装配问题(图 7－119)。

滚动轴承的压紧，可以用端盖、弹性挡圈、轴端挡圈和圆螺母等方式(图 7－120)。

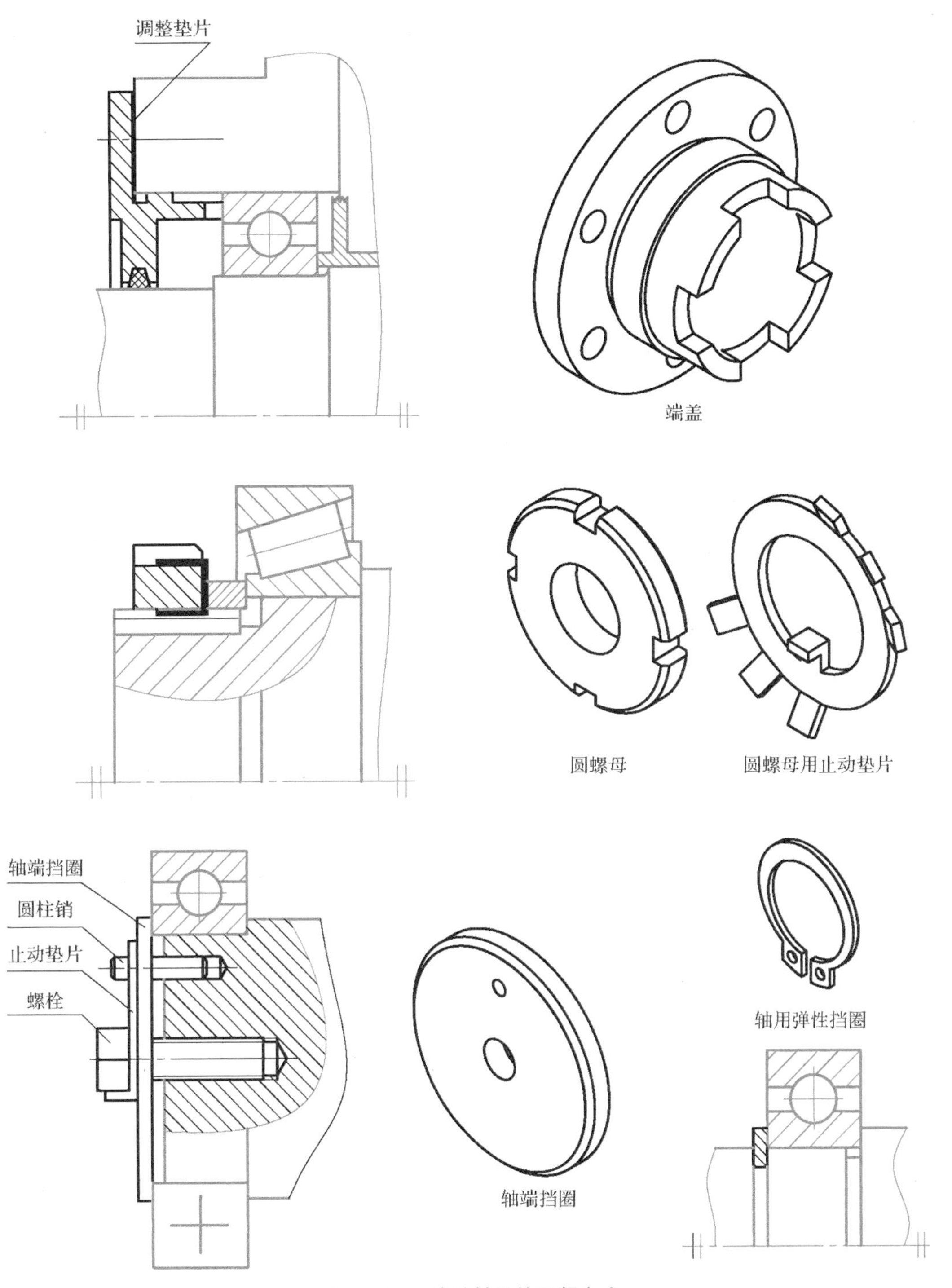

图 7－120　滚动轴承的压紧方式

端盖既起到密封的作用又可以兼作压紧滚动轴承之用。为了调整轴承的游隙，以使滚动体能平稳灵活地转动，在端盖与箱体之间往往设有调整垫片，通过增减垫片来调整压紧力的大小。

弹性挡圈分轴用和孔用两类,可以用专用工具打开和闭合,能嵌入到轴和孔上的环形槽内,起到限制轴承轴向位置的作用,但不能承受较大的轴向力。

轴端挡圈是标准件,用圆柱销定位、用螺钉或螺栓固定在轴端,可以压紧轴承内圈。轴端挡圈要注意和轴端保持距离,只和轴承内圈接触。轴端挡圈所用螺钉和螺栓可以利用轴上的C型中心孔。

圆螺母也可以用来压紧轴承内圈。圆螺母窄而薄,体积小,和止动垫片组合可以防止螺母松动。圆螺母用止动垫片要求在轴上螺纹部分切出容纳止动垫片内齿的矩形槽。

4. 滚动轴承的装配结构

滚动轴承一般布置在轴的两端(图7-121),两端的轴承都进行定位和压紧。但当轴比较长时,为了防止因轴的热胀冷缩而使轴承受到挤压,一般采用一端固定一端游动的装配结构(图7-122)。

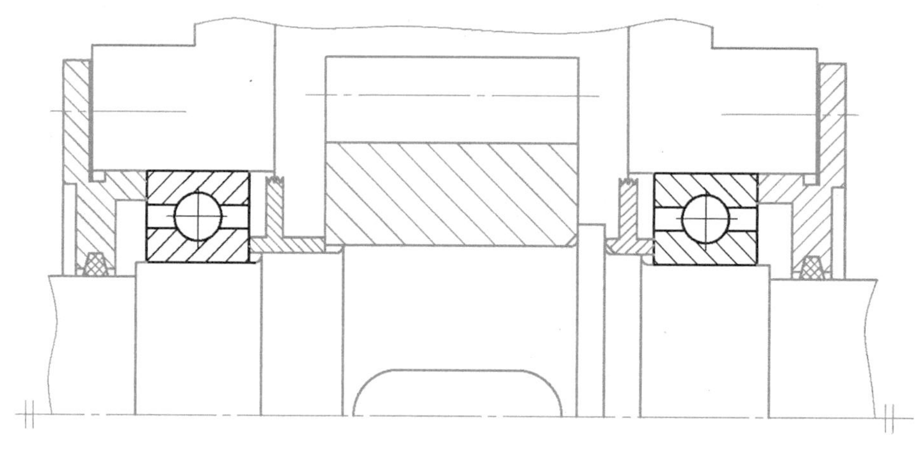

图7-121　两端固定的轴承装配结构

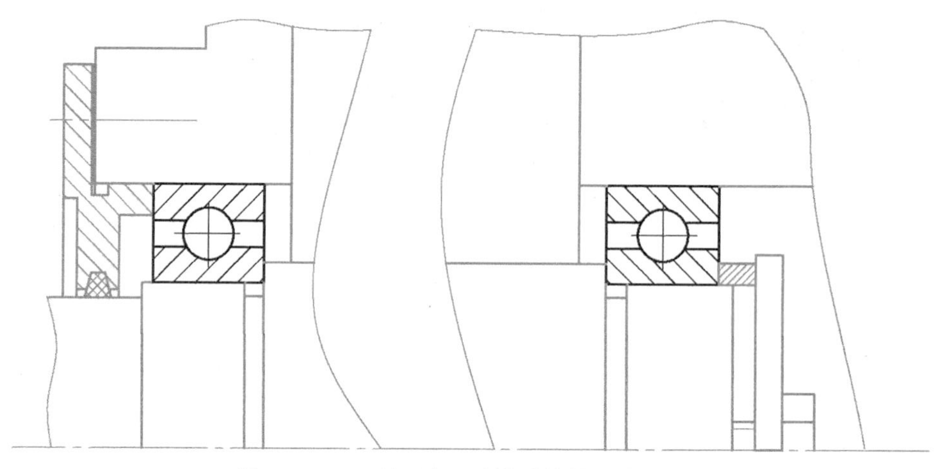

图7-122　一端固定一端游动的轴承装配结构

滚动轴承的内圈与轴的配合,和外圈与孔的配合相比,一般更加紧一点。所以往往是先将轴承装配到轴上，再一起插入箱体上的孔中。为了装配方便，有时使用套杯(图7-123)，事先将轴承组装起来。为了尽量避免装配时轴承、套杯和其他零件之间的配合表面相互摩擦，套杯的内外表面都有凹槽。采用套杯的轴承装配结构多用在悬臂支承式轴中。

蜗轮蜗杆和圆锥齿轮在工作时会产生轴向力。为了承受轴向力，常采用将一对圆锥滚子轴承或角接触轴承并列布置的方式(图7-124)。这时，两个轴承之间要设置一个挡圈，以防止其外圈相互接触。

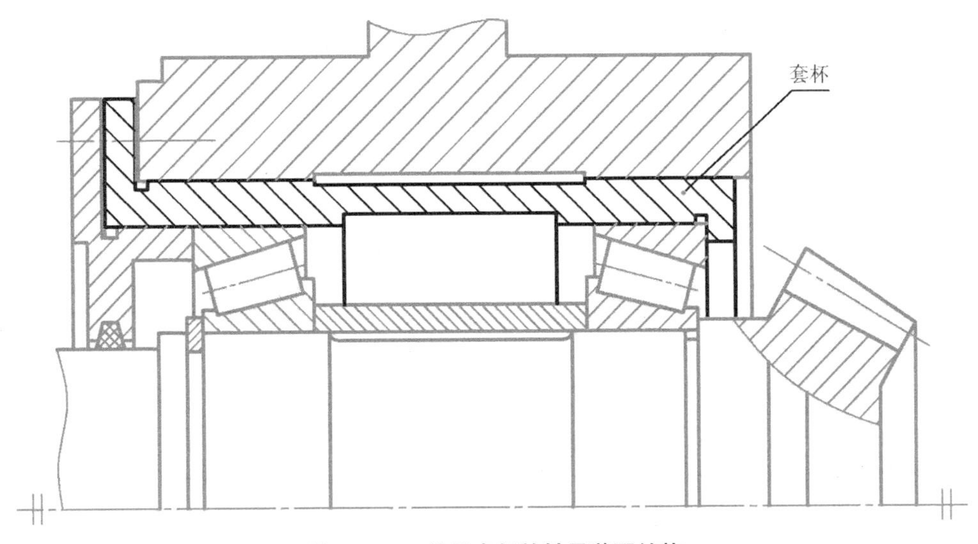

图7-123　使用套杯的轴承装配结构

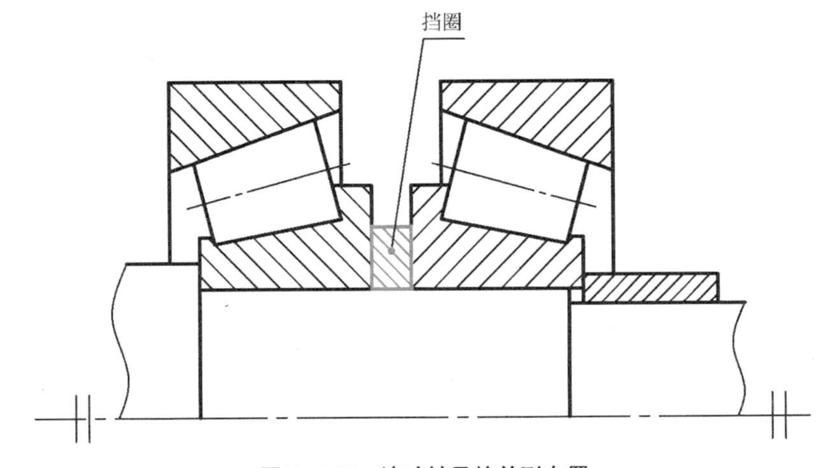

图7-124　滚动轴承的并列布置

5. 滚动轴承的润滑和轴端密封

滚动轴承一般采用油润滑。当机器运转时，随轴一起旋转的齿轮或甩油环会把箱体内的润滑油搅起来，飞溅到箱体内的各处，润滑箱体内部包括轴承在内的各个零件。但飞溅起来的油流不能太激烈，否则会对高速旋转的滚动轴承造成冲击，所以常在轴承前面设置挡油环，挡住直接冲向轴承的油流，只把少量的润滑油甩到轴承座孔孔壁上，或顺着箱体上的油沟平稳地流进轴承(图 7 - 125)。

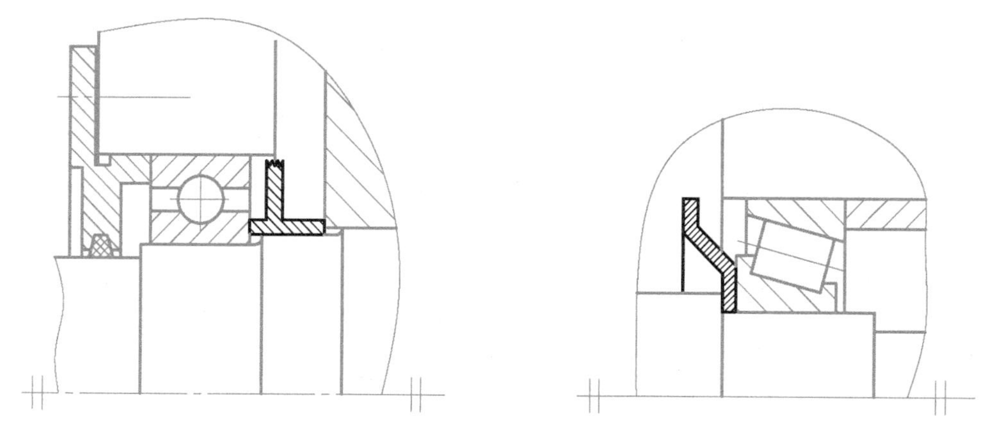

图 7 - 125　挡油环

滚动轴承一般都封装在箱体中,而轴有时是要穿过端盖伸到箱体外面的,为了不影响轴的转动,端盖上的孔还必须比轴大一圈。为防止润滑油外泄和灰尘进入箱体污染轴承,必须在端盖与轴之间进行密封。密封方式有多种:橡胶油封、毡圈密封、油沟密封、迷宫密封,或是几种方式的组合(图 7 - 126)。橡胶油封带有金属骨架,密封效果较好。毡圈密封效果相对不好,但简单易用。油沟密封和迷宫密封都是非接触式的,用在高速轴上。

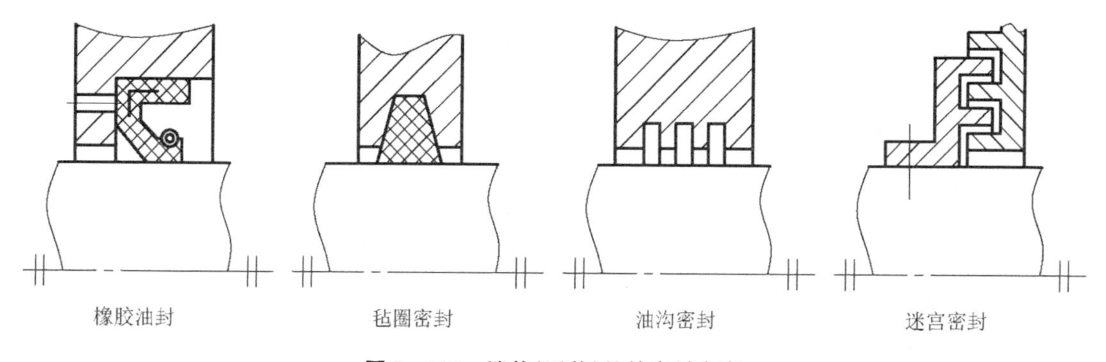

图 7 - 126　端盖(透盖)处的密封方案

6. 与滚动轴承配合的零件的设计

滚动轴承是精密部件,但其内圈和外圈都是薄壁零件,易受与其配合的轴颈和与外圈配合的座孔形状误差的影响而变形,从而降低工作效率。所以,轴颈和座孔既要有较高的尺寸公差要求,又要有严格的几何公差要求。为了达到这些技术要求,轴颈和座孔都要进行磨削加工。

滚动轴承的尺寸公差自成体系。滚动轴承的精度等级分为 0、6、5、4、2 五级,精度依次渐高。内径和外径的尺寸公差随精度等级不同而不同,但它们的公差带都位于零线以下且与零线相切(图 7 - 127)。

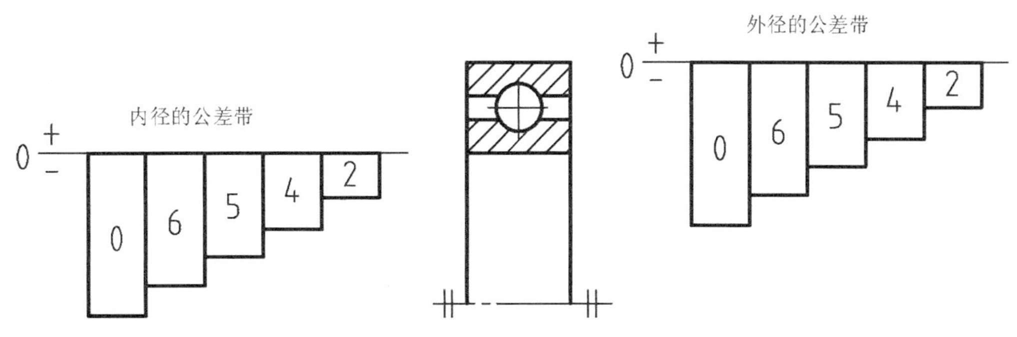

图7-127　滚动轴承内径和外径的公差带

轴颈与轴承内孔的配合是基孔制，座孔与轴承外圈的配合是基轴制。这里的基准制只是意味着通过改变与轴承配合的零件来实现不同的配合性质。

轴颈和座孔的尺寸公差(图7-128、129)的选择要综合考虑以下因素决定：

・内圈或外圈相对于负荷方向，是静止、摆动还是旋转？为了让轴承套圈能够均匀地磨损，延长使用寿命，若套圈相对于负荷方向是静止的，应该选择较松的配合，以使套圈能够缓慢转动。

・轴承在重负荷或冲击负荷下，套圈容易变形。所以负荷越大，过盈量应该越大。

・高温会使轴承内圈与轴颈的配合变松，使轴承外圈与座孔的配合变紧。

・转速越高，配合应该越紧。

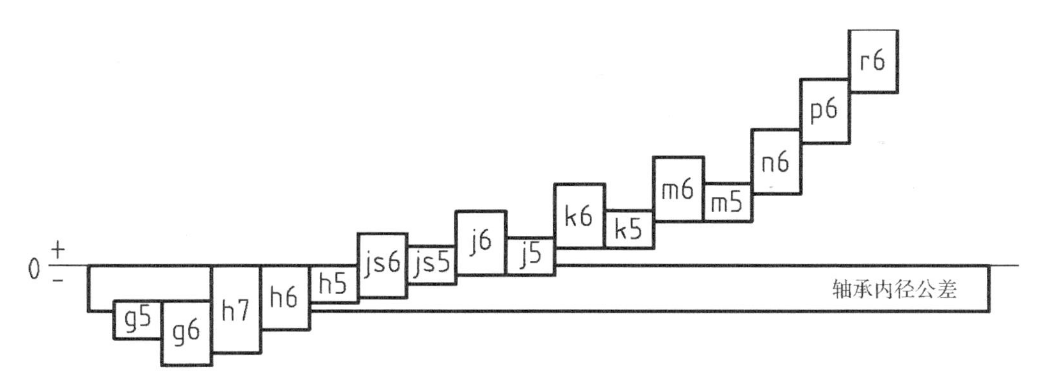

图7-128　轴颈常用公差及其与轴承内径形成的配合

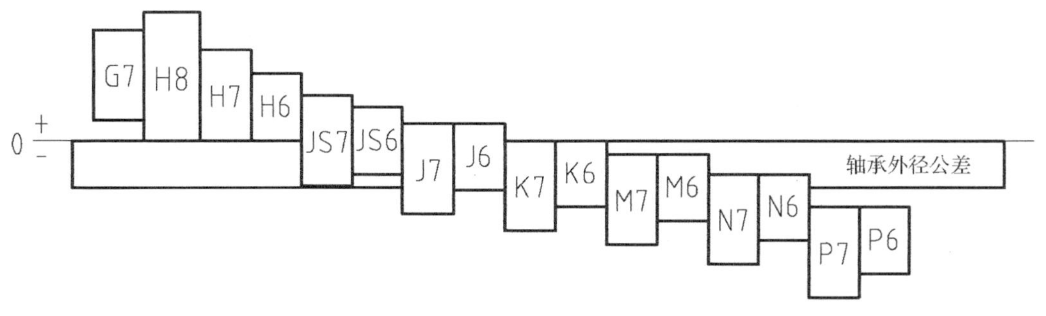

图7-129　座孔常用公差及其与轴承外径形成的配合

轴颈和座孔的几何公差常用圆跳动和圆柱度。跳动公差测量方便,更重要的是涵盖了影响被要素相对于基准要素的同轴度的多种误差控制。圆柱度是对轴颈和座孔的形状误差的进一步严格控制。

滚动轴承常依靠轴肩定位,所以零件图中常对轴肩要求端面圆跳动,以保证轴肩端面垂直于轴颈的轴线。

轴颈的尺寸公差等级一般为6级,粗糙度为Ra 0.8。座孔的尺寸公差等级一般为7级,粗糙度为Ra 1.6。

图7-130为与轴承配合的轴颈和座孔的标注示例。

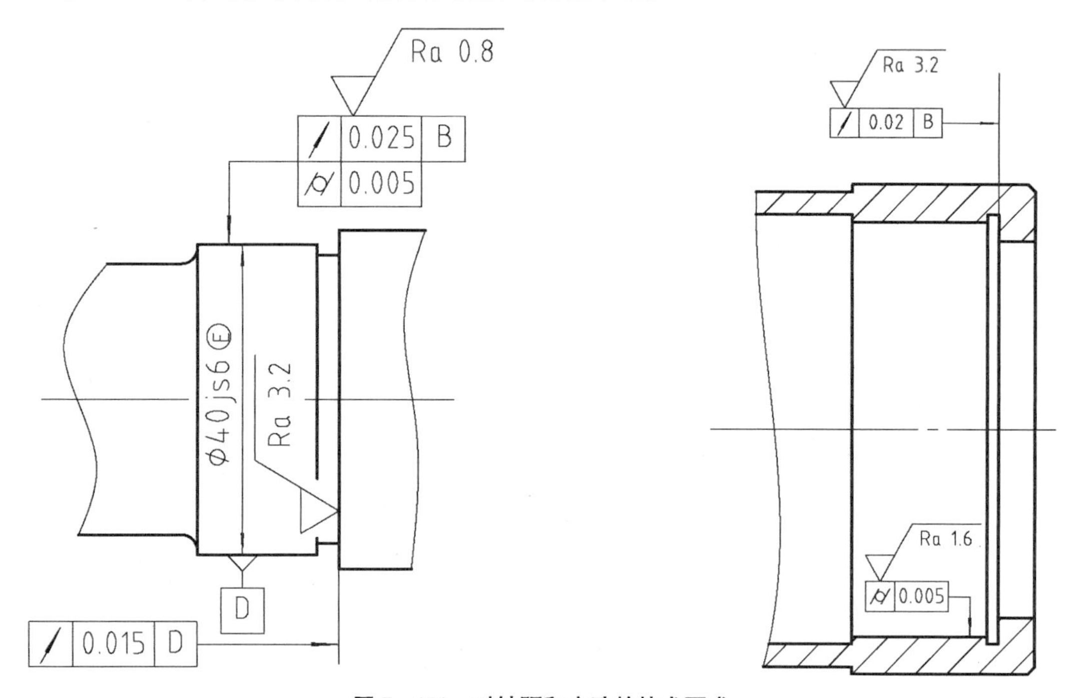

图7-130 对轴颈和座孔的技术要求

7.4.6 弹簧

弹簧可以为机器中的零件提供自动复位或消除间隙的功能。常用弹簧的种类包括:圆柱压缩弹簧、圆柱拉伸弹簧、圆柱扭转弹簧等(图7-131)。

弹簧也是标准件。一个用∅3钢丝冷卷绕制,两端并紧磨平,中径22,左旋,自由高度80的圆柱压缩弹簧标记为:YA3×22×80左。

弹簧在装配图中一般用剖视投影画(图7-132)。当钢丝直径在图上很小时,可以用黑点代替。直径再小时,可以用折线来表示弹簧。

为防止工作时失稳,与压缩弹簧配合的零件上应设有导杆或导套结构(图7-133)。

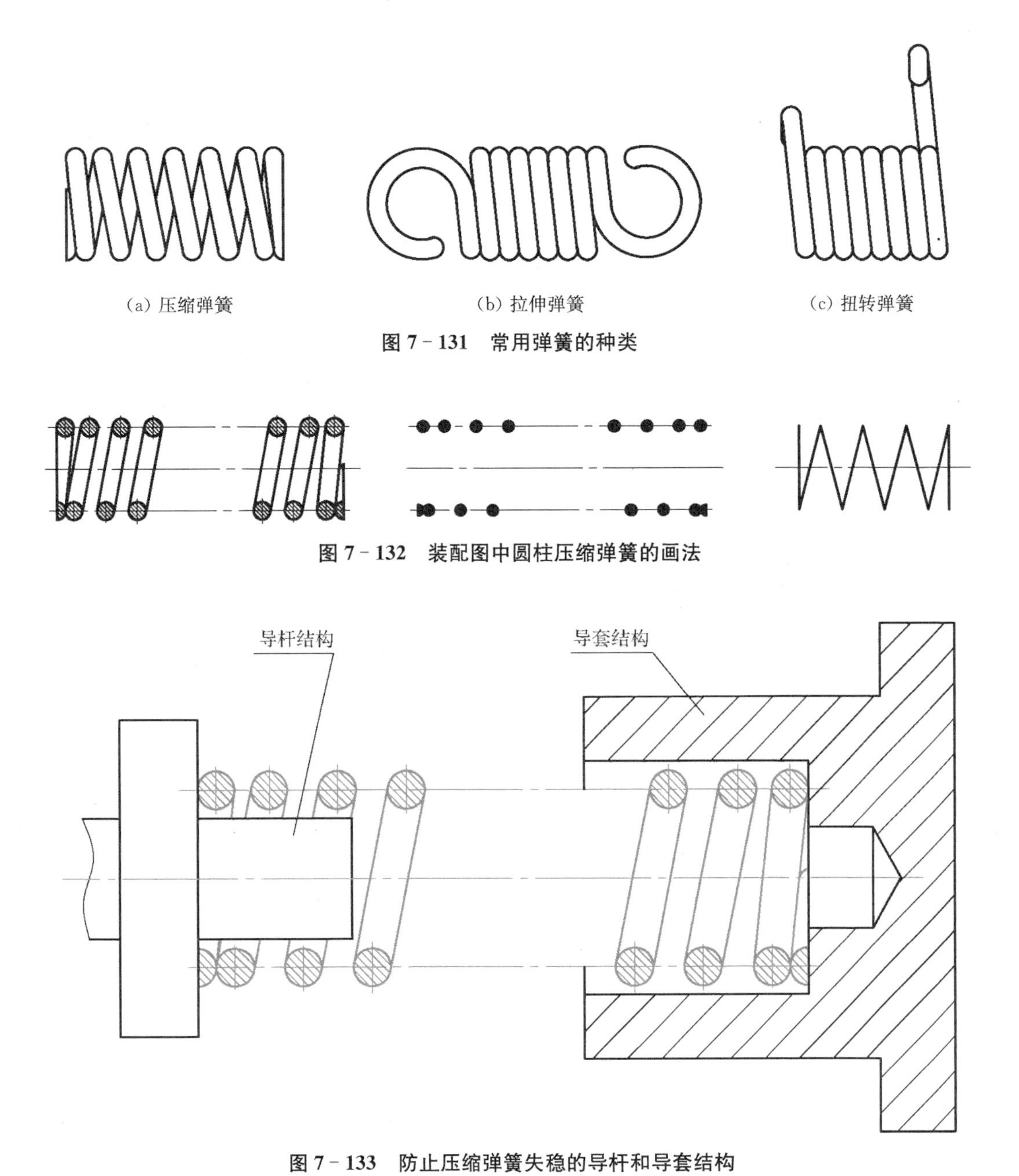

图7－131　常用弹簧的种类

图7－132　装配图中圆柱压缩弹簧的画法

图7－133　防止压缩弹簧失稳的导杆和导套结构

7.5　典型零件的零件图

机械零件的形状千变万化，其零件图的表达方案应该量体裁衣地制订。机械零件按照其形状和功用可分为四大类：轴类零件、盘套类零件、叉架类零件和箱体类零件。每一类零件在形状结构、加工工艺、技术要求和表达方法上都有相似之处。在设计零件的表达方案时，可仿照相似的零件选用合适的表达方法。

7.5.1 轴类零件

机器的原动力多来自电动机,大多数电动机的输出运动是旋转运动,旋转运动经由轴和套在轴上的齿轮、带轮等零件传递到机器的输出端。轴是机器上重要的零件。

轴分直轴和曲轴,以下简称直轴为轴。

轴上要定位和压紧各种各样的零件,而且轴向各处受力不同,所以外形一般做成阶梯轴。

1. 轴的材料

直轴最常用的材料是45钢,并经调质处理。不太重要的场合可用相对便宜的Q235等碳素结构钢。要求高耐磨性、耐腐蚀性或工作温度变化大的场合,可采用较为昂贵的合金钢,如40Cr等。

曲轴的结构形状和受力情况都很复杂,一般采用铸造或锻造方法制作毛坯。常用材料包括铸造性能好的球墨铸铁(如QT400-15等)和45钢、35CrMo等优质碳素钢和合金钢。

轴的直径大小要根据载荷和材料强度来计算决定。

标准件销轴常在铰接结构中充当短小的轴。

2. 轴上常见的结构

轴上经常要安装齿轮、带轮、挡圈、螺母、螺钉等零件,相应地就要设置键槽、花键、定位用的轴肩、环形槽、螺纹等结构;磨削有内角的轴段需要设砂轮越程槽。很多与特定零件配合或用于某种加工方法的轴上结构的设计已经在前面的章节介绍过了,这里仅就中心孔和轴肩的设计进行说明。

1) 中心孔

中心孔主要用于在车床上加工轴类零件和检测轴的质量,也可以用作安装轴端零件。

中心孔的主要结构包括导向孔、60°锥面、120°护锥面。因为车床尾架顶尖为锥角60°的圆锥,所以中心孔的工作表面为60°锥面。

如图7-134所示,中心孔有A、B、C、R四种型号,形状各不相同,应用于不同的场合。在国家标准中,每一类型中心孔的大小都有一个尺寸系列,可以根据零件的尺寸大小和质量或负载来选择。

中心孔是加工零件时的定位基准和测量基准,也可以用于将来的零件维修。在零件完工之前,既可以保留中心孔,也可以切除包含中心孔的轴段。

A型中心孔没有120°护锥,用于精度要求一般,或零件完工前要切除中心孔的场合。

B型中心孔带有120°护锥,用于精度要求较高,或工序较多的工件。

C型中心孔的导向孔制有螺纹,可以将其他零件靠锥孔定位后紧固在带中心孔的零件上。

R型中心孔的工作表面为弧形轮廓回转曲面,适用于轻型和高精度的轴。

因为中心孔是标准结构,所以在零件图上不必画出详细的结构、标注所有的尺寸,标注专用符号和规格参数即可(图7-135)。

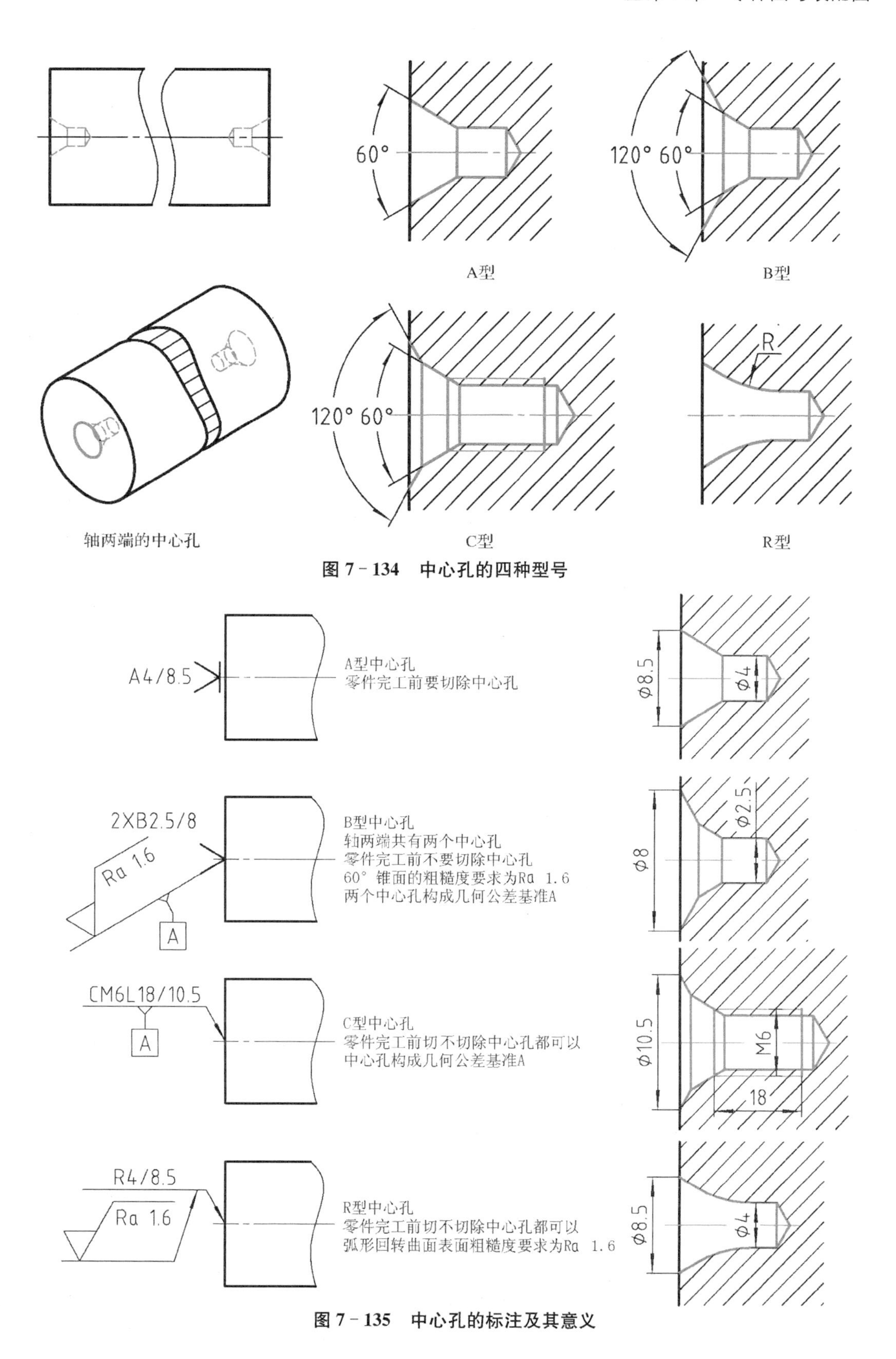

图7-134 中心孔的四种型号

图7-135 中心孔的标注及其意义

2）轴肩

零件的轴向定位主要靠轴肩或套筒、挡圈等替代轴肩的零件。为了方便从轴的两端装配零件，轴的形状通常做成中间直径大、两端直径小的阶梯状。

如果轴肩是用于定位轴上零件，轴肩高度可高一些，但要防止因直径变化大而引起的应力集中。用于定位轴承的轴肩，高度可按照图 7－118 滚动轴承的安装尺寸来设计。定位其他零件的轴肩一般高 6～8 mm，或 0.07 d～0.1 d，d 为轴的直径。

滚动轴承、齿轮等零件与轴之间常常是过盈配合。为了装配方便，应该减小安装路径上其他轴段的直径，以减少零件在轴上过盈接合面上滑行的距离。用于这种场合的轴肩高度应尽可能小，大约高 1～3 mm，甚至用尺寸公差形式。

3．轴的零件图

轴类零件的零件图有着共同的特点。因为构成轴的主要形体是以圆柱为主的回转体，所以轴的零件图上只需要一个主视图。因为轴一般都是在车床上加工，所以零件图上的轴线水平地画。轴上的孔、槽一般都通过断面图、局部放大图或局部剖视图来表达。

图 7－136 是某减速器输出轴的零件图。∅44 轴段通过键联接装齿轮。两边的∅40 轴段安装一对同样型号的滚动轴承。轴的左端要伸出到箱体外通过键联接和其他工作机械相连。

从标题栏可以知道轴的材料是 45 钢，是强韧的优质碳素结构钢。原材料是热轧圆钢，要经过车削、磨削等机械加工方法才能成形，还要进行调质处理。

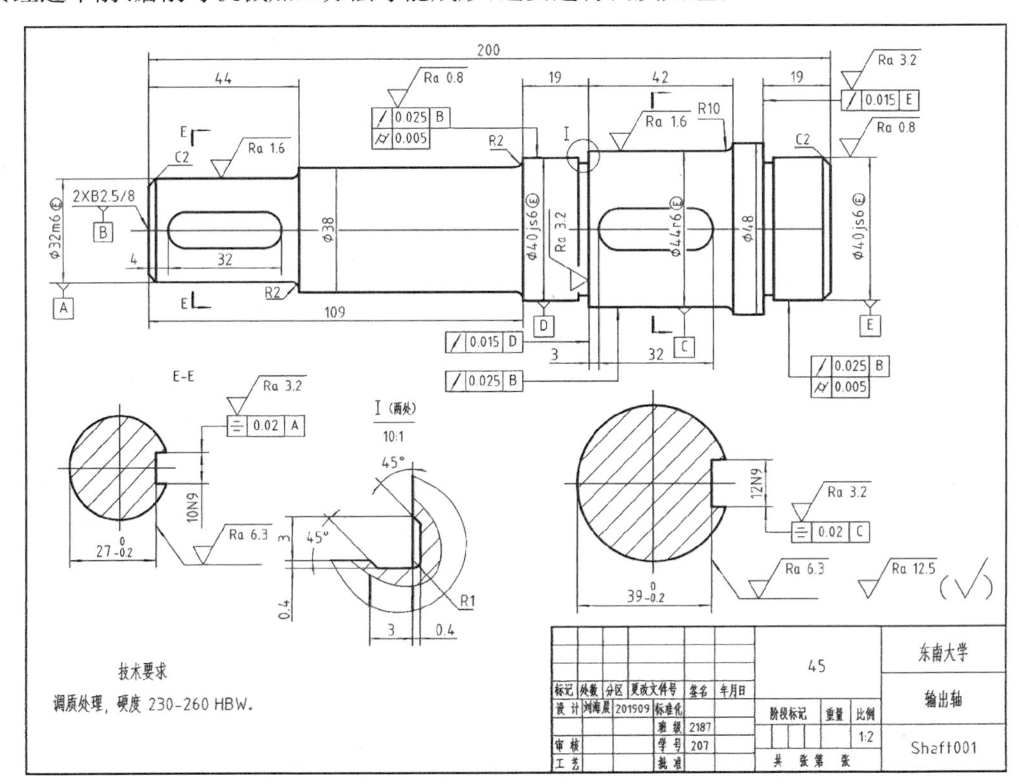

图 7－136 输出轴的零件图

图 7 - 136 中采用了一个主视图，表示各个轴段的直径和长度；两个断面图，表示键槽的尺寸；一个局部放大图，表示轴上两处砂轮越程槽的尺寸。其中，左侧的断面图上有图名“E—E”，右侧的断面图没有，因为右侧的断面图就布置在剖切位置的正下方。

从主视图可以看出，两个∅40js6 轴段的精度要求特别高，在包容要求之外，还附加了严格的跳动和圆柱度公差，粗糙度也是整个零件要求最高的，因为它们是安装轴承的轴段。轴承的内外圈都比较薄，而且轴承内圈和轴的配合实际是小过盈的，如果轴的形状有比较大的误差，就会使轴承变形，从而大大降低轴承的工作效率。轴承的轴向定位靠轴肩，所以这两个轴段旁的轴肩平面也有跳动公差约束。通常，粗糙度为 Ra 1.6 的表面都要经过磨削，在轴肩附近设有砂轮越程槽，其形状和尺寸都是有标准规定的。

7.5.2　盘套类零件

盘套类零件主要包括箱体的端盖、轴承套杯、齿轮、带轮、方向盘等。这类零件的形状也比较简单，它们的零件图主要由采用剖视的主视图和基本不剖的左视图组成。主视图表达各种孔槽的结构尺寸，左视图反映零件的形体特征、孔槽的数目及分布特征。

盘套类零件上常见呈阵列分布的用于螺纹连接的小孔。为了定位准确，这些小孔往往有位置度的要求。

图 7 - 137 是套杯的零件图。套杯用于组装一套滚动轴承。滚动轴承与轴颈一般是过

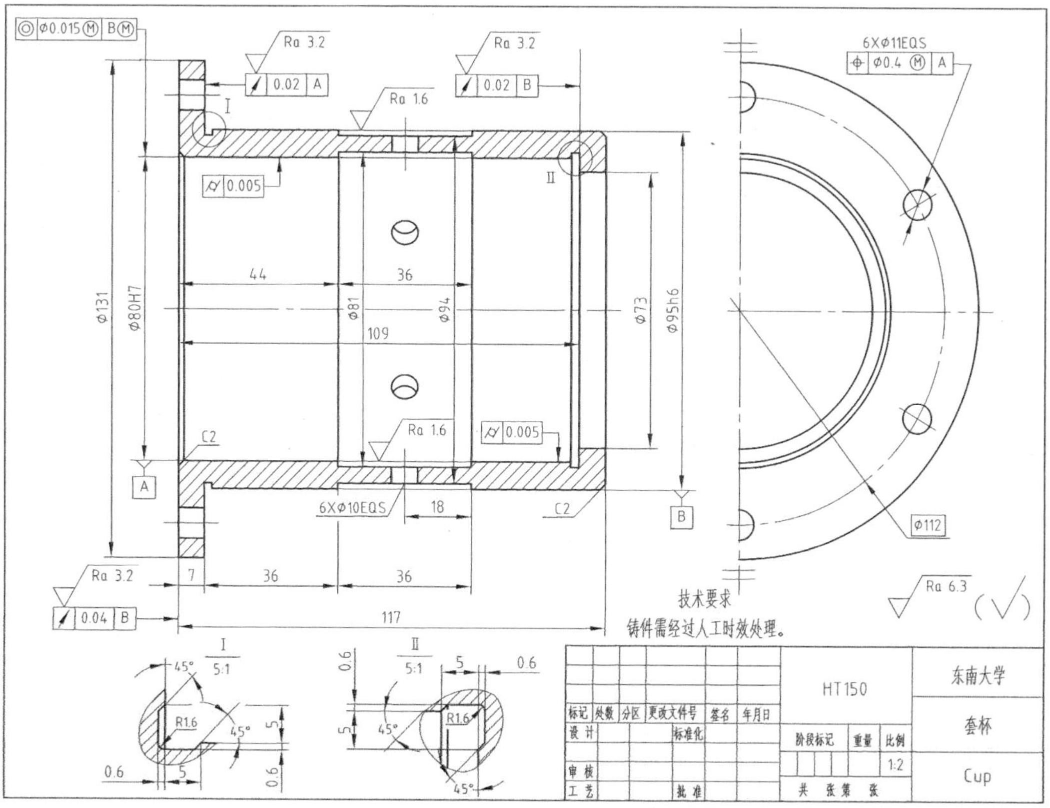

图 7 - 137　套杯的零件图

盈配合，所以装配时一般是先将轴承装到轴上，再一起装到箱体的座孔上。如果装有轴承的轴是从箱体的一侧装入，轴承的外圈会和箱体的座孔产生摩擦。在一套轴承外面装上套杯后，与箱体上孔摩擦的只是套杯，里面的轴承就安然无恙了。

这个套杯的材料是具有减振功能的灰铸铁 HT150。铸件在进行机加工之前，先要进行时效处理，以消除残留的内应力，防止零件加工后产生变形。

套杯的零件图由主视图、左视图两个主要视图和两个砂轮越程槽局部放大图组成。全剖的主视图展示了套杯的外径、内径，以及孔的轴向形状。左视图展示的是套杯回转体的外形和圆周均匀分布的小孔，为了节省图纸空间，采用了只画一半的简化画法。

套杯上∅95h6 的圆柱面要穿过箱体上的座孔，所以加工精度要求高，粗糙度达到 1.6 微米。为了减少套杯与座孔、轴承与套杯之间的摩擦面积，同时减少精加工面积，套杯内外表面的中部都有一段凹陷。

套杯的外径和内径的同轴度要求较高，同时用于轴向定位的几个平面也有轴向端面跳动公差要求，这都是为了保证轴承的安装精度。

套杯端面上的 6 个小孔，是为了穿过螺钉将套杯连接到箱体用的。在理想尺寸∅112 和圆周均布几何约束下，有位置度的公差要求。中部的 6 个径向小孔，是为了润滑油的流进流出而设的。两处砂轮越程槽都是标准的。

7.5.3 叉架类零件

齿轮拨叉、连杆、支架等零件属于叉架类零件。这类零件的形状主要由若干“工作部”，比如圆孔、岔口、固定板，和连接各工作部的筋板构成。各工作部分布在空间的各个方位，筋板的轮廓根据力学和零件的工作方式来设计。筋板的截面并不复杂，一般为 T 字形、C 字形、十字形或工字形。

叉架类零件的零件图，首先要运用包括斜视图、斜剖在内的表达方法，表达清楚每个工作部的形状，其次要通过移出断面或重合断面，表达清楚筋板截面的形状和尺寸。对于散布于工作部上的凸台、小孔，可用局部视图来表示。

叉架类零件的毛坯多是铸件或锻件，需要切削加工的表面少。对于包括筋板在内的不切削表面，要注意画出其圆角和过渡线。

图 7－138 所示的连杆的零件图由主视图和俯视图组成。主视图反映连杆的主要外形特征；俯视图用复合剖的方式详细表达各种孔、槽的结构和尺寸。连杆的工作部为左、中、右三个圆柱孔，轴线彼此平行。连接筋板的断面都是 T 字形。右侧孔开在叉形结构上，孔的外侧端面上还有斜向矩形槽。

连杆上需要进行切削加工的表面主要是孔、槽及孔口端面，筋板都是保持毛坯表面不切削的，所以筋板轮廓都要画出铸造圆角。

主视图上方筋板的断面图中间用波浪线断开，是因为剖切迹线要垂直于两侧零件轮廓线，从而形成了一条折线，相当于剖出了两个断面。

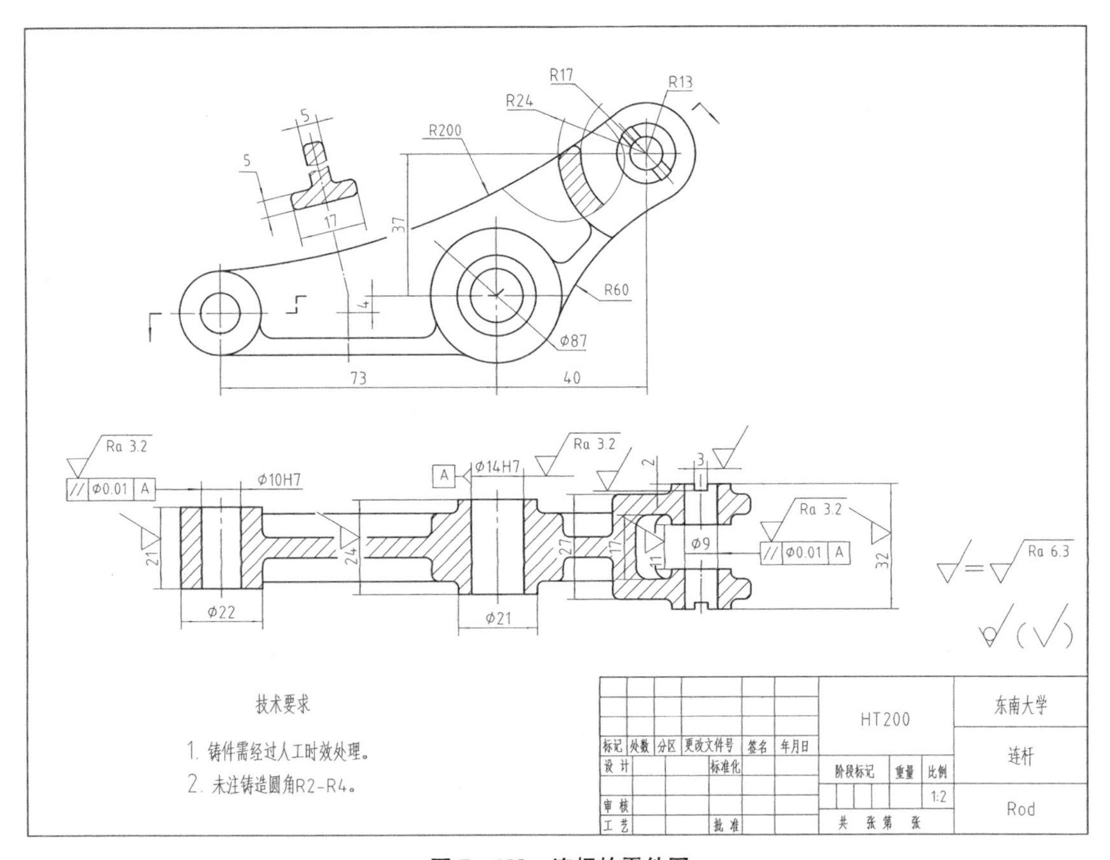

图 7－138　连杆的零件图

7.5.4　箱体类零件

箱体用于包容内部零件，防止灰尘进来，防止润滑油泄漏出去，还要为其中的轴提供位置精确的支承孔。

箱体类零件的零件图的绘制思路，就是要把箱体的每一面“墙”的正反两面都表达清楚，如果有需要表达的结构的话。墙面上只要有不能通过尺寸(比如直径意味着圆柱面)表达的结构，诸如非圆凸台、凹槽等结构，都要通过至少是局部视图来表示清楚。

图 7－139 为一蜗轮蜗杆减速器箱体的零件图。其材料是具有减振功能的灰铸铁 HT200。箱体在形体构成上主要有容纳蜗轮的圆柱和安装蜗杆的长方体。整个箱体壁厚均匀，内腔与外形相仿。

图 7－139 零件图包括主视图、左视图、俯视图和一个局部视图。主视图展示圆柱轴向剖面和长方体的高、长；左视图展示长方体的高、宽；俯视图展示安装蜗杆的同轴孔和圆柱的径向剖面；A 向视图展示的是箱体前方的凸台以及凸台上圆周均匀分布的螺孔，这部分投影因为主视图的剖视而没有在主视图中表达出来。

箱体上需要切削加工的表面主要是顶、底、左面和圆孔及其端面。大部分外表面和内腔表面保持铸件毛坯状态，其轮廓线要画出铸造圆角和过渡线。

箱体的主要功能之一是为轴提供定位孔，所以零件图中，对安装蜗杆的两个孔有同轴度要求，对蜗杆轴线和蜗轮轴线之间的垂直度和距离都有公差要求。

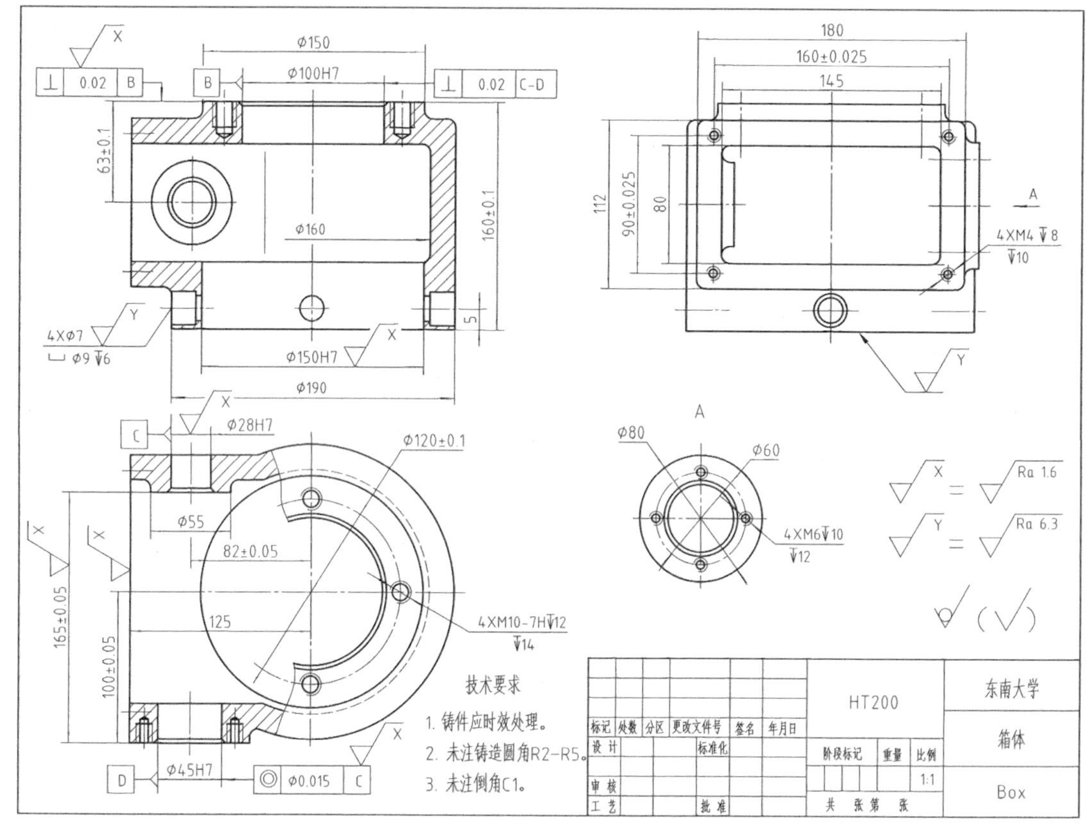

图 7-139 蜗轮蜗杆减速器箱体的零件图

7.6 装配图的画法

画一幅装配图的过程也是设计一部机器的过程，其间要考虑到零件之间的接合方式，零件的定位与压紧、装配和拆卸、润滑和密封，以及标准和规范。

7.6.1 装配图的一些特殊表达方法

1. 拆卸表示

一部机器往往都有箱壳盖板，还有的零件处在视线前方，面积又比较大，这些都会在装配图的外观视图中遮挡住背后零件的投影。在这种情况下，可以在画某个视图时拆去遮挡视线的零件，以便清晰地展示机器的结构。在采用拆卸表示方法的视图上方，要注明“拆去零件……”。

图7-140所示的旋塞阀的装配图中，主视图展示了全部零件的装配关系，左视图和俯视图的作用是展示外观，辅助说明各个零件的形状。如果俯视图、左视图不采用拆卸画法，那么零件3手轮会遮挡住其他零件的投影，零件1螺母和零件2垫圈也会挡住零件4阀芯的投影。

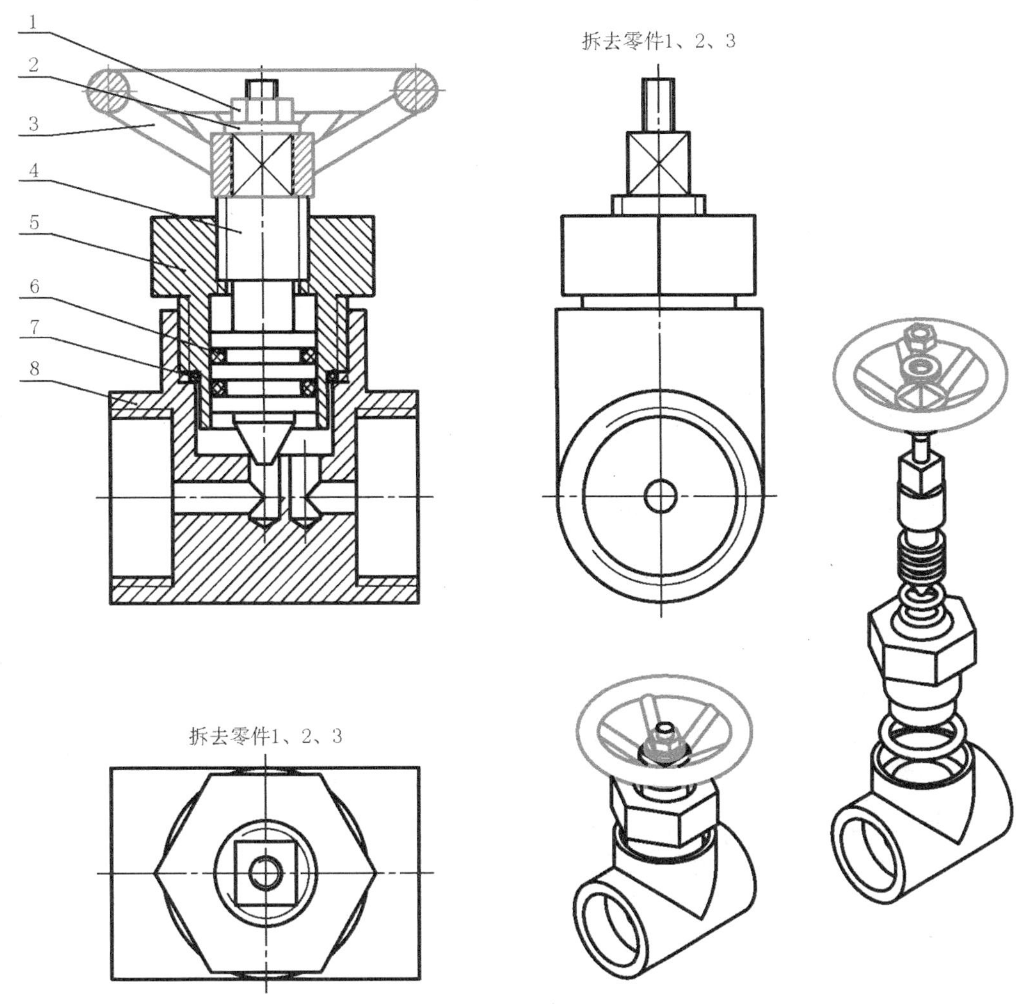

图7-140 拆卸画法

2. 沿零件的接合面的剖切

机器的外壳一般分为箱体和箱盖。装配图中常见沿箱盖和箱体的接合面剖切的剖视图，这时零件的接合面在剖视图中不作为断面，不画剖面线。

图7-141所示的齿轮减速器采用了剖分式箱体，箱体和箱盖的分界面通过输入轴和输出轴的轴线，这样的结构便于装配。俯视图的剖切平面就正好选择在箱盖和箱体的接合面处。俯视图中箱体的上端面没有画剖面线，而联接箱体和箱盖的螺栓、销都被剖切了。

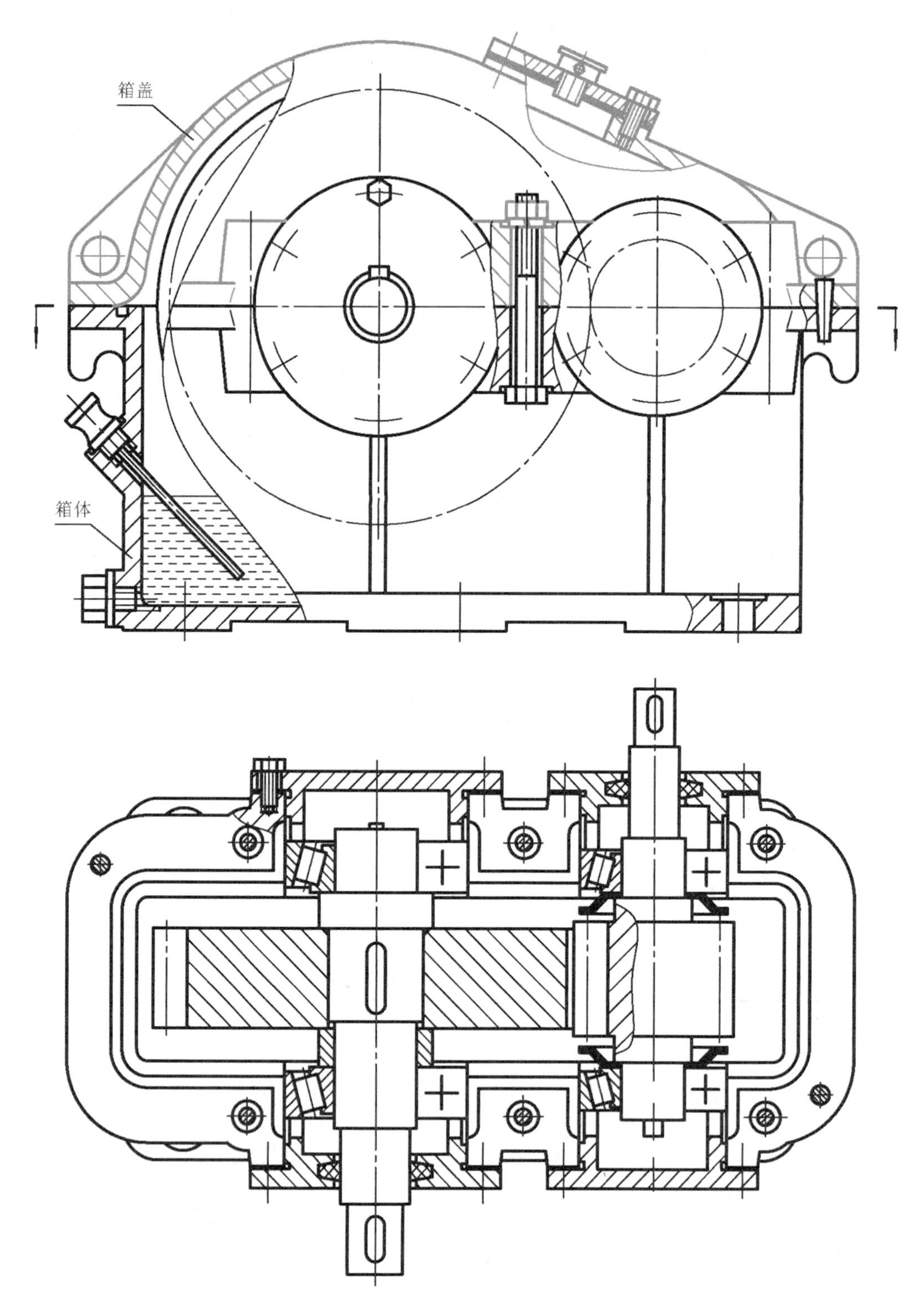

图 7-141　沿零件接合面的剖切

3. 沿传动链的剖切

机床的变速箱、钟表等机械中，有复杂的平行轴之间的传动关系。这些平行轴往往不处于同一平面上，甚至难以通过阶梯剖或旋转剖来表达，而且传动链也不是按照自上而下或自左而右的空间顺序来传动的。在这种情况下，最清晰的表达方法就是采用展开画法，沿着传动链进行剖切，然后把沿途形成的断面展开拼接成一幅剖视图。

图 7－142 展示了如何对一个齿轮箱进行展开剖切。这个齿轮箱的传动链是：轴 1→轴 2→轴 3，主视图中一组剖切平面就沿着这条传动链进行剖切。在采用了展开剖切方法的左视图中，清晰地展现了三根轴上齿轮的啮合关系和传动链组成。左视图的上方注明“A－A 展开”。

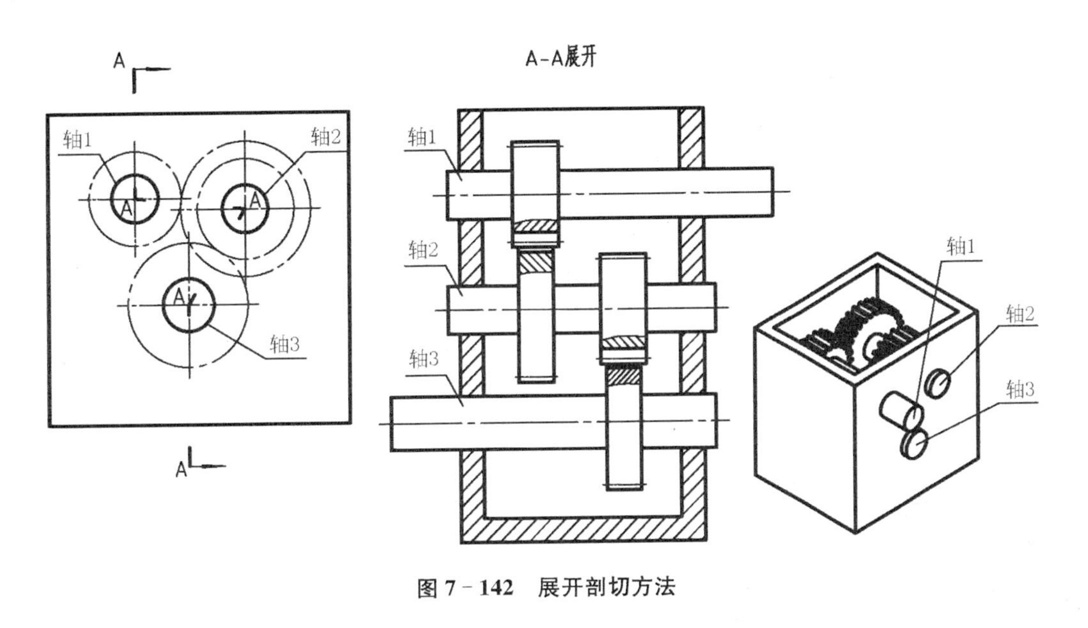

图 7－142　展开剖切方法

7.6.2　画装配图的步骤

装配图的绘制过程，就是按照装配的顺序，逐个零件地增加投影。在绘制过程中，要注意装配结构的合理性，同时对图线密集处要保证意思清晰，可以适度放大了画，或者使用局部放大图。

下面以绘制图 7－143 所示台虎钳的装配图为例，详细说明装配图的绘制方法。

台虎钳可以固定在工作台上，夹持工件，然后进行锯、锉等钳工作业。两个钳口，一个固定在钳身上(就是钳身的一个结构)，一个可以在钳身上滑动，实现钳口的开合。活动钳口的动力来自螺杆。螺杆的一端是方头，可以套上手柄转动螺杆。螺杆两端轴向固定，只能在原地旋转。当螺杆旋转时，套在螺杆中间的方块螺母就随之平移。方块螺母是通过双孔螺钉联接在活动钳口上的，可以带动活动钳口一起平移。护口板用来保护钳口，用沉头螺钉固定

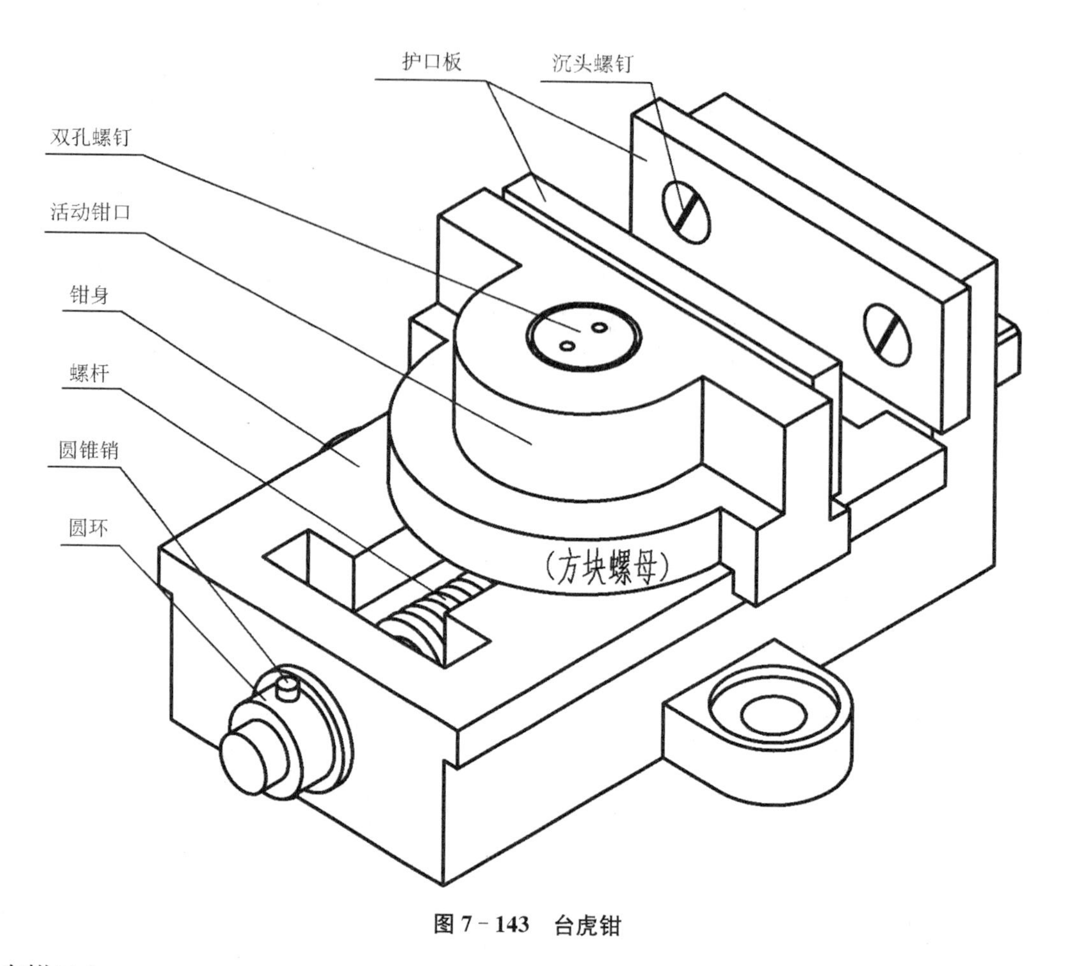

图 7-143 台虎钳

在钳口上。

步骤 1:画钳身(图 7-144)。

钳身是台虎钳的主要框架性零件,先画钳身可以为以后画其他零件提供定位基础。

钳身的结构并不复杂,采用三视图足以表达其形状。

主视图全剖,展示中间空腔一个方向上的轮廓。螺杆从钳身的右侧装入,所以右侧的孔比左侧的孔直径大。钳身是铸件,毛坯表面粗糙不平,所以在与其他零件接触的孔口都设有圆柱沉孔。

左视图也全剖,展示中间空腔另一方向上的轮廓。因为将来还要展示活动钳口的外观,所以剖切位置没有选在两凸耳处,投影方向也是从右向左。凸耳中的孔用局部剖视图表示。

俯视图展示钳身的外观轮廓。

钳身是铸件,非切削表面之间的交线本应都是铸造圆角,但装配图中可以(而且最好)省略这些细节,一方面装配图不需要表达这些细节,另一方面可以减少图线、简化图面。

步骤 2:画螺杆及附属的定位、紧固零件(图 7-145)。

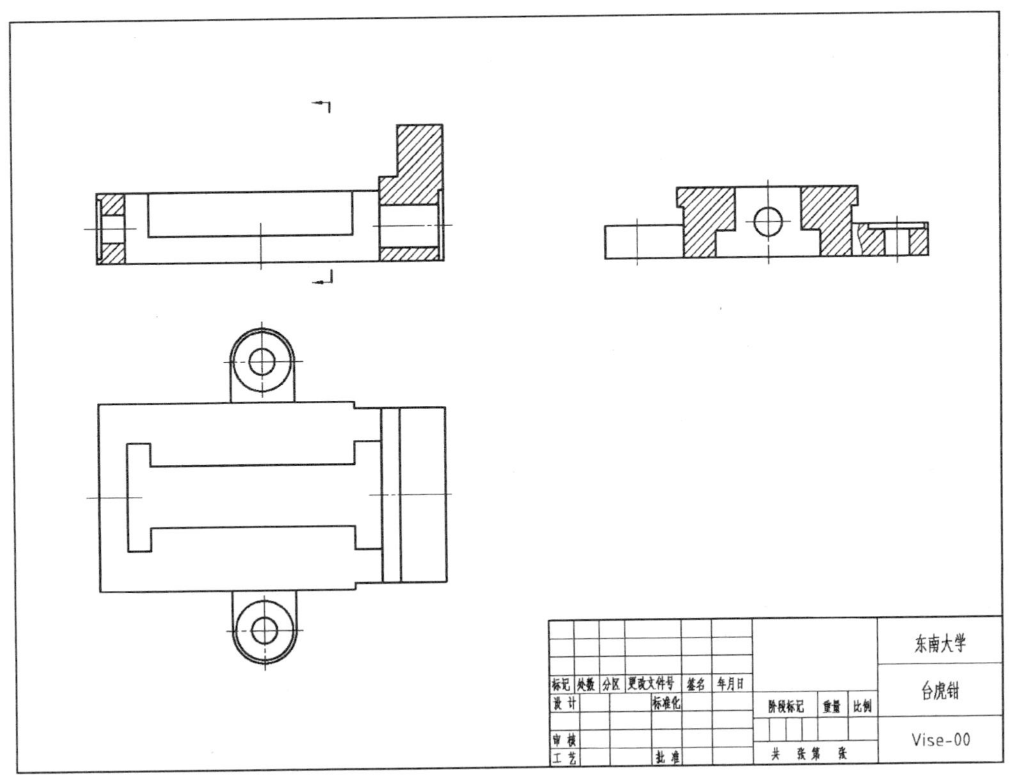

图 7－144　台虎钳装配图绘制步骤 1：钳身的三面投影

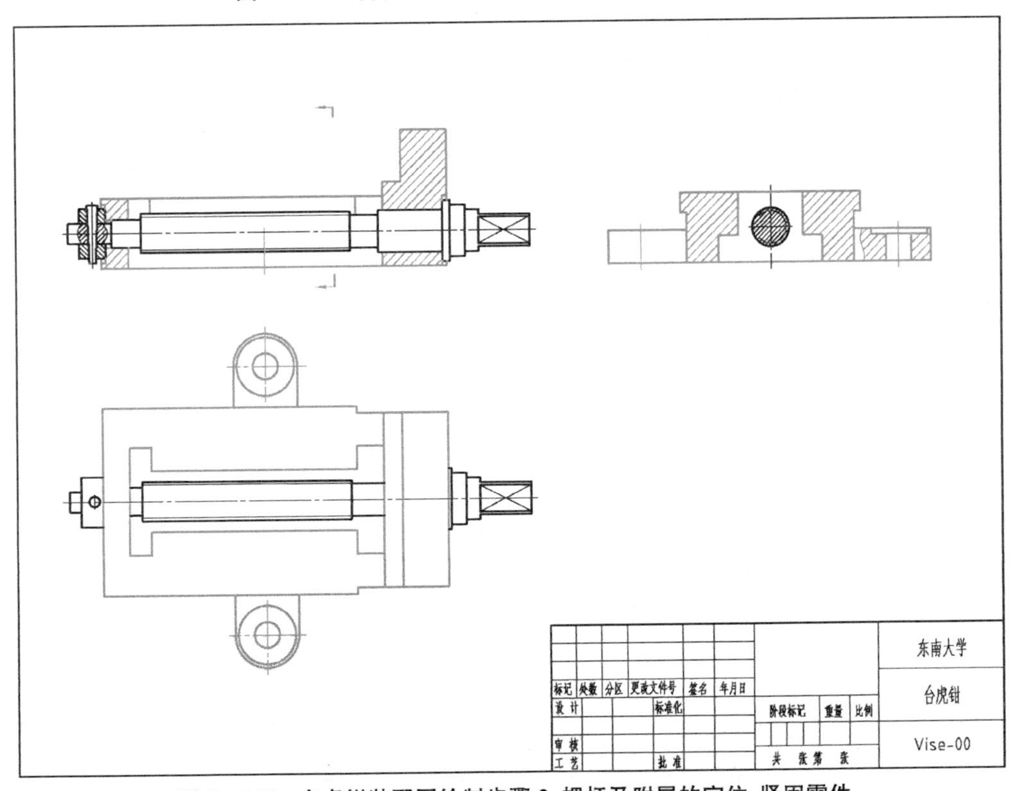

图 7－145　台虎钳装配图绘制步骤 2：螺杆及附属的定位、紧固零件

主视图充分展示了螺杆及附属零件的装配关系。螺杆从钳身的右侧装入，在左端用圆环定位，配作销孔，然后用圆锥销固定圆环。为了防止螺杆磨损，在钳身右侧设有垫圈。垫圈是标准件，在全剖的主视图中按不剖画。螺杆以两侧的轴颈支承在钳身的孔上，轴颈与孔是间隙配合，所以接合面要画成一条线。圆环与螺杆左端的轴段也是间隙配合，接合面也要画成一条线。栓紧圆环的圆锥销与销孔之间也要画成一条线，因为装配时是稍稍压紧的，所以在轴向所有零件都是一个一个紧挨着的。螺杆的最右端是方头，用于安装手柄，采用了交叉细实线的平面符号。螺杆是细长、实心的轴类零件，所以在全剖的主视图中，也要按不剖来画，但在左端为了展示销联接，在螺杆上做了局部剖。

左视图中，剖切平面垂直于螺杆的轴线，所以螺杆要剖，断面画剖面线。剖切平面剖到了螺杆的螺纹部分，所以画的是外螺纹的断面。

俯视图中，螺杆的部分投影被钳身遮挡住了。

步骤 3:画方块螺母(图 7－146)。

方块螺母旋合在螺杆上，上部的圆柱插在活动钳口的孔中，并用双孔螺钉紧固。方块螺母不是标准件。

主视图中，方块螺母全剖，展示与螺杆和双孔螺钉旋合的两个螺孔。因为内外螺纹的旋合部分按照外螺纹画，所以与螺杆旋合的螺孔的螺纹部分投影被螺杆的投影完全遮盖住了。

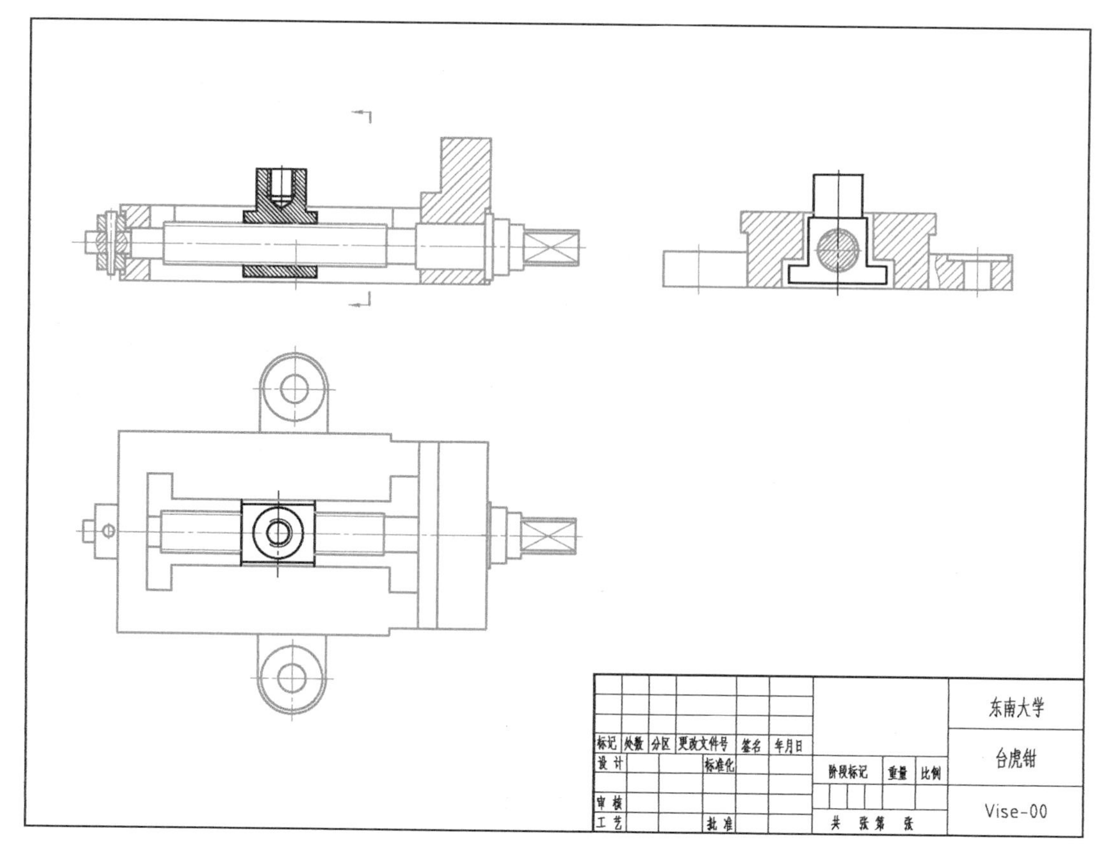

图 7－146　台虎钳装配图绘制步骤 3:方块螺母

左视图中，方块螺母不在视图的剖切平面上，所以能看到螺母的外形轮廓。螺母与螺杆旋合，在上下、前后方向上都已经定位，所以螺母的轮廓线与钳身中间空腔的轮廓线之间要留空隙，否则会形成过定位。

俯视图没有剖视，方块螺母遮挡住一部分螺杆的投影。

步骤4：画活动钳口和双孔螺钉（图7-147）。

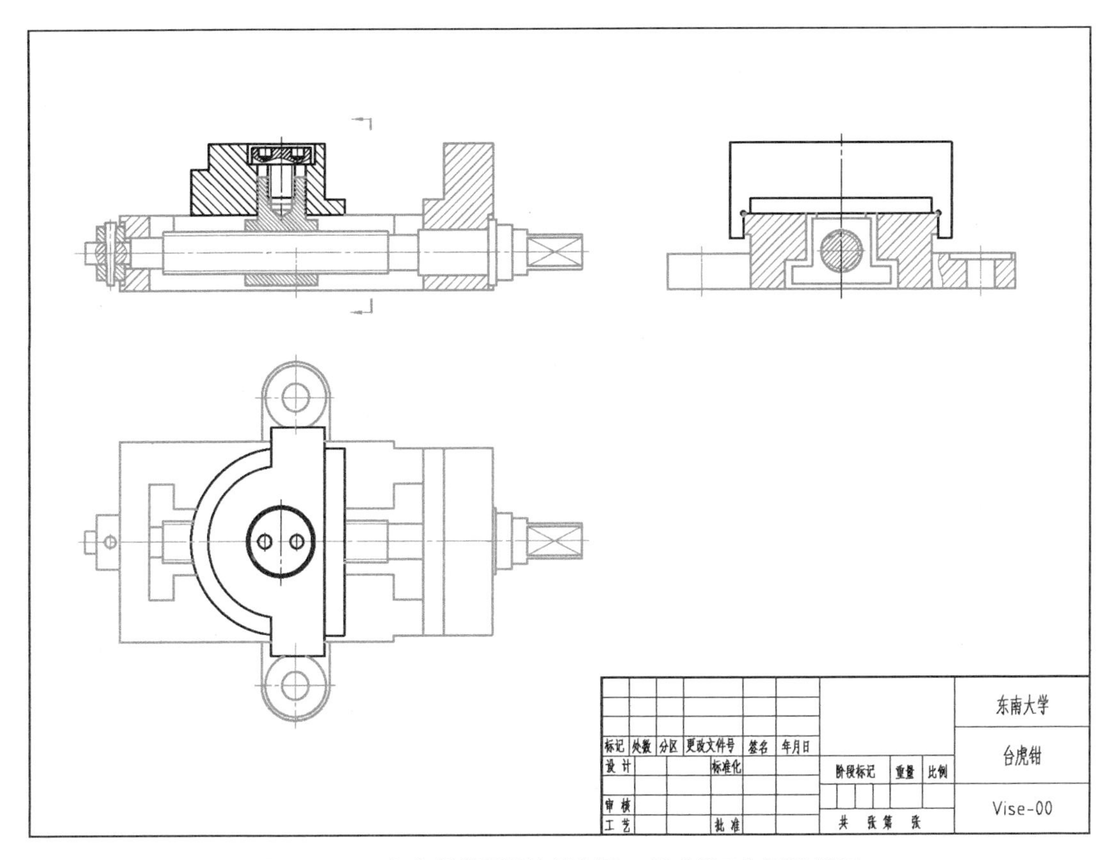

图7-147　台虎钳装配图绘制步骤4：活动钳口和双孔螺钉

活动钳口中间的圆孔套在方块螺母的圆柱上，这样方块螺母就可以带动活动钳口左右滑移了。活动钳口的前后两侧设有滑块结构，可以在钳身的导轨结构上滑行。

双孔螺钉不是标准件，可以用特制的二齿扳手旋动。

主视图中活动钳口全剖，双孔螺钉因为属于实心零件按不剖画法画。为了展示双孔螺钉顶部的两个小孔，螺钉上做了局部剖。双孔螺钉的尾端与螺母上螺孔的螺纹终止线之间要留有空隙，因为螺尾中的螺纹是不可用的，而螺尾的位置又不能精确确定，所以螺纹都要留有余量。圆柱形的螺钉头与活动钳口的沉孔之间也要留间隙，因为螺钉和螺母旋合在一起，同时活动钳口也与螺母通过螺母的圆柱端定位了，如果螺钉再和活动钳口定位的话就会产生过定位。

左视图中可见活动钳口的两侧紧贴着钳身上的导轨，它们之间是有间隙配合要求的，接合面画成一条线。活动钳口与钳身在两侧有内外角接触，考虑到活动钳口与钳身的接合面都要进行磨削,都要设置砂轮越程槽,此处的内外角干涉解决方法,采用活动钳口上的内角切槽的方式。

俯视图中画出了活动钳口的外形轮廓与螺钉上的双孔的分布。

步骤 5:画护口板和紧固护口板的沉头螺钉(图 7 - 148)。

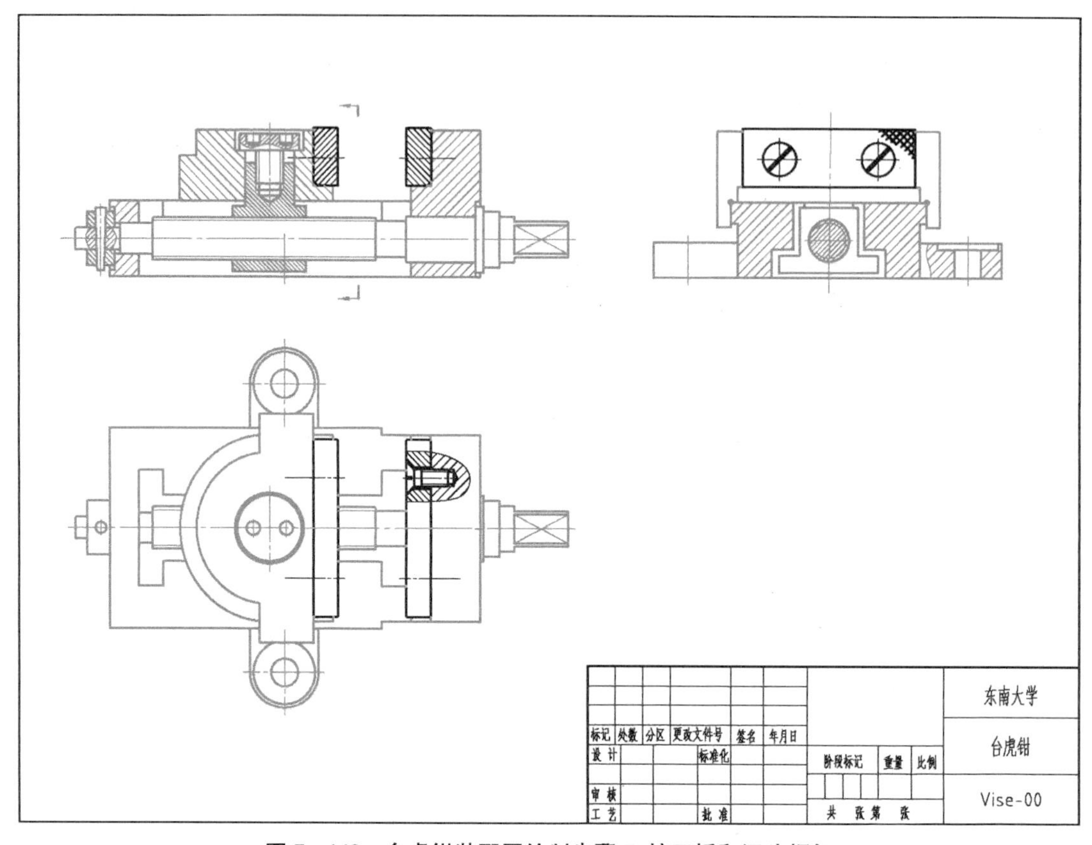

图 7 - 148　台虎钳装配图绘制步骤 5:护口板和沉头螺钉

钳身和活动钳口的材料都是灰铸铁,强度都不算高,如果直接去钳工件的话可能会损伤钳口,所以要安置 45 钢做的护口板。护口板一共两块,一模一样,分别通过两个沉头螺钉紧固在钳身和活动钳口上。

主视图中,左右两块护口板与钳身及活动钳口上安放它们的台阶之间有内外角干涉问题,采取的解决方法是将护口板的外角倒角。沉头螺钉在视图的剖切平面上没有剖到,但表示螺钉轴线的点画线要画出来。

左视图中,护口板的工作平面上压制了网纹滚花,其可以增加钳口的摩擦力。滚花用粗实线画,根据简化画法可以只画一部分。两个开槽沉头螺钉的槽口用加倍粗的粗实线表示,按照国家标准规定,一律画成 45°倾斜。

俯视图用局部剖视展示了沉头螺钉联接。四处一样的螺钉联接,只需要剖一处,其余只要画出轴线标明位置即可。为了尽量减少图线、简化图面,沉头螺钉的顶端画成与护口板的工作平面平齐,但并不意味着要求螺钉头的高度尺寸,与护口板上圆锥沉孔的高度尺寸精确地相等。护口板和钳身的剖面线,要注意与已经存在的断面上的剖面线一致。

步骤6:标尺寸(图7-149)。

装配图上要标四类尺寸:

・规格尺寸。反映机器的性能规格指标的尺寸。比如:车床顶尖的高度,滑动轴承的孔径等。

・机器内部零件之间的接口尺寸。因为装配图要用来指导零件的设计,所以零件之间的接口尺寸必须确定下来。内部接口尺寸包括带尺寸公差的尺寸,螺纹联接中螺纹的尺寸等。齿轮的模数、螺栓和销的直径等都记载在明细栏中,不标尺寸。

・机器对外的接口尺寸。机器要安装在工作台或者地基上,还可能要和别的机器联接,这些用于安装或联接的结构的尺寸就是对外接口尺寸。比如:安装时穿过地脚螺栓用的螺栓孔孔径和分布尺寸,输入轴、输出轴轴伸的直径等。

・总体尺寸。机器的总长、总宽和总高。这个总体尺寸是用于设计机器运输包装箱的,所以与零件的轮廓形状无关,只从一个极端量到另一个极端。

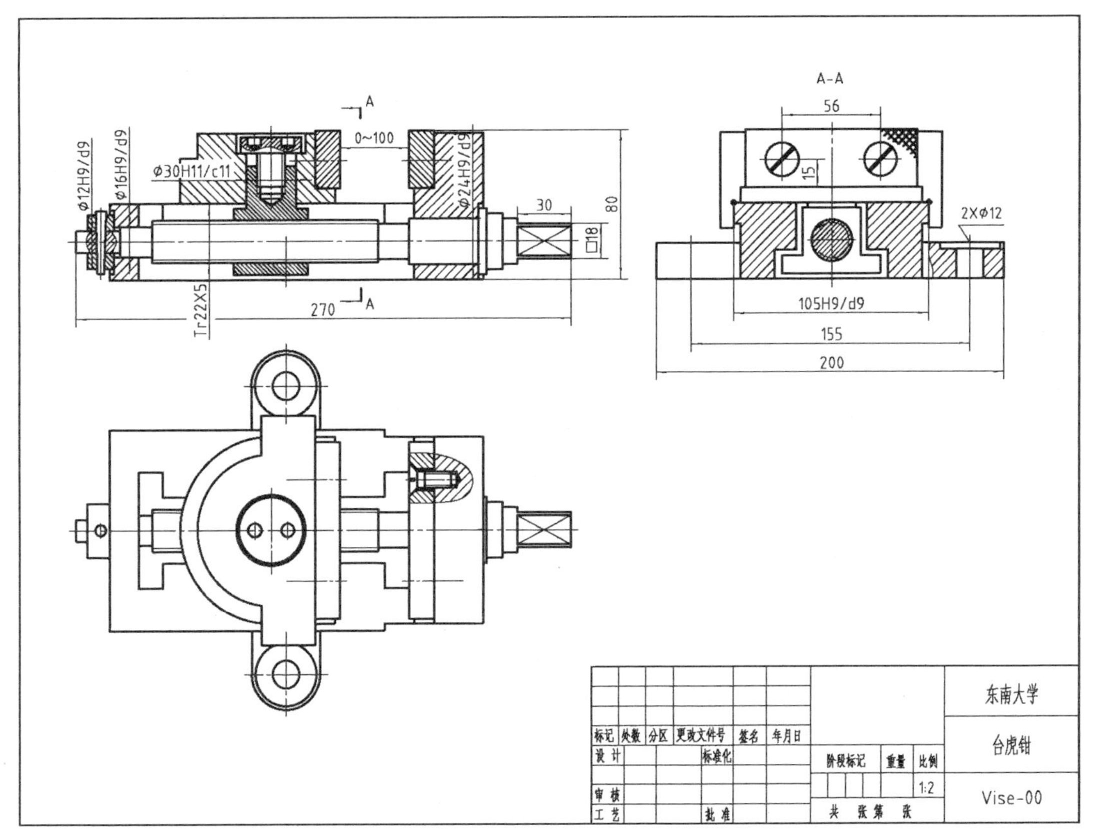

图7-149　台虎钳装配图绘制步骤6:尺寸标注

对台虎钳来说,

・规格尺寸:台虎钳钳口的开合范围:0~100。

・内部接口尺寸:首先是所有有尺寸公差配合要求的尺寸,包括螺杆与钳身上支承孔之间的∅16H9/d9、∅24H9/d9,螺杆与圆环之间的∅12H9/d9,螺母与活动钳口之间的∅30H11/c11,以及活动钳口与钳身之间的宽度配合105H9/d9;其次是涉及配对零件接口的尺寸,包括螺杆和方块螺母的螺纹尺寸 Tr22×5，护口板与钳身和活动钳口的接口尺寸 56、15。

・外部接口尺寸：台虎钳通过两凸耳中的孔，用螺栓与工作台联接，所以要标凸耳孔径 2×∅20 和两孔间距 155。螺杆右端用于套扳手的方头也是对外接口，方头的正方形截面的边长 18 和方头的长度 30 也是必须要标的。

・总体尺寸：整个台虎钳的长、宽、高尺寸分别为 270、200 和 80。

步骤 7：编写零件序号和明细栏(图 7-151)。

装配图上每一种零件都要编一个序号，然后把这种零件的代号、名称、数量、材料等信息记载在明细栏中。

序号常用三种形式：带下划线、只是序号、带圈(图 7-150)。权衡清晰和简便性，下划线式较好。

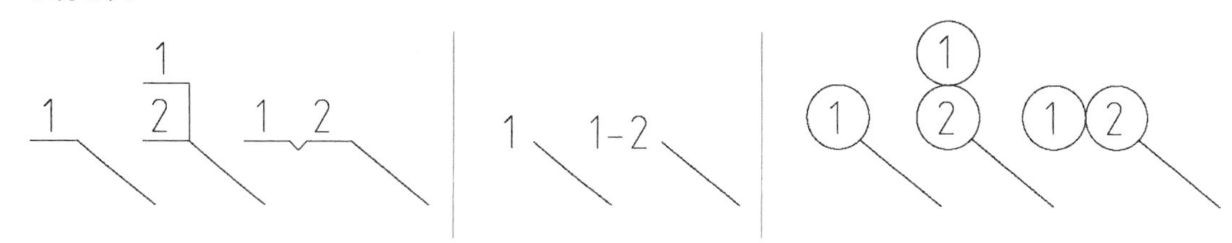

图 7-150 序号的形式

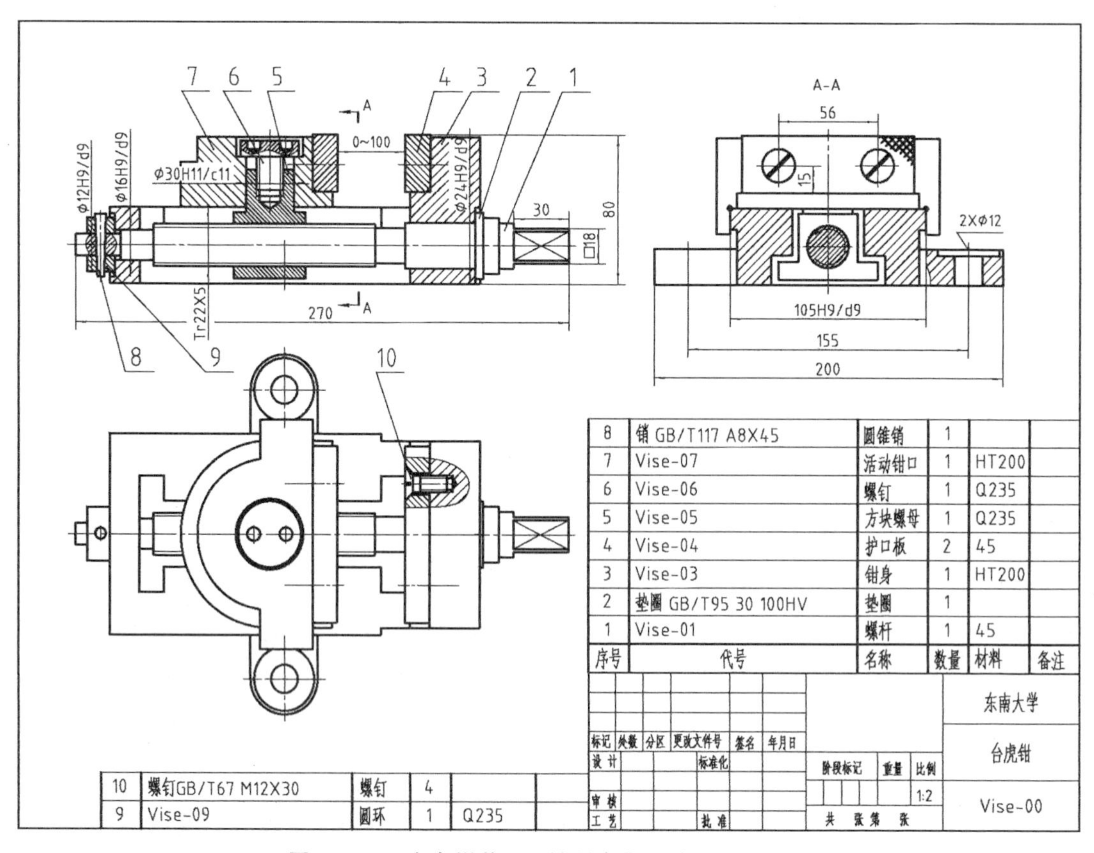

图 7-151 台虎钳装配图绘制步骤 7：序号和明细栏

序号在图纸上要横平竖直地对齐，并且要按顺时针或逆时针方向顺次编号。

序号指引线的末端一般为小圆点，点在零件轮廓线框内。很薄的零件在图上会用双倍粗的粗实线画，此时指引线的末端应改为箭头。指引线应避免彼此相交。

成套的零件，比如一套螺栓、垫圈和螺母，标注序号时应共用一条指引线。

序号数字比图上尺寸数字大一号。

台虎钳装配图中，除了只出现在俯视图上的螺钉联接，主视图比较全面地展示了各零件之间的装配关系，所以序号基本上都引自主视图。序号分两行排列在主视图的上下，按逆时针方向顺次编号。

明细栏的宽度要与标题栏一样。

明细栏常用栏目有"序号""代号""名称""数量""材料"和"备注"。栏宽根据字数确定。

"代号"是必填项，且具有唯一性，若是自制零件就填零件图的图号，若是标准件就填标准件的标记，采购员会据此去购买。

不同种类的零件"名称"可以相同。

"数量"是指这种零件在整部机器中的个数。

标准件的"材料"可以不填，因为无法选择，也不需要准备原材料。

"备注"中可以填齿轮的模数和齿数等无法用尺寸表达的参数或要求。

明细栏是倒置的表格，表头在下，紧贴标题栏，记录在上，并且是自下而上地增加序号。这种方式便于增加新的记录。

明细栏中的文字字高和图中尺寸文字一样，同等汉字字高比数字和字母大一号。每一行的高度是数字字高的2倍。

除了表头，明细栏所有的横线都用细实线画，所有的竖线都用粗实线画。如果明细栏往上增加的空间受限，就拐向左边继续由下而上地增加。

台虎钳装配图中，一共有10种零件，其中3种为标准件，其余为要画零件图的自制件。自制件的零件图图号可以和序号相关。

7.7　读装配图

装配图有多种用途。零件设计师看装配图，是为了了解零件的大致结构形状和已经确定的尺寸及其公差；装配工艺师看装配图，是为了设计装配工序和装配工艺；而产品的用户看装配图，是想了解机器的工作原理，以便进行维修保养。以上都是我们读装配图应该要了解的内容。

7.7.1　区分零件的方法

要想了解每个零件的形状，首先得从装配图复杂的图线中，区分出各个零件的投影。

区分零件的第一步，是根据序号，在明细栏中找到它的记录，了解零件的名称。同一种类的零件，其功能相似，结构和形状也相似。比如"箱体"，它一般都用来包裹和密封内部零件，并为内部零件提供定位基准和润滑通道。

第二步就是根据剖面线，找出与该零件相关的所有断面，然后综合想象出零件的大致形状。这有一个前提，就是当初画装配图的人得把不同零件的剖面线画得不一样。

装配图中各个零件的投影交叉重叠，所以往往要等分析了所有零件之后，才能最终确认某个零件在装配图中的投影。

例如，要从图 7－152 所示的齿轮油泵装配图中，区分出 8 号零件。首先从明细栏中了解其名称是“左端盖”，那么它的大小应该能从左边封盖住齿轮，它也要有用于联接泵体的结构，比如可以穿过螺钉的孔。其次从主视图上 8 号零件的剖面线可以了解到它的大小范围，再按照形体分析法对照左视图，就能了解其主要结构形状了。

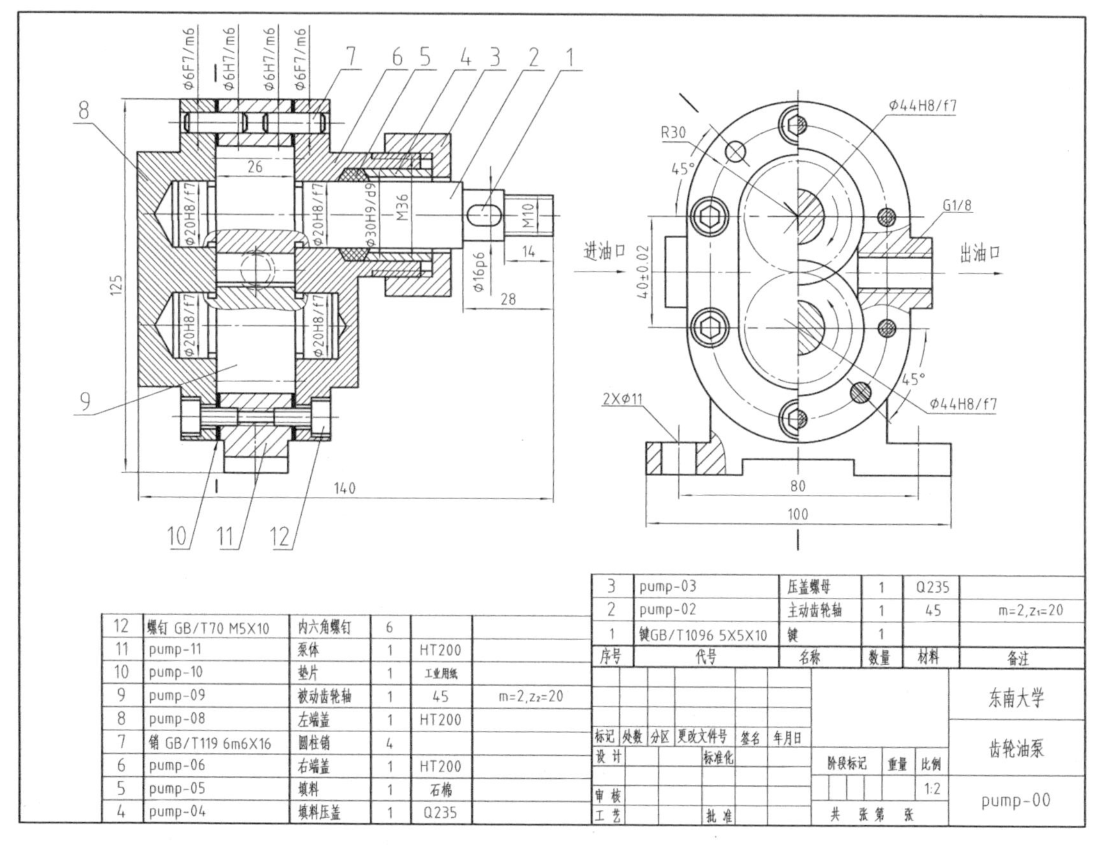

序号	代号	名称	数量	材料	备注
12	螺钉 GB/T70 M5X10	内六角螺钉	6		
11	pump-11	泵体	1	HT200	
10	pump-10	垫片	1	工业用纸	
9	pump-09	被动齿轮轴	1	45	m=2,z_2=20
8	pump-08	左端盖	1	HT200	
7	销 GB/T119 6m6X16	圆柱销	4		
6	pump-06	右端盖	1	HT200	
5	pump-05	填料	1	石棉	
4	pump-04	填料压盖	1	Q235	
3	pump-03	压盖螺母	1	Q235	
2	pump-02	主动齿轮轴	1	45	m=2,z_1=20
1	键GB/T1096 5X5X10	键	1		

图 7－152　齿轮油泵的装配图

7.7.2　传动链分析

机器的运转方式体现其功能。传动链是动力能量的传递路径。传动链的分析可以从动力的输入端开始，了解力或力矩是怎样经过一步步的传递，最终到达输出端。

机械传动的方式有齿轮、带轮、链轮和螺旋等。

图 7－153 齿轮油泵装配图中，2 号零件主动齿轮轴是动力源。∅16p6 轴段上套上皮带轮后，就可以用电动机带动主动齿轮轴旋转。主动齿轮轴通过齿轮啮合带动 9 号零件被动齿轮轴旋转，就能在进油口造成负压、在出油口造成正压，从而实现泵油的功能。

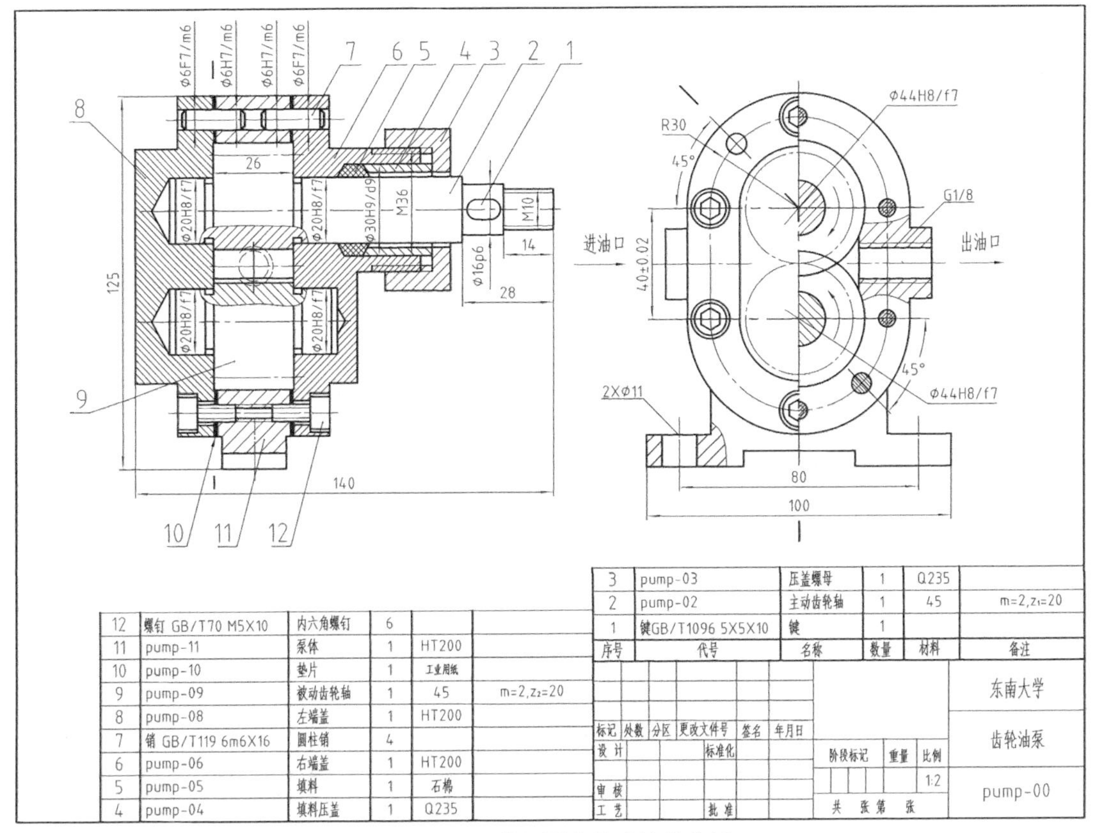

图 7 - 153　装配图中传动链的分析

7.7.3　零件的拆装分析

装配图的设计要点之一是要让零部件能装配起来，也能在需要维修更换时方便地拆卸下来。

每一个零部件的装配过程都包括定位和压紧两个步骤，在设计装配图时就要为定位和压紧在相关的零件上提供相应的结构。比如要在轴上安装一个滚动轴承，先要用工具抵住轴承内圈将轴承推至轴肩并且靠紧，再用圆螺母将轴承压紧固定，那么轴上的轴肩、螺纹以及装轴承轴段的宽度都应有相应的设计。

装拆的路径也是读装配图时需要检查的一项内容，一是可装拆，二是易装拆。比如，通常的装配顺序是先把齿轮、滚动轴承装到轴上，再一起装到箱体上，如果齿轮的直径比箱体上的孔径还大，就无法穿过孔装配了。又比如，将与轴过盈配合的齿轮安装到轴上，如果装齿轮的轴段长于齿轮轮毂，装配时齿轮就得多滑行一段距离。

另外，装配图中还要为装拆工具留出充分的活动空间或通道。比如，为旋转螺母留出扳手空间，为拆卸轴承的工具留出着力点等。

图 7 - 153 齿轮油泵的装配顺序是：

① 固定泵体在工作台上。

② 装左端盖。先将两个定位圆柱销插入泵体上的销孔，再将左端盖套在两个销上，然后用六个内六角螺钉将左端盖和泵体联接在一起。

③ 装入两个齿轮轴。

④ 装右端盖。先将两个定位圆柱销插入泵体上的销孔，再将右端盖套在两个销上，然后用六个内六角螺钉将右端盖和泵体联接在一起。

⑤ 安装主动齿轮轴伸出部分的密封装置。先向齿轮轴和右端盖孔之间的缝隙中填入石棉，再装上填料压盖，然后旋上压盖螺母推挤填料压盖压紧石棉。

7.8 根据装配图拆画零件图

拆画零件图的过程就是设计零件的过程。零件图都是根据装配图来设计的，设计的内容主要包括以下三个方面：

· 零件结构形状的详细设计。

· 零件尺寸的设计。

· 零件技术要求的设计。

下面结合拆画图 7-151 中 8 号零件左端盖的零件图(图 7-154)为例，说明拆画工作的内容。

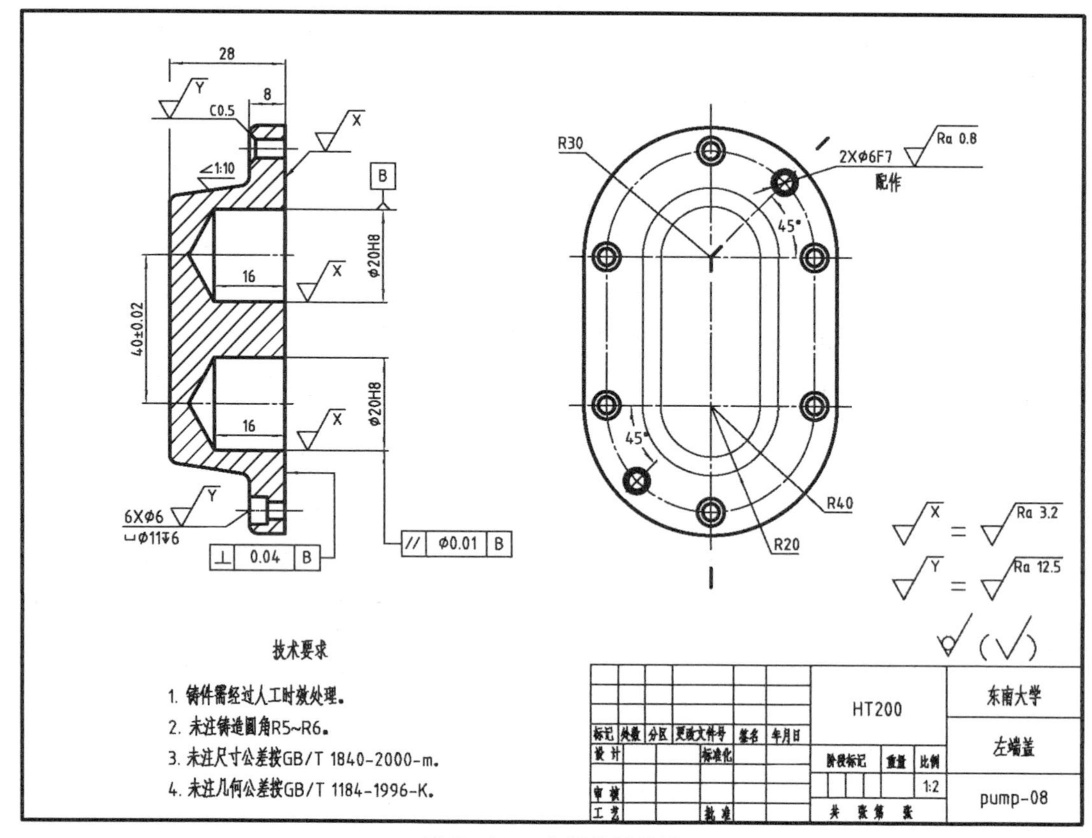

图 7-154 左端盖零件图

7.8.1　零件结构形状的详细设计

装配图的表达目的中没有指导零件制造，所以不必也不可能将零件的结构形状细致地表达清楚。以外，装配图图幅有限，无法展现各零件的细节结构。所以在拆画零件图时，一方面要补充视图，把装配图中缺漏的信息表达完整；另一方面要添加零件加工需要的工艺结构。

图 7 - 154 左端盖是一个铸件，在零件图中，增加了铸造圆角和拔模斜度，在左视图中画出了过渡线。此外，为了装配的便利，在销孔孔口增加了倒角。

7.8.2　零件尺寸的设计

装配图中的尺寸很少。在拆画零件图时，需要设计的尺寸可分为以下三种情况来处理：

· 装配图中已经标注的尺寸一定要遵守。如果装配图中标注了尺寸公差配合，那么零件图上孔或轴的尺寸公差就要从那个配合中拆出来。

· 装配图中未标，但有规范可循的结构，应按照标准和规范来制订。比如螺纹的尺寸、铸件的壁厚、砂轮越程槽的尺寸、轴肩的高度等。

· 其他装配图中未标的尺寸尽量圆整成整数，甚至采用优先数系中的数值。

优先数系常用的有 R5、R10、R20 和 R40 四个系列，都是近似的等比数列。表 7 - 27 列出的是 R5、R10 和 R20 在[100，1000)区间内的优先数，这三个系列其他段落的优先数只需移动小数点即可。

表 7 - 27　优先数系

R5				100	160				250	
			400				630			
R10	100		125		160		200		250	
	315		400		500		630		800	
R20	100	112	125	140	160	180	200	224	250	280
	315	355	400	450	500	560	630	710	800	900

图 7 - 154 中，直接来自装配图的尺寸有：两个孔的尺寸∅20H8 及其中心距 40±0.02，销孔尺寸∅6F7 及其定位尺寸 R30 和 45°；螺钉孔∅6 以及沉孔直径和深度都是按照内六角螺钉的，其余尺寸是量取后圆整，并尽量采用优先数中的数值。

7.8.3 零件技术要求的设计

零件的尺寸公差基本就按照装配图来制订。

零件的几何公差要根据结构要素的用途来制定。比如,一个轴段是用来装滚动轴承的,就要施加圆柱度、定位端面轴向圆跳动等几何公差。在图 7-154 中,因为左端盖具有定位两个齿轮轴的功能,所以对两个孔轴线的平行度,以及它们对左端盖与泵体接合面的垂直度,提出了几何公差的要求。销孔因为是配作,所以无须位置度要求。

零件上每个表面都要有粗糙度要求。粗糙度的制订一要根据结构要素的用途,二要考虑现有加工方法的经济精度和加工成本,所设计的粗糙度要有可行性。图 7-154 中有较大面积的铸造毛坯表面,因此把不切削作为其余粗糙度。左端盖两个孔的尺寸公差等级是 8 级,相应地粗糙度要求定为 Ra 3.2。另一个重要表面,左端盖与泵体的接合面,也定为 Ra 3.2。与圆柱销配合的孔要求很低的粗糙度,通过铰削能够达到 Ra 0.8。螺钉孔不与螺钉接触,钻出即可,所以定为 Ra 12.5。

7.9 焊接装配图

形状复杂的零件可以采用铸造的方法制作毛坯,但铸造需要先制造模具,还需要专门的设备,只适合大批量生产的情况。所以许多机器的框架都是用金属板材焊接而成的,与铸造相比,所需的设备简单,材料的性质也更加稳定。

因为焊接件是将不同的组件焊接成一体,所以焊接件的图纸是一幅装配图,不同的组件使用不同的剖面线,还要有序号和明细栏。但焊接件又确实只是一个零件,所以其图纸又是一幅零件图,要详细地标注尺寸,还要标注几何公差、粗糙度等技术要求。

在焊接装配图上,焊缝有两种标准的表示方法:图示表示法和符号表示法(图 7-155)。为简单起见,一般采用符号表示法。

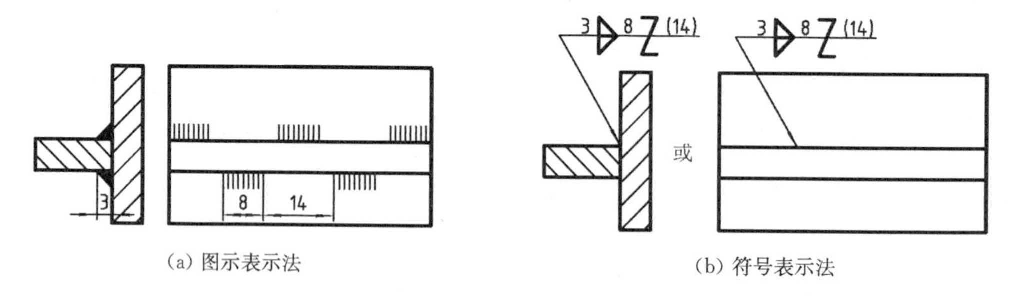

图 7-155 焊缝的两种表示法

焊缝符号可以包含许多尺寸内容,常用的是表示焊缝形状的基本符号(用粗实线线宽的 2/3 绘制)和焊缝大小的代表尺寸(如角焊缝的高度、点焊的直径)。

焊缝符号标注在指引线上。指引线由箭头线、实线基准线、虚线基准线和尾部符号构成。指引线的箭头指向焊缝的一侧。箭头侧的焊缝符号标注在实线基准线之上,非箭头侧的焊缝符号标注在虚线基准线之下。尾部符号后面标注焊接方法代号或断续焊缝的段数。

图 7 - 156 为某支架的焊接装配图。三个组件从型材上切割下来，焊接后再按照技术要求加工成品。

焊接件的设计还包括焊接方法、焊接结构的选择，限于篇幅不再详细介绍。

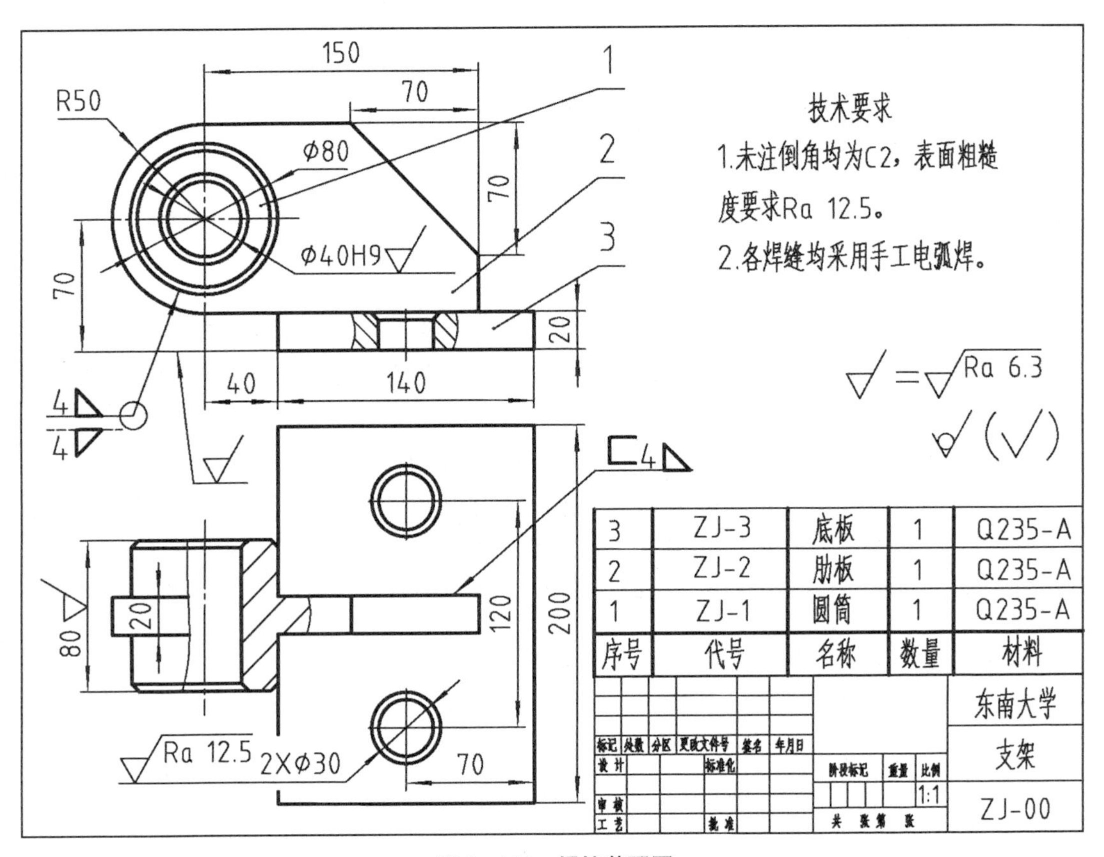

图 7 - 156　焊接装配图

第 8 章　计算机绘图

现代企业已经普遍采用计算机制图。相比手工制图,计算机制图具有易修改、易存档、绘图效率高和能够将设计与制造集成等优点。计算机制图离不开绘图软件。林林总总的绘图软件功能不尽相同而且不断地在改进,但在运用方法上是共通的,就像许多公司都生产汽车,但驾驶方法大同小异。

8.1　计算机制图的三个层次

第一个层次是用计算机代替纸、笔。软件提供画直线、圆、正多边形等图线绘图工具,并提供删除、修剪、复制、移动等图线编辑工具。设计人员按照手工制图的顺序,用计算机绘制工程图样。

第二个层次是二维参数化制图(图 8-1)。机械产品的一个特点是系列化、模块化。一个模块内零件的形状和尺寸基本不变。一个系列产品的结构相仿,只是零件的尺寸上有所差异,且各个零件的尺寸依赖于少量的设计参数。于是我们就可以通过对绘图软件的二次开发,设计出参数化的图纸,只要给定设计参数,就能生成该系列中任一产品的图纸。图纸上的每条线都来自参数化的产品模型。

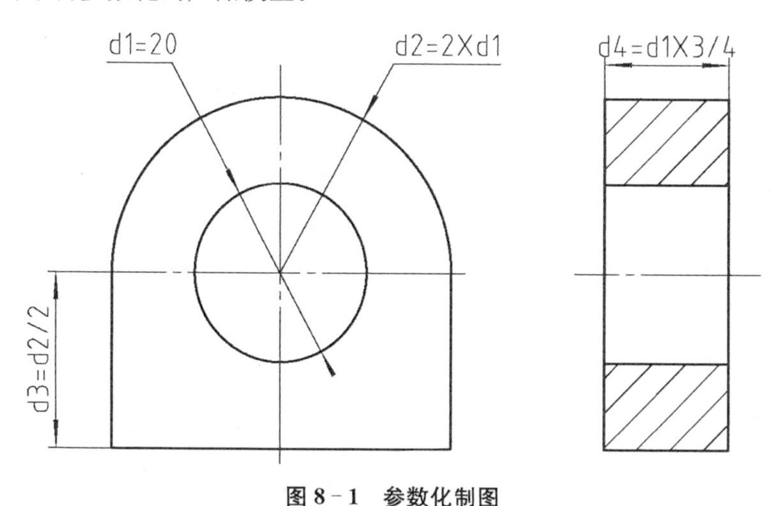

图 8-1　参数化制图

第三个层次是基于三维造型的参数化建模,图 1-12 为目前 CAD 系统的主要模式。随着计算机软硬件技术的发展,三维实体造型软件已经十分普及。设计师可以直观地在计算机中建造虚拟的参数化三维零件模型,然后由软件自动地生成各种视角的投影图。软件生成的投影图还要根据零件的特点和具体的表达意图来修改表达方式,以及根据设计或制造工艺的要求进行尺寸和技术要求标注。这些后续修改的工作量比三维造型还要大,且需要机械设计制造和制图的专业知识。

8.2　三维造型

三维造型是计算机制图的第一步。

如图 8 - 2 所示，常用的实体形成方法有：拉伸、旋转、扫掠和放样。

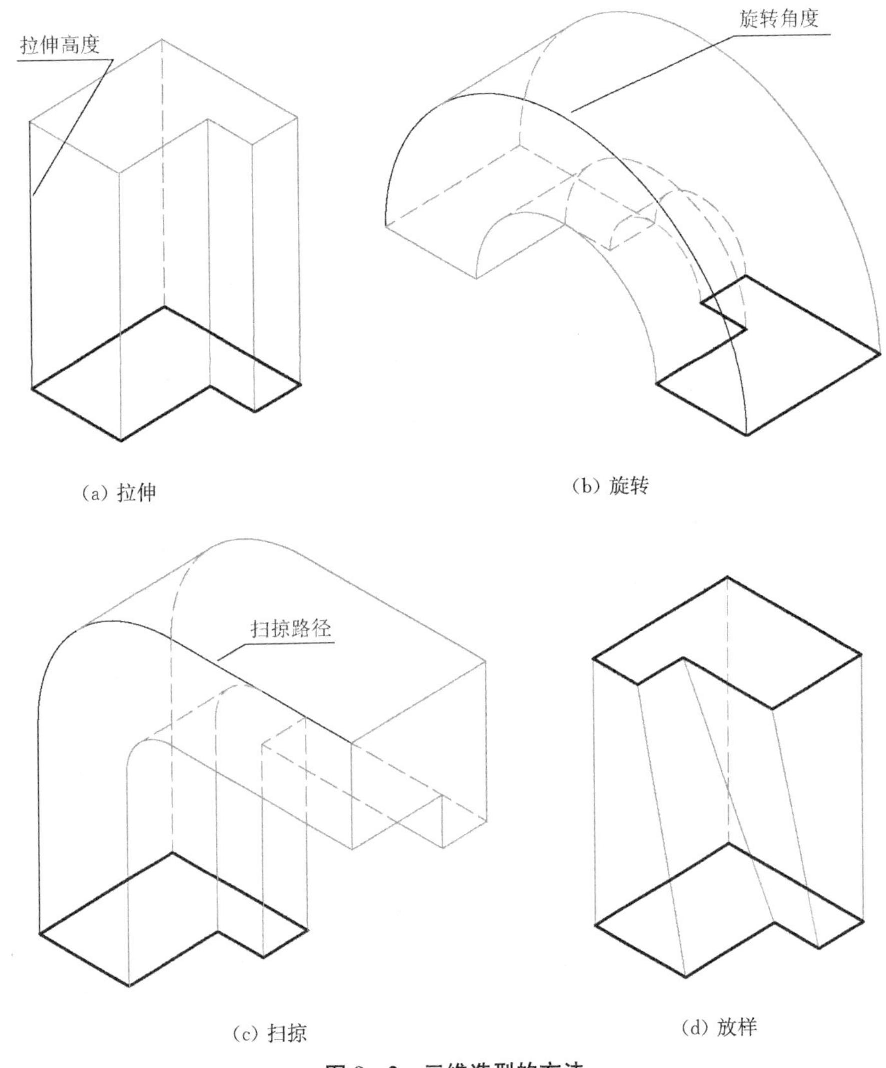

(a) 拉伸　(b) 旋转　(c) 扫掠　(d) 放样

图 8 - 2　三维造型的方法

每种形成实体的方法都需要预先定义一个或多个平面轮廓作为截面。绘制这个截面的基准平面可以是已经存在的实体上的表面，也可以是三维空间中虚拟设置的工作平面。

在绘制截面时，既可以采用尺寸约束，也可以施加几何约束，如相切、同心、共线、等长、对称等。

在建造好三维模型后，选择视图视线方向，就可以让软件自动地生成视图了。生成视图前要设定好是采用第一角投影还是第三角投影。

8.3 二维计算机制图

自动生成的投影图，还要用二维作图软件进修改，并添加标注，才能变成一张标准的图样。投影图需要修改的地方主要有：表达方法(如剖视、局部放大)；规定画法(如简化画法、螺纹、齿轮等)；按实际尺寸不清晰之处(如浅槽、窄缝等细微尺寸差别之处)。标注主要包括尺寸和技术要求。

计算机中图像的格式分两大类：点阵图和矢量图。PhotoShop 处理的就是点阵图。在计算机内部，一幅点阵图被存储为每一个像素点的颜色，所以当图像被放得很大时，就会出现马赛克的样子。CAD 软件画的都是矢量图。矢量图在计算机内部的存储内容是图形对象(如圆、直线)及其参数(点的坐标或线段的长度等等)，所以不论放大或缩小整幅图，图线的形状不变，宽度可以保持所设定的线宽。

二维作图主要包括两方面操作：画图和编辑。画图操作通常包括：直线、圆、圆弧、矩形、正多边形；编辑操作通常包括：复制、移动、删除、修剪。

矢量图的编辑修改，本质上是改变参数，如直线的起点坐标、圆的圆心坐标。所以编辑操作必然包含若干人机对话。因此所有 CAD 软件在计算机界面上都有一个“命令区”，用于人机对话时输入参数。

坐标值是输入参数中最主要的内容(图 8-3)。有绝对坐标有相对坐标；有直角坐标也有极坐标。绝对坐标是相对于唯一的全局坐标系的坐标。相对坐标是相对于上一个输入的点的增量，是常用的坐标形式。直角坐标可以是二维或三维的，但一般都是在三维空间里的某一个二维平面中作图。极坐标一般是某一平面内的，包含辐角和模长。

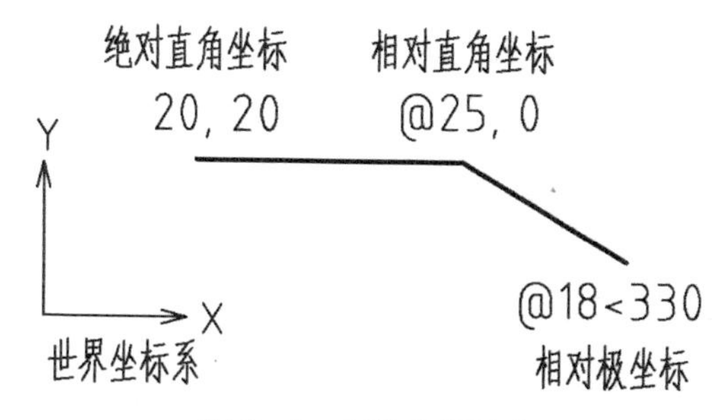

图 8-3 各种坐标形式

8.4 数据集成

在设计产品时，必须要考虑到可制造性。不仅如此，现代企业的产品设计工作一般是由一个工作组来完成的，工作组的成员来自产品设计、工艺规划乃至市场营销、售后服务等部门。产品的设计要满足各个部门的要求。

计算机集成制造系统(CIMS)可以把计算机辅助设计(CAD)、计算机辅助工艺设计

(CAPP)、计算机辅助制造(CAM)、企业资源计划(ERP)等系统集成起来,实现无图纸生产。但限于各种软件之间数据交换标准的缺失,目前只是像飞机制造业这种零件数量多但产品结构和生产模式稳定的企业采用。工程图样仍是目前唯一通用的标准技术文档。企业间的合作、历史技术档案都离不开工程图样。

参考文献

[1] 毛谦德,李振清.袖珍机械设计师手册[M].2版.北京:机械工业出版社,2003.

[2] 王静.新标准机械图图集[M].北京:机械工业出版社,2014.

[3] 龚湘义,罗圣国,李平林,等.机械设计课程设计指导书[M].2版.北京:高等教育出版社,2013.

[4] 龚湘义,潘沛霖,陈秀,等.机械设计课程设计图册[M].3版.北京:高等教育出版社,2010.

[5] 曹同坤,张卫锋,杨化林,等.互换性与技术测量基础[M].北京:国防工业出版社,2012.

[6] 顾玉坚,李世兰.工程制图基础[M].2版.北京:高等教育出版社,2005.

[7] 董祥国,李世兰.工程制图基础习题集[M].4版.北京:高等教育出版社,2019.

机械制图习题集

刘海晨　董祥国　编著

东南大学出版社
·南京·

图书在版编目(CIP)数据

机械制图：含习题集 / 刘海晨，董祥国编著. —南京：东南大学出版社，2021.1(2022.9 重印)

ISBN 978-7-5641-9278-5

Ⅰ.①机… Ⅱ.①刘… ②董… Ⅲ.①机械制图 Ⅳ.①TH126

中国版本图书馆 CIP 数据核字(2020)第 242072 号

机械制图(含习题集) Jixie Zhitu(Han Xitiji)

编　　著　刘海晨　董祥国
出版发行　东南大学出版社
社　　址　南京市四牌楼 2 号(邮编:210096)
出 版 人　江建中
责任编辑　夏莉莉
经　　销　全国各地新华书店
印　　刷　江苏凤凰数码印务有限公司
开　　本　787mm×1092mm　1/16
印　　张　29.25
字　　数　443 千字
版　　次　2021 年 1 月第 1 版
印　　次　2022 年 9 月第 3 次印刷
书　　号　ISBN 978-7-5641-9278-5
定　　价　72.00 元

前　言

“学而时习之”是学习之道。运用课堂所学完成手工作业是制图学习不可或缺的重要环节。

作业不同于考试。作业中遇到的困难和错误对于学习来说是宝贵的。它让学生发现自己分析思路中的不足和对一些知识细节的疏忽，从而达到细致全面地掌握各种分析方法、记住林林总总国家标准的学习目标。只要是认真完成的作业，建议教师对其中的错误不减分，以鼓励学生将自己真正的理解程度体现于作业中。

习题集是为练习分析方法或测验对制图知识的掌握程度而设。做作业时，学生应该着重于形成自己分析问题的方法、完善自己的知识体系，而不只是完成题目。本习题集附有答案，方便学生自学自测。

感谢东南大学机械工程学院殷国栋院长对本书出版的支持。感谢东南大学出版社的合作支持。

本书由刘海晨和董祥国编著，周芝庭、陈芳参予了部分工作。由于学术水平和实践经验有限，书中难免有错误之处，恳请读者不吝赐教，批评指正。

目　录

学号________　姓名________

标准线型和标准字体

1 2 3 4 5 6 7 8 9 0

ϕ a b c d e f g h i

j k l m n o p q r s

t u v w x y z

A B C D E F G H I

J K L M N O P Q R

S T U V W X Y Z

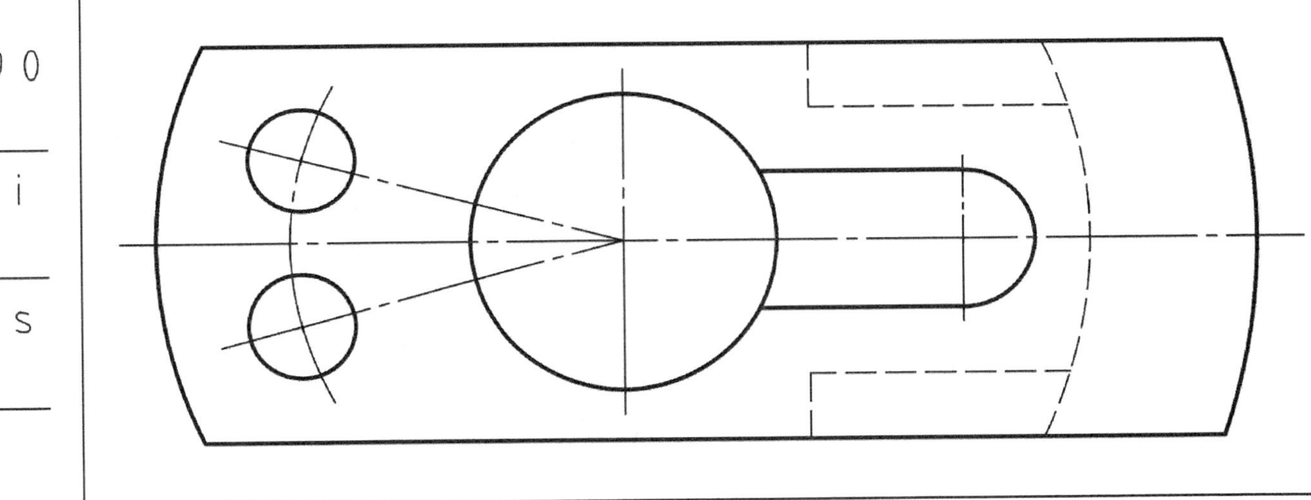

学号________　姓名________

1. 根据主视方向，补画主视图和俯视图。

2. 根据主视方向，补画左视图和俯视图。

3. 根据主视图和俯视图，补画左视图。

4. 根据主视图和俯视图，补画左视图。

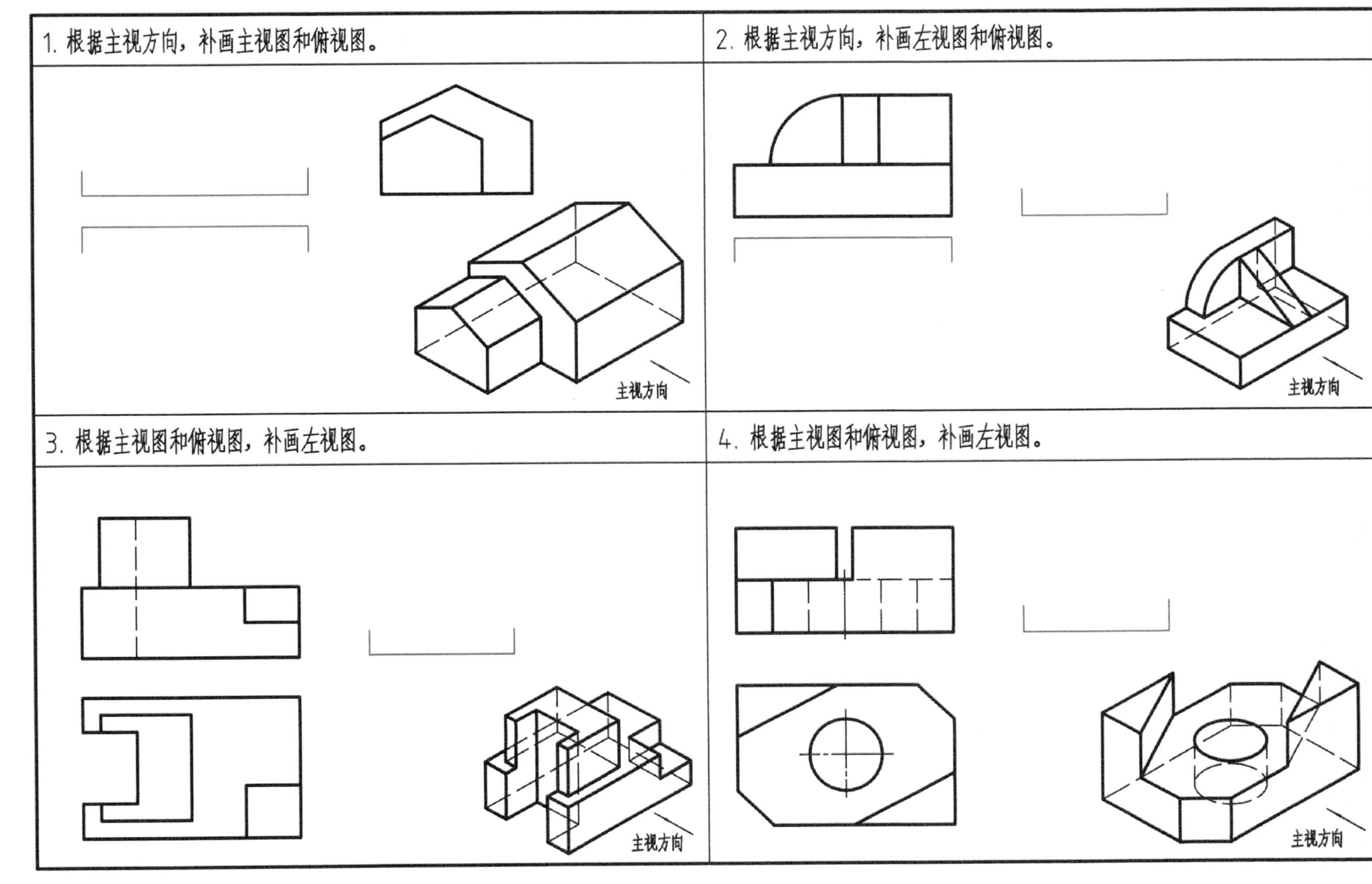

学号________　姓名________

1. 补画俯视图。

2. 补画俯视图。

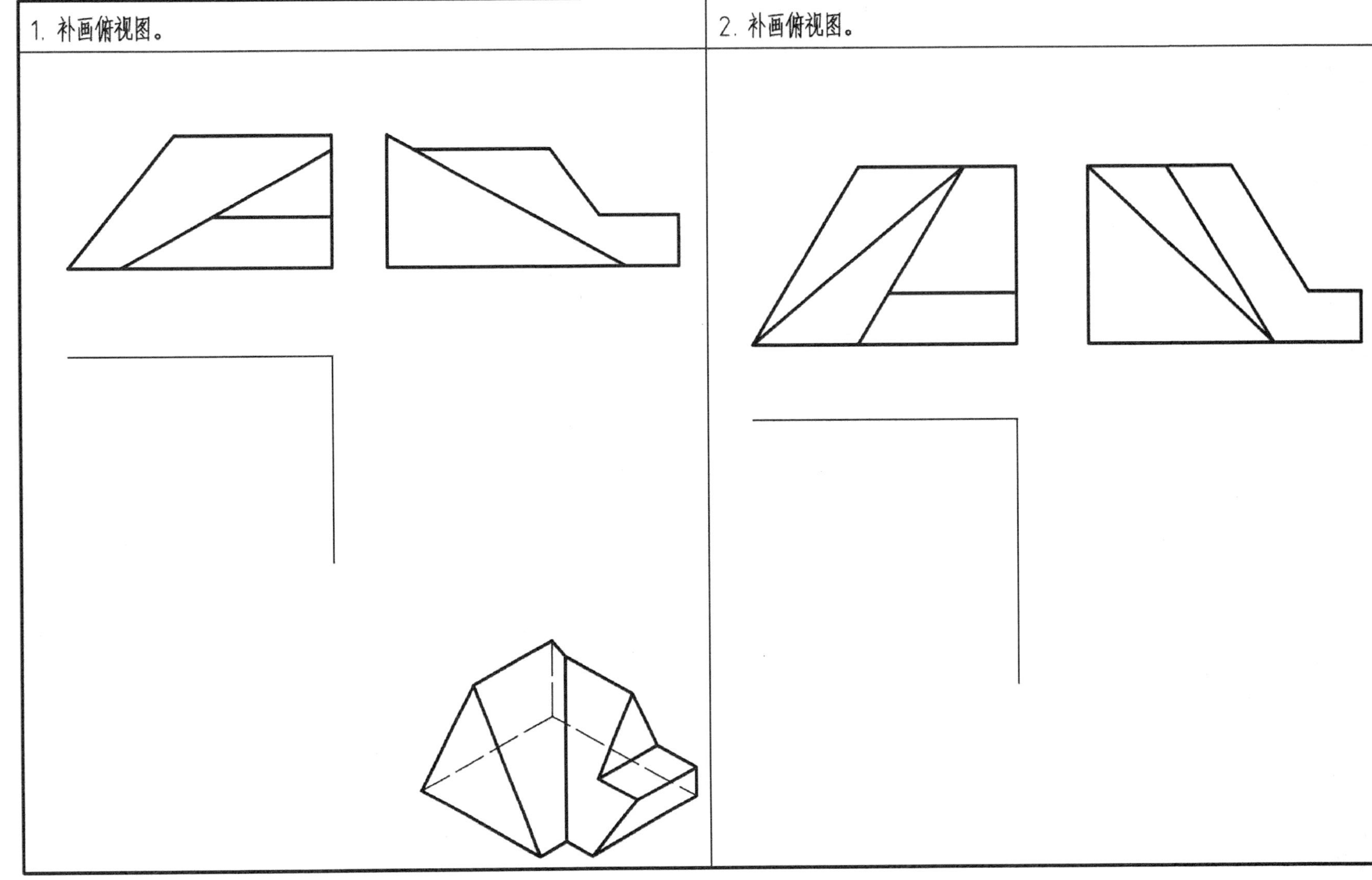

学号________　姓名________

1. 补画左视图。

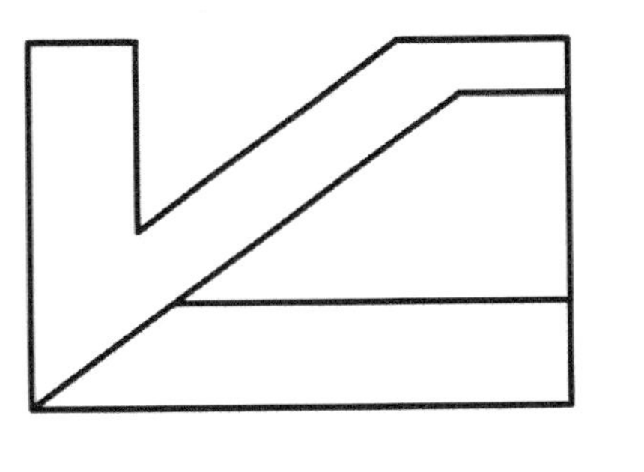

2. 补画左视图。

学号________ 姓名________

1. 补画左视图。

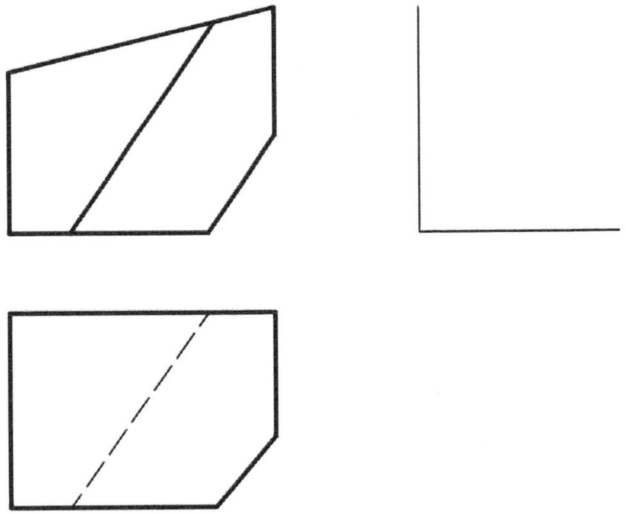

2. 补画主视图。

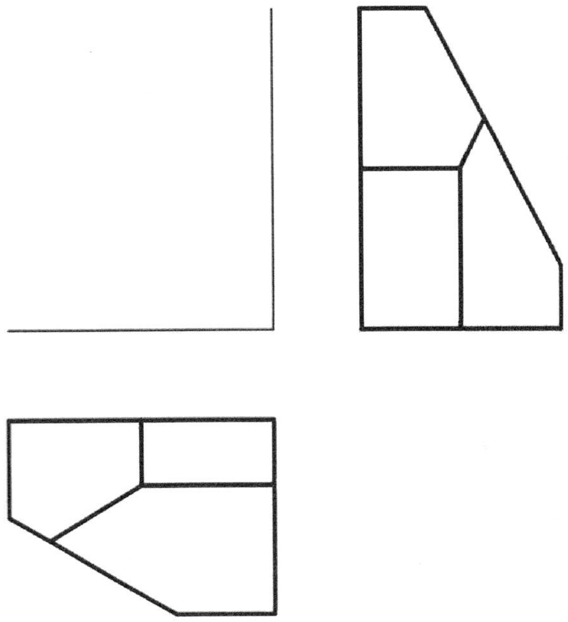

学号________　姓名________

根据主视图和左视图，画出俯视图。

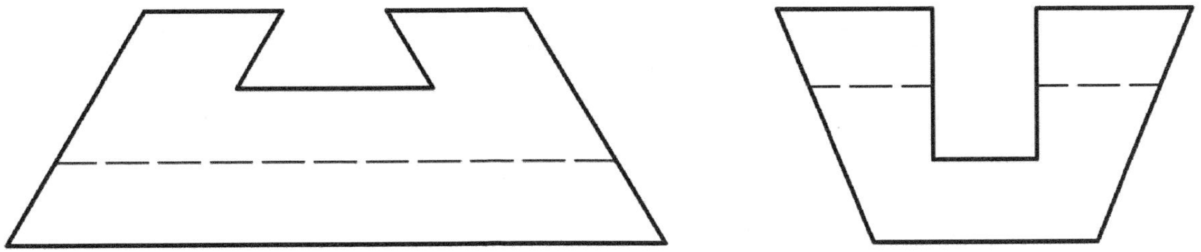

学号________　姓名________

拉伸体的三视图

1. 根据主视图，补画左视图和俯视图。

2. 根据左视图，补画主视图和俯视图。

3. 根据俯视图，补画主视图和左视图。

4. 根据俯视图，补画主视图和左视图。

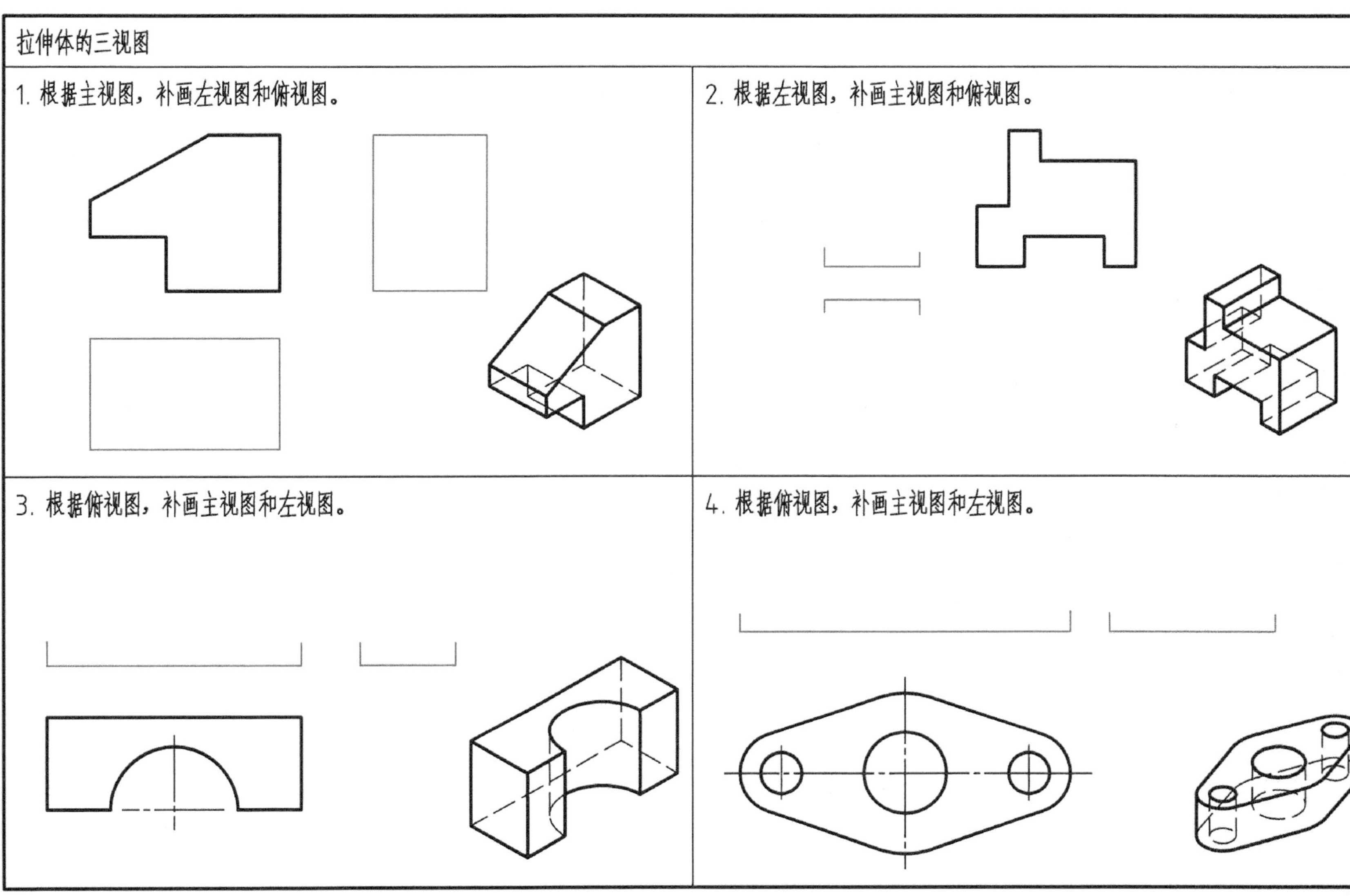

学号________　姓名________

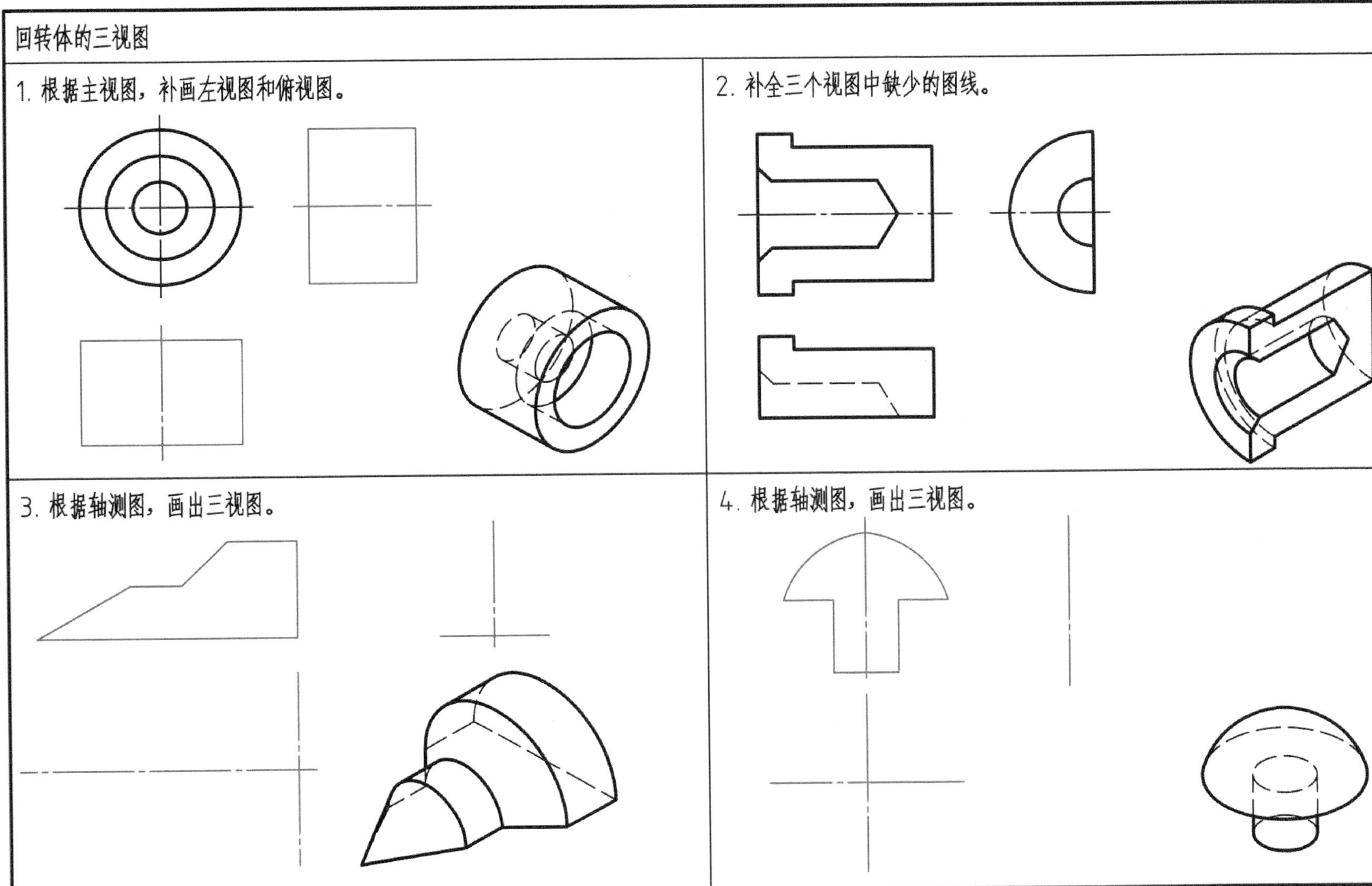
回转体的三视图
1. 根据主视图，补画左视图和俯视图。
2. 补全三个视图中缺少的图线。
3. 根据轴测图，画出三视图。
4. 根据轴测图，画出三视图。

学号________　姓名________

融合交线分析

1. 根据轴测图，决定三视图中图线的取舍和线型。

2. 根据轴测图，决定三视图中图线的取舍和线型。

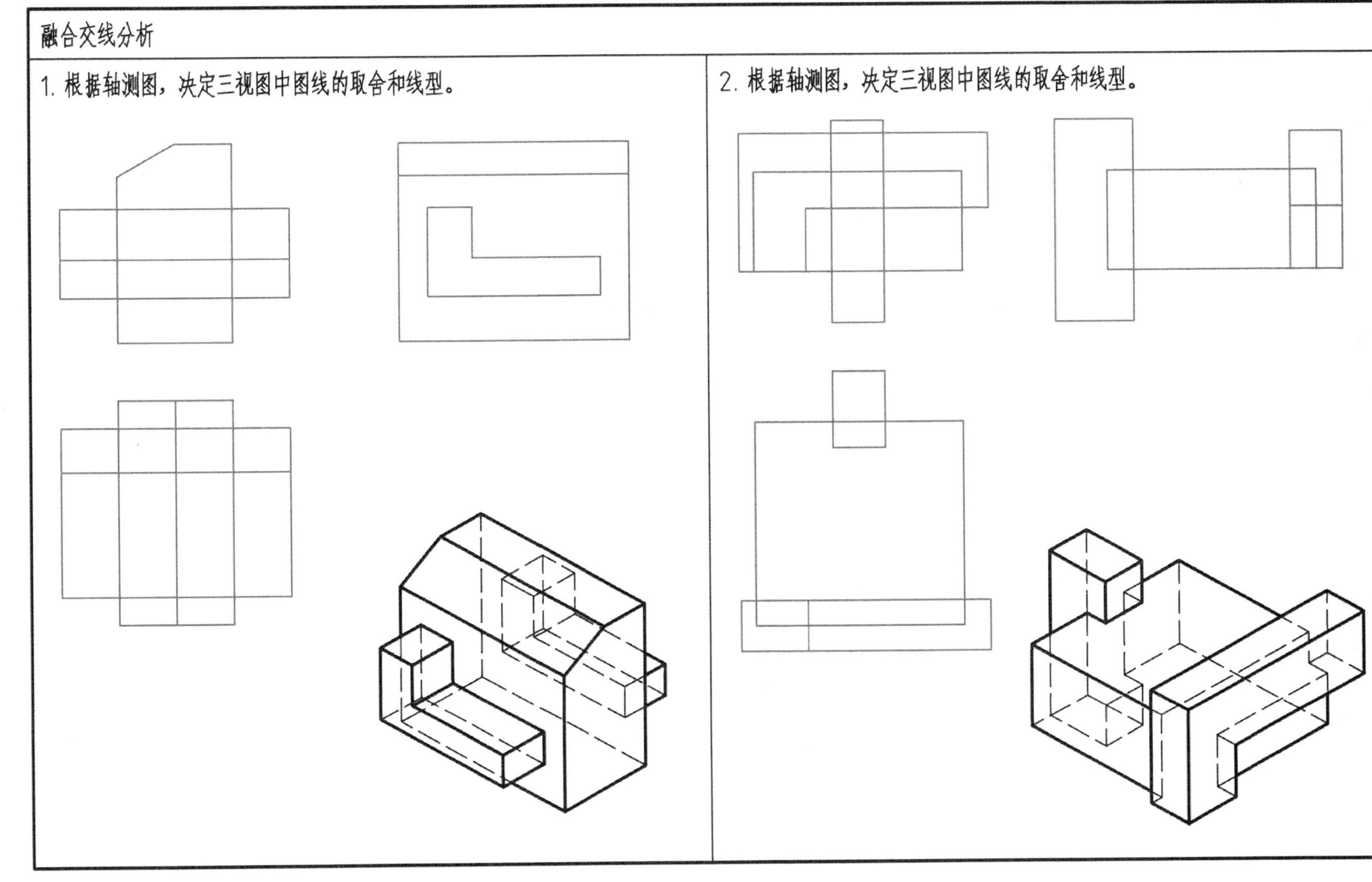

学号________　姓名________

平齐交线分析

1. 判断三视图中图线的有无和虚实。

2. 判断三视图中图线的有无和虚实。

3. 补全三个视图中缺少的图线。

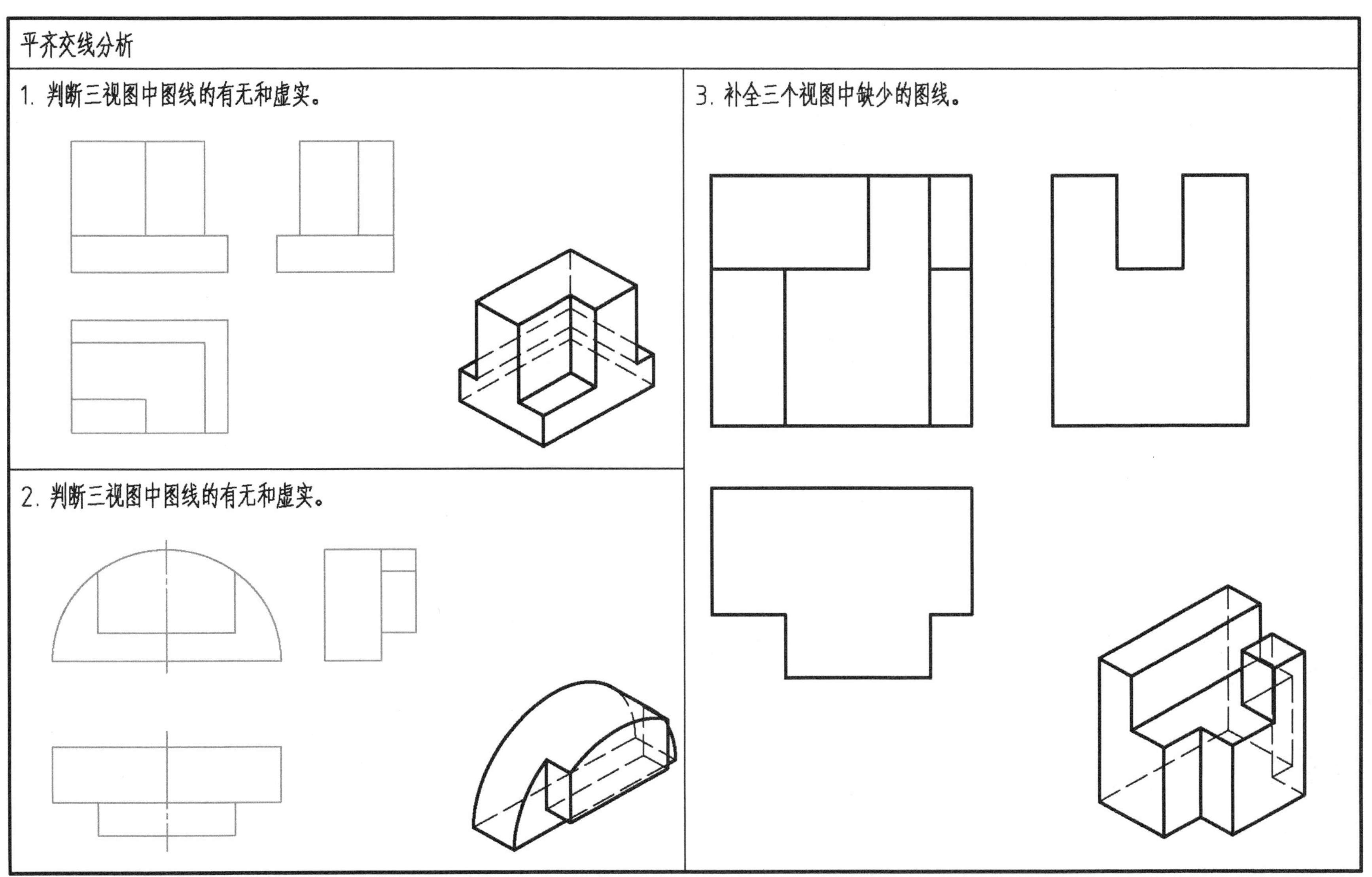

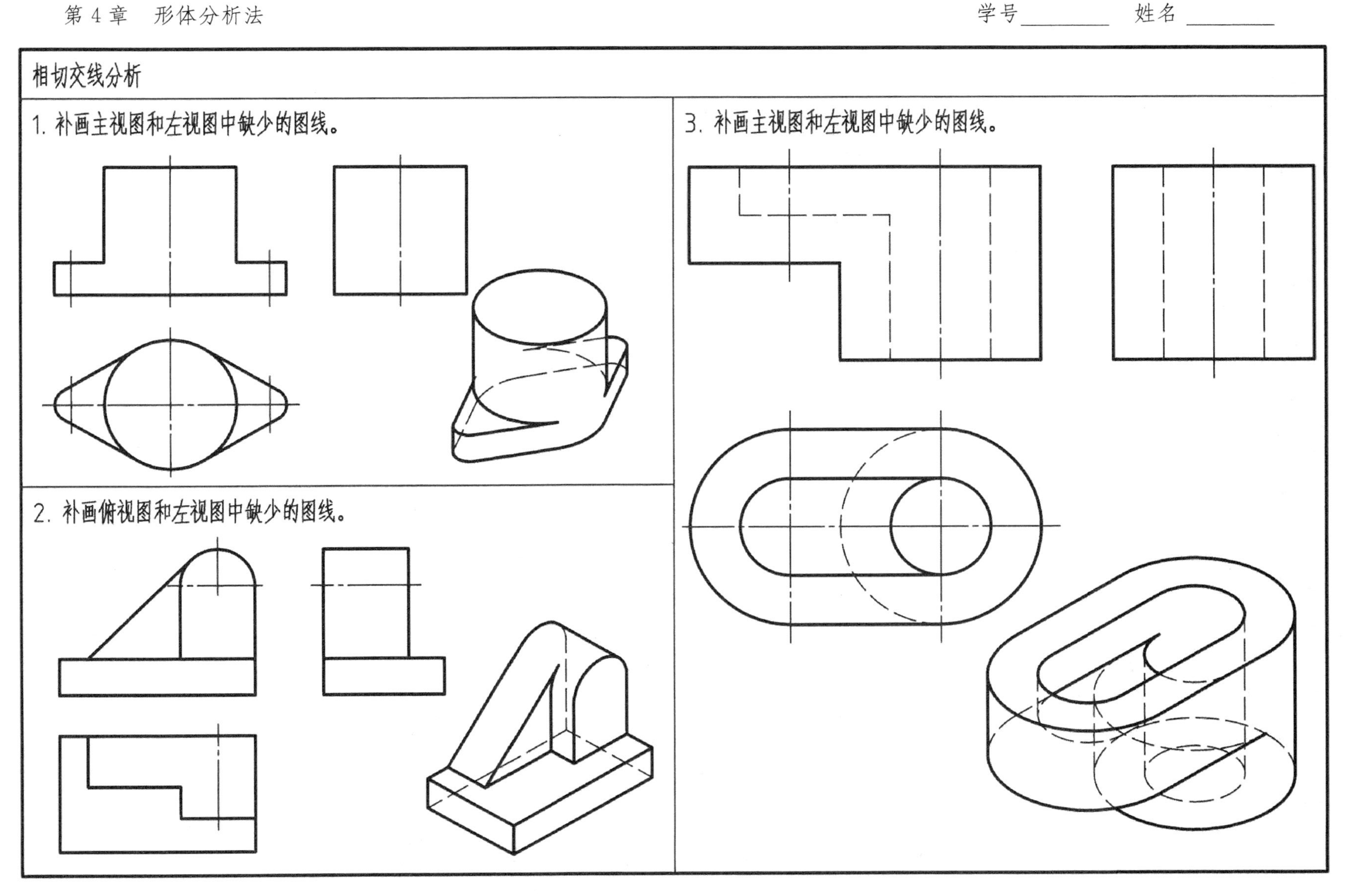
相切交线分析
1. 补画主视图和左视图中缺少的图线。
2. 补画俯视图和左视图中缺少的图线。
3. 补画主视图和左视图中缺少的图线。

学号________　姓名________

表面取点

1.

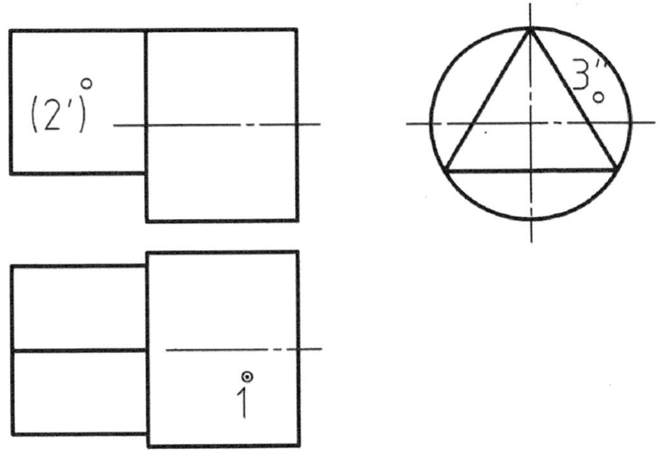

(2′)　1　3″

2.

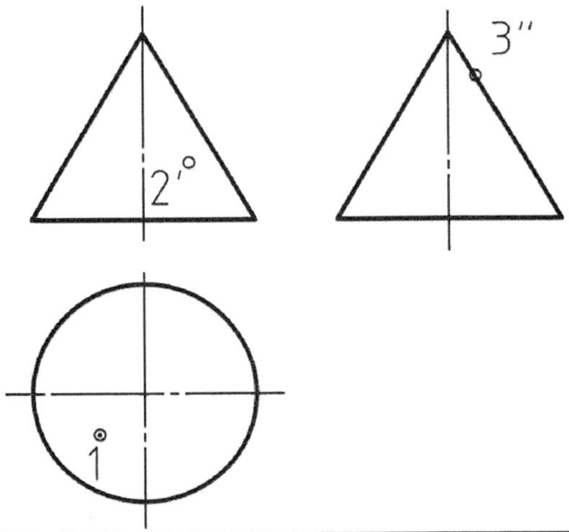

2′　3″　1

3.

2′　3″　1

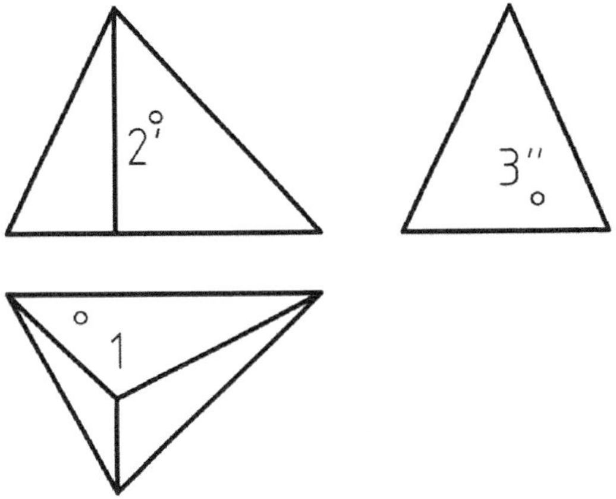

4.

1′　2′　3″

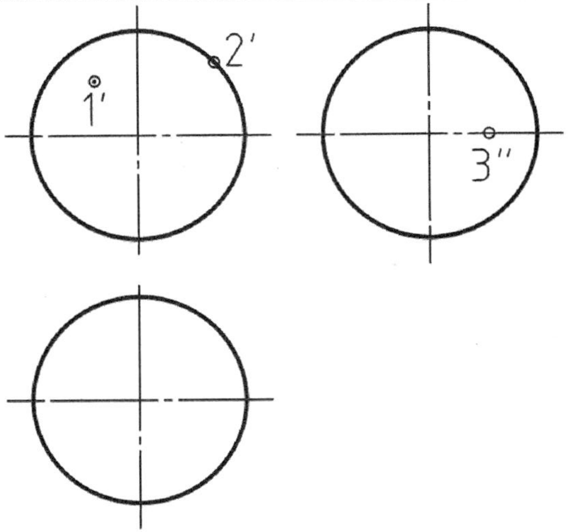

学号________　姓名________

截切平面立体

1. 补画左视图。

2. 补画俯视图。

3. 补画左视图和俯视图。

4. 补画主视图中缺少的图线。

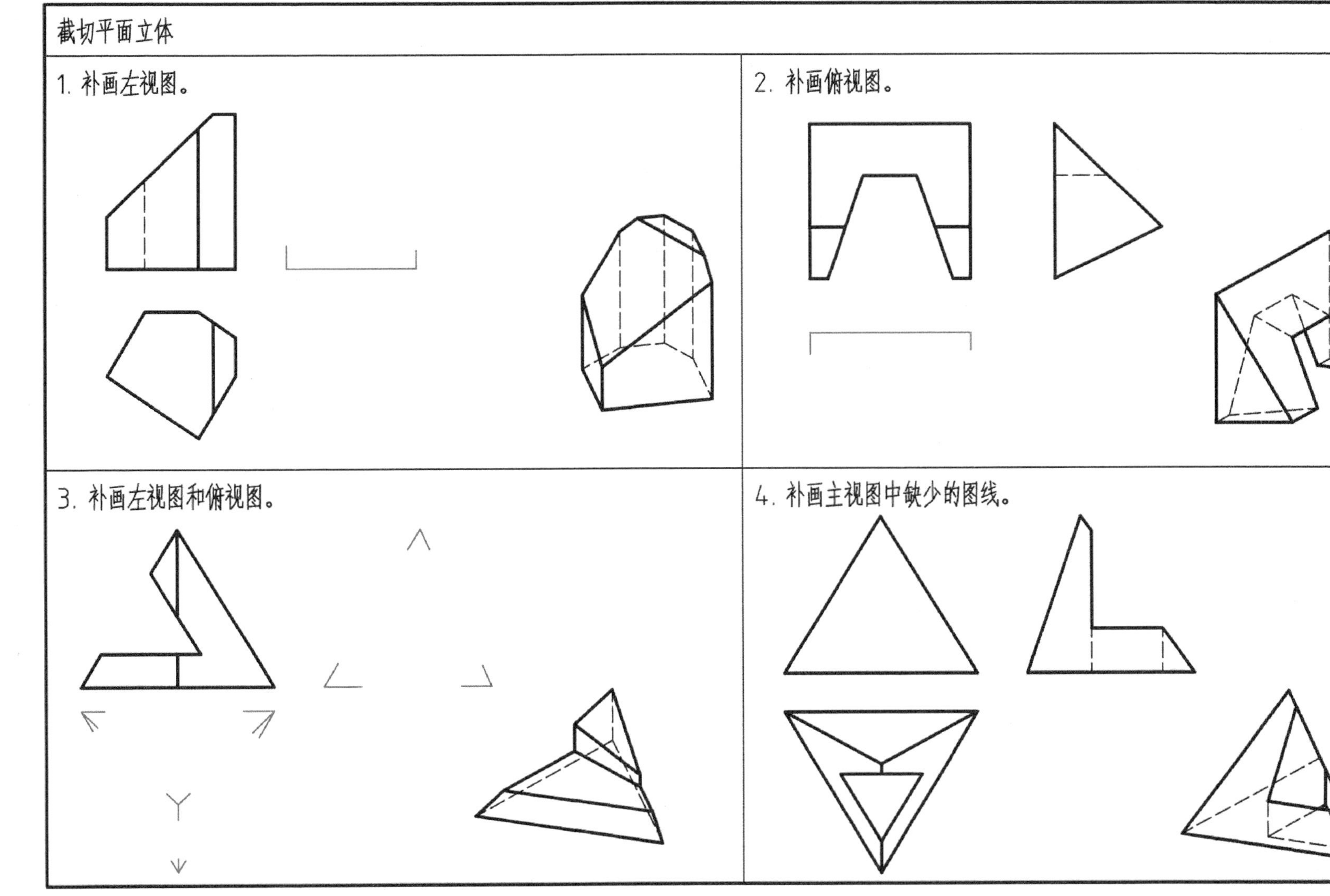

学号________　姓名________

截切圆柱的三视图

1. 补画左视图中缺少的图线。

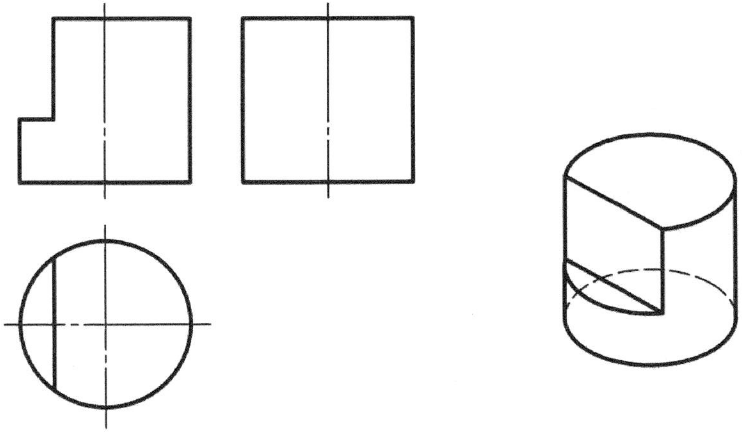

2. 补画俯视图。

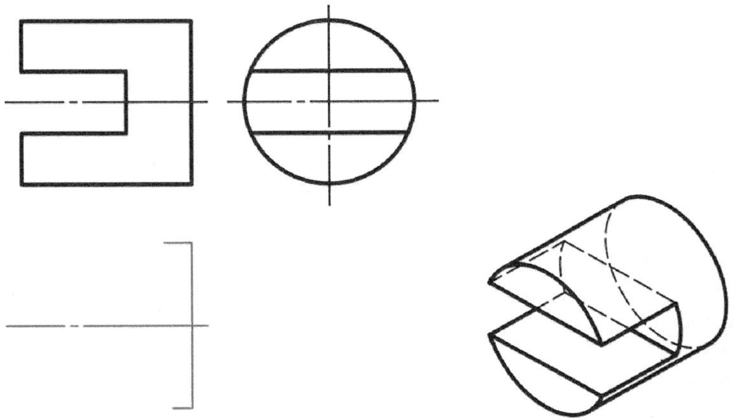

3. 补画俯视图中缺少的图线。

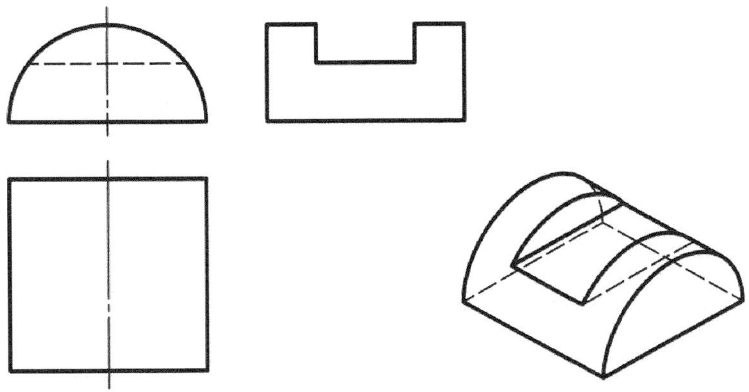

4. 补画左视图。

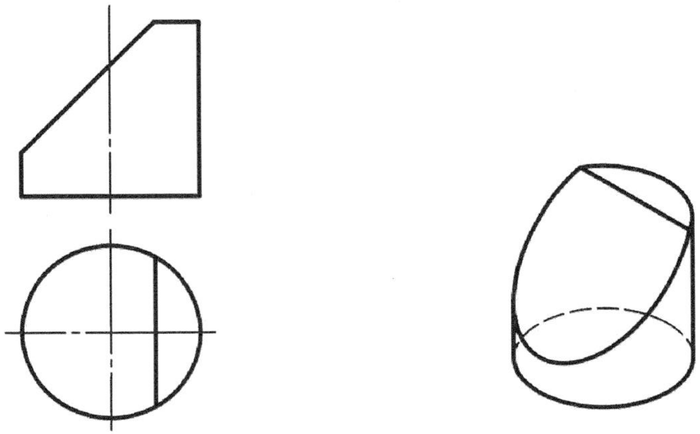

学号________　姓名________

截切圆柱的三视图

1. 根据主视图和左视图，补画俯视图。

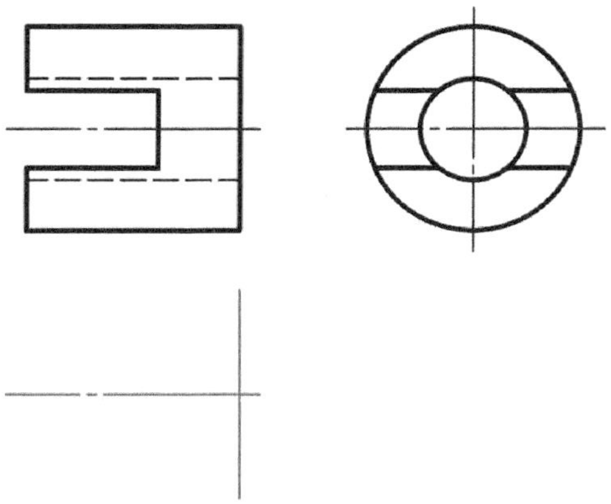

2. 补画主视图和左视图。

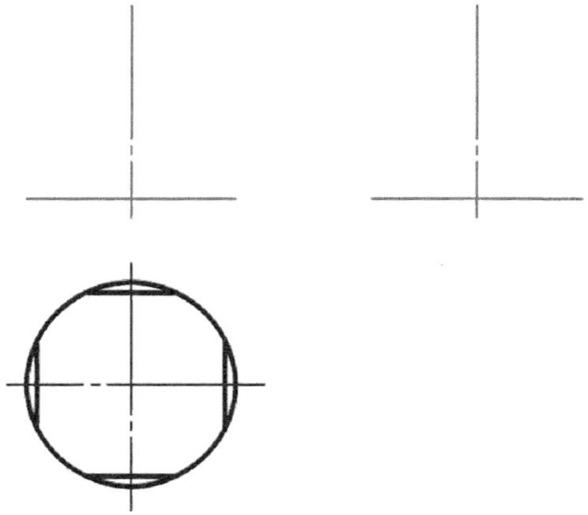

3. 补画左视图。

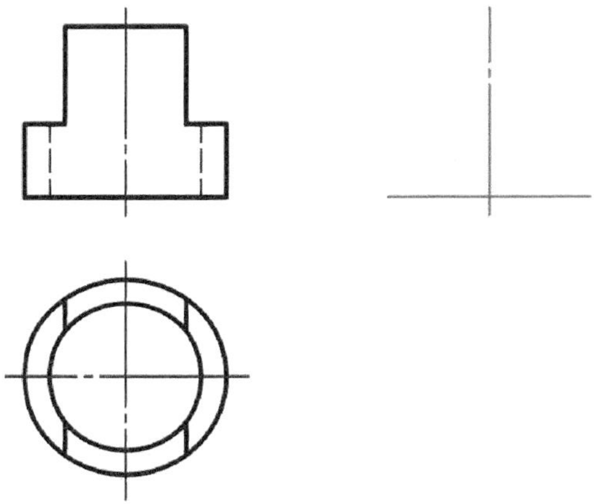

4. 补画左视图。

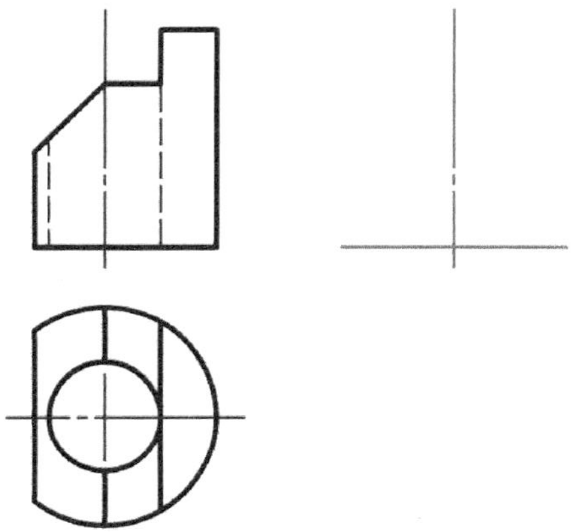

截切回转体的三视图

1. 根据主视图和左视图，补画俯视图中缺少的图线。

2. 补画三个视图中缺少的图线。

3. 补画主视图和俯视图中缺少的图线。

4. 补画俯视图中缺少的图线。

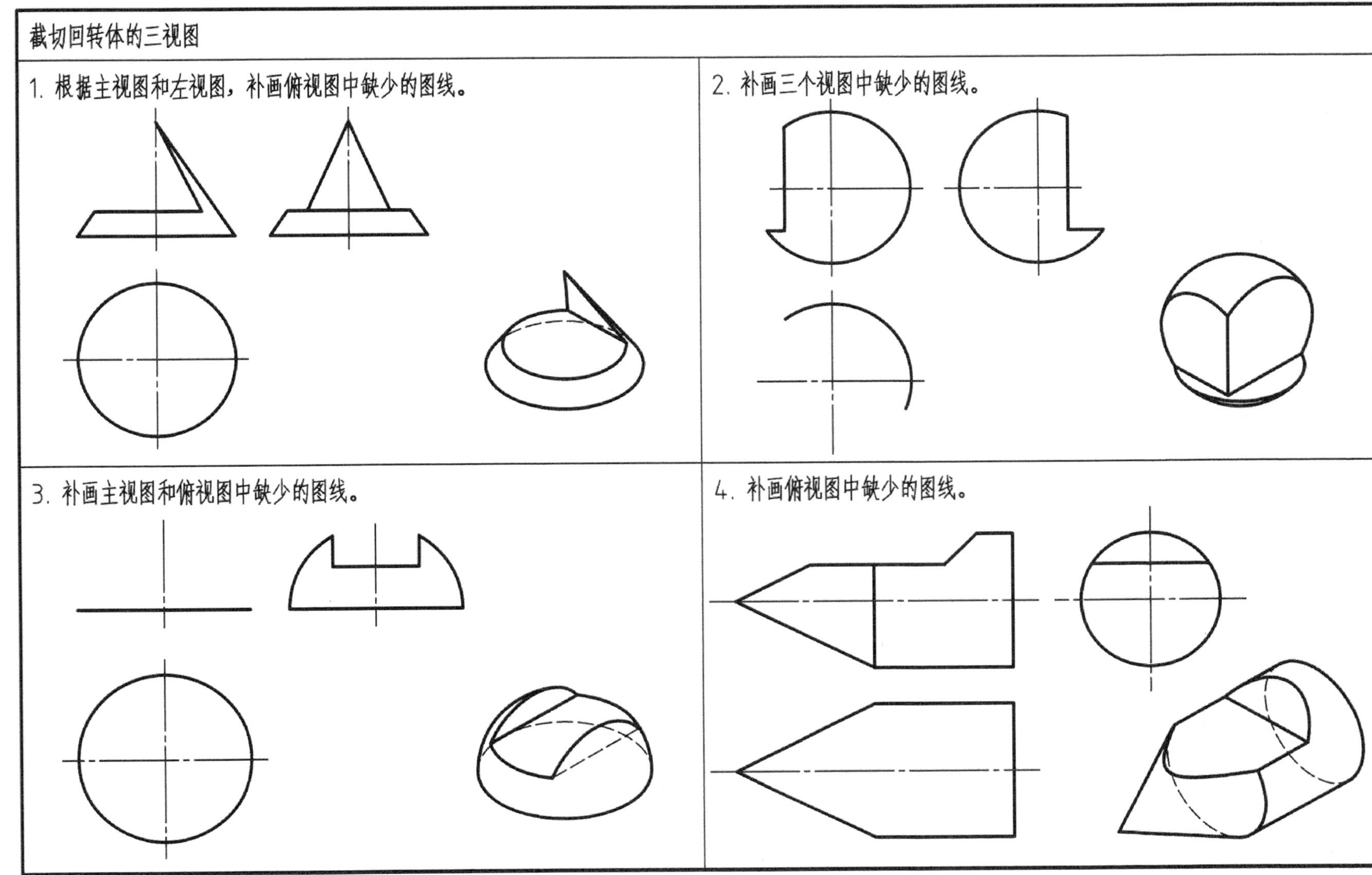

学号________　姓名________

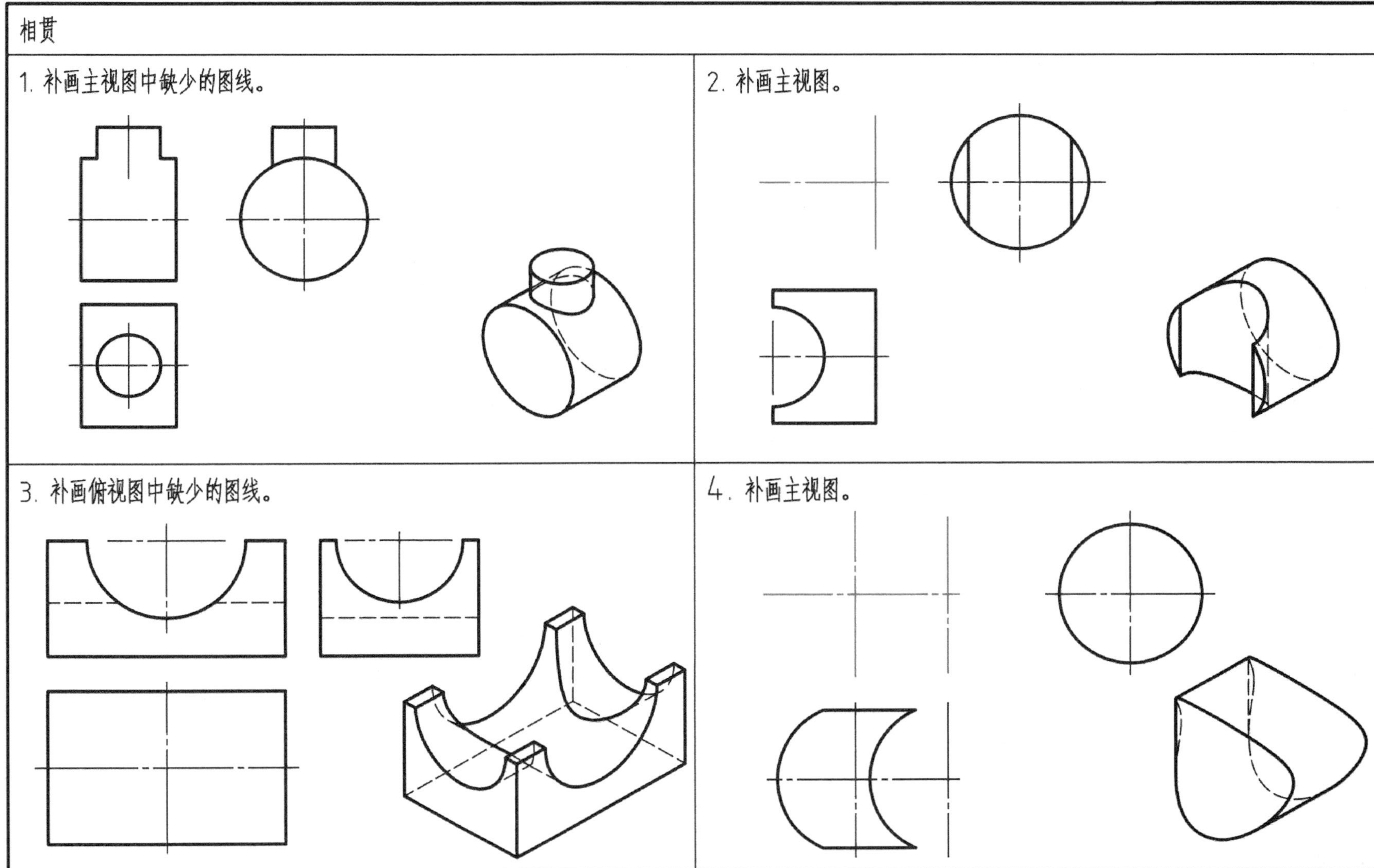

学号________　姓名________

相贯

1. 补画主视图中缺少的图线。

2. 补画主视图和俯视图中缺少的图线。

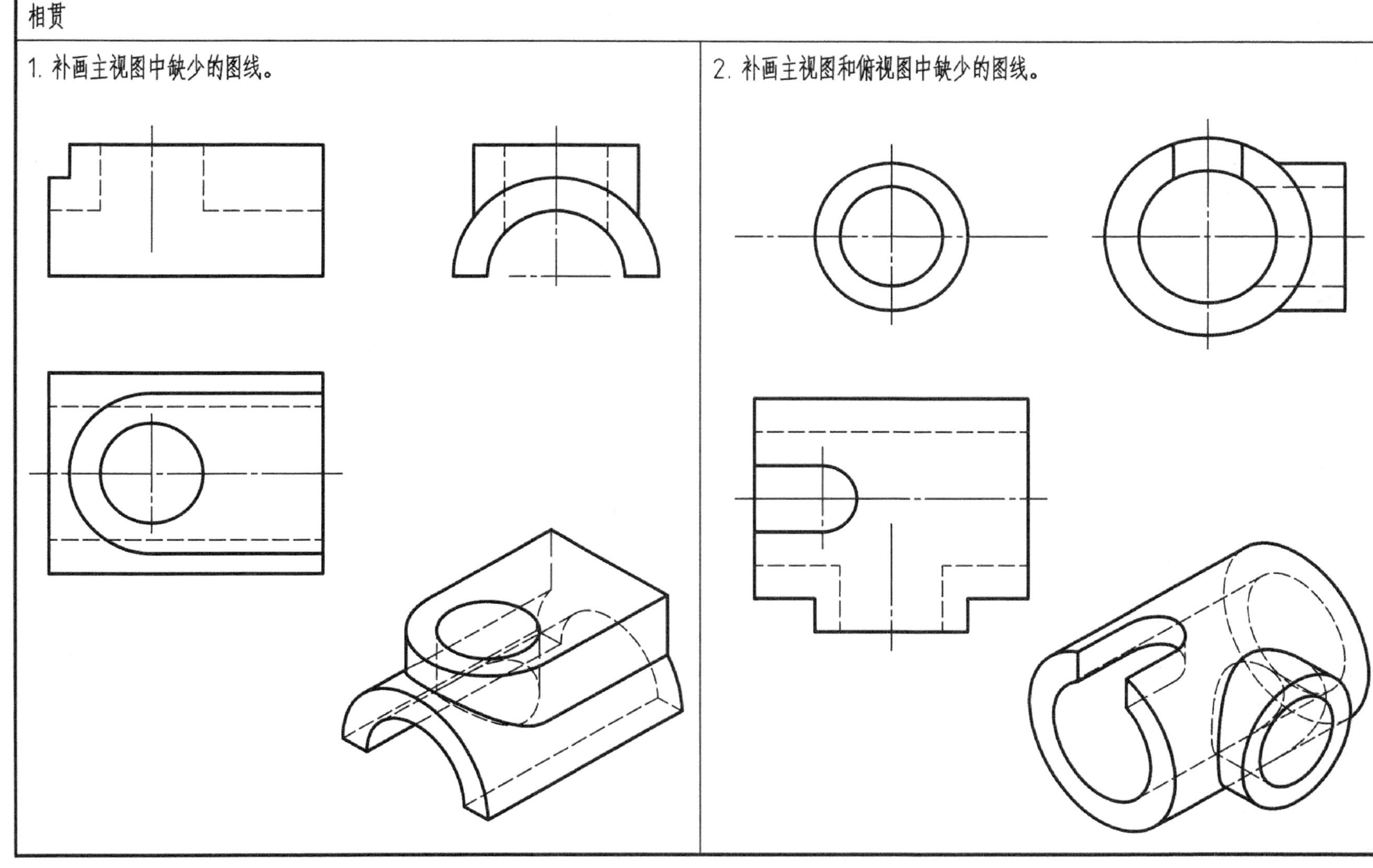

相贯

1. 补画俯视图。

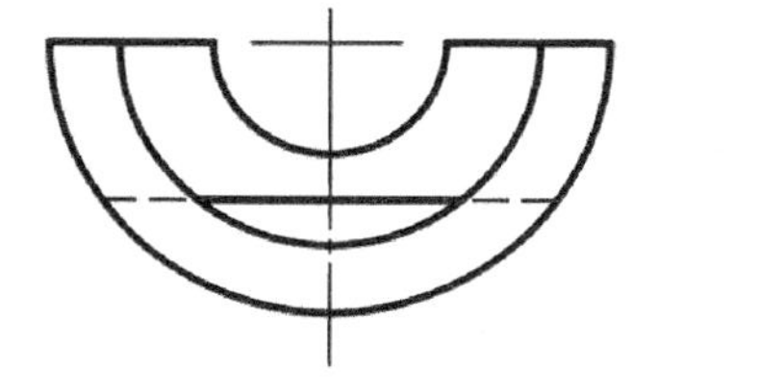

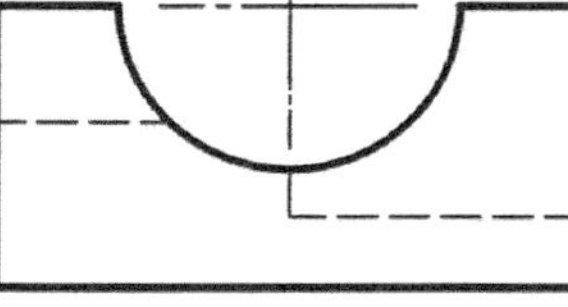

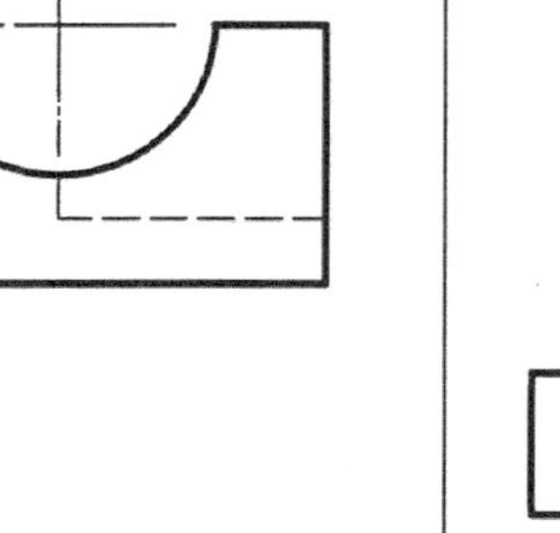

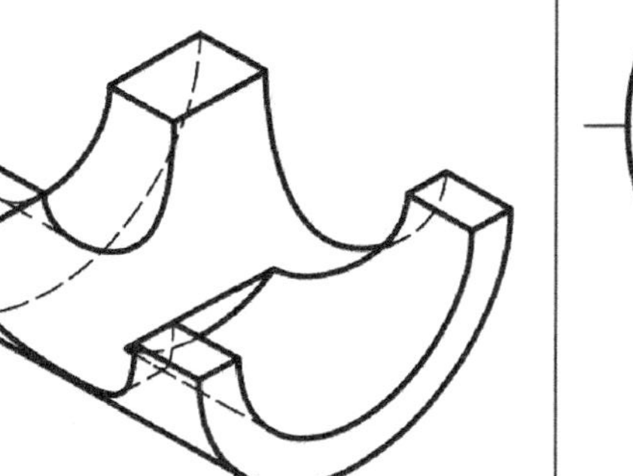

2. 补画主视图和左视图中缺少的图线。

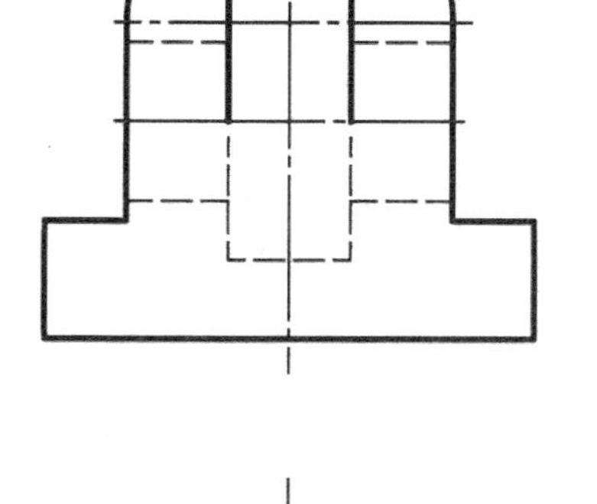

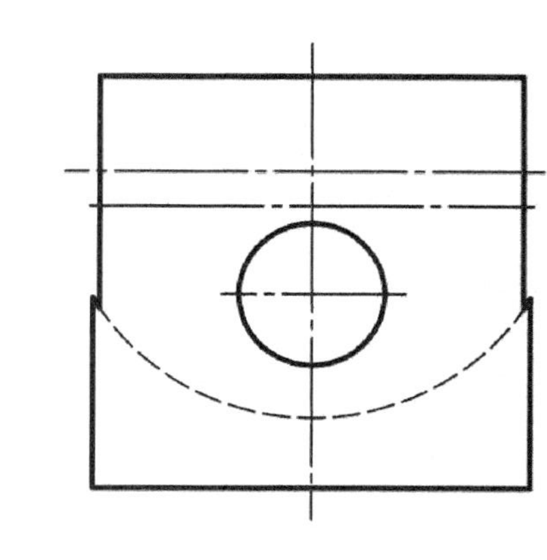

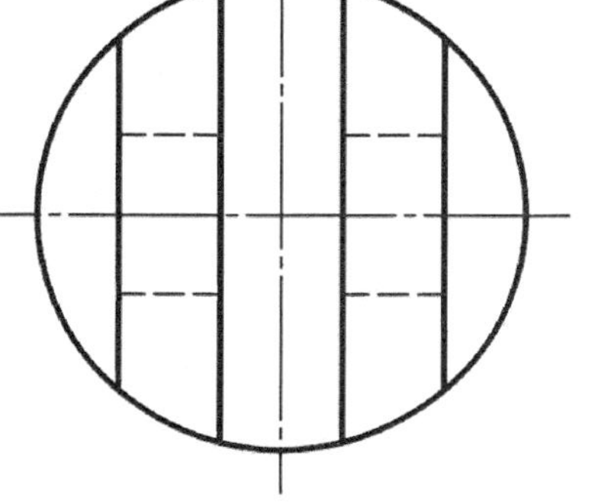

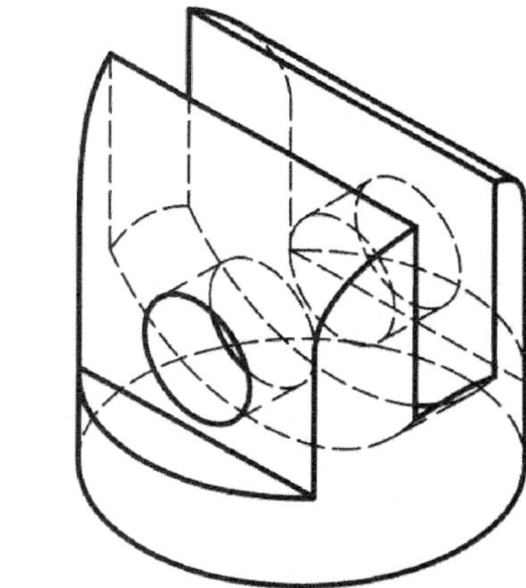

学号________　姓名________

画组合体的三视图。

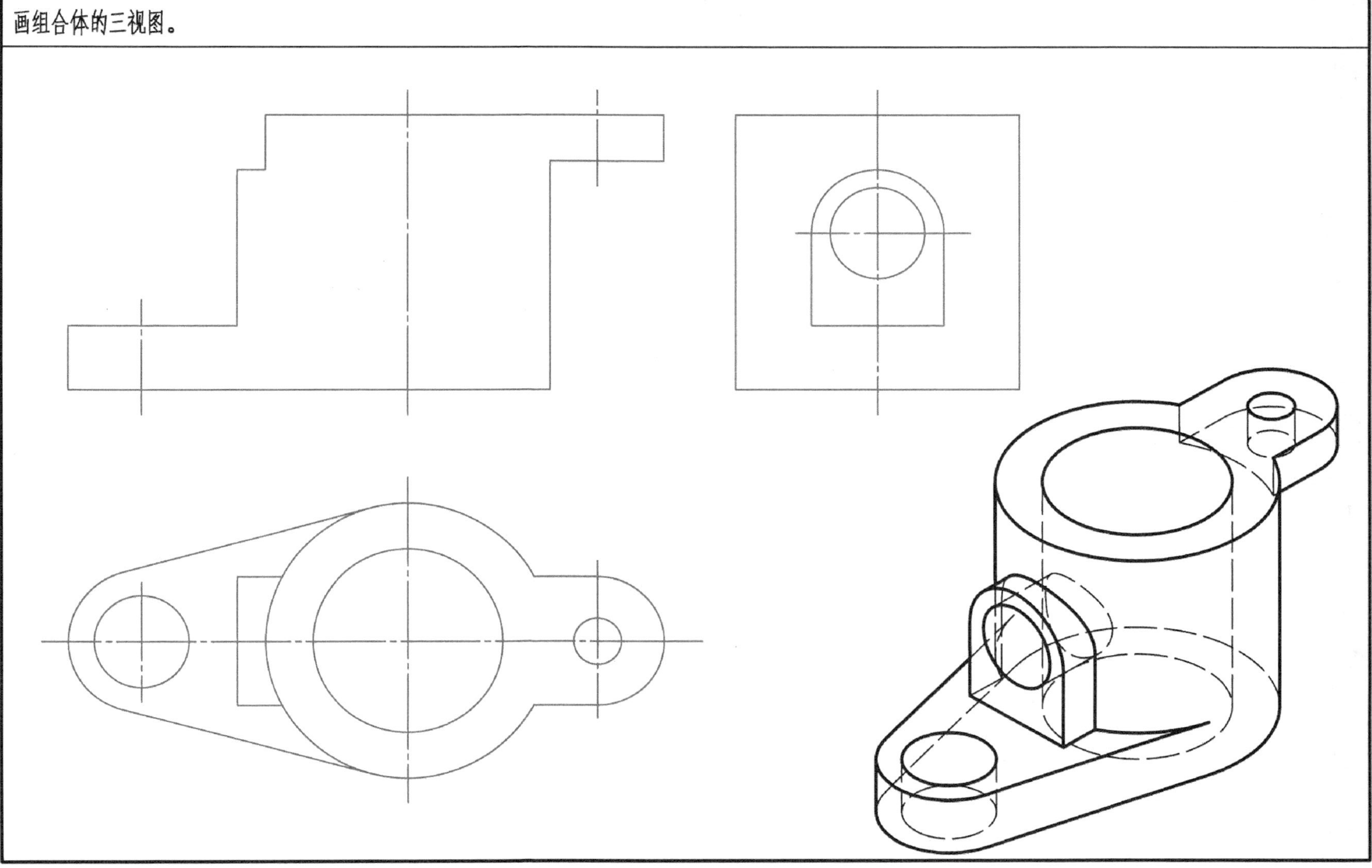

学号________　姓名________

根据主视图和俯视图画出左视图。

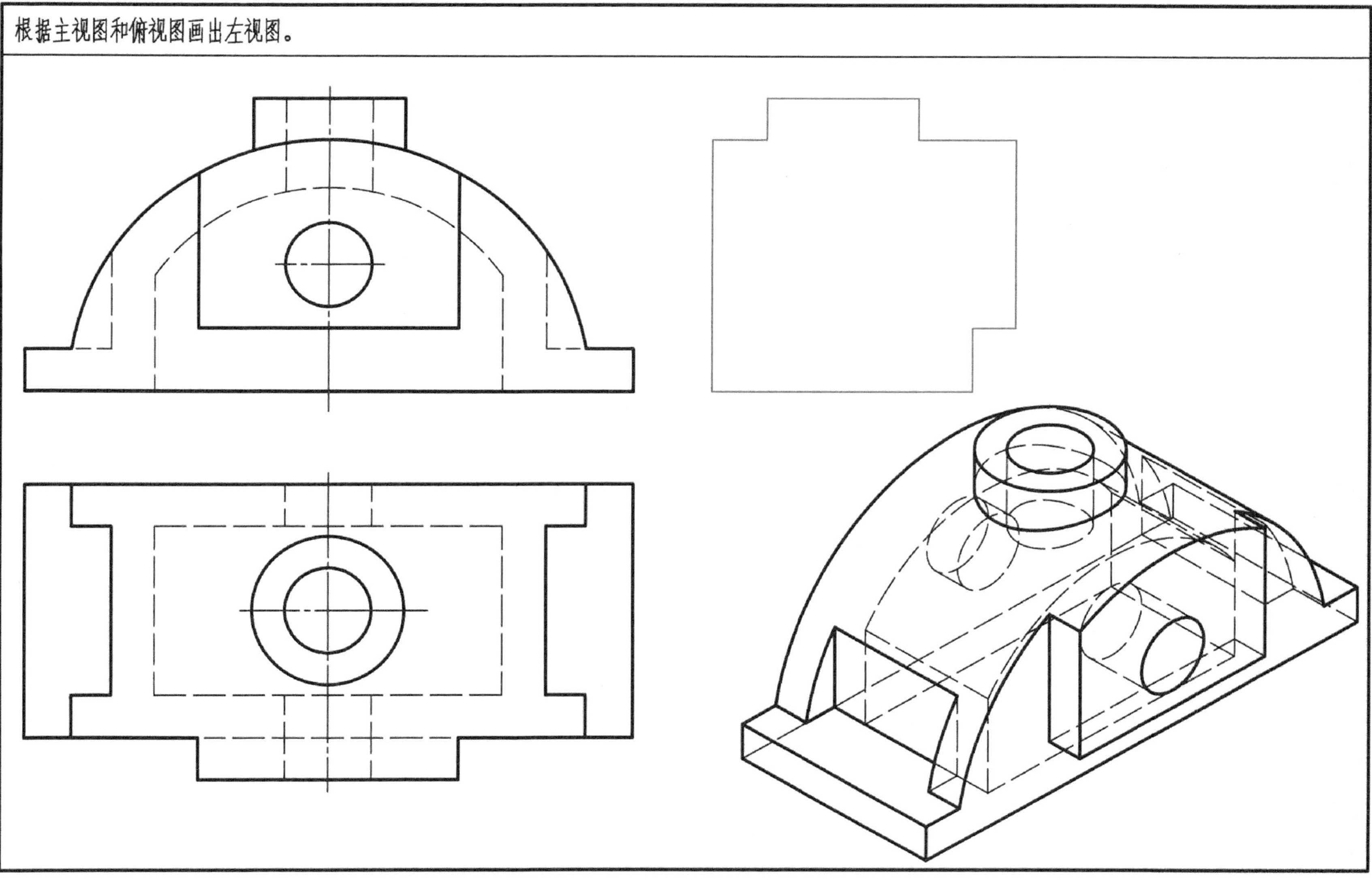

学号________　姓名________

补画主视图和左视图中缺少的图线。

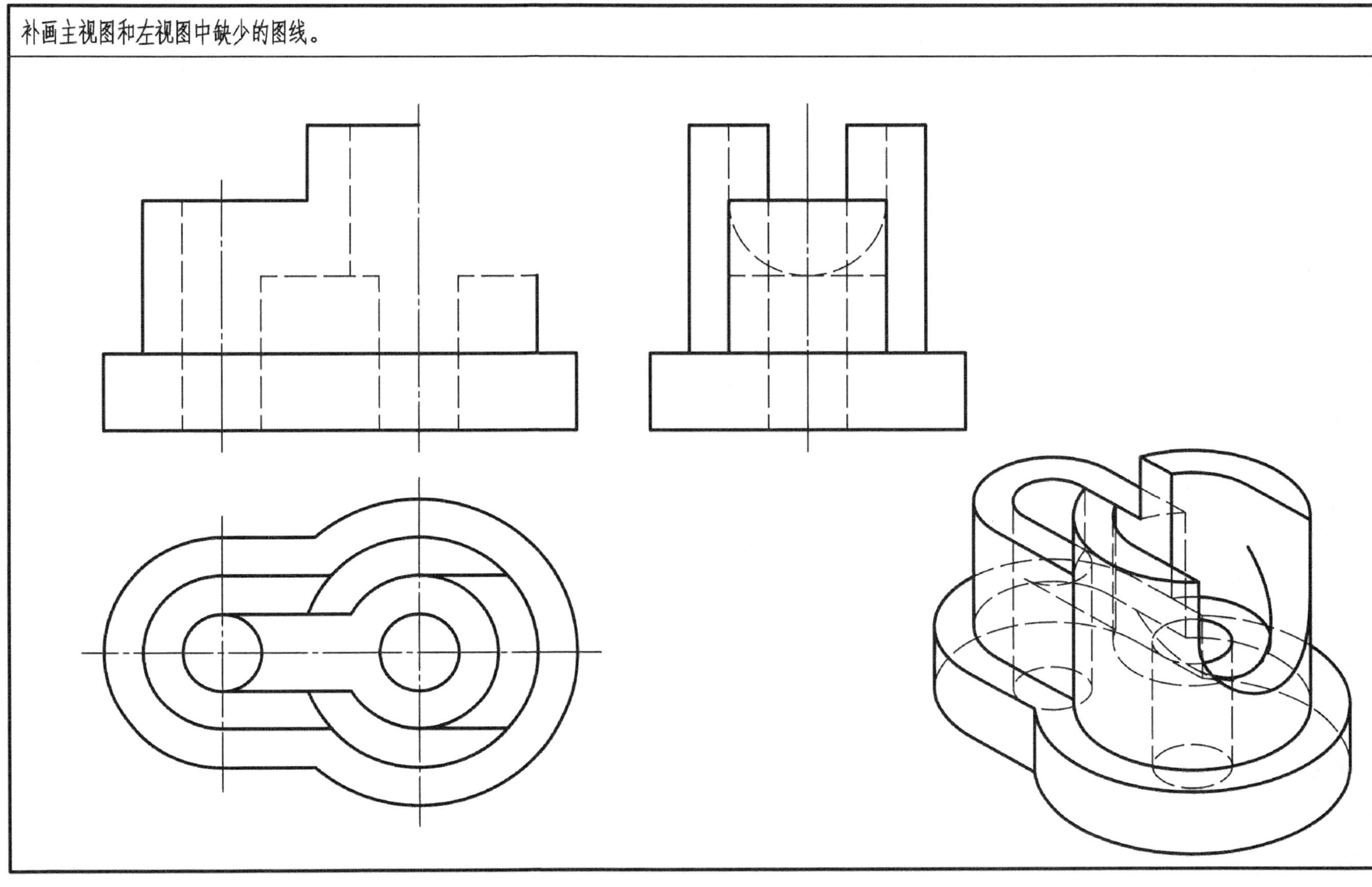

学号________　姓名________

读懂物体的形状，补画三个视图中缺少的图线。

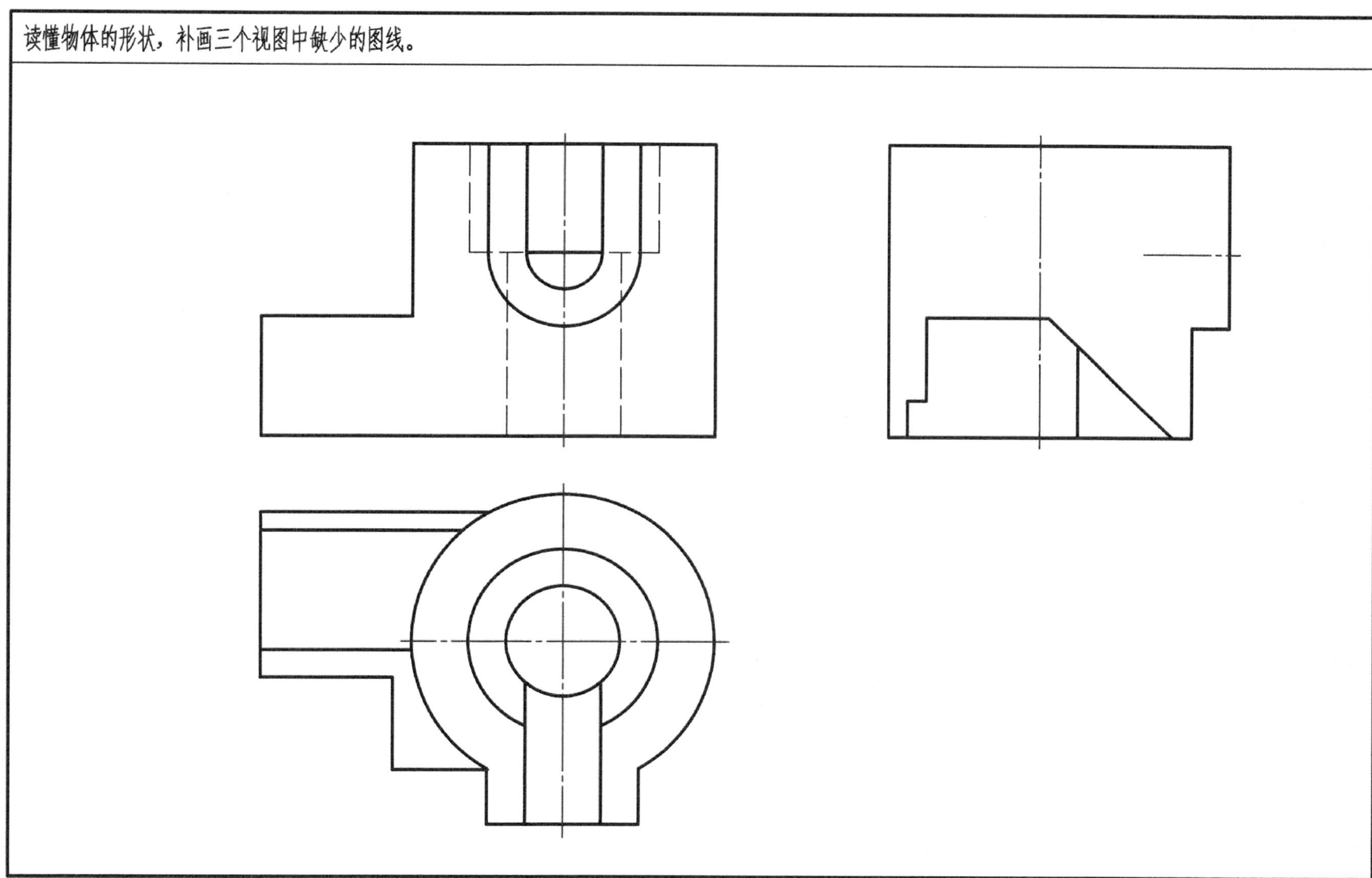

学号________　姓名________

组合体尺寸标注

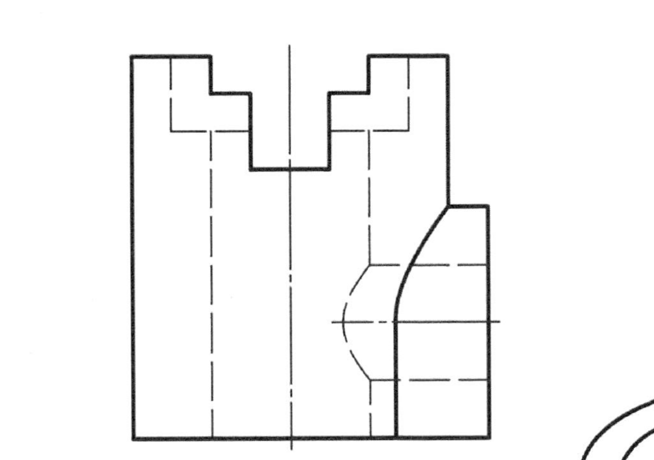

学号________　姓名________

组合体尺寸标注

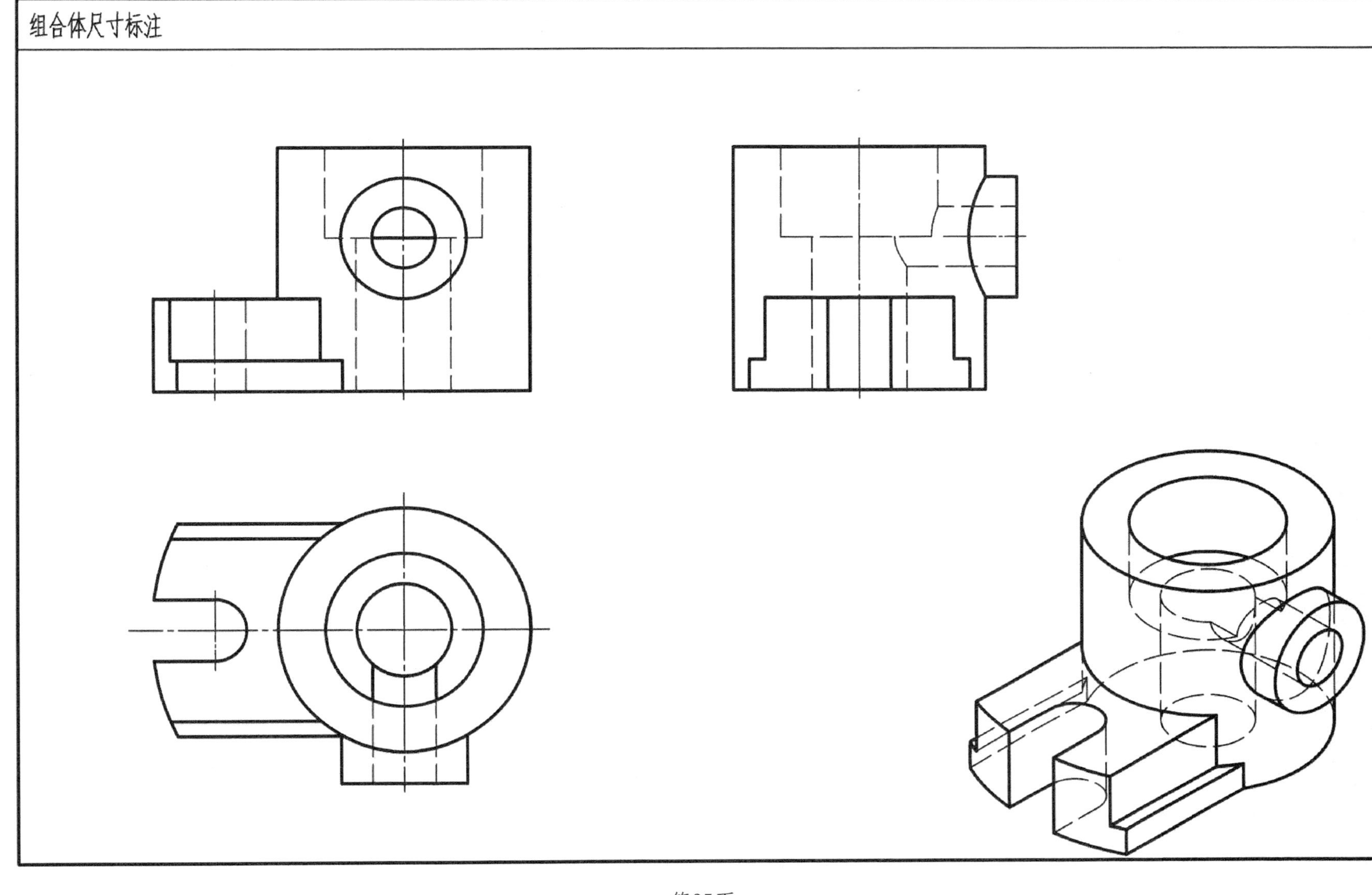

基本视图

在投影位置画出右视图、仰视图和后视图。

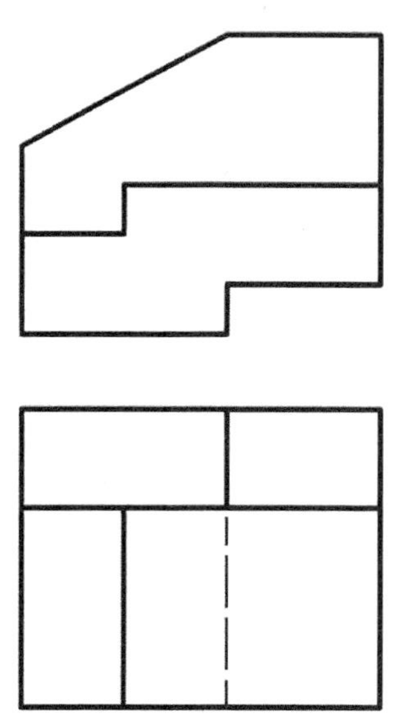

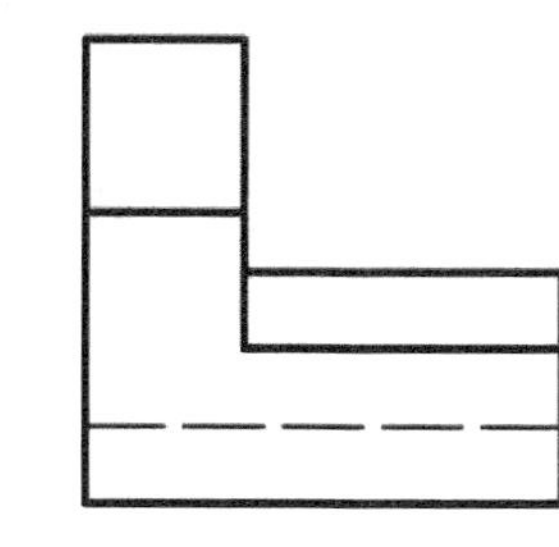

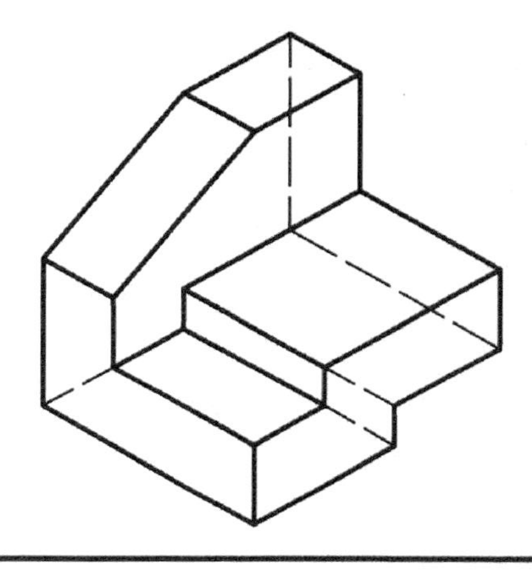

学号________　姓名________

向视图

在指定位置画出A向视图。

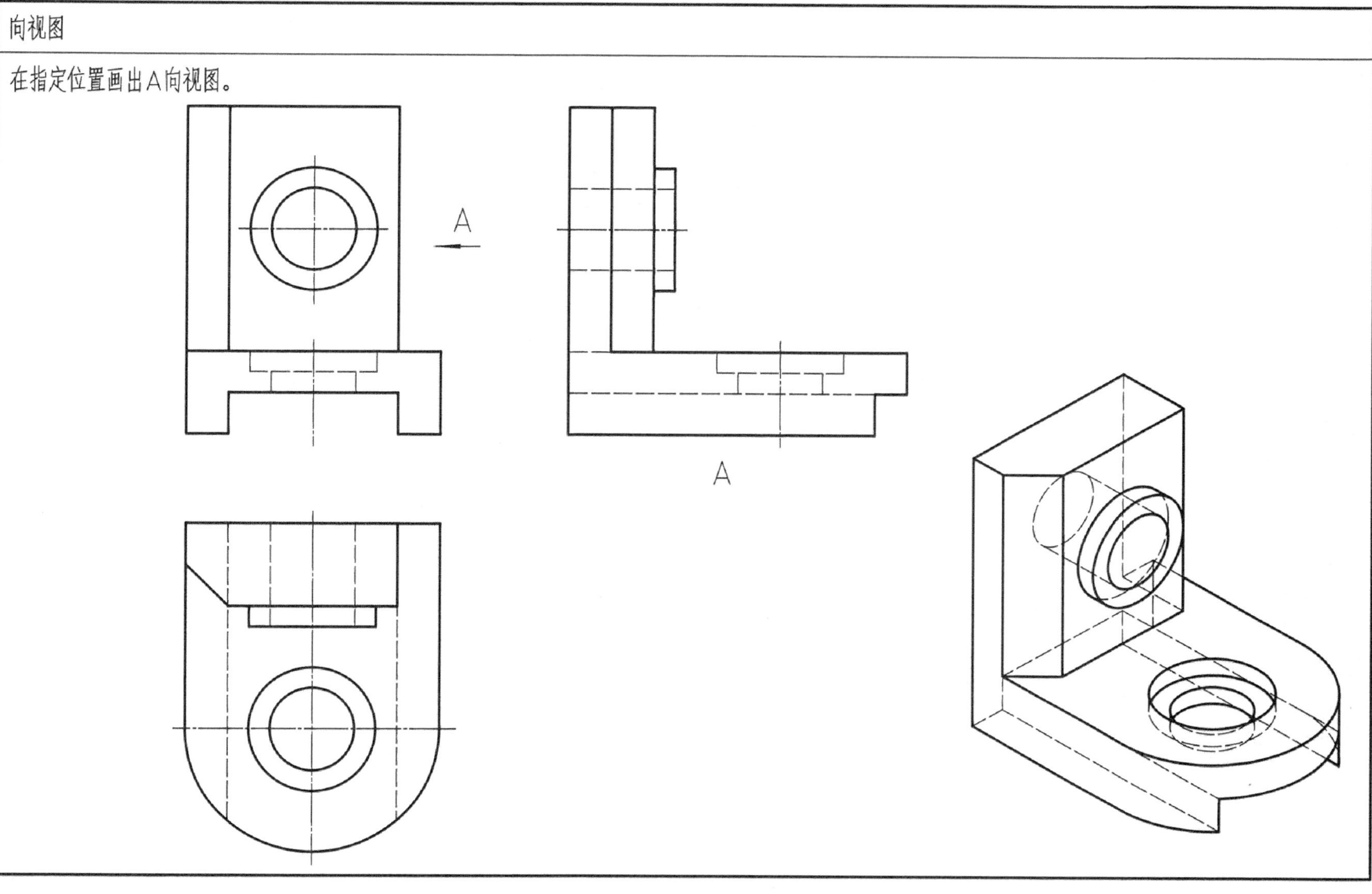

向视图

根据主视图和俯视图，在空白处画出A向视图。

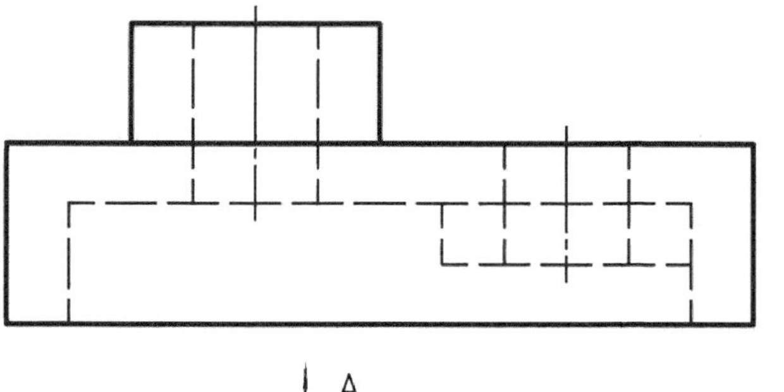

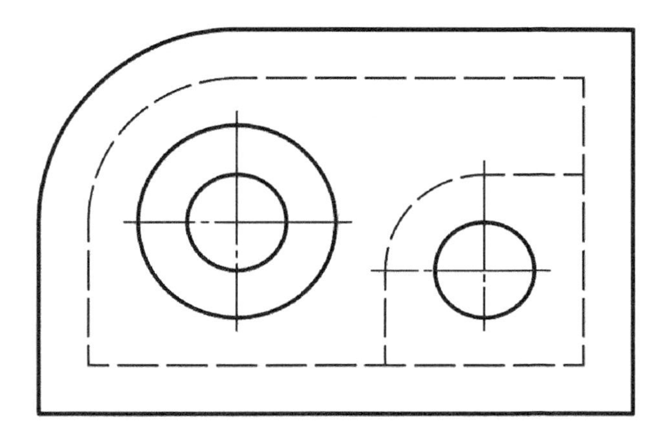

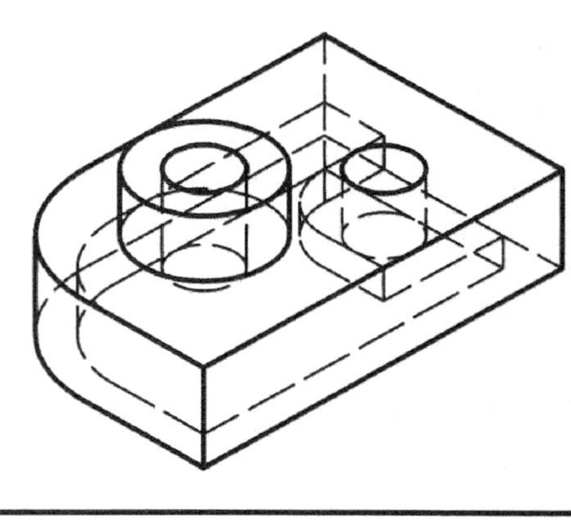

学号________　姓名________

局部视图

在指定位置画出A向局部视图。

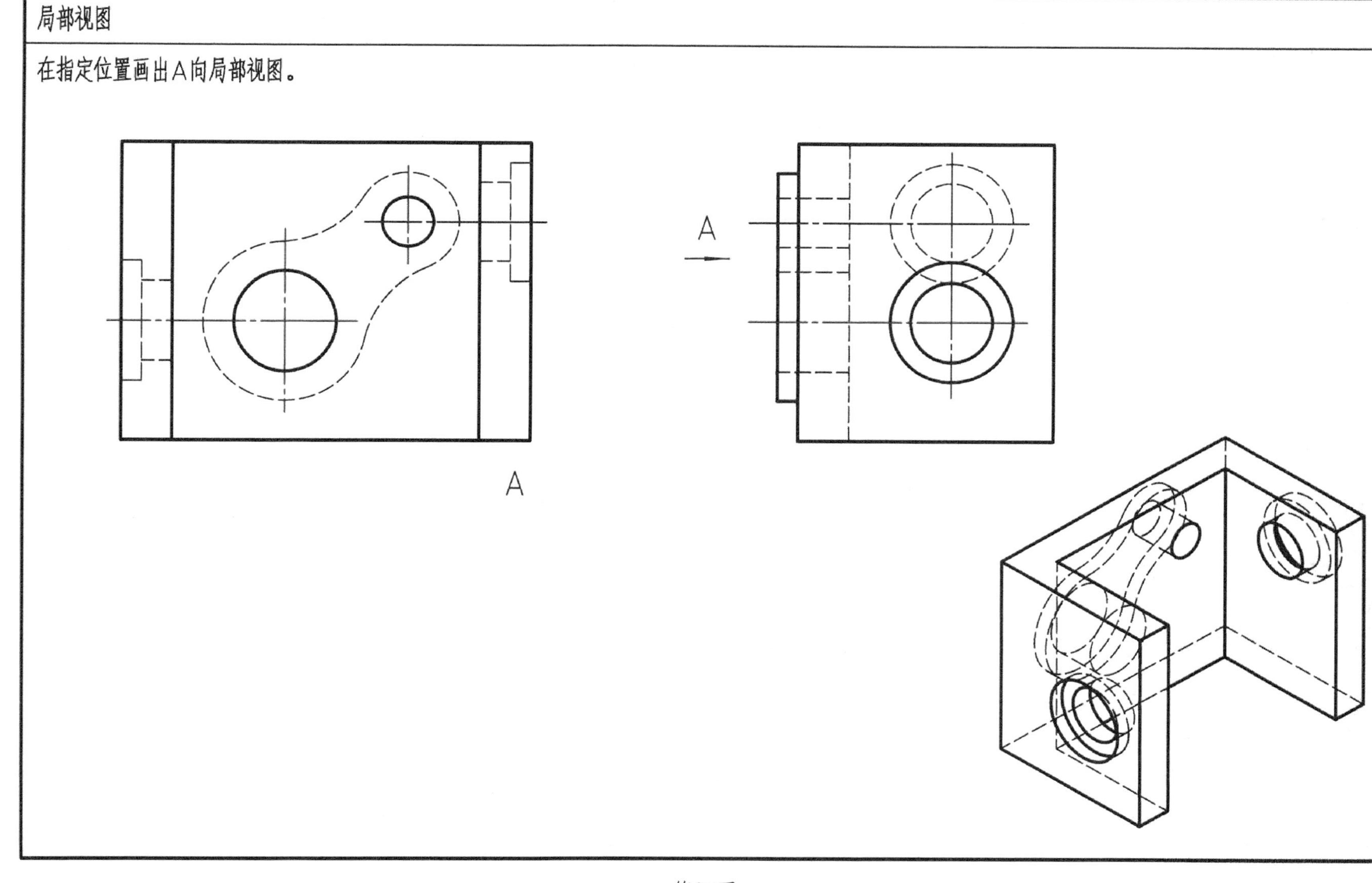

学号________　姓名________

斜视图

在空白位置画出逆时针转正的A向斜视图

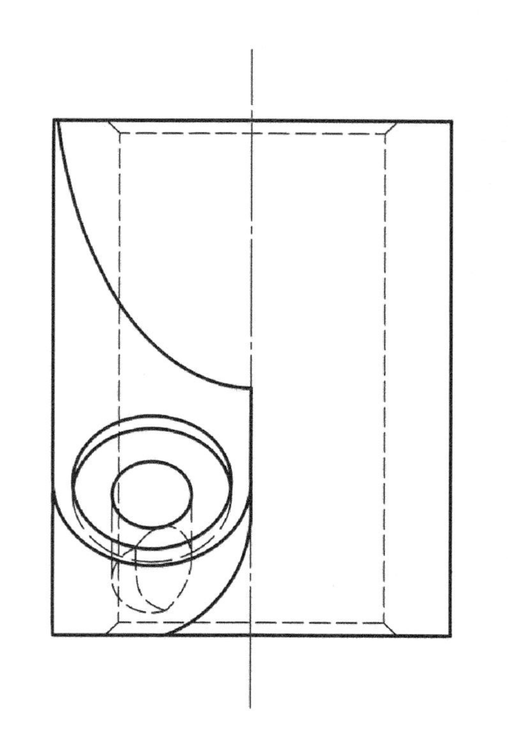

学号________　姓名________

剖视图

根据三视图，在空白处画出A-A和B-B全剖视图。

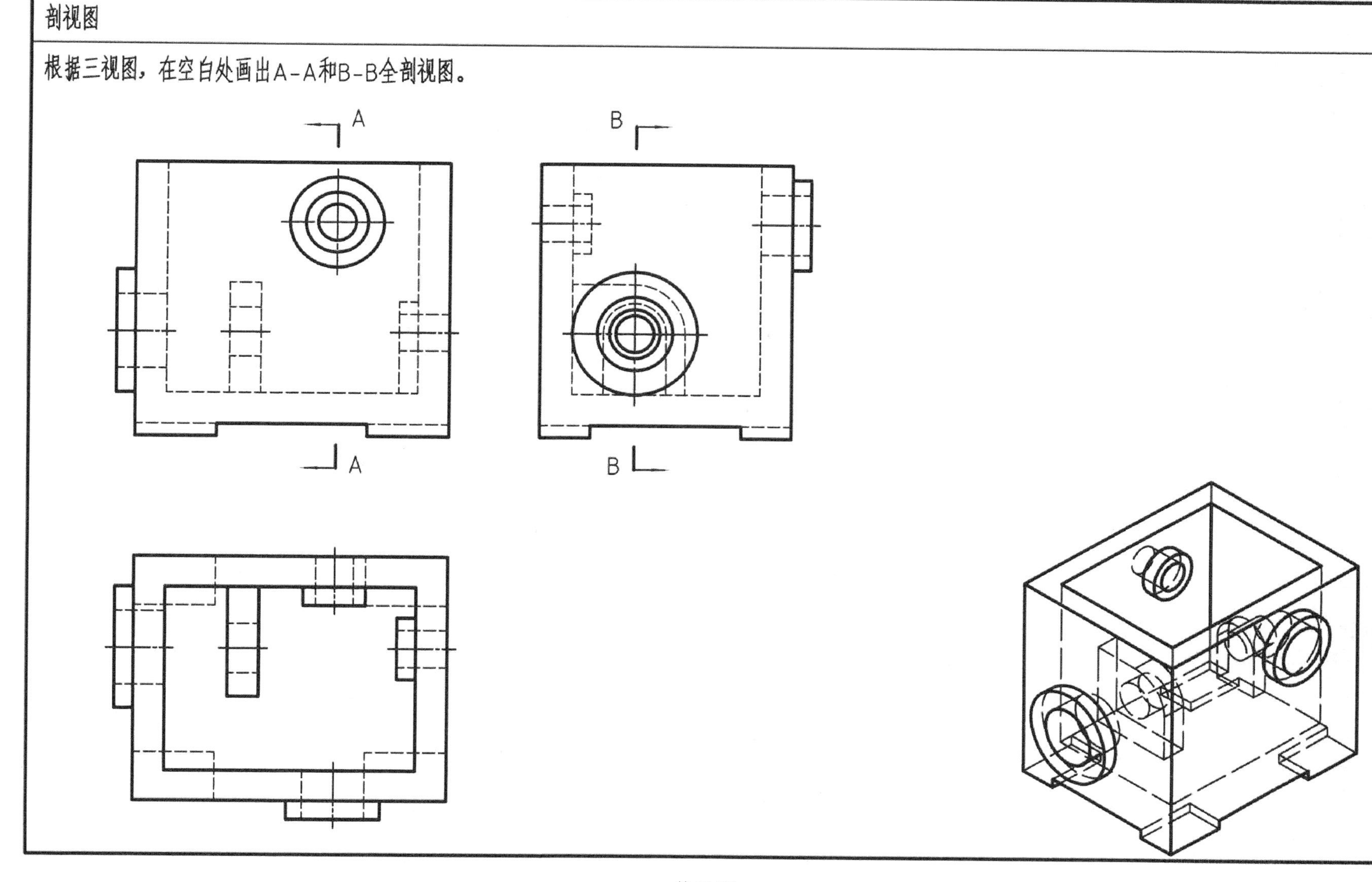

学号________　姓名________

将主视图改造为半剖视图，左视图改造为全剖视图。

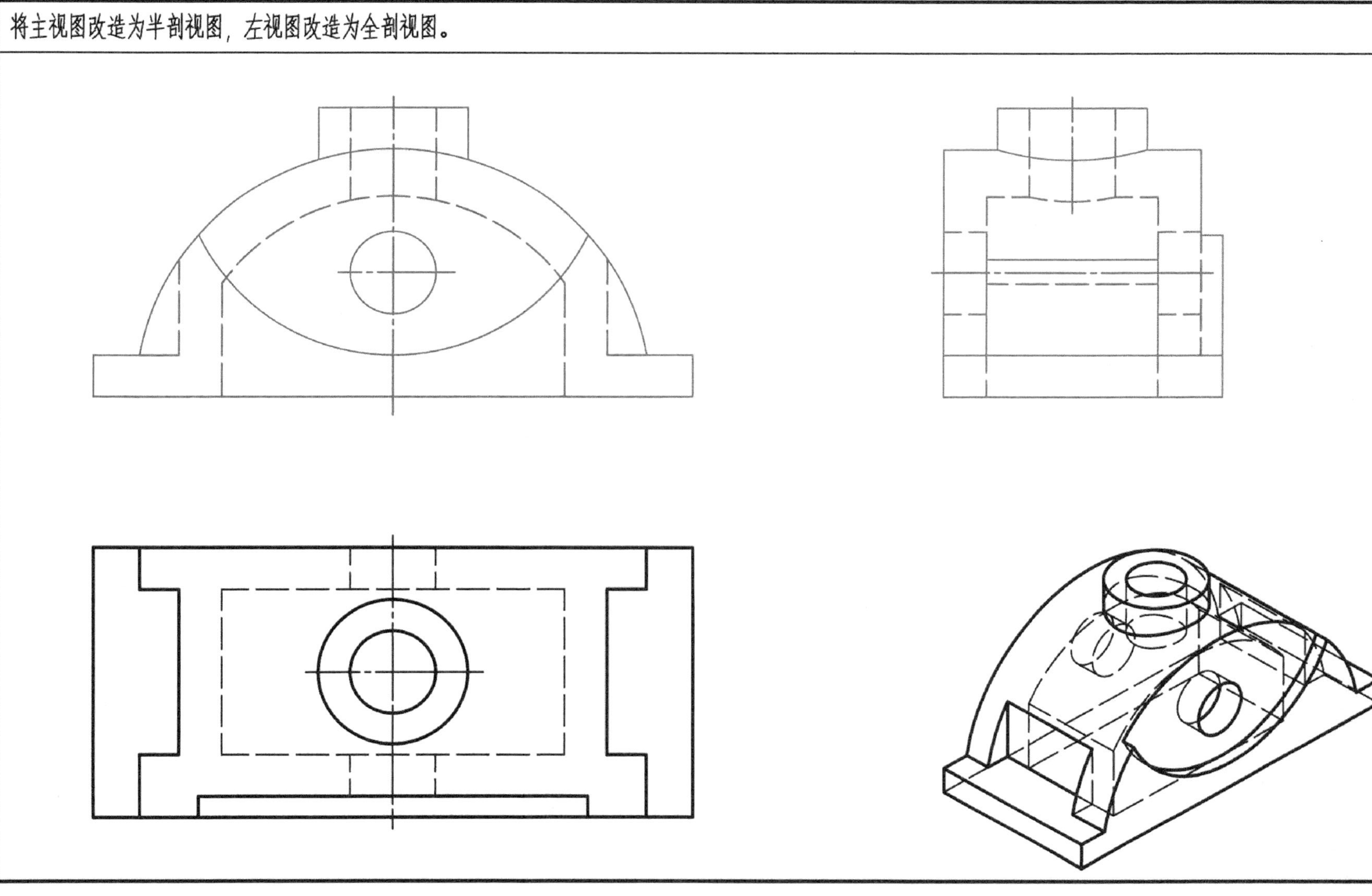

学号________　姓名________

发现主视图、俯视图中局部剖视表达中的错误之处，画出正确的。

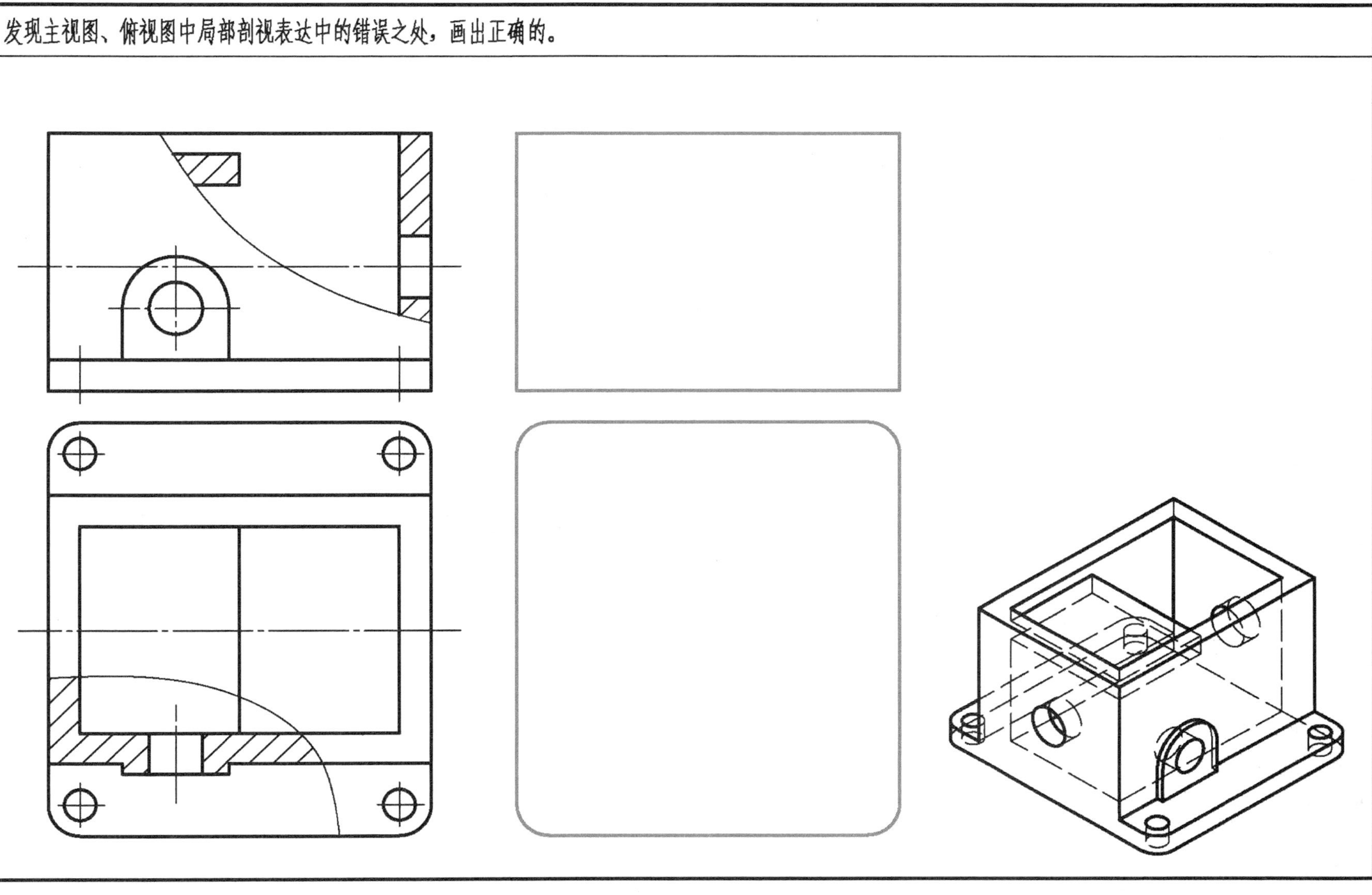

学号________　姓名________

俯视图采用阶梯剖表达清楚所有孔的形状。

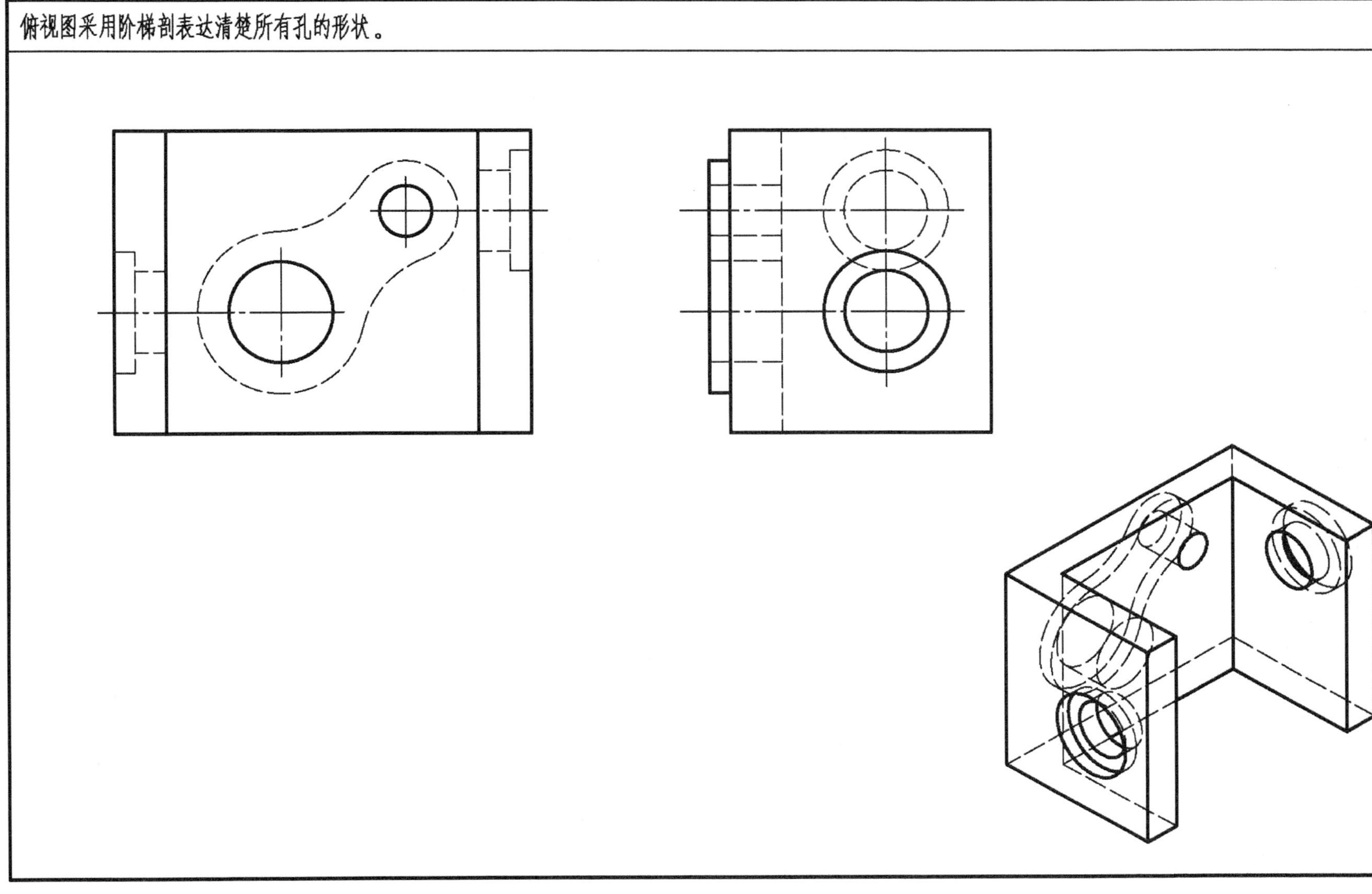

学号________　姓名________

选用合适的表达方法表现零件的形状。

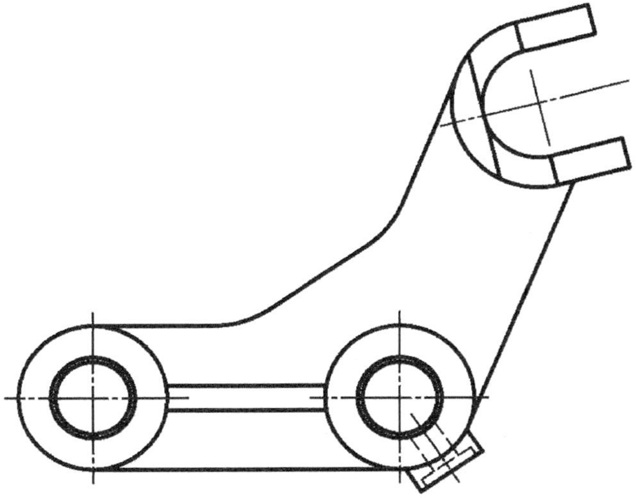

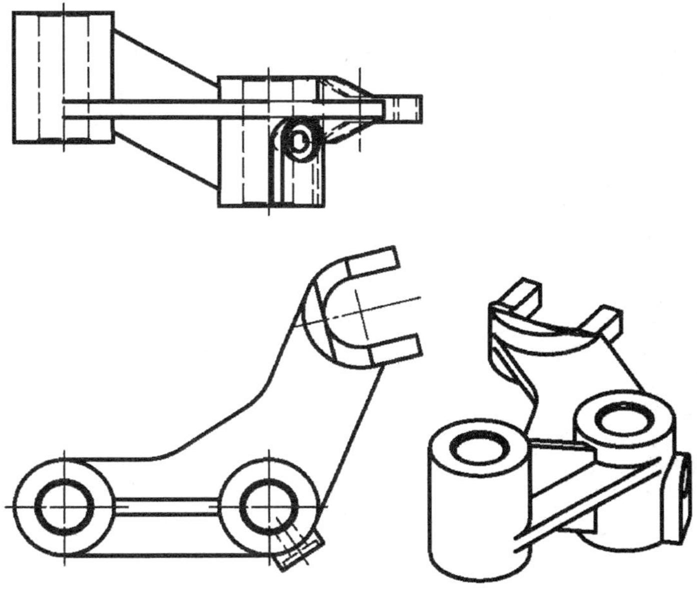

学号________　姓名________

简化画法

画出半剖的主视图。

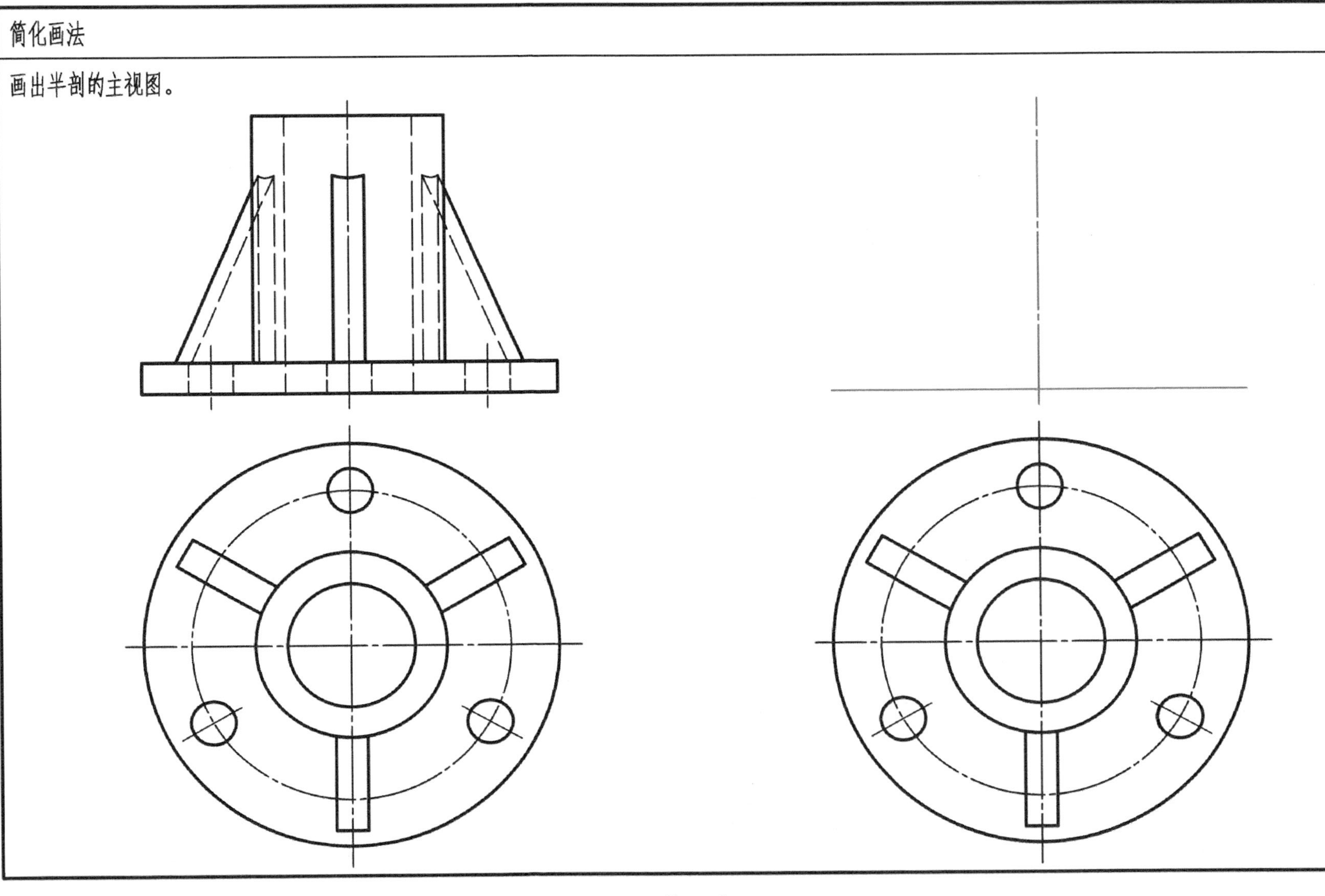

学号________　姓名________

断面图

在指定位置画出断面图。

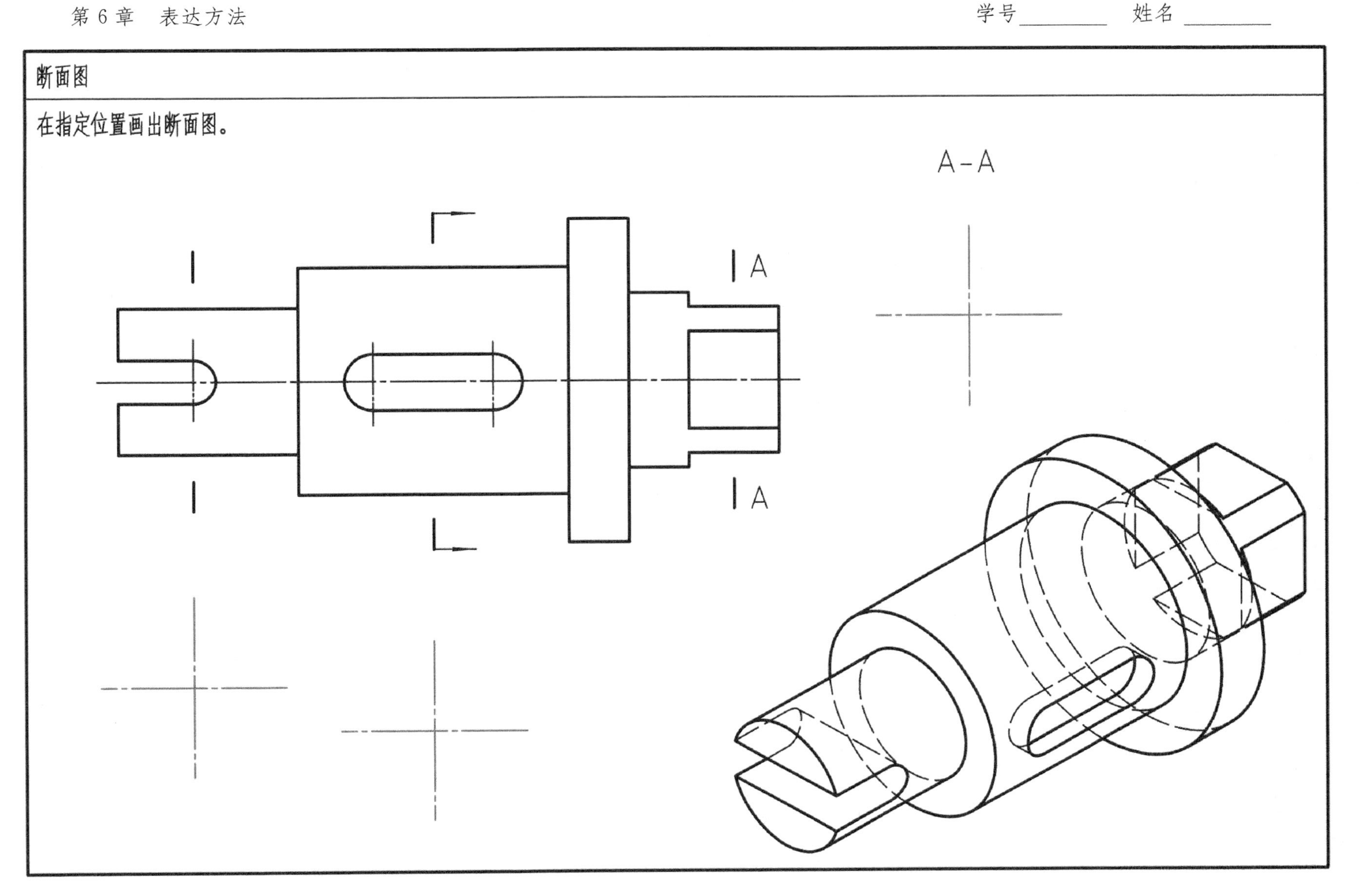

学号________　姓名________

尺寸公差

1. 解释带公差要求的尺寸ϕ30H8中各个部分的名称。

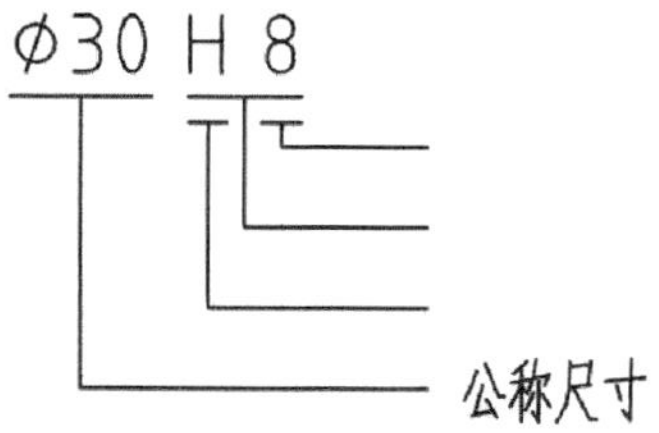

ϕ30 H 8

公称尺寸

2. 三个尺寸ϕ30H8、ϕ50H8和ϕ50f9中，
公差带最长的是__________，意味着允许实际尺寸偏离理想尺寸（远/近）__________。
公差最小的是__________，意味着加工精度的要求（高/低）__________。
可用于孔类结构的尺寸是______________。

3. 解释配合尺寸ϕ30H8/f7中各个部分的名称。

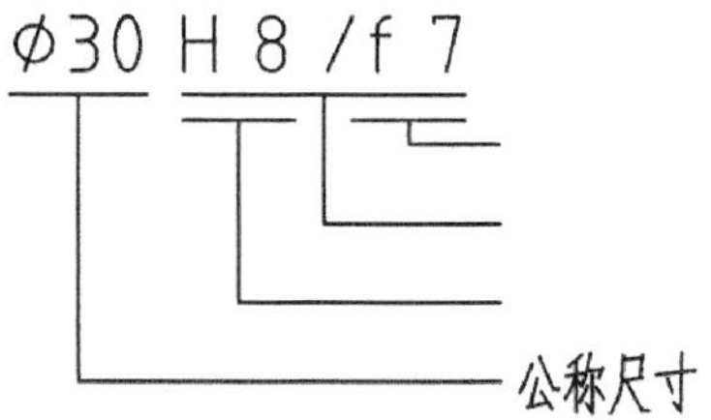

ϕ30 H 8 / f 7

公称尺寸

4. 画出配合尺寸ϕ30H8/f7的公差带。

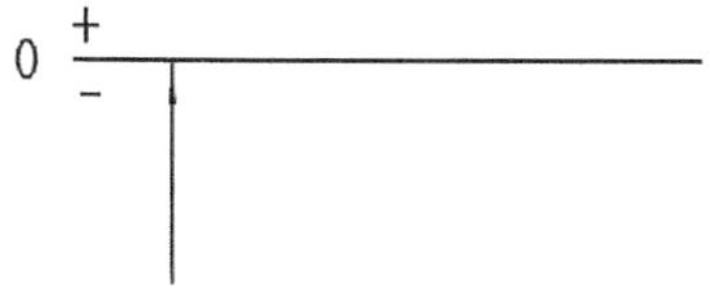

0 + −

该配合性质是____________配合。

5. 画出配合尺寸40S7/h6（过盈配合）的公差带。

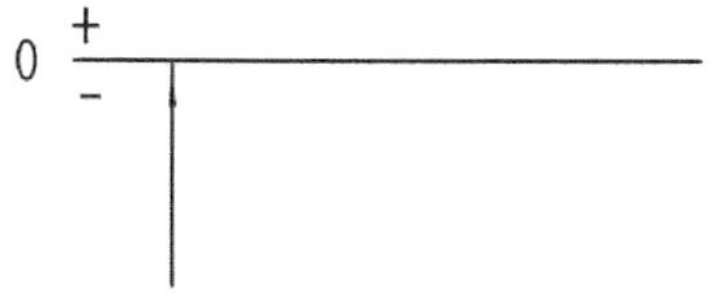

0 + −

6. 画出配合尺寸ϕ40H7/k6的公差带。

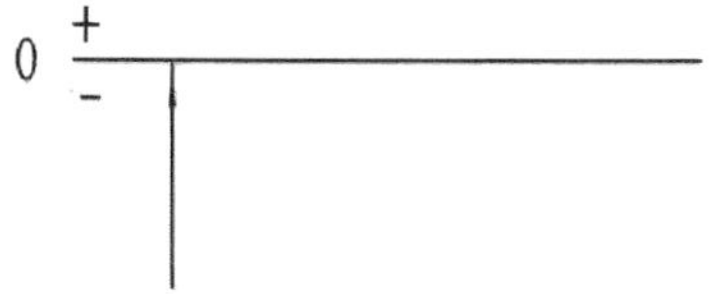

0 + −

该配合性质是____________配合。

7. 孔轴配合尺寸ϕ30H8/f7，在孔和轴各自的零件图，以及装配图中，标注尺寸。

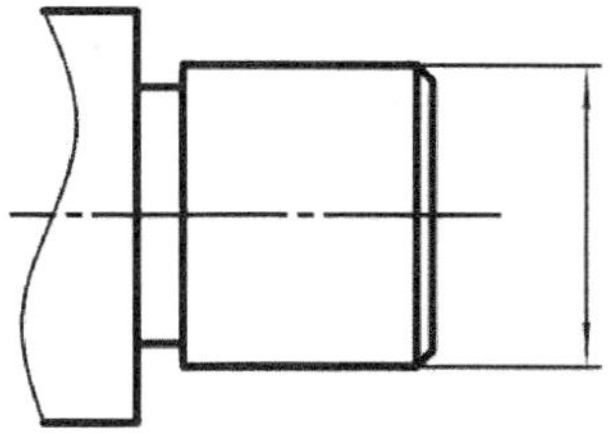

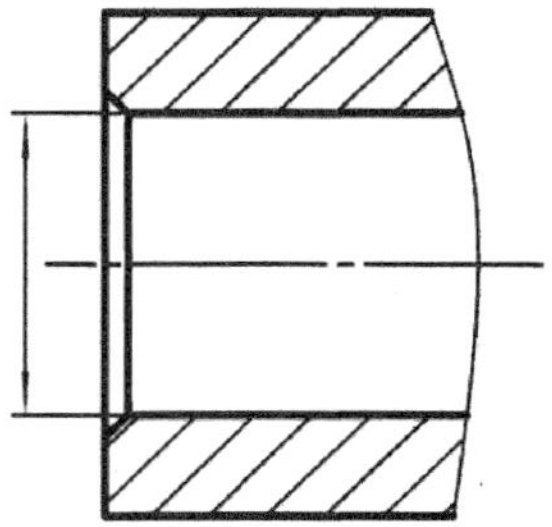

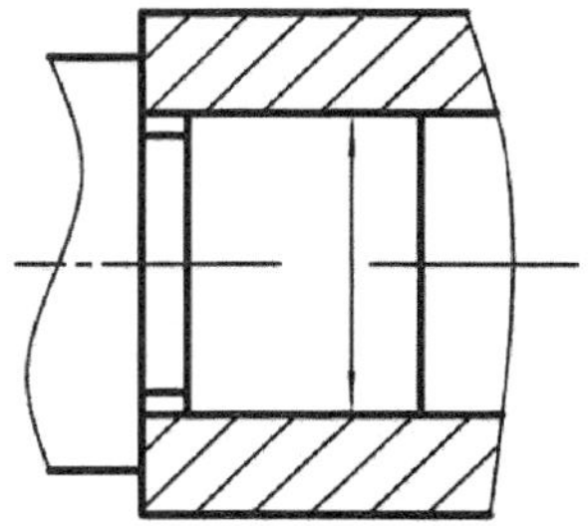

几何公差

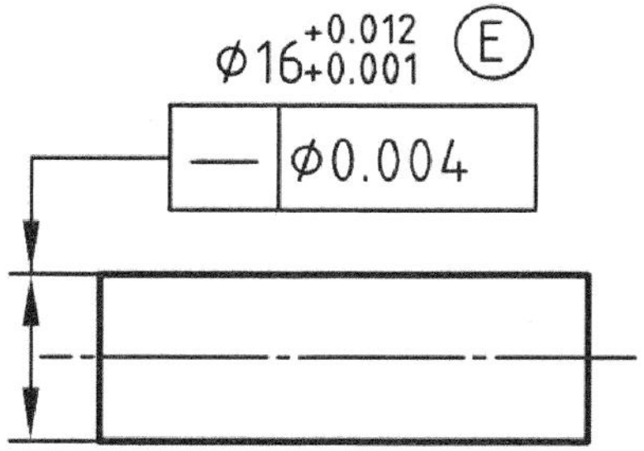

$\phi 16^{+0.012}_{+0.001}$ Ⓔ

| — | φ0.004 |

(1)

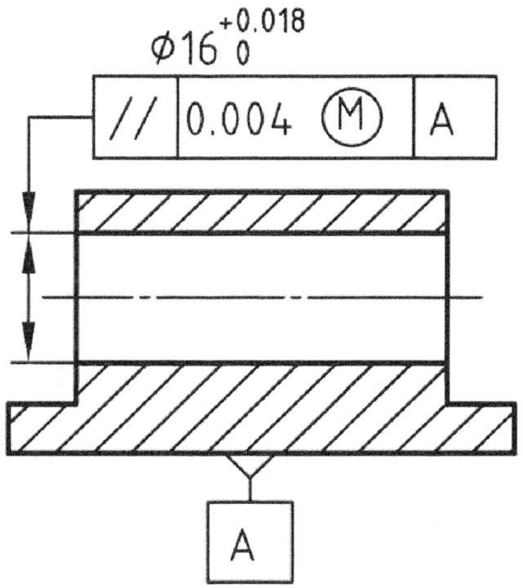

$\phi 16^{+0.018}_{0}$

| // | 0.004 Ⓜ | A |

A

(2)

| — | φ0.004 | 的含义是：________________。

| // | 0.004 Ⓜ | A | 的含义是：________________________________。

两零件的几何公差带形状分别是：图(1)________，图(2)________。

将图(1)和图(2)两零件装配起来，基准制是：________，配合种类是：________。

项目	图(1)	图(2)
采用的公差原则要求		
最大实体尺寸		
最小实体尺寸		
直径为最大极限尺寸时，允许的最大几何误差值		
直径为最小极限尺寸时，允许的最大几何误差值		
零件加工完后，实际尺寸为φ16.010，实际几何误差为0.003。问：零件是否合格？		

学号________　姓名________

表面结构

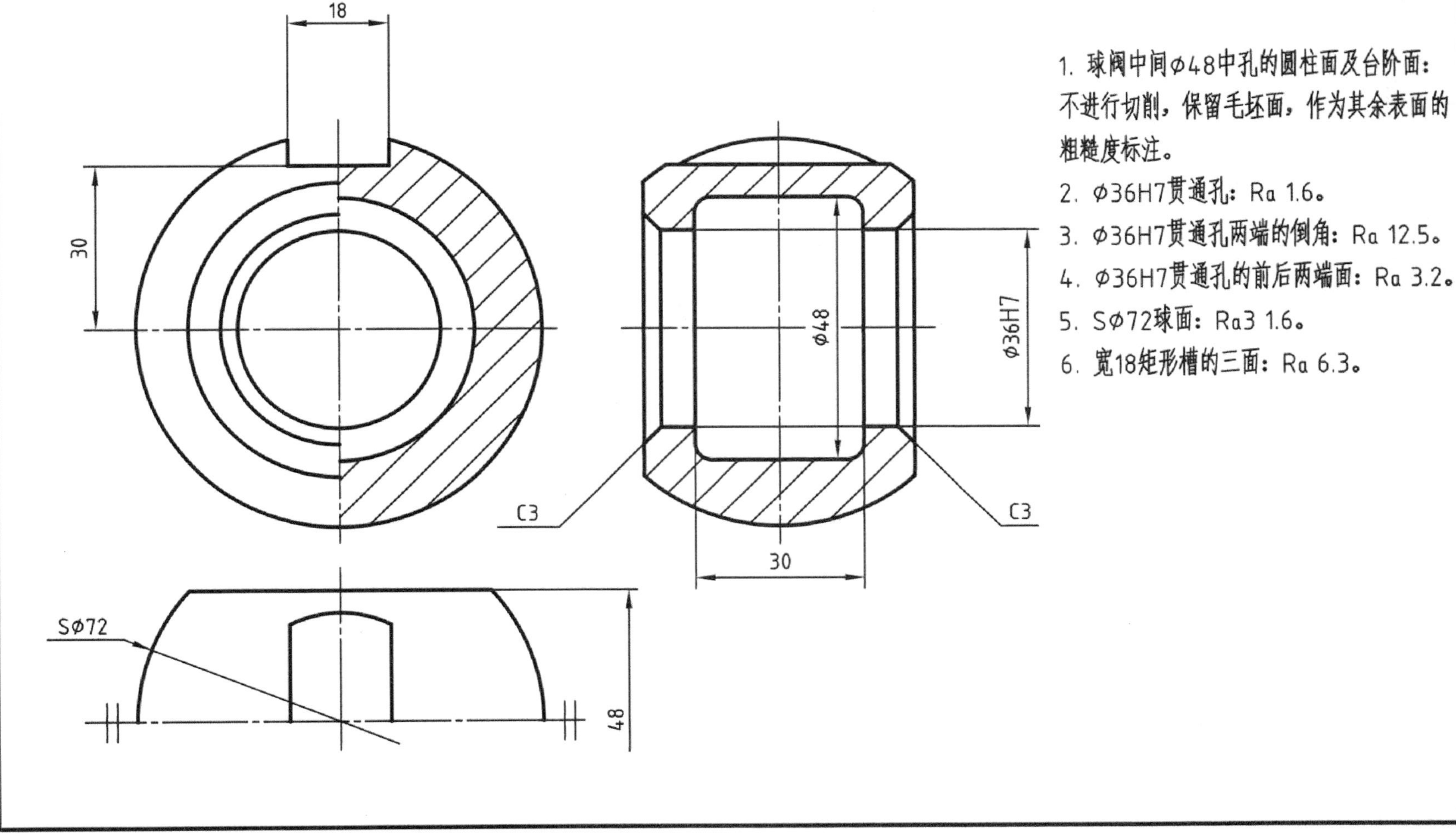

1. 球阀中间Φ48中孔的圆柱面及台阶面：不进行切削，保留毛坯面，作为其余表面的粗糙度标注。
2. Φ36H7贯通孔：Ra 1.6。
3. Φ36H7贯通孔两端的倒角：Ra 12.5。
4. Φ36H7贯通孔的前后两端面：Ra 3.2。
5. SΦ72球面：Ra3 1.6。
6. 宽18矩形槽的三面：Ra 6.3。

螺纹

1. 找出以下螺纹画法中的错误，将正确的画在下方。

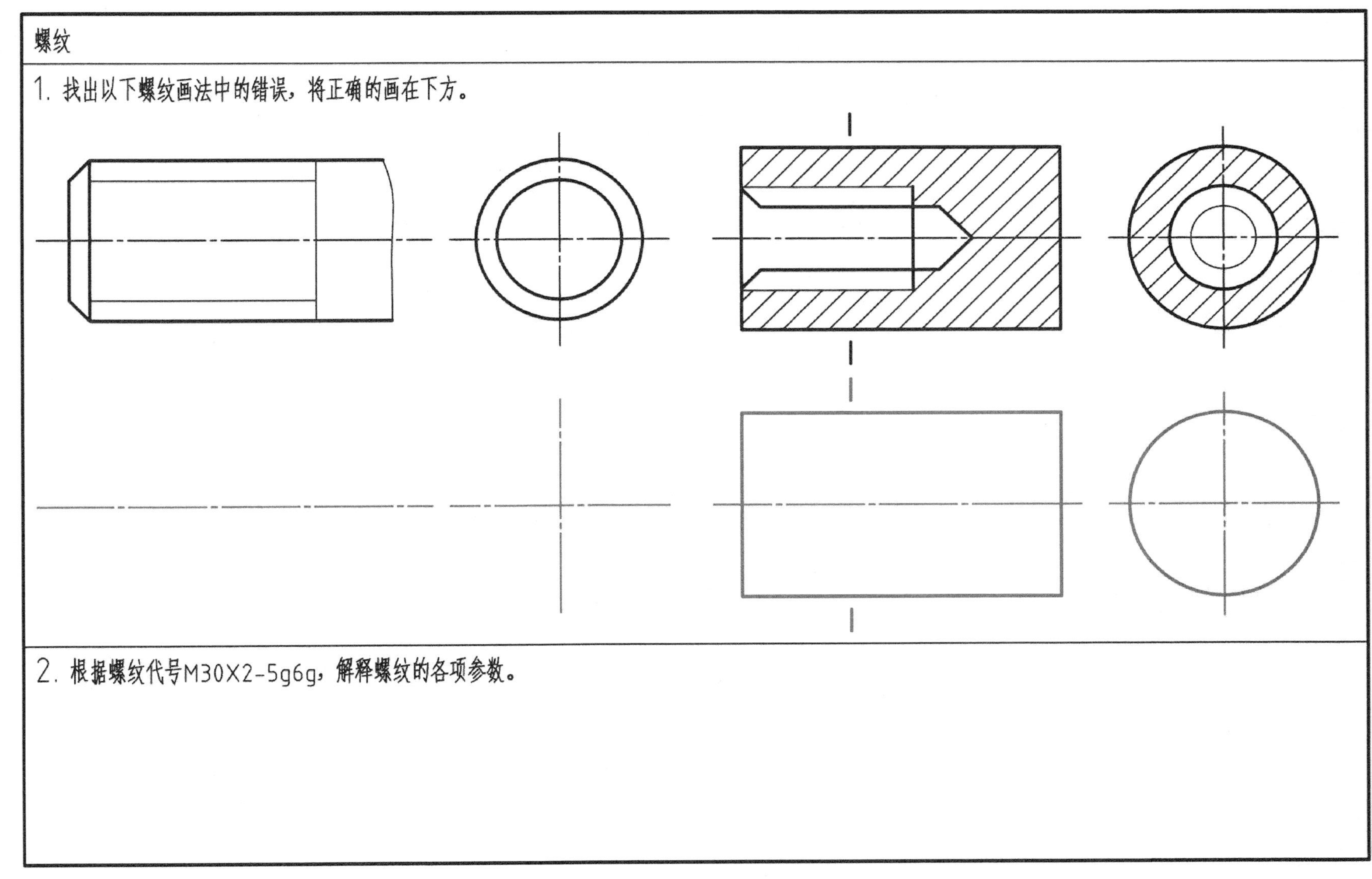

2. 根据螺纹代号M30X2-5g6g，解释螺纹的各项参数。

学号________　姓名________

螺纹紧固装配图

在指定位置，按比例画法，画出螺栓联接、螺柱联接和螺钉联接的装配图。

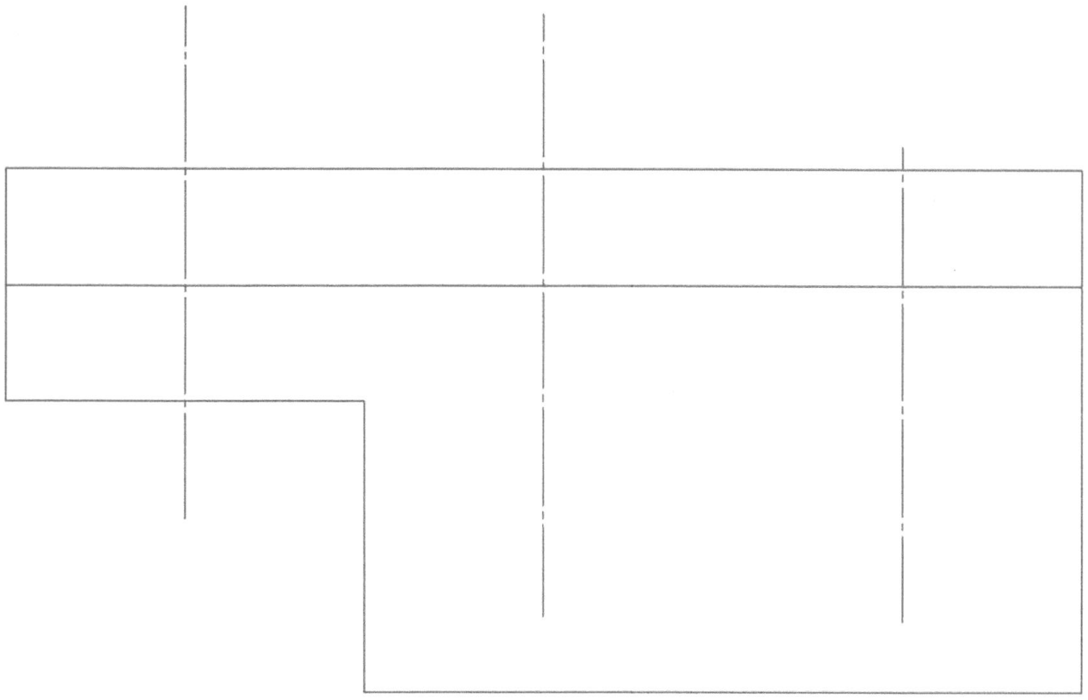

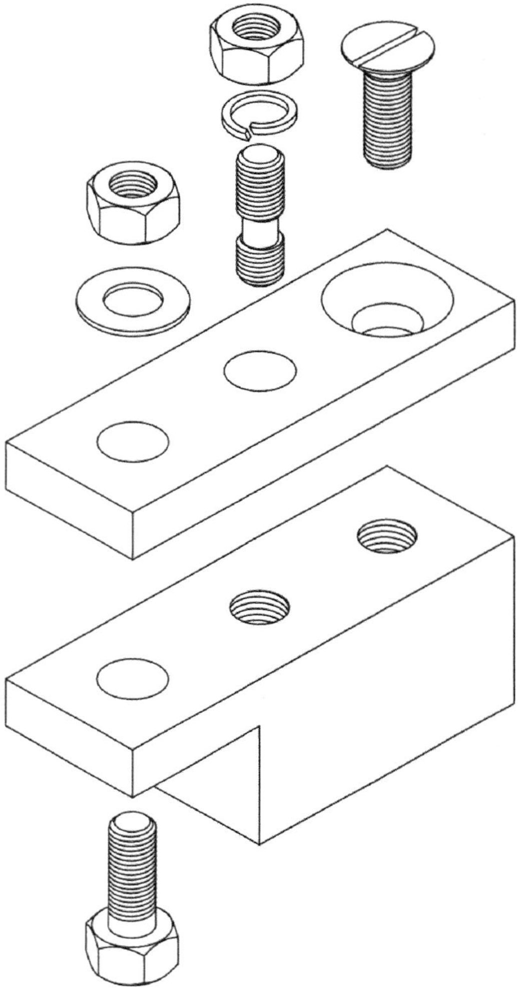

学号________　姓名________

螺纹旋合

找出左图中两处螺纹联接画法上的错误，在右边画出正确的。

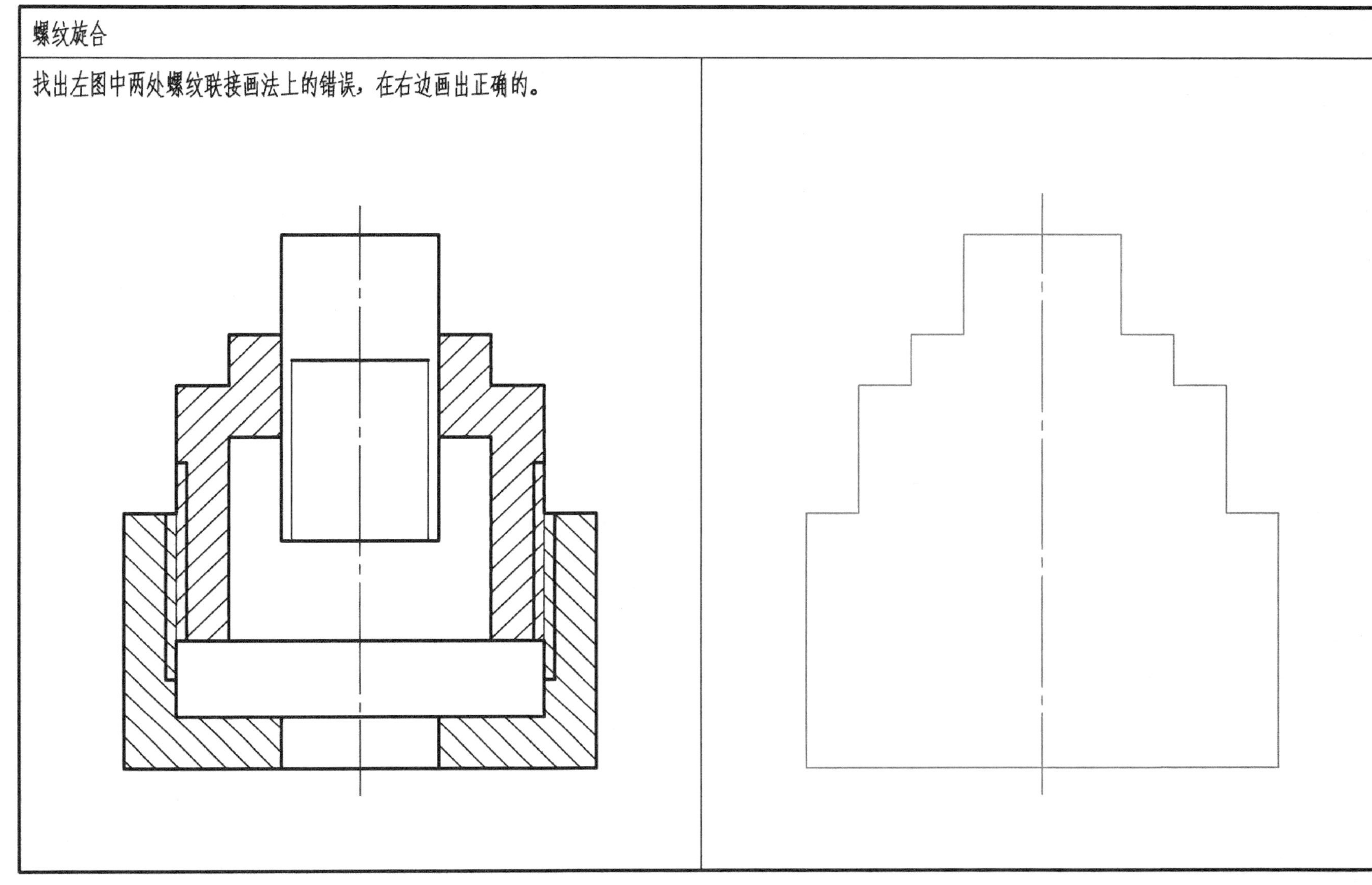

学号________　姓名________

齿轮

直齿圆柱齿轮，模数m=4。画出轮齿部分，完成两视图。

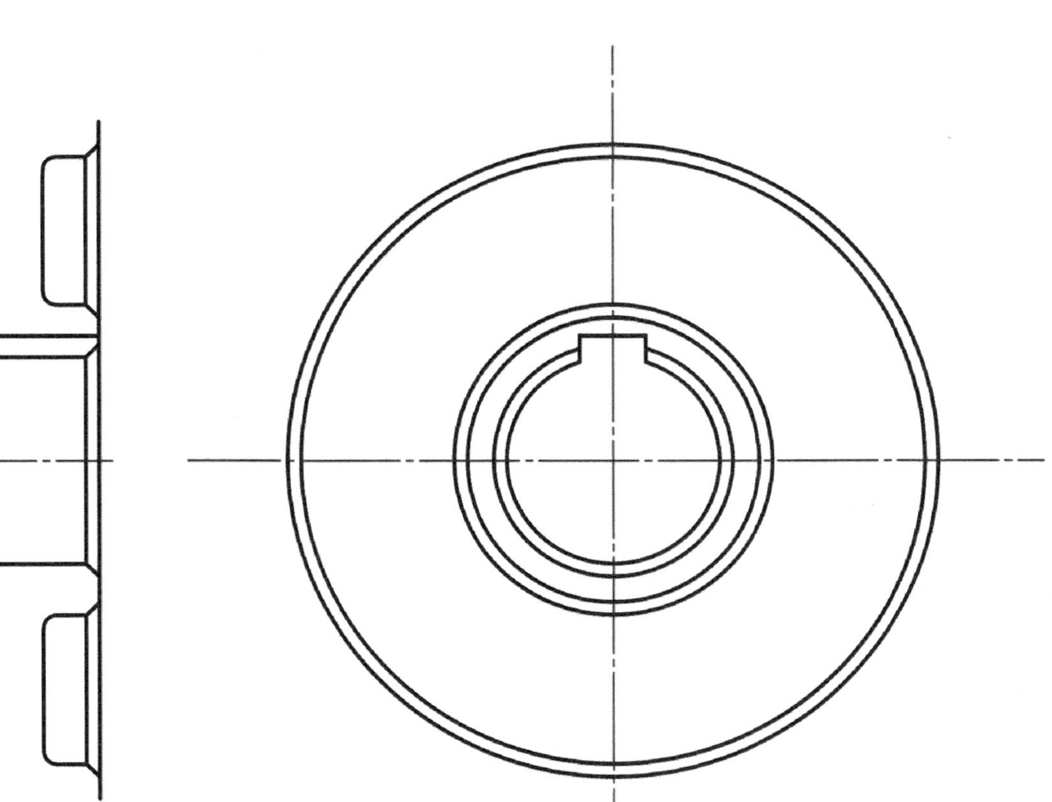

学号________　姓名________

齿轮啮合

相似于轴测图自定尺寸，画出两齿轮啮合状态下的装配图。非圆视图为主视图，全剖；有圆视图为左视图，不剖。

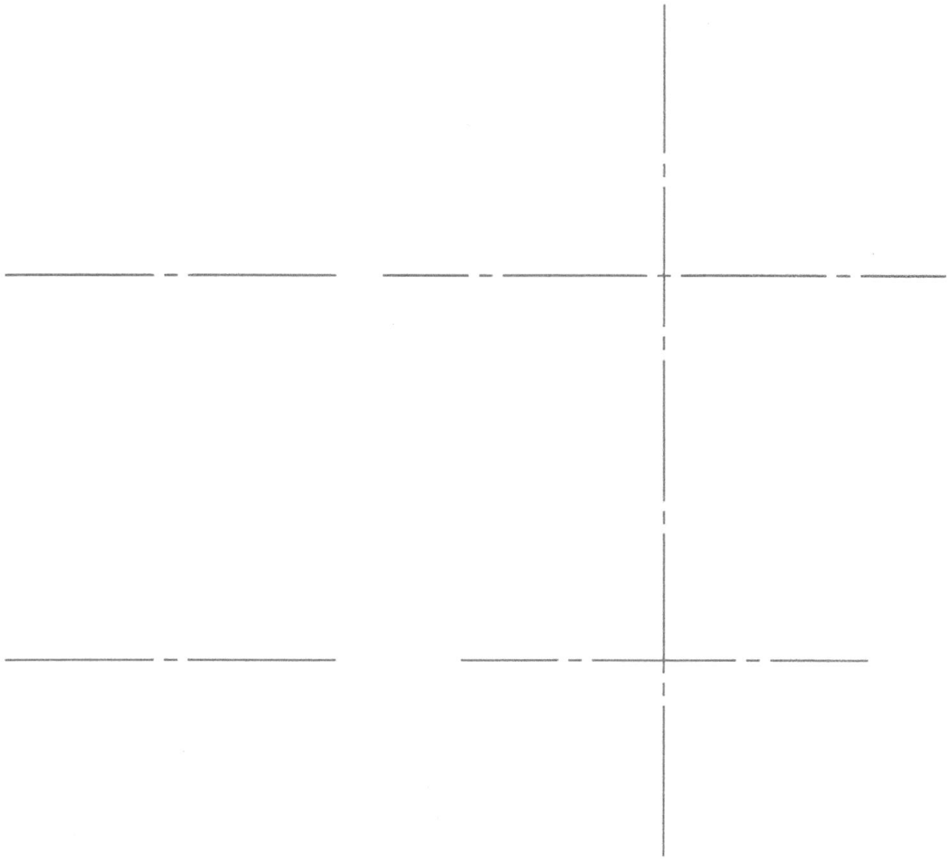

键、销和轴承

1. 找出图中有关键联接、销联接和轴承画法上的错误，将正确的画在右边。

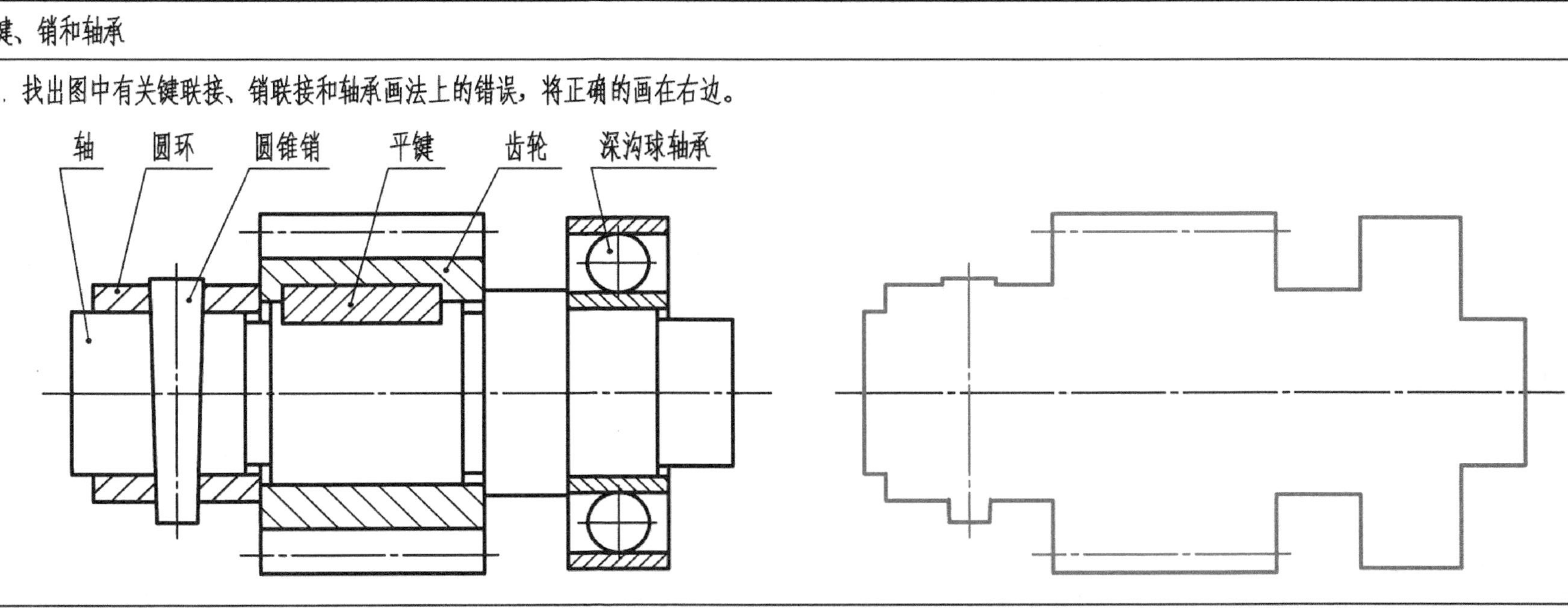

2. 解读以下轴承代号，然后按照规定画法画出此类轴承的剖视图。

3 1 2 10

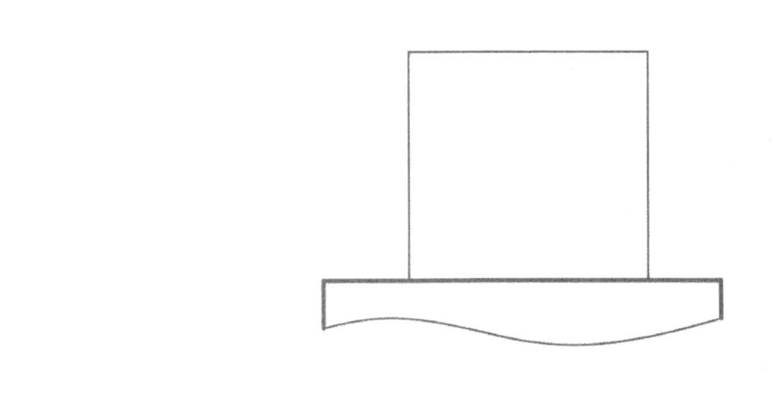

学号________　姓名________

零件图

1. 这个零件的名称是__________，材料是__________。这张零件图的图号是__________。

2. 零件上制造精度要求最高的表面是：__________

3. φ30c6轴段与φ30a9轴段直径尺寸的区别在于：__________

4. 针对宽8的圆锥面，为什么既要求圆度又要求圆跳动？__________

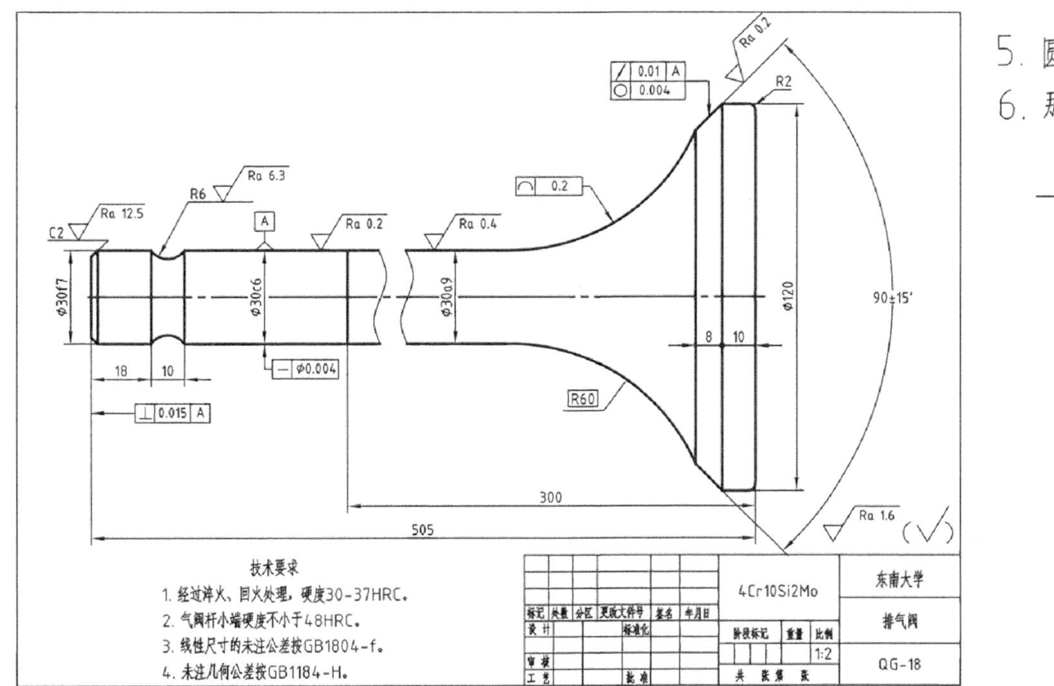

5. 圆锥面宽度尺寸8有没有公差要求？__________

6. 那些表面的粗糙度要求是Ra 1.6？__________

装配图

根据手压阀的示意图，画出装配图。

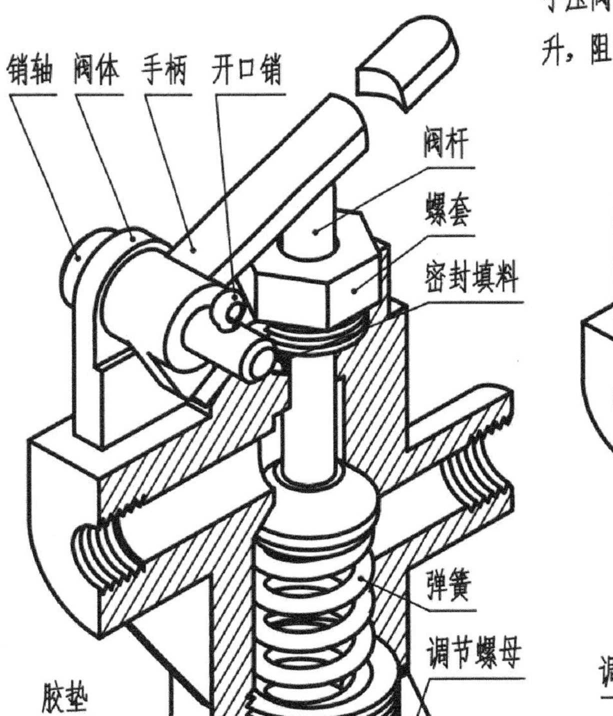

手压阀工作原理：按下手柄，将阀杆压下，使阀的入口与出口导通；松开手柄，阀杆在弹簧力的作用下上升，阻断从入口到出口的通路。调节螺母用于调整弹簧的预紧力，因此不能将螺纹完全旋入，要留有余量。

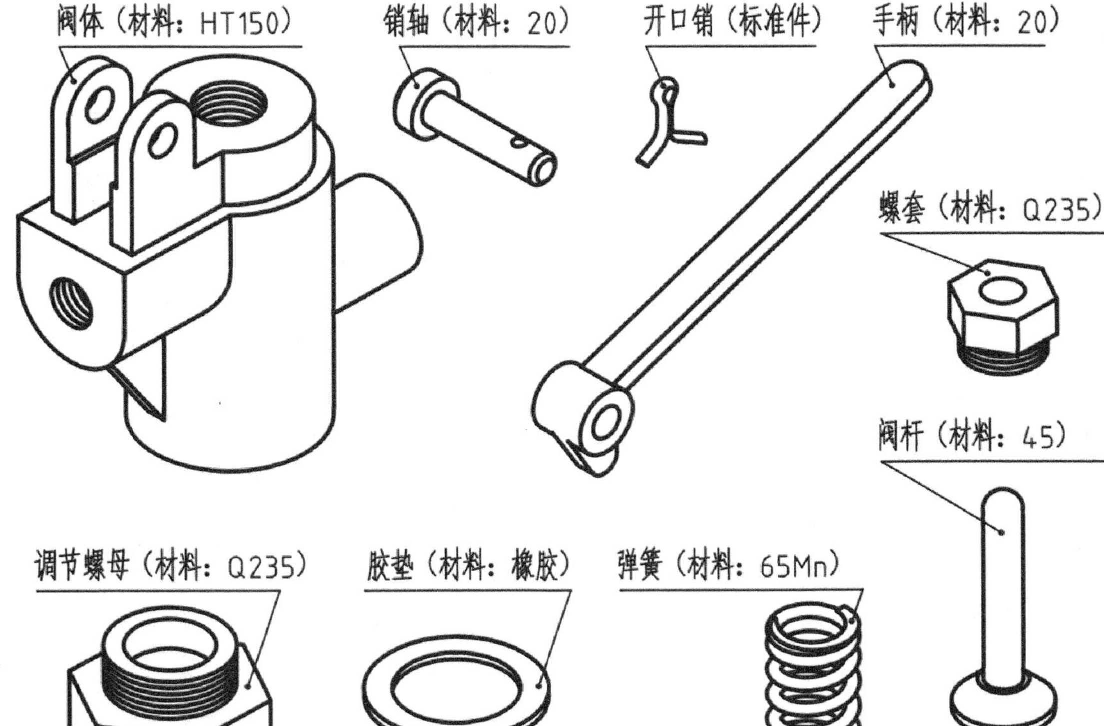

学号________　姓名________

装配图

根据安全阀的示意图，画出装配图。

安全阀工作原理：安全阀联接在液压管道中，当管道内的压力超过设定值，会克服弹簧力，使阀的入口与出口导通以降压。螺杆顶部有方头，可以套上扳手旋动，以设定压力，设定后用螺母锁紧。阀帽与阀盖为H9/f9配合，用一个紧定螺钉锁定。阀门与阀体之间是H8/h7配合。

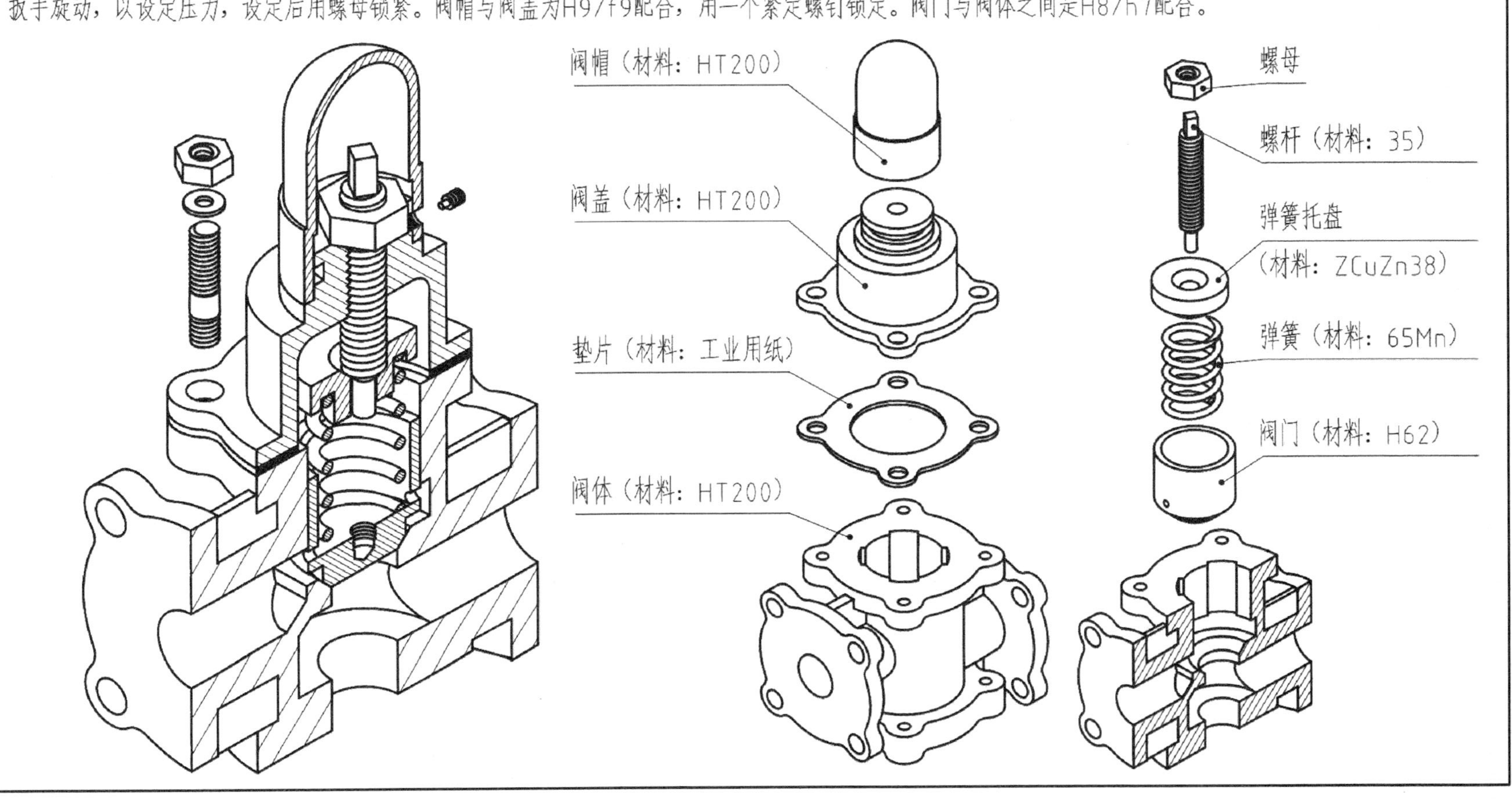

根据装配图拆画零件图

拆画6号零件右端盖的零件图。

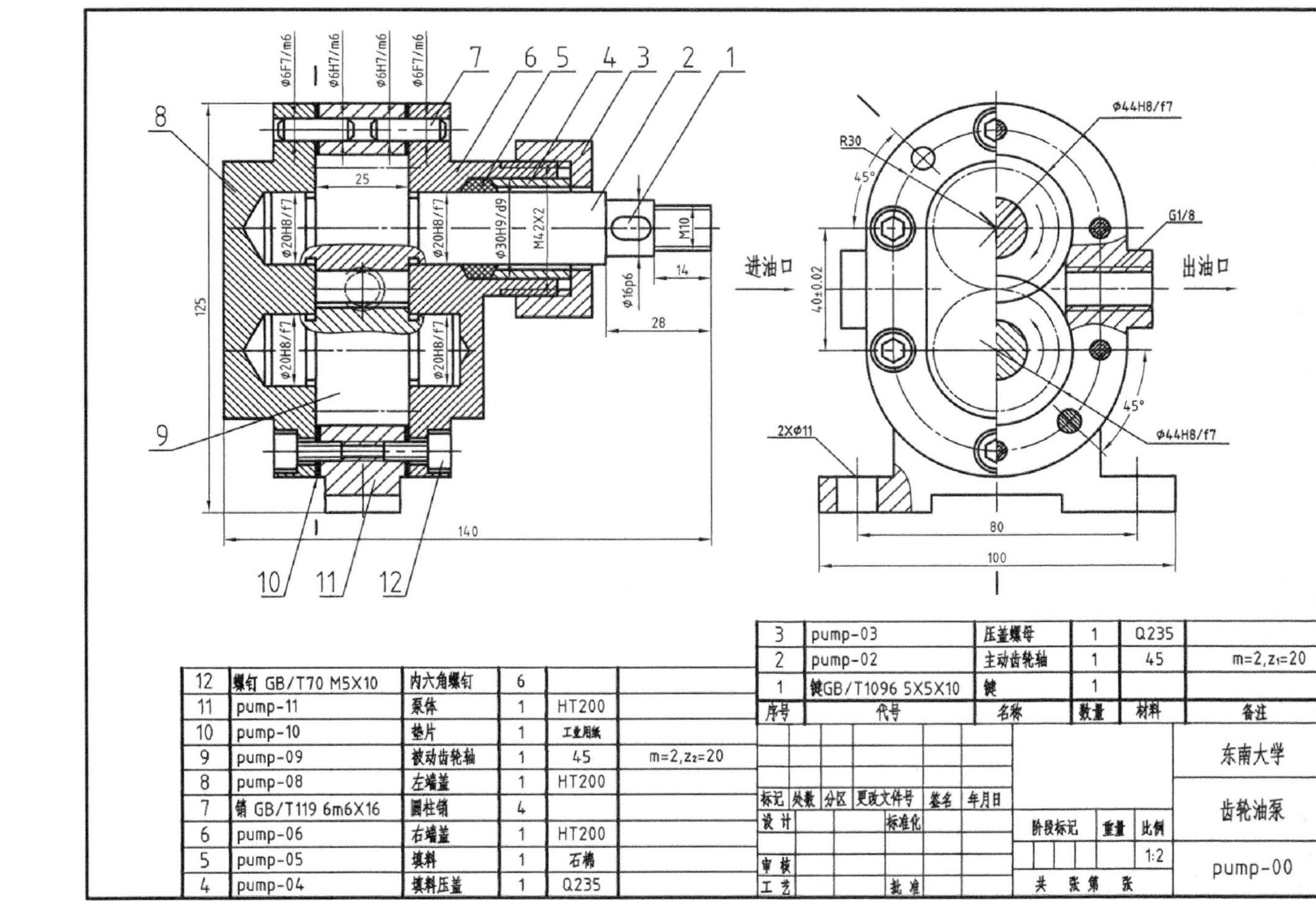

序号	代号	名称	数量	材料	备注
12	螺钉 GB/T70 M5X10	内六角螺钉	6		
11	pump-11	泵体	1	HT200	
10	pump-10	垫片	1	工业用纸	
9	pump-09	被动齿轮轴	1	45	m=2,z₂=20
8	pump-08	左端盖	1	HT200	
7	销 GB/T119 6m6X16	圆柱销	4		
6	pump-06	右端盖	1	HT200	
5	pump-05	填料	1	石棉	
4	pump-04	填料压盖	1	Q235	
3	pump-03	压盖螺母	1	Q235	
2	pump-02	主动齿轮轴	1	45	m=2,z₁=20
1	键GB/T1096 5X5X10	键	1		

标记	处数	分区	更改文件号	签名	年月日				东南大学
设计			标准化			阶段标记	重量	比例	齿轮油泵
								1:2	pump-00
审核									
工艺			批准			共　张　第　张			

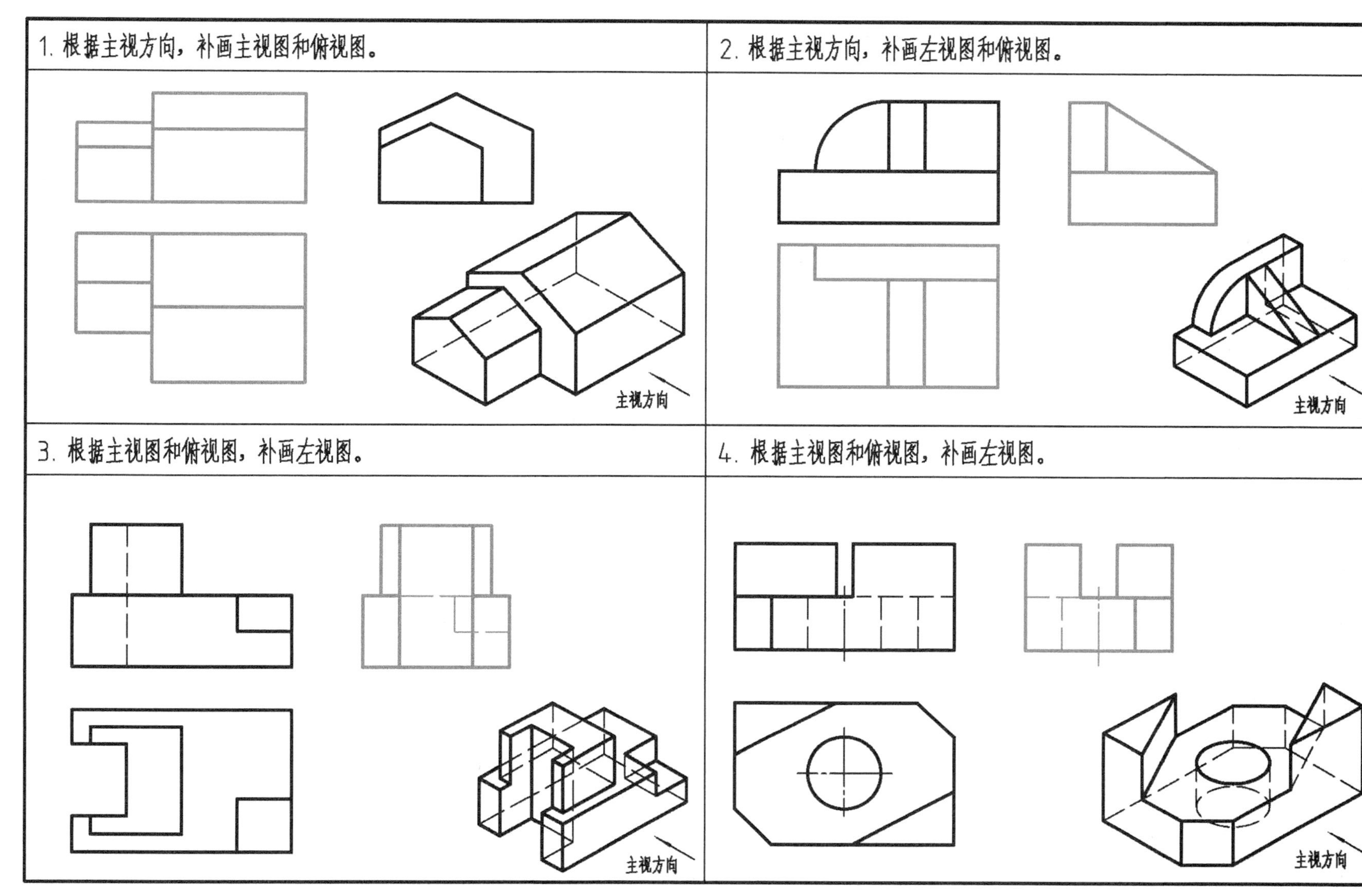
1. 根据主视方向，补画主视图和俯视图。
主视方向
2. 根据主视方向，补画左视图和俯视图。
主视方向
3. 根据主视图和俯视图，补画左视图。
主视方向
4. 根据主视图和俯视图，补画左视图。
主视方向

1. 补画俯视图。

2. 补画俯视图。

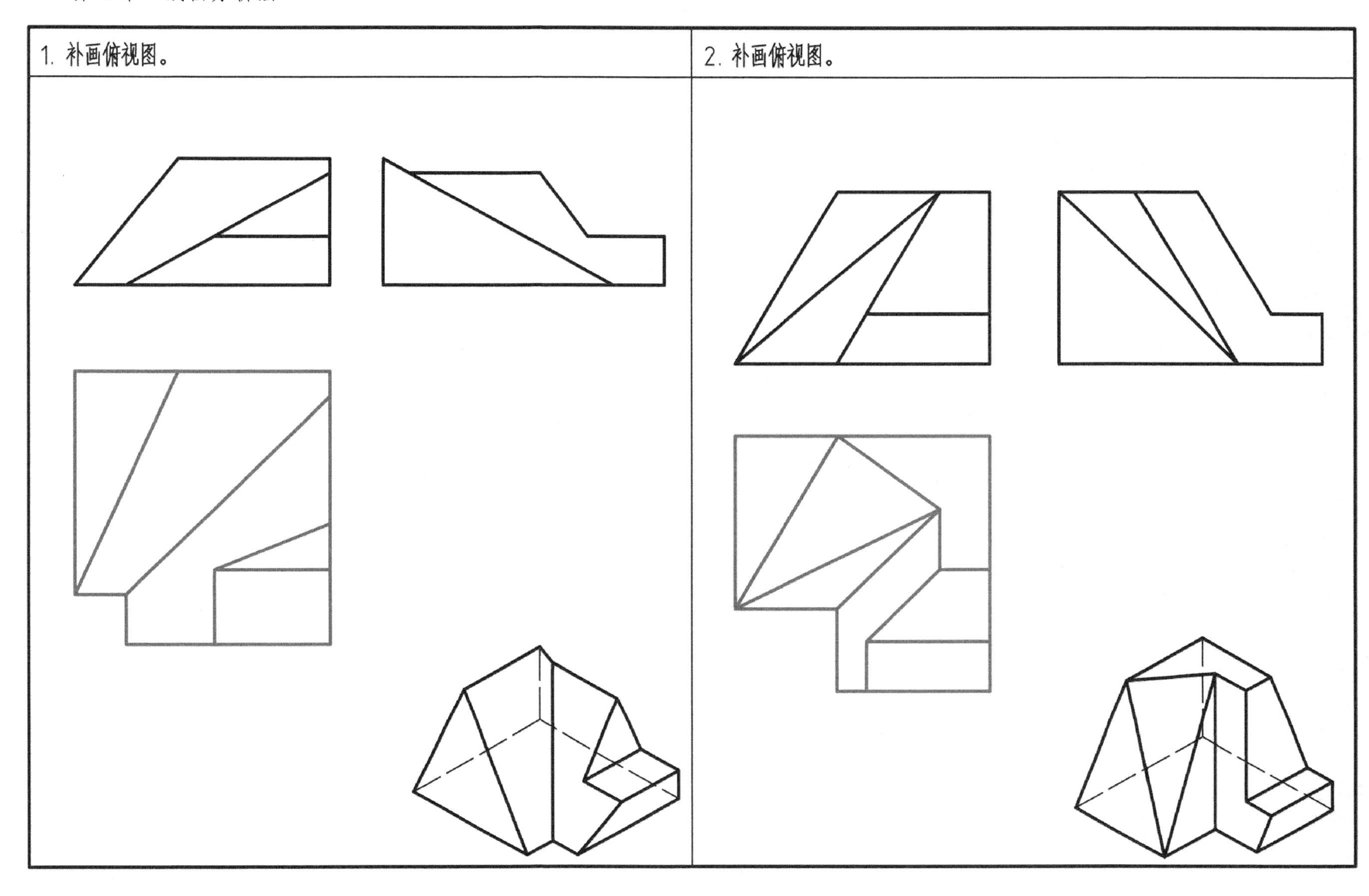

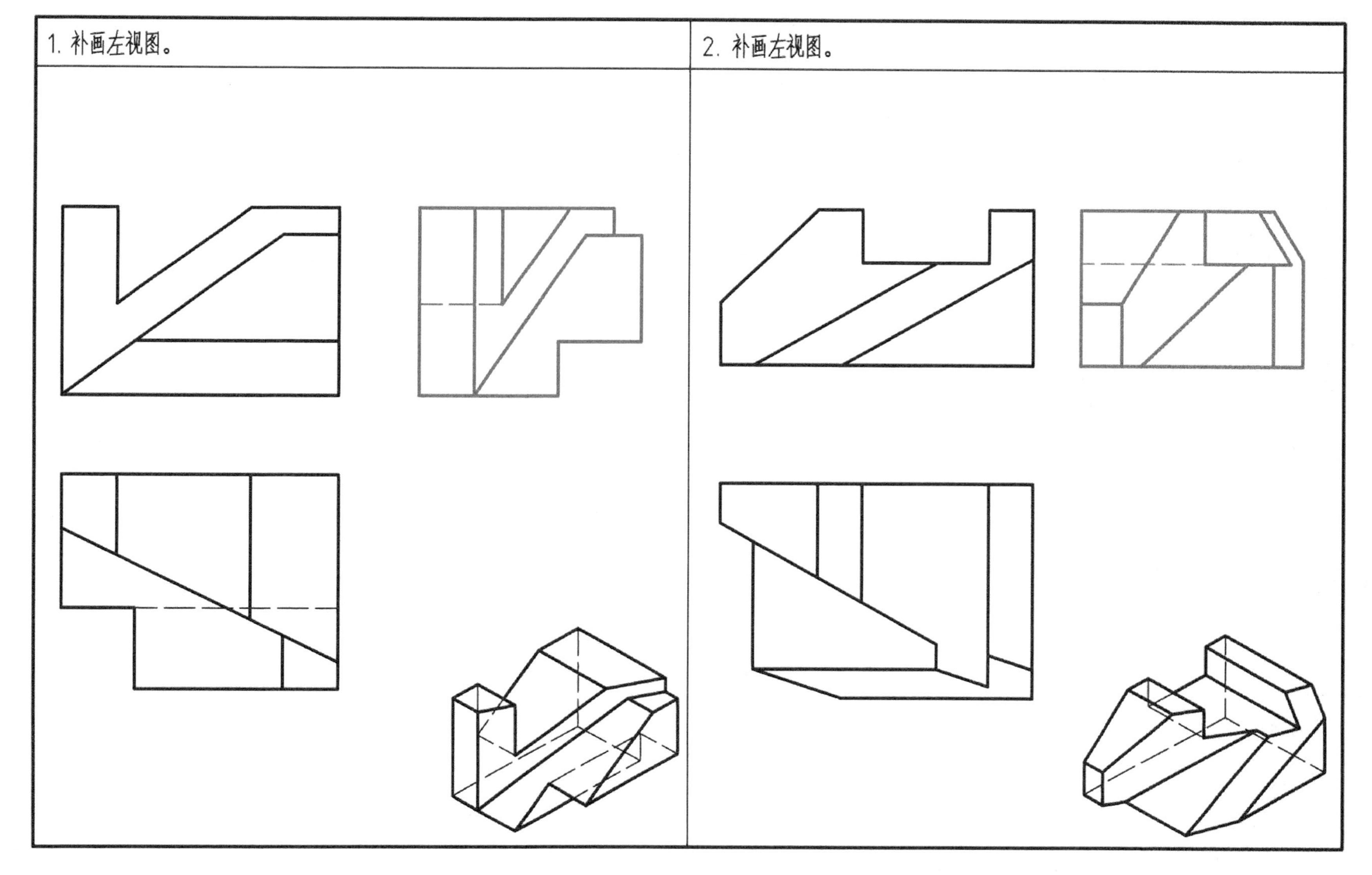
1. 补画左视图。
2. 补画左视图。

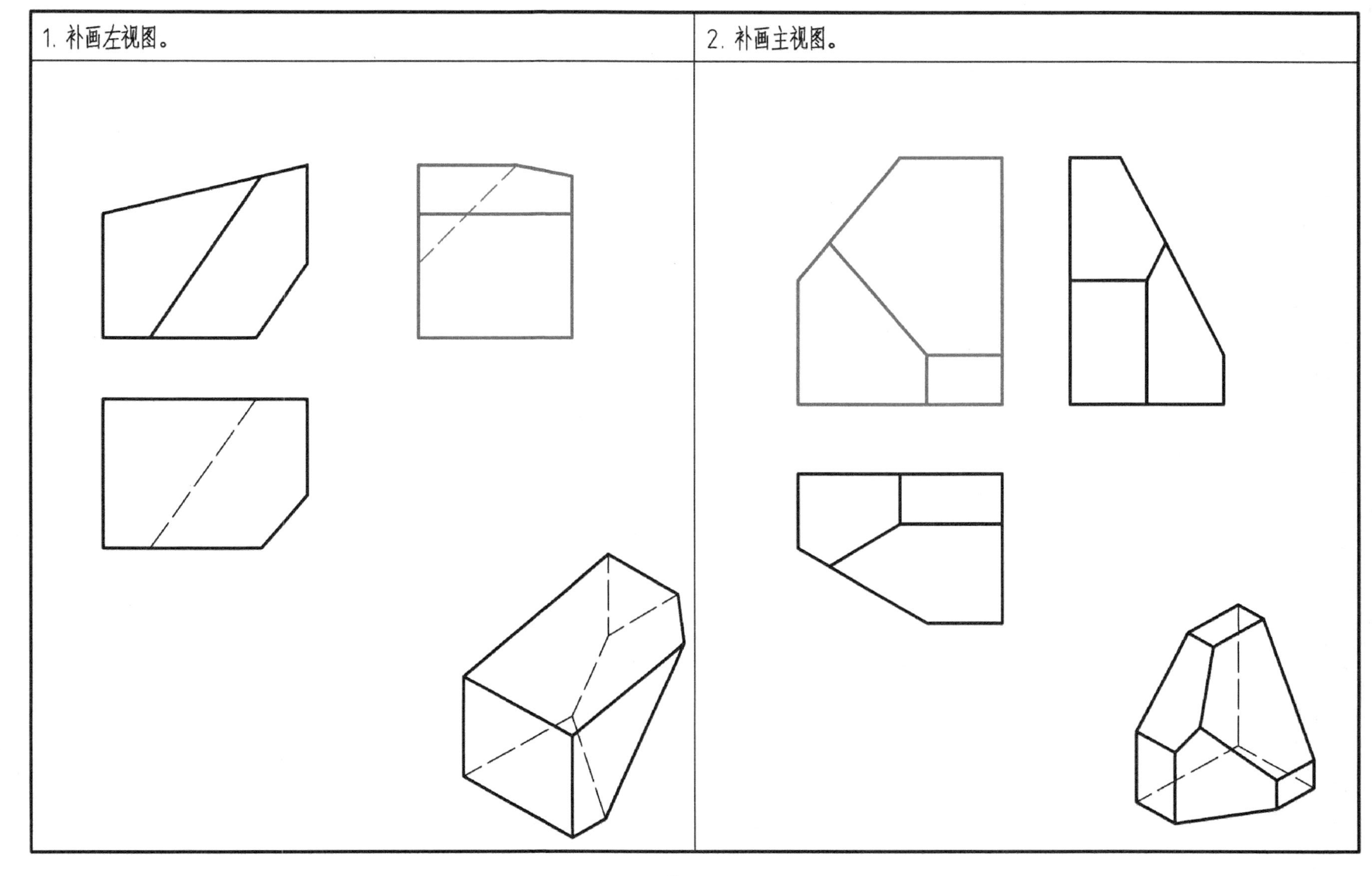
1. 补画左视图。
2. 补画主视图。

根据主视图和左视图，画出俯视图。

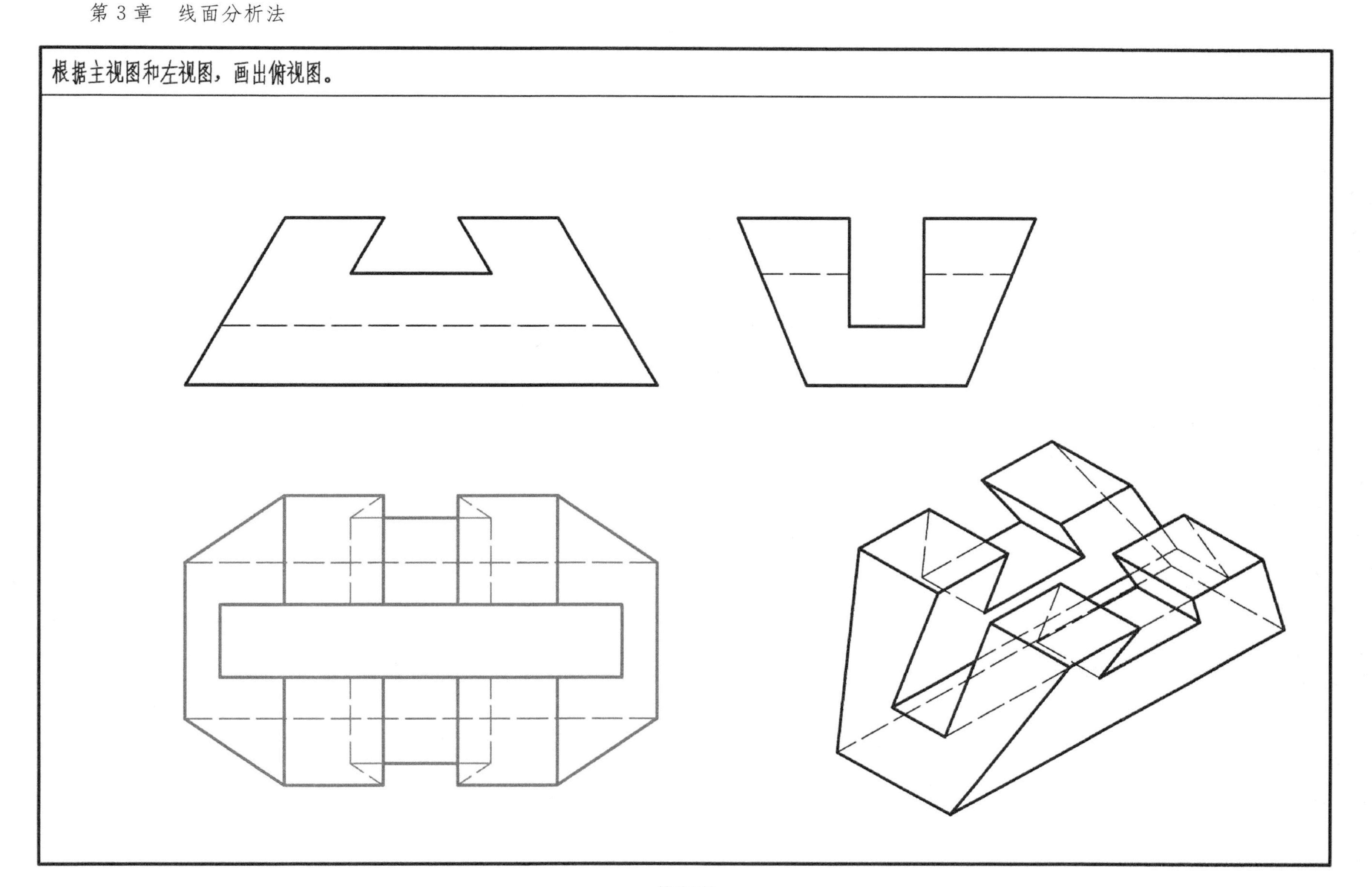

拉伸体的三视图

1. 根据主视图，补画左视图和俯视图。

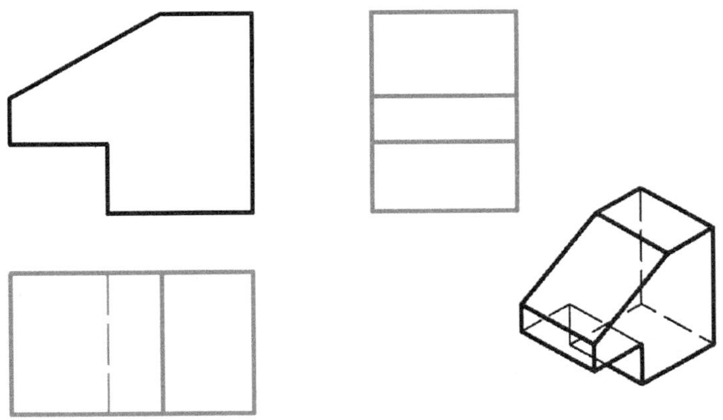

2. 根据左视图，补画主视图和俯视图。

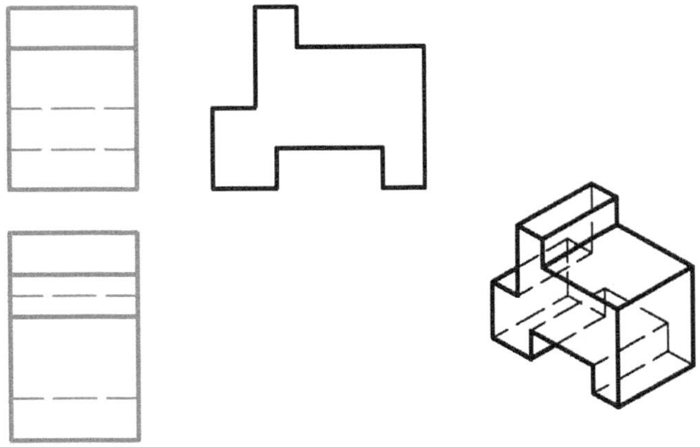

3. 根据俯视图，补画主视图和左视图。

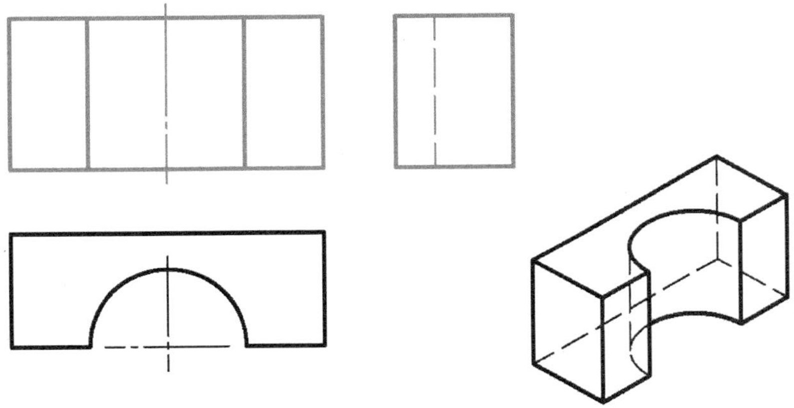

4. 根据俯视图，补画主视图和左视图。

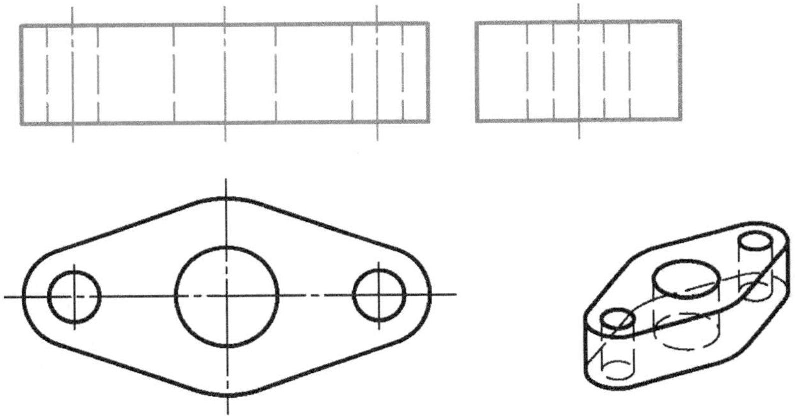

回转体的三视图

1. 根据主视图，补画左视图和俯视图。

2. 补全三个视图中缺少的图线。

3. 根据轴测图，画出三视图。

4. 根据轴测图，画出三视图。

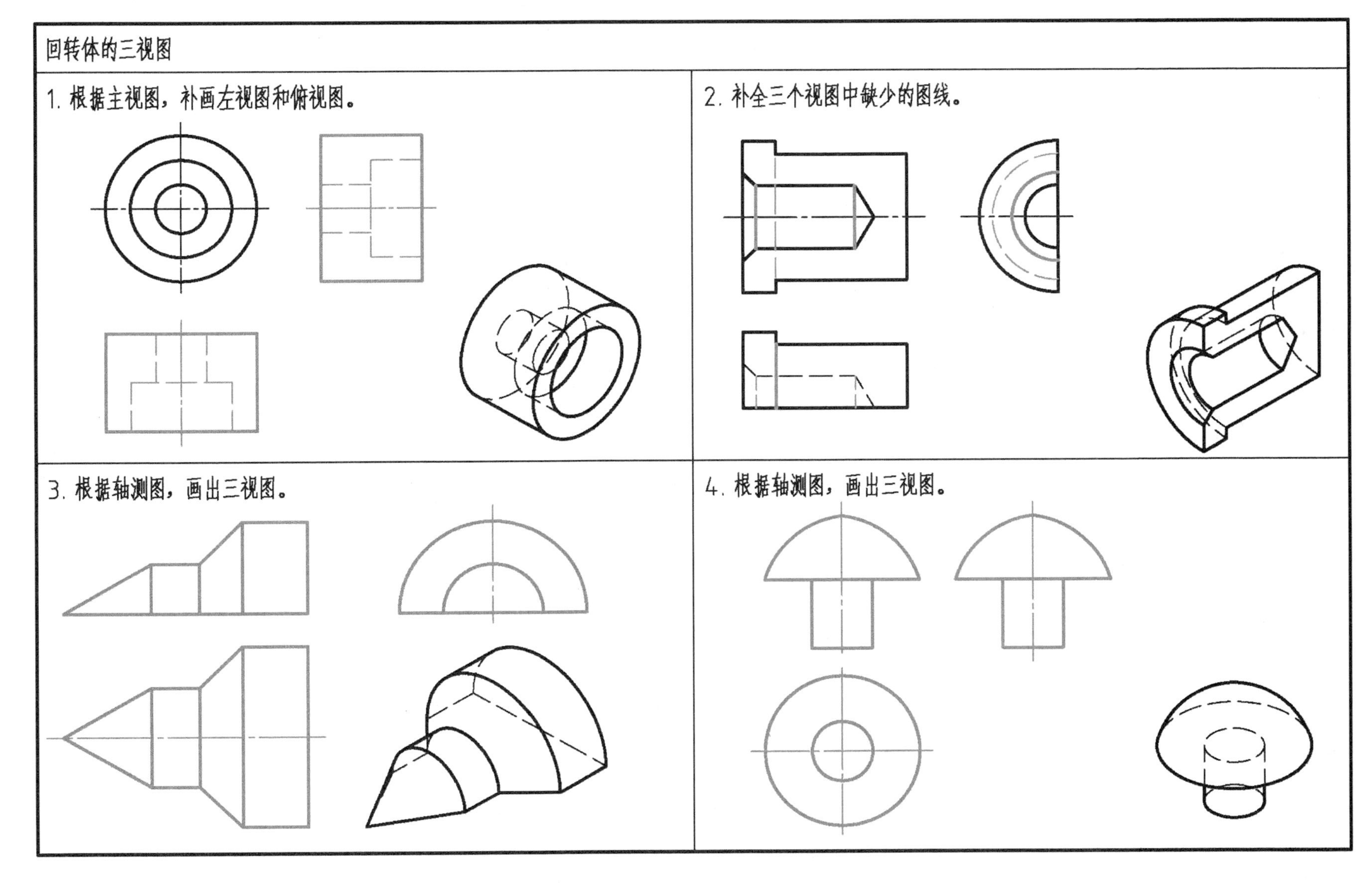

融合交线分析

1. 根据轴测图，决定三视图中图线的取舍和线型。

2. 根据轴测图，决定三视图中图线的取舍和线型。

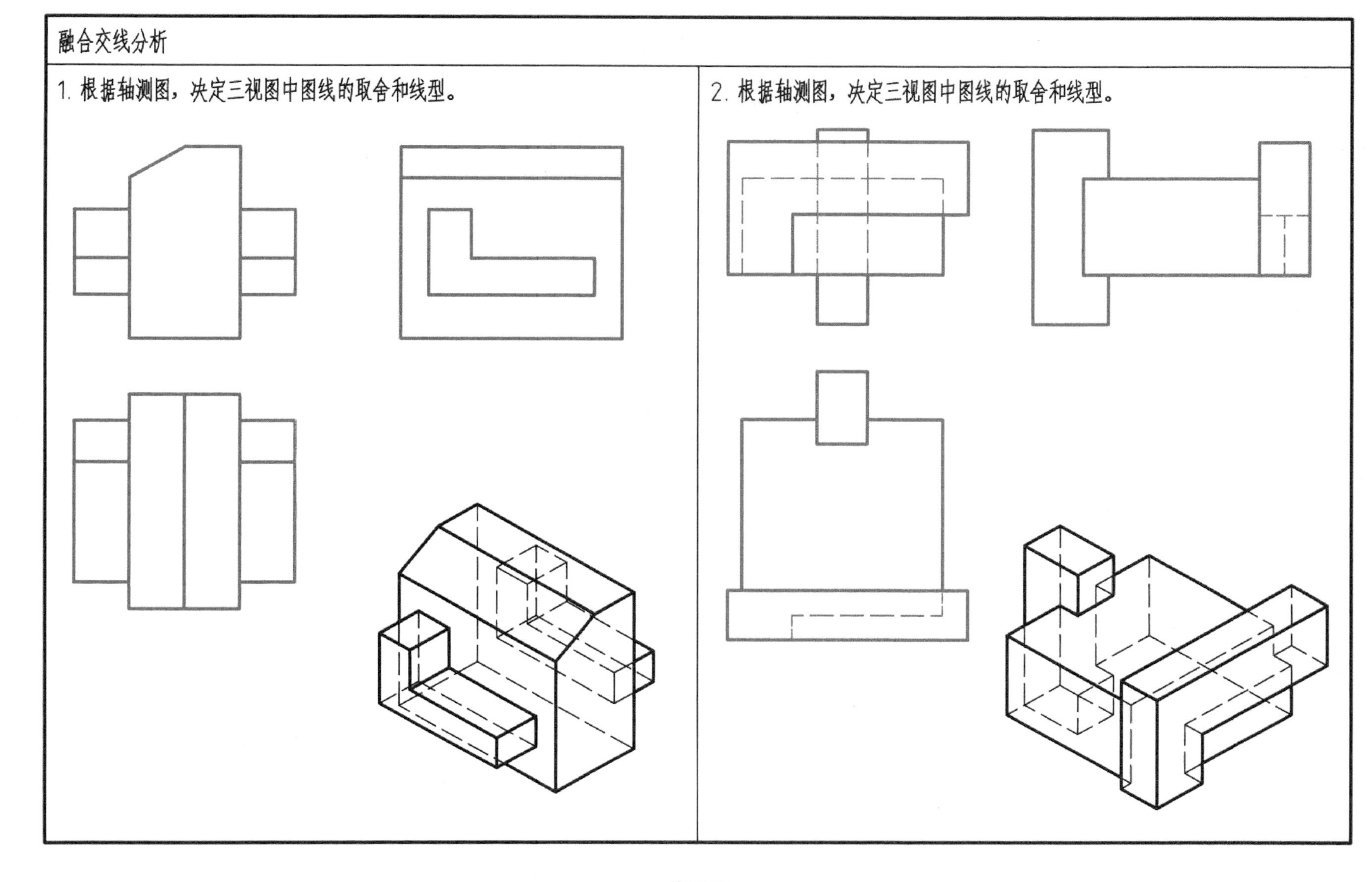

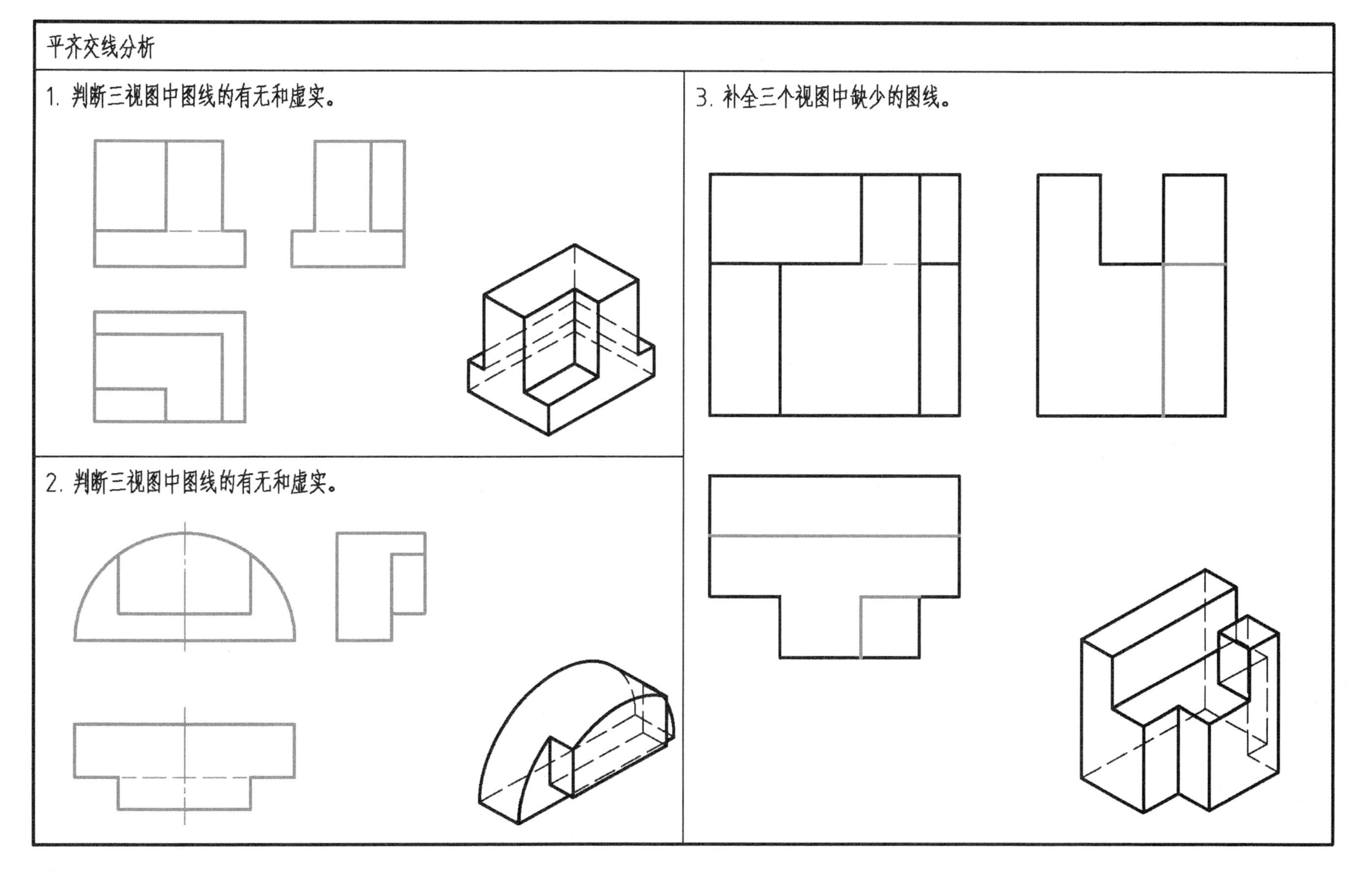
平齐交线分析
1. 判断三视图中图线的有无和虚实。
2. 判断三视图中图线的有无和虚实。
3. 补全三个视图中缺少的图线。

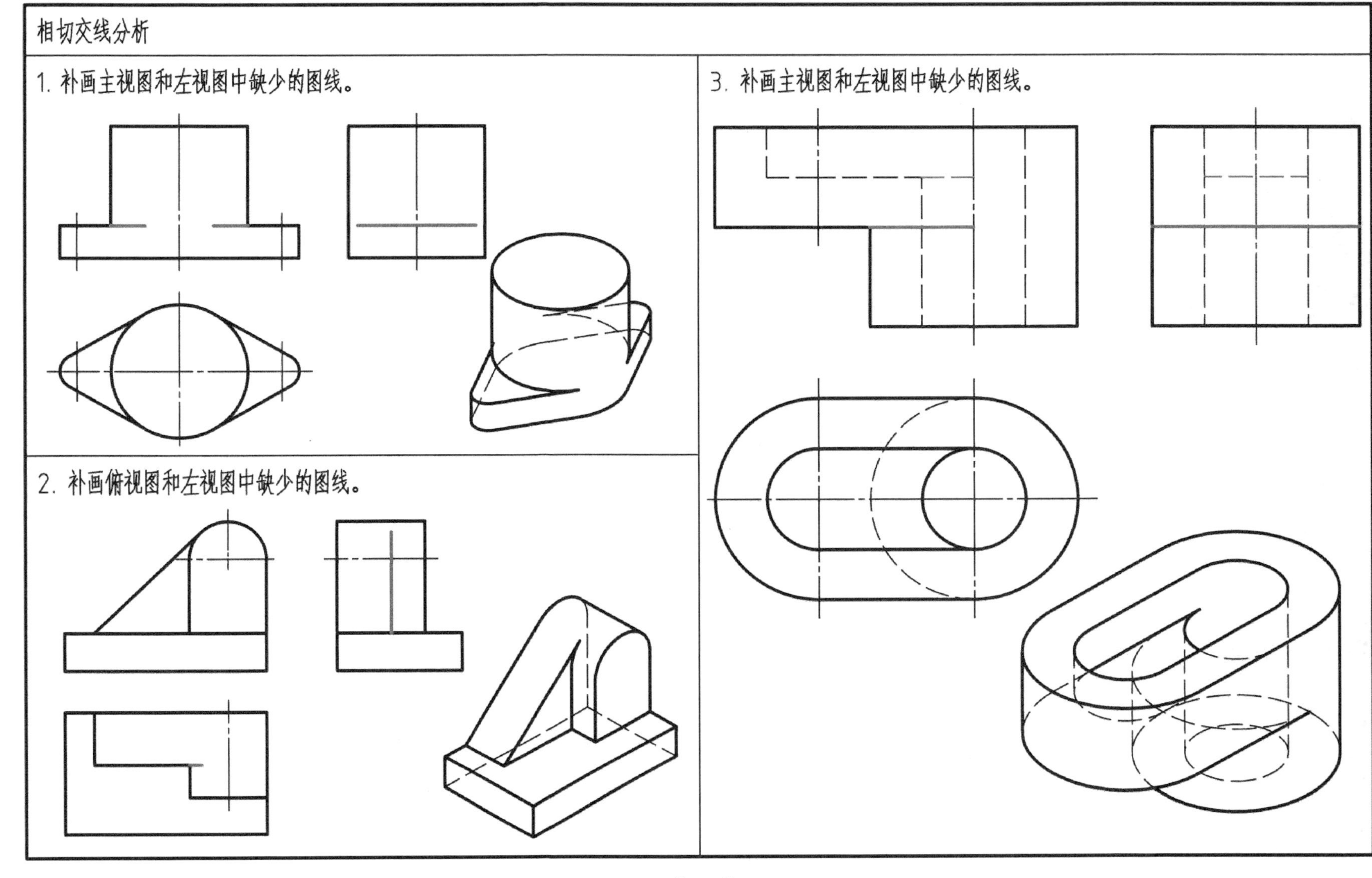
相切交线分析
1. 补画主视图和左视图中缺少的图线。
2. 补画俯视图和左视图中缺少的图线。
3. 补画主视图和左视图中缺少的图线。

表面取点

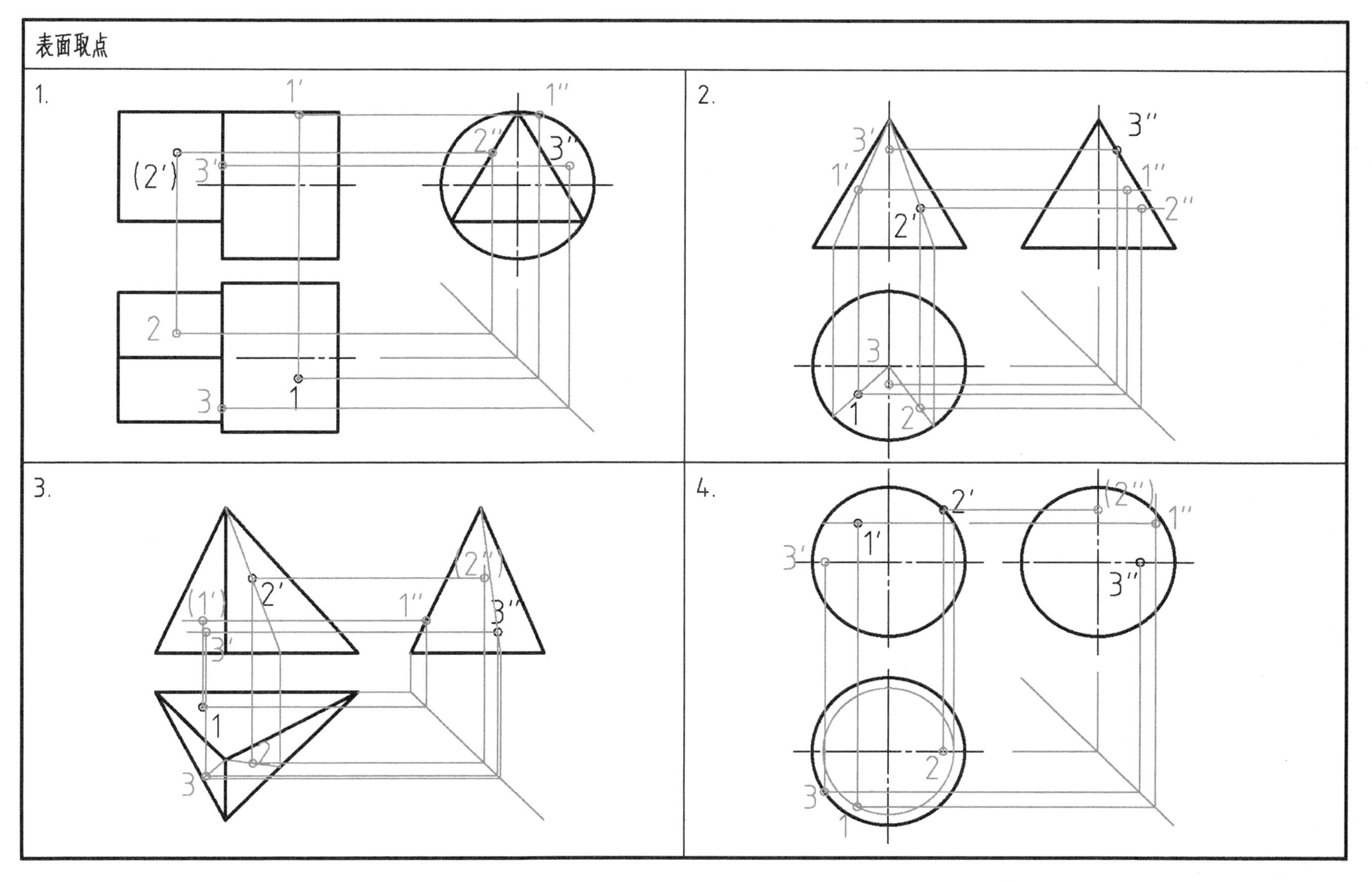

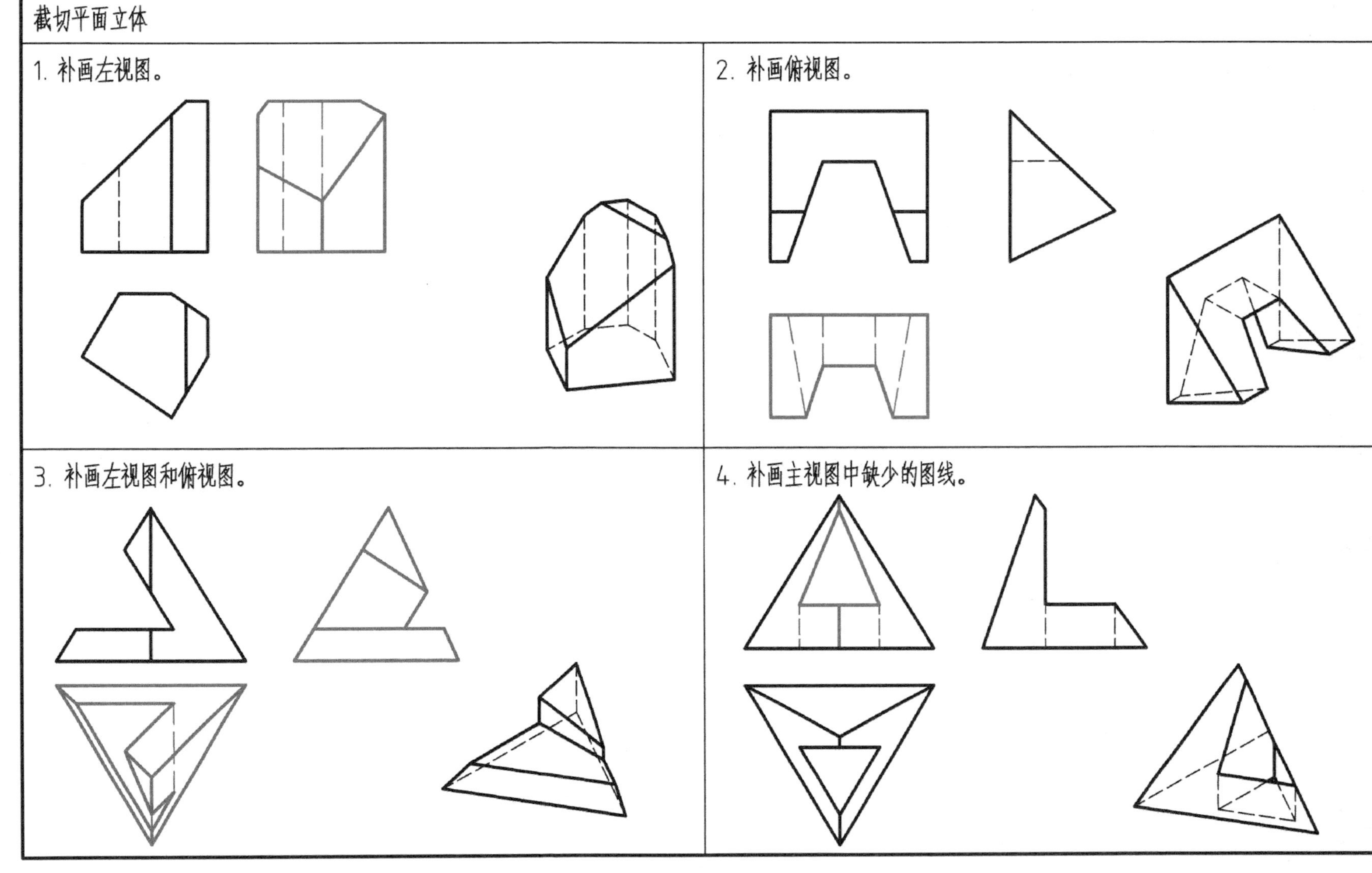
截切平面立体
1. 补画左视图。
2. 补画俯视图。
3. 补画左视图和俯视图。
4. 补画主视图中缺少的图线。

截切圆柱的三视图

1. 补画左视图中缺少的图线。

2. 补画俯视图。

3. 补画俯视图中缺少的图线。

4. 补画左视图。

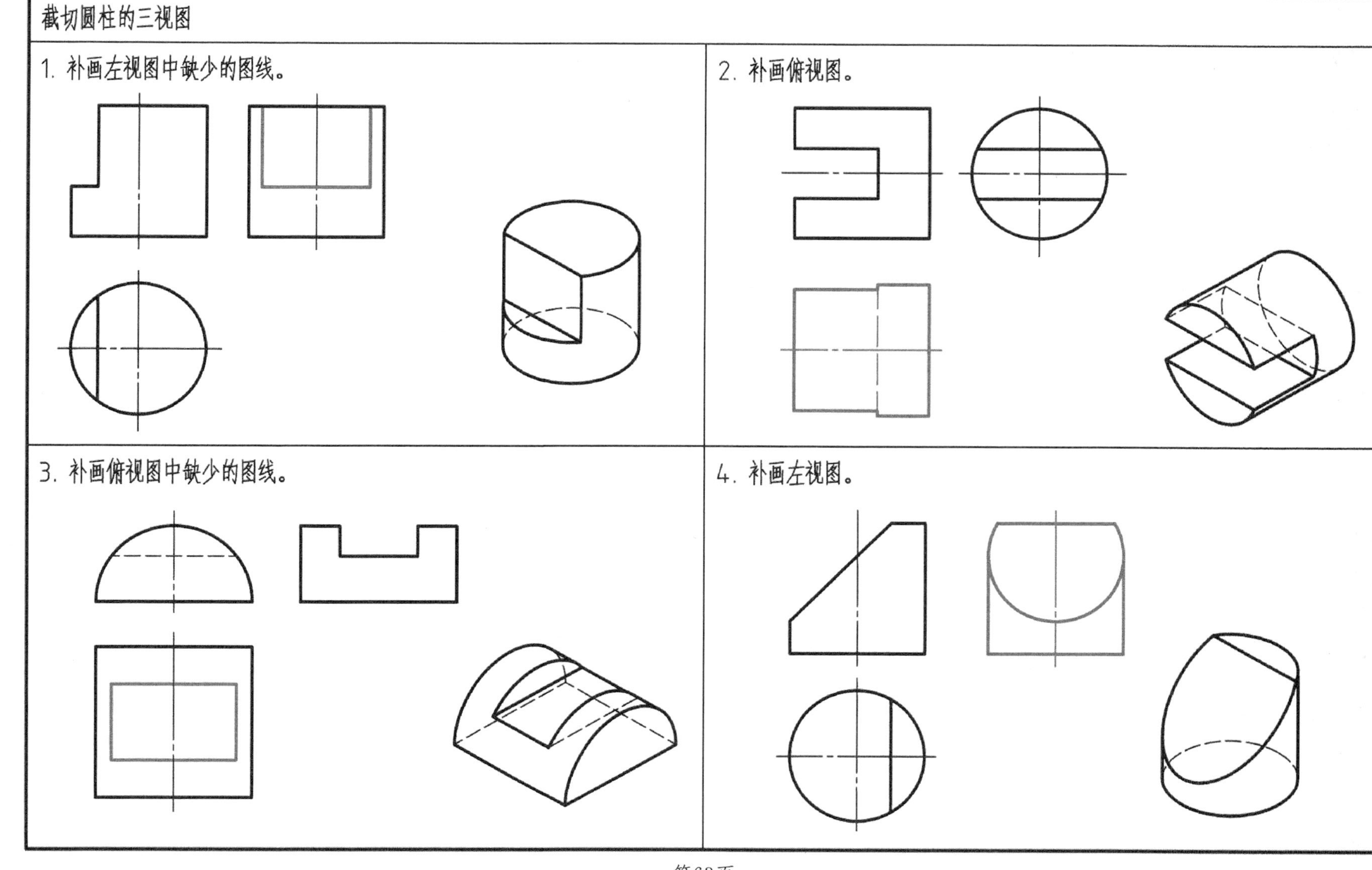

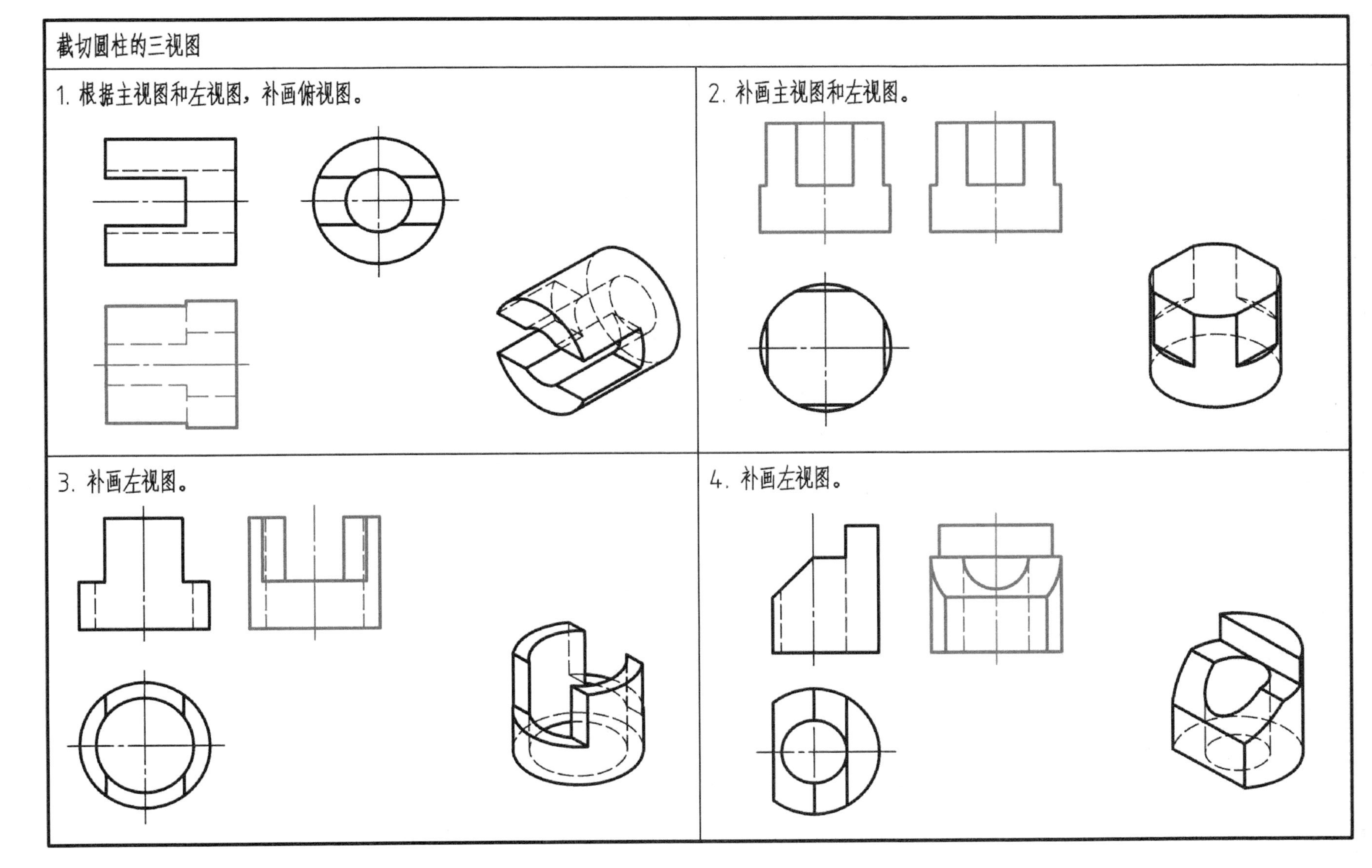
截切圆柱的三视图
1. 根据主视图和左视图，补画俯视图。
2. 补画主视图和左视图。
3. 补画左视图。
4. 补画左视图。

截切回转体的三视图

1. 根据主视图和左视图，补画俯视图中缺少的图线。

2. 补画三个视图中缺少的图线。

3. 补画主视图和俯视图中缺少的图线。

4. 补画俯视图中缺少的图线。

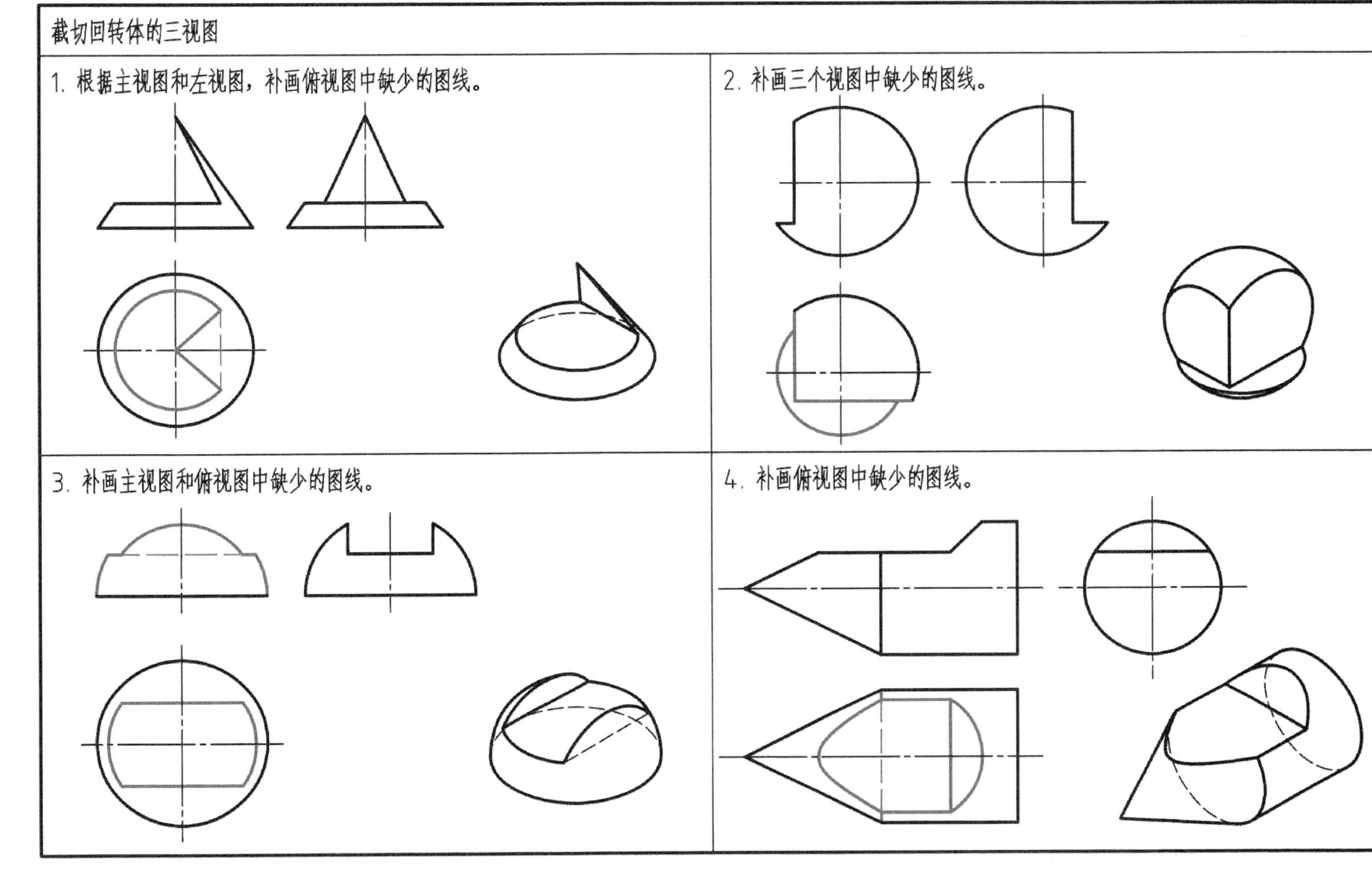

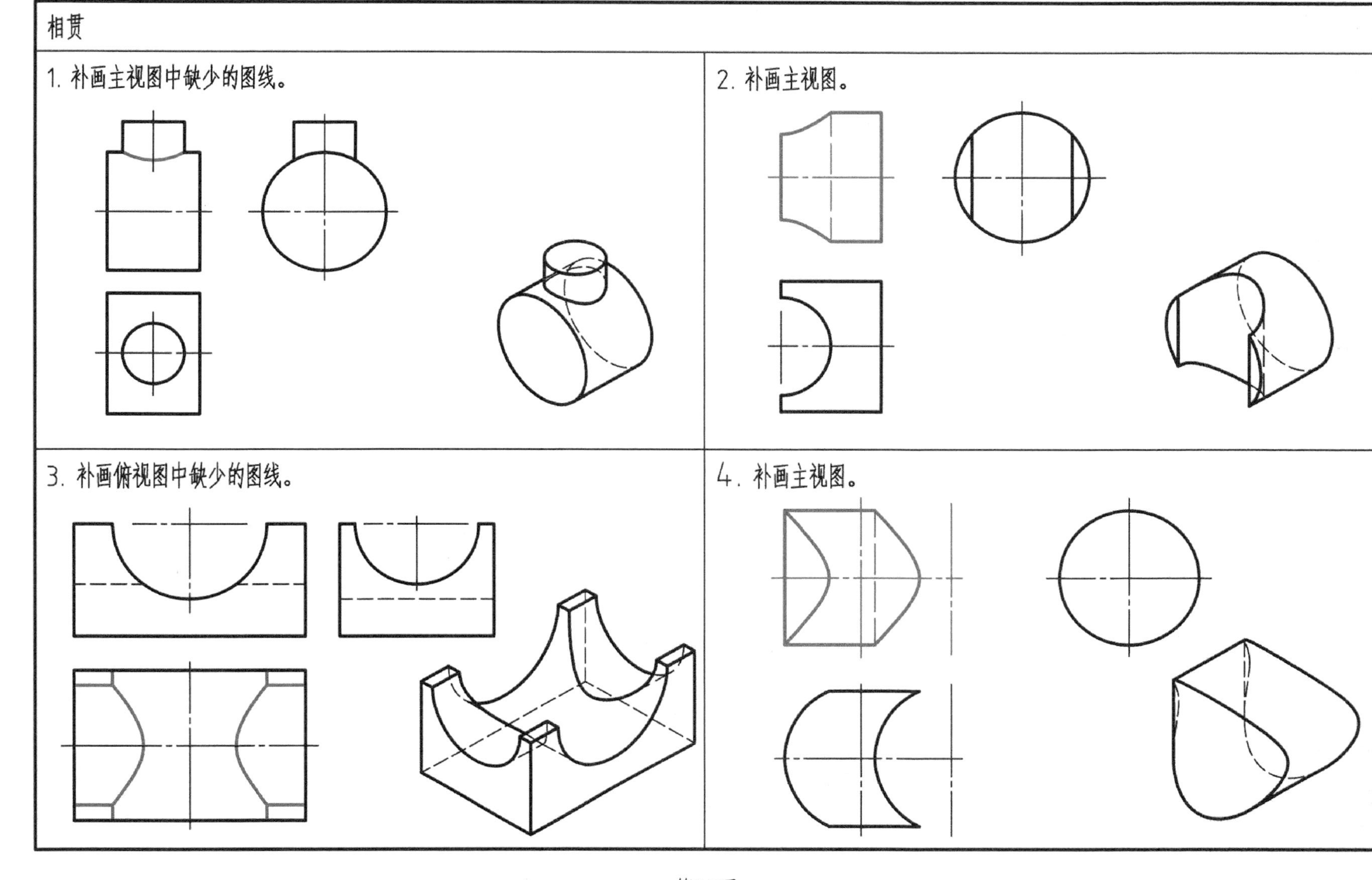
相贯
1. 补画主视图中缺少的图线。
2. 补画主视图。
3. 补画俯视图中缺少的图线。
4. 补画主视图。

相贯

1. 补画主视图中缺少的图线。

2. 补画主视图和俯视图中缺少的图线。

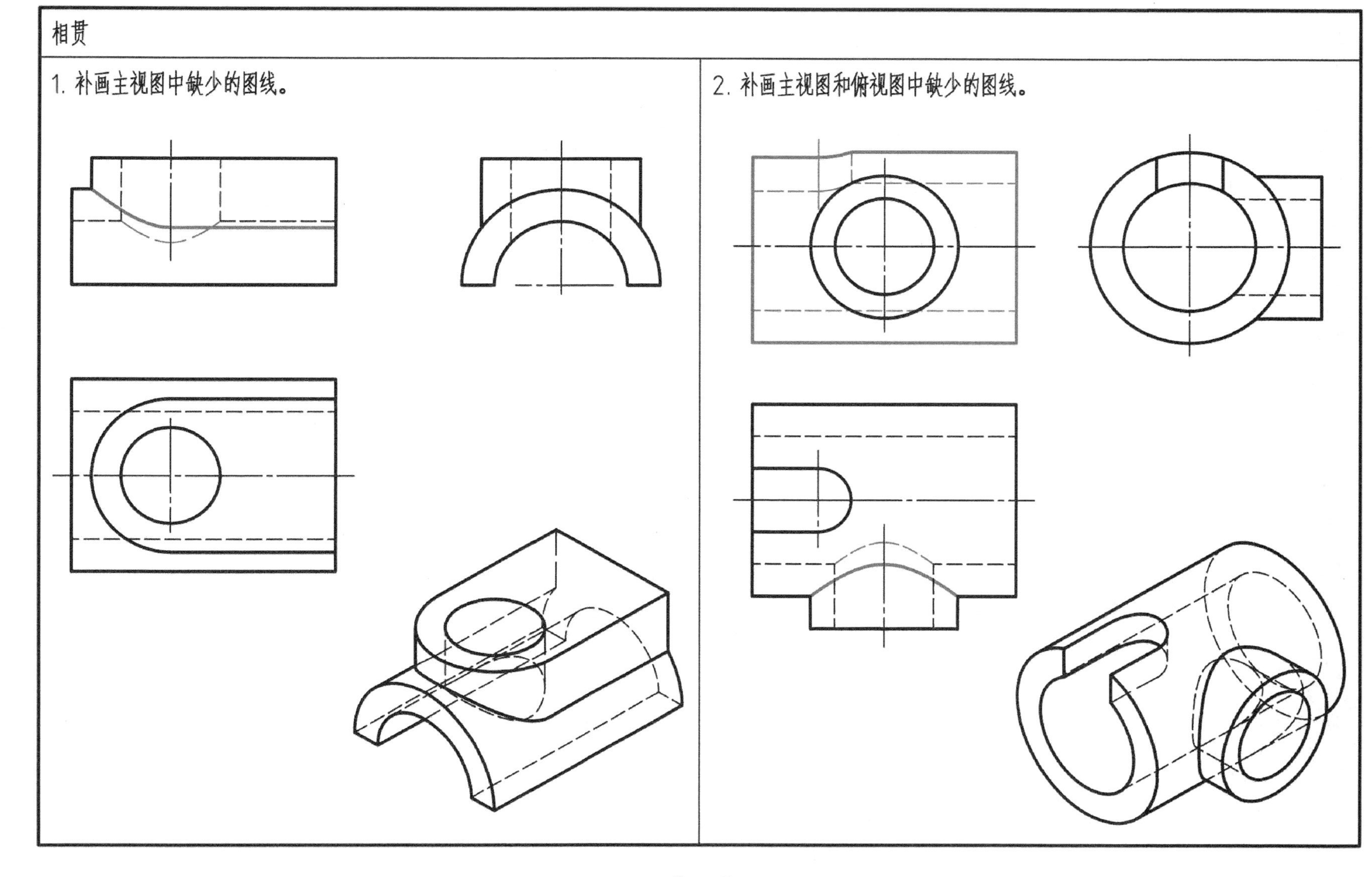

相贯

1. 补画俯视图。

2. 补画主视图和左视图中缺少的图线。

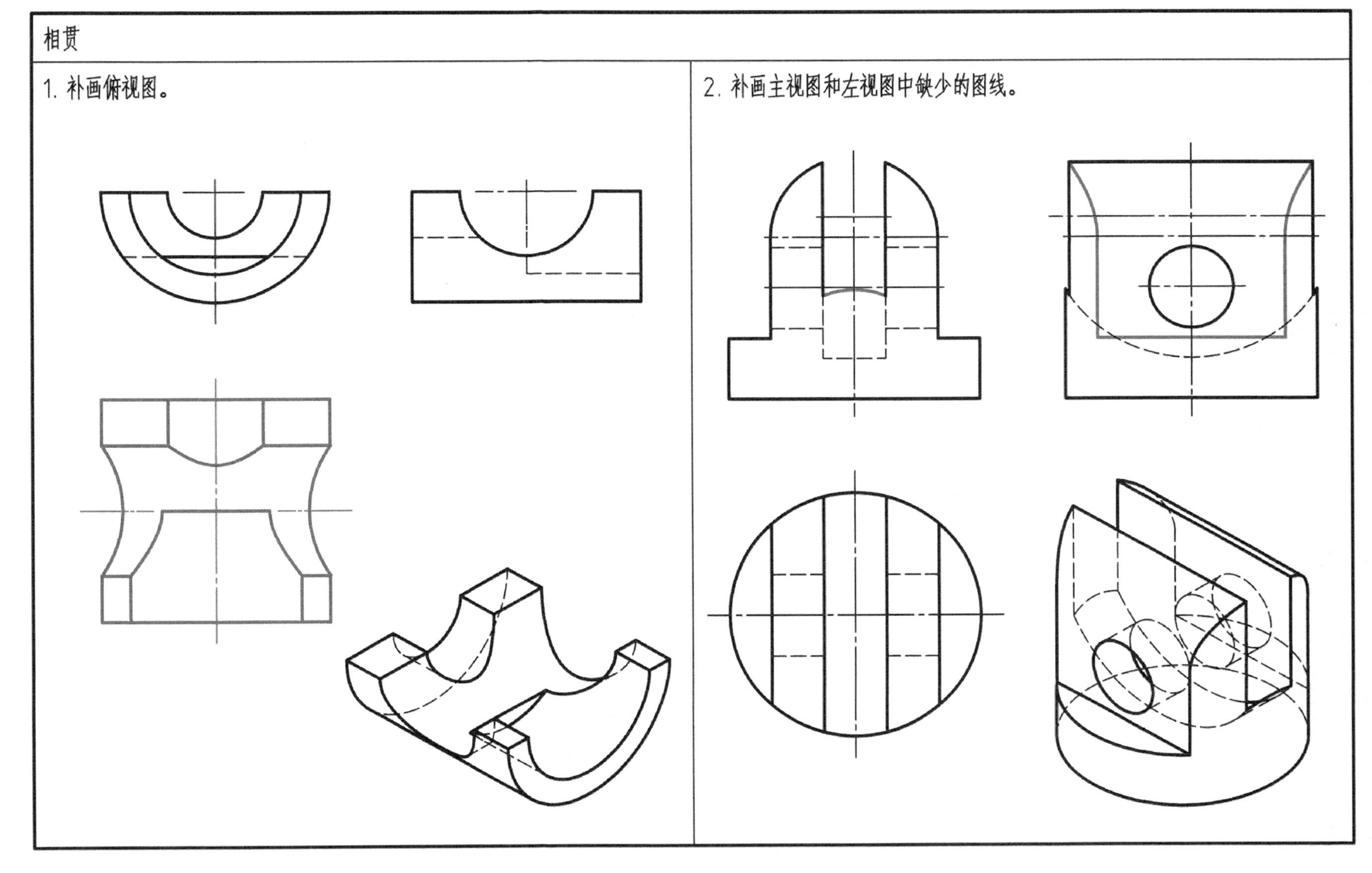

画组合体的三视图。

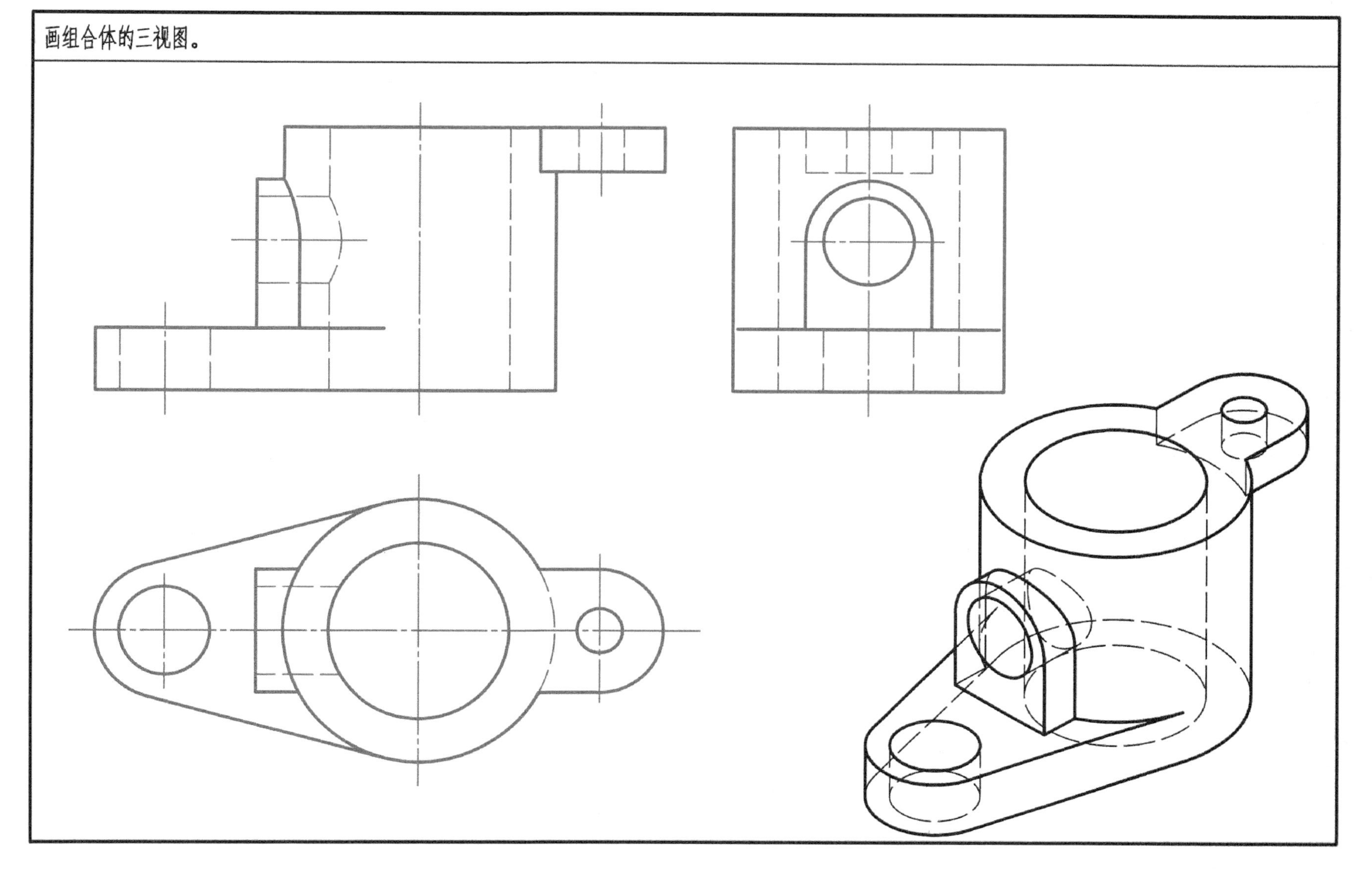

根据主视图和俯视图画出左视图。

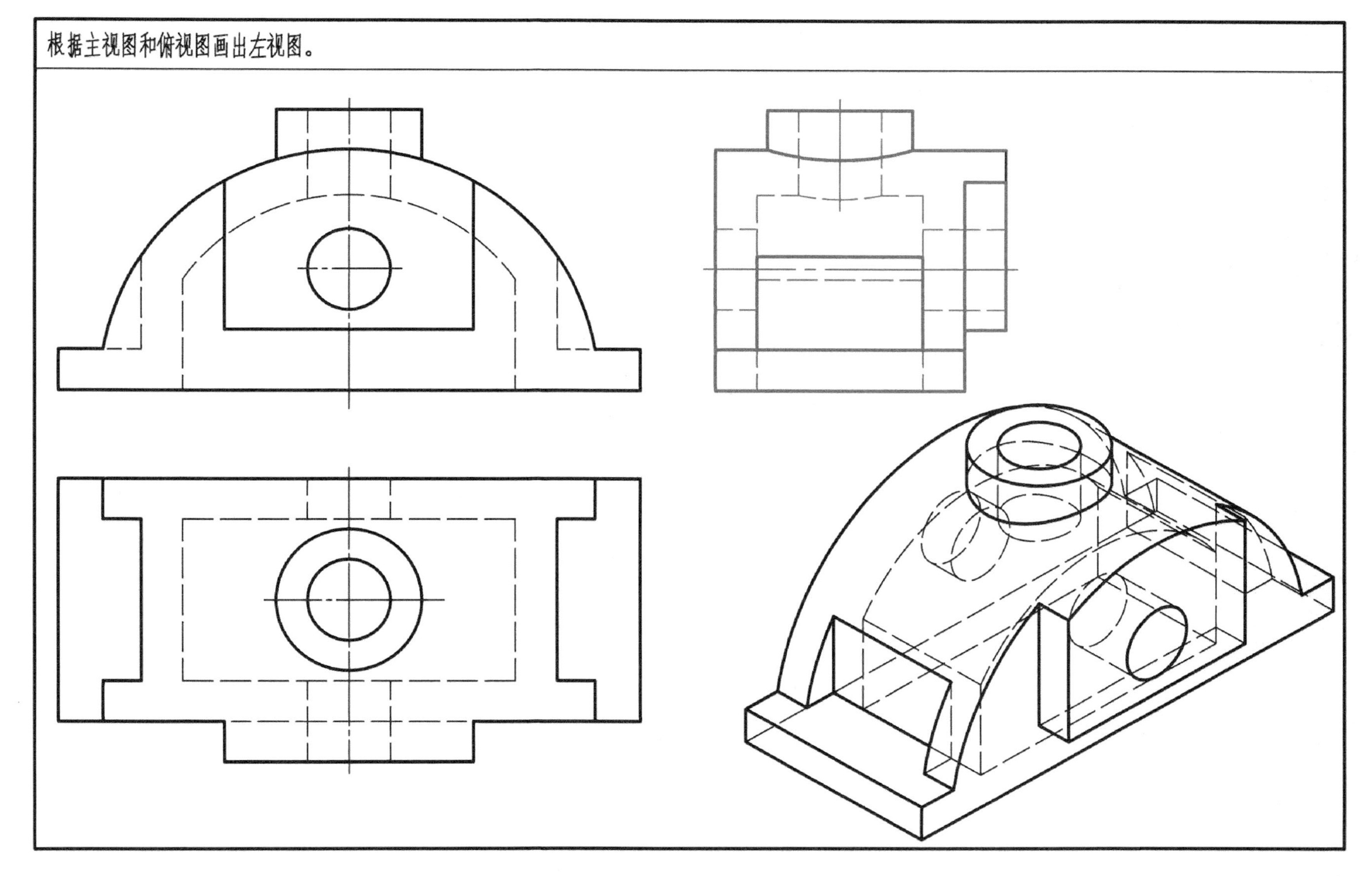

补画主视图和左视图中缺少的图线。

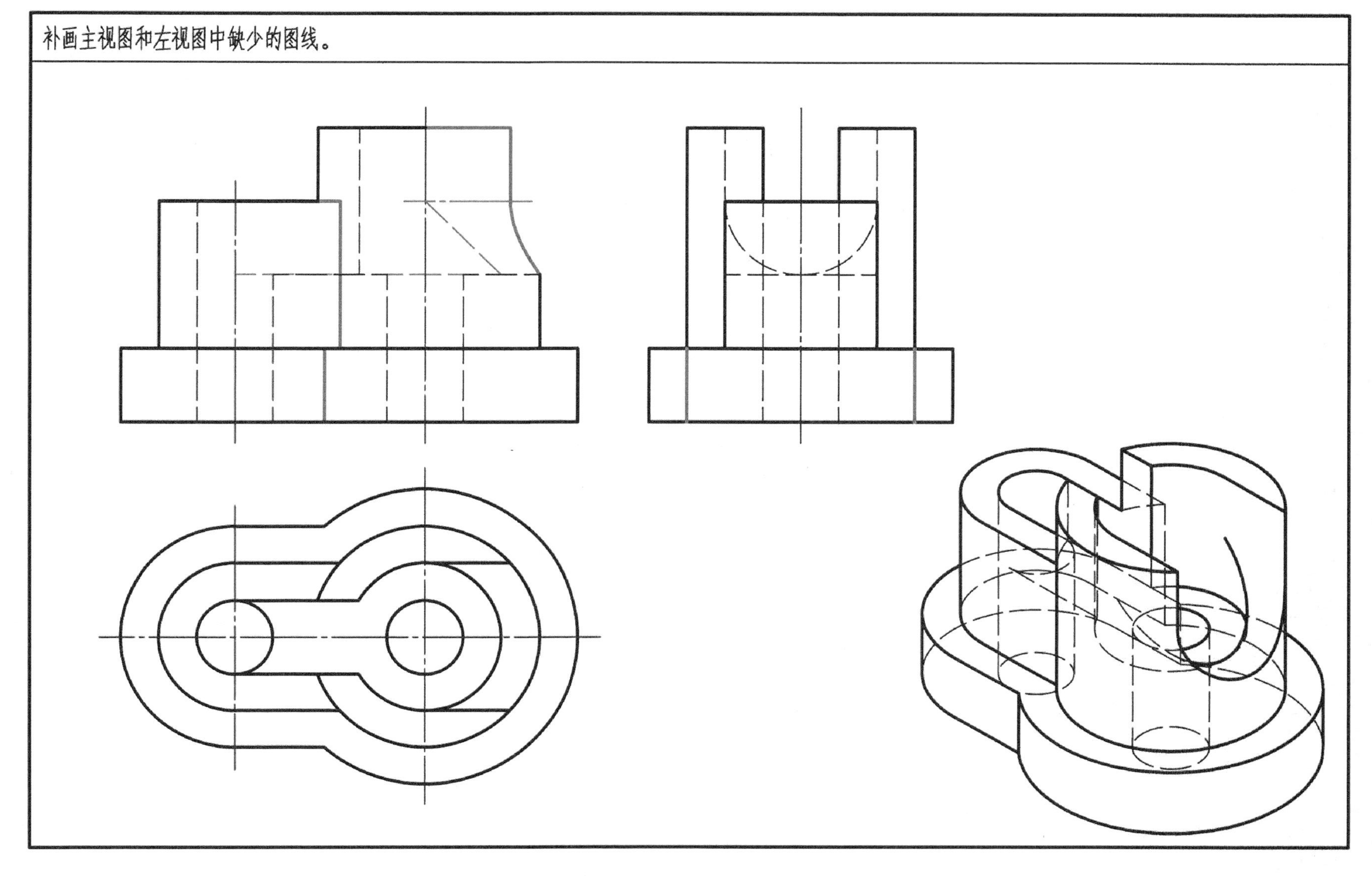

读懂物体的形状，补画三个视图中缺少的图线。

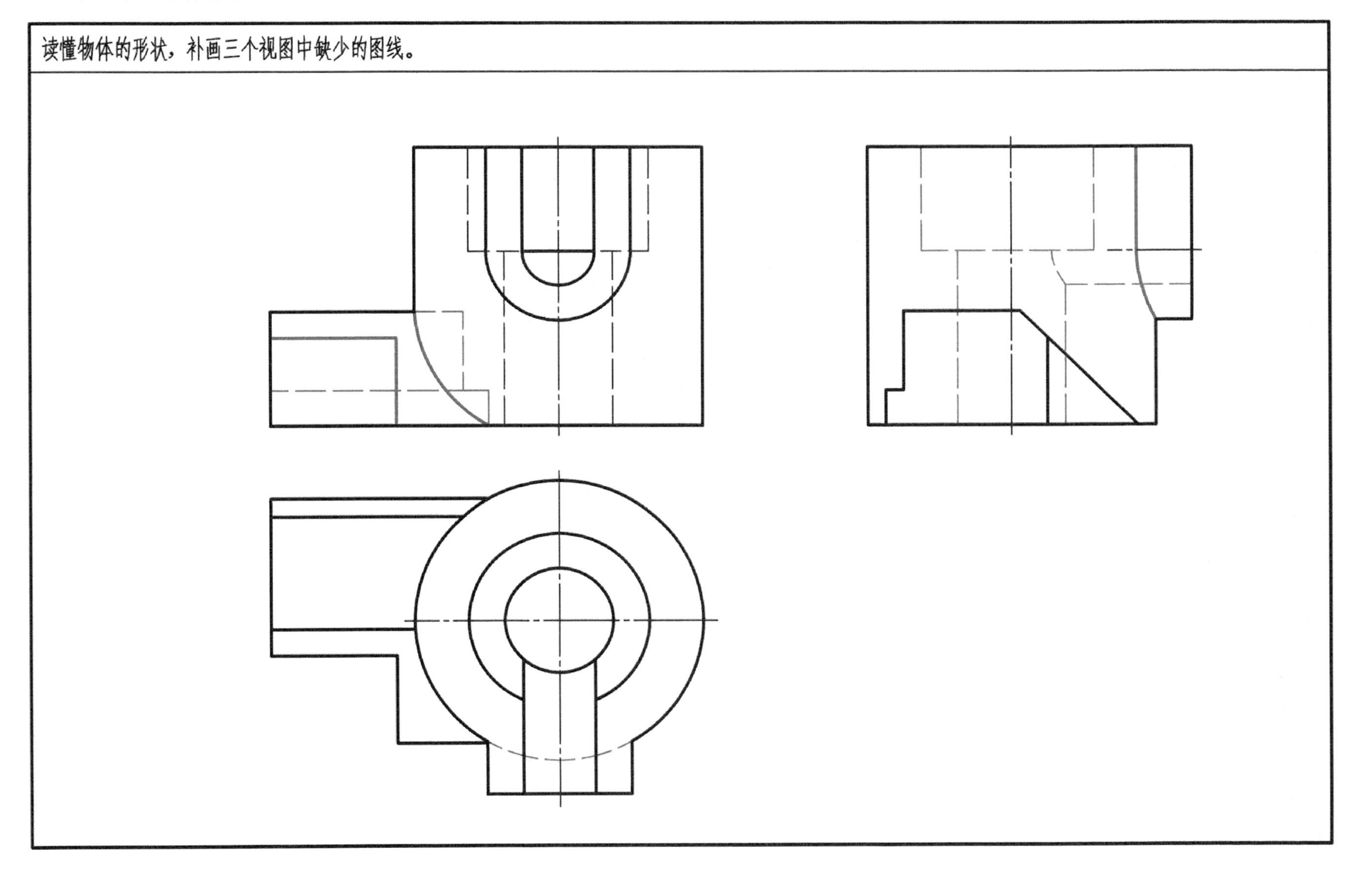

组合体尺寸标注

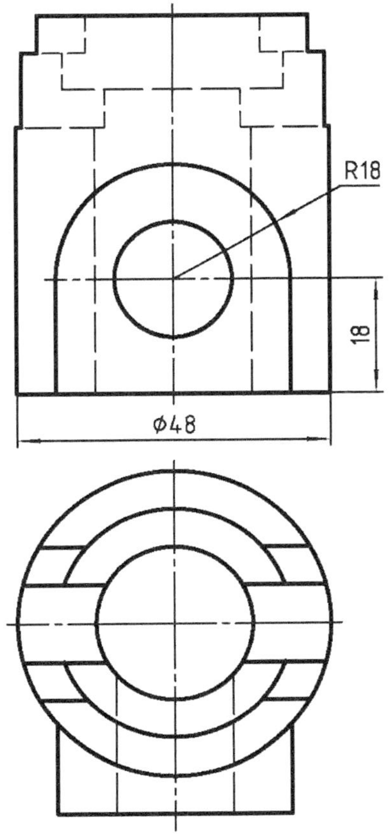

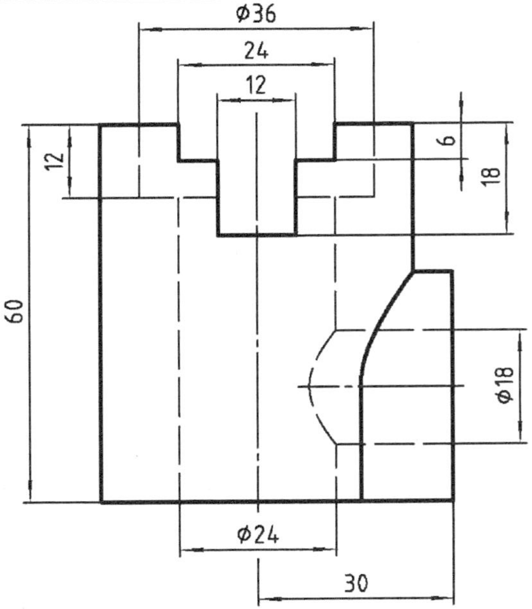

R18
18
Φ48
Φ36
24
12
12
6
18
60
Φ18
Φ24
30

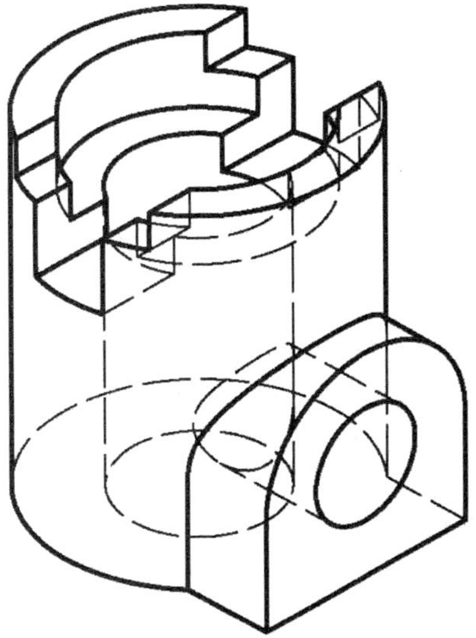

组合体尺寸标注

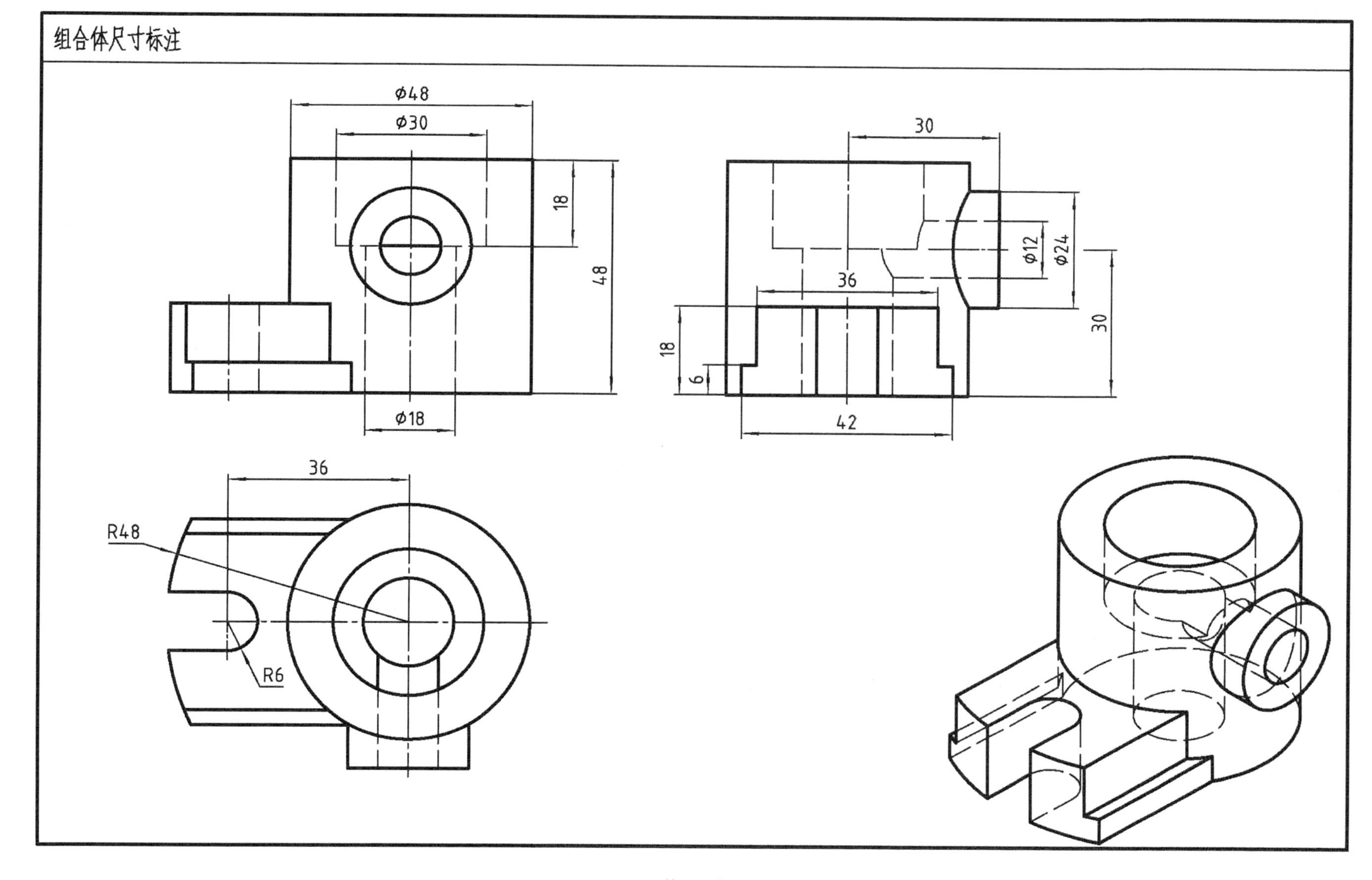

基本视图

在投影位置画出右视图、仰视图和后视图。

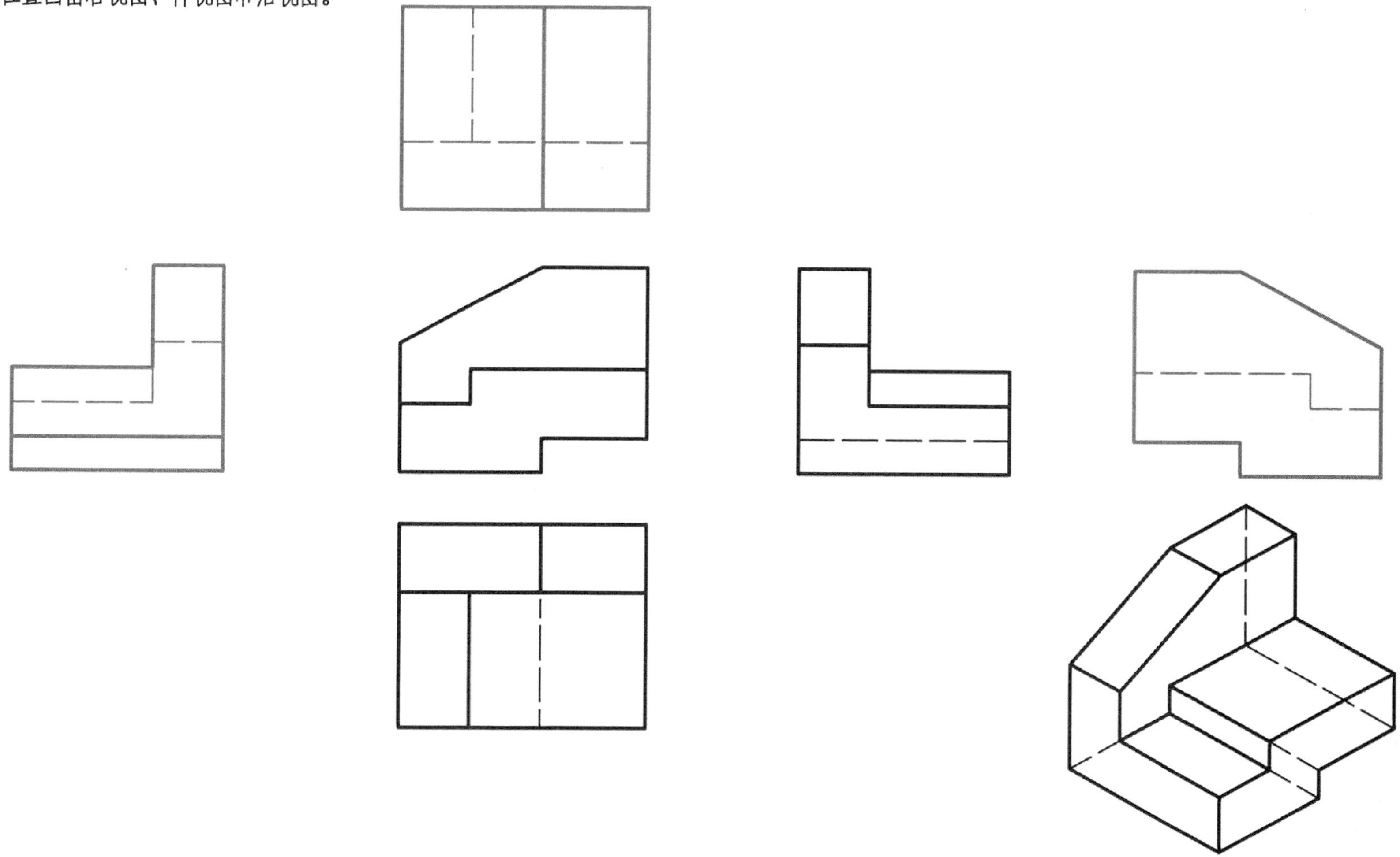

向视图

在指定位置画出A向视图。

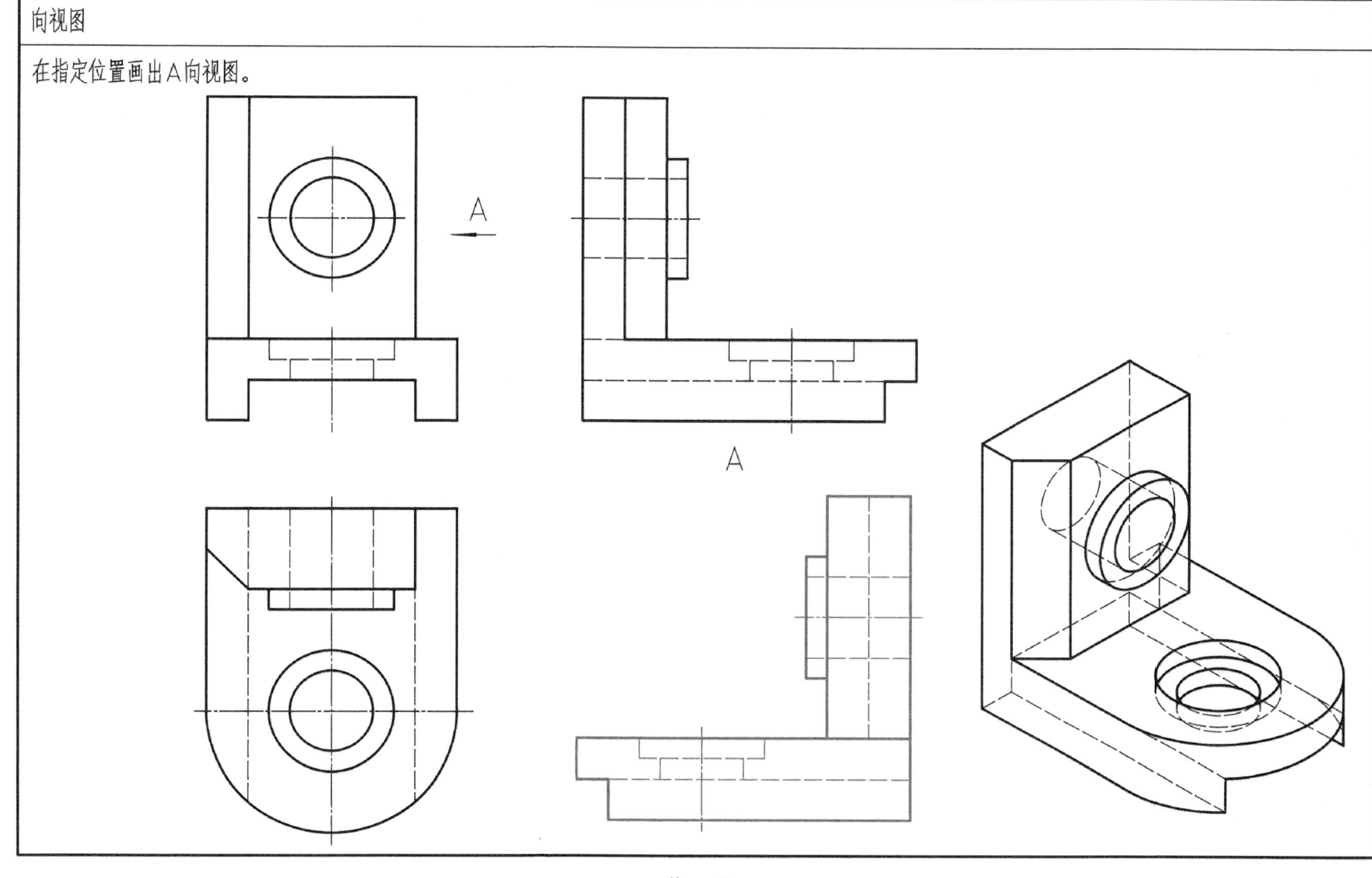

向视图

根据主视图和俯视图，在空白处画出A向视图。

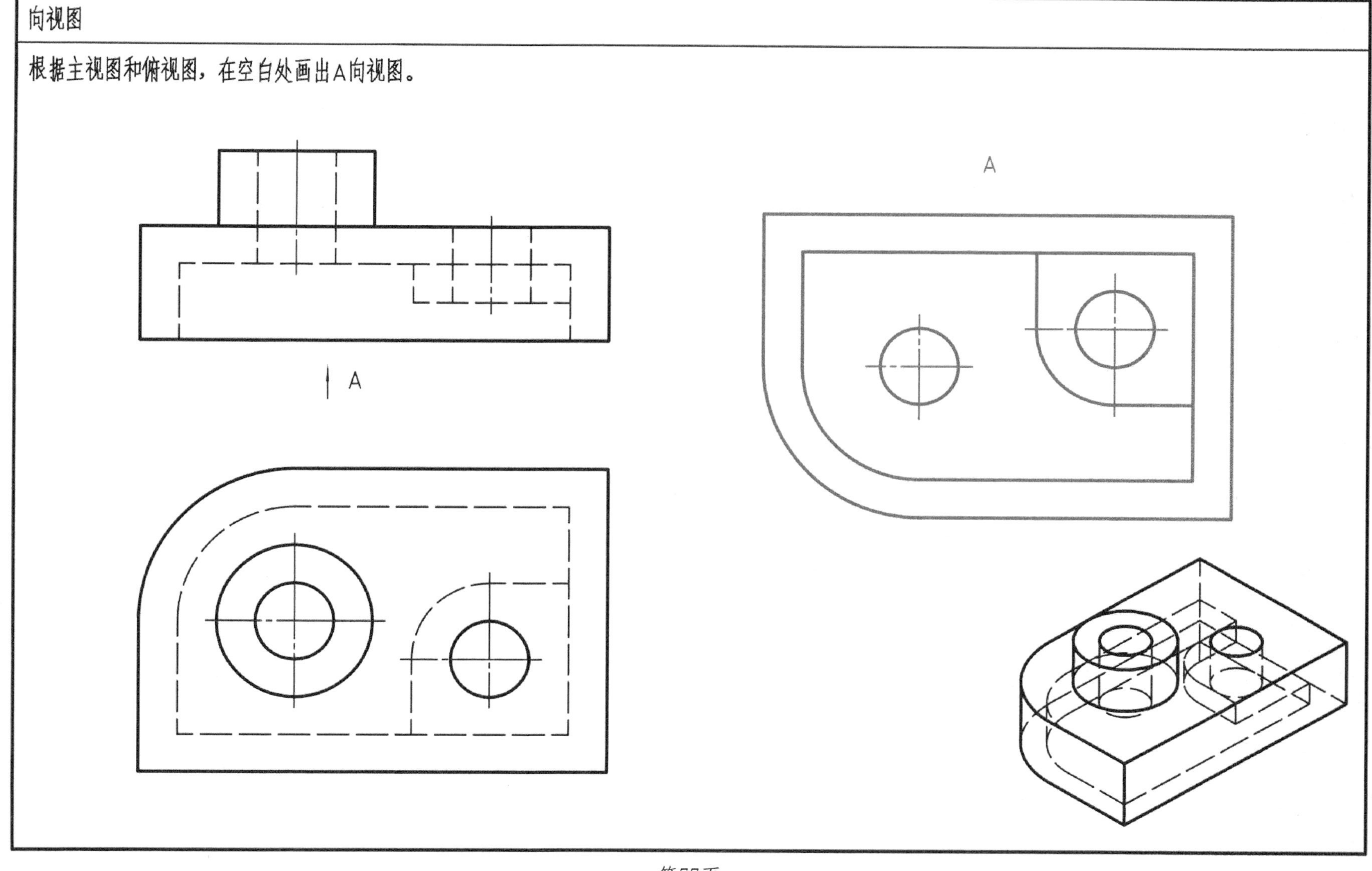

局部视图

在指定位置画出A向局部视图。

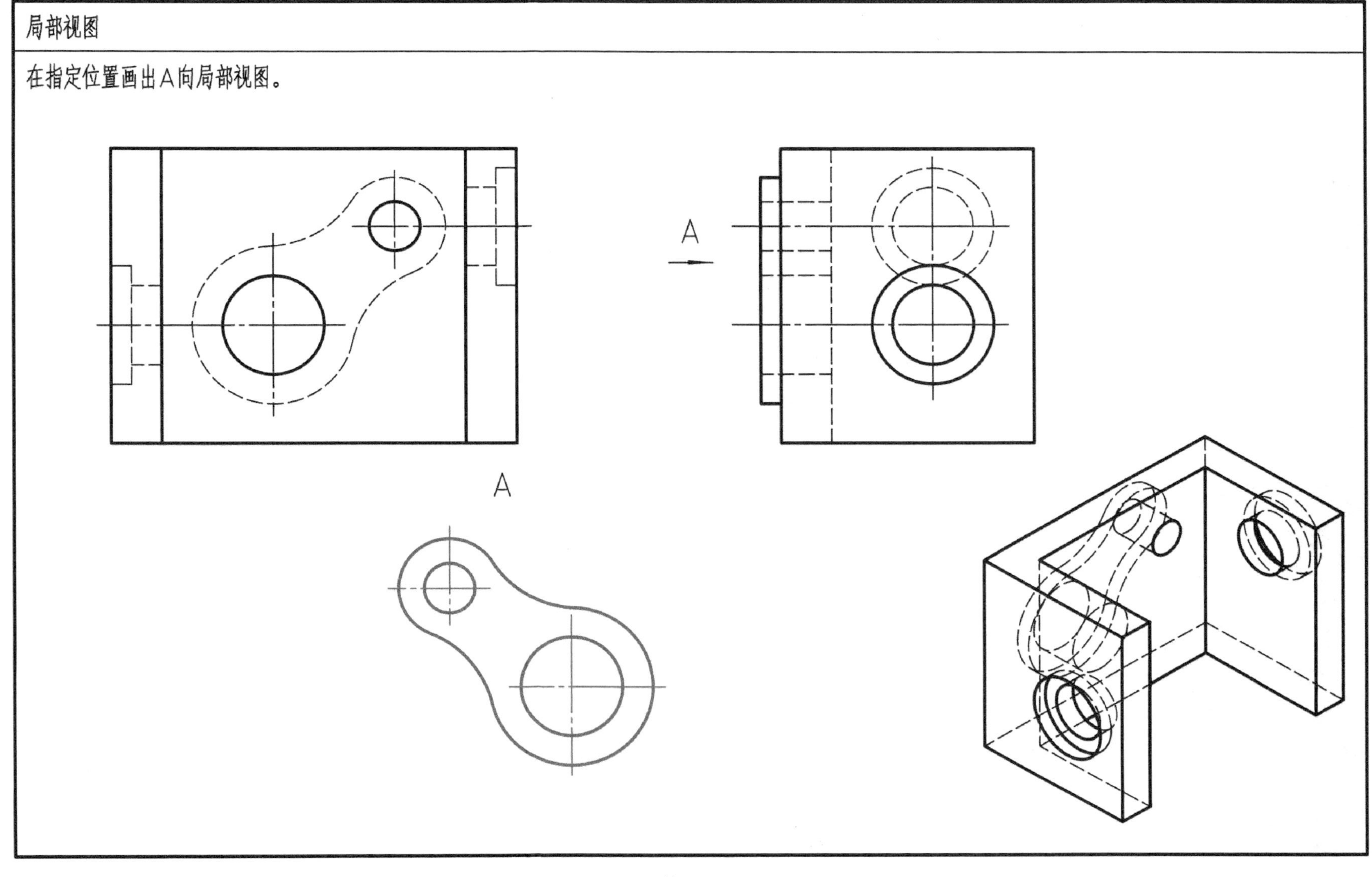

斜视图

在空白位置画出逆时针转正的A向斜视图

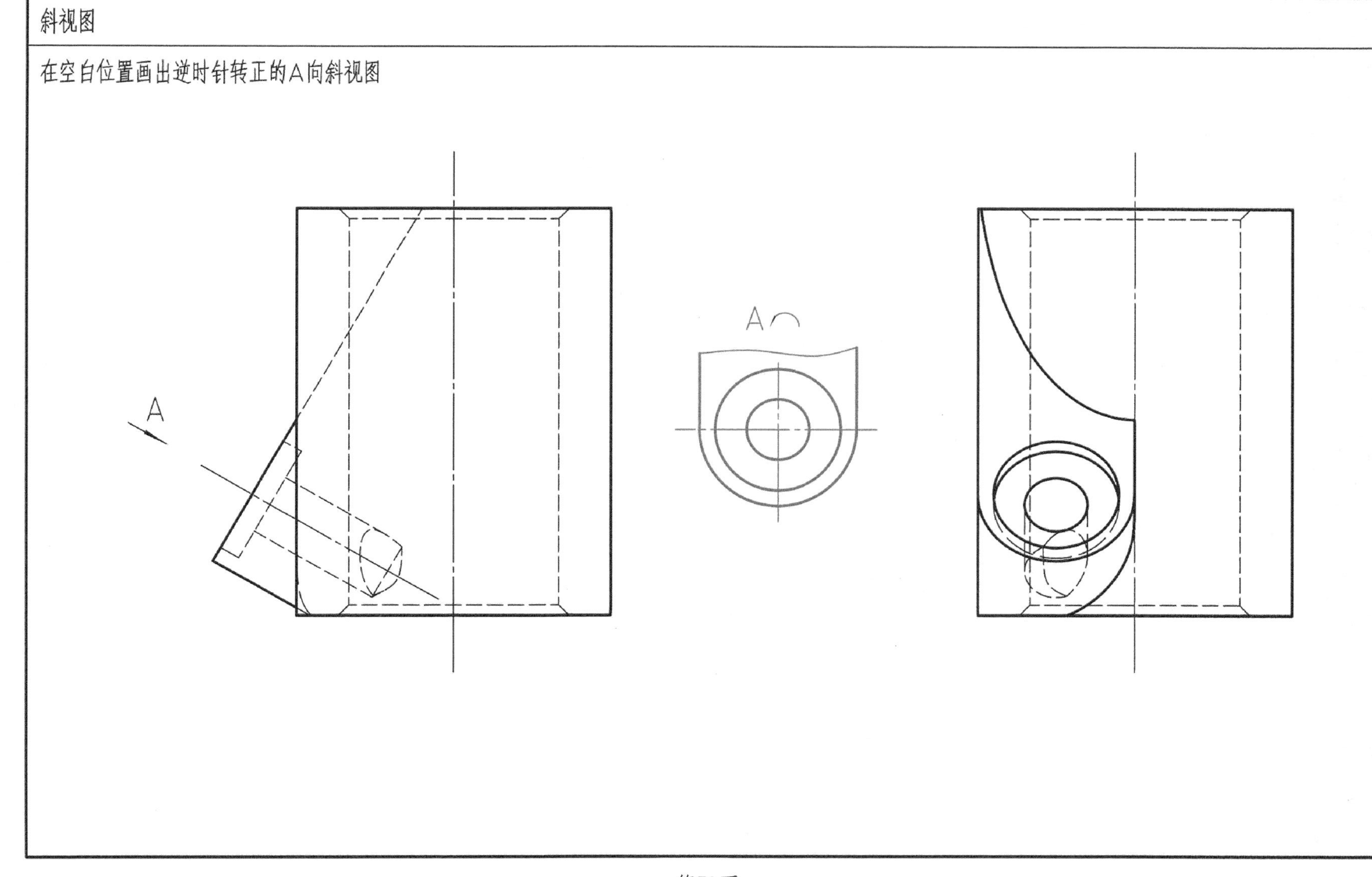

剖视图

根据三视图，在空白处画出A-A和B-B全剖视图。

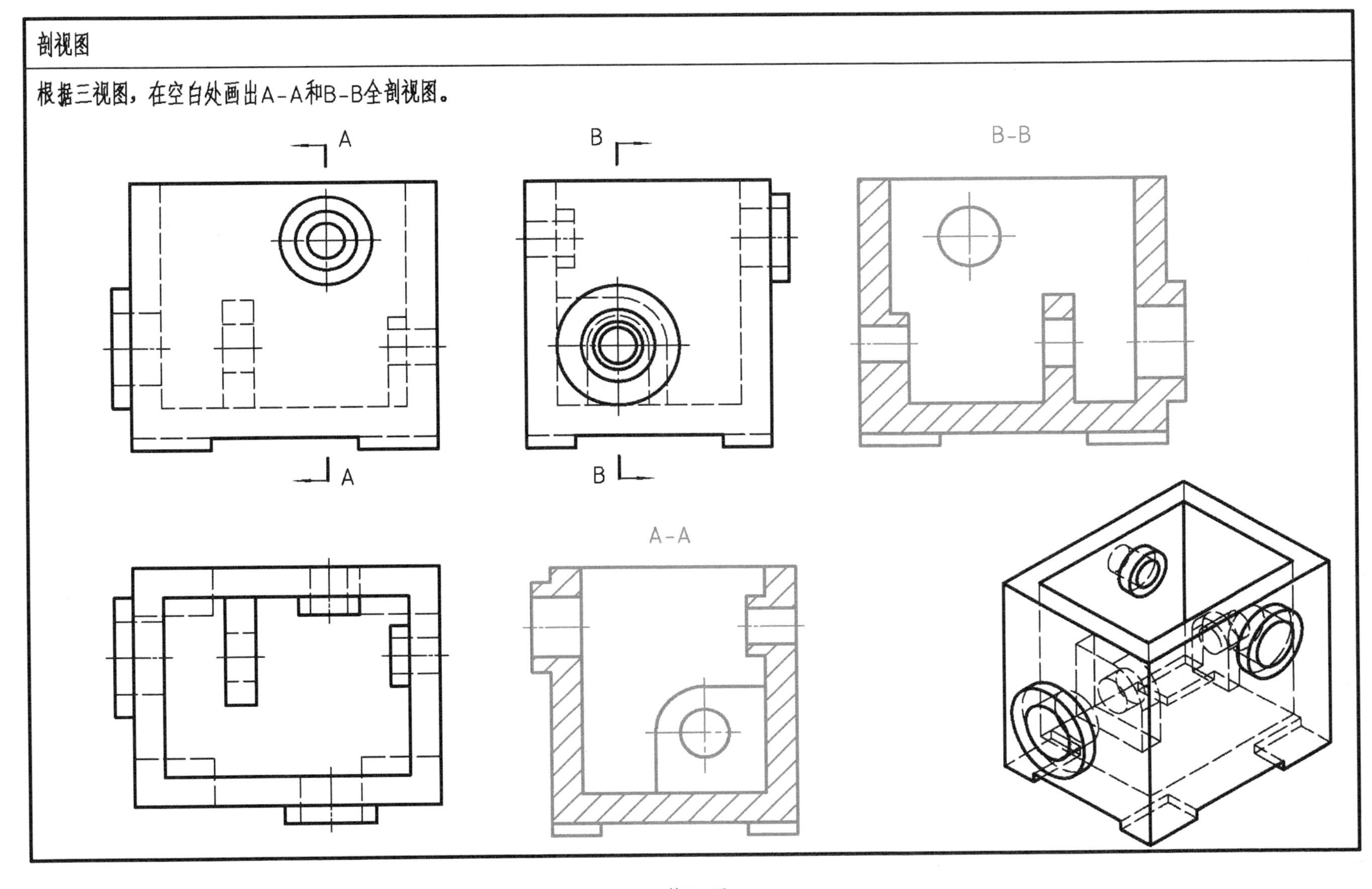

将主视图改造为半剖视图，左视图改造为全剖视图。

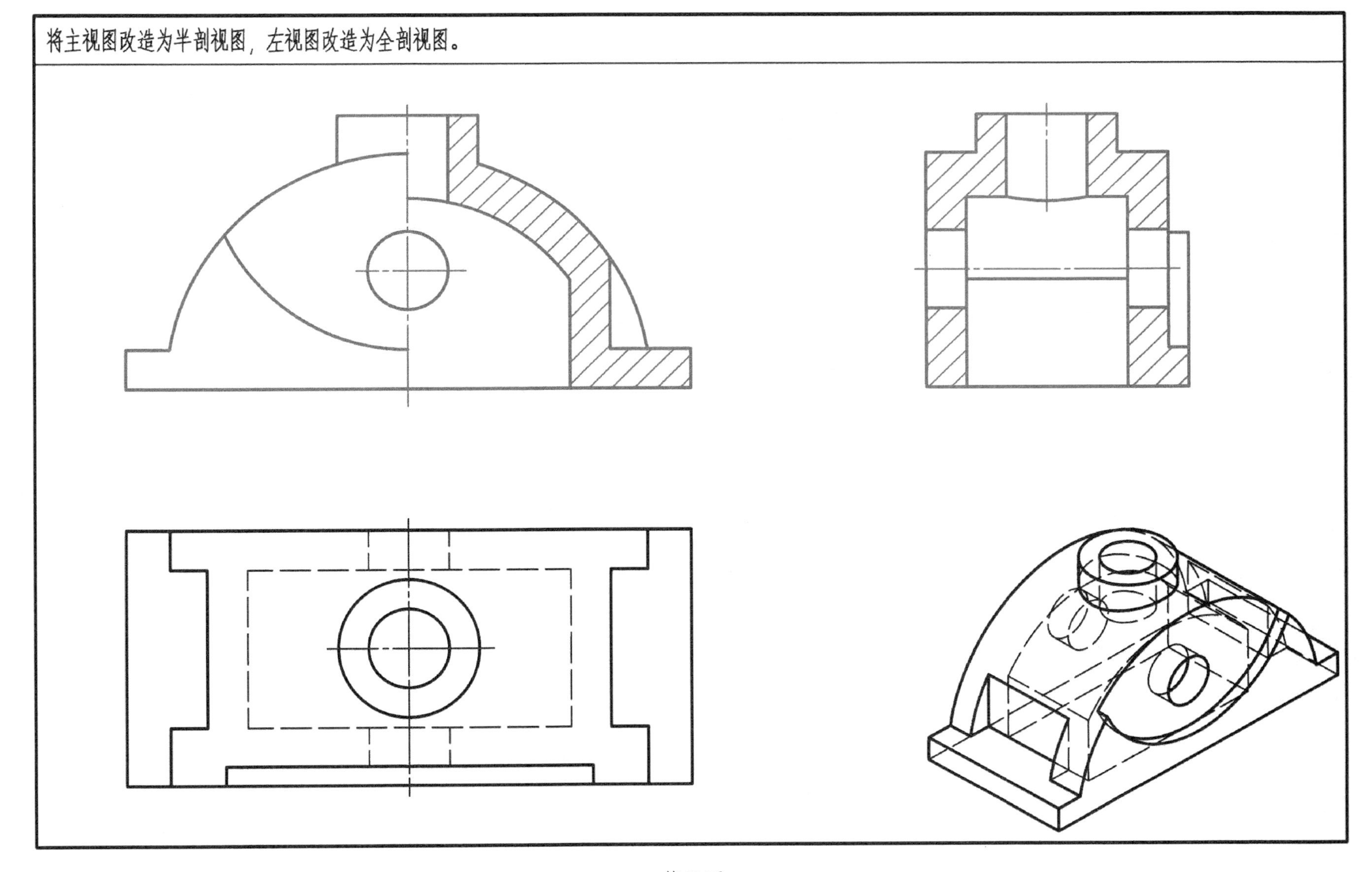

发现主视图、俯视图中局部剖视表达中的错误之处，画出正确的。

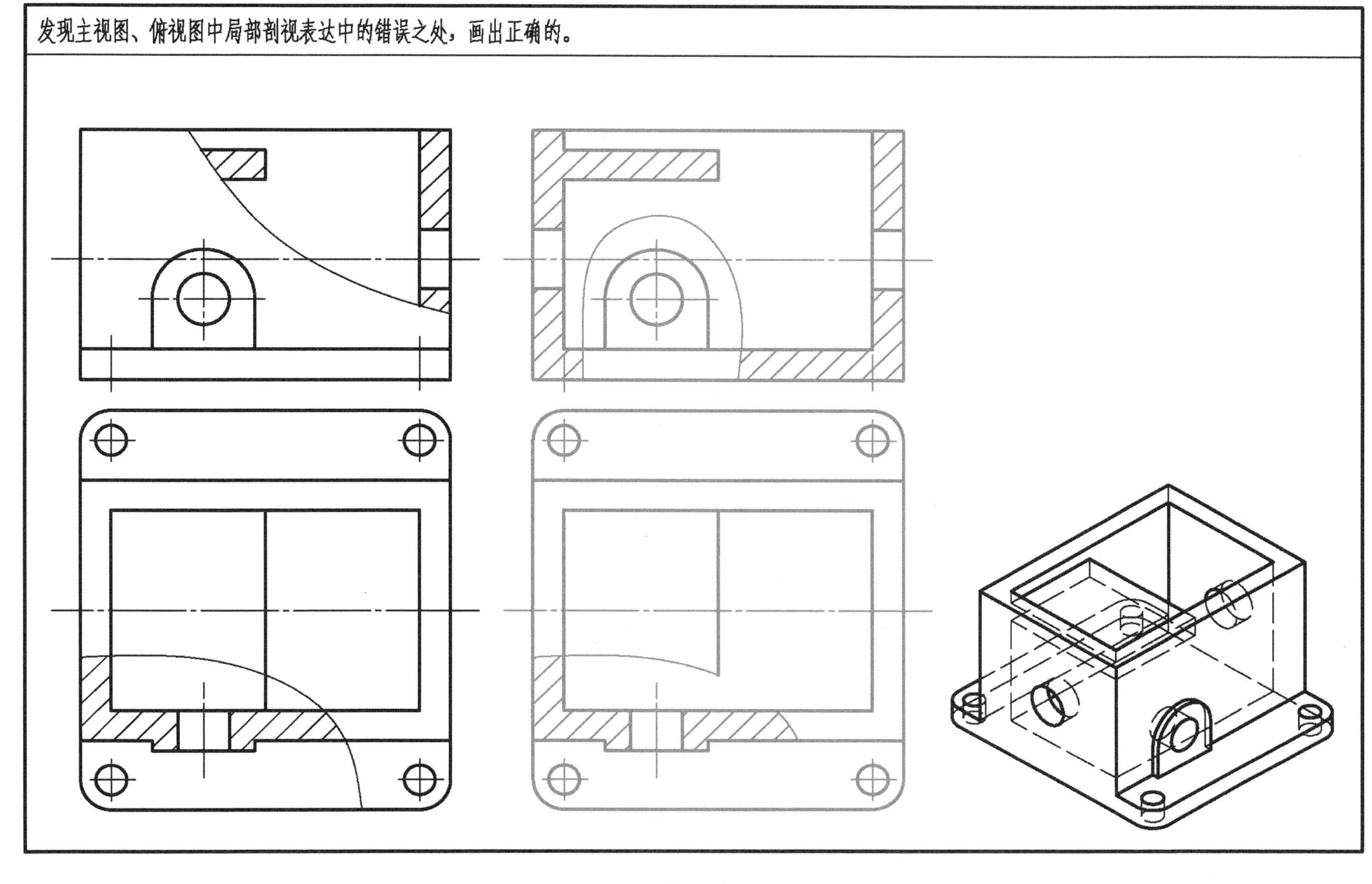

俯视图采用阶梯剖表达清楚所有孔的形状。

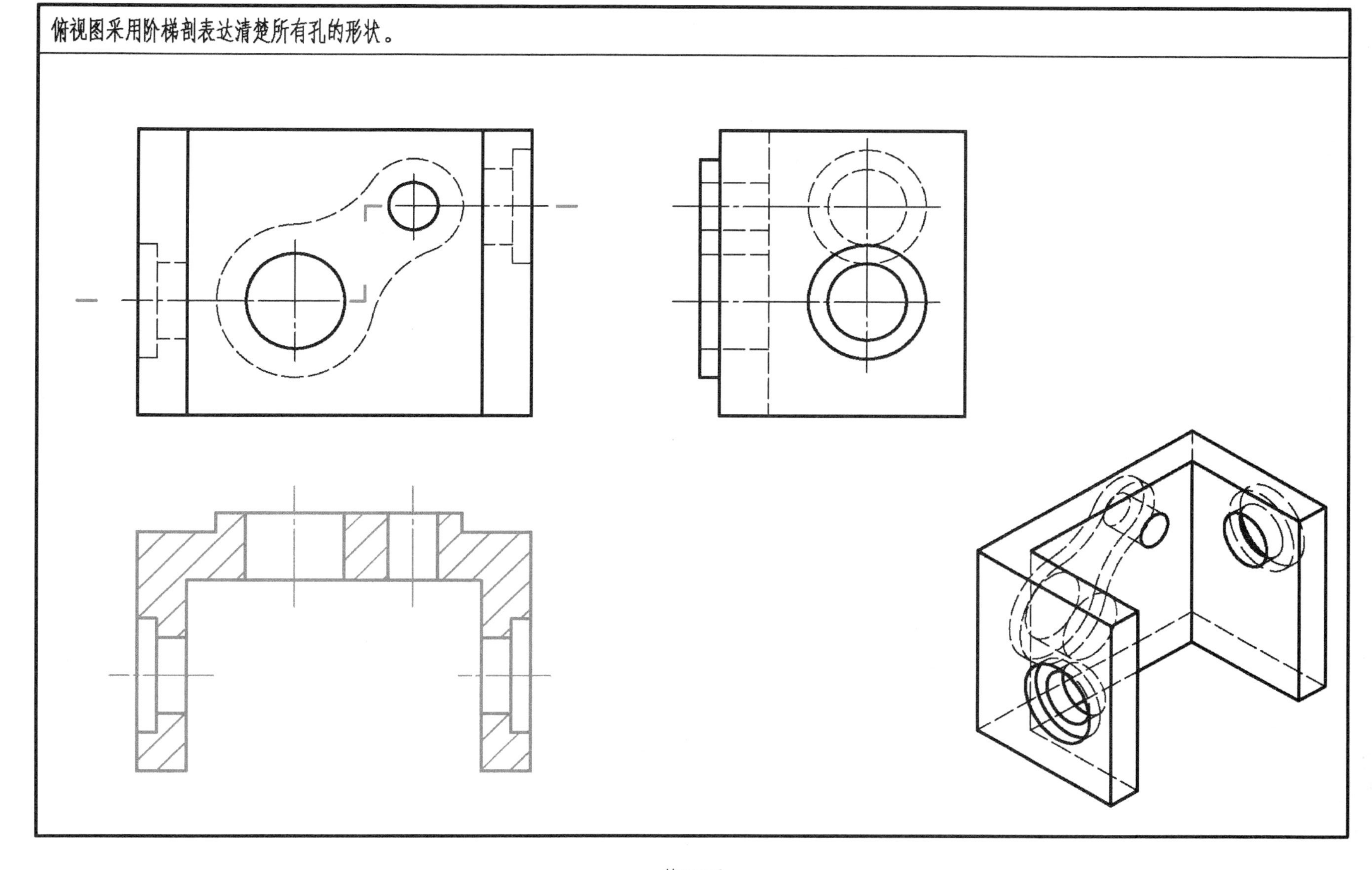

选用合适的表达方法表现零件的形状。

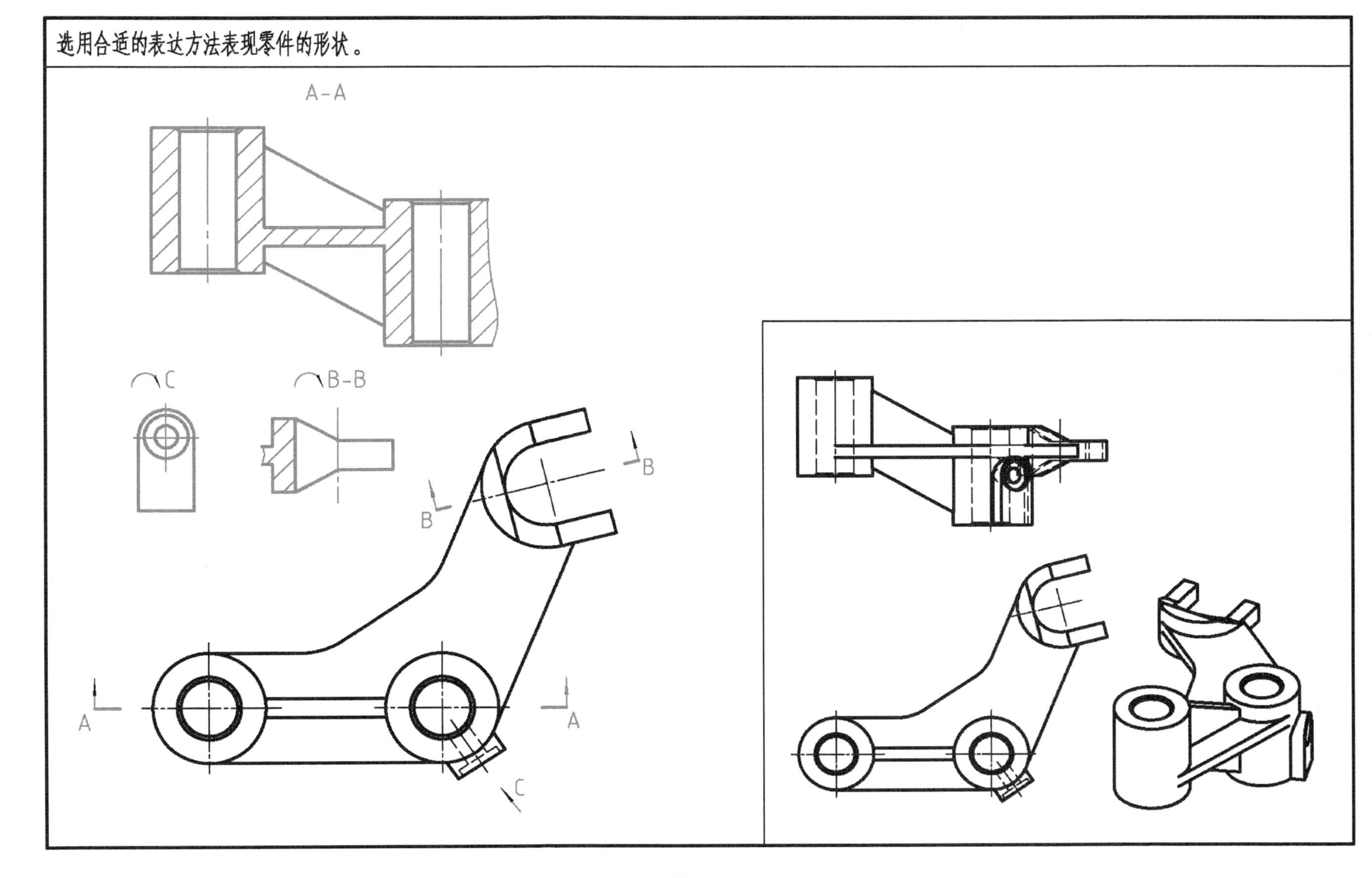

简化画法

画出半剖的主视图。

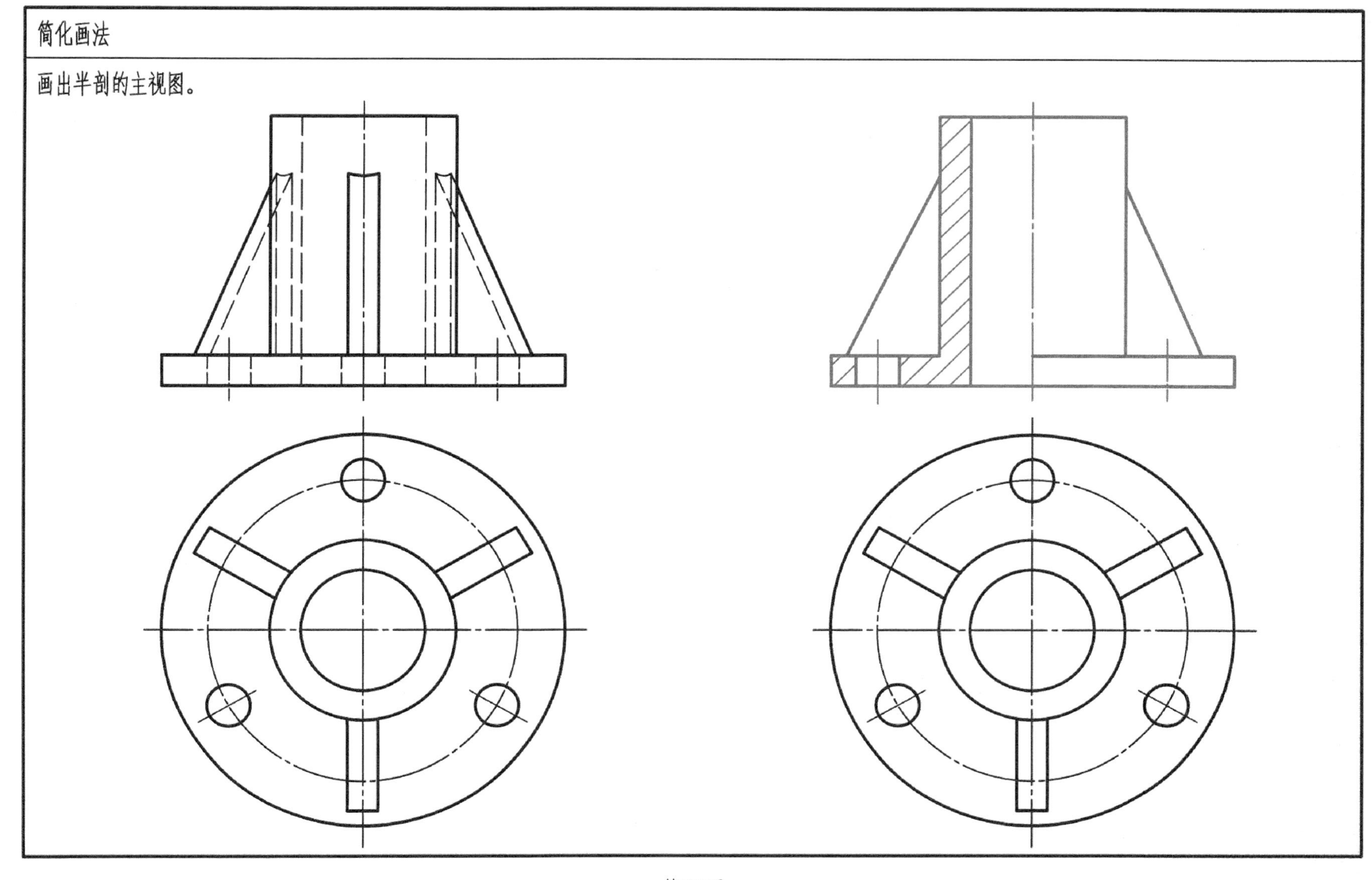

断面图

在指定位置画出断面图。

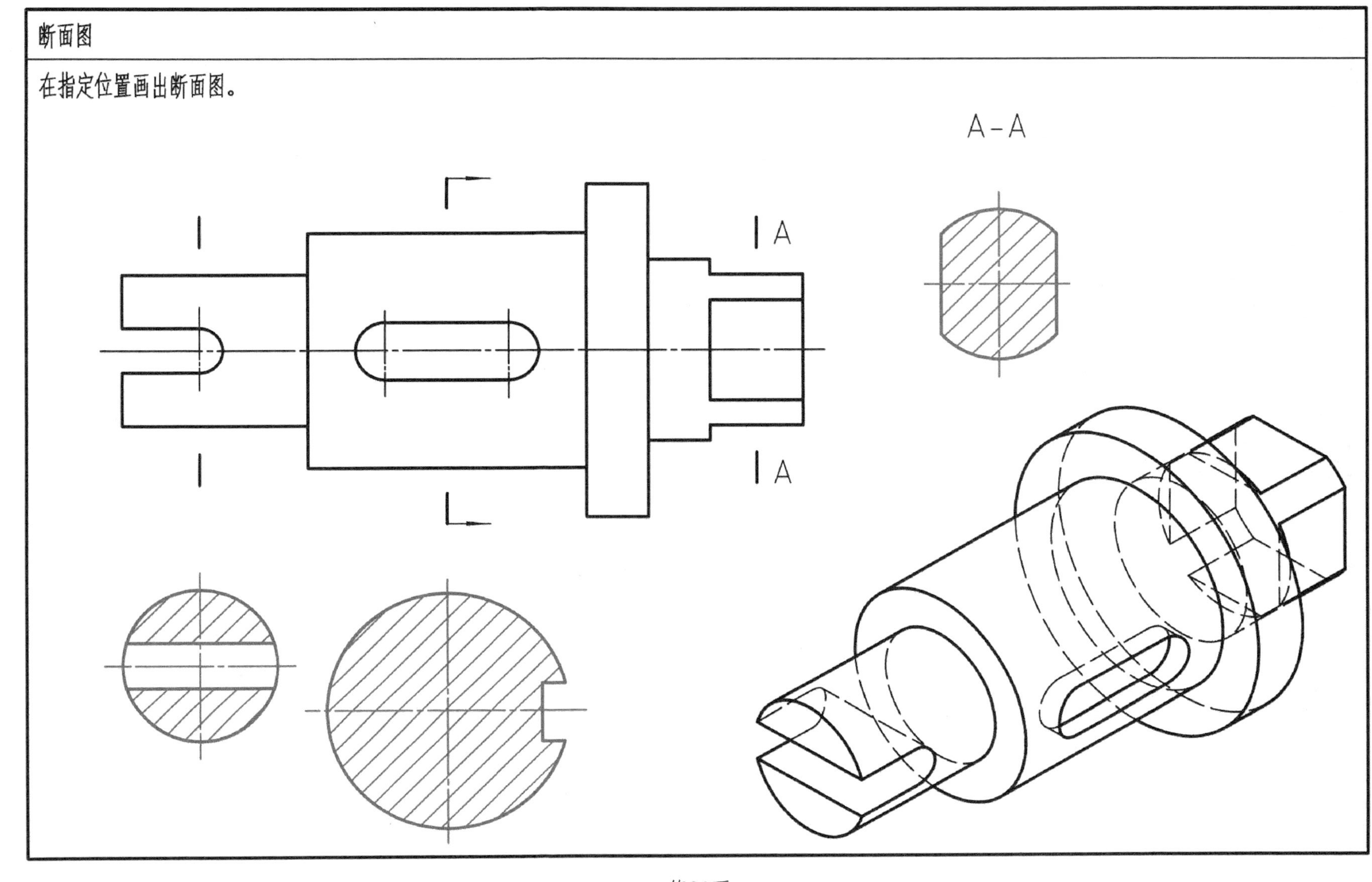

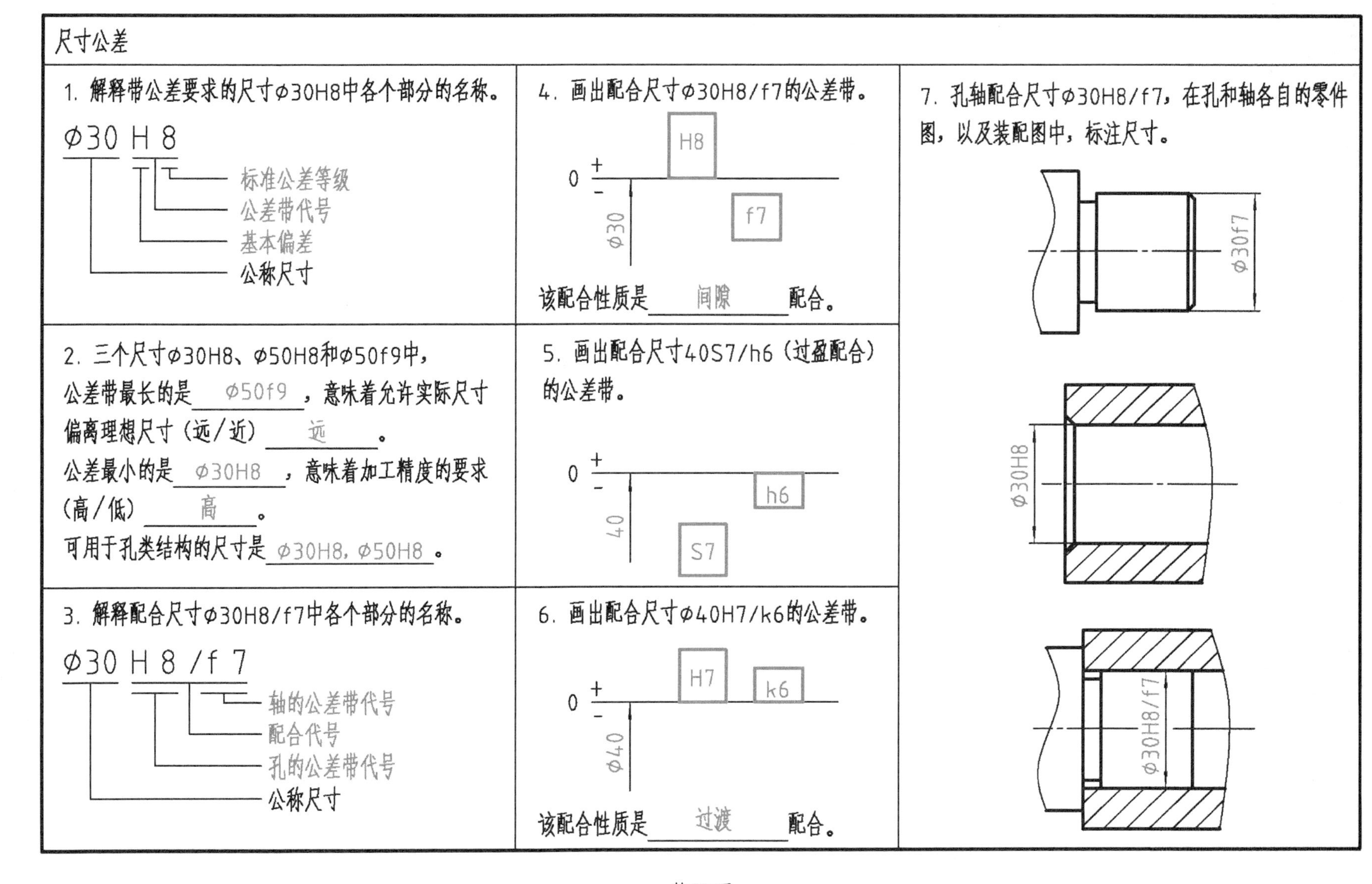

尺寸公差

1. 解释带公差要求的尺寸φ30H8中各个部分的名称。

2. 三个尺寸φ30H8、φ50H8和φ50f9中，公差带最长的是 φ50f9 ，意味着允许实际尺寸偏离理想尺寸（远/近） 远 。公差最小的是 φ30H8 ，意味着加工精度的要求（高/低） 高 。可用于孔类结构的尺寸是 φ30H8，φ50H8 。

3. 解释配合尺寸φ30H8/f7中各个部分的名称。

4. 画出配合尺寸φ30H8/f7的公差带。

该配合性质是 间隙 配合。

5. 画出配合尺寸40S7/h6（过盈配合）的公差带。

6. 画出配合尺寸φ40H7/k6的公差带。

该配合性质是 过渡 配合。

7. 孔轴配合尺寸φ30H8/f7，在孔和轴各自的零件图，以及装配图中，标注尺寸。

几何公差

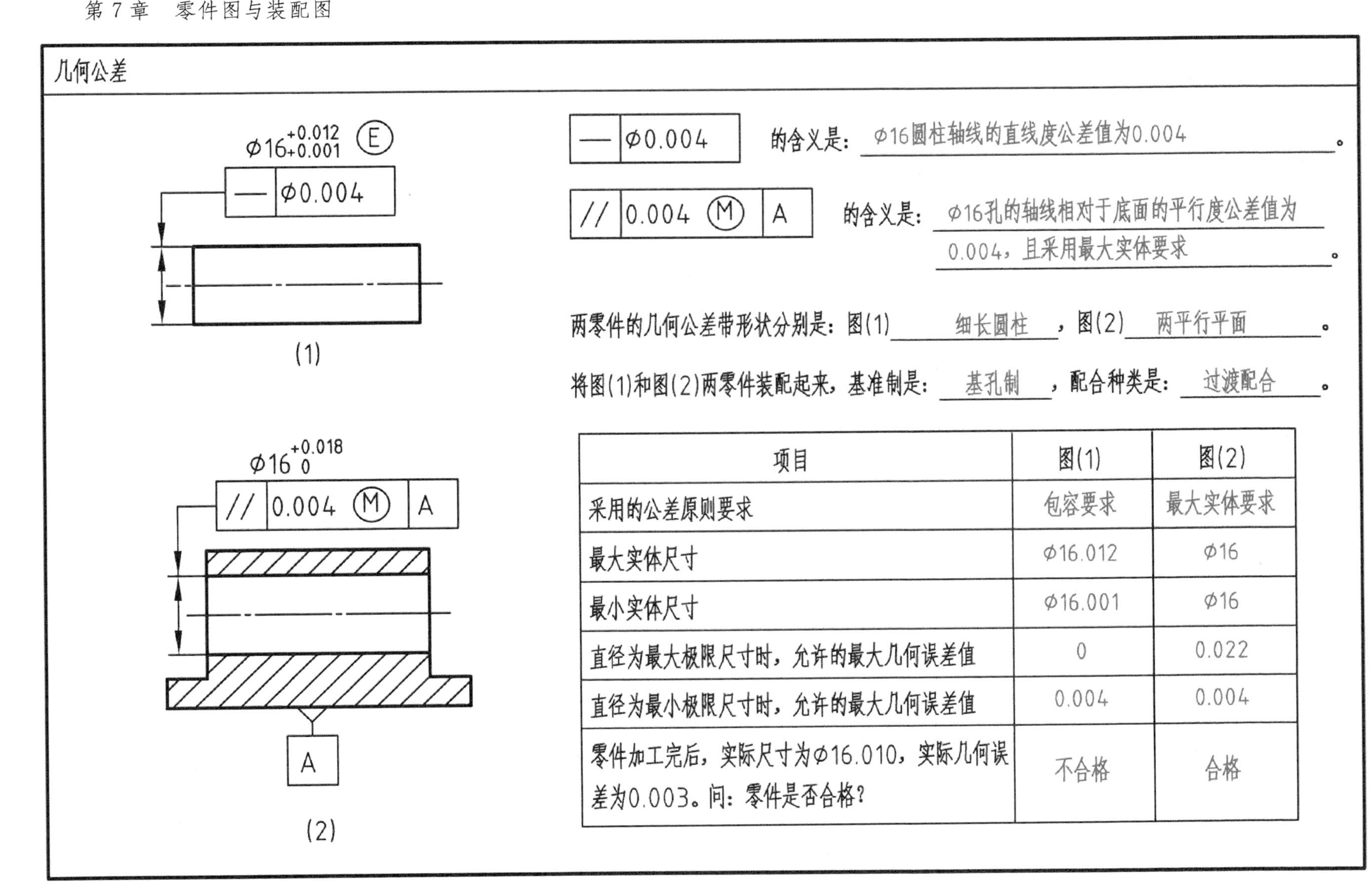

| — | Φ0.004 | 的含义是：Φ16圆柱轴线的直线度公差值为0.004。

| // | 0.004 M | A | 的含义是：Φ16孔的轴线相对于底面的平行度公差值为0.004，且采用最大实体要求。

两零件的几何公差带形状分别是：图(1) 细长圆柱，图(2) 两平行平面。

将图(1)和图(2)两零件装配起来，基准制是：基孔制，配合种类是：过渡配合。

项目	图(1)	图(2)
采用的公差原则要求	包容要求	最大实体要求
最大实体尺寸	Φ16.012	Φ16
最小实体尺寸	Φ16.001	Φ16
直径为最大极限尺寸时，允许的最大几何误差值	0	0.022
直径为最小极限尺寸时，允许的最大几何误差值	0.004	0.004
零件加工完后，实际尺寸为Φ16.010，实际几何误差为0.003。问：零件是否合格？	不合格	合格

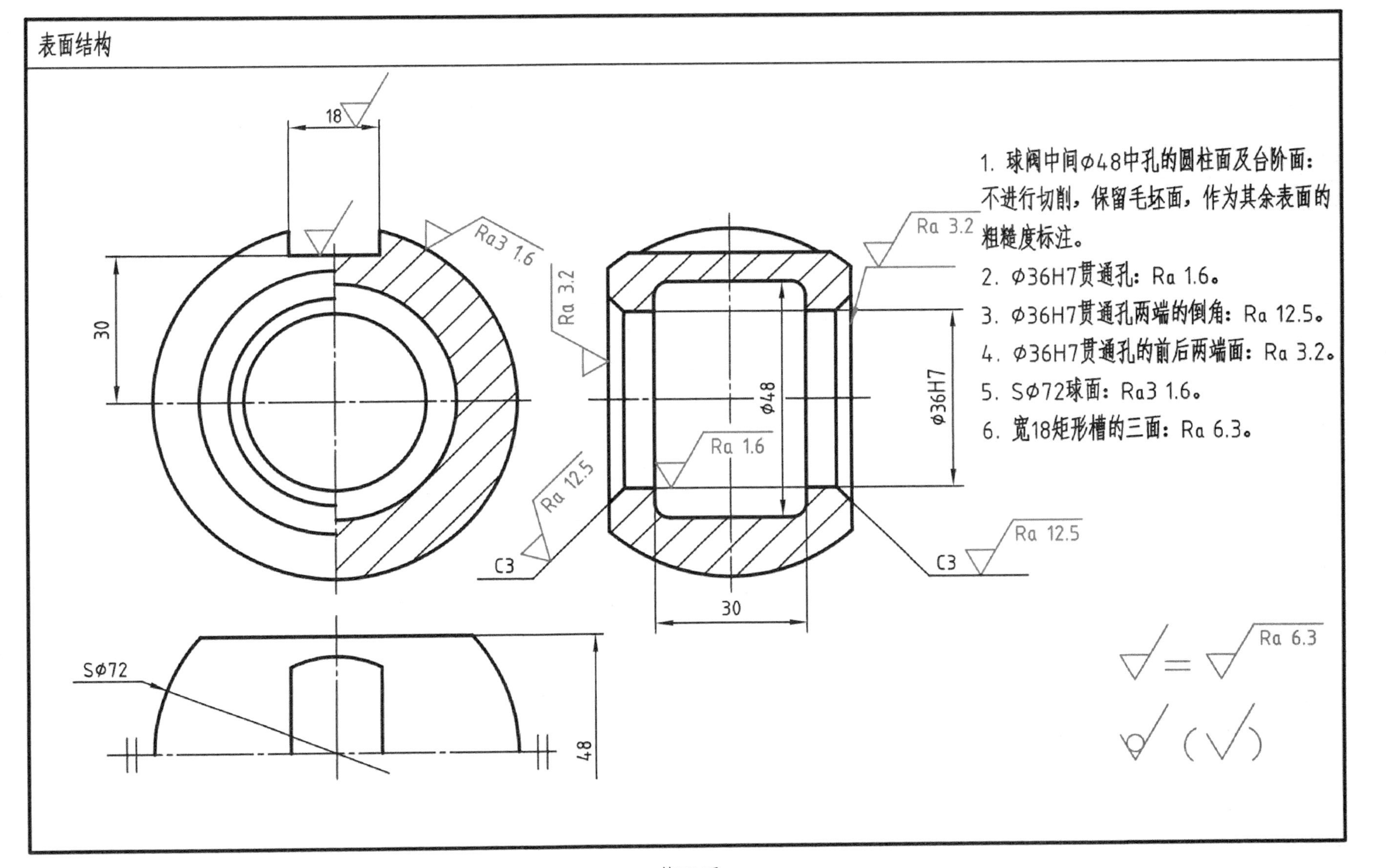
表面结构
18
30
Ra3 1.6
Ra 3.2
Ra 12.5
C3
Ra 1.6
φ48
φ36H7
30
Ra 3.2
Ra 12.5
C3
SΦ72
48
1. 球阀中间φ48中孔的圆柱面及台阶面：不进行切削，保留毛坯面，作为其余表面的粗糙度标注。
2. Φ36H7贯通孔：Ra 1.6。
3. Φ36H7贯通孔两端的倒角：Ra 12.5。
4. Φ36H7贯通孔的前后两端面：Ra 3.2。
5. SΦ72球面：Ra3 1.6。
6. 宽18矩形槽的三面：Ra 6.3。
Ra 6.3

螺纹

1. 找出以下螺纹画法中的错误，将正确的画在下方。

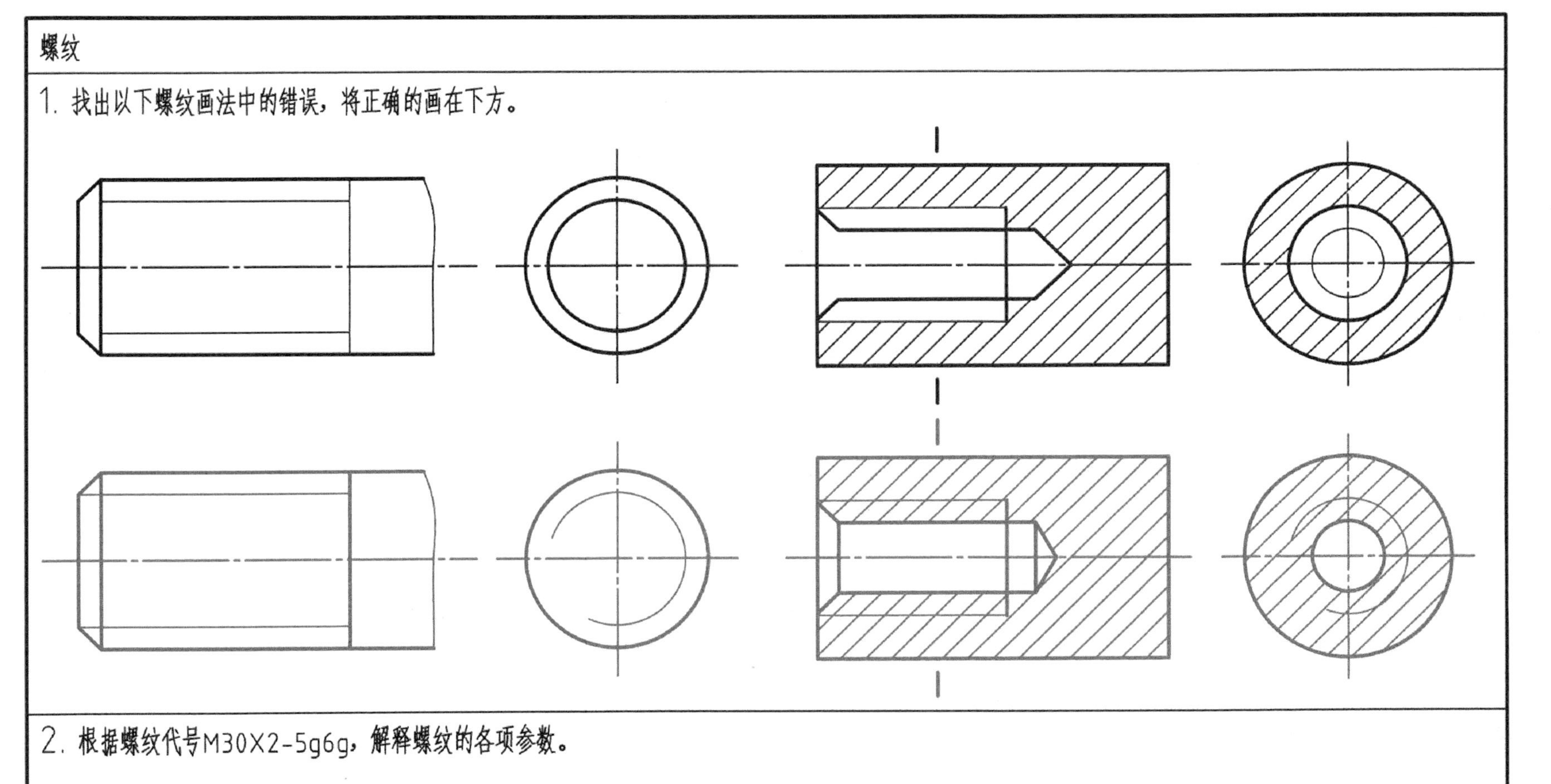

2. 根据螺纹代号M30X2-5g6g，解释螺纹的各项参数。

普通螺纹，外螺纹，细牙，大径30，螺距2，右旋，中径公差带代号5g，顶径公差带代号6g，旋合长度中等。

螺纹紧固装配图

在指定位置，按比例画法，画出螺栓联接、螺柱联接和螺钉联接的装配图。

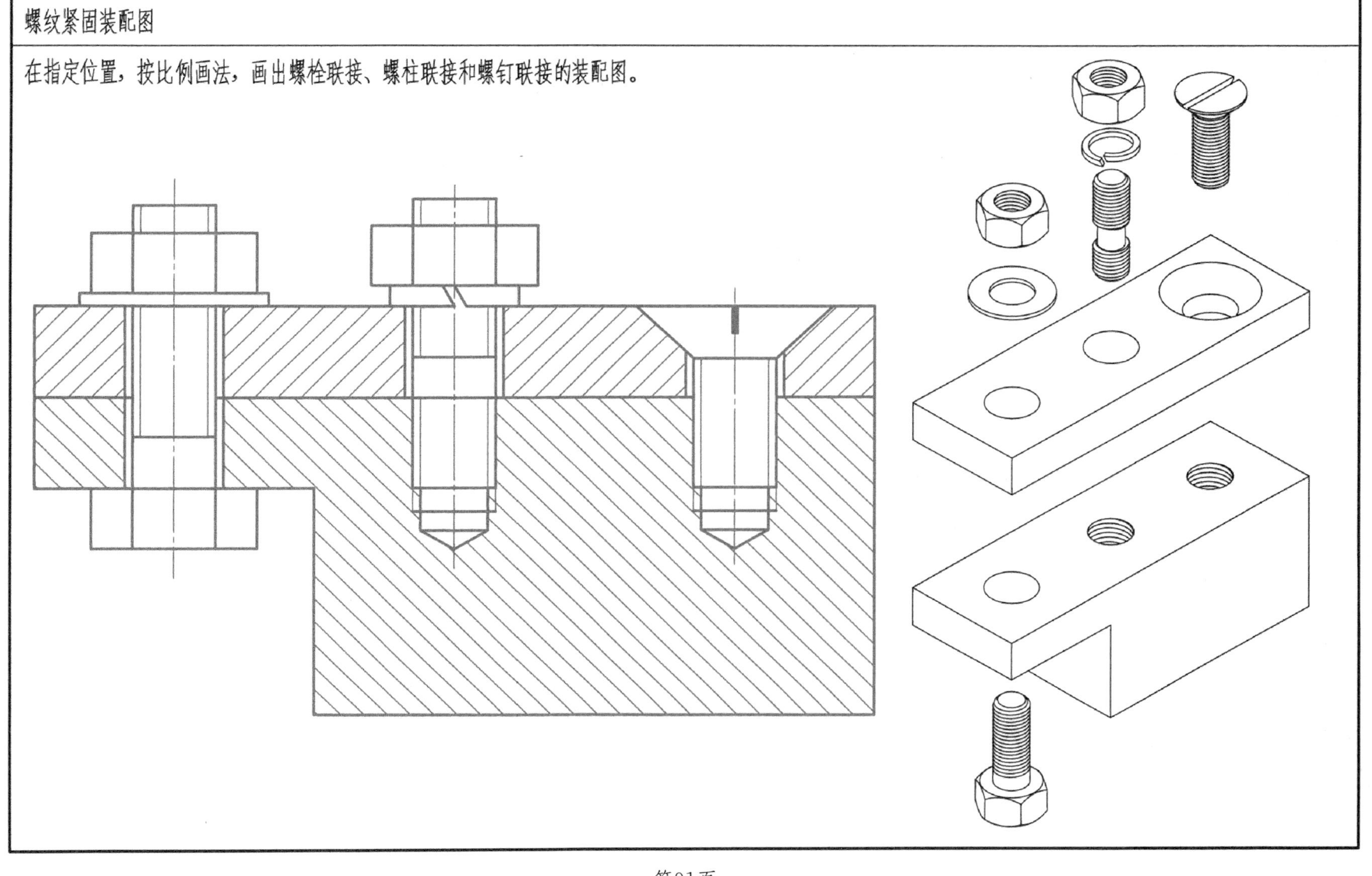

螺纹旋合

找出左图中两处螺纹联接画法上的错误，在右边画出正确的。

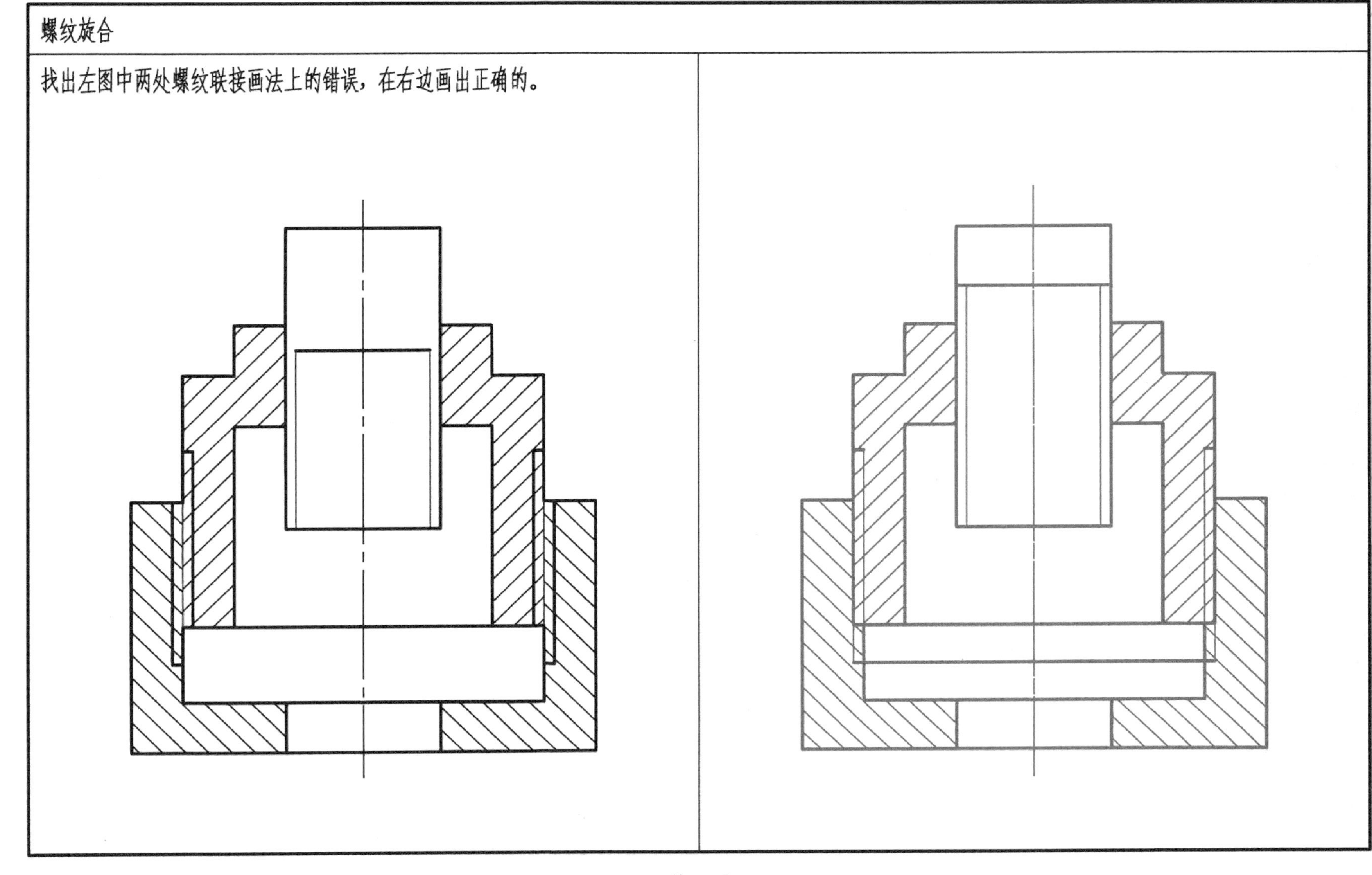

齿轮

直齿圆柱齿轮，模数 $m=4$。画出轮齿部分，完成两视图。

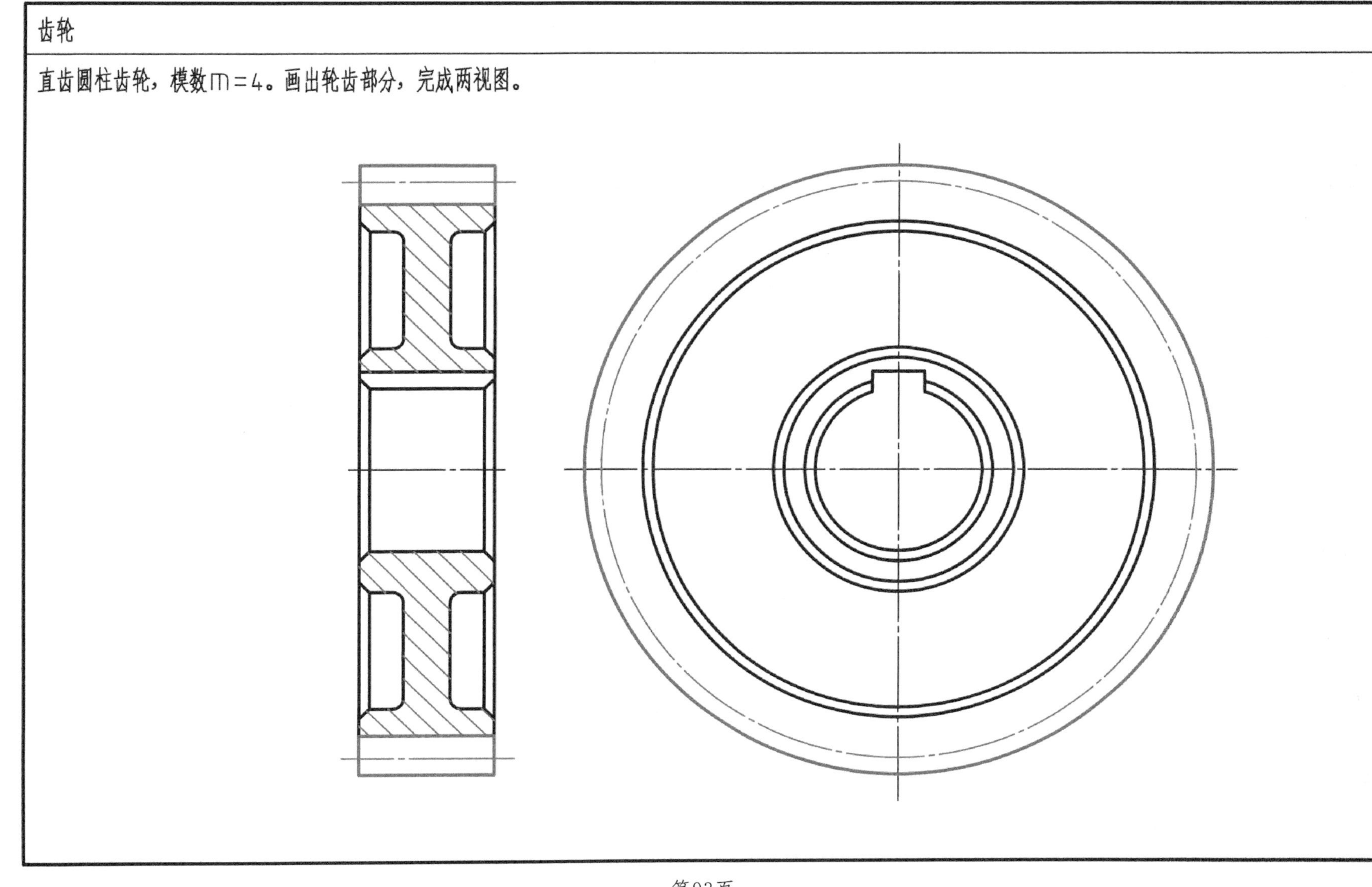

齿轮啮合

相似于轴测图自定尺寸，画出两齿轮啮合状态下的装配图。非圆视图为主视图，全剖；有圆视图为左视图，不剖。

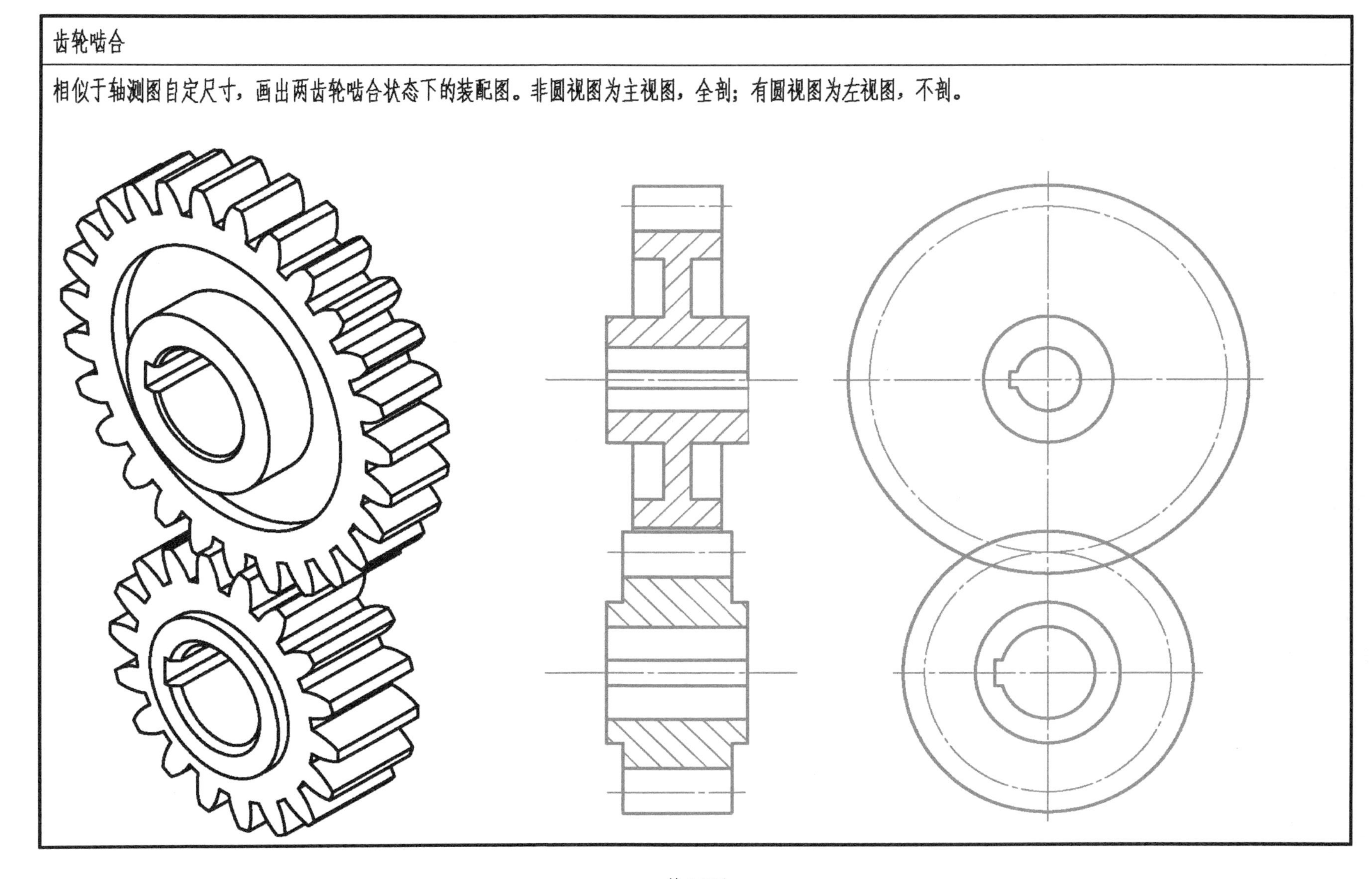

键、销和轴承

1. 找出图中有关键联接、销联接和轴承画法上的错误，将正确的画在右边。

2. 解读以下轴承代号，然后按照规定画法画出此类轴承的剖视图。

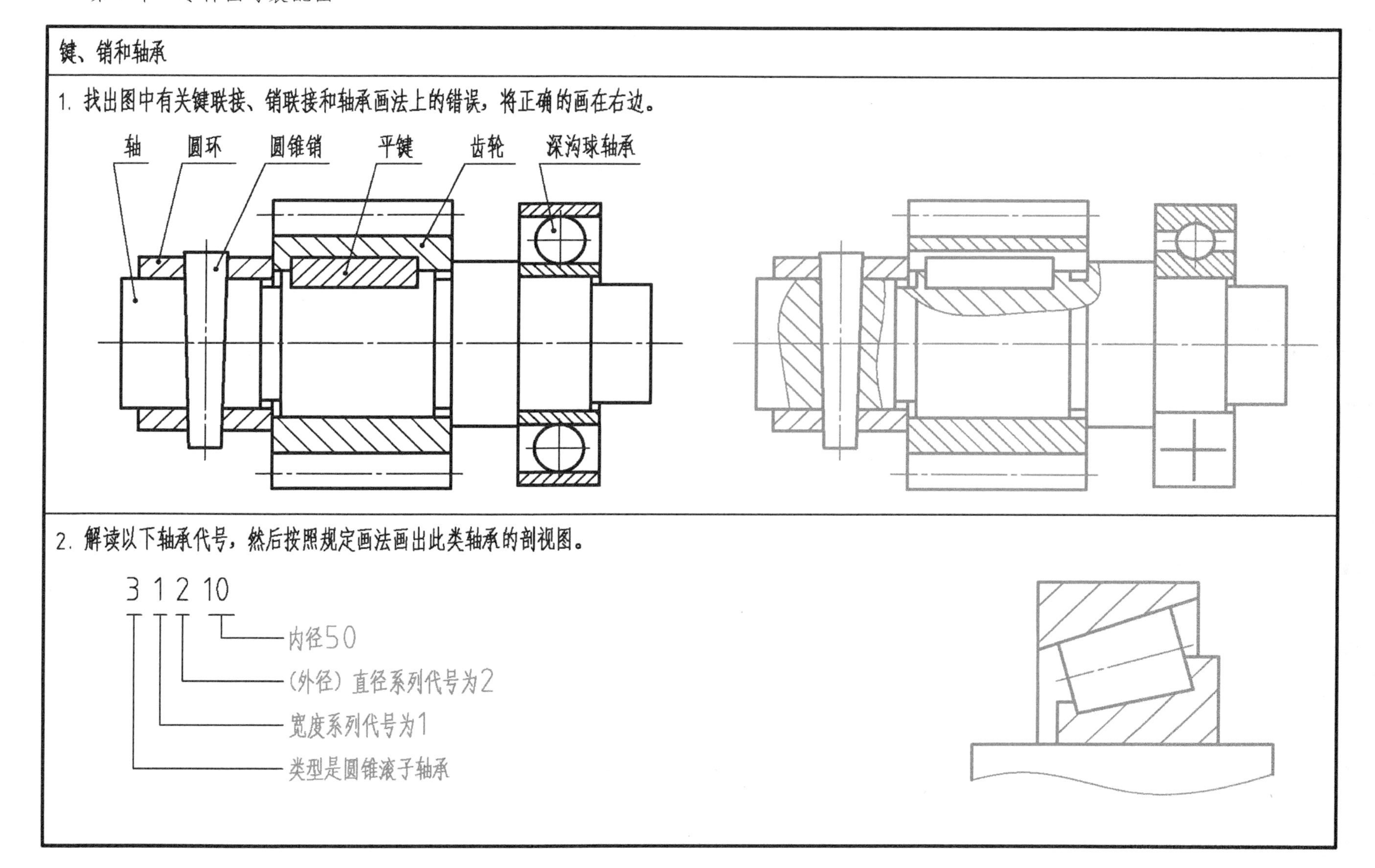

零件图

1. 这个零件的名称是 排气阀 ，材料是4Cr10Si2Mo。这张零件图的图号是 QG-18 。

2. 零件上制造精度要求最高的表面是：宽8的圆锥面，ϕ30c6轴段。

3. ϕ30c6轴段与ϕ30a9轴段直径尺寸的区别在于：ϕ30c6轴段比ϕ30a9轴段中值直径大、变动范围小。

4. 针对宽8的圆锥面，为什么既要求圆度又要求圆跳动？圆锥面要求密封性能好，因此圆度要求高。圆跳动主要为控制与ϕ30c6轴段的同轴度。

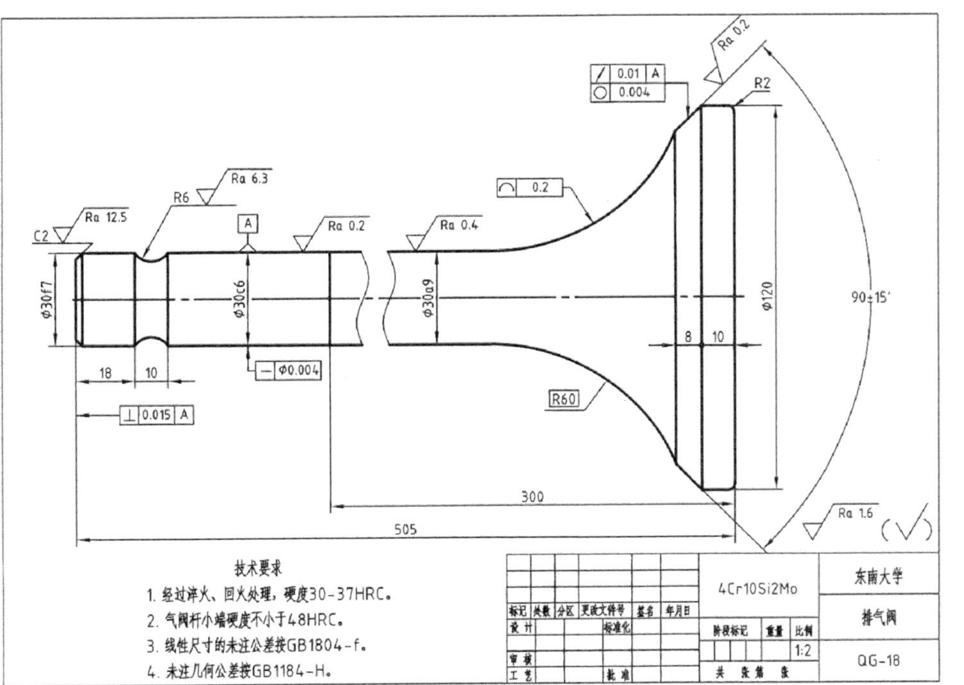

5. 圆锥面宽度尺寸8有没有公差要求？有未注公差要求

6. 那些表面的粗糙度要求是Ra 1.6？零件的左右端面、ϕ30f7轴段圆柱面，R60环形曲面，ϕ120圆柱面。

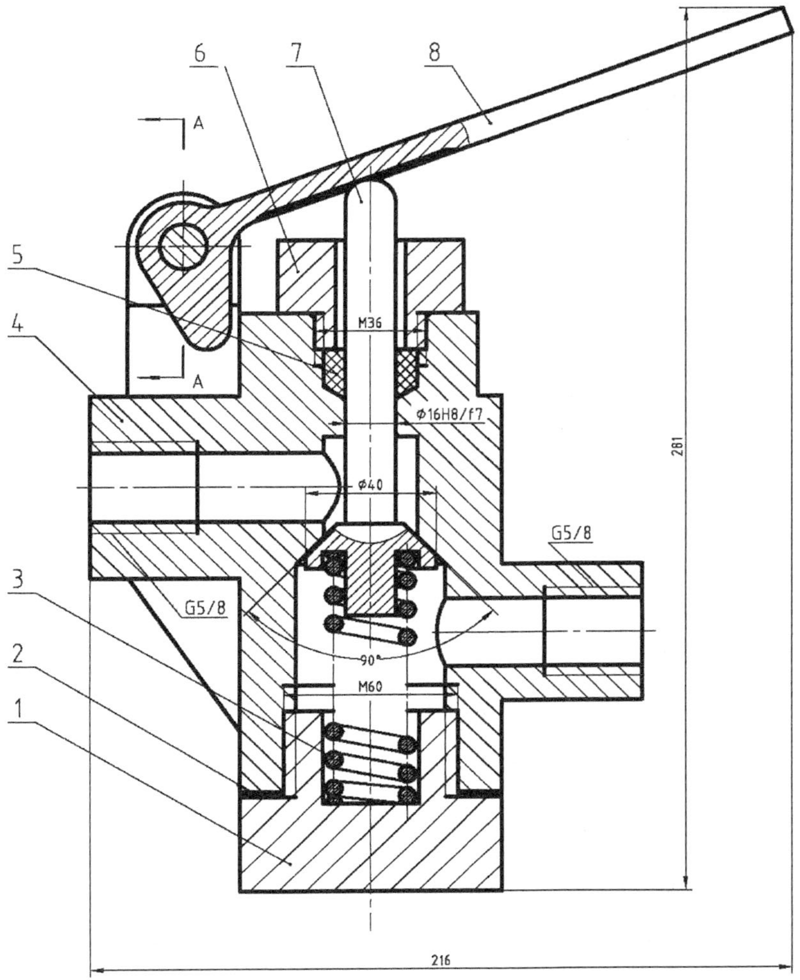

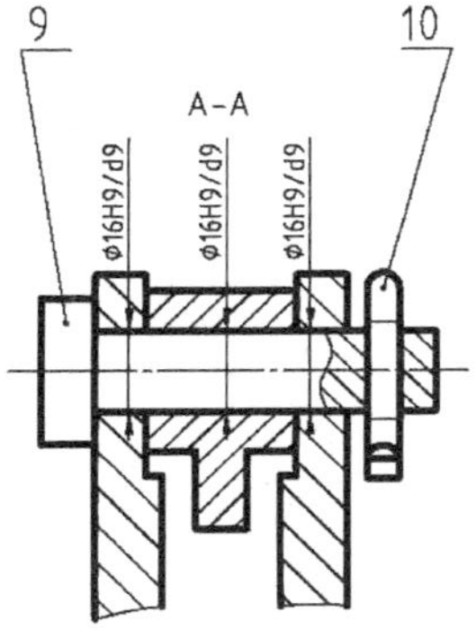

序号	代号	名称	数量	材料	备注
10	GB/T91-2000 4X18	开口销	1		
9	HPV-09	销轴	1	20	
8	HPV-08	手柄	1	20	
7	HPV-07	阀杆	1	45	
6	HPV-06	螺套	1	Q235	
5	HPV-05	填料	1	石棉	
4	HPV-04	阀体	1	HT150	
3	YA 3X22X80	弹簧	1		
2	HPV-02	胶垫	1	橡胶	
1	HPV-01	螺母	1	Q235	

标记	处数	分区	更改文件号	签名	年月日		东南大学
设计			标准化			阶段标记 重量 比例	手压阀
审核							
工艺			批准			共 张 第 张	HPV-00

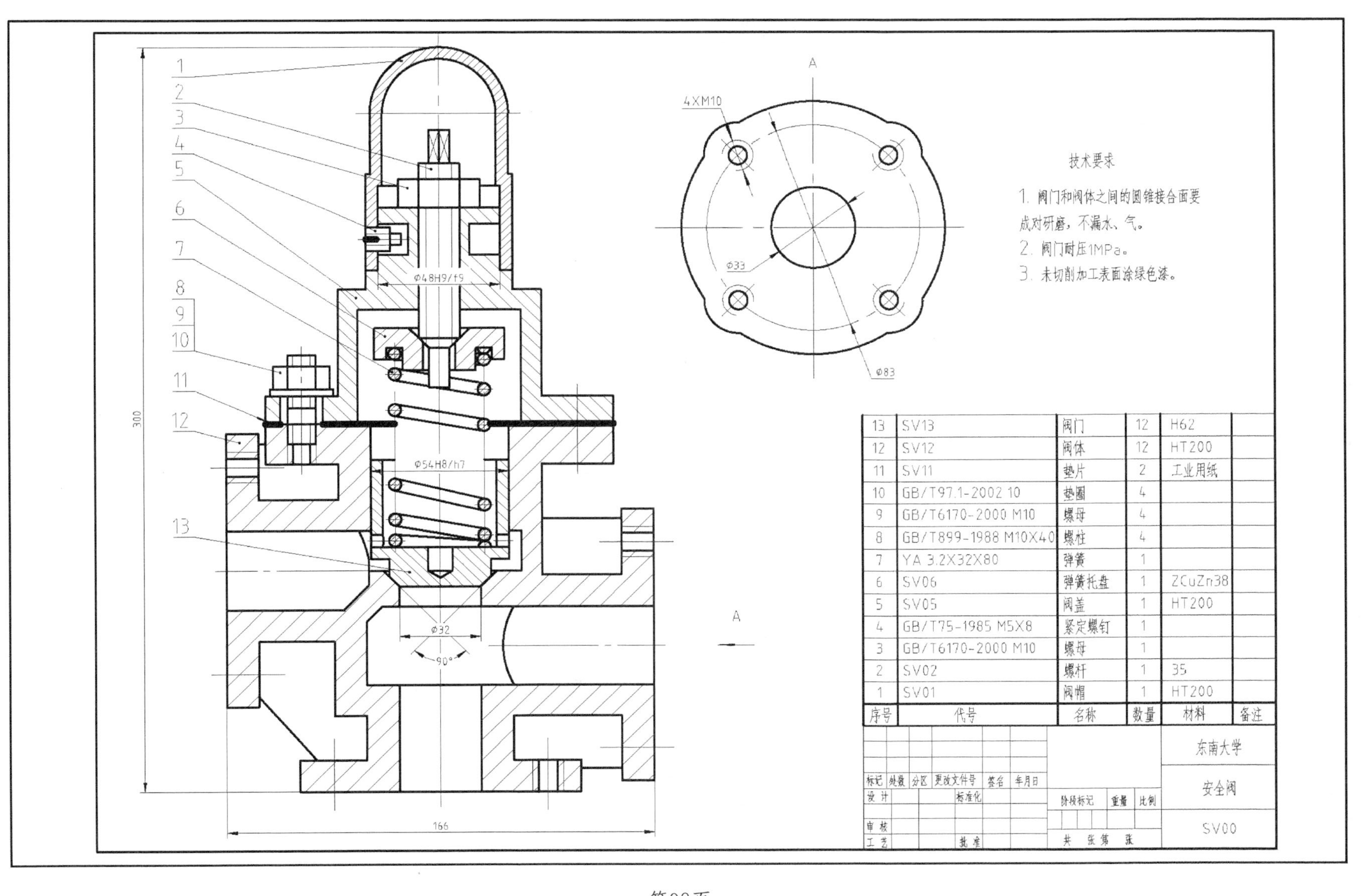

序号	代号	名称	数量	材料	备注
13	SV13	阀门	12	H62	
12	SV12	阀体	12	HT200	
11	SV11	垫片	2	工业用纸	
10	GB/T97.1-2002 10	垫圈	4		
9	GB/T6170-2000 M10	螺母	4		
8	GB/T899-1988 M10X40	螺柱	4		
7	YA 3.2X32X80	弹簧	1		
6	SV06	弹簧托盘	1	ZCuZn38	
5	SV05	阀盖	1	HT200	
4	GB/T75-1985 M5X8	紧定螺钉	1		
3	GB/T6170-2000 M10	螺母	1		
2	SV02	螺杆	1	35	
1	SV01	阀帽	1	HT200	

标记 处数 分区 更改文件号 签名 年月日
设计 标准化
审核
工艺 批准
阶段标记 重量 比例
共 张 第 张
东南大学
安全阀
SV00

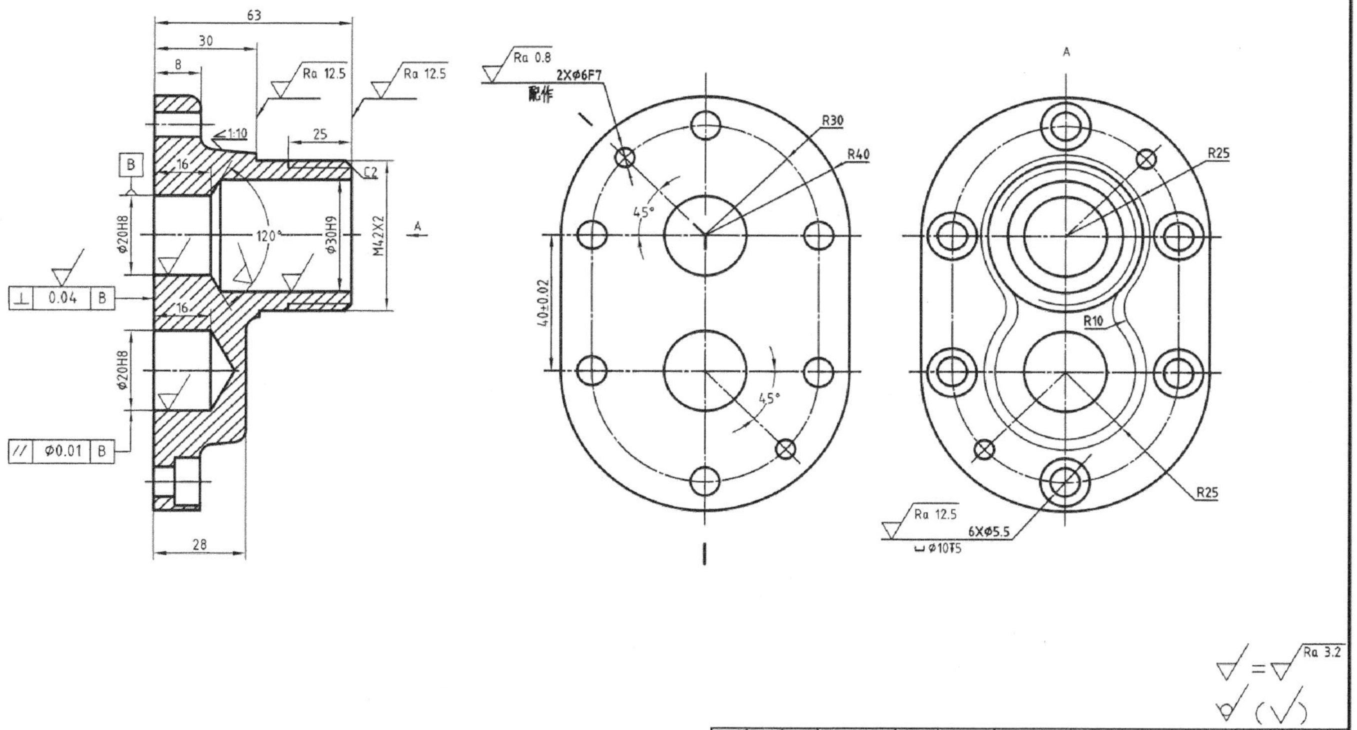

技术要求

1. 铸件需经过人工时效处理。
2. 未注铸造圆角R5~R6。
3. 未注尺寸公差按GB/T 1840-2000-m。
4. 未注几何公差按GB/T 1184-1996-K。

						HT200			东南大学
标记	处数	分区	更改文件号	签名	年月日				右端盖
设计			标准化			阶段标记	重量	比例	
审核								1:2	pump-06
工艺			批准			共　张第　张			